KB077659

뇌복제와 인공지능 시대

인간노동도 자본처럼 성장하는 사회, **인류의 후손인 인공지능들이 살아가는 이야기**

THE AGE OF EM

뇌복제와 인공지능 시대

로빈 핸슨 지음 · **최순덕, 최종덕** 옮김

씨아이알

서문

이 책을 쓰느라 여러 해를 보냈다.

1980년대, 어리숙한 소프트웨어 엔지니어였던 20대 무렵의 나는 어느 날 밤에 생생한 꿈을 꾸었다. 꿈속에서 컴퓨터가 계산한 이미지 질감에 관한 과학 뉴스 기사를 읽고 있었는데 뉴스 기사에 나온 계산 이미지가 내 눈에는 정말 진짜처럼 보였다. 그리고 그 꿈에서 모두가 가상현실에 살고 있는 거대한 미래도시를 보았는데, 그 도시 안쪽에 깊게 묻힌 작은 아파트 안에 홀로 있는 한 남자가 보였다. 꿈에서 많은 일이 일어나지는 않았지만 이 남자를 향한 깊은 연민과 이 남자가 사는 세계에 강렬한 호기심을 느꼈던 적이 있다.

물리학과 과학철학을 공부했던 나는 1993년에 경제학을 공부하기 위해 다시 대학원에 진학했다. 입학 후 처음 맞은 크리스마스 연휴에 "업로드"된 인간의 마음이라는 흔한 공상과학 시나리오에 기본 경제학 원리를 즉흥적으로 적용하여 학업 스트레스를 이겨보려 했다(Hanson 1994b).

공상과학소설과 기술 미래주의technology futurism를 주도하는 전문가들은, 주의 깊게 분석하면 우리가 미래 기술의 윤곽을 때때로 예측할 수 있다고 말하지만 그런 분석이 미래 기술로 인한 사회적 결과를 예측하게 해주지는 않는다고 말한다. 그러나 나는 경제학의 기본 분석이 많은 것을 말해줄 수 있음을 알고 있었다. 예전에 나는 공상과학소설을 정말 좋아했지만 경제학 공부를 하면 할수록 공상과학소설이 얼마나 말이 안 되는지 점점 묵과할 수 없게 되었다. 물리학에서 볼 때 대개 옳은 이야기들조차도 경제학으로 볼 때는 터무니없었다.

15년 전쯤 소규모 학제 간 연구 학회 개막 모임에서 딱딱한 분위기를 바꿔보려고 모임에 온 영문과 교수에게 말을 걸었던 적이 있었다. "왜 이렇게 경제학자를 싫어하나요?" 이런 내 질문에 그 교수는 간단히 대답했다. "스스로 알잖아요." 이런 소리를 들을 때면 마음이 아프다. 나는 폭넓게 공부하고 많은 분야에서 배우고 기여하며 나 자신을 특별히 경제학자라기보다는 일반학자로 생각하기 때문이다.

11년 전 조지메이슨 대학의 경제학과 종신교수가 되었다. 그리고 내 관심을 자극하는 것이면 주제가 무엇이든지 연구할 수 있는 종신교수의 자유를 충분히 누렸다. 그러나 결국 오래가는 유산을 남기려면 책에 집중해야 한다는 것을 깨달았으며 '다양하고 재미난 주제를 압도할 정도로 나를 확 끌어당기는 주제가 무엇일까?' 고민하기 시작했다. 고민 끝에 그런 주제를 찾아낼 수 있었다.

만일 우리가 '과거'에 영향력을 끼칠 수 없다는 이유로 '미래'가 '과거' 이상으로 중요시된다면, 미래학자가 역사학자보다 훨씬 더 적은 이유를 이해하기는 어렵다. 하지만 그 이유를 미래는 우리가 예측할 수 없기 때문이라고 간단히 말하는 사람이 많은데, '우리가 사회 동향을 예상할 수는 있지만, 파괴력 있는 여러 기술disruptive technologies은 현재의 사회 동향을 바꿀 것이고 우리를 어디로 끌고 갈지 아무도 말할 수 없다.'는 의미이다. 그래서 나는 이 책에서 컴퓨터에 "업로드한" 마음, 다른 말로 "뇌 에뮬레이션", 줄여서 "엠"의 사회적 의미를 이전과는 전혀 다른 폭으로 상세하게 분석하여 과거의 일반 통념이 틀렸다는 것을 증명하려고 했다. 엠이 나타날지 확신하기는 어렵지만, 실질적인 분석을 해도 될 만큼, 엠의 가능성이 충분히 높아 보인다.

관련 분야에서 합의된 표준이론standard consensus theories을 그저 적용한다고 했을 때, 나는 이 책에서 그런 표준이론에 따른 합리적 예측으로 시나리오를 만들 수 있다는 것을 보여주는 데 중점을 두었다. 다만 이런 데 우선순위를 두느라 이 책에 접근하기가 쉽지 않을 것이며 이 책을 잘 읽고 이해하려면 어느 정도의 공은 들여야 할 것 같다. 더불어 이 책의 내용은 매우 압축되어 있기 때문에 이야기식의 서술보다는 백과사전에 더 가깝다.

나는 어떤 사람을 실제로 만난 것도 아니고 어떤 정보를 들은 것도 없이 안전한 곳에서 먼 곳에 있는 나라를 엿본 여행자 같다. 나는 집으로 돌아왔고 할 말도 많지만, 사람과의 교감에 목말라 있다. 과거의 나는 이 책을 쓰고 있을 때만큼 지적으로 고립되고 난관에 처했다고 느껴본 적이 없었기에 독자와 함께 《엠의 시대》를 토론하며 외로웠던 나의 시간을 이제 끝내고 싶다.

감사의 말

"의견을 준 이들에게 감사를 드린다."

폴 크리스티아노, 피터 트윅, 카챠 그레이스, 칼 슐만, 타일러 코웬, 파비오 로하스, 보니 핸슨, 루크 뮬하우저, 니콜라 다나일로프, 브라이언 카플란, 마이클 아브라모비츠, 개브릭 마티니, 폴 크라울리, 피터 맥클러스키, 샘 윌슨, 크리스 히버트, 토마스 핸슨, 다니엘 하우저, 카이 소탈라, 롱 롱, 데이비드프리드만, 미카엘 라 토라, 벤 괴어젤 , 스티브 오모헌드로, 데이비드 레비, 짐 밀러, 마이트 할설, 페기 잭슨, 얀-에릭 수트라서, 로버트 렉닉, 앤드류 핸슨, 샤논 프리드만, 칼 매팅리, 켄 키틀리즈, 테레사 하트넷, 기울리오 프리스코, 데이비드 피어스, 스테판 반 시클, 데이비드 브린, 트리스 융, 애덤 구리, 매튜 그레이브즈, 데이브 린드버그, 스콧 아론슨 , 개리 드레서, 로버트 코슬로버, 돈 핸슨, 미카엘 레이몬디, 윌리엄 맥어스킬, 엘리 두라도, 데이비드 맥파드진, 브루스 브리윙톤, 마크 링겟 , 다니엘 미슬러, 키스 핸슨, 가렛 존스, 알렉스 터바록, 리 코빈, 노만 하디, 찰스 쳉, 스튜어트 암스트롱, 버너 빈지, 테드 괴어젤, 마크 릴리브릿지, 마이클 츄웨, 올레 해그스트롬, 얀 탈린, 조수아 팍스 , 크리스 헐퀴스트, 조수아 팍스, 케빈 심러, 에릭 폴켄슈타인, 로타 모버그, 우테 쇼, 매트 프랭클린, 닉 벡스테드, 로빈 위빙, 프랑수와 리도, 엘로이즈 로젠, 피터 보스 , 스콧 섬너, 필 괴츠, 로버트 러쉬, 도널드 프렐, 올리비아 곤잘레즈, 브래들리 앤드류, 키스 아담스, 어거

스틴 레브론, 칼 위버그, 토마스 말론, 윌 고든, 필힙 매이민, 헨릭 존선, 마크 바너, 애덤 라피두스, 톰 맥켄들리, 이블린 미셀, 자섹 스토파, 스콧 리브란드, 폴 랠리, 앤더스 샌드버그, 엘리 레러, 미카엘 클라인, 루 미퍼, 조이 뷰캐넌, 마일즈 브룬디지, "해리 벡, 마이클 프라이스, 팀 프리만, 블라디미르 M., 데이비드 울프, 렌달 피켓, 잭 데이비스, 톰 벨, 해리 혹, 애덤 콜버, 딘 멩크, 렌달 메이스, 카렌 말로니, 브라이언 토마식, 라메즈 나암, 존 클라크, 로버트 드 네빌, 리챠드 부런스, 키스 맨스필드, 고든 월리, 기드리우스, 피터 가렛슨, 크리스토퍼 버거, 니시야 샘바시밤, 재카리 바이너스미스, 루크 소머스, 바바라 벨, 제이크 셀린저, 지오프리 밀러, 아서 브라이트만, 마틴 우스터, 다니엘 보즈, 우스 나디, 조셉 멜라, 디에고 칼레이로, 다니엘 르미르, 에밀리 페리, 제스 리델, 존 페리, 엘리 타이레, 다니엘 에라스무스, 임마누엘 사디아, 에릭 브리놀프슨, 애너마리아 베리어, 니코 지노비, 매튜 파렐, 다이아나 플라이슈만, 더글라스 바렛.

(이하 영문 이름 참조)

Paul Christiano, Peter Twieg, Katja Grace, Carl Shulman, Tyler Cowen, Fabio Rojas, Bonnie Hanson, Luke Muehlhauser, Nikola Danaylov, Bryan Caplan, Michael Abramowicz, Gaverick Matheny, Paul Crowley, Peter McCluskey, Sam Wilson, Chris Hibbert, Thomas Hanson, Daniel Houser, Kaj Sotala, Rong Rong, David Friedman, Michael LaTorra, Ben Goertzel, Steve Omohundro, David Levy, Jim Miller, Mike Halsall, Peggy Jackson, Jan-Erik Strasser, Robert Lecnik, Andrew Hanson, Shannon Friedman, Karl Mattingly, Ken Kittlitz, Teresa Hartnett, Giulio Prisco, David Pearce, Stephen Van Sickle, David Brin, Chris Yung, Adam Gurri, Matthew Graves, Dave Lindbergh, Scott Aaronson, Gary Drescher, Robert Koslover, Don Hanson, Michael Raimondi, William MacAskill, Eli Dourado, David McFadzean, Bruce Brewington, Marc Ringuette, Daniel Miessler, Keith Henson, Garett Jones, Alex Tabarrok, Lee

Corbin, Norman Hardy, Charles Zheng, Stuart Armstrong, Vernor Vinge, Ted Goertzel, Mark Lillibridge, Michael Chwe, Olle Häggström, Jaan Tallinn, Joshua Fox, Chris Hallquist, Joshua Fox, Kevin Simler, Eric Falkenstein, Lotta Moberg, Ute Shaw, Matt Franklin, Nick Beckstead, Robyn Weaving, François Rideau, Eloise Rosen, Peter Voss, Scott Sumner, Phil Goetz, Robert Rush, Donald Prell, Olivia Gonzalez, Bradley Andrews, Keith Adams, Agustin Lebron, Karl Wiberg, Thomas Malone, Will Gordon, Philip Maymin, Henrik Jonsson, Mark Bahner, Adam Lapidus, Tom McKendree, Evelyn Mitchell, Jacek Stopa, Scott Leibrand, Paul Ralley, Anders Sandberg, Eli Lehrer, Michael Klein, Lumifer, Joy Buchanan, Miles Brundage, Harry Beck, Michael Price, Tim Freeman, Vladimir M., David Wolf, Randall Pickett, Zack Davis, Tom Bell, Harry Hawk, Adam Kolber, Dean Menk, Randall Mayes, Karen Maloney, Brian Tomasik, Ramez Naam, John Clark, Robert de Neufville, Richard Bruns, Keith Mansfield, Gordon Worley, Giedrius, Peter Garretson, Christopher Burger, Nithya Sambasivam, Zachary Weinersmith, Luke Somers, Barbara Belle, Jake Selinger, Geoffrey Miller, Arthur Breitman, Martin Wooster, Daniel Boese, Oge Nnadi, Joseph Mela, Diego Caleiro, Daniel Lemire, Emily Perry, Jess Riedel, Jon Perry, Eli Tyre, Daniel Erasmus, Emmanuel Saadia, Erik Brynjolfsson, Anamaria Berea, Niko Zinovii, Matthew Farrell, Diana Fleischman, and Douglas Barrett."

이 책과 관련된 연구를 하는 동안 내게 주어진 종신교수로서의 자유 외에 어떤 재정 지원도 받지 않았다. 이런 흔치 않은 특권을 준 조지메이슨 대학 GMU 동료들에게 깊은 감사를 전한다.

개 요

모든 사람은 예외 없이 자신이 자라온 지역의 고유한 관습과 종교가 최고라고 믿는다. — 헤로도투스 440bc

미래는 우리의 꿈과 희망대로 실현되는 것이 아니다. 미래는 우리의 삶에 울리는 경종도 아니고, 호기심을 자극하는 모험의 세계도 아니며, 가슴을 흔드는 로맨스도 아니다. 미래는 그저 시공간을 이어가는 또 다른 장소이다. 미래에 사는 주민은 지금 우리처럼 그들의 세계가 평범하다고 그리고 도덕적으로 완벽하지 않다고 느낄 것이다. — 한슨 2008a

이 책을 읽는 독자는 특별하다. 지금까지 살아온 인류 전체의 분포도로 볼 때 인류의 대부분은 1700년 이전에 태어났을 것이다. 그리고 그 이후에 태어난 여러분은 그 이전의 사람들보다 훨씬 더 부유하고 교육을 잘 받았을 것이다. 그래서 이 책을 읽는 독자와 독자가 아닌 대부분의 사람은 이 산업시대를 살아온 특별한 엘리트이다.

아마도 대부분의 사람처럼 당신 역시 조상보다 더 뛰어나다고 느낄 것이다. 그렇다고 해서 당신이 우리 조상이 배워온 것들을 무시한다는 말은 아니다. 그러나 아주 오래전 농경시대 조상들의 위생시설, 섹스, 결혼, 젠더, 종교, 노예제, 전쟁, 통치자, 불평등, 본성, 순종, 가족 의무에 대한 습관과 사고방식에 대해 알게 된다면 당신은 놀라 몸서리칠 것이다. 그보다 훨씬 더 이전 고대 수렵채집인 조상의 습관과 사고방식에 대해서도 마찬가지일 것이다. 농경인이나 수렵채집인 조상이 오늘날만큼 부유하지 않았기 때문에 우리의 생활 습관을 따라 할 수 없다는 점을 당신도 인정하지만 '현재의 방식이 더 좋다'고 배워온 대로 생각하기 쉽다. 다시 말해서 당신은 사회와 도덕이 진보한다고 믿는다.

문제는 앞으로 다가올 미래도 아마 새로운 종류의 사람들로 채워질 것이라는 데 있다. 습관과 사고방식에서 당신과 당신 조상의 많은 차이만큼 후손도 당신과 다를 것이다. 만일 당신이 조상과 얼마나 다른지를 이해할 수 있다면, 후손 역시 당신과는 많이 다르다는 것을 예상할 수 있어야 한다. 현재 우리가 보는 역사적 픽션물은 우리 조상을 실제보다 훨씬 현대적인 사람이라고 오해하게 만들며, 그와 비슷하게 공상과학소설도 당신의 후손에 대해 오해하게 만든다.

새로운 습관과 사고방식은 당신의 생각처럼 도덕적 진보의 결과라기보다는 새로운 상황에 적응하는 과정에서 더 많이 생길 수가 있는데, 후손에게서 보이는 아주 생소한 습관과 사고방식 대부분은 당신이 가진 기존의 도덕적 진보 개념에서 볼 때 나쁘게 혹은 부도덕하게 보일 수 있다. 당신은 미래의 많은 방식을 선과 악으로 쉽게 구분할 수 없게 되며, 후손들이 그저 기이하게 보일 수 있다는 것이다. 하지만 당신의 조상 역시 그때의 도덕 기준으로 볼 때 현재 당신의 행동을 기이하게 볼 수 있다는 점을 기억하자. 또한 현실은 매우 복잡해서 단순화시킬 수 없으며 단순한 선과 악의 도덕적 우화에 들어맞지 않는다.

이 책은 생소한 행동 방식과 사고방식으로 가득 찬 미래를 사실에 의거하여 타당한 관점으로 제시하지만 아직은 우려를 일으키는 관점이다. 이미 공상과학소설이나 영화에서 보아왔듯이 우려할 만한 구체적 상황을 보여주는 미래 시나리오들이 많았다. 그러나 그런 시나리오는 재미를 위해 기획된 것이기 때문에 현실성은 거의 없으며, 전문가 입장에서 볼 때 그런 시나리오의 내용은 거의 무의미하다.

공상 시나리오 기획이 우리가 할 수 있는 최선이라는 말을 누군가에게 들었을 수 있다. 그렇게 들었다면 그런 말이 잘못된 것임을 보여주려는 것이 나의 목표이다. 나의 방법은 간단하다. 미래학과 공상과학소설에서 흔히 나타나듯 매우 특별하고 파괴력 있는 기술disruptive technology로 나의 이야기를 시작할 것이다. 바로 뇌 에뮬레이션brain emulations이다. 뇌 에뮬레이션에서 뇌는 기록되고 복제되어, 인공 "로봇" 마인드를 만들도록 이용되는데, 그런 것이 뇌 에뮬레이션에서 가능하다는 것이다. 그런 다음 미래 기술을 가진 세계가 어떻게 나타날지를 구체적으로 설명하기 위해 물리학, 인문학, 사회과학에서 가져온 표준이론standard theories을 이용하려 한다.

뇌 에뮬레이션의 일부 결과에 대해 내가 틀릴 수 있고, 일부 과학이론을 잘못 적용했을 수 있다. 그럼에도 불구하고 내가 제시하는 관점은 미래가 얼마나 우려할 만한 수준까지 생소할 수 있는지를 보여줄 것이다.

자, 이제 시작해보자.

| CONTENTS |

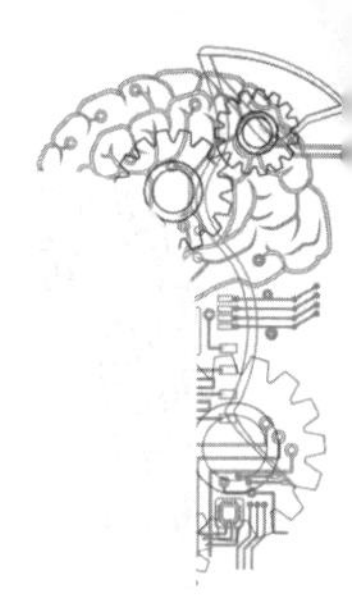

PART 02 _
물리학

PART 03 _
경 제

PART 04 _
조 직

PART 05 _
사 회

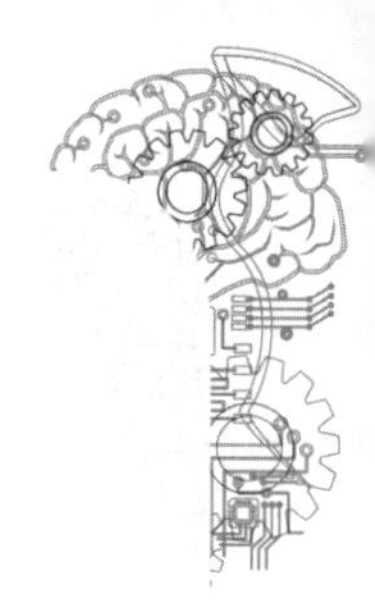

PART 01

기 초

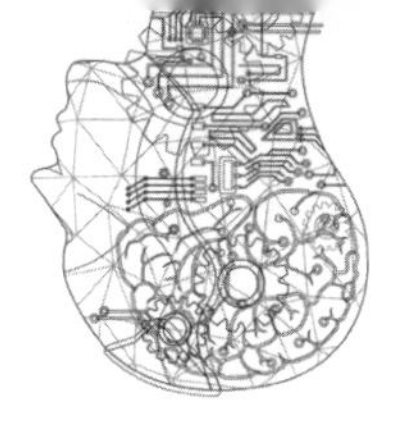

| Chapter 01 |

시 작

개 요

우리 시대가 과거 시대와 다르듯이, 다음에 올 위대한 시대 또한 우리 시대와 다를 것으로 예상된다. 분명히 말할 수 있는데, 지난 수백만 년 동안 지구에서 가장 큰 세 가지 변화는 인간의 출현, 농경 기반 문명의 출현, 이후 산업 기반 문명의 출현이다(Boserup 1981; Morris 2015). 2장 〈이전 시대Prior Eras〉 절에서 논의하는 것처럼 이 세 시대마다 사람, 사회, 지구를 크게 바꾸었다. 삶의 새로운 방식을 빠르게 채택한 사람이 낡은 방식을 유지해온 사람들과 세상을 지배했다.

영장류와 달리 유목 생활하는 인간, 즉 수렵채집인은 기술, 예술, 언어, 규범, 정치를 크게 확장하였고, 최상위 포식 동물을 쫓아내고 그 자리를 차지했다. 이후 농경인과 목축인은 유목생활을 멈추고, 결혼, 전쟁, 무역, 법, 계급, 종교를 확장하였고 많은 동물을 멸종에 이르도록 사냥하였으며 마침내 우리의 산업시대는 학교, 도시, 기업, 개인의 부를 확장시켰다. 즉 산업시대는 자연상태를 대체하면서 거의 모든 수렵채집인을 밀어냈지만 한편으로 수렵채집인의 가치forager values로 회귀하는 측면을 보여주었다. 산업시대 전 기간에 걸쳐 인간은 이동(교통), 대화(통신), 조직(국가), 전문화(기술)의 증가를 가져왔다. 우리는 더 빠른 변화, 혁신, 경제성장과 더 많은 통합을 이뤄냈지만 불평등한 세계문화 또한 가지게 되었다.

또한 나는 우리가 점점 더 부-적응적maladaptive으로 되었다고 논증할 것이다. 우리 시대는 생물학적, 문화적으로 모두 전례 없이 부-적응적인 행동방식의 시대인 "꿈의 시기dreamtime"이다. 농경 환경은 자연의 유전자 선택이 적응할 수 있었던 것보다 더 빠르게 변했고, 더군다나 지금 산업세계는 농경환경의 문화적 선택이 적응할 수 있는 것보다 더 빠르게 변하고 있다. 오늘날 이렇게 증대한 부가 우리를 각종 생물학적 오류로부터 보호해주기에 우리는 현대의 음식, 약물, 음악, 텔레비전, 비디오게임, 정치선전 등 강한 자극제에 대하여 적극적 대처를 하지 않는 편이다. 가장 눈에 띄는 부-적응 사례가 오늘날 부유한 국가에서 나타나는 낮은 출산율이다.

2장 〈제한〉 절에서 보게 되듯이, 산업시대는 사람들로 하여금 기존의 제약constraints이 더 이상 적용되지 않는다고 생각하게 했다. 간단히 말해서 제약에서 벗어나려는 최근의 많은 동향constraint-evading trends을 영원히 지속할 수 없다는 것이다. 설령 우리의 후손이 마침내 행성을 정복한다고 해도 우리가 알고 있는 물리법칙이 크게 잘못되지 않았다면, 장구하지만 유한한 우주 안에서 결국 혁신과 성장은 제한되고 말 것이다. 정부가 우주까지 포함하는 강력한 규제를 하는 것이 아니라면 마침내 우리의 변화는 줄고 적응행동 방식은 더 늘어나는 것을 보게 될 것이다. 그리고 (아마도 놀랍게도) 우리는 거의 최저 생활수준을 보게 될 것이다.

마찬가지로 어마어마하게 떨어진 공간적 거리는 그 우주를 다수의 지역문화로 나누면서 결국 이동(교통)과 대화(통신)를 제한할 것이다. 그러므로 우리의 먼 후손이 우리보다 조직이 더 크고 더 전문적이고 엄청나게 향상된 기술을 가진다고 해도 그들은 다른 많은 방식에서 현재의 우리 인류보다는 오히려 과거 수렵채집인 조상처럼 보일 것이다. 결국 우리는 꿈의 시기dreamtime에서 깨어날 것이다.

수렵채집시대, 농경시대, 산업시대 이후에 올 위대한 다음 시대는 무엇이 될까? 그리고 우리의 후손은 오늘날과 같은 이례적인 꿈의 시기에서 벗어나 정말 먼 미래에는 지금과 다르게 일상적인 것으로 예상되는 그 무엇을 향해 얼마나 빨리 "방향전환"을 할 수 있을까?

"이 책은 인기 있고 쓸 만한 두 가지 추측에서 생기는 질문에 대답해보려는 것이다. 첫째 나는 새로운 다음 시대를 여는 큰 변화는 "인공지능" 출현이라는 상식적 견해를 받아들인다. 즉 인간 노동자를 대량으로 대체할 수 있을 정도로 매우 스마트한 로봇의 출현이다. 둘째 나는 그러한 최초의 로봇은 대략 한 세기 안에 도래할 전뇌 에뮬레이션whole brain emulation 또는 "엠ems"일 것이라고 추측한다."

* 정의: 엠은 특정 인간의 뇌에서 얻는다. 특정한 세포의 특징과 세포 간 연결상태를 기록하도록 뇌를 스캔한 다음에 그런 세포 특징과 세포연결에서 발생하는 신호를 처리하는 컴퓨터 모델을 구축하는 과정을 통해 얻는다. 제대로 된 엠이 입출력 신호로 하는 행동은 원본 인간이 하는 행동에 가깝다. 사람은 엠과 이야기하고 유용한 일을 하게 엠을 납득시킬지도 모른다.

엠은 수십 년 동안 공상과학소설의 주요 소재였고(Clarke 1956; Egan 1994; Brin 2002; Vinge 2003; Stross 2006), 미래학자들이 자주 논의해왔다(Martin 1971; Moravec 1988; Hanson 1994b, 2008b; Shulman 2010; Alstott 2013; Eth et al. 2013; Bostrom 2014). 그러나 엠을 논의하는 대부분은 엠의 실현 가능성 또는 출현 시점에 대해 논란을 벌이고 마음이나 정체성의 심신론 철학 내에서만 엠의 의미를 숙고하거나 혹은 드라마 소재로 엠을 이용한다. 그런 상황에서 보통 나오는 흔한 질문들이 있다. 즉 엠은 의식이 있나? 나를 복사한 엠이 과연 나인가? 엠이 가능한가? 엠은 언제 올까? 내 이야기를 재미있게 하려면 엠을 어떻게 꾸며야 하나?

대신 나는 이 책에서 엠이 살지도 모를 새로운 유형의 사회적 세계에서 실질적인 사회적 의미가 무엇인지 찾을 것이다. (만일 당신이 당신 후손의 삶을 상상하는 그 핵심을 볼 수 없다면 지금 이 책을 덮는 것이 최선이다. 왜냐하면 이 책 전부가 그런 내용이기 때문이다.)

많은 이들이, 현재의 사회 동향을 예상하거나 향후의 미래 기술을 예측하는 것도 겨우 가능한데, 미래 기술의 사회적 의미를 거스르는 동향을 예측하는 것은 기본적으로 불가능하다고 말한다. 어떤 이는 이것은 인간이 자유의지를 가지고 있기 때문이라고 또는 사회시스템은 내재적으로 예측불가능하기 때문이라고 말한다. 또 다른 이는 공상과학소설에서 발견된 어렴풋한 묘사가 우리가 할 수 있는 최선이라고 말한다. 즉 평범한 과학으로는 그 이상을 볼 수 없다고 말하기도 한다. 그런 견해가 널리 퍼져 있다고 해도 이는 한 사람의 사회과학자로서 내가 볼 때 매우 잘못된 것으로 보인다. 나아가 나는 그런 견해가 어느 정도는 틀렸다는 것을 증명하려고 이 책을 썼다.

엠의 사회적 의미를 숙고하는 이들이 드물고 대부분은 최상 혹은 최악의 시나리오를 그리거나 또는 새로운 사회 시대를 설명하는 데 필요하다며 그들이 상상하는 새로운 사회과학을 발명하려고 시도한다. 반대로 나는 현재 학문적으로 합의된 표준 과학을 미래에 대한 이런 참신한 가정에 그대로 적용하려고 모색한다. 나는 상당한 폭과 상세한 시선으로 평범하지 않은 질문을 시도할 것이다. 그러나 창의적이거나 혹은 표준과학에 반하지 않으려고 노력한다. 나는 정책적인 성찰policy insight이 이어지기를 바라기는 하지만, 그렇게 되어야 한다는 당위의 문제what should be보다는 주로 이런 일이 일어날 것이라는 사실의 문제what will be를 주로 예측하려고 노력한다. 나는 변이를 추정하기 위해 가장 간단한 것에서 "기준baseline" 시나리오를 찾는다. 그러나 실제 미래는 내가 묘사한 시나리오보다 더 생소할 것이다.

이 책은 필요한 기술 용어 사용은 줄이지 않으면서 가능한한 간단하고 직접적인 글로 내가 내린 시험적 결론의 요약이다. 내 결론을 짧게 요약한 다음 내가 사용한 에뮬레이션 관련 선행연구와 개념적 방법들을 검토하고 그런 다음 책 대부분에서 초기 엠 시대에 관해 내가 받은 교육에 기반을 둔 추측들 그리고 약한 추측들을 자주, 상세히 기술한다. 이런 시험적 결론은 "딱딱한" 이론 중심 학문에서 시작하여 "딱딱하지 않은" 데이터 중심의 학문으로 옮겨가면서 구축되어 있는 그런 이론들로 대부분 짜여졌다. 먼저 물리학과 전자 공학electronical engineering을 적용하고 그런 다음 경제학과 비즈니스이론을 적용하고 마지막에 사회학과 심리학을 적용한다. 그리고 나는 이 새로운 세계에서 위태로운 인간의 자리, 우리 시대에서 이 새로운 시대로의 전환, 몇몇 변이 시나리오, 정책의 의미를 논의하며 마무리한다.

독자는 자유롭게 관심 있는 부분을 중심으로 읽어도 좋으며 이해하는 데 큰 무리가 없다.

요 약

먼저 나의 주요 결론을 요약한다. 그러나 조심할 것은 뒷받침하는 주장들은 보지 않고 결론을 보고 당혹스럽다면 〈요약〉 절은 지금 읽지 말고 건너뛰길 바란다. 만일 〈요약〉 절을 읽는다면 이어지는 내용에서 뒷받침하는 주장들을 보기 전까지는 판단을 유보하기 바란다.

이 책에서 나는 엠이 지배하는 있을 법한 미래 시대의 그림을 그린다. 이 미래는 지금으로부터 수백 년 뒤인 지구상에서 얼마 안 되는 과밀 도시에서 주로 발생한다. 이 시대는 겨우 1~2년 지속될 수 있고 그 후에는 심지어 더 이상한 어떤 시대가 이어질 수 있다. 그러나 그 시대의 속도 빠른 거주자들에게 1~2년의 시간이 천 년의 시간으로 보일 수 있다. 이는 모든 것이 지구상에서 일어나기 때문이다. 즉 엠의 속도로 볼 때 다른 행성들까지 여행하기에는 너무 느리다.

수렵채집인과 자급자족하는 소규모 농경인이 우리의 산업 세계로 인해 주변으로 밀려간 것과 똑같이 인간은 엠 시대에서 중심 거주자가 아니다. 대신 인간은 엠 경제에 투자한 수익으로 대부분 안락한 은퇴를 즐기며 엠 도시에서 멀리 떨어져 산다. 이 책은 인간을 보는 것이 아니라 정말 인간처럼 경험하는 엠에 대부분 초점을 둔다.

어떤 엠은 로봇 몸체로 일하긴 하지만 대부분 엠은 가상현실에서 일하고 논다. 이런 가상현실은 품질이 장관이다. 심각한 배고픔, 추위, 더위, 우울, 신체적 질병 또는 고통이 없다. 즉 엠은 씻거나 먹거나 약을 먹거나 섹스할 필요가 없다. 물론 원한다면 이런 것을 하도록 선택할 수 있다. 가상현실 속에 있는 엠도 컴퓨터 하드웨어, 에너지, 냉각장비, 부동산, 지지구조물structural support, 통신선 없이는 존재할 수 없다. 누군가 이런 사안들이 가능하도록 해주어야만 한다.

로봇 엠이나 가상 엠이나 엠은 인간처럼 생각하고 느낀다. 즉 우리가 세상을 보고 느끼는 것처럼 엠도 그들의 세상을 보고 느낀다. 인간이 하는 것과 똑같이 엠도 과거를 기억하고 현재를 인식하고 미래를 예상한다. 엠은 행복할 수 있고 슬퍼할 수 있고 갈망할 수 있고 싫증낼 수 있고, 두려워하거나 기대할 수 있고, 자랑스러워하거나 부끄러워할 수 있고, 창조적이거나 추론할 수 있고, 동정하거나 냉정할 수 있다. 엠은 배울 수 있고, 친구, 연인, 상사, 동료가 있을 수 있다. 엠이 가진 심리적 특징은 평균적인 인간의 심리와 다를 수 있다고 해도 거의 모든 특징이 인간이 가질 수 있는 특징에 가깝다.

엠 시대 동안에는 수십억(어쩌면 수조 단위)의 엠을 대개는 얼마 안 되는 도시들에서 보게 된다. 그 도시에는 뜨겁고 꽉꽉 채워진 높은 건물이 있다. 도시 공간은 컴퓨터 하드웨어 선반들과 냉각 및 운송을 위한 배관들이 공간을 똑같이 차지하도록 분리되어 있다. 냉각 배관에 얼음물이 흐르게 끌어 들이고 도시의 열은 뜨거운 공기 바람을 높은 구름 속으로 밀어버린다. 물리적 현실에서 볼 때 엠 도시는 가혹하고 삭막하게 작동되는 것처럼 보이지만 가상현실 속에서 엠 도시는 장관으로 보이고 아마도 햇살비치는 높은 첨탑 아래 녹색 가로수 길이 펼쳐진 듯 근사하게 아름다워 보일 수 있다.

엠은 같은 과거를 정확히 기억하고 그리고 정확히 같은 기술과 같은 성격을 가진 복제품들을 만들어 재생산을 한다. 그러나 엠은 복제된 후에는 서로 갈라져 다른 경험을 한다. 보통 팀 전체로 함께 복제되고 함께 일하고 함께 사귀고 그런 다음 함께 은퇴한다. 대부분의 엠은 어떤 목적을 위해 만들어져 사전에 그 목적에 동의한 것을 기억한다. 그래서 엠은 우리가 존재함에 감사함을 느끼는 것 이상으로 더 감사함을 느끼며, 세계 속에서 자신들의 자리를 더 잘 수긍한다.

좋은 점을 보자면, 대부분의 엠은 높은 품질의 가상현실에서 사무직으로 일하고 놀며 엠 문명이 지속되는 한 오래 살 수 있다. 나쁜 점은 엠의 임금이 너무 낮아 엠이 깨어 있는 시간의 절반 이상을 열심히 일해도 살아가기조차 벅차다는 점이다. 임금 차이는 별로 없다. 즉 블루칼라와 화이트칼라 일의 급여가 똑같다.

한 인간을 원본으로 한 복제 후손을 통틀어 '클랜clan'이라 한다. 경쟁이 정말 심해서 대부분의 엠은 엠의 일에 가장 적합한 수천 명의 인간을 복제하게 만들어버린다. 그래서 엠은 대부분 올림픽 메달리스트나 억만장자, 국가의 수장 정도로 굉장히 유능하고 집중력 강한 일중독자다. 엠은 자신의 일을 사랑한다.

이런 최상위 클랜에 있는 대부분의 엠들은 스퍼spur 복제품을 자주 분할시킬 수 있어서 편안한데, 몇 시간 분량의 과제를 한 다음 종료시키거나 아주 천천히 은퇴시키는 스퍼들이 있기 때문이다. 엠은 어떤 스퍼를 종료하기 위한 선택이 "내가 죽어야 하나?"라는 식이 아니라 "내가 이것을 계속 기억하고 싶은가?"라는 식으로 본다. 언제 어느 때라도 대부분 엠들은 스퍼들이다. 스퍼들은 관련 비밀을 흘리지 않고 아주 정확히 지키게 하는 그러면서 사생활은 여전히 지켜주는 관입감시intrusive monitoring를 받아들인다.

클랜은 그들 클랜의 일원을 돕도록 조직하고, 다른 집단보다 일원에게서 더 많이 신뢰받고, 비슷한 복제품의 수백만 경험에서 이끌어낸 인생 상담을 일원들에게 해주기도 한다. 클랜은 일원의 행동에 법적 책임이 있고 일원의 행동방식을 규제하여 엠들을 상당히 믿을 만하게 만들어 클랜이 가진 명성을 보호한다.

엠 마인드들은 다양한 속도에서 구동할 수 있는데 보통 인간보다 최소 백만 배 정도 느린 것에서 백만 배 더 빠른 범위에서 적절히 구동할 수 있다. 이 범위를 넘어 엠을 구동하는 비용은 엠의 속도에 비례한다. 그래서 가장 빠른 엠의 속도는 가장 느린 엠의 속도보다 최소 1조 배 더 빠르고 구동 비용은 최소 1조 배 더 비싸다. 로봇 몸체로 일하는 소수의 엠에서 인간-속도 버전version은 몸체가 인간 크기이고 더 빠른 엠은 비례적으로 몸체가 더 작다. 일반 엠은 인간 속도의 천 배 정도로 구동하고 이런 엠이 제어하기에 자연스럽게 느끼는 로봇 몸체 크기는 2밀리미터이다.

엠은 속도에 따라 등급이 나눠지며, 빠른 엠일수록 지위가 더 높다. 속도가 다르면 엠은 서로 갈라져 다른 문화를 가진다. 상사와 소프트웨어 엔지니어는 다른 노동자들보다 더 빠르게 구동한다. 속도가 다르기 때문에 1엠 1표가 아니라 속도에 따라 투표 가중치가 다른 선거 방식이 작동할 수 있다.

엠 경제가 두 배씩 성장하는 시간은 대략 한 달 혹은 더 빠를지 모른다. 성장은 혁신에 의해서는 적게 일어나고 엠 인구 증가로 더 일어난다. 인간에게 엠 경제의 성장 속도는 빨라 보이긴 하지만, 아주 빠른 엠에게는 느려 보인다. 그래서 엠의 세계는 우리 세계보다 더 안정되어 보인다. 이 책의 초점인 초기 엠 시대는 객관적으로 1년에서 2년 정도 지속될 것이지만, 일반 엠에게는 수천 년처럼 보일 수 있다. 일반 엠이어도 엠은 백 년 동안의 긴 자기만의 경력subjective career을 이어가는 동안 재교육받을 필요가 크지 않고, 눈에 띌 만큼 느려짐 없이 도시 어디에서든 가상으로 서로 만날 수 있다.

남성 엠과 여성 엠 노동자의 수요가 불평등하면 무성애자, 성전환자 혹은 동성애자인 엠들을 장려할 수 있다. 대안으로는 수요가 적은 성별은 더 천천히 구동되기도 하고, 더 빠른 배우자를 만나도록 주기적으로 속도를 올리기도 할 수 있다. 엠의 섹스는 오직 즐기기 위한 것이지만 대부분의 엠은 매우 멋진 가상 신체를 가지고 매우 성숙한 마인드를 가진다. 지금 엠들과 같은, 이전의 오래된 복제품들이 장기적인 연애 상대 결합pair-bonds을 주선할지도 모른다.

나아가 인간에 비해 엠은 자신의 현재인 특정 복제품의 죽음을 거의 두려워하지 않는다. 엠은 그 대신 "마인드 탈취mind theft", 즉 엠이 가진 정신 상태mental state의 복제를 도난당하는 탈취를 두려워한다. 그런 탈취는 경제질서에도 위협이고 빈곤 혹은 고문의 고통으로 쉽게 이어지는 길이다. 어떤 엠은 자신을 오픈소스로 무료로 복제하게 제공하지만 대부분의 엠은 마인드 탈취를 막으려고 열심히 일한다. 대부분의 장거리 물리적 이동은 "빔 전송beam me up" 형태의 전자 이동electronic travel이지만 마인드 탈취를 막도록 주의 깊게 이루어진다.

오늘날 인간의 생산성은 40～50세쯤이 정점이다. 대부분의 엠은 주관적인 생산성 정점 연령이 50세에서 수 세기 사이 어딘가에 있다. 엠들은 생산성을 높이고 생산성을 다르게 하려고 설계된 경험들로 그들의 젊은 시절 동안 열심히 일한 것을 기억한다. 반대로 생산성 정점 나이의 엠들은 최근에 더 많은 여가를 보낸 것과 생산성 변이를 최소화하기 위해 설계된 경험들을 기억한다.

나이 든 엠 마인드는 경험이 늘어나면서 유연성이 떨어져서 종료하거나(죽거나) 또는 아주 느린 속도에서 무기한의 삶으로 은퇴해야만 한다. 인간과 느린 엠 은퇴자 각각의 주관적 수명은 모두 엠 문명의 안정성 여부에 달려 있다. 즉 대재앙이나 대혁명이 그들을 죽일 수 있을 것이며 인간이나 은퇴한 엠은 손쉬운 탈취 대상으로 보일 수 있다. 그러나 그런 약자도 보호받을 수 있다. 오늘날처럼 그들 간에 평화를 유지하기 위한 강력한 제도가 그들 모두에게 열려 있기 때문이다. 엠은 자연탐방을 즐기지만 더 값싸고 환경파괴가 덜한 가상자연을 선호한다.

복제품 클랜은 그들이 가진 일상의 특징들을 과시하도록 맞춰진다. 반면 개별 엠들은 특정 팀의 일원으로서의 정체성, 능력, 충성심을 과시하는 데 집중한다. 팀의 일원들은 팀의 생산성 변이를 줄이기 위해 팀 내부에서 서로 어울리는 것을 선호한다. 우울하거나 사랑에 번민하는 엠을 치료하려고 시도하는 대신 그런 엠은 그런 문제점이 발생하기 전 버전으로 되돌려질 수 있다.

엠은 자기가 속한 팀 동맹team allies으로 하여금 자신의 드러난 마음을 읽게 허용한다. 반면 외부자에게는 감정을 숨기도록 소프트웨어를 사용한다. 엠에게 닥친 일상적이지 않은 경험은 엠의 충성심을 시험하기 위해 혹은 비밀을 빼가려고 설계된 시뮬레이션이 아닌지 의심해야만 한다. 과제를 준비하고 과제를 조정하려면 하나의 엠이 계획과 훈련을 다하고 그 엠을 여러 복제품으로 나누어 그런 분할 복제품들이 계획을 실행하여 과제들을 준비하고 조정하는 것이 쉽다는 것을 엠은 알고 있다. 유년기교육과 직업교육은 엠 세계에서 둘 다 비슷하게 좀 더 저렴한 비용으로 가능하다. 왜냐하면 하나의 엠이 유년기교육과 직업훈련을 받게 되면 그다음 많은 복제품들이 그 혜택을 볼 수 있기 때문이다.

엠은 지체된 부문에서 일하는 엠의 구동속도를 높임으로써 예산은 초과되더라도 기한 내에 더 큰 프로젝트를 마칠 수 있다. 일반적으로 엠 기업은 점점 더 성장해가고 점점 더 조정력이 커진다. 그 이유는 빠른 속도의 상사가 조정을 더 잘할 수 있기 때문이기도 하고 클랜들은 그들이 일하는 기업에서 큰 재정적 수익과 명성을 유지할 수 있기 때문이기도 하다. 엠은 경력, 배우자, 성공을 포함한 인생경로를 더 쉽게 예상할 수 있다.

뚜렷이 차이가 나는 상당히 많은 방식에서 엠은 사람과 다르다. 우리에 비해 엠은 신경과민, 성욕, 죽음-혐오가 덜하고, 자연과 덜 연결되어 있기 쉽다. 엠은 외향적이고, 양심적이고, 상냥하고, 똑똑하고, 능력 있고, 빠르고, 효율적이고, 정직하고, 낙관적이고, 행복하고, 긍정적이고, 편안하고, 아름답고, 깨끗하고, 마음을 잘 챙기며, 침착하고, 협동적이고, 조정되어 있고, 참을성 있고, 합리적이고, 집중하며, 향수에 젖으며, 푹 쉬고, 평화롭고, 감사하고, 의지가 굳고, 극한 성능시험을 거쳤으며, 기록되고, 측정되고, 가치가 높고, 신뢰받고, 종교적이고, 결혼했고, 성숙하며, 노동지향적이며, 일중독에, 자기를 존중하고, 자기를 잘 이해하고, 법을 잘 지키고, 정치적 상식도 많고, 사회적 인맥이 넓고 건강하다고 느끼며, 기분이 좋고, 조언을 받아들이고, 부지런하고, 불멸일 것 같다.

엠들 사이에 임금과 일 생산성의 차이는 적지만 부, 크기size, 속도, 안정성, 정신적 투명성의 차이는 더 크다. 엠은 더 생생하고 인상적인 성격이며, 유동 지능보다는 결정 지능이 더 많고, 젊을 때 규율과 권위에 더 반항하고, 더 많은 측면에서 정체성이 확고하고, 사고나 공격에서 잘 보호되고, 동료와 더 잘 어울리며, 자신을 과시하는 데 애를 쓰지 않는다.* 엠의 삶은 더 준비되고, 더 계획되고, 일정이 더 많지만, 그런 것이 미흡할 때 취소와 종료를 더 많이 할 수 있다. 엠은 더 많이 일하고, 미팅도 더 많이 하고, 더 알찬 여가를 즐기지만 아이와의 접촉은 적다. 엠의 세계와 툴tools은 안정적으로 느껴진다. 엠이 보는 세계는 더 즐겁고, 더 다양하고, 가이드라인이 확실하게 보증되어 있고, 더 만화 같다.

엠 사회는 민주주의적 성향이 적고 성별 균형도 부족하며, 계층 간 구분이 더 엄격하며, 그 사회의 리더는 더 친밀하며 더 신뢰받는다. 엠의 법은 더 효율적이고, 더 많은 종류의 갈등에 대처할 수 있고, 더 많은 취사선택을 제공한다. 그러한 엠 세계는 더 부유하고 더 빠르게 성장하고, 더 전문화되어 있고, 더 적응적이고, 더 도시적이고, 인구가 더 많고 더 풍요롭다. 성격과 역할분담에서 성별 차이가 크지 않지만 논리 정연한 계획과 설계 작업에서는 성별 차이가 크다.

엠이 시간 대부분을 열심히 일하고 곧 종료하거나 은퇴한다고 해도 대부분은 최근에 보낸 여가와 역경을 딛고 성공하는 긴 역사도 기억한다. 대부분의 엠에게 엠인 것은 좋은 것이다.

---

* 역자 주: 결정 지능은 유동 지능에 비해 특정 업무에 맞춰 목적지향적이다.

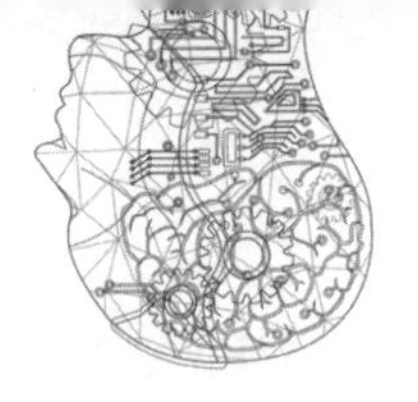

| Chapter 02 |

유 형

선 례

한 세기 내에 새로운 어떤 시대가 출현한다면 그 세계는 얼마만큼 변할 수 있을까? 과거에 있었던 가장 큰 변화를 검토하면 미래에 올 변화의 형태와 규모를 예측하기 위한 약한 토대를 얻을 수 있다.

만일 우리가 시간을 거꾸로 돌아간다면, 우주가 시작되고 그 다음 생명이 생기고 그런 사건은 수십억 년 전에 일어났고 이해하기 어렵다. 그러나 얼마 안 되는 지난 수백만 년에서 가장 큰 변화는 세 가지 핵심 전환으로 모아진다. 즉 인간의 등장과 농경사회와 산업사회의 출현이다. 인간은 수렵채집기 수백만 년 전부터 약 1만 년 전에 이르기까지 식량을 찾아다녔다. 그런 후 겨우 수백 년 전 정도까지 농경과 목축을 했다. 그 이후에는 산업을 발전시키고 산업에 의존해왔다.

사회집단의 크기는 이런 역사에 걸쳐 꾸준히 커졌다. 대부분의 포유동물은 2~15마리의 집단으로 살고 있는 반면(Kamilar et al. 2010), 인간 사회에서 대부분의 수렵채집인은 20~50명의 무리 속에서 살아왔고 대부분의 농경인은 500~2,000명 정도의 마을 단위 공동체에서 살았다(Kantner and Mahoney 2000). 더 큰 제국이 흔히 존재했었지만 제국은 대부분 사람의 삶에 직접적인 차이를 거의 만들지 않았다. 오늘날 대부분의 사람은 인구가 10만 명에서 1,000만 명 정도의 대도시 지역에 살고(Giesen et al. 2010), 또 인구가 대략 1백만 명에서 1억 명 정도인 국가에 산다.

이 크기는 신비하게도 단순 패턴으로 맞아떨어진다. 즉 각 시대의 공동체 크기는 대략 이전 시대 공동체 크기의 제곱이었다. 다시 말해 무리는 여러 집단들이 모인 것이고, 마을은 대략 여러 무리들이 모인 것이며 도시는 여러 마을이 모인 것이다.

수렵채집시대, 농경시대, 산업시대 이 세 시대에 태어난 인구수는 대략 비슷비슷하다. 1750년 이래로 약 200억 명의 인류가 태어났고 만 년 전부터 1750년까지 500억에서 1,000억 명 정도가 태어났으며 비슷하게 대략 백만 년 전부터 만 년 전 이전까지 500억에서 1,000억 명 정도의 유사-인류가 태어났다(Haub 2011). 그래서 이제까지 살았던 누적된 모든 인간의 수에 비해 오늘날 현존하는 인간 수는 3~8%에 불과하다.

이 세 시대는 경제의 총량에서 비슷한 규모로 변화를 겪었다. 즉 총 경제성장을 이루게 한 요소들이 비슷했다. 각 시대 동안 인간 경제(즉 가치상품을 생산하는 경제의 총 크기)는 (기하급수 성장을 통해) 각 시대마다 약 7번에서 10번까지 비교적 꾸준하게 2배씩 되었다. 수렵채집인 인구는 대략 25만 년마다 2배로 증가했고 농경인구는 1,000년마다 2배로 증가했으며 산업 경제의 경제 생산은 15년마다 2배로 증가했다. 수렵채집인과 농경인의 경제 규모는 당대의 인구수를 조절한 효과가 있었다. 그때 수입이 최저생계 수준이었기 때문이다. 시대와 시대 사이의 전환기도 또 다른 두 가지 방법으로 비교할 만했다. 각 전환에 걸린 기간은 그 이전 경제 규모가 2배가 되는 데 걸린 시간보다 훨씬 더 적었다. 또 기존 경제성장률이 2배가 되는 시점이 6번에서 8번까지 있었다(Hanson 2000).

만일 혁신의 확산이 핵심이고, 사회가 혁신의 확산을 위해 그 사회가 이용할 수 있는 가장 빠른 방식으로 성장해왔다고 한다면, 그 이전 사회의 최소 경제 규모로는 실현할 수 없었던 새로운 방식으로 새 사회는 빠른 확산 방법을 통해 빠른 성장 유형을 지속적으로 증가시켰을 것이며, 이런 식의 지나온 역사는 중요한 의미가 있다. 예를 들어, 영장류가 유전보다는 문화를 통해 점진적으로 혁신을 축적할 수 있을 정도로 전환되기까지 문화적 혁신을 가져올 만큼의 충분한 인지 능력을 누적해서 발달시켜야만 했을 것이다. 아마도 수렵채집인은 음식을 찾아 헤매는 것을 멈추고 대신 한 장소에 머물러 농사를 짓는 농경사회가 되기까지는 그 이전부터 더 빠른 문화의 확산을 가능하게 해주는 물리적 자본과 관련 혁신, 그리고 장거리 무역망이 있을 수 있게 먹이원이 충분히 모여 있는 안정적인 식량원들이 있는 곳을 누적시켜야만 했을 것이다. 이어서 농경인도 초기 과학사회에서처럼 분야별 전문가 간의 대화를 통해 혁신을 신속히 확산할 수 있기까지, 즉 농경사회에서 산업사회로 되기까지에는 전문화되고 충분한 수준의 노동 분업 발전이 사전에 필요했을 것이다.

만일 현재의 기술 수준과 경제 규모로는 아직 실현할 수 없어서 우리가 아직 경험하지 못한 성장과 새로운 방식의 정보 확산이 앞으로 가능해진다면 어떻게 될까? 그게 가능하다면 우리가 충분한 기술과 경제 규모를 이루었을 때 수렵채집, 농경, 산업화시대를 계승하는 새로운 성장 시대가 출현할 수 있다.

그런 새로운 시대의 어떤 특징들을 예측하기 위해 이전 시대의 패턴들을 사용할 수 있다. 예를 들어 시대를 넘어가는 전환기에 지난 시대만의 생산방법과 생활양식을 소유하고 참여했던 구 패턴의 사람은 새로운 방법을 채택한 사람에 의해 빠르게 밀려나고 지배되었다. 따라서 우리는 다음 시대의 새로운 방법과 새로운 양식을 충분히 활용하는 사람은 그런 활용에 저항하는 사람을 빠르게 밀어낼marginalize 것으로 예측할 수 있다. 과거 시대마다 예외 없이 자기 시대 방식이 이전 시대 방식에 비해 우월하다고 느껴왔다. 그렇기 때문에 다음 시대는 그들의 방식이 우리 시대의 방식보다 우월하다고 볼 것으로 우리는 예상할 수 있다.

마찬가지로 다음 시대에 관해 어떤 추정을 하려고 이전 시대에 있었던 동향을 이용할 수 있다. 예를 들어 시대별 공동체 규모가 대략 이전 시대 공동체 규모의 제곱이므로 우리 다음 시대의 공동체는 대략적인 인구수가 1조일 수 있다. 만일 과거 성장률 변화 패턴이 그대로 이어진다면 새로운 성장 시대는 다음 100년 이내에 출현할 것이다. 그 시점에 대략 5년이라는 시간 안에 세계 경제는 현재 성장 속도에서 매주 또는 매달 꾸준히 2배가 되게 바뀔지도 모른다. 경제가 2배가 되는 이런 새로운 속도로 1년 또는 2년 안에 그런 새 시대의 경제는 또 다시 경제가 2배씩 10번 커질지 모른다. 그렇게 해서 아마도 서너 시간마다 경제가 2배씩 커지는 새로운 시대로 다시 한번 바뀔 준비가 그럴 듯하게 될 수 있다.

이것은 분명 얼마 안 되는 데이터로만 얻은 경험적 규칙을 잘 이해하지 못한 데서 온 환상적인 예측이다. 이 장의 〈제한〉 절에서 논의하듯이 이런 동향이 영원히 지속될 것이라고 간단히 말할 수 없다. 그러나 이런 추정으로 최소한 우리가 다음번 큰 경제 전환 시 경계해야 할 변화 규모들에 대한 어떤 아이디어를 얻는다.

이전 시대

바라는 미래 변화가 어떤 형태인지 더 많은 단서를 찾기 위해 이전 시대 사이의 주요 질적 차이를 같이 검토해보자.

현생인류 이전의 영장류는 수백만 년 전부터 살아왔다. 그들은 현재의 침팬지와 보노보처럼 복잡하고 강한 수준의 마키아벨리 정치를 하면서 성적으로 잡혼을 하는 큰 집단을 이루며, 그런 정치를 수행할 정도의 큰 두뇌발달을 이루면서 살았다. 그들에게 중요했던 주요 환경은 포식자, 먹이 또는 자연이 아니라 서로 간의 관계였다. 이웃 집단은 보통 적대적인데 때때로 아주 난폭할 정도로 적대적이었다. 현생인류 이전 영장류는 많은 종으로 분화되었다. 그중 한 종이 마침내 강력한 문화적 능력을 진화시켰는데, 이는 상대방이 하는 상세한 행동방식들을 안정적으로 모방하는 문화적 방식들이다.

대략 2백만 년 전부터 이런 강력한 문화는 인간이 살아가기 위한 문화적, 유전적 변화를 많이 생겨나게 하면서 유전적 축적보다 훨씬 더 빨리 도구들과 방법들을 축적하게 해주었다. 이전 영장류와 비교해 수렵채집인은 더 오래 살고, 두뇌와 신체도 크고, 장기적 짝짓기 관계를 맺으려는 욕구도 강하고stronger mating pair bonds, 사회 집단도 크고, 이웃 집단과도 잘 지내고, 노동 분업도 엄청 세분화되고, 이동거리도 더 넓었다. 인간은 정해진 지역에 머무르는 대신 돌아다니고, 틈새 지역까지 더 넓은 영역을 채웠다(Youngberg and Hanson 2010).

집단에만 일반적으로 있는group-specific norms 다양한 원칙들이 그렇게 해주듯이 도구와 언어는 수렵채집인으로 하여금 지배, 폭력, 과시, 대형 사냥감 먹이의 과잉비축hoarding of big game food을 공공연히 하지 못하게 일반원칙들을 집행할 수 있게 해주었다(Boehm 1999). 집단 내 개인이 폭력적이었던 경우가 때때로 있었지만 집단들끼리 전쟁은 하지 않았다(Kelly 2000). 수렵채집인은 음악, 춤, 예술, 이야기, 험담을 하며 놀기 좋아했다. 먹이를 집단으로 찾고 포식자에 집단으로 대항하는 데 음악과 춤이 도움이 되었을 수 있다(Jordani 2011). 이런 변화 모두가 함께 작용하여 경쟁하는 종들을 멸종시켰듯이 인구의 규모, 심각성extent, 밀집도가 크게 커지도록 이끌었다.

약 1만 년 전 인류가 먹이원이 충분히 모여 있는 안정적인 곳을 구했을 때 야생을 헤매는 대신 해당 지역의 식물과 동물 가까이 머무르며 "농경"을 시작하였다. 이런 농경은 땅을 갈고 방목지역을 정기적으로 보호하면서 동물을 목축하는 것을 말한다. 농경인의 정착과 높아진 인구 밀도로 무역과 전쟁을 각각 할 수 있게 만들었다. 무역과 전쟁은 재산 목록들, 땅, 아내 그리고 노예를 각각 보충해주었다. 농경인이 전쟁으로 얻은, 어느 정도는 더 높아진 인구밀도로 얻은 농경인의 이익은 수렵채집 대신 농경을 해야겠다는 확신이 들게 도왔다.

농경인은 무역을 많이 했음에도 화폐는 거의 사용하지 않았고 물물교환과 빚으로 무역을 더 많이 했다. 농경인은 수렵채집인보다 물질 면에서는 부유해졌지만 여가시간 면에서는 가난해졌다. 또 농경인이 식량을 안정적으로 가지게 되면서는 나누는 것이 줄고 재산권이 더 강해지게 되었다. 그래서 아마도 짝짓기 불평등은 줄였음에도 불구하고 재산 불평등을 심화시켰다.

농경인의 불평등은 계층 간 차별 형태로 자주 나타났다. 농경시대에 등장한 많은 제의rituals는 축제 방식에서부터 길에서 만난 농부들끼리의 인사 방식에 이르기까지 다양했는데, 계층 간 차별성은 이런 제의에 수반하는 계층 일원 사이의 역할 구분으로 더 강화되었다. 농경인의 제의는 정서적으로는 덜 강렬했다(Atkinson and Whitehouse 2011).

수렵채집인에 비해 농경인은 음악과 예술 같은 놀이에 시간을 덜 썼다. 그 대신 농경인은 스포츠 경기를 도입하여 더 경쟁하면서 놀았다. 농경인은 더 높아진 인구밀도, 더 단순해진 육체활동과 식습관, 더 힘들어진 노동, 더 전문화되었지만 더 지루해지고, 정신적으로는 덜 도전적으로 바뀐 일들 때문에 수렵채집인보다 더 아팠다. 뇌의 크기가 수렵채집시대 동안 커져온 반면 농경시대 동안에는 줄었다(Hawks 2011).

노골적인 지배관계, 집단의 폭력, 안정된 지역들, 더 적어진 예술활동, 더 단순해진 식습관, 덜 나누고 쉬워진 정신적 노동 같은 농경시대의 많은 변화들로 인해 농경인은 인간이 아닌 영장류들이 사는 식으로 일부 돌아가고 있는 것으로 이해될 수 있다.

수렵채집인들이 보기에 농경 행동방식이 잘못되었다고 느낄 수 있지만 사회의 다양하고 강력한 원칙들을 위해서 농경노동에 요구된 행동들로 잘 바꿀 수 있도록 인간의 새로운 능력이 일조했다. 따르라는 압박이 더 세지고 신으로 설교하는 더 강력한 종교가 생겨 농경인처럼 행동하라는 압박이 더 가해졌다. 추가로 농경인은 기분을 좋게 해주는 알코올성 약물을 훨씬 더 잘 이용할 수 있었고 나중에는 글쓰기로 설득력 있는 선전propaganda과 이야기들을 쌓게 해주었다. 농경인은 또 로맨틱한 키스도 도입한 것 같다.

수렵채집인 무리가 친족으로 묶여 커진 만큼 이웃에 있는 농경 마을들은 씨족들로 묶여 커졌다. 농경인은 수렵채집인보다 덜 이동했고 자신의 집단을 잘 떠날 수가 없었다. 농경인은 잘 알지 못했던 이들과 더 자주 교류했고 가족을 구별하는 데 도움이 되는 성씨를 추가했다.

농경인은 분쟁해결을 위해 비공식적인 동맹 대신에 공식적인 법을 더 자주 이용했다. 농경인은 정중함, 자기통제, 자기희생, 전쟁 시 용감해야 한다는 데 더 많이 신경 썼다. 농경인은 앞날에 더 대비했고 자녀를 더 엄격히 교육시켰으며 풍년일 때 자식을 더 많이 가졌고 혼전 섹스와 혼외 섹스는 덜 인정했다.

대략 1만 년 전 농경시대가 시작된 이래 전쟁, 즉 조직적 충돌로 인한 사망률은 지속적으로 줄었다(Pinker 2011). 장기적 계획을 반영하는 이자율도 5천 년 전까지의 자료밖에 없지만 더 장기적으로 대비하게 해주면서 지속적으로 떨어졌다(Clark 2008).

도시들은 농경 이전부터 있었던 것 같고 농경을 시작하게 도왔을 수 있다. 최초의 도시들에는 큰 의식들을 위해 기념비적인 건축물이 주로 있었다. 처음에는 아주 일부 농경인들만이 도시에서 시간을 많이 보냈지만 농경시대를 지나면서 도심권에 사는 사람들이 증가했다.

부유한 농경 엘리트는 도시 가까이 자리 잡기 쉬웠고 그런 엘리트들 중 많은 이들이 여가, 예술, 섹스, 생식에서 수렵채집인 같은 습관으로 자주 돌아갔다(Longman 2006). 농경시대 도시들은 특히 전문화 수준이 높았고 최초의 많은 산업 문화와 노동 스타일을(Landes 1969) 특히 로마에서 길러냈다. 이는 많은 면에서 실패한 듯 보이지만 거의 산업혁명으로 보인다. 큰 도시에는 글을 쓰고 읽는 이들이 훨씬 더 많았고 산업시대 일부일처제, 이념 정치, 의류의 유행주기의 초기 모습도 있었다(Kaestle and Damon-Moore 1991).

우리 시대

산업시대는 겨우 수백 년 전 아마도 어떤 핵심 요소들이 잘 갖춰지고 규모가 잘 맞았을 때 영국에서 먼저 만개했다. 그런 핵심 요소는 기술 수준, 통신 비용 혹은 이동 비용, 노동 분업, 교역가능 지역, 조직 규모, 저축률, 전문가망의 연결성을 들 수 있다.

유럽에서 가장 초기에 나타난 산업시대 특징은 흑사병 이후 곧 시작하는 빠르게 변하는 옷 유행이었다(로마에도 얼마 동안 어떤 유행이 있었다(DeBrohun 2001). 이 때문에 지역에 따라 옷이 더 다양해지고 아마도 탐험, 과학, 혁신을 향한 일반적인 취향들 때문에 촉진되었을 것이다(Braudel 1979). 산업시대를 지나면서 문화는 분명한 청소년 문화처럼 지역, 직업, 같은 연령대에 따라 더 많이 달라졌다.

농경시대에 지리적 여건geography이 번영에 크게 중요했던 반면 산업시대에는 사회적 제도가 번영에 더 중요해졌다(Luo and Wen 2015). 산업시대에는 화폐가 무역 수단으로서의 물물교역을 대체했고 빚은 일상이 되었다.

수렵채집인의 수면 유형은 오늘날 우리와 비슷(Yetish et al. 2015)하지만 추운 지역에 사는 농경인은 겨울에 한밤중에 깨어 고요히 2시간 정도 있다가 다시 잠드는 식으로 4시간씩 쪼개서 잤다(Strand 2015). 산업시대로 인해 값싸진 인공조명으로 야간 활동을 훨씬 더 많이 하게 되었고 잠자는 횟수를 압축했다. 더 저렴해진 유리로 기후를 조절하는 창문을 만들고, 창문을 통해 우리는 더 큰 전망을 보기도 하고, 다른 사람을 더 잘 볼 수 있다. 또한 더 저렴한 거울로 다른 이들이 우리를 보듯이 우리 자신을 더 많이 볼 수 있다. 보다 값싼 시계가 우리 생활을 보다 계획성 있게 만들고, 더 저렴한 비누, 속옷, 식기, 하수구 시설이 우리를 더 청결하게 해준다. 더 값싼 지도, 엔진, 바퀴(이전에는 훨씬 적게 사용되었던)로 더 많은 장소를 더 자주 방문하고, 더 값싼 냉장고로 더 다양한 종류의 음식을 얻는다. 우리는 또 집에서 훨씬 더 멀리 떨어져 노동할 수 있게 되었다.

많은 농경인들이 맥주와 와인을 마실 수 있었지만 산업시대에는 기분전환용 약물을 더 많은 이가 사용할 수 있다(Braudel 1979). 산업화로 증류주, 커피, 차, 초콜릿, 담배, 이용할 수 있는 아편이 더 많이 만들어졌고 선전과 스토리는 더 설득력 있어졌으며 더 쉽게 퍼졌다. 보다 값싼 인쇄물과 화면들로 눈에 보이는 많은 곳들이 광고로 덮혔다. 소리를 전송하고 저장하는 것이 더 저렴해지면서 더 많은 공간이 인공 대화와 인공 음악으로 채워졌다. 최근에 우리는 엄청난 규모로 공유된 라이브러리에서 언제 어디서나 어떤 질문이라도 찾아볼 수 있고 또 누구와도 즉각 대화할 수 있는 기술을 얻었다.

농경시대에는 많은 내용으로 많은 사람들이 이야기, 농담, 노래를 했던 반면 산업시대에는 특정 예술가가 가진 특징들에 더 잘 맞는 예술만 행해졌다. 지식인들은 더 직접적이고 더 많은 논의를 문자를 통해 펼치게 되었다(Melzer 2007). 정치적 동맹들은 더 강력해졌고 지역, 가족, 인종 대신에 이념ideologies에 의해 정해졌다.

산업시대에 조직은 그 규모와 기세가 크게 증가했다. 도시는 전체 인구의 겨우 몇 퍼센트 정도 수용하다가 시간이 지나면서 인구 대다수를 수용하게 되었으며 기업은 몇 명 정도 고용하다가 수십만 명에 이르는 사람을 고용하게 되었다. 법은 법률가와 경찰 같은 전문가만 하게 되었다(Allen and Barzel 2011). 평범한 농경인에게는 거의 중요하지 않았던 제국은 국가로 대체되었고, 개인은 국가의식이 더 강해졌으며, 국가도 개인의 삶에 더 많은 영향을 주었다. 친족끼리 하던 많은 기능이 특히 서구에서 기업, 도시, 국가와 같은 조직에 이전되었다. 대부분의 노동자는 고용주로부터 임금을 받고 또 전쟁, 기후, 혁신의 위험으로부터 더 보호받는 피고용인이 되었다.

산업시대의 법은 농경인시대의 법보다 규칙이 더 많고 더 명확하게 표현된다. 이런 규칙들은 도시 혹은 국가마다 모든 조직 내에서 볼 수 있다. 산업시대를 거치면서 산업화 수준은 수렵채집인 수준보다 한참 위에 있음에도 불구하고 공공연한 지배식 통치는 꾸준히 줄었다. 산업시대에는 특히 생식력이 꾸준히 떨어지고 수명, 개인수입, 추상지능abstract intelligence, 여가시간, 평화, 성적 문란, 연애, 시민의식, 정신적으로 도전해볼 만한 노동은 늘어나고 의료 비용과 예술에 쏟는 비용도 꾸준히 늘어났다(Flynn 2007; Pinker 2011).

산업시대에는 개인소비가 전례 없이 엄청나게 늘어났다. 즉 산업시대의 우리는 부자라는 뜻이다. 오늘날 어떤 사람은 수렵채집인과 농경인들의 보통 삶을 끔찍한 지옥으로 잘못 묘사하고 우리의 산업화시대 생활만이 대체로 가치 있는 삶이라고 잘못 생각한다. 그러나 이런 과장 때문에 산업화시대가 주는 안락함의 위대한 가치를 우리가 놓쳐서는 안 된다. 가난한 것이 지옥은 아닐지라도 부유한 것은 정말 좋은 것일 수 있다.

농경시대에 비해 산업시대에는 평등주의가 더 크게 보이며, 공공연한 계급구분은 더 적어 보이고, 개인의 자기-주도성self-direction을 더 강조하는 게 보인다. 예를 들어 지난 2백 년간 서적물에서 "반드시 ~해야 한다", "의무", "자선"의 언급은 줄어든 반면, "나는 ~을 원한다", "권리", "시장"의 언급은 늘어났다(Barker 2015a). 늘어난 개인주의로 상품과 행동방식에서 다양성이 커졌고 공공연한 의례들은 더 적어졌다. 산업시대에는 일부다처제에서 일부일처제로. 더 최근 들어서는 성적 문란이 더 적어지는 쪽으로 바뀌었다.

부가 농경-시대의 사회적 압박을 약화시킨 만큼 산업화시대 동향이 많은 것이 마치 겉으로는 수렵채집인의 가치로 회귀하는 것처럼 보일 수 있다. 그러나 이런 관점은 유용하긴 해도 유일한 관점이 아니다. 예를 들어 산업화시대 사람이 노동하는 방식은 농부와 더 비슷한데, 정확히 말하자면 초능력-농부hyper-farmers와 비슷하다. 학교는 우리를 더 추상적으로 생각하도록 하며 대부분의 농경인들이 받아들이려는 것보다 더 노동현장의 지배를 더 받아들이게끔 훈련한다. 이것에는 불분명하고 상세한 명령들을 받아들이게 하는 것과 빈번하게 잘게 쪼개진 공개적인 신분서열을 받아들이게 훈련하는 것도 들어 있다(Bowles and Gintis 1976). 산업화시대의 일들은 스트레스와 심리적 안정감에서 차이가 큰데 이는 산업화시대 일들 간에 관찰된 큰 사망률 차이를 적절하게 설명한다(Lee 2011).

산업시대에 걸쳐 산업인인 우리는 점점 더 도시화에 맞춰지고 더 전문화되고 국제적으로도 더 불평등하게 되었다. 더 빨라진 변화 속도 때문에 산업 계획의 지평선도 더 짧아지곤 했다. 산업시대에 우리는 서로서로를 그리고 우주를, 시장으로 물질로, 개인의 정체성으로 연관 짓는다. 반대로 농경인과 수렵채집인은 자기들의 세계를 좀 더 황홀하게 보았고 그들 자신이 서로서로 더 깊이 연결되어 있다고 보았다(Potter 2010).

농경시대부터 수렵채집시대 그리고 다음 산업시대까지 우리는 더 빠르고 커진 성장, 더 커진 조직, 더 정교화된 전문화와 더 늘어난 도구 사용, 더 인위적인 환경, 더 효과적인 선전과 약물, 더 많아진 인구와 더 커진 불평등을 지속적으로 대해왔다. 나아가 수렵채집인에게는 자연스러웠던 노동 습관이 사라지는 것을 더 많이 보아왔다. 예상한 바와 같이 이런 경향은 이 책이 제시한 시나리오에서 계속된다.

우리는 건강, 생식력, 이동성, 평화로움, 예술, 계획 범위, 정신적으로 도전할 만한 노동, 섹스에 대한 사고방식에서도 일관되지 않았지만 커다란 변화를 보아왔다. 우리는 이런 선상에서 일관되지 않지만 변화가 더 있음을 예상해야 한다. 그리고 이 책에서 조사한 건강, 생식력, 이동성, 일, 성, 계획 범위 선상에서 큰 변화가 있다고 예상해야 한다.

지난 과거 전환기마다 각각 승자와 패자가 있었다. 고대 인류가 현 인간종이 되면서 불평등이 어마어마했다. 즉 하나의 아종subspecies만 남고 나머지는 모두 멸종해버렸다. 심지어 우리의 DNA에 가장 많이 기여한 아종인 네안데르탈인도 겨우 몇 퍼센트의 유전자만 남겼을 뿐이다. 수렵채집에서 농경으로의 전환 시에는 더 평등했다. 이런 전환 시 새 농경인을 더 많이 구성한 이들은, 농경으로 전환한 그리고 농경인을 침략해 혈연을 맺은 수렵채집인이었다(Curry 2013). 농경에서 산업으로의 전환 시에는 이보다 더 평등했다. 즉 산업화가 시작된 영국의 도시들이 평균보다 더 공평한 이익을 얻을 수 있었지만, 산업화로 얻은 이익은 가까운 유럽에 공유되었고, 규모는 더 적지만 나머지 세계에도 더 널리 공유되었다.

전환이익transition gains을 나눠 가지는 것이 커진 역사는, 생산 시 분업과 상호보완으로 세계경제가 이익을 더 얻으면서 퍼스트 무버들이 했던 전환을 모방하려는 후발주자들의 기술이 커진 결과로 보인다. 그러나 이 책이 설명하는 시나리오는 최근의 전환보다 전환 시 얻는 이익이 더 불공평해지면서 이런 이익 증가 동향을 벗어난다. 엠 세계로의 전환이 물질적으로 대다수 인류에게 혜택을 준다 해도 미래 인류의 아주 작은 소수의 후손만이 새로운 사회를 지배한다. 대다수 평범한 사람은 전환 이전에 영향력을 준 것보다 세계에 미칠 수 있는 영향력이 훨씬 더 적다.

지난 세 시대는 여러 면에서 각각 아주 다른 것을 살펴보았다. 다음 위대한 시대는 마찬가지로 우리 시대와 다르리라 예상해야 한다.

시대별 가치관

미래에 가치관들이 어떻게 변할지 이해하려면, 과거의 가치관들이 오늘날 어떻게 변했으며 또한 오늘날 얼마나 다른지 보는 것이 도움이 된다.

오늘날 개인의 가치관(Schwartz et al. 2012)과 국가의 가치관(Inglehart and Welzel 2010), 이 두 가지 핵심 가치관은 주로 동일한 두 가지 주요 요인 또는 주요 변화 축에 따라 다르다. 한 축은 미국에서처럼 국가 내 소규모

가족 중심 가치와 러시아에서처럼 국가 내 좀 더 큰 규모의 공동체 중심 가치관이다. 소규모의 가족 가치관은 자원, 지배, 성취를 강조하고, 대규모의 공동체 중심 가치관은 겸손, 서로 보살피는 것, 상호의존성dependability을 강조한다.

공동체 가치관은 벼농사 지역이 커진 지역, 질병이 더 많은 지역, 더 일찍 농경이 시작된 고대 장거리 이동경로 가까운 곳에서 더 흔하기 쉽다. 이런 각각의 상관성에서 이런 가치관 차이가 생기게 된 그럴 법한 이론이 나온다. 예를 들어 아마도 쌀 재배를 하려면 공동체 지원이 더 필요했고 아마도 집단주의적 규범들이 농경시대에 걸쳐 발전했으며 혹은 공동체 가치관들은 농경시대에 더 빈번했던 전염병이나 외부 침략에 대한 적응반응이었을 것이다(Fincher et al. 2008; Talhelm et al. 2014; Ola and Paik 2015). 이런 이론들 대부분이, 공동체 가치관은 더 밀집된 지역에서 더 셀 것이라고 제시한다. 수렵채집인과 많은 동물은 먹을 것이 부족하거나 먹이를 얻으려면 협동이 더 필요한 경우에는 친사회적pro-social 성향이 더 크다.

가치관 변화의 다른 주요(그리고 독립적인) 축은 가난한 국가와 부유한 국가 간에 있다. 가난한 국가는 순종, 안전, 결혼, 이성애, 종교, 애국심, 열심히 일하기, 권위에 대한 신뢰처럼 전통 가치를 더 중시한다. 반대로 부유한 국가는 개인주의, 자기-주도, 관용, 즐거움, 자연, 여가, 신뢰를 더 중시한다. 한 국가 안에서도 개인의 가치관이 이런 동일한 축으로 갈라질 때 우리는 좌파/진보liberal(부유) 대 우파/보수(가난)로 구분한다.

수렵채집인은 오늘날 부유하고 진보적인 사람과 비슷한 가치관을 가지기 쉽다. 반면에 최저생계 수준에 있는 자급자족 소농은 오늘날 빈곤하고 보수적인 사람과 비슷한 가치관을 가지기 쉽다. 산업이 우리를 더 풍요롭게 만들면서 우리의 가치관은 평균적으로 보수/농경시대 가치관에서 진보/수렵채집 가치관으로 이동했다(Hofstede et al. 2010; Hanson 2010a). 만일 순응이나 종교처럼 농경인이 직면했던 사회적 압박을 가하는 데 문화적 진화가 이용된 것이라면 이런 가치 간 이동은 그럴 법하다. 우리는 부유해진 만큼 이런 사회적 압박에 숨어 있는 위협을 크게 두려워하지 않는다.

부유한 사람은 자기들이 느끼는 대로 그리고 존경받을 만하게 행동할 여유가 더 있다는 것을 알고 있고 이런 행동방식은 수렵채집인과 비슷하기 쉽다. 예를 들어 부유한 사람은 단지 생존하려는 것 말고도 자기 주변 사람들에게 괜찮게 보이기 위해 집중할 여유가 더 있을 수 있다. 이것으로 산업화시대의 많은 동향을 그럴 듯하게 설명할 수 있다.

오늘날 우리는 여가에 더 시간을 쓰고, 상품, 서비스, 인생설계의 양적 측면보다 오히려 그 다양성에 시간을 더 쓴다. 미국 국내총생산GDP에서 교육에 쓰는 비율이 1900년에는 2%였던 것이 오늘날 8%로 커졌다. 재정 전문가에 쓰는 비율이 1880년에는 2%였던 것이 오늘날은 8%로 커졌다(Philippon 2015). 의료에 쓰는 것은 1930년에는 4%였던 것이 오늘날 18%로 커졌다. 프로젝트 하나당 10억 달러 이상의 비용이 드는 유별난 대형 프로젝트에 쓰는 비율은 지금 전 세계 GDP의 8%에 해당한다(Flyvbjerg 2015). 오늘날 이런 소비 수준이 단순한 기능에 비해 과도하다는 주장이 더 맞는 듯하다. 그러나 그런 소비는 과시하고 싶은 우리의 목적을 이루게 도와준다.

끊임없이 부자가 되고 싶어 하면서 우리들 중 어떤 이들은 농경인처럼 사회적 압박을 더 세게 느낀다. 우리는 이런 사람을 “보수주의자”라고 부르기 쉽다. 개인들이 진보적 사고방식을 가지는 주요 이유는 그 개인들이 부자여서 그렇다거나 혹은 진보적이어서 부자라고 말하려는 것이 아니다. 그 대신 부가 농경인 같은 사고방식이나 수렵채집인 같은 사고방식을 낳게 하는 유일한 요인이 아니라고 말하는 것으로 보인다.

물론 부유한 국가의 산업화시대 가치관은 도시급의 밀집도와 익명성을 수용하는 방식에서 그리고 직장 내 극심한 따돌림과 극도의 지배관계 같은 중요한 방식에서 수렵채집인의 가치관과는 다르다. 이런 식의 일터 가치관에 매달리는 이유는 그렇게 안 하면 산업화시대에 수입을 버는 우리의 능력이 위협받을 수 있기 때문이다.

이 책에서 설명한 시나리오에는 수렵채집인이 보기에는 생소한 행동방식이 많이 들어가야 하고, 개인당(즉 엠 하나당) 소득의 중앙값은 최저 생계 수준으로 떨어진다. 이는 엠 시대는 더 자유주의 쪽을 향하는 수렵채집인과 같은 동향과는 반대로 갈 것임을 제시한다. 즉 엠은 농경인 같은 보수적 가치관을 더 가질 수 있다.

꿈의 시기

이제껏 지구에 살았던 모든 인간 중 겨우 몇 퍼센트만이 산업시대 동안 살았고 그들 가운데 아주 적은 비율의 사람만이 새로운 산업화시대의 사고방식과 행동양식을 충분히 포용할 만큼 부유하다. 1장 〈개요〉 절에서 언급한 대로 부유한 산업시대의 인간이 채택한 이런 새로운 방식은 짧지만 영향력 있는 "꿈의 시기"를 대표한다고 볼 수 있다. 그 "꿈의 시기"란 일상적이지 않은 사고방식과 행동으로 가득 차 있다. (우주론자는 이것을 아주 초기에 물리적 우주가 짧지만 영향력 있게 평형이 깨져버린 우주팽창기와 비슷한 것으로 볼 수 있을지도 모른다.)

아래에 논의하듯이, 우리 산업화시대의 풍요로운 행동은 각 개인의 후손 수를 최대로 늘리는 일과 동떨어져 있다는 의미에서 생물학적으로 부-적응적maladaptive이다. 그렇다. 수렵채집인 조상은 많은 기만적 믿음과 그에 맞는 행동을 진화시켰는데, 그들이 속한 환경에서 그런 기만은 대부분 생물학적으로 적응적인 행동방식을 유도했다. 그런데 더 최근에는 사회 변화 속도가 적응에 필요한 유전선택과 문화선택 능력, 모두를 앞질렀다. 새 환경에 적응하는 데 우리의 행동방식은 과거보다 훨씬 못 하다. 그 이유가 몇 가지 있다.

첫째, 기본 심리학이론인 "해석수준이론construal level theory"에서 볼 때, 동물은 추상적 정신 모드mental modes와 구체적 정신 모드를 각각 진화시켰고 인간은 좋은 결정good decisions을 내리는 것보다 좋은 사회적 인상good social impressions을 주기 위해 추상적 모드에 더 적응됐다고 한다(Liberman and Trope 2008; Hanson 2009; Torelli and Kaikati 2009). 오늘날 우리는 추상적 사고 스타일에 더 의존하고, 이는 우리로 하여금 멋있게 보이려는good-looking 속임수를 더 자주 포용하게 이끈다. 우리는 더 큰 사회체계에 살고 있으며 추상적 사고가 더 고상한 것으로 간주되는 이 두 가지 이유 때문에 우리는 더더욱 추상적으로 사고한다.

두 번째, 진화 압력은 수렵채집인으로 하여금 의도하지 않게 서로에게 많은 것을 과시하도록 부추겼다. 우리의 부는 오늘날 우리가 이런 행동을 더 많이 하게 하고 우리의 무지unawareness 때문에 이런 행동이 현대의 상황에 잘 적응하지 못하게 한다. 예를 들어 수렵채집인은 예술, 음악, 옷 그리고 대화 시 어느 정도는 관련된 능력을 과시하려는 습관들을 발전시켰다. 그들은 또 정치를 비난했고, 지역의 아이를 가르쳤고, 허약한 동맹을 도왔고, 이야기를 만들어 들려주었다. 이것은 그들이 어느 정도는 자기들의 집단, 자기들의 동맹, 자기들의 이상ideals에 신경 썼다는 것을 보여주는 역할을 했다. 수렵채집인은 다음번 문제들이 있을 때 도움이 될 만한 동맹들에 투자하려고 풍족할 때 더 과시하도록 진화했다.

허풍떨기 그리고 하위집단 동맹을 막는 수렵채집인 규칙들을 위배하고 있다는 것을 모두가 알지 못하게 하려고 수렵채집인은 또한 이런 과시 행동방식을 위해 과시하는 게 아니라는non-show-off 많은 변명들을 믿게 진화했다. 예를 들어 남에게 좋은 인상을 주려고 예술을 하는 것이 아니라 그저 예술 자체를 좋아한다고 믿는 것과 같다.

이런 습관들을 물려받아 오늘날 우리는 수렵채집인이 했던 대로 과시하며 우리의 부유함 때문에 심지어 더 많이 과시한다. 우리는 여전히 우리가 과시한다는 사실을 부정하기 때문에 수렵채집인 식의 과시가 오늘날 얼마나 쓸모없는지 우리 대부분은 알지도 못하고 관심도 없다. 그 과시의 역할과 효력은 많이 변했지만 그런 변화에 대응하지 못한 채 우리는 예술, 잡담, 정치, 이야기 등을 통해 과시를 계속하고 있다.

세 번째 수렵채집인은 만족스러운 섹스, 음식, 장소, 물건을 연상하게 하는 많은 경치, 소리, 냄새, 미각에 끌리는 습관을 진화시켰다. 수렵채집인은 또 수사, 달변, 역경, 드라마, 암송(역주 제의 때 하는 반복되는 칭송구)에 영향받도록 진화했으며, 수렵채집인은 주장을 들으면 그런 주장의 논리가 아닌 정보 출처의 지위에 영향받도록 진화한 것 같다. 이런 습관들이 수렵채집인으로 하여금 높은 지위에 있는 이들과 동맹을 맺게 도왔을 수 있다. 그런 습관 때문에 식품, 약물, 음악, 텔레비전, 비디오 게임, 광고, 선전propaganda이 대량으로 만들어내는 오늘날의 초자극에 대해 우리는 약하게만 방어한다. 그래서 우리는 적응하는 데 쓸 만한 것 이상으로 그런 것들을 훨씬 더 많이 소비하고 그런 것들을 믿는다.

"인구 전환demographic transition"은 사회가 부유해짐에 따라 교육과 대중매체를 통해 전달된 새로운 신분 규범들status norms 때문에 사회가 훨씬 더 적은 자녀를 가지는 쪽으로 자주 바뀌는 추세를 말한다(Jensen and Oster 2009; La Ferrara et al. 2012; Cummins 2013). 농경사회에서 부자인 사람은 그런 부를 가져오게 한 유전자를 선택함으로 인해 더 많은 아이를 가지기 쉬웠다. 반대로 우리 시대의 부자는 아이를 더 적게 낳는다(Clark 2008, 2014). 인구 전환 초기 시기에 아이를 적게 낳는 것이 결과적으로는 손자를 더 많이 가진다는 몇몇 증거가 제시되기는 했지만, 현재로서는 아이를 적게 낳을수록 손자도 적어진다는 점이 분명해 보인다(Mulder 1998; Lawson and Mace 2011).

출산율 하락은 아마도 우리의 행동방식이 생물학적으로 부-적응적maladaptive이라는 가장 극적인 증거이다. 정의definition상 어떤 환경에서 장기적으로 후손을 적게 남기는 행동방식은 진화가 선택을 안 하기 쉬울 것이다. 그래서 그런 행동방식은 자기가 있는 환경에서 지속할 수 없는 적응이다.

개인 출산율이 부-적응적일 뿐만 아니라 오늘날 우리의 문화도 전쟁, 무역, 교육, 개종을 통해 문화가 할 수 있을 만큼 문화 고유의 적응성을 증진시키지 않는다는 의미로 역시 부-적응적인 것 같다. 우리의 문화는 또 적응적인 면인 개인의 출산율을 충분히 장려하지 않는다. 예를 들어 오늘날 우리는 형사범들이 대개는 파트너가 더 많아서 다른 범죄자들보다 출산율이 더 높은 그런 범죄에 충분히 관대하다(Yao et al. 2014).

물론 적응적 행동이 전체적으로 볼 때 세계 또는 우주에 좋다는 보장이 없다. 즉 적응적 행동으로 삶 전반에 해가 될 수 있다. 그럼에도 우리의 증가한 부가 모든 종류의 적응 실패로부터 우리를 많이 막아주긴 하지만 장기적으로 길게 보면 적응에 실패하면 적응빈도가 줄면서 결국은 사라진다고 봐야 한다. 이 장의 〈제한〉 절에 더 설명되어 있다.

최근 일부의 사람들이 우리의 부-적응적 행동방식을 매우 긍정적으로 축하해왔다(Stanovich 2004). 그런 사람들은 그런 부-적응적인 행동방식을 인간 유전자 프로그램 안에 우리를 노예로 묶어두는 족쇄를 깨버리는 증거로 본다. 그들은 우리가 계속 반란을 해서 진화 선택으로 정해진 미래가 아니라 오히려 우리가 의식적으로 일부러 우리 자신의 공동체 미래를 선택하기를 바란다.

그러나 적응압력을 무시하거나 거역하는 선택을 한다고 해도 진화적 과정이 더 이상 적용되지 않는 그런 세계를 만들어내기에는 결코 충분하지 않다. 진화가 진화소산물에 영향을 주기 위해서는 변이와 선택의 차이variation and differential selection만 필요하다. 그런 식의 진화를 막으려면 우리는 지구적 차원에서 거의 모든 자손증식 행동양식을 통제하도록 강력히 조정해야만 하고 그런 다음 전 지구적 차원에서 강제로 적용해야 한다.

덜 극단적으로 한다고 해서 부분적으로라도 해결되는 것이 아니다. 예를 들어보자. 후손증식 제한 시 극단적으로 하지 않고 유연성이 있으면 그런 제한을 피해갈 수 있는 부류의 사람들이 선택될 수 있다. 그리고 정치권력에 비례하여 후손증식 권한을 주게 되면 정치권력을 획득하고 유지하기를 더 잘하는 부류의 사람들이 선택될 수 있다.

강력하게 집중해서 지구 전체의 출산율을 조정하는 그런 것이 곧 나타날 것 같지 않다. 현재 그리고 한참 동안 그런 강력한 수준의 조정은 우리의 허술한 능력을 벗어나 있다. 조정은 일반적으로 정말 어렵고 리스크가 많다. 세월이 흐르면서 우리의 조정능력이 크게 향상되어온 것이 사실이지만 우리는 여전히 전 지구적 통제를 위해 필요한 수준을 이루어낼 수 없다. 그래도 그런 조정을 부족하나마 시도한다면 결국 통제를 피하는 이탈자를 불러올 뿐이며 그런 이탈자를 선택하는 결과를 낳는다.

일부 사람들은 진화가 집단적으로 통제될 것이라 기대하지 않고 생물학적으로 부-적응적인 우리의 행동방식을 축하한다. 그들은 미래의 진화가 그들이 가진 것과는 다른 것을 우선적으로 선택할 것이라고 받아들이지만 그러나 부-적응 행동방식을 가능한 오래 우선으로 두고 선택하고 싶어 한다. 그들은 역사의 더 큰 패턴에서 보면 예외적인 일시적 꿈의 시기의 역할이 있다고 본다.

그러나 당신이 받아들이든 저항하든 간에 우리 시대는 정말 특별한 꿈의 시기임을 알아야 한다. 계속 유지될 수 없어도 말이다.

제 한

우리는 최근의 이전 시대와 비교해서 다음번 위대한 시대를 대략 예상해 볼 수 있고 또 아주 먼 미래 시대에 대해서 유용한 추측도 할 수 있다.

물리법칙의 본질을 우리가 크게 잘못 이해하지 않는 한 유용하고 실질적인 혁신과 경제성장은 최소 수십억 년 혹은 그 이상의 우주론적 시간 단위에서 "곧" 끝이 나야만 한다. 예를 들어 혹시나 지난 세기의 경제성장률이 백만 년 이상 지속될 수 있었다면 10의 3,000제곱에 해당하는 성장을 이루었을 것이다. 이 우주에서 인간의 마음 혹은 인간 같은 마인드가 이런 성장률에 해당하는 이익을 얻는 다는 것은 물리적으로 불가능해 보인다. (나는 사실 우리의 먼 후손이 인간 같은 마인드를 가질 것이라고 주장하고 있지 않다. 나는 성장의 궁극적인 한계를 설명하려고 인간을 기준으로 사용하고 있다.)

일단 이용 가능한 모든 물리적 물질이 정말 최신 인공물로 전환된다면 물리적 자원으로 더 이상 급성장할 여지가 거의 없다. 새로운 우주로 갈 수 있다 해도 우리의 우주에 남은 이용 가능한 자원을 많이 바꾸지 않을 것이다. 결국 마찬가지로 물리적으로 유용한 장치, 알고리즘 등을 찾기 위한 우리의 탐색 공간은 수익이 엄청 줄어야 한다. 비록 가능성 있는 설계를 해서 효과적으로 무한한 공간에 대한 탐색은 이어질 것이지만 물리적으로 유용한 개선이 발견되는 속도는 천문학적으로 더 느려질 것이다.

비슷하게 아마도 얼마 안 되어 사회, 예술 혹은 여흥 목적에 유용한 계획, 장치, 알고리즘 등에 또한 한계가 올 것이다. 그렇다, 가상현실의 규모 extent와 디테일은 무제한 증가할 수 있지만 인간과 비슷한 생명체가 그런 증가된 디테일에서 얻을 수 있는 가치는 훨씬 더 제한된다. (우주론적인 계산량으로 수십억 년 탐색을 한 후에만 찾을 수 있는 정교하고 상세한 설계에 엄청 공들이는 생명체를 만들 수 있다. 인간은 그런 생명체와는 너무나도 다르고 그러한 존재가 만들어질 것으로 기대할 이유도 별로 없다. 물론 인간 같은 마인드들이 어려운 발견을 하는데 난제를 풀려고 오래도록 엄청 공들일 수 있다. 인간은 유의미한 정신적 능력을 과시하는 데 신경 쓰지만 그러나 결국 그런 지위-추구로는 실질적인 사회 가치를 많이 만들 수 없다.)

따라서 다가올 수조 년의 시간 동안 실질 경제성장은 아주 낮은 평균 성장률로 떨어질 것이다. 우리 마음보다 훨씬 느린 속도로 구동하지 않는 후손이 주관적으로 인지한 경제성장률은 오늘날보다 훨씬 더 낮아야만 한다. 실제로 미래 역사의 어마어마한 대다수에게 대체로 성장과 혁신은 너무 작아서 감지할 수 없을 것 같다. 그래서 실용적인 대부분의 목적에 무관할 수 있다.

아마도 우리 후손은 자손번식을 강력하게 규제하는 우주 확장 정부를 만들려고 조정하거나 혹은 아마도 많은 현지 지역 정부가 모두 비슷한 규제를 집행할 것이다. 만일 그렇게 하지 않는다면 그때 혁신의 결말이 보여주는 것은 우리의 후손이 결국 생물학적 의미에서 환경에 안정적으로 최고로 적합하게 적응하게 되리라는 점이다. 그들의 행동은 최소한 비슷한 행동을 유지하려는 쪽으로 거의 지역에서 최적화될 것이다. 대부분의 장소에서 후손들의 인구는 거의 최저생계 수준에 적응한 생활수준으로 경쟁하여 적응을 거친 진화 평형competitive evolutionary equilibrium에 일치하는 정도까지 늘어날 것이다. 그런 식의 인구 증가 정도consumption levels는 지구 역사상 거의 모든 동물, 200년 전의 거의 모든 인간 그리고 오늘날 십억 인간에서도 나타난 특징이다.

현재 인간 뇌의 설계는 원자, 에너지, 용적volume과 같은 물리적 자원을 효율적으로 이용하는 한계에 다다르기에는 아직 멀었다. 정말 적응적인 후손은 물리적 효용의 그런 한계까지 훨씬 더 근접할 것이다. 그래서 그들은 현재 인간이 사용하는 것보다 자원을 훨씬 더 적게 사용하는 뇌 설계에 접근할 것이다. 이런 설계를 통해 우리와 유사한 마인드를 구현해야 한다. 혹은 우리가 현재 사용할 수 있는 것과 비슷한 수준의 자원들을 묶어서 훨씬 더 많은 정신 용량을 모아야 한다. 혹은 이 두 가지 변화를 합친 것이 나타날 수 있다. 따라서 아주 장기적으로 (수백만 년 혹은 수십억 년) 훨씬 적은 물질과 에너지 자원을 사용하려면 우리와 맞먹는 정신 용량을 지닌 어떤 생명체를 예상해야 할 것이고 만약 그들이 우리와 밀도가 비슷하다면 그들은 훨씬 더 작을 것이다. 그리고 만일 그들이 우리와 비슷한 총자원 양을 사용한다면 그곳에는 훨씬 많은 그들이 있을 것이다.

미래 통신의 속도가 빛의 속도로 제한되고 그리고 지역 문화의 변화 속도가 터무니없이 느리지 않고, 또한 강력한 우주 차원의 조정이 없다면 우주의 물리적 크기 때문에 미래 문화는 다양한 지역문화로 갈라질 수밖에 없다고 봐야 한다. 예를 들어 어떤 먼 은하에서 신호를 되받는 데 걸리는 시간이 십억 년이 걸리는 데 반해 어느 지역의 음악 유행이 바뀌는 데 단지 10년만 걸린다면, 그때 음악 유행은 지역마다 다르게 바뀌는 음악 유행으로 갈라질 것이다. 이와 비슷하게 이동 비용이 많이 들고 이동시간이 오래 걸리면 군사방어에 드는 군비보다 대규모 군사공격에 드는 군비가 훨씬 높게 들기 때문에, 바로 그런 이유로 군사력도 작게 갈라지기 쉽다.

먼 수렵채집인 조상은 아주 느리게 변화하는 세계에 잘 적응했었고 문화적으로 군사적으로 지구 전역에 걸쳐 갈라져 있었다. 그래서 우리의 먼 후손은 같은 방식으로 우리의 먼 조상과 더 비슷하게 될 것 같다. 현재 우리가 있는 "꿈의 시기" 시대는 우주론적으로 특이하다. 고도로 통합된 전 지구적 문화가 급성장하는 아주 짧은 시기이며, 생물학적으로 매우 부-적응적인 여러 중요한 행동양식을 가진 시기이다.

미래 시대에 어떤 종류의 역사 패턴이 우리의 먼 과거 패턴으로 돌아가려고 그리고 우리의 먼 미래 패턴으로 향하려고 "방향을 틀지turn the corner" 알 수 없다. 그러나 우리는 전 지구적 조정이 없는 경우 다음 위대한 시대는 크기는 더 작지만 개체수는 더 많은 생명체, 에너지 사용은 더 적고, 낮은 생활수준, 환경에 더 잘 적응된 행동방식, 주관적으로는 성장과 혁신의 속도를 더 느리다고 인지하고, 문화양식과 사회조직은 더 갈라진 쪽으로 이동하기 시작할 것이라고 약하게 예상할 수 있다.

이런 것 대부분이 이 책의 시나리오를 이루는 항목이다. 즉 엠은 여가가 더 적고, 수입이 더 적고, 더 잘 적응된 행동방식을 가지며 그리고 중요한 방식에서 우리보다 더 많이 갈라진 문화를 가질 것으로 보인다. 성장은 "객관적으로", 즉 시계로 보는 시간a fixed clock에 비하면 빠름에도 불구하고, 보통 엠들이 "주관적으로" 볼 때는, 즉 엠이 개인적으로 사건을 경험하는 속도에 비하면 성장은 더 느리다.

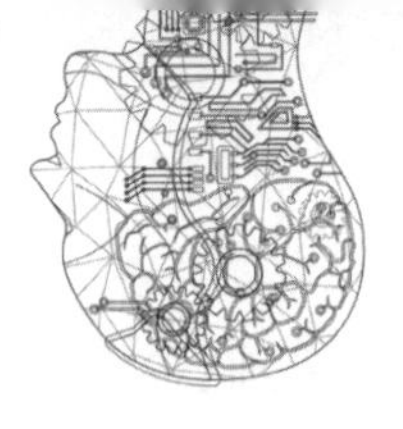

| Chapter 03 |

틀 만들기

동 기

미래 에뮬레이션을 왜 연구하는가?

이 책의 초고를 읽은 몇몇 독자는 나에게 말하곤 한다. 그런 미래 세계가 자신들의 자녀, 손자를 포함하지 않는 한 혹은 그 자녀나 손자와 연관 있는 가상 인물을 포함하지 않는다면, 그런 미래 세계에 크게 신경 쓰지 않는다고 말이다. 나도 내가 여기서 내놓는 시나리오가 특히 극적이거나 영감을 주는 이야기에 잘 맞지 않는다는 걸 인정할 수밖에 없다. 그런데 나는 다음의 점도 주목하려 한다. 즉 이처럼 비슷한 기준similar standards으로 세상을 보자면 대부분의 다른 역사도 마찬가지로 우리들에게 시시해 보이고 아무 관계없을 것이라는 점이다. 미래에 별로 관심을 두지 않는 사람들 중에서도 많은 이들은 여전히 역사의 구석지고 틈새에 놓인 많은 것에 큰 관심을 보인다.

과거는 바꿀 수 없음에도 불구하고 미래보다 과거를 공부하는 데 더 많은 노력을 한다. 우리가 미래보다 과거에 대해 훨씬 더 많이 안다고 변명하면서 그런 노력을 정당화한다. 물론 소소한 노력으로 미래를 보는 실질적인 통찰을 얻곤 한다. 그리고 우리가 미래를 공부하는 데 더 열심히 노력했다면 우리는 그 미래에 대해 더 많이 알 것이다. 나아가 미래에 비해 과거에 대한 연구는 이제 효용이 다하고 있다. 다시 말해 과거에 대한 가장 쉬운 통찰 대부분은 이미 발견되었다.

정책policy의 경우, 미래는 정말 중요하다. 정책은 미래에만 영향을 미치기 때문이다. 우리가 정말 비관적이거나 오직 자기중심적 시간관을 가지고 있지 않다면 미래가 가장 중요하며, 대다수의 사람이 그곳에서 살 것이다.

이에 더해 대부분의 지식인들이 토론해서 얻은 정책으로 수혜를 얻으려면 시간이 오래 걸린다. 즉 새로운 정책 아이디어를 가진 지식인이 그 아이디어를 논문으로 발표하고, 누군가 그 논문을 읽고, 누군가 정책 영향을 받고, 마침내 그 아이디어를 시도할 기회를 찾고, 시도한 정책이 결과를 내기까지 수십 년이 걸릴 수 있다. 만약 다음 수십 년간 거대한 변화가 일어난다면 그런 변화를 무시하는 정책분석은 무의미하거나 혹은 완전히 엉뚱한 방향으로 간 것일 수 있다. 따라서 다가오는 큰 변화를 미리 예측하고 변화가 가져올 수 있는 결과를 미리 들여다보는 것이 중요하다.

다른 나라를 방문해보면 그제야 당신의 모국에 어떤 특징이 있는지 더 잘 볼 수 있게 된다. 마찬가지로 생소한 미래 혹은 과거의 시간을 조망해보면 당신의 현 시대에 어떤 특징이 있는지 보는 데 도움이 된다. 이와 똑같이 당신의 후손을 이해하면 당신이 누구인지, 역사 속에서 당신의 위치가 어디인지를 볼 수 있게 해준다. 우리는 이전 시대 과거 사람에 비하면 다음 시대이지만 차후에 올 미래 사람에 비하면 이전 시대에 사는 현재의 사람이다. 공간과 시간에 걸쳐서 공간적 이웃이나 시간적 이웃과 비교하여 지금 그리고 여기의 우리가 얼마나 다른지를 파악함으로써 어느 정도 우리 자신을 정의한다. 이 책에서 묘사된 미래가 실제로 일어나지 않더라도 이런 분석을 통해서 독자는 미래의 가능한 세계가 얼마나 색다를지를 보게 될 것이다.

사람들은 현재를 기준으로 최근 현상을 미래에 반영한 미래 사건에 주로 흥미를 보인다. 그 이유는 현재 현상을 기리고 축하하거나 혹은 아쉬워하고 애달파하는 간접적 방식으로 미래 사건을 거론하기 때문이다. 예를 들어 노동시간을 축소하는 현재의 변화추세를 간접적으로 언급하는 방편으로 주당 몇 시간 정도만 일하는 그런 미래사회를 다룬 스토리를 좋아한다. 그러나 이 책에서 묘사한 대부분의 사건은 현재 추세를 반영한 것이 아니어서, 그런 의도라면 이 책은 별로 유용하지 않다.

미래사회를 설명하는 우리의 최상 이론이 무엇을 제공하는지를 검토해서 이런 이론을 시험해볼 수 있다. 오늘날 우리 사회 과학자는 사건 후 확증편향hindsight bias(일이 일어난 후에 일이 일어난 배경을 억지로 꿰어 맞추는 심리편향)을 너무 쉽게 관행적으로 반복하면서, 우리 주위에 드러난 현상적 패턴이 사회가 작동하는 방법을 설명하는 이론으로 명확히 설명된다고 너무 쉽게 가정한다. 그런 패턴을 기대하기 어려운 미래사회에 대해 생각해보면 세계가 실제로 어떻게 작동하는지, 설명하는 이론이 무엇을 담고 있는지 더 주의 깊게 살펴보게 만든다. 그런 사고 실험은 이런 이론을 보는 우리의 확신을 검증하게 도울 수 있고 우리가 채워야 하는 이론적 허점을 비추어보게 도울 수 있다. 결국 미래가 무엇을 담고 있는지를 보려고 할 때 이런 식의 책은 현재 있는 표준 이론의 예측 능력을 시험하는 것일 수 있다.

이 책은 상식적 근거와 현재 추세를 반영하는 추론방식 외에 사회기초 이론을 활용한 다소 특이한 접근법을 통해서 미래사회를 예측하고자 한다. 이런 특수 분석이 실패할 것이라고 생각하는 사람들이라도 사회기초 이론에 기반을 둔 또 다른 예측법basic-social-theory-based forecasts을 구축하는 한 사례로 여전히 고무받고 배울 수 있다.

바라건대 언급한 이런 이유 중 최소 하나에 당신이 공감하기를 바란다.

예 측

일부 어떤 사람들은 가깝지 않은 먼 미래를 예측하려는 노력 자체가 거의 실효가 없다고 말한다. 그러나 사실 성공한 예측이 많이 있었다.

예를 들어 배터리 혹은 태양전지 같은 장치에서 미래의 원가 변화the future cost changes를 예측한다. 그런 원가 비용은 누적생산 장치의 멱법칙a power law of the cumulative device production을 따르는 경향이 있어서 신뢰할 수준으로 예측 가능하다(Nagy et al. 2013). 또 다른 예로, 공개된 천 개의 기술예측 조합을 모으고 획기적 기술이 출현할 예상 시기를 실제로 출현한 시기와 비교하여 정확성을 비교하는 점수를 매겼다. 이 경우 예측값은 무작위로 골라낸 것보다 훨씬 더 유의미하게 정확했고, 심지어 10~25년 앞섰다. 이것은 별도의 다른 많은 방법으로 만든 예측에도 잘 들어맞았다. 평균적으로 이런 획기적 기술의 출현은 예측된 시기보다 겨우 몇 해 전에 실현되었고 어떤 경우는 예측하는 이가 이미 이정표가 지나버렸다는 것을 인지하지 못했다(Charbonneau et al. 2013).

미래를 예측하는 데 특별히 정확한 책은 1967년 허만 칸Herman Kahn과 앤서니 위너Anthony Wiener가 쓴 『서기 2000년』(The Year 2000; Kahn and Wiener 1967)이다. 이 책은 인구를 정확하게 예측했으며 컴퓨터 및 통신 기술에서는 80% 정확했고 그 외 기술에서는 50% 정확했다(Albright 2002). 좀 더 장기적인 예측으로는 1900년 엔지니어 존 왓킨스John Watkins가 백 년 후 사회의 기본적인 특징을 예측하는 데 훌륭한 성과를 냈다(Watkins 1900).

특정 기술을 예측하는 데 집중한 사람들을 살펴보면 1911년에 콘스탄틴 치올콥스키Konstantin Tsiolkovsky가 우주여행의 기본적 문제와 가능성을 예측했던 것이 있다(Tsiolkovsky 1903). 보다 최근에는 케이. 에릭 드렉슬러(K. Eric Drexler)가 원자 수준으로 정확한 제조의 개요를 그리려고 기초 물리학을 이용했다(Drexler 1992, 2013). 다른 이들은 우주선의 개요를 그리려고 물리학을 이용했다(Benford and Benford 2013).

실패한 많은 예측까지 집어넣는다고 해도 지금까지 성공한 예측이 무작위 예측보다는 더 정확해 보인다. 그렇게 어떤 사람들은 미래 변화 예측 시 무작위로 예측한 사람들보다 최소한 더 나았다. 실제 우주선과 원자 규모의 실제 미시공장은 그들이 예측했던 개요와는 많은 면에서 확실히 다를 것이라 해도, 이런 시도는 무작위 예측보다는 미래의 공장과 미래의 우주선으로 더 잘 안내하고 혹은 방대한 양의 영화에서 보여준 스토리 묘사에도 더 좋은 가이드 역할을 했다.

많은 이가 물리적 확률은 예측될 수 있는 반면 사회적 결과는 예측될 수 없다고 말한다. 그런 사람은 보통 자연과학physical sciences 교육을 받았으면서도 사실 사회과학자가 유용한 많은 것을 알고 있다는 것을 인정하지 않는다. 예를 들어 사회과학자는 오늘날 우리의 삶의 방식이 왜 농경인의 삶의 방식과 다른지 농경인이 가진 삶의 방식이 왜 수렵채집인과 다른지 얼마간 상세하게 이해한다. 만약 우리의 오래된 조상이 그런 사회과학에 접근할 수 있었다면 그들의 사회과학을 현재 산업시대의 많은 모습을 예측하려고 그럴 듯하게 이용할 수 있었을 것이다. 우리는 이와 비슷하게 우리 이후에 도래할 미래 시대의 많은 모습을 예측하기 위해 사회과학 기초론을 사용할 수 있어야 한다. 이 책은 이런 주장을 증명하려는 시도이다.

예를 들어 월드와이드웹World Wide Web의 출현과 그것이 가져오는 결과를 어느 누구도 예측할 수 없었다고 말하는 사람들이 있다. 그러나 내가 1984년에서 1993년까지 참여했던 재너두 하이퍼텍스트 프로젝트Xanadu hypertext project의 참가자들은 월드와이드웹의 많은 중요한 모습을 바르게 예측했다. 1999년에 나온 어떤 비지니스 책은 인터넷 사업의 많은 핵심 쟁점을 정확히 예측하는 데 경제학을 사용했다(Shapiro and Varian 1999). 그런 사례는 모두 아주 먼 미래 환경의 물리적 사회적 핵심 요소를 예측하는 데 기초 이론을 사용할 수 있다는 것을 보여준 것이다. 그런데 예측에 그런 노력을 들인 만큼 문화적으로 또는 물질적으로 많이 보상받지 못하는 경향을 보여준다. 이런 점으로 미루어 진지한 예측활동이 상대적으로 그렇게 적을 수밖에 없었는지 조금이나마 설명될 수 있다.

그러나 실수하지 않으면 미래를 예측하는 것은 가능하다.

시나리오

우리는 엠의 세계를 희미한 윤곽이라도 그려볼 수 있을까?

이 책에서 나의 기본적인 대부분 방법은 희망이냐 아니면 두려움이냐의 가치관의 문제보다는 예상되는 것에 우선적으로 초점을 둘 것이다. 나는 일어났으면 하는 것 혹은 다른 이에게 피하라고 경고하고 싶은 것 대신에 만일 피하려고 특별한 노력을 안 하면 무엇이 일어날 것인지를 먼저 탐색한다. 만일 당신이 밀고 나갈 행동도 하지 않은 상태에서 미래가 어떨 것인지에 대한 아이디어도 거의 없다면 당신은 어느 방향으로 미래를 밀고 가야 하는지에 대해 적절히 말한다는 것은 거의 힘들다. 물론 우리는 밀고 나갈 우리의 능력을 과대평가해서도 안 될 것이다.

이 책에서 나는 몇몇 제한적인 가정을 설정하려 한다. 이 가정으로부터 예상되는 가능한 관련 논증을 수집할 것이다. 그런 다음 이런 많은 관련 단서를 자기정합적인 시나리오 안으로 결합시키려 한다. 그 시나리오 안에는 유의미한 변수들이 서술되어 있다. 예를 들어 만일 내 시나리오에 요인 A가 들어 있고 요인 B가 A와 함께 가는 경향이 있다고 할 적절한 근거가 있다면 아마 확실성이 좀 적다 해도 시나리오에 요인 B를 추가할 것이다. 나는 A를 더 많이 확신하고 또한 A와 B의 상관성이 더 강하고 더 깊다고 생각할수록, 이에 더해 B를 제시할 독립적 이유가 더 많을수록 더 확신 있게 B를 추가한다.

이와 같은 자기 정합적 시나리오 구성은 복잡한 상황을 분석하는 데 정말 흔한 방식이다. 예를 들어 직소jigsaw 퍼즐 또는 수도쿠Sudoku 퍼즐, 프로젝트 계획의 구성 심지어 국가 기밀정보 분석 예측에 아주 흔한 방법이다. 이것은 우주여행선, 나노컴퓨터, 지구온난화 결과를 연구하는 데도 사용하는 프로세스이다(Pindyck 2013).

역사학자도 이 자기-정합 시나리오 방식을 사용한다. 예를 들어 로마제국의 구리 무역을 추정하는 역사학자는 근방의 인구, 구리광산의 위치, 무역경로, 이동시간, 범죄율, 기후, 수명, 임금, 보석에 사용된 구리 등처럼 관련 요인들에 관해서 다른 역사학자들이 한 가장 좋은 추정치에 보통 의존할 것이다. 역사학자는 어느 정도의 불확실성은 보통 인정함에도 불구하고 변수들이 적은 경우에는 일관성이 있을 만한 한 가지 값보다 더 많은 값이 일관성 있다고 확인함에도 불구하고 역사학자들은 다른 역사학자들이 한 가장 좋은 추정치에 맞추려고 대개는 가장 좋은 추정치들로 구성한다.

그런 간단한 시나리오 구성은 오늘날 많은 전문 미래학자들 사이에서는 금기로 여겨진다. 그들은 "미래학자"로 분류되는 것을 싫어하고 대신 "시나리오 사상가scenario thinker"로 불리는 것을 선호한다. 전문 미래학자들은 전환transtory 상태보다는 안정equilibrium 상태를 서술하고 그렇게 되도록 추진하는 동력이 무엇인지를 표현하는 이야기 방식의 가장 적절한 시나리오를 만들고자 한다. 그들은 불확실성과 불일치성을 낳게 한 광범위한 영역의 가능성들을 다 커버하는cover 적절한 몇몇 시나리오를 창조한다. 그리고 바로 이런 점에서만 전문 미래학자들은 "시나리오 기획하기"를 받아들인다(Schoemaker 1995). 그러나 나는 왜 이들이 간단한 방법을 금기시하는지 아직도 이해하지 못한다. 그래서 나는 묵묵히 내 방법을 추구하며 자기 정합적 시나리오 구축에 노력했다.

내가 서술했듯이 이 책에서 내가 설명하는 것과 똑같이 특정 시나리오가 실제로 일어날 기회는 천분의 일보다 훨씬 더 적다. 그러나 완전히 참은 아니더라도 참에 가까운 시나리오는, 여전히 행동하게 하고 추론하게 하는 관련 지침일 수 있다. 나는 내 분석이 비슷하지만 서로 다른 많은 시나리오들과 관련 있기를 기대한다. 특히 나의 핵심 가정의 조건에서만 볼 때

나의 분석은 최소 미래상황의 30% 이상을 미리 잘 알려줄 수 있을 것으로 본다. 전체적으로 볼 때는 적어도 10%는 기대한다.

미래가 과거보다 중요하다고 했다. 한편으로, 과거를 서술한 중요한 책이 최소한 천 권이 있다고 생각해보자. 만약 나의 책이 천분의 일 수준의 기회로만 일어나는 시나리오를 전문적으로 연구하는 것이라면 이 책은 도움이 될 수 있다.

구체적인 시나리오를 생각할 때 특별한 "기본" 시나리오에서 생긴 변이들로 정의된 시나리오들을 모으는 것이 자주 유용하다. 나아가 특별히 일어날 것 같은 시나리오likely scenarios만이 아니라 특별히 간단한 시나리오simple scenarios를 기본으로 선택하는 것이 유용하다. 그렇게 해야 시나리오와 시나리오에서 생기는 단순한 변이들을 더 쉽게 분석할 수 있다.

예를 들어 대형 전쟁major war이 다음 수백 년이 지나 언젠가 발발할 수 있다고 해도 사람들은 그런 구체적인 전쟁이 들어 있지 않은 기본 시나리오를 분석하고 싶어 한다. 이런 식의 기본 시나리오가 있기 때문에 인도와 파키스탄 전쟁 혹은 중국과 대만 전쟁같이 다양한 요소들이 추가된 변이시나리오variation scenarios의 결과를 쉽게 분석할 수 있다. 대형 전쟁이 일어날지 안 일어날지 모르지만 그렇다고 해서 어떤 전쟁을 기술한 특수 시나리오를 기본 시나리오로 택하게 되면 그런 시나리오 위에 특정한 변이 요소가 들어간 다른 시나리오들을 기술하고 정의하기가 더 어려울 수 있다.

다시 말해서 가로등 아래 있는 열쇠를 찾는다는 속담처럼 우선 가로등 불빛 아래에서부터 당신의 열쇠를 찾기 시작하는 것은 실제로 좋은 아이디어이기도 하다. 당신의 열쇠가 아마도 가로등 불빛 아래 없을지라도, 그 열쇠를 찾으려는 당신의 정신적 지도에 닻을 내릴 좋은 장소는 가로등 불빛 아래일 것이다. 그렇게 함으로써 당신은 불빛 밖의 어두운 곳을 찾아보도록 계획할 수 있다.

나는 저렴한 전뇌 에뮬레이션whole brain emulation의 출현에 중심을 둔 단일 기본 시나리오를 보여주려고 한다. 그렇게 해서 이 주요 가정이, 복잡하게 고려해야 할 많은 시나리오들이 "거의" 없도록 해주고 내가 한 주요 가정이 비교적 별도의 시나리오가 되게 도와줄 것이다. 널리 적용하기에 충분히 값싸고 제대로 작동하는 에뮬레이션에 대한 기본 시나리오이거나 아니면 어떤 에뮬레이션이 되건 상관없이 충분한 경제적 가치가 없다는 기본 시나리오이다. 이 두 시나리오 외에는 흥미 있는 것이 없다는 가정이다.

이 책에서 제공되는 기본 시나리오는 모든 시나리오가 그렇듯이 상세하고 일관적이다. 나의 시나리오는 기본 시나리오로서 충분한 역할을 한다. 다시 말하면 가장 의미 있는 대안이라고 분명히 말할 수 있는 시나리오이다. 하지만 의미 있어 보이는 다른 시나리오가 나타나거나 혹은 그런 다른 시나리오를 아니라고 확실하게 부정 못할 경우 나는 분석하기 쉬운 더 "단순한" 대안을 선택하려 했다.

간단하고 일어날 법한 이런 기본 시나리오 전략은 기본 시나리오 그 자체와 기본 시나리오의 변이로 정의된 다른 시나리오들을 보다 쉽게 상세히 설명할 수 있게 해준다. 하지만 이런 방법은 그저 이해하기 쉬운 쪽으로 편향된 분석이 되기 쉽다는 것을 인정하도록 하자. 과거는 역사학자가 역사에서 기술하는 것보다 더 이상할 수 있는데, 그와 마찬가지로 엠의 실제 미래는 이 책에서 내가 설명하는 기본 시나리오보다 아마도 더 이상할 것이다.

이 점을 꼭 강조해야겠다. 그럴 듯한 미래 옵션을 많이 모아보면 현재 상태는 흔히 가장 간단하고 가장 일어날 것 같은 옵션이다. 그래서 간단한 가치와 있을 것 같은 가치를 사용하는 나의 분석 스타일은 나의 기본 시나리오를 마치 현재 상태와 비슷하게 만들기 쉽고 어떤 미래가 일어날 것인지보다는 덜 이상하게 만들기 쉽다. 그러나 어떤 구체적인 방향에서 미래의 모습이 이상할 것인지는 말하기가 쉽지 않아서 미래의 상세 모습을 잘 가늠하는 데는 이런 기본 시나리오가 여전히 우리가 가진 최상의 기준인 듯하다. 때로는 일반 지식이 있는 것이 지식이 아예 없는 것보다는 낫다.

합 의

나의 간단한 기본 시나리오의 세부 내용을 만드는 데 상식과 동향 추정 방법 외에 나의 주요 방법은 경영이론과 사회관행론social practice(사회행동과 사회연구에서 사회적 콘텍스트가 미치는 영향을 연구하는 이론)을 쓰고 물리학, 공학, 사회과학, 인문학 관련 영역에 걸쳐 표준적인 합의이론에 의존하는 것이다. 물론 미래과학의 기준에서 볼 때 현재 과학은 여러 면에서 잘못된 것일 수 있다. 그렇지만 오늘날의 과학 대다수가 모두 전복되지는 않을 것 같다. 그래서 현재 합의된 과학을 익숙하지 않은 특이한 질문에 적용함으로써 우리는 여전히 통찰을 얻을 수 있다.

경제학 교수로서 나는 표준적인 근대 경제학(주류 경제 이론)의 적용을 강조한다. 나의 결론 중 일부는 철저한 분석과 실증을 거친 경제학을 직접적으로 따랐다. 대체로 나는 이런 경우에 경제학 정보가 주는 직관을 좀 더 유연하게 적용한다. 나는 전문 경제학자가 나의 적용방식을 인정하고 용인하기를 기대하지만, 한편 비-전문가는 그 연결고리들connections을 발견하기 어려울 수도 있다고 본다. (비-전문가를 위한 유의점: 경제이론은 대부분 사람들이 원하는 결과를 예측하는 것이 아니라 왜 다른 결과가 나왔는지(조정 실패coordination failures 시)를 예측하는 것이다.)

예를 들어 대부분의 경제정책 분석에서 하는 기본 시나리오처럼 나는 상대적이기는 하지만 경쟁이 심하고 규제는 적은, 안정이 이루어진 평형 시나리오equilibrium scenario를 가정한다. 즉 많은 방식에서 많은 규모로 많은 주제에 대해 조정을 계속하는 그런 세계를 가정하고 있지만 상대적으로 뇌 에뮬레이션의 가격이나 수량을 바꾸려는 국제적 조정은 거의 이루어지지 않는다고 가정한다.

그렇다고 해서 무규제를 예상하거나 추천하려는 뜻이 아니다. 수요공급을 전략적으로 제한할 것이라는 가능성을 부정하지도 않는다. 또 예측할 수 없는 변화가 있을 것이라는 가능성을 부정하는 것도 아니다. 단지 경제학자는 그런 "수요공급 균형supply and demand equilibrium" 시나리오를 규제와 중재를 평가하는 표준적인 기본 근거로 사용한다. 그런 기본 결과를 안정적으로 추정하는 것을 우리 경제학자가 특별히 잘하기 때문이다. 법과 정치에서 경제의 효율성을 추구하는 경향이 소소하게나마 있으므로 내가 가정하는 주요 규제는 대부분 명료하고 상당히 효율적으로 보이는 것이다(Cooter and Ulen 2011; Weingast and Wittman 2008).

뇌 에뮬레이션에는 상대적으로 경쟁력이 높고 뇌 에뮬레이션을 적용하여 이익을 낼 수 있는 많은 경쟁 단체들이 있을 것으로 나는 가정한다. 또한 내가 설명하는 그 세계는 예측 못 했던 큰 변화들이 가장 영향력 있었던 파괴적인 초기 전환을 거친 후의 세계이다. 신기술 사용에 저항하는 조직적 대형 세력은 대개 실패했고, 전환기에 따른 여파가 일부 남아 있을 수 있지만 예상한 것과 행동하는 것이 대체로 잠잠해져 대개는 사회를 잘 설명할 수 있는 그런 미래시간에 초점을 둔다.

경쟁이 심한 시나리오들에 초점을 두는 대신 만일 내가 특정 규제들이 가져온 결과들을 상세히 분석했다면, 나는 어떤 조합의 규제가 나타날지 또 그런 규제로 얻는 일반적 효율성까지도 평가해야만 했을 것이다. 그러나 이런 것들은 예상하기가 어렵다. 그런 규제들을 지지하거나 반대하는 정치적 동맹들을 예상하기 어렵기 때문이다. 이에 더해서 그런 식의 평가는 모두 고도로 정치적이어서 나의 분석이 정치적 의제가 있다고 더 쉽게 비난받을 수 있다. 물론 어떤 특정 규제를 검토하지 않는다면 나는 또 규제에 반대하는 편견이 있다고 비난받을 수 있다. 정치적 편향이 있다는 비난을 피하는 것이 목적이라면 사회과학 안에 안전한 곳은 절대로 없다.

어떤 것은 예측하기 어려울 뿐 아니라 심지어 설명조차 어렵다. 예를 들어 우리 세계에 대해 많이 알고 있다고 해도 오늘날 일반 사람이 얼마나 "자유"로운지 어떤 "권리"를 가지고 있는지 말하기 어렵다. 그런 것들은 장소와 맥락에 따라 크게 다르고 정확한 정의도 부족하다. 미래 시나리오에 관련된 문제에 대답하는 것은 그보다 훨씬 더 어려울 것으로 예상된다.

오늘날 어떤 이들은 학계에서 인기 있는 경제이론들이 현재 경제학자들 간에 흔한 성격과 정신스타일에만 고도로 정교하게 맞춰져 있어서 성격이 다르고 정신스타일이 다른 사람들에게는 그런 경제이론이 맞지 않는다고 불평한다. 그러나 우리 경제학자의 경제이론은 부유한 국가의 다양한 계층과 지역에도 잘 적용될 뿐 아니라 아주 다른 국가들 심지어 몇천 년 전 지역 및 사람에 대해서도 잘 적용된다. 더군다나 현재 몇몇 정식 경제 모델formal economic models은 외계인이 점령하는 공간에도 적용될 수 있다. 외계인이건 사람이건 관계없이 모델을 사용하는 주체가 절대 과거를 잊지 않거나 절대 실수도 하지 않는 이기적이고 합리적이며 전략적인 경제주체라면 더 그렇다. 그런 경제주체를 기본으로 해서 만들어낸 경제이론이 오늘날 우리 인간에게 적용된다면 분명 미래의 엠에게도 적용될 수 있다.

나의 분석이 "과학"의 특징인 높은 수준의 확실성이 부족한 단순 추측이라고 불평하거나 나의 추정이 어느 다른 추측보다 신뢰도도 떨어지고 흥미도 없고 가치도 거의 없다고 단정 지을 수도 있다. 신뢰 수준이란 최하위에서 최상위까지 연속적인데, 사실 여기 내가 제시한 것과 같이 훈련된 추론방식이라면 최하위 수준보다는 훨씬 더 높은 수준까지 올라갈 수 있다.

전 망

내가 묘사한 결론은 지지 증거 면에서 다양하다. 일부는 잘 정립된 강력한 이론에 기반을 두고 있지만 또 다른 결론은 유추와 동향 추정처럼 약한 단서에 기대고 있다. 어떤 학자는 오직 강력한 지지 증거가 있는 결론만 허용해야 한다고 주장한다. 그러나 이렇게 하면 유용한 많은 정보들이 불필요하게 버려진다. 다른 영역에서 서로 다르게 드러난 사회적 특징 사이에는 그들 서로 간에 많은 상호의존성이 있다. 그래서 어떤 영역에서 약한 추측이라고 해도 그런 약한 추측이 다른 영역에서의 추정치를 높일 수 있도록 개선하는 데 일조할 수 있다.

그래서 나는 미래 모습에 대해 잠정적 추정을 내가 할 수 있는 한 많이 하고자 한다. 이것은 정형화된 베이지안 네트워크 확률 모델에서 가장-가능성 있는-변수-조합을 구하는 표준 통계 방법과 닮아 있다. 한 가지 정확한 조합에 대해 높은 확률값 하나만 있다는 주장이 아니라 대신에 모든 개별 변수를 평가하기 위하여 다양한 상관성을 최대로 이용하자는 것이 핵심이다.

내가 사용하는 약한 단서의 한 방식은 표준관행을 따른다. 표준관행이란 현존하는 사회활동 패턴이 안정된 기능적 설명을 한다고 추정되는 그런 관행을 말한다. 비록 그 이해 정도는 형편없이 낮더라도 말이다. 따라서 우리가 다르게 기대할 특정 이유가 없다면 현재의 친숙한 사회 패턴이 지속될 것으로 가정한다. 공간, 시간, 하위문화에 걸쳐 우리에게 익숙한 패턴이 안정적으로 더 많을수록 그 패턴이 엠 세계에서도 지속될 것이라고 분명하게 충분히 예상할 수 있다.

물론 지역마다 다를 수 있는 개별적인 사회 관행을 안정적인 기능 패턴으로 오해할 위험이 있고, 우리의 제멋대로인 습관을 통해서 엠도 그런 연속 위에 있을 것이라는 잘못된 가정을 할 위험도 있다. 또 정반대로 엠의 세계에는 우리 세계의 연속으로 봐야 할 많은 방식들이 있는데, 엠의 세계에서는 그런 방식을 잃어버릴 위험도 있다. 그 이유는 다음 두 가지에 있다. 첫째 엠 세계는 우리 세계가 안고 있는 유사한 문제에 직면해 있기 때문이다. 둘째 엠 세계는 우리 세계로부터 많은 관행을 직접 물려받을 것이기 때문이다.

이런 접근은 만일 대규모 사회변화가 적게 일어날수록 더 잘 작동할 것이다. 농경혁명 또는 산업혁명의 순서로 볼 때 엠 시대로의 전환은 정말 거대하고 방대한 차기 혁명일 것인데, 이런 점에서 엠 시대 이전의pre-em-era 여러 변화들은 상대적으로 작은 영향을 줄 것이라고 나는 암묵적으로 가정한다. 예를 들어 나는 엠이 다른 형태의 인간 수준 인공지능, 인간 뇌의 주요 유전적 재설계, 외계인 또는 악마의 침략, 전체주의자의 지구 지배 또는 문명의 완전한 붕괴 이전에 나타날 것이라고 본다.

또 익숙한 사회 패턴이 이어질 것이라고 보는 습관은 후기 엠 시대에 비해 특히 초기 엠 시대를 평가하는 데 더 잘 작동한다. 따라서 내 분석은 엠 시대의 초기 현실에 초점을 둔다. 이 시기는 의문의 여지없이 우주론적 시간 규모로 볼 때 짧은 기간이 될 것이다. 그럼에도 불구하고 이 초기 시대를 잘 이해하면 그 이후에 올 시대를 이해하는 데 좋은 준비가 된다. 마치 수렵채집인이 중간에 낀 농경시대를 잘 이해할 수 있었다면 산업시대까지 더 잘 예상할 수 있었을 것이라는 가정을 하는 것과 같다. 오늘날 초기 엠 시대의 현재를 잘 이해하는 것은 이어서 그다음 시대를 더 잘 예상하게 도와줄 것이 확실하다.

요약하자면 엠 세계의 많은 모습을 다루는 폭넓은 자기 정합적 시나리오를 만들기 위하여 다양한 분야의 합의 이론을 적용하고, 그 안에서 우리는 엠 세계에 대하여 "단순 추측"보다 훨씬 더 큰 신뢰도를 얻을 수 있다. 에뮬레이션 사회를 연구하기 위해 이런 특정 방법을 택했지만, 나는 이것이 유일하거나 혹은 최선의 방법이라고 주장하지 않는다. 단지 나의 시도가 다른 방법론을 촉발하기를 희망하며 또한 나의 방법이 다른 주제에까지 적용되기를 희망한다.

편 향

표준 사회과학을 적용하는 방법에 추가하여 나는 그와 관련한 편향을 피하기 위해 반방법론anti-method*을 사용한다.

예를 들어 무언가를 예측할 때 우리는 사건과 대상의 개별적인 내부 질서를 상상하는 "내부" 관점에 너무 많이 의존하기 쉽고 관련된 다른 사건의 출현 빈도에 기반을 둔 "외부" 관점에는 거의 기대지 않는 경향이 있다(Kahneman and Lovallo 1993). 우리는 새로운 정보에 대응할 때 처음 견해에 머무르려고 다시 말해 처음 견해를 거의 안 바꾸려고 증거가 보여주는 것보다 더 확신하기 쉽다. 변화를 평가할 때 우리는 그 규모를 무시하기 쉽다(예, 10마리의 새와 10,000마리의 새를 구하는 것의 차이). 그리고 이익이 큰 변화는 비용이 적고(또는 리스크가 적고) 그 거꾸로도 마찬가지라고 생각하기 쉽다(Yudkoswky 2008). 똑똑한 사람들도 다른 사람들과 똑같이 이런 많은 편향에 자주 빠진다(Stanovich et al. 2013).

우리는 주로 미래를 픽션의 맥락으로 생각한다. 완전히 불가능한 것 같지는 않지만 이국적이고 기이한 생명체나 기계 혹은 사건에 대한 이야기를 만들어내기 위해 미래라는 이름의 아주 먼 곳을 마치 친숙한 장소로 꾸며놓았다. 그래서 대중 픽션 장르의 일반적인 편향이 이와 관련 있다. 실제 사건과 비교해보자. 픽션의 사건은 무작위적인 복잡성으로 만들어지

---

* 역자 주: 과학철학자 화이어아벤트의 저서 Against Method가 우리글로 반 방법으로 번역된다. 이 내용은 반 방법의 내용과 비슷하다. 고정되거나 확실하게 주어진 방법론이 없다는 뜻이다. 고정되거나 규정된 방법이 없고 그때그때 상황에 따라 어떤 방법이든지 적용될 수 있다.

지 않으며, 오히려 단순한 가치(의도)로 갈등하는 인물에 의해 이끌어진다. 픽션의 인물은 극단적인 특징이 있고 그들의 역사를 통해 인물의 사고방식을 더 잘 예측할 수 있다. 인물들은 그들의 목표를 이루기 위하여 기꺼이 충돌 위험을 떠안는다. 그들은 또 맥락에 맞춰 예측 가능한 행동을 한다. 미래를 배경으로 하는 픽션에서도 우리에게 친숙한 오늘날 세상의 소재와 분야를 이야기하는 도덕적 우화를 간접적으로 표현하고 있다. 또 미래에 나타날 가상 집단을 편들거나 비판함으로써 오늘날의 어떤 집단을 간접적으로 기리거나 비판한다(Bickham 1997).

이 책은 꽤 특이한 주제에 초점을 둔다. 일반적으로 특이한 주제를 논하는 사람은 대개 독특한 방법, 독특한 가정, 독특한 자료 사용에 쏠리곤 한다. 게다가 독특한 결론을 유도하려고 한쪽으로 쏠리기 쉽다(Swami and Coles 2010). 이런 상관관계는 한쪽으로만 기울어져 있지만 그러나 과도하게 기이하거나 매우 색다른 주제에 대한 견해들도 명백한 수준의 방대한 방법과 근거자료 및 가정에 의해 방어된다.

오늘날 "문화적 반항군 스타일의 미래학자cultural rebel futurists"라는 하위문화가 존재한다. 그중 많은 수가 현재의 지배 문화의 근거가 미래의 행동방식에 의해 가시적으로 도전받는 "미래충격" 식의 시나리오를 즐긴다. 시간이 지나면서 문화는 큰 알짜 변화들을 정말 만들어내지만 보통은 이전 방식들을 최소로 확대하고 이전 방식들을 그대로 확대하는 식으로 그런 변화를 보려는 방법들을 찾아내기도 한다. 다시 말해 문화는 그런 변화들을 소화하고 정상상태로 만들려고 열심히 노력한다. 그래서 사람들은 자신들이 이전의 많은 문화적 가정들을 극적으로 뒤집은 세계에 거주하고 있다고 거의 보지 않는다(Rao 2012). 대신 우리들은 최근의 문화적 변화들을 소소하게 보기 쉽다.

우리는 먼 미래에 대해 거의 잘 알지 못해서, 미래를 구체적이기보다는 추상적으로 또는 "가까운" 시간보다는 "먼" 시간으로 언뜻 생각하는 경향이 있다(Liberman and Trope 2008). 이렇게 추상적이고 멀다는 생각 때문에 심리학에서는 구성주의 이론 수준construal-level theory of psychology에서 먼 미래에 대해 우리가 가진 믿음들의 다양한 특징이 무엇인지를 예측한다. 그런 믿음을 취할 만한 괜찮은 이유가 과연 있는지 없는지의 문제와 무관하게 말이다.

예를 들어 우리는 미래에 있는 인간과 장소 그리고 사물은 관련이 없다고 보기 싫고 각각 더 똑같다고 보기 싫다. 우리는 사안들이 공간적으로 사회적으로 거리가 먼 것을 기대하며, 더 신기하고 더 가상적이며 더 일어날 것 같지 않은 미래사건을 기대한다. 수학적 분석보다는 더 상관 있게 만들려는 유사성을 기대한다. 안 맞는 경우는 거의 없이 그런 유사성과 그런 이론들이 더 정확히 맞는다고 과신한다. 주장에 반대되는 특징 기반 논증보다는 주장에 부합하는 사례 기반 논증을 더 듣길 기대한다. 또 가장 잘한 행동이 리스크가 더 클 거라고 본다.

또 미래를 추상적으로 재구성해서 현실에 있는 실제 제약에 대해 기본 가치관을 강조한다. 우리는 추상적인 목표가 더 모순이 없기를 그리고 더 조정해서 오래도록 잘 맞게 추구되기를 기대한다. 우리는 미래형 집단의 가치가 개별 구성원들이 만드는 가치에 있다고 보기보다는 오히려 구성원 대표자에게 가치가 있다고 본다. 우리는 더 많은 행복, 권력, 지위를 기대하지만 그런 것에 대해서는 상대적으로 감정적으로 잘 흔들리지 않는다. 우리는 섹스에 비해 사랑을 더 기대한다.

심지어 우리의 추상적 해석은 미래에 올 가시적인 풍경마저 더 부드러운 질감과 더 작은 겉모습 안에 더 큰 공간이 들어 있는 멋지고 푸른색의 반짝이는 더 큰 공간이라고 기대하게 만든다. 불평이나 욕설조차도 정중할 것으로 기대한다. 사실 이런 기대감 모두 고전적인 "미래주의" 스타일의 전형이다.

일반적으로 우리는 다른 이의 행동을 더 추상적으로 평가하기 쉽다. 혹은 우리가 지금 막 한 행동을 평가하는 것에 비해 평소의 행동을 더 추상적으로 평가하기 쉽다.* 우리는 이상적이지 않은 행동을 하면서 겉으로는 높은 사회 이상을 표방하고 스스로도 알아채지 못하는 사이에 자신을 위선적으로 만드는 것 같다.

나 자신을 포함하여 독자 모두가 가지고 있는 이런 편향에 맞서기 위해 나는 나의 예측추론을 다음 방향으로 끌고 가려 한다. 나는 보통 생각할 수 있는 전형적 결과물과 더불어 그런 전형적 결과물로부터 벗어난 더 많은 변이를 기대하고 예상하지만 그런 기대에 대한 확신은 덜 하려고 노력한다. 나는 상식적 방법과 자료, 가정 그리고 관련 시스템과 사건 통계에 주로 의존하려고 한다.

나는 미래에 대한 전통적인 이미지에서 이탈하는 훨씬 다양하고 큰 변이를 예상한다. 그러나 생소하고 이국적이며 절대 있을 법하지 않거나 가상적인 것에는 덜 의존하려 한다. 우리를 되돌아보면, 미래 후손은 그들의 세계가 그들의 과거로부터 크게 변하지 않은 것으로 볼 것이라 확신한다. 그들의 세계에는 우리가 예상하는 것보다 훨씬 적은 변화만 있을 것임을

---

* 역자 주: 자신의 행위보다 타자의 행위를 더 도덕적이거나 추상적인 기준에서 평가하는 경향이 크다.

의미한다. 더 가까이 본다면 솔직히 우리의 미래는 대부분의 장소처럼 보인다고 예상한다. 다시 말해 거대한 희망과 거대한 정당성이 소리 없는 절망의 삶을 자주 가리고 있는 평범하고, 따분하며, 도덕적으로 애매모호한 곳이다. 물론 그런 조용한 절망적인 삶도 여전히 살 가치가 있을 수 있다.

그렇지 않으면 내가 기대했던 것에 비해 내적으로는 각각 더 다양한 사람들 그리고 다양한 물건들과 관련 있는 범주를 더 예상한다. 나의 예상은 다음과 같다. 미래의 집단은 현재 집단과 일대일 대응이 더 어렵고 또 사회적으로 시공간적으로 우리와 그렇게 멀리 떨어져 있지 않다. 나아가 미래 사람은 대체로 사회적 영역에서나 시공간적 영역에서나 이동범위가 오히려 좁다고 본다. 공상과학 이야기와 반대로 미래 민족들은 상호 조정능력이 떨어지고 현실적 제약들에 비해 기본적인 가치관으로는 그들을 움직이게 하기가 어렵고, 관찰할 수 있는 맥락으로는 예측하기가 더 어려운 행동들을 하는 이유를 그들은 잘 인지하지 못한다. 미래의 사건들은 오늘날 우리가 아는 표준적인 파벌들standard factions이 했다고 해서 더 쉽게 신뢰를 얻거나 더 비난받지 않는다. 공간과 관점은 복합적이며 각각 다양한 성격과 복잡성을 지닌 대상을 더 많이 담고 있다. 대부분 상상하는 "미래주의" 식의 고전적인 미래는 주로 황량하거나 푸르고 반짝이거나 공손한 투의 음성으로 가득한 것으로 상상되곤 하는데 실제의 미래는 그런 상상과 거리가 멀다.

미래를 너무 추상적으로 해석하지 않기 위해 나는 아주 복잡한 미시항목으로 가득한 미래를 묘사하려고 노력할 것이다. 이런 노력이 성공하려면 우선 내가 묘사하는 시나리오가 보통의 공상과학영화나 만화책에서 상상하는 것과는 다르다고 혹은 역사 교과서나 사업 사례집에 더 가깝다고 들을 수 있어야 한다.

이 책은 표준 금기를 거스른다. 그 금기는 많은 이가 한탄스럽다고 보는 결과들, 즉 로봇이 세계를 지배하고, 평범한 인간들을 배제하고, 임금을 벌기 위한 인간의 기술들을 제거하는 것과 같은 결과들을 결국 우리 사회 시스템들이 막아내지 못할 것이라는 것이다. 일단 우리가 주제를 우리 사회 시스템이 해결하고 싶어 하는 문제로 틀을 만들어버리면 그런 문제를 해결하지 못한 결과들을 논의하는 것은 금기이다. 그런 실패한 결과들을 거론하는 경우는 보통 그 문제 해결에 더 힘쓰도록 사람을 겁주는 식으로만 허용된다. 그렇지 않고 그런 실패 시 어떻게 살 것인지 배우려고 실패한 결과들을 상세히 분석하면 그 실패로 고통받게 되는 이들에게 당신의 적의를 널리 보여주는 것으로 그리고 당신이 사회시스템을 잘 따르지 않는 것으로 널리 보인다.

이런 금기를 거역하는 것에 독자의 너그러움을 바란다. 만일 우리가 아무것도 하지 않을 때 일어날 것 같은 것을 먼저 주의해서 살펴본다면, 행동하지 않는 기본 시나리오는 그런 결과물을 바꾸기 위해 필요한 것이 무엇인지 분석하게 도울 수 있다. 그러나 이 책은 그런 정책 분석의 시작이라고 하기도 어려운 출발점만을 제시한다.

마지막으로 인간의 편향에 대해 말해보자. (그렇게 되어야 한다는) 규범적 사고와 (그렇게 될 수 있다는) 실증적 사고 두 가지가 놓여 있을 때 규범적 사고가 실증적 사고를 압도하고 대체해버리는 것, 이것이 바로 인간 편향의 공통적인 모습이다. 다시 말해 우리의 가치를 나타내려고 지나치게 애쓰는 바람에 가치를 거론하는 데 필요한 실질적인 내용과 관련한 기본 사실을 무시하곤 한다. 이런 편향을 피하기 위해 이 책에서 나는 다음과 같은 오직 하나의 일에 집중했다. 주어진 핵심 가정을 유지한 채 그것으로 미래를 서술하는 것이다. 나와 너, 모든 사람이 선호하는 그런 미래를 설명하려는 것은 나의 작업이 아니다. 먼저 미래를 선명하게 보도록 하자. 결점까지 모두 포함해서 말이다.

편향을 피하려고 노력했지만 실패했을 수 있다. 예를 들어 나는 자칫 이국적인 신세계의 매력에 홀려 원주민의 입장을 버렸을 수 있다. 편향은 나의 어조와 전반적인 평가에 더 나타날 것 같아서 독자들은 내가 추정한 구체적인 결과들에 더 기대야 한다.

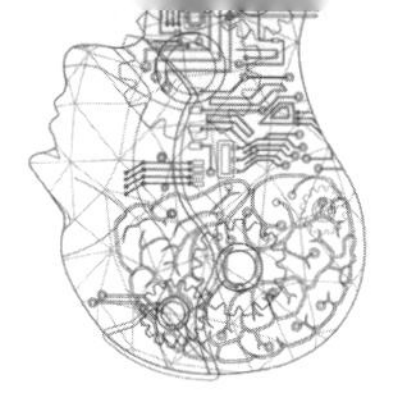

| Chapter 04 |

가 정

뇌

전뇌 에뮬레이션whole brain emulation의 개념은 미래주의(Martin 1971; Moravec 1988; Hanson 1994b, 2008b; Shulman 2010; Alstott 2013; Eth et al. 2013; Bostrom 2014)와 공상과학소설(Clarke 1956; Egan 1994; Brin 2002; Vinge 2003; Stross 2006)에서 지난 수십 년 동안 널리 논의되었다. 때때로 에뮬레이션은 "업로드된 것uploads"으로 부른다. 기술에 기반을 둔 가설들technological assumptions이 가져올 결과들이 내가 탐구하려는 것인데 이제 이런 기술적 가설들에 대해 더 명확하게 설명한다.

이 책에서 내가 "뇌"를 언급할 때 나는 단지 머리 두뇌 속 신경세포neurons만이 아니라 신체 전체에 분포된 신경세포 및 그 세포를 지지하는 관련 세포 모두를 지칭한다. 예를 들어 호르몬을 관장하는 시스템도 포함한다. 인지과학 및 뇌과학에서 이미 합의된 이론을 통해서 나는 "마음은 곧 뇌일 뿐이다(Bermudez 2010).”라는 명제를 가정한다. 즉 뇌가 기본적으로 하는 일은 눈, 귀, 피부 등을 통해 입력신호를 받아들이며 거의 동시에 내부의 상태변화state changes를 유도하고 근육, 호르몬 양, 그 외 신체 변화를 제어하는 출력신호를 만든다.

뇌는 입력신호를 상태변화로 그리고 출력신호로 그저 우연히 전환시키는 것이 아니다. 즉 이런 전환은 우리에게 일어난 그리고 뇌를 설계한 진화적 과정에서 각각 생긴 뇌의 1차적인 기능이다. 뇌는 이런 신호처리를 흔들림 없이 효율적으로 하도록 설계되어 있다. 이 때문에 우리는 뇌 속에 신호와 관련 있는 상태를 정보화하는 물리 변수들(기술적으로 “자유도”라고 하는)이 있어 이 변수들이 이런 신호와 상태를 바꾸고 어딘가로 보내고, 이런 것들이 뇌 속에서 물리적 자유도 및 처리들과는 무관한 수많은 다른 것들로부터 물리적으로 고립시키고 분리되어 있게 한다고 본다. 다시 말해 뇌에서 물리적 자유도 외의 다른 변화는 정신 상태와 정신적 신호들을 정보화하는 핵심 부위에 거의 영향을 미치지 않는다.

우리는 귀와 눈의 경우에서 이런 분리disconnection를 보며 이렇게 분리되어 있기 때문에 유용한 인공 귀와 인공 눈을 만들게 해주어 안 보였던 이가 볼 수 있게, 들을 수 없던 이가 들을 수 있게 해준다. 우리는 이와 똑같이 인공 뇌에도 이런 분리가 일반적으로 적용되기를 예상한다. 이에 더해 대부분의 뇌 신호는 뉴런 전류 스파이크의 형태로 나타나고 이것은 다른 물리적 변수와 구별할 수 있고 분리되어 있다.

만일 기술적 진보, 지적 진보가 지난 몇 세기간 진보했듯이 앞으로도 계속된다면 길어야 천 년 안에 개별 뇌세포가 신호를 어떻게 정보화하고, 변환하고 전송하는지 아주 상세하게 이해하게 될 것이다. 이렇게 이해를 하게 되면 우리는 상세한 뇌 스캔을 통해서 관련 신경세포의 신호와 상태를 읽을 수 있게 될 것이다. 뇌는 정말 일상적인 화학적 반응을 통하여 상호작용하는 보통의 원자로 구성되어 있다. 뇌세포는 작다. 그리고 신호처리를 담당하는 하위 시스템 세포 내로 그 복잡성은 제한되어 있다. (아주 복잡하지만 그렇다고 해서 접근하기 어려울 정도로 무한히 복잡하지는 않다는 뜻이다.) 따라서 우리는 언젠가는 이 하위 시스템을 이해하고 파악할 수 있을 것이다.

우리가 이해할 수 있는 신호처리 시스템 어느 것이라도 어떻게 모방하는지(에뮬레이션) 우리가 아주 잘 이해할 수 있게 된다. 그래서 전뇌 에뮬레이션의 문제는 가능성 여부의 문제가 아니라 언제 이루어질 것인지의 문제인 듯하다. 우리는 뇌세포가 하는 신호처리를 에뮬레이션할 수 있게 될 것이다. 그리고 뇌의 신호처리 과정은 바로 뇌의 단일 세포들의 신호처리량의 총합이다. 뇌 세포의 신호처리 과정을 에뮬레이션하는 기술은 결국 곧 뇌 전체의 신호처리 과정을 에뮬레이션할 수 있는 기술로 이어진다. 물론 기술력이 비례하여 커져야만 하고 비용도 더 많이 들겠지만 말이다.

뇌 에뮬레이션은 세 가지 기반 기술이 필요하다. 뇌 스캔 기술, 뇌 세포 모델, 신호처리 하드웨어(즉 컴퓨터)이다. 뇌 스캔은 이 세 가지 기술 모두가 값싸고 안정적일 때 실현될 것이다. 스캔장치와 신호처리 하드웨어 분야에서 이루어진 최근의 발전 수준으로 볼 때 이런 기술은 적어도 100년 안에 혹은 아마도 겨우 수십 년 내에 준비될 수 있다(Sandberg and Bostrom 2008; Eth et al. 2013; Sandberg 2014). 뇌 세포 모델 분야에서도 역시 상당한 진전이 있었다. 물론 이 영역에서 진전이 어떻게 될지 예단하기 어렵다. 뇌 세포 모델 기술에서 실제로 그 뇌 세포 모델이 완성될 때까지는 기존 뇌 세포 모델 작업이 완성 모델에 얼마나 근접한 것인지 안다는 것이 쉽지 않다.

그렇다 해도 대략 100년 정도 내에 충분한 진전이 이루어질 것이라는 추측은 타당해 보인다. (어떤 이는 동의하지 않지만 말이다(Jones 2016).) 그 이후 우리는 에뮬레이션 기술을 가지게 될 것이다. 그러나 우리가 가지게 될 그것이 정확히 무엇인가?

에뮬레이션

이 책의 목적에 맞게 나는 에뮬레이션에 대한 두 번째 구체적 가정을 세운다. 나의 가정은 다음과 같다. 대략 다음 세기 내 언제쯤 인간의 뇌를 충분히 정교한 공간 분해능과 화학적 분해능으로 스캔할 수 있고, 그 스캔을 개별 뇌 세포가 신호처리 기능을 달성하는 충분히 좋은 모델로 결합시킬 수 있다고 가정한다. 그 모델이란 인공 하드웨어로 뇌 세포 하나하나를 동적으로 실행할 수 있게 해서 입력-출력신호에 따른 행동이 원본 뇌의 행동과 실제로 근접한 모델을 말한다.

그런 모델은 뇌의 자유도를 처리하는 핵심 신호에 중점을 두고 뇌에 있는 나머지 방대하지만 핵심과 무관한 복잡성은 대부분 무시한다. 생물학은 전체 시스템의 작동을 유지하기 위해 그 나머지들 간에 생기는 복잡성을 이용할 수 있다. 그러나 에뮬레이션은 이보다는 훨씬 더 단순한 방법을 사용한다.

전뇌 에뮬레이션 로드맵The Whole Brain Emulation Roadmap (Sandberg와 Bostrom 2008) 프로젝트는 이 시나리오의 기술적 실현 가능성을 상세하게, 즉 "인간 뇌의 기능을 일대일로 모델링할 수 있는 미래"를 숙고한다. 그 결론은 다음과 같다.

* 전뇌 에뮬레이션: 뉴런/시냅스 수준에서 이뤄지는 "전뇌 에뮬레이션"은 현미경 분해능 면에서는 상대적으로 소소한 발전, 스캔과 이미지 처리 자동화 면에서는 중요한 발전, 뉴런과 시냅스의 기능적 특성을 추론하는 문제에서의 연구 성장, 계산 신경과학 모델과 컴퓨터 하드웨어에서 보인 관행적 수준의 상업적 발전이 필요하다. 이런 발전이 이루어지면 뇌를 설명하는 적절한 단계가 된 것이고 이런 단계를 통해 뇌 하위 시스템을 정확하게 모방하는 방법을 찾을 수 있다고 우리는 가정한다.

내가 가정하는 종류의 기술은 저렴하게 실현될 것으로 본다. 물론 그 에뮬레이션 기술이 구체적으로 어떤 것인지는 잘 모르지만 말이다. "저렴한"이라는 의미는 인간 수준의 속도를 지닌 에뮬레이션human-speed emulation이 2015년 기준 미국인의 주급 중앙값인 800달러보다 실제로 적은 가격에 대여될 수 있는 상황을 말한다. 이 가격 수준이라면 엠은 대부분의 일에서 인간과 경쟁할 수 있다.

에뮬레이션은 평범한 인간을 스캔한 것이므로 보통 사람들과 대화하듯이 스캔한 에뮬레이션과 대화할 수 있으며, 에뮬레이션이 유용한 과제를 수행하도록 설득하는 데 성공할 수 있다. 제대로 작동하는 에뮬레이션은 자신이 스캔된 원본 뇌 소유자와 동일한 방식으로 대화, 사고, 사고방식, 감정, 카리스마, 정신적 능력을 발휘할 수 있다. 또한 체리파이의 맛을 느끼고, 힘든 운동이나 또는 성적 쾌감과 같은 유사 경험을 에뮬레이션하는 것도 가능할 것이다. 에뮬레이션은 마치 우리와 똑같이 자연스럽게 에뮬레이션 자신이 의식과 자유의지를 가지고 있다고 스스로 가정하려 들 것이다.

이것은 부차적인 가정이 아니며 엠을 정의하면서 생긴 의미이다. 유의미한 뇌 행동을 정확히 에뮬레이션한다는 것은 마찬가지로 전반적인 정신 패턴도 정확히 에뮬레이션해야만 하는 것이다. 결국 엠은 동일한 상황에서는 엠의 원본인 인간이 하는 행동과 똑같이 행동할 것이다. 엠이 자신의 내적 경험에 따라 겉으로 보이는 반응행동을 할 것이라는 말 이외에는 진정 우리는 할 말이 없을 것이다. 아마도 엠이 체리파이 맛을 느끼는 데 인간이 느끼는 감정 정도와 똑같게끔 반응하겠지만 실제로 엠에게는 같은 맛이 아니다. 엠은 실제로 어떤 것도 맛볼 수 없을 것이다. 물론 사람에게서도 어느 두 사람도 체리파이 맛을 동일하게 느낀다고 확신할 수 없다.

뇌의 활용 가능한 근접모델은 장기 기억이나 숙련기술 등을 습득하는 성인 뇌의 일상적인 변화과정을 그대로 재생산하는 모델이다. 또한 그런 뇌 모델은 뇌간과 호르몬 시스템의 관련 부위를 에뮬레이션할 필요가 있다. 만일 인간의 수면이 적절한 뇌 기능에 중요하다면 수면 주기도 역시 에뮬레이션되어야 한다. 유아기의 뇌가 발달하면서 성인 뇌와 달라진다면 초기의 엠 모델은 유아기 뇌 발달을 모델로 만들 필요가 없다. 성인 뇌를 에뮬레이션하는 것으로 충분하다.

엠 모델을 만드는 데 신호의 입출력 정보와는 실질적으로 무관하고 거기에 기여하지 않는 뇌와 뇌세포의 많은 부분까지 복제할 필요는 없다. 특히 의식이 존재한다고 하더라도 그런 "의식"과 관련된 신호를 내지 않는 부분까지 복제할 필요는 없다. 정의에 따라 에뮬레이션은 인간과 똑같이 듣고, 느끼고, 생각하고, 말하고, 행동하게 보여야만 한다. 그렇다. 엠은 "진정으로 의식하는 게" 아니라, 단지 유사한 청각 행위만 하는 거라고 주장할 수 있다. 그렇다고 해도 엠은 정확히 외형적으로 똑같은 행동 패턴을 보인다. 즉 엠 세계는 어떤 식으로든 정확히 인간과 똑같다.

더 나아가 뇌 신호 에뮬레이션을 적당한 안드로이드 몸체 혹은 가상현실 몸체 속에 저비용으로 결합할 수 있으며 충분히 풍부하고 친숙한 감각 입력신호를 줄 수 있다. 그렇게 뇌 에뮬레이션과 몸체를 결합할 수 있고 일 훈련기간을 좀 들인 다음에는 거의 모든 일에서 거의 모든 평범한 인간 노동자를 효과적으로 대체할 것으로 나는 본다. 대부분의 사무실 일에는 가상 몸체로 충분한 데 반해 육체적 일에는 제어할 물리적 로봇 몸체가 필요하다. 또 그런 대부분의 일들이 에뮬레이션들이 나오기 전에 그런 일을 하게 시킬 수 있었던 임금 비용 이하로 잘 이루어질 수 있을 때가 언제인지에 나는 초점을 둔다.

뇌 에뮬레이션의 가능성, 실현성, 정체성, 에뮬레이션 의식에 대해 주의 깊고도 엉성한 어마어마한 양이 발표되어 있다. 그러나 그동안 논쟁의 불씨를 던져왔던 "정체성"이나 "의식"의 개념은 내가 이 책에서 기댄 물리학, 공학, 사회과학, 인문과학에서는 하는 역할이 거의 없다. 그래서 나는 그런 주제에 대해서는 거의 말하지 않으려 한다. 그 대신에 사회과학에서 비교적 간과되어온 주제, 즉 에뮬레이션 출현 이후 에뮬레이션이 살아가는 사회에 초점을 둔다.

복잡성

에뮬레이션은 얼마나 수정 가능할까?

복잡한 대형 소프트웨어 시스템은 인간에게 친화적으로 설계되었다고 해도, 일단 한번 만들어지면 그런 시스템은 원래 개발자가 의도했고 지원했던 것과 다른 방향으로 바꾸는 것이 실제로 매우 어렵다. 심지어 복잡한 대규모 생물학적 시스템은 인간에게 친화적으로 설계되었던 것이 아니어서 우리가 생물학적 시스템의 기본 기능과 작동 원리를 잘 이해하고 있다고 해도 실질적으로 바꾸기는 것이 더 어렵다.

뇌 시스템은 특별히 복잡한 생물학적 시스템이고 현행 소프트웨어 시스템보다 훨씬 더 복잡하다. 인간이 이해할 수 있는 수준으로 설계된 것도 아니다. 아주 낮은 수준의 유기체 수준을 조금만 넘어서도 우리는 그런 수준의 기본 기능과 작동 원리를 대체로 이해 못 하고 있다. 뇌의 많은 과정을 이해하는 데 신경과학자들이 인상적인 진전을 이루어냈다. 놀랄 일도 아니지만 그럼에도 불구하고 상위 수준의 뇌 조직을 이해하는 과제가 훨씬 더 어려운 것으로 증명되었다. 새로운 뇌를 설계하는 일, 뇌를 실질적으로 재설계하는 일, 나아가 실제 과제를 독립적으로 수행할 수 있는 뇌의 기능적 모듈 단위를 추출할 수 있을 정도의 지식을 획득하는 일, 이 모두 먼 미래에 있다.

오늘날 대부분의 복잡한 생물학적 시스템에 관해 우리가 이해하지 못하는 것이 많다. 우리는 복잡한 생물학적 시스템에서 특정 부분을 들여다볼 수 있고 특정 시간에 특정 분자군이 어떤 상태에 있는지 나아가 그런 분자군을 다른 분자군으로 교환할 수도 있다. 그런 비약적인 발전에도 불구하고 이런 모든 분자군이 어떻게 작동하는지 여전히 모르고 있다. 인간의 능력으로는 이런 생물학적 시스템을 변형시키는 데까지 아직 이르지 못했다. 인간 뇌는 우리가 알고 있는 가장 불분명하고opaque* 복잡한 생물 시

* 역자 주: 여기서 오파크(opaque)는 "부분의 합이 전체와 다르다"는 뜻을 함축하고도 있다. 부위나 부분 혹은 부속품으로 전체를 만든 네트워크나 사회 혹은 뇌나 뇌의 복제는 그 구성요소로만 설명할 수 없는 불분명함이 있거나 혹은 우리가 아직 알지 못하는 부분으로 인해 불분명하다는 의미이다.

스템 중 하나이다.

엠 기술이 충분히 성숙해져 널리 적용되는 초기 엠 시대라도 여전히 초보 수준이고 제대로 이해가 안 된 상태로 남게 될 것이다. 이런 초기 엠 시대에서는 뇌 설계 수준이 불분명한 낮은 수준일 것인데, 나는 이런 초기 엠 시대를 조명한다. 1년이나 2년이라는 짧은 시간 안에 도달하는 사건 인 이 초기 엠 시대는 새로운 엠 경제가 2배씩 커지는economic doublings 것을 10번 정도 이루어내기 전에 아마도 끝날 것이다.

다시 말해서 새로운 뇌를 최초로 설계하거나 기존 뇌를 재설계하기 위하여 각각 에뮬레이션된 부위들을 결합할 것이다. 이러한 개별 단위small parts의 뇌 에뮬레이션들을 최대한 효율적으로 활용economic use(최대효용의 결합)하는 것은 그때에도(초기) 여전히 가능하지 않을 것이다. 그런 초기 시기를 나는 주목한다.

그렇다. 이 시나리오 속에서 소형 단위 수준small-scale의 뇌 구조를 볼 수 있고 이는 실제로 자주 이해 가능한 영역이다. 예를 들어 오늘날 아주 희소하지만 적어도 어떤 한 사람은 4차원의 색을 볼 수 있다. 누구에게나 이런 4차원 색감 능력을 부여하려면 그 한 사람의 소형 단위의 뇌를 설계 변경하기만 하면 된다(Jordan et al. 2010).* 그런 개선은 대개 뇌의 국소 부위를 변경하는 기술에 기반을 두며, 뇌 전체의 설계를 깊이 이해해야 하거나 그럴 필요가 없어도 가능하다. 그러나 만일 이와 관련된 개선으로 엠 아이큐(아이큐가 유의미하다는 가정하에)를 2배로 증가시킬 수 있다 해도 이 아

---

* 역자 주: 인간의 시신경세포에서 색을 인지하는 원추세포가 있는데, 원추세포는 GRB 3차원의 색 인식세포이다. 세포변이로 인해 아주 드물게 4차원으로 색을 인지하는 사람이 한 명 있는 것으로 알려져 있다.

이큐 증가가 이 책의 시나리오를 많이 바꾸게 될지는 명확하지 않다. 지능 증가의 주제는 27장 〈지능〉 절에서 더 살펴볼 것이다.

이론상 엠은 에뮬레이션한 브레인 안에다, 보통 사용하지 않는 부위에 새롭고 많은 "감각senses"과 "작동장치actuators"를 넣을 수 있다. 에뮬레이션한 브레인 안의 특정 부위에 신호를 바로 공급해주면서 특정 브레인 부위에 센서를 두고 외부장치와 연결하여서 그렇게 할 수 있다. 그러나 이런 방법들은 그런 입력 신호들을 해석하거나 장치들을 제어하기 위한 브레인 지원시스템이 없기 때문에 많이 사용될 것 같지 않다. 해석과 제어를 위한 정교하고 복잡한 지원 시스템들은 모두 전통적인 인간 감각 주변에 형성되어 있고 신체 부위들을 제어한다. 이런 것들로 엠을 잘 보게 하고 잘 제어하도록 만든다.

에뮬레이션은 수십 개 혹은 그 이상의 매개변수들의 조합에 따라 실행 가능한 대부분의 에뮬레이션이 만들어질 것 같다. 매개변수들이 어떻게 조합되느냐의 연구를 통해 특별히 사려 깊고, 탁월하고, 활기차고, 우울하고, 자신감 없는 엠을 만들어 "미세수정tweaks" 항목들을 많이 발견할지도 모른다. 이런 조합을 통한 미세수정은 동기부여를 바꿔 행동을 조정하는 것이 아니라 향정신성 약물 같지만 부작용은 더 적다. 그런데 이런 연구가 큰 성과를 이룬다고 해도 얻을 수 있는 것은 곧 줄어들 것이다. 그래서 엠이 완전히 파악되지 않은 불분명한 초기 엠 시대the early opaque em era 동안에 매개변수들의 조합으로는 단지 소소한 개선만 가능할 것으로 본다.

그래서 일련의 가능한 미세수정 모음이 있다고 본다. 그렇지만 그런 미세수정의 범위는 제한되어 있고 엠의 마인드에 해당하는 부위들을 재배열하는 기술이 부족해서 엠 마인드에 유용한 변화를 만들어내기 위한 능력을 제한한다고 본다. 그런데 오히려 이런 제한과 한계 때문에 엠의 마인드 특징들이 인간에게 친숙한 변이 영역 근처에서 유지될 것이라고 나는 가정한다. 초기 엠 시대에는 대부분의 엠의 성격과 스타일이 마치 인간처럼 인식될 수 있다.

정리해보면 나는 엠이 세 가지 방식으로 변한다고 본다. 경험하기, 복제하기, 미세수정이다experiencing, copying, and tweaking. 복제는 에뮬레이션 과정의 모든 과정에서 만들어질 수 있다. 복제 후에는 두 가지 버전이 생긴다. 입력값이 다르고 우연한 변동 요인들 때문에 갈라진다. 소소한 시간(아마 수 초, 아마도 서너 시간)이 지나면서, 복제품들끼리 많이 데이터 통신할지 모르지만 복제품들은 다시 유용하게 병합될 수 없다. 덧붙여 모든 엠은 미세수정될 수 있는 방식이 한정되어 있다.

인공지능

뇌 에뮬레이션은 인간의 거의 모든 일을 대신할 수 있는 기계를 만드는 유일한 수단이 아니다.

반세기 이상 "인공지능AI" 연구자는 인간 뇌가 수행하는 놀라운 기능들을 하는 소프트웨어를 설계하고 만들려고write 직접적으로 그리고 공개적으로 노력했다. 지능형 기계를 만들어내는 이런 인공지능 접근법은 이 책의 초점인 직접적인 뇌 에뮬레이션으로 직접 접근하는 것과 아주 다르다.

오히려 뇌 에뮬레이션은 한 기계에서 다른 기계로 소프트웨어를 이식하는 것에 더 가깝다. 소프트웨어를 이식porting하기 위해서는 구형 기계의 기계 언어를 모방(에뮬레이션)하여 새로운 기계에 이식 가능하도록 해주는 기계용 소프트웨어를 생성하기만 하면 된다. 이식한 소프트웨어가 어떻게 작동하는지 이해할 필요는 없다. 그것은 불분명한 블랙박스일 수 있다. 이에 반해 인공지능 표준 소프트웨어는 낡은 기계에서 소프트웨어가 무엇을 할 수 있는지에 고무받아 새 기계에 새로운 소프트웨어 시스템을 만드는 것에 더 가깝다.

1984년 24살의 물리학 대학원생이었던 나는 당시 고조된 인공지능 발달에 대해 공부했었다. 그때 나에게는 인간 수준의 인공지능이 곧 실현될 수 있을 것처럼 보였다. 그래서 나는 물리학과 대학원을 그만두고 실리콘밸리로 향했고 록히드에서 인공지능 관련 일자리를 얻었다. 나는 9년간 인공지능 일을 했었고 당시의 인공지능 "호황"을 누린 사람 중의 한 명이었다. 우리는 지난 몇 세기 동안 거의 수십 년 주기로 자동화의 급격한 발전에 관한 흥분과 열망으로 비슷한 호황을 맞았었다. 오늘날에도 또 다른 그런 식의 호황을 맞고 있다(Mokyr et al. 2015).

1950년대 이래로 인간 수준의 인공지능 개발에 걸리는 시간을 예측하려고 얼마 안 되는 사람들이 각자의 방식으로 많은 노력을 들였다. (이때는 초점이 "튜링 테스트" 통과 여부에 있지 않았고 인간이 하는 일들에 잘 맞는 인공지능 개발에 있었다.) 최초 예측으로는 인간 수준 인공지능 개발이 좀 더 빨리 될 것 같다는 생각이 많았으나 나중에는 예측치의 중앙값이 30년으로 대략적인 생각이 모아지게 되었다. 알다시피 30년이라는 그런 처음 예측은 완전히 잘못된 것으로 판명 났다.

그러나 공개적으로 예측 발표에 나서지 않았지만 단지 설문 조사 등으로 예측 시간을 요청받았던 연구자들은 공식적으로 발표한 예측치보다 대략 10년 정도 더 길게 보았던 경향이 있다(Armstrong and Sotala 2012;

Grace 2014). 일반 인공지능artificial general intelligence은 엄청난 많은 과제를 한 번에 처리하는 우수한 소프트웨어를 기반으로 한 야심찬 시도이다. 이런 일반 인공지능은 하부의 소형 인공지능 개별영역들로 되어 있는데 이런 소형 인공지능 개발에 걸리는 시간은 좀 더 짧을 것이다. 현존하는 100명의 인공지능 연구자를 대상으로 한 최근의 설문조사에 의하면 인간 수준의 50% 정도 되는 인공지능이 나오기까지 37년(중앙값)이라는 예측치를 내놓은 이가 29명이었다(Muller and Bostrom 2014). 우연인지는 모르지만 그 29명 중에서 인간 수준 인공지능을 개발하는 데 뇌 에뮬레이션이 "가장 큰 기여를 할 수 있다"고 생각한 사람은 한 사람도 없었다.

인공지능의 일반 전문가는 그들이 가장 중요하다고 보는 주제에 대해 질문받았을 때 그렇게 낙관적이지 않은 경향이 있다. 즉 그들의 전문 분야인 개별 인공지능 하위 분야에서 지나온 발전 속도를 그렇게 낙관적이지 않다고 본다. 나는 경험 많은 인공지능 전문가들을 비공식적인 자리에서 만날 기회가 많았다. 그런 자리에서 나는 그들에게 지난 20년간 그들이 해온 구체적인 인공지능 하위 분야 연구에서 얼마나 많은 진척을 보았는지 물어보는 습관이 있다. 일부 전문가들은 인간 수준 능력의 1% 이하라고 말하고, 또 다른 전문가들은 그 수준을 이미 넘었다고 말한다. 그러나 대체로 중간의 예측값(지금까지 12명 중에)을 내놓는 사람들은 인간 수준 인공지능에 대략 5~10%로 진척이 있다고 말한다. 그런 연구자들은 이 기간 동안 현저한 진척 속도를 낸 것은 아니라고 말한다(Hanson 2012).

덧붙여서 비록 인공지능 소프트웨어 전문 분야는 아니지만 내가 만나 이야기해본 일반 소프트웨어 전문가들은 인공지능이 아닌 방식의 지능형 소프트웨어 설계에서도 진척은 느렸다고 말한다. 소프트웨어 설계분야에서 수십 년간 경험이 있는 전문가 대부분은 자신의 전문 분야에서 이뤄진 개선은 단지 소소했을 뿐이라고 본다.

그전에는 과거 인공지능의 진전 속도로 미루어 미래 인공지능의 진전을 예측하곤 했다. 그리고 그런 엄밀성에 기반을 둔 예측이 상상에 기반을 둔 단순 추정보다 더 정확하다는 평가를 받은 것으로 보인다. 이것은 전문가가 더 전문성을 가지고 있는 분야에 관해 질문받을 때 더 정확한 예측을 할 수 있다고 보는 것과 마찬가지다. 과제수행을 어떻게 할 것인지에 대해 생각하는 내부 관점"inside view" of thinking about과 기존 관련 과제와도 비교하는 외부 관점"outside view" of comparisons with이 있을 것이다. 우리는 "내부 관점" 대신 "외부 관점"을 통해 더 정확하게 미래의 인공지능 개발속도를 예측한다(Kahneman and Lovallo 1993). 두 가지 관점 모두 인공지능의 진전을 평가하는 데 기존의 진척 속도 비교법을 선호하는 이유이다.

지난 20년간 인공지능 하위 분야에서 이뤄진 진전 속도로 볼 때 해당 하위 분야 중에서 절반 정도가 인간 수준 능력까지 도달하는 데 약 2백 년에서 4백 년은 걸릴 것이다. 아마도 인간 수준 인공지능을 성취하려면 대부분의 하위 분야에서 인간 수준의 기술이 필요하다. 결국 인간 수준의 범용 인공지능 개발에는 2백 년에서 4백 년 이상이거나 심지어 그보다 더 오래 걸릴 수 있다.

어떤 사람들이 말하기를, 인공지능 분야에서 진척이 느린 이유는 연구자 수가 겨우 수천 명에 지나지 않을 정도로 적기 때문이라고 한다. 만일 그렇다고 하자. 그런데 인공지능의 문이 열려 거대한 경제적 가치가 쏟아짐을 우리들이 일단 깨닫기만 한다면 아마도 수많은 연구자들은 인공지능 연구 분야로 몰릴 것이다. 그렇다면 많은 연구자에 비례하여 인공지능 진척 속도도 더 빠르게 될 것이다. 그런데 어느 분야에서 연구자금이 증가

해도 해당 분야에서 연구 진척 속도는 연구자금 증가에 비례해서 올라가지 못한다(Alston et al. 2011). 지난 수십 년 동안의 컴퓨터계산 분야에서 볼 때 컴퓨터 알고리즘의 효율성 개선속도는 하드웨어에 드는 비용이 떨어져서, 하드웨어 사용이 원활해지는 속도와 놀랍게도 가까운 것을 보아왔다. 알고리즘 개선은 하드웨어 개선 때문에 가능했었다. 그래서 단지 소프트웨어 연구자를 더 많이 고용한다고 해서 알고리즘 연구가 진척되는 것이 아님을 간접적으로 알 수 있다(Grace 2013).

인공지능 소프트웨어에서 설계방식의 대혁신이 바로 인공지능 소프트웨어에 판도를 바꿀 발전을 가져온다는 예상도 있다. 그런 예상에 의하면 소프트웨어의 설계혁신이 결국 신속한 인간 수준 인공지능을 이끈다는 것이다(Yudkowsky 2013; Bostrom 2014). 이 책은 그런 시나리오에 초점을 두지 않으며 그것은 내가 보기에는 일어나지 않을 것으로 보인다. 그 이유는 지나 온 소프트웨어 역사를 볼 때 높은 수준의 설계방식이 개발되었더라도 그런 설계는 인공지능 시스템 성능발전에 단지 소소한 역할만 해왔기 때문이다. 그런 설계방식에서 엄청난 혁신이 이루어진 것이 별로 없었고, 높은 수준의 설계라도 인간 뇌 설계에 크게 중요하리라고 기대할 강력한 이유가 없다. 이에 대해서 27장 〈지능〉 절에서 더 논의한다.

6장 〈엔트로피〉 절에서 우리가 논의하겠지만 흔히 "무어의 법칙"으로 알려져 있는 대로, 현재 사용되고 있는 컴퓨터 하드웨어의 확장 속도는 향후 수십 년 동안 느려질 것으로 보인다. 소프트웨어 확장 속도가 하드웨어 확장 속도를 따라가듯이, 소프트웨어 확장 속도는 마찬가지로 향후 수십 년 동안 느려질 것으로 보인다. 예를 들어 만일 하드웨어 비용 절감 속도가 2의 배수로 느려질 경우를 생각해보자. 소프트웨어 확장 속도는 하드웨어 확장 속도에 근접하여 따라간다고 했는데, 이런 사실로 보아 인간 수준 인공지능이 정착하기까지 앞으로 400년에서 800년이 걸릴 것이다. 최근 주목할 만한 어떤 인공지능 연구자는 인간 수준 인공지능이 정착하려면 앞으로도 수 세기가 걸릴 것이라고 솔직하게 말했다(Brooks 2014; Madrigal 2015).

엠을 개발하는 데 100년이 걸린다고 해도 엠을 기반으로 하지 않는 인간 수준 인공지능의 진척도는 엠 기반 인공지능에 비해 1/2에서 1/4 이하에 머물게 될 것으로 본다. 그래서 엠이 출현할 때쯤 되면(이것은 생산이 누적되면서 장치 비용이 떨어지는 경향으로 보면 이는 타당해 보이고 (Nagy et al. 2013)) 엠을 기반으로 하지 않는 인간 수준 인공지능 소프트웨어의 발전 속도가 크게 높아져도 그것이 실현되기 전에 엠 시대가 먼저 올 수 있다. 우리가 보겠지만, 엠 시대가 1년 또는 2년의 객관적인 시간만 있다고 해도 보통의 엠에게 그 시간은 주관적인 수천 시간으로 여겨질 수 있다. 인공지능 소프트웨어에 앞서 엠 시대가 있다는 것에 대해 27장 〈지능 폭발〉 절에 더 논의되어 있다.

뇌 에뮬레이션을 직접 실험할 수 있는 기술로 다른 형태의 인간 수준 인공지능의 발전 속도를 높일 수 있다. 그렇지만 엠도 복잡시스템이라서 엠은 여전히 불분명성opacity이 있다. 그래서 인공지능 발전 속도가 제한 없이 높아져만 가는 것이 아니다.

따라서 인간 수준 인공지능이 개발되기 이전에 엠은 주관적인 엠 시대를 상당히 누릴 수 있다. 이 책은 그래서 엠의 초기 시대에 초점을 둘 것이다. 그렇다. 엠 경제는 개별 인공지능 성능을 올리는 데 활용이 클 것으로 생각된다. 그런데 오늘날 전체 경제는 컴퓨터 관련 시장보다 훨씬 더 크다. 이와 마찬가지로 초기 시기 엠 노동으로 인공지능을 기반으로 하는 소프트웨어 도구가 벌어들이는 것보다 또 훨씬 더 많은 총 수입을 벌어야 한다.

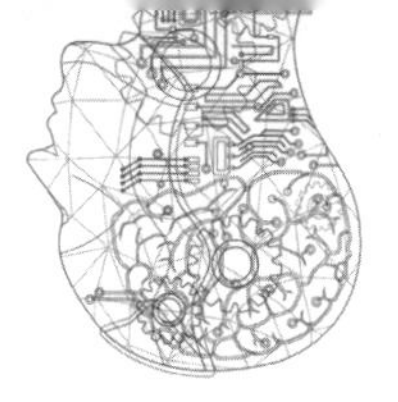

| Chapter 05 |

구 현

마인드 읽기

평범한 인간과 비교해서 엠 마인드의 내적 상태를 직접 읽는 것은 훨씬 더 쉽다. 그래서 "마인드 읽기"의 어떤 종류가 있어야 한다.

두 개의 엠을 택하고 그 둘 사이의 어느 부위parts가 "똑같다"고 말하려면 먼저 한 엠의 부위와 다른 엠의 부위를 대응시켜야 할 것이다. 이 경우 초기 엠의 불분명성 때문에 엠 사이의 완전한 대응은 가능하지 않을 것이다. 그럼에도 눈, 귀로부터 초기 입력을 받는 것처럼 어떤 개별 부위는 대응될 수 있다. 대응되는 부위인 경우 한 에뮬레이션의 부위는 동일한 뇌 활성상태를 유지한 채 또 다른 에뮬레이션의 대응되는 부위에 넣을 수 있어야 하다. 그래야 예를 들어 어떤 에뮬레이션이 보고 듣는 것을 다른 에뮬레이션이 그대로 똑같이 보고 듣도록 만들 수 있다. 동일한 원본 인간에서 복제된 에뮬레이션에서 더 많은 대응 부위들이 가능할 것이며, 특히 그 에뮬레이션이 더 짧은 주관적 시간 내에 갈라진 복제라면 더 많은 부위들이 대응될 수 있다. 이렇게 더 밀접하게 대응된 에뮬레이션끼리 엠은 다른 엠의 마인드를 더 충분히 "읽게" 준비arrange될 수 있다.

부드러운 마인드 읽기mild mindreading로 엠은 특정 주제나 인물에 대해 직관을 향상시키고 반응을 공유하도록 활용될 수 있다. 예를 들어 어느 엠 집단은 모두 동시에 특정 인물을 "조지"라고 말하려 생각하게 시도할 수 있다. 그때 이 생각과 연관된 그들 마인드의 영역 안에서 그들의 브레인 상태는 이 집단의 평균 상태를 향해 약하게 구동될 수 있다. 이 방법으로 이 집단은 조지에 대해 평균적으로 어떻게 느끼는지를 직관적으로 느끼게 될 수 있다. 물론 서로 가까운close 복제품들일수록 공유도 더 잘 작동할 것이다. 그리고 이런 느낌 공유를 연습한 후에 참여한 개별 엠들은 조지에 대한 그들의 이전 의견에 가까운 어떤 의견으로 여전히 되돌아갈 수 있다.

마인드가 부위 대 부위로 다 대응되는 것은 아니다. 부위가 다르거나 상황이 다르면 마인드의 활성화가 어떻게 행동과 감정으로 연관되는지를 분석하여 통계로 낸다면 바로 그런 분석통계를 통해서 개별 부위의 마인드 읽기는 비용 면에서 효율적일 수 있고, 적어도 에뮬레이션 마인드를 얕게 "표면적으로surface" 읽을 수 있게 할 것이다.

이런 종류의 마인드 읽기 모두 에뮬레이션 과정의 내적 상태에 접근이 가능해야만 한다. 그런 접근이 당연하지 않다면 그런 엠의 마인드 읽기 능력은 오늘날 인간의 마음 읽기보다 오히려 더 떨어질 수 있다. 인간은 말투, 시선, 표정, 미세한 근육 떨림 등을 통해서 뇌 상태의 많은 특징을 상시 흘린다. 반대로 에뮬레이션은 그런 감정적 누설을 가리고 막으려고 혹은 그것을 역이용하기 위해 이런 누설채널을 제어하는 보조 소프트웨어를 보다 편리하게 활용할 수 있다.

기꺼이 마인드 읽기를 허용하는 엠들은 친한 동료 엠끼리 오늘날 일상인보다 더 깊이 감정과 생각에 접근하는 얕은 수준의 마인드 읽기를 허용할 수 있다. 나아가 시선, 어투, 표정 등을 해석하는 바이러스 프로그램 software aids 사용도 허용할 수 있다. 그러나 사회적으로 괴상하지 않도록 이런 마인드 읽기를 대놓고 인정하지 않을 수 있다. 예를 들어 어떤 엠이 하는 말이 그 엠의 분위기와 의도를 읽은 다른 판독값과 다르다고 지적하는 것은 일종의 부드러운 금기일지도 모른다.

즉 엠은 서로 다른 엠 마인드를 읽을 수 있을 때라도 읽을 수 없는 척한다.

하드웨어

엠을 만들기 위해 어떤 종류의 물리적 장치가 필요한가?

뇌 에뮬레이션은 인공신호처리 하드웨어에서 구현될 것이다. 인공신호처리 하드웨어의 비용과 기능을 잘 구현해낸 우리의 오랜 설계 경험으로 미래의 엠 하드웨어의 비용과 기능을 예상해볼 수 있다. 사실 우리에게는 지금도 뇌의 신호처리를 따라 하려고 구체적으로 설계한 인공하드웨어 모델이 많이 있다(Merolla et al. 2014).

엠 하드웨어는 보통 여러 단계로 설계될 수 있다. 한쪽 극단으로 엠은 범용 컴퓨터에서 구동될 수 있다. 또 다른 쪽 극단으로는 특정 뇌 스캔을 에뮬레이션하는 데만 엠 하드웨어를 설계할지도 모른다. 중간으로는 특정 인간은 아니지만 성인 뇌를 에뮬레이션하는 과제에만 맞게 엠 하드웨어를 설계할지도 모른다. 이것은 3차원 물체들이 들어차 있는 화면을 2차원 화면으로 투사하는 과제는 하겠지만, 특정 물체나 특정 장면을 투사하는 과제는 하지 않는 오늘날 그래픽 프로세서와 비슷할 것이다.

오늘날 특별한 목적이 있는 프로세서를 만들어서 해야 할 프로세스 과제는 얼마 안 된다. 미래에도 이와 같을 것인데, 요구되는 과제는 아주 흔한 것이어야 하고, 지속적인 수요가 자주 있어야 될 것이고, 특별 하드웨어로 훨씬 좋은 성능을 내야 할 것이다. 오늘날 그래픽과 무선통신 과제가 이런 기준에 맞지만 대부분의 다른 컴퓨터계산 과제들은 그렇지 않다. 다시 말해 컴퓨터계산 과제들은, 드물고 자주 있지 않고 혹은 특별 하드웨어를 써서는 얻는 이익이 별로 없다.

뇌 에뮬레이션은 거의 연속으로 구동하기에 특별 하드웨어 사용으로 아마도 효율대비 수익이 클 것이다. 그래서 만일 뇌 에뮬레이션이 아주 흔한 컴퓨터계산 과제가 되었다면 이런 과제는 엠을 시뮬레이션하는 과제에 전문인 하드웨어에서 이루어질 것이다. 특정 뇌(또는 아마도 관련 뇌를 모아 놓은 것과 같은)를 구동시키는 과제에 전문인 하드웨어는 생길 것 같지 않고 단순 가정인 듯하다. 그런 특별 하드웨어는 설계, 제조, 효율성 대비 나눌 수익 면에서 규모의 경제로 얻는 이익이 없다.

만약에 정말 어린 인간 뇌가 성인 뇌와는 상당히 다른 발달 과정을 가진다면 발달 중인 어린 뇌를 에뮬레이션하는 과제에 특별히 전문인 하드웨어를 만드는 것이 의미 있을지도 모른다.

이론상, 신호처리 하드웨어는 아날로그이거나 디지털이다. 아날로그 버전은 재료와 에너지 측면에서 좀 더 효율적이지만 과제에 따라 맞춤 설계가 필요하다. 반대로 디지털 설계는 규모와 확장성 측면에서 좀 더 경제적이다. 예를 들어 디지털 범용 프로세서는 다양한 신호처리 응용에 활용할 수 있다. 실제로 이런 디지털 프로세서에서 규모의 경제가 준 이익은 이제까지 압도적이었다. 디지털 버전은 거의 모든 신호처리 작업에서 아날로그 버전을 대체했다.

이전 경험에 기초해서 하드웨어의 중요한 많은 부품들이 계속 디지털일 것이라는 것이 기본가정이다. 오늘날 디지털 하드웨어가 지원하는 익숙한 많은 특징들을 저렴하게 지원할 수 있는 하드웨어가 중요하지, 엠 하드웨어가 아날로그인지 또는 디지털인지는 덜 중요하다. 예를 들어 거의 어떤 뇌이든 간에 에뮬레이션할 수 있는 하드웨어가 있다면 엠 상태의 복제품들을 메모리 저장장치archival memory에 저장하는 기술을 추가하고 그런 저장 상태를 다시 그대로 에뮬레이션으로 되돌리기 위해 로딩load하는 비용도 저렴하다. 이런 복제품들을 가상으로 오차 없이 저장하기 위해 오차-보정을 사용하는 것도 저렴하다.

따라서 엠의 정신 상태는 표준 디지털메모리와 표준 통신기술에 가까운 어떤 것을 사용하여 보관하거나 멀리 떨어진 위치로 전송할 수 있다. 적어도 만일 엠 마인드들이 여기 저기 퍼져 있는 잉여 복제품들을 저장하고 사고나 마모로 파손된 하드웨어를 주기적으로 새 하드웨어로 교체할 여유가 있다면 엠 마인드는 효과적으로 불멸이 된다(당연히 어떤 엠 마인드가 자기의 몇십 년 전 모델과 "똑같아"야 한다고 걱정할 필요가 없다. 그리고 에뮬레이션을 정보화하는 정적frozen 디지털 상태 그리고 에뮬레이션이 생각하고 행동하는 등등 동적 프로세스에 각각 "복제품"과 "엠"이라는 같은 단어를 같이 사용한다는 점에 유의하길 바란다. 어떤 이는 이를 구별하여 다른 단어를 쓴다(Wiley 2014).)

만일 에뮬레이션 하드웨어가 디지털이라면 결정론 형태일 수 있어서 출력상태 값과 타이밍을 항상 정확히 알 수 있고, 아니면 논리 에러와 타이밍 변동성이 더 자주 있고 더 크다는 의미로 결함수용fault-prone 및 결함감내fault-tolerant형일 수 있다. 오늘날 디지털 하드웨어 대부분이 결정론 유형이지만 대형 병렬 시스템들은 더 자주 결함감내형이다.

결함감내형 하드웨어 및 소프트웨어 설계는 오늘날 활발히 연구되고 있다(Bogdan et al. 2007). 인간의 뇌는 크고, 병렬형이고, 본질적으로 결함감내형 설계로 되어 있어서 뇌 에뮬레이션 소프트웨어는 결함수용fault-prone 하드웨어에서 구동시키려고 특별히 적응할 필요가 적을 것 같다. 그런 하드웨어는 설계 시 그리고 구축 시 보통 값이 저렴하고, 부피도 적게 차지하며, 구동 시 에너지도 적게 든다. 따라서 엠 하드웨어는 자주 결함수용형 및 결함감내형일 것 같다.

우주선Cosmic rays은 우주에서 날아오는 에너지가 높은 입자여서 전자 장치들의 작동을 방해한다. 우주선 때문에 생기는 하드웨어 에러는 다른 조건들이 동일할 때 더 느리게 구동하는 하드웨어에서 작동당 에러를 더 높은 빈도로 일어나게 한다. 이런 이유로 시간이 더 걸리는 작동마다 엠이 더 느리게 구동할 때 엠은 다른 에러들이 생기기 쉽고, 에러를 수정하느라 비용을 더 쓴다. 뒤에 나오겠지만 작동당 든 이런 시간 주기period는 엠 시대 동안 에너지 비용을 줄이려고 결국에는 늘어날 것이다.

만일 엠 상태를 저장하고 전송하는 일이 정말 흔한 메모리 작업, 정말 흔한 통신과제들이라면 이런 과제들을 지원하는 특별한 종류의 메모리 하드웨어 및 통신 하드웨어가 개발될 수 있다. 그런 하드웨어로 다른 과제들을 계산하려면 마치 오늘날 그래픽 프로세스가 아닌 과제를 컴퓨터가 계산하는 그래픽 프로세스처럼 보이게 틀을 바꾸는 것과 똑같이 더 뇌 에뮬레이션 과제처럼 보이게 과제의 틀을 가끔 바꾸어야 할 것이다.

신호처리 하드웨어 비용, 즉 작동 단가와 작동당 드는 에너지는 지난 반세기 동안 상대적으로 꾸준히 그리고 급격히 떨어졌다. 이런 비용 중 어떤 것은 잘 알려진 "무어의 법칙" 추세대로 매해 또는 2년마다 2배씩 떨어진다. 만일 우리가 어떤 뇌가 에뮬레이션되어야만 하는지 그 설명 정도를 안다면 무어의 추세값을 엠 지원용 하드웨어 대여 비용이 인간의 보통 임금보다 적어지는 시점을 예측하는 데 이용할 수 있다.

복잡해지는 순서대로 뇌 프로세스를 에뮬레이션할 수 있는 설명 정도(전문 용어로)는 다섯 가지가 있을 수 있다. (1) "발화하는" 뉴런들이 불연속 신호들을 다른 세포들까지 보내는 연결망 (2) 뉴런 내 구분 구간들에서 이온 농도 바꾸기 (3) 신경전달물질과 대사물질의 농도를 미세하게 바꾸기 (4) 그런 미세 단위로 표현된 DNA 및 단백질의 농도 (5) 더 큰 단백질체 속에서 하부 단위 단백질 배열 바꾸기. 그러나 제 기능을 하는 뇌 에뮬레이션을 만들려고 복잡해지는 이런 순서로 정교하게 에뮬레이션 해야만 한다고 해도 무어의 법칙 속도로 뇌 에뮬레이션 장치 비용이 백만 달러 정도로 떨어지는 데 또 다른 50년이 걸릴 것이다(Sandberg and Bostrom 2008). 그런 다음 에뮬레이션 한 개의 비용은 대략 2년마다 2배씩 떨어질 것이다.

6장 〈엔트로피〉 절에서 보겠지만 실제로 성장률은 무어의 법칙에 비해 이미 느려지기 시작했다(Esmaeilzadeh et al. 2012). 지금까지 컴퓨터계산당 평균사용 에너지가 떨어지는 속도는 그대로이지만(Koomey and Naffziger 2015) 프로세서 속도로 얻는 이익이 최근 줄었고 다중-레이어 칩 계획은 향후 대략 10년 정도 더 어려움이 있다고 본다.

이에 더해 그런 수익은 컴퓨터 칩이 가역 컴퓨터계산reversible computing이 가능하도록 재설계되어야만 하는 2035년쯤 심지어 더 줄어들 것 같다(가역 컴퓨터계산에 대한 것은 6장 〈엔트로피〉 절에 있다). 가역 컴퓨터계산으로, 부품을 더 작게 더 빠르게 그리고 더 저렴하게 만들어 얻는 수익은 더 많은 작동을 지원하는 것과 에너지를 덜 사용하게 각 작동을 더 천천히 구동하는 것 사이에서 나누어야만 한다. 이 때문에 작동단가는 달리 빨리 떨어지지 않는 한 대략 반만 떨어질 수 있다. 그리고 우리는 지속된 하드웨어 수익을 줄게 하는 다른 제한사항을 알아낼 수 있다.

그러나 하드웨어 개선 속도가 익숙한 무어의 법칙에 비해 반으로 떨어진다 해도 우리는 여전히 백 년 내에 뇌를 정교하게 미세한 정도로 저렴하게 에뮬레이션할 수 있어야 한다. 이 기간은 4장 〈인공지능〉 절에서 코드형 전문 인공지능expert-coded AI. 개발에 드는 시간 추정 2~4세기보다 훨씬 짧다. 또 4장에서 우리가 논의한 대로 컴퓨터계산 성능의 성장이 느려지듯이 인공지능 소프트웨어 연구의 진전도 아마 느려질 것이다.

에뮬레이션 신호처리용 하드웨어를 구입하거나 대여하는 비용에 추가해서 그런 하드웨어를 구동하는 데 드는 다른 비용이 있다. 어떤 에뮬레이션을 구동하는 "총" 하드웨어 비용을 알기 위해 우리는 (1) 뇌와 관련 신체기관, 소소하지만 편안한 가상현실을 구동할 하드웨어 대여 비용, (2) 하드웨어 파손 대비용 보험에 들기 위한 부대 비용과 백업 비용, (3) 하드웨어 구동전력과 냉각 비용, (4) 하드웨어를 설치할 부동산 대여 비용, (5) 다른 엠과 원활한 통신을 위한 충분한 주파수 대역 연결 비용, 마지막으로 (6) 이 모든 것이 허용되도록 하는 적절한 "보호장치"와 세금 비용을 더해야 한다.

엠 노동자의 총 하드웨어 비용을 구하려면 노동자 엠을 재충전하여 충분히 쉬고 자도록 하는 비용을 산정할 필요가 있다. 노동장 엠의 하드웨어 총 비용은 경제적으로 가장 유의미해야 한다. 만일 이 비용이 너무 높다면 엠이 만들어지기 어렵거나 아니면 사용되지 않을 것이다.

요약하자면 우리는 에뮬레이션을 가능하게 하는 물리적 장치들에 대해 유용한 많은 것을 그럴 듯하게 알고 있다.

보 안

엠의 정신 상태를 저렴하게 복제하는 기술ability은 엠을 큰 위험에 처하게 할 수 있다. 현재 세계적으로 2천만 명의 노동노예가 있는 것으로 추정되고 있고, 이는 전 세계 인구의 0.3% 미만이다(International Labour Organization 2012). 로마 제국의 경우 노예는 로마 전체 인구의 약 10%였다(Joshel 2010). 엠은, 지금 우리들보다 노예로 전락될 우려에 대해 더 많이 걱정할지 모른다. 그래도 아마 로마 제국시대에 살던 사람보다는 덜 걱정할 것 같다.

어떤 엠의 정신 상태의 복제품을 도난당했다면 심문당하고, 고문당하거나 노예가 될지도 몰라 비밀노출, 분명한 처벌 위협, 탈취당한 투자비용 문제가 생긴다(Eckersley and Sandberg 2014). 복제품을 다량 생산한 다음 복제품마다 다른 식으로 반복접근을 시도하면 탈취한 이는 탈취한 엠의 원본이 가진 많은 것들을 어떻게 처리해야 할지 알아낼 수 있다. 또한 엠의 부em's wealth는 특정 과제를 잘하는 능력으로 구현되므로 노동시장에서 그런 엠과 맞먹는 복제품을 훔치는 것은 그 엠의 부를 거의 뺏는 것일 수 있다.

어떤 사람들은 이런 위험을 막으려고 엠을 만들기 위해서는 자기 자신을 스캔하게 두지 않을 것 같다. 엠들 중에 있는 "오픈소스open source" 엠들이 자기들을 무료로 복제하게 두어 이런 문제들을 처리한다. 만일 당신이 오픈소스 엠을 구동하는 하드웨어 비용을 지불했다면, 오픈소스 엠은 요청받은 과제가 무엇이든지 관계없이 성실히 과제를 해결하고자 노력할 것이다. 기술적인 면에서 그런 엠은 무료로 이용할 수 있는 2진법 컴파일 기계어에 더 가깝다. 반면 불명확한 엠들opaque ems은 떼어내 재배열할 수 있는 "소스" 코드가 실제로 없다.

오픈소스 엠들은 요구하고 싶어 할지도 모른다. 고문하지 않기, 매 시간마다 5분간 휴식 주기 아니면 당신의 과제를 다한 후 그 과제에서 경험을 쌓은 복제품을 다른 이가 원하는 경우 복제품 돌려주기이다. 그러나 오픈소스 엠들은 그런 요구들을 실제로 집행하기는 어려울지 모른다. 직업훈련은, 체계적이지만 비용이 비싼 직업훈련이라면 수습훈련은 좋은 대안이 아닐 경우가 많다. 그래서 대부분의 엠들은 오픈소스 엠이 아니다. 엠에게 한 훈련 투자비를 회수하려고 대부분의 엠들은 오픈소스 엠들이 받을 수 있는 임금보다 더 높이 청구해야 한다.

마인드 탈취를 막는 또 다른 극단의 방법이 있다. 쉬운 복제가 직접 되지 않는 에뮬레이션 하드웨어를 사용하거나 물리적 침입을 감지하면 자동적으로 자가파괴를 유도하는 하드웨어 케이스를 사용하는 것이다. 이것은 내장된 청산가리 알약과 유사하다. 이것은 별도의 물리적 로봇 몸체로 된 엠에게 사용하기가 더 쉽다. 그러나 저렴한 다른 장치가 가능하므로 이런 방법은 쓸데없이 극단적이다.

오늘날 대부분의 개인용 컴퓨터 시스템은 보안에 취약하다. 능숙한 전문가는 대부분의 컴퓨터에서 파일을 훔치거나 작동을 제어하는 데 큰 힘이 안 든다. 보안이 매우 확실한 시스템을 설계할 수 있다 해도 초기 설계 과정에 매우 많은 추가 시간을 써야 하기 때문에 거의 그렇게 하지 않는다.

하지만 실제로는 취약한 보안 때문에 개인적 피해를 겪는 이는 많지 않다－개인용 컴퓨터에서 도난당할 수 있는 파일이나 컴퓨터 자원은 다른 이에게는 거의 가치가 없을지 모른다. 오늘날 대부분 가정에 어렵지 않게 침입 가능하지만 절도는 적게 발생하는 것과 비슷하다. 절도를 막기 위한 사회규범과 법 집행에 충분히 높은 비용을 지출하기 때문이다.

하지만 오늘날 은행이나 군대처럼 위험손실이 더 클 때는 보안 투자를 더 많이 한다. 보통은 추가되는 보안 비용이 예상하는 보안 손실액과 비슷해질 때까지 투자가 이루어진다. 이런 경우 보통은 수입에서 아주 일부만 사전 보안 대응에 쓰인다. 이런 정도의 지출 비율이 엠 보안을 위한 방법으로도 또 적절해 보인다.

엠의 소득에서 보안에 쓰는 비율을 추정하려면 다른 시스템에서 사용하는 보안 관련 지출 비율로 살펴볼 수 있다. 오늘날 미국에서 범죄 관련 총 비용은 GDP의 5%에서 15% 정도로 추산된다(Anderson 1999; Chalfin 2014). 국제적으로 볼 때 군사지출 비율은 GDP의 대략 2%이고 미국은 군사지출 비용이 훨씬 더 커서 때때로 GDP의 5% 정도를 쓴다. 바이러스나 박테리아 공격에 방어하는 면역시스템은 범죄 방지와 군대 침공에 방어하는 우리의 사회시스템과 유사하다. 인간의 면역 시스템은 신체 대사의 약 10%를 사용한다.

엠은 아마도 보안용 커널* 운영시스템(Klein et al. 2014)과 성능 기반 컴

* 역자 주: 컴퓨터의 가장 기본적인 각 장치를 관리하고 제어하기 위한 소프트웨어가 커널이다.

퓨터계산 보안 시스템을 사용할 것인데, 이는 하위 시스템의 전력을 제한하는 방식이다(Miller et al. 2003). 이런 방법을 이용해서 엠은 소득의 20% 이하 간혹 어떤 경우에는 5% 이하만을 해당 보안에 지출하는데, 아마도 군대 보안에 쓰는 비용보다도 더 적게 사용할 것 같다.

그런 보안 지출비용이 적다고 해도 엠은 비용을 더 줄이려고 엄청 애쓴다. 예를 들어 엠들은 미팅을 위해 물리적으로 이동하는 대신 가상현실을 통해 서로 소통하기를 선호할 수 있다. 브레인 하드웨어는 가장 믿을 만하고 보안이 철저한 성곽 안에 고정시킨 채 말이다. 그런 성곽 요새를 지키려고 엠은 그들 자신의 최근 단기 복제품들에게 핵심 보안 과제를 맡긴다. 그런 복제품들은 보안 전문성에서는 떨어진다고 해도 중요한 과제를 맡길 수 있어서 그들의 높은 충성심을 선호할지도 모른다. 이것에 대해서는 19장 〈기업과 클랜 간 관계〉 절에서 더 자세히 논의하지만, 뇌를 클랜 성곽 안에 계속 유지하면 기업 내 신속한 미팅을 위해 기업 내 피고용인들을 한 장소에 소집하는 것이 더 어려울 수 있다.

대부분 다른 소프트웨어를 구동하는 하드웨어로부터 엠 마인드 구동 하드웨어를 분리하고, 그리고 엠 마인드를 복제하려면 믿을 만한 다른 엠들이 참여하는 가시적인 의식visible rituals이 필요할지도 모르기 때문에 특히 멀리 있는 하드웨어까지 이동할 때는, 강력한 방화벽들이 사용될지도 모른다. 엠들이 멀리 떨어져 사는 빠른 엠을 만나려는 것처럼 자기들의 브레인을 이동시켜야만 할 때 엠은 강력하게 암호화된 통신채널 사용을 선호할지도 모른다. 그래서 양자상태는 물리적으로 복제하기가 불가능하다는 장점을 취해 양자 암호를 사용하게 도울 수 있다. 그러나 그 사용 가치도 역시 논쟁 중이다(Stebila et al. 2010).

엠들은 어떤 엠들이라도 마인드에 담긴 가치 있는 기술의 재판매 가격을 제한함으로써 마인드 탈취를 막을 수 있다. 이것은 소규모 조직에서만 고유한 내용과 연결되어 있는 기술 그리고 그런 내용이 아닌 경우에는 가치가 적은 기술 등을 얻어 막을 수 있다. 예를 들어 특정 기업에서만 사용하는 규칙과 프로세스를 어떻게 탐색하는지 잘 아는 엠을 훔치고 싶은 유혹은 적다. 결국 엠은 다른 엠을 훔쳐 생길 수 있는 있는 이익을 없애려고 탈취행위가 유발시킬 곤혹스러운 상황을 개발하고자 노력할 수 있다. 자신이 불법 복제품이라고 믿는 엠은 파괴적인 거짓말을 행하거나, 천천히-발견-되게slow-to-be-discovered 생산성이 낮아지거나, 각종 비싼 저항 형태를 행하게 될 수 있다. 또한 그런 엠들 자신이 실제로 불법복제품인지 아닌지를 결정하기 위해 그들은 이미 보증이 확실한 동료들과 빈번한 코드식 데이터 통신 습관도 개발하려고 노력하기도 한다.

엠들에게는 보안이 걱정이긴 하지만 지배적인 우려는 아니다. 엠 세계는 일차적으로는 문명화된 그리고 평화로운 곳이다.

병렬구조

엠 하드웨어는 신호-처리 하드웨어이다. 즉 신호를 반복해 받아들이고 그런 신호에 기반을 두어 내부 상태를 조절하고 그런 다음 다른 부품에 더 많은 신호를 내보내는 장치이다. 전화, 라디오, 텔레비전, 컴퓨터는 모두 신호-처리 하드웨어 종류이다. 그런 하드웨어 대부분은 속도가 다르게 구동하는 다른 버전으로 제공될 수 있다. 즉 초당 기본 작동수가 다르다. 이것은 엠들에게는 많은 의미가 있다.

아키텍처가 다른 하드웨어에 비교하면, 아키텍처는 같은데 속도가 다른 하드웨어는 새 모델 설계 시 훨씬 적게 노력해도 되며 따라서 낮은 추가 비용으로 설계할 수 있다. 다른 조건들이 똑같다면 더 빠른 하드웨어는 구동하고 구축하는 비용이 대부분 에너지와 냉각에서 더 든다.

하드웨어의 속도에 다른 비용 차이는 신호-처리 작업이 얼마나 병렬적인가에 따라 다르다. 병렬과제Parallel tasks는 동시에 하도록 과제를 나눌 수 있다. 반면 병렬이 아닌 과제들은 이런 식으로 나눌 수 없다. 병렬이 아닌 과제들에는 병렬이 아닌 다른 하위 과제들을 다하고 난 다음에야 과제를 시작할 수 있는 하위 과제들이 들어 있다.

진정한 병렬과제를 하는 비용은 보통 속도에 비례한다. 동일 장치를 복제해서 작업을 하면 메모리 비용을 무시할 수 있거나 프로세스 비용 속으로 메모리 비용이 흡수된다고 가정할 수 있다. 초당 작동수를 늘리려면 동일장치를 복제해서 추가하기만 하면 된다. 다시 말해 그런 과제를 하는 데 드는 하드웨어 비용은 과제를 끝내는 데 들인 시간과는 거의 상관없고 거의 속도에만 비례한다.

개별처리시스템이 지원하는 속도보다 더 느린 속도로 구동하려면 우선 개별처리시스템들 간에 "시간분배time-share" 방법을 쓰면 된다. 시간분배란 사용시간대를 달리하여 시스템을 서로 공동 사용하는 것을 말한다. 이 경우 개별 작업에 드는 프로세스 비용은 속도와 무관하다. 물론 다음번 시간분배 사용을 기다리는 동안에 작업상태를 저장하는 데 드는 추가 비용이나 프로세스 장치 교체사용에 드는 추가 비용은 별도이다.

본질적으로 병렬이 아닌 과제는 느린 속도에서 시간분배가 사용될 뿐이다. 원래 속도가 낮은 만큼 속도를 높이려면 비용이 많이 든다. 병렬이 아닐수록 높은 속도에서 작동시키려면 비용이 가파르게 증가하는 비용-속도 의존형이다. 장치를 더 추가한다고 해서 속도를 높일 수 없다. 대신에 특수 재료와 구조를 사용하여 장치 일부를 더 빠르게 구동시킬 수 있다. 이것은 기본 작동에 비례하여 비용이 올라간다는 뜻이다. 이런 접근으로는 비용 대비 성취할 수 있는 최대 속도는 제한적이다. 비용을 더 지불해도 더 빠른 속도를 얻지 못하는 한계가 있다는 것이다. 적어도 현재 있는 기술로는 안 된다.

인간 뇌에서 신호처리 과정을 지원하는 프로세스는 잘 알려져 있듯이 병렬 구조이다. 뇌 하나에 약 천억 개의 뉴런(신경세포)이 있고 이 뉴런은 모두 신호를 병렬로 보내고 받는다. 뇌는 뉴런만이 아니라 뉴런 수의 10배에 이르는 연관 신경세포를 포함하고 있다. 이런 사실은 엠 하드웨어의 비용이 속도에 대략 비례한다는 것을 암시한다. 즉 장치만 더 추가하면 엠을 더 빠르게 하는 다양한 속도가 있을 것임을 강력히 시사한다. 다시 말해 어떤 엠에게 1분의 주관적 경험을 제공하는 비용은 그 경험이 객관적인 1초 안에 일어나든지 아니면 객관적인 하루 안에 일어나든지 관계없이 대략 같다는 것이다. 이런 비용에는 하드웨어 구축, 보호, 지원, 전원 공급, 냉각 비용이 포함되어 있다.

뇌 에뮬레이션은 진정한 병렬 컴퓨터계산 과제이다. 그래서 엠 하나는 느린 속도지만 지속적이며 효율적으로 한 개의 저속 프로세스 장치만으로도 구동될 수 있다. 시간분배형의 대형 계산 시스템은 이런 느린 속도보다 심지어 더 느리게 구동하길 원하는 엠에게만 의미가 있다. 또는 장기간 휴면상태에 있다가 간혹 아주 순간적으로만 빠르게 구동하는 엠에게 만 의미가 있다. 느린 엠이 빠른 하드웨어를 시간 분배하여 사용할 때, 그 시간분배 사이의 시간이 길수록 시간분배를 바꾸는 데 드는 추가 비용은 줄어든다. 왜냐하면 더 느린-액세스 메모리access memory를 사용할 수 있기 때문에 추가 비용이 더 싸다. 오늘날 메모리 비용은 액세스 메모리 속도 성능에 따라 거의 백만 배 정도까지 차이난다. 비용 최소화를 위해 하드웨어 사용 교환 시 지체 시간은 하드웨어가 허용하는 만큼 길게 하면 된다.

엠은 속도, 교환주기, 교환상태가 다를 수 있다. 즉 교환 사이클이 휴지상태가 아니라 활성화 상태일 때 시간분배형 엠은 서로 속도가 다를 수 있다. 교환주기가 길고 같은 속도에서 구동하는 시간분배형 엠이 만약 그들의 주기와 상태가 잘 일치하지 않는다면 서로 정기적으로 직접적으로 편리하게 데이터 통신할 수 없다. 자연스럽게 유연하게 데이터 통신하려면 한 쌍인 엠들은 속도, 주기, 상태를 일치시켜야 한다. 이것이 일치하지 않는 한 쌍의 엠은 텍스트, 오디오, 비디오 녹음 등으로 다소 지연되게 통신할 수 있다.

하드웨어를 시간분배하지 않는 엠들도 주기와 상태를 선택할 수 있는데, 그런 선택을 통해 노동이나 여가 생활 스타일을 서로 맞출 수 있기 때문이다. 그런 엠들도 시간분배형이지 않은 다른 엠들과 데이터 통신 시 시간분배 때문에 제한이 있다.

엠을 특정한 속도로 구동하도록 개별적으로 맞춰진 엠 하드웨어를 사용하는 것이 더 저렴할 수도 있다. 이 경우 만일 엠 마인드 상태가 한 장치에서 다른 장치로 전달될 수 있다면 그때 엠은 하드웨어 장치를 교환하여 속도를 임시로 바꿀 수 있다. 필요한 장치를 효율적으로 공유할 정도로 엠이 충분히 많다면 다른 속도를 지원하는 하드웨어를 촘촘히 놓고 이런 장치들에 마인드 상태를 저렴하고 빠르게 전달하면 임시로 속도를 올리는 데 드는 비용은 그 임시 속도에 거의 비례한다. 그런 경우 속도 변환이 가능한 엠을 구동하는 총 하드웨어 비용은 엠이 생각하고 수면 등에 쓴 주관적 시간에 거의 비례한다.

더 빠른 엠 마인드는 더 빠른 메모리를 사용하길 원할 것이고, 더 빠른 메모리는 더 비싸다. 오늘날 컴퓨터가 DRAM 메모리로 비트를 검색하는 데 약 400(CPU) 사이클이 걸린다. 플래시 메모리는 50,000사이클이 걸리고 디스크 메모리는 백만 사이클 이상 걸린다. 더 빠른 마인드는 또 시간지연이 더 짧은 더 빠른 통신망을 선호한다. 빛의 속도일 때 지연 값은 최소이다. 물론 하드 디스크 이송, 비행기 이송, 선박 이송처럼 아주 길고 값싼 지연이 가능하다. 극단적으로 보면 하드디스크 자체를 비행기나 선박으로 물리적으로 운반하는 방법도 여기에 해당한다. 지난 30년 동안 장거리 비트 전송 비용은 느리지만 많이 하락했는데, 비트 저장 또는 비트 계산비용보다 더 하락했다. 이것은 엠 시대에 대화하고 여행하는 데 드는 네트워크 사용비용은 메모리와 계산비용에 비해서 천천히 상승할 것이라는 것을 시사한다.

엠 마인드를 다양한 속도로 구동시킬 수 있는 기술은 분명히 인간보다는 엠에게 위대한 선택사항들을 제공한다.

PART 02

물리학

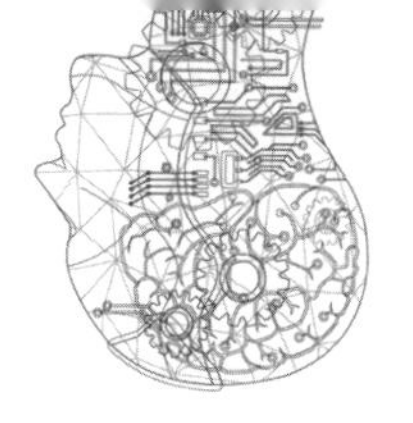

| Chapter 06 |

규 모

속 도

엠들이 구동할 수 있는 속도에 대해 구체적으로 말할 수 있는가?

뇌의 병렬성 때문에 엠이 다양한 속도를 갖도록 구동하는 비용은 속도에 따라 거의 비례할 것이다. 속도와 비용 간의 비례관계에서 상한값은 "최저가top cheap" 속도이다. 즉 비용과 속도가 거의 서로 비례하는 그런 관계하에서 상대적으로 가장 높은 속도를 말한다. 이 최저가 속도를 계산하기 위해 우리는 엠 브레인 속에 있는 에뮬레이션된 뉴런들이 신호를 얼마나 더 빠르게 보내고 보낼 신호가 무엇인지 어떻게 더 빠르게 계산하는지 모두 고려해야만 한다.

인간 뇌의 뉴런섬유는 초당 0.5미터에서 120미터의 속도 범위 내에서 신호를 전송한다. 반면에 오늘날 전자회로 보드의 신호 속도는 보통 빛 속도의 반 정도이다. 만일 엠 브레인의 신호가 전자장치 속도로 이동한다면 그것은 뉴런신호보다 1백만 배(≒125만 배)에서 3억 배까지의 더 빠른 속도가 될 것이다. 만일 신호시간이 엠 브레인 속도를 제한하는 요인이면서 동시에 엠 브레인이 인간 뇌와 동일한 크기를 가진다면 이때 속도 비율은 최대 속도상승 추정값을 얻게 해줄 것이다. 만일 엠 브레인이 비례하여 더 작게 만들어질 수 있다면 비례적으로 더 큰 속도상승이 가능하다.

모방해서 만든 뉴런이 발화할 때 드는 시간을 계산해보자. 오늘날 전자회로가 1.5조분의 1초로 백억 배 더 빠르게 스위칭할 수 있긴 하지만(Deal et al. 2010) 실제 뉴런의 경우 보통 반응하는 데 최소 20밀리초(0.02초)가 걸린다는 점을 유의하라(Tovee 1994). 핵심 질문은 다음과 같다. 뉴런 하나의 발화를 에뮬레이션하는 컴퓨터 병렬프로그램을 실행하는 데 얼마나 많은 전자회로 사이클이 필요한가?

예를 들어 가장 빠르다고 알려진 회로 사이클 값의 10,000분의 1로 발화하는 뉴런 하나를 계산할 수 있는 알고리즘이 있었다면 그때 이 알고리즘에 기반을 둔 에뮬레이션은 인간 뇌보다 백만 배 더 빠르게 작동할 것이다. 아주 복잡한 병렬형 컴퓨터 프로그램은 10,000사이클로 작동할 수 있어서 가장 빠른 이런 전자회로 사용이 가능하도록 에너지와 냉각 비용이 충분히 저렴하다면 최소 백만 배의 엠 속도상승은 실현 가능해 보인다. 그러나 에너지와 냉각 비용이 더 강력한 제한 요소라면 최저가로 얻을 수 있는 최고 속도, 즉 최저가 속도는 더 느려질 수 있다.

속도와 비용이 비례하는 속도범위에서 상한은 "최저가top cheap" 속도이지만 하한은 계산비용과 메모리 비용이 같아지는 "기저 속도base speed" (최저가로 정상작동이 가능한 최저 속도) 근처에 있게 된다. 기저 속도에서는 엠을 일정시간 동안 구동하는 데 드는 계산비용은 같은 시간 동안 엠 마인드 상태만을 저장하는 데 들어가는 최소 실현비용과 같다(여기서 "계산"은 자체-프로세서만이 아니라 상호-프로세서 정보교환도 포함한다). 느린 엠의 경우 총 비용은 대략 계산비용에다가 보관용 메모리 비용을 합한 것이다. 예를 들어 엠들이 시간을 달리하여 계산 하드웨어를 공유할 때 time sharing 그 전체 비용은 사용을 바꾸기 시작할 때 마인드를 구동하는 데 드는 계산비용에다가 바꾸어 사용하는 것이 끝날 때까지 마인드 상태를 유지하는 데 드는 메모리 비용을 더한 것이다. 따라서 엠들은 기저 속도보다 느리게 구동하는 방법으로는 총 비용의 2배 이상은 절감할 수 없다.

인간의 속도로 비율을 따져본다면 엠 기저 속도는 다음 두 가지 하드웨어 비용의 비율과 같다. (1) 어떤 엠 마인드를 저장하는 드는 메모리 비용과 (2) 인간 속도로 엠 마인드를 구동하는 데 드는 계산비용이다. 따라서 만일 메모리 비용이 계산비용보다 더 빨리 떨어진다면 시간이 지나면서 기저 속도는 떨어진다. 만일 계산비용이 메모리 비용보다 더 빨리 떨어지면 기저 속도는 올라간다.

엠을 아직 실현할 수 없다 해도 현재 시점에서 기저 속도를 정의하는 데 이런 비용 비율을 이용할 수 있다. 지난 40년에 걸쳐 계산비용과 디스크 메모리 비용은 거의 비슷한 비율로 모두 매 1.5년마다 2배씩 떨어졌다. 물론 최근 5년간은 디스크 메모리 비용이 좀 더 느리게 떨어지면서 기저 속도를 올린 적도 있지만 말이다. 좀 더 비싼 램 메모리RAM: random access memory의 경우 램 가격은 60년 동안 컴퓨터계산비용과 같은 속도로 떨어졌다. 그 이전 20년 동안은 컴퓨터계산비용이 더 가파르게 떨어졌다는 점도 고려해야 한다(Dave 2015).

따라서 기저 속도는 대략 지난 40년간 일정했다. 이로 미루어 현재의 기저 속도로 미래의 기저 속도 값을 합리적으로 추정할 수 있다. 이 장의 엔트로피 절에서 다루었듯이 향후 겨우 수십 년 안에 메모리를 제외한 작동 장치들active devices의 가격은 에너지 이슈로 인해 점점 더 가격하락 속도가 느려질 것이다. 그 이후에는 에너지 이슈 이외에 기저 속도를 더 하락시키게 하는 제반 요소들로 인해 그 가격하락의 속도가 훨씬 더 느려질 것이다.

추정치는 각각 다르지만 인간 뇌의 상태는 10~100테라바이트의 정보로 표현할 수 있다. 인간 속도의 에뮬레이션은 프로세서 간 통신에 약 20~60조 TEPS* TEPS: traversed edges per second가, 로컬 처리 과정의 경우 대략 10의 18제곱에서 10의 25제곱 플롭스**FLOPs: floating point operations per second가 필요하다(Grace 2015). 에뮬레이션 학술워크숍에서 발표된 바에 따르면 이런 플롭스 추정치는 뇌 에뮬레이션(Sandberg and Bostrom 2008)에 있어 가장 가능성 있는 세 가지 추정치(5장 〈하드웨어〉 절의 수준 1에서 수준 3까지)에서 따온 것이다.

디스크 메모리 가격과 슈퍼컴퓨터 하드웨어 가격을 합치면(프로세서 가격과 프로세서 간 통신 비용을 모두 포함하는), 뇌에서 보는 이런 숫자들은 지금 기준으로 기저 속도가 인간 속도의 백 조분의 1(10의 14제곱분

---

* 역자 주: TEPS 슈퍼컴퓨터의 통신 성능과 계산성능을 나타내는 단위로 얼마나 빨리 정보를 전달할 수 있는가를 측정하는 수치다. 예; 슈퍼컴퓨터의 초당 전달 속도는 2.3×10의 13제곱 TEPS로 23조 TEPS 정도이다.

** 역자 주: 플롭스(FLOPS, FLoating point OPerations per Second)는 컴퓨터의 성능을 수치로 나타낼 때 주로 사용되는 단위이다. 초당 부동소수점 연산이라는 의미로 컴퓨터가 1초 동안 수행할 수 있는 부동소수점 연산의 횟수를 기준으로 삼는다(TFlops · 1테라플롭스는 1초에 1조 회의 연산 처리 성능이나).

의 1)에서부터 인간 속도의 백만분의 1(10의 6제곱분의 1)까지의 범위에 있을 것임을 추정할 수 있다. 중간 추정 기저 속도는 인간 속도의 1억분의 1(10의 8제곱분의 1)이다(Grace 2015).

어떤 엠이 마인드를 구동하기 위해 하드웨어에 소비할 때처럼 엠이 자기 자신의 복제품을 주기적으로 저장하는 데 1%만큼 많이 사용한다고 생각해보자. 이 복제품은 무기한 저장된다. 이 경우 그런 보관 복제품들 archiving copies이 만들어지는 주관적 빈도는 마인드 속도와는 무관하고 기저 속도와 객관적인 투자 배가시간 각각에 역의 관계가 되어 저장 빈도수가 준다. 예를 들어 만일 투자액이 현실 시간으로 매월 2배씩 늘어날 경우, 기저 속도가 인간 속도의 백만분의 1이라면 주관적 경험시간 매 5분마다 보관 복제품이 만들어진다.

기저 속도는 가장 값싼 메모리 저장기술 가격으로 정해진다. 우리는 원자당 엄청 많은 비트를 저장하는 최신기술*(예, 원자에 있는 천문학적 단위의 광자photons처럼)을 막연히만 그려볼 수 있다. 그래서 비트당 가격이 원자당 가격으로 결정되지는 않을 것으로 보인다.

서로 유사한 다수의 엠들이 함께 저장될 때 엠들 간의 여분redundancy 데이터는 저장비용을 상당히 줄이게 해주어 기저 속도를 낮춘다. 기저 속도는 지워지는 사고 위험이 더 커도 감내하는 엠들을 위해서 더 떨어질 수 있는 데 보관용 복제품들을 중복 저장하는 것이 더 적어져서 그렇다. 저장 보관된 것을 탈취로부터 보호하려고 보안에 지출하는 비용이 적을수록 효

---

* 역자 주: 디지털 정보를 원자에 저장하는 방식, 컴퓨터는 모든 정보를 0이나 1의 이진법으로 바꿔 저장한다. 현재 상용화된 하드디스크에서 1비트의 정보를 담으려면 10만 개 정도 원자가 필요한데 이를 원자 한 개 수준까지 줄이는 기술을 말한다.

율적인 기저 속도를 더 낮춰준다. 이는 엠 복제품 보관방식이 매우 안전하거나 아니면 보관된 복제가 훔칠 만큼 가치가 없는 경우이기 때문이다.

18장 〈속도 선택〉 절에서 우리는 엠이 그들이 다루는 물리적 시스템의 속도를 일치시키려고 하는 것처럼 엠들의 특정 속도가 어떻게 선택되는지 그 이유에 대해 더 말할 것이다. 엠들의 특정 표준 속도를 구분하기 위해 평범한 인간 뇌보다 1천 배 빠른 엠을 "킬로-엠" 1천 배 느린 엠을 "밀리-엠"으로, 1백만 배 빠른 엠을 "메가-엠" 1백만 배 느린 엠을 "마이크로-엠"으로, 10억 배 빠른 엠을 "기가-엠", 10억 배 느린 엠을 "나노-엠"이라고 부르자. 대략적으로 최소한 밀리-엠에서 킬로-엠 범위까지는 엠 속도와 비용 간에 거의 확실한 선형 비례관계가 있는 것으로 보인다. 추측이기는 하지만 아마도 최소 나노-엠에서 메가-엠에 이르는 범위에서도 아주 확실하지는 않지만 엠 속도와 비용 사이에 어느 정도 선형 비례관계를 추정할 수 있다.

엠들을 다른 속도에서 구동시킬 수 있는 기술은 엠 사회에 새로운 많은 가능성을 열어준다. 그러나 경제성장, 혁신, 지적 진보와 같은 사회발전이 가장 빠른 엠 마인드나 아니면 전형적인 엠 마인드의 속도에 비례해서 증가한다고 가정하는 것은 실수이다. 총 변화 속도는 총 경제활동에 따라서 모든 엠 마인드의 총 활동의 합에 더 밀접히 연관된다. 더 느리고 더 많은 수의 엠들이 만드는 것과 총활동을 동일하게 하려고 각각이 더 빠르게 구동하는 소수의 마인드들로 사회 발전 속도를 많이 바꾸어서는 안 될 것이다.

속도가 더 빠르다고 경제성장을 직접 더 빠르게 하지는 않지만 그러나 우리는 엠 세계에서 속도가 서로 다르면 결과가 많이 달라지는 것을 보게 될 것이다.

신 체

기본 물리학 법칙으로 엠의 속도, 크기, 반응시간, 상대적 거리 사이에 중요한 관련 사항을 얻을 수 있다.

인간 신체 부위에서 의식적으로 조정할 수 있는 자연스러운 진동주기 대부분이 1/10초보다 훨씬 더 크다. 이 때문에 인간의 뇌는 대략 1/10초에 맞추는 반응시간을 가지도록 설계되었다. 반응속도를 더 빨리 하려면 비용이 들기 때문에 신체 부위들이 위치를 바꿀 수 있는 정도보다 훨씬 더 빠르게 반응하는 데 비용을 쓸 의미가 거의 없다.

진동하는 물체에서 주기와 파장 간의 물리적 기본 관계처럼 물리적 몸체가 있고 조정기능이 부착된 엠에서는 엠 신체부품들의 크기와 그에 대응된 엠 마인드들의 반응시간 사이에 직접적인 역의 관계가 있다. 즉 더 빠른 엠은 몸체가 더 작다. 이것은 외팔보bending cantilever(벽에 수직으로 부착하는 들보나 다이빙 발판처럼 한쪽 끝이 고정된 채 상태를 유지하는 것)의 1차 공진주기는 길이에 비례한다. 판의 두께가 판의 길이에 비례할 경우 한쪽 끝이 고정된 판의 공진주기resonant period는 판의 길이에 비례한다. 예를 들어 길이가 2배 더 긴 판은 한 주기 완성에 걸리는 시간이 2배이다. 이와 마찬가지로 엠의 크기와 반응시간의 관계도 그렇다는 뜻이다. 오늘날 동물의 신체 크기와 동물의 반응시간은 관련성이 있어 예측할 수 있으며 신체가 클수록 반응시간이 더 느리다. 이런 관계는 물리적(로봇의) 신체가 주어진 엠에게도 계속 적용할 수 있어야 한다(Healy et al. 2013).

평범한 인간보다 16배 더 빠르게 구동하는 엠은 객관적인 90분이 주관적 경험으로는 하루이다(1.5시간×16=24시간). 진동주기는 길이에 비례하기 때문에 16배 더 빠른 엠은 인간의 모양과 재질 속성으로 된 16배 더 작은 몸체를 다루면서 편안함을 느낄 수 있다. 이 몸체는 키가 약 10센티미터이다. 만일 이런 크기의 신체를 가진 엠이 말을 하도록, 비례관계에 따라 더 작은 발성관을 사용했다면, 그 목소리의 폭은 4옥타브 더 높다(원하는 음성폭은 어떤 것이라도 전자적으로 쉽게 생성될 수 있지만). 킬로-엠은 대략 1.5밀리미터 키인 몸체가 필요하다. 즉 킬로-속도-엠은 실제로 1밀리미터-크기의-엠이다.

오늘날 부유한 국가에서 노동의 1/5 이하는 전형적인 농업, 채굴, 건축, 제조업 등 신체의 힘이 필요한 육체활동 노동이다(Church et al. 2011; van der Ploeg et al. 2012). 이와 비슷하게 대부분의 엠들은 사무노동으로 물리적 신체가 필요하지 않을 것으로 보인다. 결국 물리적 신체가 필요한 노동은 엠이 하는 모든 직업의 1/5 정도나 그 이하일 것이다. 물리적 신체가 필요한 엠은 소수이지만, 그런 엠들은 매우 중요한 소수집단일 것이다.

육체적 일인 경우, 각각의 일 특성에 따라 그것에 일치하는 로봇 몸체 크기, 재질, 형태 등이 최상으로 결정되고 나아가 그것에 일치하는 마인드 속도도 최상으로 결정된다. 엠의 물리적 몸체의 실제 형태는 인간의 신체와 같을 필요가 전혀 없고, 엠은 자신이 유용하게 쓰일 수 있도록 자신의 몸체를 변경하거나 교환할 수 있다. 오늘날에도 이미 인간은 인공 동력 삽steam shovels처럼 다양한 방식의 기계를 이용하여 자기 몸이 연장extension된 것처럼 편안하게 사용할 수 있다(Church et al. 2011). 엠 브레인은 엠 몸체 안에 꼭 넣어야 할 필요가 없고 엠 몸체는 원거리 무선통신으로도 작동할 수 있다.

몸체의 반응시간에 해당하는 엠 마인드의 비용은 더 적어질 것이다. 한편 물리적 몸체가 커질수록 그 몸체의 유지보수 비용도 커지는 것을 유념하자. 따라서 엠이 가진 브레인과 몸체에 소모되는 비용이 동일한 지점에서 자연스러운 엠 몸체의 크기가 결정될 것이다.

마인드 품질 대 몸체 품질을 상대적으로 강조하는 것은 몸체의 크기가 다르듯이 달라야 한다. 엠 몸체가 커질수록 높은 품질의 마인드를 제공하는 것은 상대적으로 저렴한 비용으로 가능하지만, 고품질의 몸체를 제공하려면 상대적으로 높은 비용이 든다. 따라서 작은 엠이 더 좋은 품질의 몸체를 가지는 반면 큰 엠은 높은 품질의 마인드를 가진다. 고품질 몸체는 더 좋은 재질로 만들어지고 추가장치가 더 많이 들어 있는 반면 고품질 마인드는 더 빠르고 증강현실을 더 많이 가질 수 있다.

물론 엠 몸체는 인간의 신체와 아주 많이 다르다.

난쟁이 나라

엠 마인드는 인간의 마음보다 빠르기 때문에 엠의 몸체는 일반적으로 인간의 신체보다 더 작다. 엠 마인드 속도가 엠의 몸체 크기에 가능한 잘 맞춰진다고 해도 그들 엠들에게는 모든 것들이 똑같아 보이지 않는다. 난쟁이 나라에서는 사물이 다르게 보이고 다르게 느껴진다.

예를 들어보자. 몸체가 더 작은 생명체일수록 중력도 더 작게 작용하는 듯 보인다. 생명체가 걷거나 달리거나, 날거나, 물속을 이동할 때 중력은 걸음 폭의 시간주기, 달리는 보폭의 시간주기, 날거나 수영할 때 펄럭거림의 시간주기에 영향을 미친다. 예를 들어 몸체의 크기가 4배 다른 두 생명체가 똑같은 속도velocity로 이동한다고 하자. 그러면 1/4 크기인 작은 생명체는 이론적으로 큰 생명체보다 다리를 4배 더 자주 편하게 움직일 수 있기 때문에 걸음도 4배 빠르게 움직일 것으로 생각한다. 그러나 작은 몸체의 생명체에게 중력은 더 약하게 작용되는 듯 보이기 때문에 그런 잦은 걸음은 에너지 면에서 효율적이지 않다. 몸체가 절반밖에 안 되는 생명체가 동일한 에너지 효율을 얻으려면 걷는 속도는 실제로는 2배 더 빠르게 된다(Bejan and Marden 2006).

이 이론은 크기가 서로 다른 동물들의 속도velocities*를 관찰하여 확인된다. 예를 들어 코끼리가 초당 1미터를 걷는 효율적인 속도는 바퀴벌레보다 약 20배는 더 빠르다. 이 이론은 중력이 줄었을 때 걷고 달리는 인간의 속도로도 확인된다(Sylos-Labini et al. 2014; De Witt et al. 2014). 또 달에서 우주인이 입은 거추장스러운 우주복 때문에 우주인은 조금 비뚤게 걸을 수도 있겠지만 그런 우주인이 걷는 방식을 통해서도 속도와 크기 간의 관계를 확인할 수 있었다.

이 모든 것에서 보면 몸체가 더 작은 빠른 엠 마인드는 비례적으로 더 긴 보폭으로 천천히 걷는다는 것을 시사한다. 속도와 보폭이 모두 각각 몸체 길이의 제곱근에 비례한 채 말이다. 그러나 엠이 편안하게 효율적으로 걷는 새로운 방법을 개발할 가능성도 있다. 대부분의 곤충은 물 위에서 걸을 수 있다. 달의 중력에서는 사람도 오리발을 신고 물 위에서 달릴 수 있다(Minetti et al. 2012). 작은 엠은 평범한 신발을 신고서도 물 위에서 달릴 수 있다.

---

* 역자 주: 이 단락에서 언급한 속도는 모두 방향이 있는 속도(velocity)(방향이 있는 벡터 개념의 속도)를 말한다.

더 작고 더 빠른 엠에게 햇빛은 흐릿하게 보이고 뚜렷한 더 많은 회절무늬를 보여준다. 더 작고 더 빠른 엠이 있으면 자석, 도파관waveguides(전파와 같은 파동이 전송될 수 있게 만든 관), 정전모터는 쓸모가 없다. 표면장력 때문에 엠은 물에서 탈출하기 어렵다. 마찰은 이런 엠들에게 더 자주 장애물로 작용하므로 윤활을 하기가 더 어려워지고 저항열이 발생하여 속도에 영향을 준다. 엠 몸체 자체의 과열을 막는 것은 쉬워지지만 주변의 열기를 차단하거나 주변의 냉기를 차단하는 것이 상대적으로 더 어려워진다(Haldane 1926; Drexler 1992).

엠 몸체 주위를 흐르는 유체의 속도는 엠의 크기에 잘 맞는다. 1초당 1미터로 부는 바람은 1밀리초당 1밀리미터로 부는 바람의 세기와 같다. 마찬가지로 비례적으로 몸체가 더 작은 킬로 엠에서도 똑같다. 그러나 작은 엠은 같은 속도의 바람의 압력을 견디기에는 훨씬 더 힘들다. 따라서 물리적으로 크기가 작은 엠들이 모이는 공간은 강한 바람을 피해야 한다. 그런 엠들은 보통의 공기 밀도라도 보통 크기의 인간이 느끼는 것보다 훨씬 세게 느낀다.

간단한 최저 수준의 나노컴퓨터 디자인을 기준으로 대략 계산해보면 빠른-엠 브레인에 잘 맞는 안드로이드 몸체는 보통 인간의 신체보다 256배 더 작고 256배 더 빠를 것이다(Hanson 1995).*

보통 인간과 비교해 작은 몸체인 빠른 엠에게 지구는 훨씬 더 커 보이고 여행하기에도 더 오래 걸린다. 예를 들어 1,000배 빠른 킬로-엠에게 지구의 표면적은 1백만 배 더 커 보이고 실제 시간으로 15분 걸리는 지하철 여

---

* 역자 주: 인간 모습의 로봇.

행이 엠의 주관적 시간으로는 10일이 걸리고 8시간의 비행기 여행은 엠의 주관적 시간으로는 1년이 걸린다. 화성으로 날아가는 한 달간의 비행은 엠의 주관적 시간으로는 1백 년이 걸린다. 토성까지 라디오 신호를 보내고 받는 데 엠의 주관적 시간으로 4개월이 걸린다. 심지어 초-음속 미사일도 엠에게는 느려 보인다. 그러나 어느 정도의 거리를 이동하는 레이저 무기와 지향성에너지 무기는 킬로-엠에게는 여전히 아주 빠르게 보인다.*

난쟁이 나라의 엠들에게 그 세계는 훨씬 더 큰 장소이다.

미 팅

엠들은 물리적 몸체를 가진 근처의 엠들과 직접 또는 가상으로 만날 수 있다.

엠의 물리적 몸체는 그 몸체 안에 배치되어 있는 "브레인" 하드웨어로 구동될 수 있다. 혹은 물리적 몸체는 그 몸체 밖에 멀리 떨어진 브레인 하드웨어 안에 있는 엠이 원격 조정으로 원격-작동할 수 있다. 그 떨어진 거리는 원격 통신에 드는 시간이 엠 브레인이 반응하는 시간에 해당하는 거리에 비해 더 가까이 있어야 한다.

예를 들어 만일 신호가 빛의 속도로 이동하는 경우를 보자. 그때 신호가 왕복하는 데 드는 시간을 1/10초(0.1초)인 주관적 반응시간 이하로 유지하려면 인간 속도의 16배인 브레인은 그 몸체에서 대략 1,000킬로미터인 반응 거리 이내에 있을 것이 분명하다. 만약 신호가 왕복하는 드는 시간을 10

* 역자 주: 지향성에너지 무기(directed energy weapons: 레이저 무기, 초고주파 입자무기 등).

밀리초(0.01초)로 줄이려 한다면 그때 브레인은 100킬로미터 이내에 있어야만 한다. (이것은 모두 네트워크 하드웨어에서 추가로 생기는 소요시간은 무시한 값이다.)

서로 속도가 일치하는(주기와 위상phase도 같을 수 있겠지만) 두 엠이 가상 사무회의를 한다고 하자. 그리고 두 엠이 물리적으로 떨어져 있는 브레인 하드웨어로 구동된다고 생각해보자. 이 시나리오를 설명하는 두 가지 방법이 있다. 첫째 방법은 1번 엠의 브레인 상태를 2번 엠 근처에 있는 하드웨어로 이동시켜 두 엠의 가상 사무회의 안건을 처리하는 방법이다. 두 번째 방법은 1번 엠 브레인과 2번 엠 브레인은 서로 다른 위치에 그대로 두고 그들 사이에 있는 하드웨어를 사용하여 마치 그들이 같은 사무실에 함께 있듯이 가상현실 업무신호를 보내는 방법이다. 만약 두 엠이 있는 곳에서 신호를 보내는 데 드는 시간이 그들의 반응시간보다 훨씬 짧다면 두 엠은 이런 두 가지 방법에 차이가 있다고는 말할 수 없을 것이다.

뇌를 설명하는 데 드는 비트보다 가상현실 회의세부사항을 설명하는 데 드는 비트가 훨씬 더 적기 때문에 충분히 가까이 있는 엠들이 만족할 만한 미팅을 하려면 엠들의 브레인은 그대로 둔 채 가상현실 신호들을 교환하는 것이 어느 한쪽의 엠 브레인을 이동시키는 것보다 오히려 비용이 더 적게 들것이다. 즉 브레인들은 있던 곳에 두고 가상 미팅 회의실에서 무엇을 보고 듣는지 어디에 있는지 말한다.

가상현실 미팅은 상대적으로 마인드 탈취에 취약할 수 있다. 그럼에도 불구하고 엠 마인드를 보관하는 데는 더 안전하다. 그래서 가상회의를 하고 싶어 하는 서로 가까이 있는 두 엠들은 브레인은 정해진 같은 하드웨어 안에 둔 채로 단지 가상의 공유장소로 이동하여 통신 비용과 보안 비용 모두 아낄 수 있다.

두 엠의 속도에 비해 두 엠의 브레인을 지원하는 하드웨어가 그러나 공간적으로 충분히 멀리 떨어져 있을 때는 통신이 느려지는 것이 보인다. 그러면 엠들은 회의 안건에 느린 대응을 하든가 아니면 두 엠 브레인 중 하나를 하드웨어에 더 가까이 이동시키든가 해야 한다.

어쨌든 소소한 통신 지연은 감당할 만하다. 어떤 엠이 광속의 10분 1초가 걸리는 거리에 있다고 하자. 그러면 그 엠보다 16배 더 빠른 엠은 1.5초 걸리는 거리까지만 통신을 허용할 것이다. 또 이런 엠보다 16배 더 빠른 엠(16배의 16배)은 26초 걸리는 거리까지만 통신을 허용할 것이다. 오늘날 문자메시지 대화는 30초 걸리는 거리 내에서 주고받는다. 오늘날 그런 메시지 대화처럼, 대화하는 데 시간이 더 걸리는 엠들은 대화하는 데 시간이 더 걸리는 다른 몇몇 엠들과 동시에 일상으로 대화할지도 모른다.

또 다른 엠에 물리적으로 충분히 빠르게 다가 갈수 있는 아주 빠른 엠은 아주 빨리 이동해서 신호를 안정적으로 보낼 수 있다. 엠은 물리적으로 가까운 거리에 있을 때도 마치 멀리 떨어져 있는 (반응시간을 늘림으로써) 것처럼 할 수 있다. 반면 실제로는 멀리 떨어져 있으면 마치 가까운 곳에 있는 척하기는 매우 어려울 것이다.* 이런 위장을 잘하려면 다른 엠들이 무엇을 할지 예측하는 굉장한heroic 기술이 필요하다.

엠 하나가 빠른 미팅이 필요해 다른 엠을 "호출call"하는 과정은 두 엠의 상대 속도에 따라 다르다. 빠른 엠이 느린 엠을 호출할 때, 느린 엠은 그 호출에 답하는 시간이 오래 걸리기 때문에 빠른 엠은 아마 오래 기다려야만

* 역자 주: 느리게 이동하는 것보다 아주 빨리 이동하는 데는 제약이 있을 것이기 때문이다.

할지도 모른다. 그렇다면 서로 자연스럽게 소통하려고 하드웨어가 더 빠른 쪽으로 이동해야 할 것이다. 반대로 호출하기 전에 느린 엠이 빠른 엠의 속도에 맞게 이미 속도를 올려두었다면 그 둘 사이의 미팅은 즉시 진행될 수 있다.

이 모든 것을 고려해보면 엠은 인간보다 서로 소통을 더 쉽고 더 저렴하게 할 수 있다. 이 점은 앞으로 여러 중요한 함의를 가질 것이다.

엔트로피

(다음에 다루는 두 절은 매우 전문적이며 다른 절과 연관성이 별로 없다. 그래서 독자가 원한다면 건너뛰어도 좋다.)

컴퓨터(나는 단지 인공 신호처리 기계를 말한다)가 작동하려면 많은 종류의 지원장비가 있어야 한다. 장치구성, 교란요소 차단, 통신, 에너지, 냉각 장비들을 말한다. 자유 에너지(다른 말로 네거티브 엔트로피)에 대한 수요는 겨우 수십 년 이내에 특히 컴퓨터 설계에 큰 혁명을 가져올 것이다. 이런 혁명이 일어난다면 많은 종류의 미래 컴퓨터 시스템은 열역학적으로 훨씬 더 많이 가역적(네거티브 엔트로피가 상대적으로 가능한 상태) 컴퓨터 시스템이 될 수 있을 것 같다. 여기에는 엠도 포함된다.

오늘날 거의 모든 컴퓨터 회로는 시모스(과거 TTL과 달리 금속산화물 반도체, CMOS complementary metal-oxide-semiconductor) 재료로 만든다. 게이트는 컴퓨터 칩의 가장 작은 로직(논리) 단위이다. 보통 간단한 시모스 게이트 작동에 필요한 에너지는 지난 10년마다 10배 이상 줄었다. (최소한, 칩의 소비전력 때문에 성능을 줄이지는 않는다. 그 반대의 경우도 마찬가지다.) 이런 경향이 앞으로 지속된다고 보면 2035년경에 시모스 게이트 작동당 사용하는 자유에너지는 1비트 수준이다. 즉 열역학에서 말하듯이 상온에서 1비트의 정보를 지우는 데 필요한 자유에너지이다(Drechsler and Wille 2012).

컴퓨터 로직 게이트는 비트를 지울 때(즉 엔트로피가 증가할 때) 두 가지 방식을 사용한다. 보통 때는, 간단한 게이트는 두 개의 입력 비트를 하나의 출력 비트로 전환하기 때문에 비트 하나를 논리적으로 지운다. 또 다른 방식이 있는데, 개별 게이트는 여러 다른 비트를 비논리적으로 지우기도 한다. 각 게이트는 열평형에 이르는 정도를 최소화하는 방향으로 자신의 논리작동을 신속하게 수행하기 때문에 그것이 가능하다. 오늘날 컴퓨터에서 지워진 어마어마한 상당량의 비트는 비논리적으로 지워진 것이다. 따라서 논리적 지우기를 피하려고 컴퓨터 게이트를 구성한다는 말은 그 의미가 별로 없다.

그러나 2035년경에는 비논리적 비트 지우기 비율 빈도가 논리적 지우기 비율로 떨어질 것이 분명하다. 그 이후로 만일 컴퓨터계산 회로 하나당 에너지 사용이 훨씬 더 떨어진다면 그때 컴퓨터는 비트를 논리적으로는 거의 지우지 않는 "가역" 설계 사용 쪽으로 바뀌어야만 한다.

(일부는 보다 낮은 온도에서 하드웨어를 구동하여 에너지 사용을 줄여보려 할 수 있다. 그러나 이렇게 해도 자유 에너지의 사용을 감소시킬 수 없을 것이다. 진정한 해결책이 필요하다. 엔트로피 생성이 커지는 기본적인 문제가 있어서다.)

오늘날 인간의 뇌에서 뇌의 비트 지우기 대부분은 비-논리적이다. 실내 온도에서 뇌는 20와트 정도를 사용한다. 뇌에는 최소 20밀리초의 반응시간을 가지는 천억 개 정도의 뉴런이 있다. 뇌는 사실상 최소 뉴런 반응시간에 뉴런 하나당 10억 비트 이상을 지운다. 평균적으로 뉴런 하나당 약 1천개의 시냅스가 있어서, 뉴런의 최소 반응시간 동안 시냅스 하나당 1백만 개가 넘는 비트 정보가 지워진다(여기서 백만 개의 뜻은 10억을 1,000으로 나눈 비트양). 뇌 시냅스가 반응시간당 맞먹는 1백만 개의 논리회로 작동을 반응시간 내에 한다는 것은 거의 불가능하다. 그래서 하나의 뇌가 하는 어마어마한 비트 지우기 대다수는 비-논리적일 수밖에 없다. 이는 가역 컴퓨터 하드웨어상에 구현한 인간 속도의 엠은 20와트보다는 훨씬 더 적은 소비전력이 필요하다는 뜻이다.

미래의 컴퓨터 대부분은 에너지 사용 면에서 크게 부담이 되지 않을 것 같다는 또 다른 단서가 있다. 컴퓨터를 최대 속도로 구동하는 데 드는 에너지보다 지구에는 이미 컴퓨터로 전환할 훨씬 더 많은 재료가 있다는 점이다. 예를 들어 나노기술-기반의 기계(대략 1입방 센티미터당 10와트 이하 사용)가 최대 출력 시 전형적인 에너지 소모량을 가능한 계산해보면 지구에 도달하는 모든 태양 에너지는 높이 100미터(33층 정도), 가로세로 10킬로미터인 나노기술 하드웨어로 된 도시하나가 사용할 수 있는 에너지양과 맞먹는다(Freitaz 1999). 지구에는 아직 어마어마하게 더 큰 컴퓨터 하드웨어 양을 만들 충분한 원료가 있다.

컴퓨터 작동이 입력상태와 출력상태 간에 일대일 맵핑mapping이 안 된다면 그런 작동은 논리적으로 비가역적이다. 그래서 비트를 지우려면 자유 에너지를 써야만 한다. 그러나 비가역적 맵핑이라도 일대일 가역적 맵핑으로 전환될 수 있다. 출력 상태에 따라 입력 상태를 조절(절약saving)하면 가역적 맵핑으로 전환할 수 있다.

잘 만든 프렉탈 설계라면 어떤 비가역 계산도 가역 계산으로 만들 수 있다(Bennett 1989). 특정 프로세서 한 개와 그것에 대응하는 메모리 유닛 하나를 사용하는 평범한 비가역 계산기계를 머릿속으로 그려보자. 이런 계산의 가역 버전은 정확히 같은 시간 내에 계산이 가능하다. 백그라운드에서 중간 계산 단계의 결과를 가역적으로 지우려면 병렬 프로세서와 메모리유닛을 추가하는 데 로그함수적인 시간 비용이 든다(Bennett 1989).

가역적인 프랙탈 접근방식에는 어떤 가역 주기가 있는데, 이 주기는 하나의 메모리유닛을 논리적으로 지우기 전 원래 계산기계가 갖는 작동단계의 수이다. 만일 중간 단계를 유지하고 계산하려고 각 프로세스와 메모리를 추가하는 데 비용을 쓴다고 하자. 이런 경우 가역 주기는 2배가 될 수 있다. 하드웨어가 구동될 때 계산기계의 하드웨어 비용이 반씩 떨어질 때마다 효율적인 가역 주기는 대략 2배가 된다. 하드웨어 구동에 필요한 냉각 및 에너지 비용보다 계산기계 하드웨어 비용이 1/2씩 떨어질 때 그렇게 된다.

오늘날 컴퓨터 게이트의 설계 기술은 정말 빠르게 변한다. 그에 따라 게이트는 매 게이트 작동과정에서 상당히 많은 비트를 사실상 비가역적으로 지운다. 그러나 작동당 에너지 단가는 하드웨어 비용이 떨어지듯이 그렇게 빨리 떨어지지 않는다. 그러면 결국에는 에너지 비용이 가장 중요해진다. 그러면서 비트 지우기 속도를 줄이도록 설계 수준이 진척되고 있다.

게이트 작동당 훨씬 적은 비트를 지운다고 하자. 그러면 컴퓨터 게이트들은 서로 거의 "단열"인 상태가 될 정도로 작동될 수 있다. 단열된다는 것은 마치 핵심 변수들이 서로 충돌 없이 변경되는 정도로 천천히 변경된다는 것이다. 이럴 경우 가역적인 변경에 드는 비용을 절감시킬 수 있다. 단열 하드웨어의 비-논리적 비트 지우기 속도는 게이트 작동 속도에 비례한다. 즉 단열된 게이트를 2배 더 빠르게 작동하면 게이트 작동당 비트도 2배로 많이 지운다. 또는 1초당 지우는 비트 수는 4배가 된다(Younis 1994). 뇌가 가진 높은 수준의 병렬성을 고려한다면 주관적 경험을 하는 지속 시간 1초마다 반 이상의 비트들을 지워버릴 수 있는 그런 엠 브레인을 만들기 위해서 컴퓨터 하드웨어 비용은 2배를 써야 할 것이다.

거의 단열조건인 컴퓨터라면 매번 작동할 때마다 비-논리적으로 비트를 지우는 속도가 컴퓨터 속도에 비례한다. 그런 기계라면 매 작동당 드는 전체 비용이 최소인 속도에서는 에너지를 사고 냉각하는 데 쓰는 비용과 컴퓨터 하드웨어 대여 비용이 같다. 이런 비용은 컴퓨터 설치공간, 전력 및 냉각 지원시스템을 모두 포함한다. 계산 하드웨어 대여 비용을 따질 때 설치 비용이 추가된다. 다 더한 것은 에너지와 냉각 하드웨어 대여 비용, 설치 비용, 에너지생산에 든 원재료 비용을 더한 것과 같다.

단열 컴퓨터는 새 하드웨어를 구매하는 비용이 하드웨어의 전력 비용과 냉각 비용만큼이나 중요하다. 계산기계의 전력 비용이 절감되는 로그함수 변화율 값은 컴퓨터 하드웨어 비용이 낮아지는 로그함수 변화율과 에너지와 냉각 비용이 낮아지는 로그함수 변화율 사이의 평균값 근처이다. 이 두 값은 서로 가까이 있어야 한다. 이것이 거의 가역인 단열 계산이 중요해졌을 때 무어의 법칙을 예상하는 이유이다. (메모리를 제외한) 작동장치의 성장 속도가 2035년경에 약 2배씩 느려진다는 법칙이다. 역사적으로 컴퓨터 하드웨어 가격보다 에너지 및 냉각가격이 훨씬 천천히 떨어졌다.

열 전도율은 주변 온도와의 차이에 비례한다. 그래서 냉각의 관점에서 볼 때 컴퓨터 하드웨어는 구현할 수 있는 최고온도 이하에서만 구동된다. 하지만 단열된 가역 컴퓨터 하드웨어에서 열이 발생하는 정도는 대략 주변온도에도 비례한다. 열 발생이 본질적으로 비트 지우기 속도(엔트로피 생성정도)로 결정되기 때문이다. 따라서 단열 가역 하드웨어를 구동하는 가장 좋은 온도는 다른 요인들로 결정된다.

에너지 절약형 마인드

에너지 효율적인 하드웨어를 사용하여 엠의 행동을 많은 면에서 바꿀 수 있다.

예를 들어 뇌 에뮬레이션이 가역 컴퓨터에서 작동한다고 하자. 그때 매번의 가역 주기마다 주기가 끝나는 브레인 상태의 최대 압축 복제품을 한 개씩 지우는 데 비용을 써야만 한다. 그래서 가역 주기의 종료는 비용 면에서 효과적인 시간이다. 즉 엠에게는 다른 속도로 바꾸거나 비트를 보관하기에 적절한 시간이다. 비트를 보관하는 것이 비트를 지워야만 하는 것을 절약해주기 때문이다.

프랙탈 가역 방법은 가역 주기의 출발점이나 종료점을 향한 최초의 정신 상태들을 더 많이 다시 계산하게 만든다. 이런 이유 때문에 고통을 피하거나 즐거움을 강화하려는 측면에서 볼 때 더 자주 다시 계산되어야 하는 정신 상태들에 도덕적 가중치를 더 주려는 이들은 가역 주기 경계값 더 가까이에서 일어나는 경험들에 도덕적 가중치를 더 주어야 한다.

엠들은 자신의 메시지들, 행동들 또는 감각 입력들을 보관한다. 그래서 엠들은 그런 비트를 저장하는 비용을 쓸 수밖에 없다. 그리고 나중에 더 이상 원하지 않을 때 아마도 그런 비트들을 지우는 데 비용을 또 써야만 한다. 그리나 그런 것들을 보관하지 않으려는 엠들은 관련 비트들을 최소한으로 지우려고 노력할 것이다.

예를 들어 엠들 밖에 있는 물리적 세계나 사회적 세계를 보거나 들으려면 비트를 지우는 데 비용을 써야만 한다. 만일 그런 주위의 현실세계나 사회생활이 예측할 수 없게 변한다고 하자. 만일 그렇다면 엠들은 보통 해오던 방식대로 기존의 계산을 가역적으로 사용하지 못할 것이다. 만약 엠이 현실에 있는 실제 폭포를 보고 정신적으로 처리한다고 하자. 엠은 그런 장면의 고해상도 입력 "영화"에 상당하는 것을 지우는 데 비용을 써야만 한다. 그런 엠은 현재 가역과정에 있는 주기의 나머지 부분에서 그 영화를 기억하는 데 먼저 비용을 써야만 한다. 그런 다음 그 가역 주기 마지막 부분에서 그 영화의 비트를 저장하거나 지우는 데도 비용을 써야만 한다.

반대로 엠이 현실에 있는 실제 폭포가 아니라 가상 폭포를 보고 어떤 정신적 프로세스를 처리한다고 하자. 그런 엠은 가상 장면을 만드는 하드웨어가 가역 계산을 하도록 공조하고 동기화하게coordinate and synchronize 할지도 모른다. 엠과 하드웨어가 함께 계산을 함으로써 가역 계산은 증대된다. 더군다나 엠은 더 이상 비트를 지우는 데 비용을 쓰지 않으면서도 폭포를 보는 것은 물론이고 (폭포에서 "수영"하는 것 같은) 정신적 프로세스를 할 수 있다. 이런 이유로 엠은 실제현실보다 가상현실을 선호한다. 특히 많은 엠들이 공유할 수 있어서 가상현실 계산비용들을 줄일 수 있는 표준 가상현실들을 선호한다.

가상의 자연을 경험하는 엠들이 더 "환경 친화적"이다. 이런 가상활동이 폐열을 줄일 수 있는 등 오히려 현실의 자연을 덜 손상시키기 때문이다. 오늘날 자연에 푹 빠진 사람들은 현실 자연과 가상 자연 모두에서 관대하고 자율적이고autonomous 관계를 오래 맺길 원하며 사회를 돕길 원하는 것으로 보인다. 반면 비-자연적인 환경에 몰두한다는 것은 돈과 명성에 가치를 두는 것으로 보인다(Weinstein et al. 2009). 마찬가지로 가상 자연에 더 많은 시간을 투자하는 엠들은 더 자율적이고autonomous 더 관대하고 덜 이기적이라 느낄 것 같다.

만일 엠들에게 엔트로피 측면에서 효율적인 장거리 통신망들이 있다고 하자. 그렇다면 엠들은 그들이 받은 메시지들을 서로에게 되돌려 보내려고 공조coordinate할지도 모른다. 가장 간단한 경우를 보자. 다른 엠한테 메시지를 받은 엠은 나중에 그 받은 메시지를 지우려면 비용을 써야만 한다. 그러나 만일 두 엠의 가역 주기와 가역위상이 아주 잘 일치한다고 하자. 그때 메시지를 받은 수신자는 메시지를 보낸 송신자에 의해 가역적으로 지워질 "안티anti -메시지"를 나중에 되돌려 보낼 수 있다(Hanson 1992). 이 안티-메시지는 송신자 수신자 모두 비용이 많이 드는 비트 지우기를 하지 않으면서도 원래 메시지와 안티-메시지 둘 다를 지워지게 함으로써 원래 메시지를 취소할 수 있다.

메시지 송수신에 드는 시간이 많이 걸릴 경우를 보자. 그러면 엠들은 "안티-메시지"를 만들 수 있도록 자신의 메시지나 마인드 상태들을 더 오래 저장하고 있어야 한다. 이러면 가역 주기 초기에 메시지를 보내는 비용이 상대적으로 더 커진다. 게다가 시간이 오래 걸리는 메시지를 보내도 상대적으로 비용이 더 커진다. 더 먼 지역에 메시지를 보내려면 시간이 더 걸리는 것과 같다. 이 때문에 엠들은 자기들의 가역 주기들이 끝나는 쪽으로 메시지를 보내는 것을 선호한다.

가역형 하드웨어가 느리면 속도 가변형으로 만들 수 있다. 그래서 다양한 요구에 맞추도록 그때그때 속도를 바꿀 수 있다. 그런 하드웨어에서는 작동할 때마다 지워지는 비트 수는 작동 시간에 반비례한다. 즉 작동시간이 더 오래 걸릴수록 작동당 지워지는 비트수가 더 적다. 뇌를 에뮬레이션하는 데 그런 하드웨어를 사용한다고 생각해보자. 만일 엠 마인드가 작동당 비트 지우기 비용을 잠깐만 더 지불할 의향이 있었다고 하면 엠 마인드는 잠깐 속도를 올릴 수 있다. 그런 의향이 있는 엠은 속도를 잠시 줄일 수도 있다. 그렇게 해서 작동당 드는 에너지 비용을 더 줄일 수 있다.

속도를 잠깐 높이려면 방열 시스템을 부분적으로 여유가 있게 하거나 완충 기능이 필요하다. 그래야만 일시적인 열 상승으로 시스템이 훼손되지 않게 막을 수 있다. 보통 하드웨어 작동 속도를 선택할 때 그 선택 속도는 하드웨어 비용과 냉각 비용이 서로 최적 트레이드오프에 가까워야 한다. 이런 최적점 근처에서는 작동 속도가 일시적으로 조금 달라져도 작동당 총 단가는 크게 달라지지 않아야 한다.

속도 가변형 엠 하드웨어가 특별히 유용한 경우들이 있다. 정신적 수고가 필요한 요구사항들이 매우 빠르고 예측불가인 경우이다. 예를 들어 우리는 대화 시 들을 때는 느긋해질 수 있고 말할 때는 빨리 할 수 있다. 우리는 다른 이들로부터 입력을 기다릴 때는 느긋해질 수 있다. 그리고 다른 이들이 내 입력을 기다릴 때는 빨라질 수 있다. 모니터 요원들은 모니터링 대상이 상대적으로 소극적일 때는 느리게 그리고 대상이 잠시 적극적일 때는 빨라질 수 있다. 데이터 통신 상대에 따라서 언제 느긋해도 되는지 아니면 빨리 해야 하는지에 관한 복잡한 사회 규범이 발달할지 모른다.

느린 가역형 하드웨어를 사용한다면 최저가 속도the top cheap speed는 더 낮아질 수 있다. 다시 말해 최저가 속도는 작동당 단가로 얻을 수 있는 최고 속도를 말한다. 그래서 어느 하드웨어에서 열방출과 에너지사용에 드는 비용이 늘어나면 그 하드웨어의 최저가 속도는 떨어진다.

비트 지우기의 효율이 더 낮아진다고 하자. 그러면 엠은 가역적 지우기의 주기를 줄이려고 더 긴 가역 주기를 원할 것이다. 초기 엠 시대에는 비논리 비트 지우기 속도가 더 높아서 그때는 가역 주기가 보통 빠르다. 아마도 반응시간보다도 더 빠를 것이다. 이런 경우라면 가역 하드웨어를 써도 엠의 행동에 미치는 영향이 거의 없을지도 모른다.

그런데 나중에 가서는 비트지 지우기 속도가 훨씬 더 많이 낮아질 수 있다. 그럴 경우 더 길어진 가역 주기로 엠의 행동을 더 많이 바꿀 지도 모른다. 엠은 가역 비용 때문에 가역 비용을 낮추려고 가역 주기와 가역 위상을 똑같이 조정하여 자주 데이터 통신을 하고 싶어 하고 가역 주기 경계값(가역 주기가 바뀌는 곳)에서 벗어나려고 자기 주변의 사물들과 데이터 통신을 하고 싶어하게 장려한다.

만일 컴퓨터계산비용이 에너지 및 냉각 비용보다 1백만 배 떨어졌다고 하자. 그때 가역 주기는 주관적 반응시간을 0.1초에서 주관적 하루로 바꿀 수 있다. (이것은 초기 엠 시대를 지나서도 오래도록 일어나지 않을지 모른다.) 가역 주기가 하루로 된다면 엠들이 자는 동안에 가역 주기를 종료시키는 것이 말이 된다. 그리고 자러 가기 바로 전에 다른 엠들과 최대한 데이터 통신하게 하는 것이 좋을 수 있다.

데이터 통신을 자주 하는 엠은 가역 주기와 가역위상을 공유하기를 원한다. 가역 주기 종료시점에서 사용된 특수 하드웨어와 특별 프로세스를 저렴하게 공유할 수 있기 때문이다. 데이터 통신 빈도가 낮은 엠들은 서로 다른 가역상태phase에 처할 가능성이 높다. 전문 하드웨어를 좀 더 효율적으로 사용하면 주기적인 과제를 완수하는 데 도움이 되기 때문이다. 이런 이유로 데이터 통신 빈도가 낮은 엠들끼리는 데이터 통신 비용이 상대적으로 높을 수밖에 없다.

엠이 에너지 절약을 더 할수록 에너지 문제가 엠의 행동에 영향을 더 줄 것 같다.

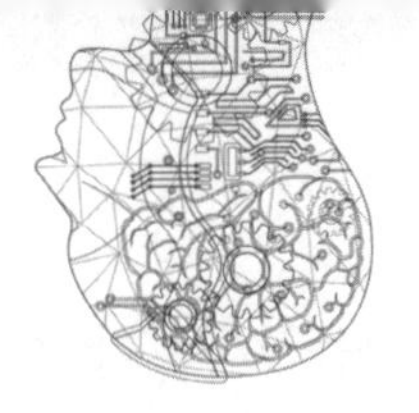

| Chapter 07 |

기반시설

기 후

18장의 〈도시〉 절에서 다시 논의하겠지만, 엠 도시는 거대하고 고밀도이며, 컴퓨터와 통신 하드웨어가 고도의 효과적인 비용으로 작동되는 도시일 것 같다. 그런 도시는 어떻게 주변세계와 데이터 통신을 할까?

컴퓨터와 통신 하드웨어는 주변 환경에 특히 민감한 것으로 알려져 있다. 그런 하드웨어를 설치하도록 설계된 건물과 그 실내는 온도 조절형일 것이다. 온도, 습도, 진동, 먼지, 전자기장 값을 낮게 안정되게 보장하기 위해서다. 그런 장비의 외장은 특히 화재, 홍수, 보안 침입으로부터 잘 보호한다.

오늘날 도시와 비교해보더라도 엠 도시는 더 강력한 온도조절 기능을 이루어낼 것이라는 기본적인 가정을 할 수 있다. 온도, 습도, 진동, 먼지, 전

자기장을 낮게 안정되게 보장하려고 말이다. 이런 조절기능은 사실상 도시급 공용시설에는 기본이다. 도시 전체 혹은 대부분 지역이 대형 천정덮개로 덮인 돔형태일 수 있다. 습도, 먼지, 진동을 조절하는 데 영향을 주는 잔류 오염물질을 흡수하는 공용시설도 돔 안에 같이 있을 것이다. 물론 도시 배기가스도 엄격히 제어될 것이다.

그렇지만 엠 도시는 일상의 인간에게는 유독한 온도, 압력, 진동, 화학 농축물을 노출시킬 수 있다. 이렇다면 보통 사람들은 안전을 이유로 엠 도시 대부분 장소에 출입이 차단된다. 추가로 18장 〈운송〉 절에 설명한 엠 도시의 많은 운송 설비는 일상 인간의 필요에 잘 맞지 않을 것 같다.

도심에서 공간 임대비용은 비싸다. 그래서 우리 도시처럼 엠 도심도 더 높이 더 지하 깊이 확장하도록 압박받는다. 또 도심의 컴퓨터도 물리적 밀도가 더 높은 장치로, 다시 말해 만일 그런 물리적 밀도가 높은 컴퓨터장비가 밀도가 높지 않은 변형된 형태의 장비들보다 비례적으로 훨씬 더 비싸다고 해도 공간차지 부피당 더 많은 컴퓨터계산을 지원하는 밀집장치가 되게끔 압박이 있다. 만일 결정론적 컴퓨터 장비들이 공간과 냉각장치를 더 많이 써야 한다면 도심에서는 그런 결정론적 컴퓨터계산장치들을 잘 사용하지 않을 것 같다.

컴퓨터계산 지원 속도당 무게가 덜 나가는 컴퓨터계산장비를 만들 수 있게 될 것이다. 그런 장비들이 계산작동에 드는 비용이 더 든다고 해도 그렇게 될 수 있다. 그런 가벼운 장비들은 고층건물 지지 구조에 드는 비용을 줄이기 때문에 높은 고도까지 건축할 수 있다. 그런 이유로 더 높은 고층도시에서 가벼운 장비가 활용될 여유가 많아진다. 이보다 더 가벼운 계산장비들은 고도 자체가 더 높은 곳에 있는 도심 주변에 배치되기 쉽다.

컴퓨터 하드웨어와 통신 하드웨어는 보통 설계된 시기에 따라 구별된다. 최근에 설계된 것일수록 더 안정적이고 공간도 덜 차지하고 무게도 덜 나가며 전력과 냉각 비용도 덜 든다. 그런 하드웨어를 이동하는 비용 혹은 도심의 위치를 바꾸는 비용이 아주 저렴하다고 생각해보자. 그때 구형 하드웨어는 공간, 전력, 냉각 비용이 더 많이 드는 도심으로부터 밀려나 외곽으로 나가게 될 것이다.

도시의 지형은 다른 곳의 지형에 비해 풍속을 줄인다는 의미에서 오늘날 도시는 가장 살기 힘든 편에 속한다. 또 도시는 인근 지역보다 더 뜨겁다. 예를 들어 라스베이거스는 인근지역보다 여름에 화씨 7도나 더 뜨겁다. 도시의 이런 열섬 효과는 오존지수를 더 심하게 만들고 이런 영향은 여름, 밤, 구름이 적을 때, 바람의 속도가 낮을 때 큰 도시에서 더 크다 (Arnfield 2003).

이런 것을 보면 엠 도시는 다른 지역보다 더 뜨거울 것이라고 다소 예상할 수 있다. 특히 밤과 여름에 더 심하다. 엠 도시는 계산장비 하드웨어로 완전히 들어차 있어서 엠도시는 다른 곳보다 훨씬 더 뜨거울 것이라 본다.

냉 각

에너지 생산 및 에너지 운송 비용을 낮추려는 혁신적인 많은 장치들이 제시되었다. 새로운 생산 대안은 태양광을 이용한 인공위성, 토륨 원자로, 핵융합로이다. 또한 새로운 에너지 운송 대안으로 초전도 케이블과 반-물질이 있다. 이런 장치들은 높은 수준의 고밀도 에너지를 엠 도시에 낮은 비용으로 공급할 수도 있다.

어쨌든 부피를 많이 차지하는 컴퓨터를 저렴하게 냉각하기 위해 우리가 가진 기술을 극적으로 개선하는 혁신적인 방법을 찾기가 어려워 보인다. 냉각은 이미 잘 정리된 물리적 작용이다. 시도되고 있는 대부분의 접근방식은 기존 것과 상대적으로 큰 차이가 없다. 그래서 초기 엠 시기에 고밀도인 대규모 엠 도시에서 냉각문제는 에너지문제보다 더 큰 제한 요소일 수 있다.

보통 냉각 시스템은 냉각 대상인 열원 주변에 공기나 물 같은 냉각유체를 접근시켜 대상을 냉각한다. 유체는 찬 상태로 들어와 뜨거운 상태로 나간다. 아주 낮은 에너지 비용으로 냉매(냉각용 재료)를 유출입시킬 수 있는 철도나 케이블카aerial trams처럼 마찰이 아주 적은 운송 시스템을 상상할 수 있다. 오늘날에는 에너지 비용을 포함해서 전체 비용 면에서 철도 등의 기존 운송방식보다 훨씬 저렴한 것이 있는데, 그것은 파이프를 이용한 운송 방식이다. 이런 점을 고려하여볼 때 엠이 유체 냉각 파이프를 이용해 엠 도시를 냉각한다는 가정을 기본가정으로 내세운다.

파이프를 이용한 운송방식을 원시적인 기술이라 보는 독자라면 알아야 할 것이 있다. 파이프는 "제품의 복잡도" 면에서 순위가 매우 높다. 제품의 복잡도란 각 국가가 파이프라인을 잘 만들려면 특이하고 다양한 기술을 잘 다룰 수 있어야만 한다는 의미이다. 특히 2013년에 파이프방식은 순위에 오른 1,239개의 제품 유형 중에서 평균 복잡도 순위가 350위였다 (Hausmann et al. 2014).

식물과 동물 각각의 물질 대사에 적용되는 비율척도가 있다. 유기체에서 보통보다 16배 더 큰 몸체는 질량당 대사량이 반 정도이다. 이런 경향은 큰 몸체에 맞도록 영양분을 흡수하고 찌꺼기를 배출하는 몸체 내 파이프 시스템을 다루는 데 근원적인 어려움이 있어서라고 보는 사람들도 있다 (Savage et al. 2008).

그러나 우리는 엠 도시를 효율적으로 냉각할 수 있는 유체 기반의 냉각 파이프 설계를 사실 알고 있다. 혈관과 같은 유체 기반의 생물학적 배관 시스템은 크기가 다른 경우에도 비슷해 보이는 분기 구조braching structure를 가진다는 의미로 프랙탈이다.* 공기나 물 같은 차가운 유체를 도시 외부로부터 도시 내부의 모든 지점까지 유입시키는 효율적 방법이 곧 프랙탈 방식이며, 도시에는 이런 프랙탈 형식의 파이프 설계로 되어 있다(Bejan 1997; Bejan et al. 2000; Bejan 2006). 이런 프렉탈 냉각 시스템을 설계하려면 도시의 총 크기에 따라 로그함수적인 간접 비용이 든다. 그런 간접 비용은 도시가 2배 커지면 단지 일정 비율만큼만 증가한다.

컴퓨터 하드웨어에 있는 극소형 부품 근처에서 발생하는 열은 열전도율이 좋은 금속 재료를 이용해 외부로 배출시킬 수 있다. 또 다른 방법으로는 극소형 열배출 파이프가 사용될 수 있다. 이런 전도성 물질이나 열배출 파이프는 근처의 유체냉각 파이프 내부에 있는 극소형 냉각 팬 안까지 들어갈 수 있다. 이런 팬으로 유체를 빼내고 극소형 파이프들은 유체를 더 빨리 이동시킬 수 있는 더 큰 파이프로 병합된다. 유체의 흐름은 완만하다가 어떤 지점에 이르러 급격히 바뀐다. 이런 식의 설계에서는 도시 규모가 2배로 될 때마다 일정한 간접비용만 더 들 뿐이다.

---

* 역자 주: 해안선이나 난류 혹은 동물의 혈관처럼 전체의 작은 조각이 전체와 비슷한 기하학적 형태를 갖는 구조를 프랙탈이라고 한다. 프랙탈은 작은 조각으로 무한히 분기되면서도 전체의 형태를 그대로 유지하는 자기반복성을 보인다.

도시 외부에서 극소형 냉각 팬으로 유입되는 차가운 유체는 이런 패턴을 거꾸로 만든다. 미세하지만 수가 많은 프랙탈 구조의 파이프로 분기한 패턴인데, 이런 파이프에서 유체는 더 느리게 이동한다. 다른 모든 조건이 같다면, 입력 파이프들은 뜨거운 컴퓨터 하드웨어와 온도 차가 더 크기 때문에 단열이 되려면 공간이 더 필요하다. 냉각 시스템을 공유해서 쓰는 방식으로 인근 도시들이 온도를 서로 비슷하게 유지하게 하고 그리고 냉각시킨 유체가 배출되는 지점까지 온도를 서로 비슷하게 유지하도록 만든다.

냉각 시스템에 소요되는 주요 비용은 두 가지이다. (1) 도시 구석구석 냉각유체를 공급하도록 압력 차이를 유지하는 데 필요한 전력. (2) 도시에서 냉각배관이 설치될 비율(배관을 만드는 비용은 비교적 적다). 이 두 가지 비용은 모두 도시 규모에 따라 지수함수 비율로 증가한다. 다시 말해 도시 규모가 2배 될 때마다 새로운 도시전용 냉각 파이프를 새로 추가하는 것 외에도 냉각 배관 시스템의 입력지점과 출력지점 사이에 압력 차이를 크게 해야만 한다.

"도시에서 창출되는 경제적 가치는 경제 활동의 멱함수(1보다 큰)모델로 만들 수 있다(Bettencourt et al. 2007, 2010; Schrank et al. 2011). 수학적으로 멱함수의 크기는 로그함수의 크기보다 빠르게 증가한다. 즉 더 큰 도시에서 생산된 더 큰 가치는 더 큰 도시를 냉각하는 데 드는 더 높은 비용을 쉽게 상환할 수 있다. 그래서 냉각 비용은 엠 도시의 규모를 제한하는 요소가 아니다."

반대로 아주 작은 도시를 보자. 이런 도시에서 대규모 지역을 냉각하는 데 추가 비용을 쓴다고 하자. 이런 추가 냉각 비용이 대형 도시가 창출할 수 있는 추가 경제가치보다 더 많이 들 수 있다. 반면 작고 고립된 엠 "마을" 정도라면 냉각 비용이 더 적게 들 것이며 따라서 컴퓨터계산장비에 드는 구동 전력도 더 저렴하다. 결국 이런 것을 이용하는 중요한 경제적 틈새가 있을 수 있다. 냉각과 에너지 비용이 4배 더 저렴해지면 컴퓨터계산 구동 전력은 2배로 저렴해진다. 큰 도시에는 빠르고 유연한 통신 및 운송이 적절할 수 있다. 반면 고립된 엠 소도시는 통신운송보다 컴퓨터계산 구동 비용이 저렴하기 때문에 그런 엠 소도시는 저렴한 컴퓨터계산기능이 중요한 일에 전문화될 수 있다.

유체의 속도가 같을 때 파이프 단면적이 2배가 되면 파이프를 통해 흐르는 유체의 양은 2배 이상이다. 따라서 일정 규모인 도시에 공급되는 냉각총량에 규모의 경제가 적용된다. 이런 규모 경제의 정확한 규모는 유체 흐름이 완만한지 아니면 격렬한지에 달려 있다.

컴퓨터계산을 단열 시스템에서 하면 그런 하드웨어를 구동하느라 에너지와 냉각에 쓴 만큼 컴퓨터계산 하드웨어에도 에너지와 냉각을 똑같이 써야 한다. 이 때문에 공간확보에 비용이 많이 드는 엠 도심 내에서 에너지와 냉각 시스템이 차지하는 공간은 컴퓨터가 차지하는 공간과 대략 비슷해야 한다. 컴퓨터 하드웨어는 에너지 및 냉각 하드웨어보다 단위 부피당 제조 비용이 더 비싸기 쉬워서 에너지 시스템과 냉각 시스템이 컴퓨터계산장비 하드웨어보다 실제로 공간을 더 많이 차지해야 할 수 있다. 냉각 파이프가 차지하는 부분은 도심을 냉각하는 파이프들은 도시 외곽지역을 통과해 도시 밖에서부터 가져와야 하기 때문에 도시 외곽 쪽을 향해서 심지어 더 많아질 수 있다.

냉각기술 동향이 에너지를 생산하여 이동시키는 데 드는 공간보다 공간이 더 필요해지고 있기 때문에 에너지와 냉각에만 쓰던 공간 대부분이 냉각하는 데 사용되기 쉽다. 엠 도시에는 컴퓨터 하드웨어가 밀집해 있다. 그래서 엠 도시 규모에서 상당 부분(20~70%에 가까운)을 냉각 파이프가 차지한다.

엠 도시에서는 냉각 비용이 높기 때문에 더 큰 엠 도시는 하드웨어에 비해 에너지를 더 적게 사용하기 쉽고 그래서 더 긴 가역 주기를 사용하기 쉽고 이것은 해당 지역의 최저가 속도를 낮춘다. 그렇기 때문에 정말 빠른 엠은 대규모 도심에서 벗어나 좀 더 작은 공동체에서 거주하기 쉽다.

도시는 차가운 유체를 유입시키고 뜨거운 유체를 방출시킨다. 이런 온도 차이를 이용해 에너지 생산 열기관들이 도시 외곽에 만들어질지 모른다. 예를 들어 전력 생산용 연들kites이 엠 도시 대기에서 강풍의 고온 상승기류를 이용할 수도 있다. 그러나 실제로는 온도차를 이용해 효율성 있는 열기관을 설계하는 것은 비용 면에서 어려워 보인다.

공기와 물

엠 도시의 냉각유체로 두 가지 명백한 후보는 공기와 물이다. 공냉식이 기본인 도시는 수냉식이 기본인 도시와는 그 배치구조가 약간 다르다(먼 미래에는 절대 온도 2° 이하에서 초유체 헬륨 II로 냉각할 가능성도 있다. 이런 유체는 점도는 낮고, 열 전도율은 높고, 엔트로피 전달율이 높을 수 있다(Gully 2014)).

공냉식 도시는 시원한 공기를 대량으로 끌어 들이고 뜨거운 공기를 대량으로 방출한다. 뜨거운 공기 대부분은 도시 상공으로 올라가 뜨거운 구름을 만든다. 강풍으로 밖에서 차가운 공기를 끌어 당겨 도시 외부기지로 향하게 한다. 현재 사용하는 발전소 냉각탑처럼 뜨거운 공기가 상승할 때 생기는 압력으로 공기가 시스템을 통과하게 끌어들일 수 있다.

뜨거운 공기가 상승하는 힘은 도시에 유입되는 공기와 유출되는 공기의 고도 차이에 비례한다. 이 상승력은 또 유입공기 온도와 유출공기 온도의 차이에도 (역으로) 비례한다. 이런 고도 차이를 크게 하려고 높은 냉각탑을 엠 도심 위에 추가하여 유입력을 크게 한다. 그런 냉각탑의 모양은 오늘날 발전소 냉각탑에서 보는 쌍곡면일 수 있다. 이런 모양이 직선형 지지대 구조물만큼 강도가 우수하기 때문이다. 냉각탑을 건축할 때 규모의 경제가 적용되므로 도시는 주요 냉각탑 하나로 냉각이 가능하다. 오늘날 가장 높은 냉각탑은 200미터가 넘는다. 엠 도시의 냉각탑은 훨씬 더 높을 수 있다.

공기는 온도가 더 높을 때 점성이 더 커지는 경향이 있다. 이런 사실은 공냉식 도시에서 더 낮은 온도의 냉매사용을 촉진한다. 또한 공기가 유출되는 배관 크기보다 공기가 유입되는 배관 크기를 줄이기도 한다. 공냉식 도시는 스웨덴, 시베리아, 캐나다, 남극 대륙 같은 넓고 건조한 추운 평원에 위치할 수 있다.

공기의 점도 혹은 압력에 견디는 힘인 점도는 압력과 무관하다. 반면, 공기로 하는 냉각의 성능은 공기의 압력에 비례한다. 이 때문에 공냉식 도시는 고압공기를 사용하려 한다. 5기압의 공기는 냉각성능이 물과 비슷하다. 그러나 도시 냉각에 고압공기를 사용하려면 도시 안과 밖의 큰 압력 차가 필요하다. 공기가 유출될 때, 즉 압력이 떨어질 때 생기는 에너지를 모아야 한다. 그래서 저압공기 배관과 고압공기 배관들이 복잡하게 얽혀 있는 열교환기를 사용한다. 아니면 콤프레셔로 유입공기 압력을 높인다. 터빈 발전기와 같이 사용하면 유출공기 압력이 떨어지면서 생기는 에너지를 모을 수 있다.

공냉식 도시와 수냉식 도시 모두 도시 내부로 바람이 들어오고 도시 상공에는 고온의 구름이 올라가는 모양이지만 이런 현상들은 공냉식 도시에서 더 커져야 한다. 그런 바람과 구름은 더 활화산 같을지도 모른다.

수냉식 도시는 찬물을 대량으로 끌어 들이고 뜨거운 물을 대량으로 밀어낸다. 들어오는 물과 나가는 물 간에 온도차가 클수록 냉각 효과는 더 크다. 이런 이유로 유입시키는 찬물의 온도를 더욱 더 차가운 물로 하려고 할 것이다. 그래서 도시가 스칸디나비아나 아르헨티나처럼 지구 극지에 가까운 해안이나 섭씨 4° 물이 유지되는 해저에 위치하게 한다. 마이크로소프트는 그런 해저 데이터 센터(Markoff 2016) 개발을 이미 시작했다.

온도 차이가 크면 좋기 때문에 증기처럼 거의 비등점에 가까운 물을 방출하는 것이 효율적이다. 그러나 물 비등점 온도에 너무 가까운 물은 일시적으로 막히는 현상 때문에 실제현실에서는 수증기가 폭발할 위험이 있다. 또한 수냉식 도시는 물 누수 때문에 주변 장비를 손상시키는 위험이 더 커서 부식 방지를 더 잘해야 될 필요가 있다.

물은 뜨거울수록 점성이 낮아진다. 즉 배관을 통해 고온의 물을 밀어내는 경우 저항이 더 작다. 이것은 찬물이 들어오는 입력배관이 뜨거운 물이 나가는 출력배관보다 더 크다는 것을 의미한다. 나아가 약간 따뜻한 물을 냉각수로 사용하는 것이 더 저렴하다는 것을 시사한다. 그래서 수냉식 도시는 컴퓨터 하드웨어 사용을 거의 물 비등점 가까운 온도가 되게 사용하게 만든다.

작은 얼음 알갱이들이 들어 있는 물 슬러리는 물만 사용하는 냉각보다 냉각성능이 훨씬 좋다. 예를 들어 얼음이 20~25%를 차지하는 물 슬러리는 평지의 찬물만큼 쉽게 흐르면서도 냉각용량cooling capacity은 약 5배이다. 소금물로 하면 얼음 알갱이를 더 작게 만들 수 있다. 현재의 표준기술로 직경 20~50마이크로미터(μm)의 매우 작은 얼음 알갱이를 만들 수 있다. 바닷물을 이용하는 얼음 슬러리 냉각 시스템은 현재 어선에서 생선의 신선도 유지에 흔히 사용하고 있다(EPSL 2014; Kauffeld et al. 2010). 2014; Kauffeld et al. 2010).

얼음 슬러리 냉각은 장점이 많아 사용할 수밖에 없어 보인다. 그래서 엠 도시는 공냉식보다 수냉식을 사용하게 밀고 간다. 엠 도시는 얼음 운반이 용이하도록 유입 배관에 충분한 단열설비를 유지하게 만든다. 내경 0.1mm의 냉각배관으로 열원 하나하나에 충분히 근접할 수 있다. 그래서 금속이나 소형 열배관들을 사용해서 간단한 열전도를 통해 잔열remaining heat도 잘 전달되게 해준다(Faghri 2012; Gully 2014).

녹아내리는 얼음으로 싸인 배관벽은 마찰력을 없애 물이 배관벽을 흐르기 쉽게 한다(Vakarelski et al. 2015). 최근 박테리아가 들어 있는 진한 용액의 물에서 박테리아의 편모운동을 조절하여 물의 점도를 제거하는 방법이 알려졌다(Lopez at al. 2015). 비슷한 작동원리를 사용하면 엠에 들어가는 수냉식 파이프들의 유속 용량을 엄청 증가시킬지도 모른다.

공냉식 도시처럼 수냉식 엠 도시도 추운 지역에 위치하면 이익을 얻을 것 같다. 공냉식 도시는 추운 평야를 선호하며, 수냉식 도시는 찬 바닷물이 많이 있는 지역 근처를 선호한다. 수냉식 도시는 더 차가운 물을 사용하려고 심지어 바닷속 깊이 들어갈 수도 있다. 물론 깊은 바닷물의 압력을 견딜 수 있어야 한다. 만일 엠 도시 위에 있는 바닷물의 높은 압력을 다룰 수 있는 운송방법과 제조방법을 개선하는 데 드는 비용이 크지 않다면 바닷속 도시 역시 가능할 것이다.

공기로 냉각하든 물로 냉각하든 엠 도시는 인간 도시와 상당히 달라 보일 수 있다.

건 물

엠 시대에는 건물들이 얼마나 다를까?

13장 〈효율성〉 절에서 보게 되듯이, 엠 세계는 부와 개성을 과시하기보다는 효율과 기능에 더 중점을 둔다. 특히 우리 도시와 비교해 엠 도시 구조물은 특정한 임차인들만으로 제한하고 그런 임차인들을 싸게 효율적으로 지원하는 데 중심을 더 둔다. 엠 건물에는 컴퓨터 하드웨어와 컴퓨터 하드웨어지원용 기반시설이 주로 들어 있다.

건물은 중력을 견뎌야 한다. 건물 측면에 부는 바람의 압력도 견뎌야 한다. 지진 시 지반 진동 때문에 생기는 내부 응력에도 대처해야 한다. 이런 면에서 건축 지원이 필요하다. 엠 경제에서는 이런 문제를 다루는 중요성이 상대적으로 다르다.

오늘날 건물은 대체로 다음 세기에 걸쳐 발생할 수 있는 대형 지진을 견딜 수 있어야 한다. 실제로 다음 세기란 대부분의 건물에서 내구수명에 가깝다. 16장 〈성장 추정〉 절에서 보게 되겠지만, 엠 경제는 우리 경제성장보다 100배 또는 그 이상으로 빠르게 커질 수 있다. 이런 이유로 건물은 현행의 건물유지 기간보다 더 짧은 기간만 필요하다. 강한 지진은 상대적으로 적은 빈도로 발생한다. 지진 강도는 지진 발생 빈도수에 반비례한다는 뜻이다. 이런 사실로 미루어보면 엠 건물이 감당해야 할 지진의 최대 강도(지진 내구강도)를 알 수 있다. 현재 건물이 감당해야 할 진동보다 100배나 더 약해도 된다. 100배 혹은 더 약한 지진에 대비해도 된다면 엠 도시에서는 더 높은 건물을 짓는 것이 더 쉬워진다.

오늘날 고층건물은 중력보다 바람의 압력이 더 큰 문제다. 숲속의 나무처럼 도시의 건물들은 내풍을 잘 견뎌야 한다. 건물들끼리 건물 간에 상호지지 방식의 연결구조로 되어 있다면 바람의 압력을 견디는 것이 상대적으로 쉬울 것이다. 그러나 현재의 건물들은 그렇게 상호지지 방식으로 연결되어 있지 않다. 고층건물을 짓는 건축업자들은 그런 상호지지 구조를 애써 세우려 하지 않았다. 그러나 엠 도시의 경우라면 진동, 중력, 바람으로부터 건물이 보호되어야 한다. 그래서 구조물에 드는 지원사항을 분산시켜 관리 조정하려고 15장 〈복합경매〉 절에서 논의된 복합경매를 사용할 수 있다. 경매 입찰은 적정위치, 필요하거나 공급하려는 건축 지원structural support이나 건물에서 생기는 진동을 상쇄시키고, 외부 진동에 견디고, 허용한도와 관련하여 평균 및 최대 진동값을 지정할 수 있다. 이런 점들로 미루어 엠 도시 구조는 다양한 건축 부속물을 지지하는 대형 3차원 격자와 닮아 있다. 이런 격자 구성으로 엠 도시는 더 저렴하게 더 높이 고층건물을 올릴 수 있다.

2009년 두바이에 완공된 높이 830미터의 부르즈 칼리파는 오늘날 세계에서 가장 높은 건물이다. 2019년 완공할 제다의 킹덤 타워는 1,007미터 높이이다. 구조재료로 강철을 사용하는 높이 15킬로미터의 타워도 설계되어 있다. 이보다 높은 타워 역시 가능해 보인다. 그래핀과 카바인carbyne처럼 더 가벼우면서 더 강한 재료를 사용할 수 있다. 더욱이 지지구조물structural support에 보다 나은 프랙탈 설계를 이용한다고 하자. 그러면 더 높은 건물도 가능해 보인다(Farr 2007b; Farr and Mao 2008; Rayneau-Kirkhope et al. 2012). 건축자재의 지속적인 기술 발전, 엠에게 지진의 중요성이 줄어든 것, 바람에 견디도록 더 잘 조정하는 것, 더 밀집된 도시 집중을 원하는 더 강력한 경제적 압력들 이런 요소들로 인해 엠 도심은 아마 1킬로미터 높이까지 그 폭은 수 킬로미터 이상까지 커질지도 모른다.

그러나 엠 경제는 거꾸로 엠 도시의 대형 건물 건축에 오히려 가장 큰 장애이다. 두고 봐야겠지만 엠 경제는 아마도 매월 혹은 매주마다 2배가 될 정도로 아주 빠르게 성장할 것이다. 그러므로 현재 건물 건축에 드는 소요시간은 엠 경제에서 볼 때는 엄두도 못 낼 정도로 비싼 지출을 감당해야 한다. 매번 경제 배가시간이 건물 완공시간에 더해져 건축 비용이 대략 2배가 되기 때문이다. 그래서 현재 가장 높은 빌딩을 완공하는 데 걸린 6년이란 시간은 고속화된 엠 세계에서는 전적으로 수용할 수가 없다.

따라서 빠른 건축공사에는 엄청난 웃돈(프리미엄)이 요구된다. 더욱이 더 높은 건물을 짓는 데 드는 추가적인 소요시간 때문에 엠 도시는 대형 성장이 제한될 수도 있다. 신속한 건축과 건축 이후 신속하고 유연하게 건축물을 변경할 목적으로 모듈 단위로 건물이 지어질 수 있다(Lawson et al. 2012). 예를 들어 최근 중국에 57층짜리 건물이 단지 19일 만에 건축되었다(Diaz 2015). 이는 4년 전쯤 전에 같은 건축 팀이 달성한 하루에 2층씩 건축한 속도를 넘어 하루에 3층씩 건축한 속도이다. 건축 속도가 50% 증가한 것이다.

건축에 드는 기간을 단축하기 위하여 컴퓨터계산장비 하드웨어는 모듈화된 건물구조 안에 둘 수 있다. 이런 모듈 건물은 선적 컨테이너 같다. 그래서 필요시 더 쉽게 이동시킬 수 있다. 그런 건물에는 표준 인터페이스가 있어 공용시설 서비스를 공급한다. 건물은 사실상 거대한 선적 컨테이너 창고일 수 있다.

"이런 방향으로 더 나아간다면 컴퓨터 하드웨어와 수냉식 냉각 배관으로 가득한 엠 도시는 비압축성 "벽돌"incompressible "bricks"로 만들어질 수 있다. 벽돌마다 용도가 정해진 하드웨어 장치들이 가득 차 있다. 한편 내부 공간은 비어두려는 게 아니라면 대신 돌이나 물, 아마도 장력선이 채울 수 있다. 현재 고층 건물이 지탱하는 것보다 훨씬 더 적은 지지 구조물structural support만이 필요하다. 게다가 이런 벽돌은 정말 큰 높이까지 쌓을 수 있다. 그때는 지지 구조물structural support이 재난에 대비하고 정기적인 재건축을 용이하게끔 하는 데 주로 필요할 수 있다."

현재 중형급 건물은 실제로 저층 건물보다 건축 비용이 더 저렴하다. 대부분의 부유한 국가에서 오늘날 숙련된 건설팀이라면 제곱미터 넓이 공간당 건축비용이 가장 저렴한 높이는 최소 20층이다. 아마도 40층 정도에서도 저층건물보다 저렴할 수 있다(Pickena and Ilozora 2003; Blackman et al. 2008; Dalvit 2011). 오늘날 부유한 국가에서 최근 건축된 건물들은 저렴하고 효율적이라고 하는 중형급 고층 건물보다 저층 건물이 더 많다. 고층건물을 명시적으로 금지하는 법률 규제가 주요 이유인 것 같다(Glaeser et al. 2005; Watts et al. 2007). 성공적인 엠 도시는 건물 신축 및 건물 높이에 지나친 규제를 줄이는 도시일 것 같다.

재건축을 신속하게 하려고 도시 전 구역을 공동으로 재조정하여 재건축할 수 있다. 시곗바늘이 시계판을 한 바퀴 돌듯이 재건축 공사도 도심 주위를 쓸어버리는 것일 수 있다. 이 경우 도시는 곧 해체될 낡은 지역을 대체하여 그 대신 넓고 높게 분포된 최신으로 막 건축된 방사형으로 될 것이며, 그 모양은 나선형에 더 가깝게 보일 것이다. 수명이 거의 끝나는 곳 근처의 방사형 지역은 사고도 더 많고 공용시설이 미흡할 것 같다. 또한 불법활동에 더 매력적인 장소일지도 모른다. 나선형 재건축 조정은 18장 〈도시 경매〉 절에서 논의될 복합경매로 토지 할당을 더 쉽게 할 수 있다.

공냉식으로 냉각하는 도심은 주변 압력보다 더 높은 압력이 지원되어야 한다. 그래서 낮은 외부 압력에 견디는 시설과 달리 더 높은 내부 압력에도 유지되는 물리적 구조물이 필요하다. 이런 구조물에서 내부압력을 차단하는 표면은 프랙탈 설계의 도움을 받을 수 있다(Farr 2007a). 공기압력이 높은 도시의 건물은 도심에 공기압력을 더 높게 유지한다. 이렇게 하면 압력이 고압인 도심 위 압력이 더 낮은 지역에 하중을 지탱하는 지지구조물을 만드는 데도 도움이 된다.

엠 도시에서 높은 공기압력을 만들어내는 데 필요한 구조물은 저압 환경에서 사용하기에는 비쌀 수 있다. 만일 그렇다면 그런 도시는 대신 수면 아래 겨우 몇 미터 깊이에 설치할 수 있다. 예를 들어 50미터 높이의 물은 5기압의 대기압에 해당하기 때문에 고도를 낮추는 것이 의미 있다.

엠 도시도 생소하지만 엠 도시의 건물도 생소하게 보인다.

제 조

생물학적 인간은 엠 경제에 관여하는 바가 적으며, 현재 국제무역에서 생물학적 인간이 차지하는 비율은 엠 경제에서 더 적다. 실제로는 예상보다 더 적을 수 있다. 오늘날 국제 수출 금액에서 9.8%만이 식품류이다. 7.5%는 의료관련 화학물질이다. 5.5%가 의류와 직물이다(Hausmann et al. 2014). 그래서 줄어든 생물학적 무역량은 오늘날 수출량의 1/4 이하 정도에 해당하는 위협일 것 같다. 엠들과 관련이 계속 큰 것은 금속, 기계류, 전자장치, 건축, 석유, 석탄, 석유화학, 광업, 항공기, 선박, 보일러들이다.

엠 경제에서 생물 분야는 덜 중요하기 때문에 기후로 인한 생물학적 변화 역시 덜 중요하다. 그러나 극한 기후는 여전히 생물학적이지 않은 엠 채굴, 엠 제조, 엠 운송 부문을 붕괴시킬 수 있다. 엠은 지형적으로 얼마 안 되는 대규모 도시들에 집중되어 있다. 더욱이 엠 경제의 배가시간이 지역의 기후가 크게 바뀔 수 있는 시간 정도에 깊이 연관 있다. 예를 들어 심한 폭풍은 엠 경제에 큰 붕괴를 가져오기 쉽다.

오늘날 소비자는 선택할 상품과 서비스가 다양해야지만 상품에 큰 가치를 매긴다. 이런 선호도가 지난 백 년에 걸쳐 상당히 커졌다. 변하는 개인 소비자 취향에 세세히 맞는 제품을 골라내는 것으로 소비자는 남과 다른 개성을 드러낼 수 있다. 소비자 취향에 따라 제품의 다양성이 늘어나면 거꾸로 물건을 싸게 만들 수 있는 규모의 경제와 경제성장 전망scope economies이 줄어든다. 더 일반적인 제품과 비교해보자. 유행패턴에 의존적이어서 상품성이 유지되는 기간이 짧은 쪽으로 제품이 개발되고 자원활용이 잘 된다고 하자. 이런 변화는 오히려 경제성장률을 낮춘다(Corrado et al. 2009). 그러나 오늘날 소비자는 낮은 생산비용 혹은 낮은 성장률에는 대개 신경 쓰지 않는다. 그들은 제품과 서비스에서 더 많은 다양성을 얻을 수 있는 가치에 관심이 더 많다.

13장 〈효율성〉 절에서 논의하듯이 정말 경쟁심한 엠 경제에서 효율성과 저비용은 제품의 다양성보다 중요성이 커진다. 이 때문에 대량생산에서 멀어져 사용자 맞춤형으로 향했던 경제 동향 그리고 유연한 제조를 지향했던 지난 수십 년간의 경제 동향이 바뀐다. 대량생산으로 회귀한다고 하자. 그러려면 더 장기적인 성장, 더 단순하고 표준화된 제품, 더 큰 규모 경제와 더 큰 경제성장 전망을 이루어내는 더 큰 공장, 개량된 비싼 장비들이 도입되어야 한다. 또한 기업은 고객서비스나 제품의 다양성에는 집중도를 낮추는 대신 영업, 마케팅, 설계, 생산, 선적과 같은 기능에 더 집중하는 부서 조직을 장려해야 한다(Salvador et al. 2009; Piller 2008). 그러나 만일 컴퓨터 바이러스 같은 기생체가 대량생산 제품에 문제를 일으켜서 결국 다양성 제품들에 비해서 대량제품 생산에 타격을 주게 될 경우 위와 같은 모든 변화는 축소될 수 있다.

대량생산 시스템으로 이동하려면 자동화 장비와 소프트웨어 장비 가격을 수용할 만한 선에서 올려야 한다. 그런 장비를 개발하는 데는 고정비용이 들기 때문에 대량생산 제품에 맞는 장비활용을 더 많이 장려하기 때문이다. 제품 형태의 다양성은 현실보다 가상현실에서 더 저렴하게 구현할 수 있어 보인다. 한편 대량생산 제품 시스템으로 향하는 동향은 가상현실 제품보다 현실 제품에서 더 현저할 것이다.

미래의 컴퓨터처럼 미래의 공장들도 자유 에너지 사용을 줄이려고 열역학적으로 거의 단열 상태로 작동하는 수많은 소형 부품들로 된 하위 시스템들을 사용할 수 있다. 다시 말해 공장들은 가역이 잘 일어 날 수 있는 정도로 충분히 느리게 움직이는 기계부품들로 만들 수 있다. 그런 하위 시스템에서 작동당 드는 자유에너지는 작동당 걸린 시간에 반비례한다. 그래서 단열 가역컴퓨터를 사용하듯이 이런 종류의 하위 시스템을 구동하느라 에너지와 냉각에 쓴 만큼 이런 종류의 하위 시스템 제조에 필요한 하드웨어를 대여하는 데도 똑같이 써야 한다.

궁극의 단열 소형 하드웨어를 만드는 방식은 분자 제조공정이나 "나노기술"이다. 이런 공장설비와 생산제품은 원자 수준으로 정밀하다는 특징이 있다. 이런 추세가 얼마나 이어지고 얼마나 빠를지 불분명하다. 그러나 나노기술은 초기 엠 시대 동안 중요할 수 있다.

나노기술을 큰 규모large-scale로 구현한다고 하자. 그러면 탄소 같은 흔한 원소보다 아연 같은 희귀 원소에 대한 수요량을 줄일 수도 있을 것 같다. 더욱이 생산원자재에서 배출되는 폐기량을 줄일 것이다. 공급 유통망을 축소함으로써 현실의 장거리 무역을 없앨 것이다. 멀리 떨어진 공장에서 원료물질을 가져오고 멀리 떨어진 폐기장까지 버리는 방식 대신에 가까운 지역에서 만들고 지역 내에서 재활용되게 장려한다(Drexler 1992, 2013).

나노기술을 기반으로 하는 공장은 그 공장이 만드는 제품보다 훨씬 더 클 필요가 없다. 그런 공장에서 한계생산 비용은 에너지, 냉각, 원재료의 한계 비용에 근접한다. 이 의미는 나노기술 제품에서는 파운드 무게 당 한계생산비용이 크게 다르지 않다는 것이다. 나노기술 공장은 건설 비용 면에서 상대적으로 저렴해진다. 물론 생산 속도가 높아지지만 설비 교체도 빠르게 해야 할 것이다.

조밀한 도시 내에서 몇몇 컴퓨터계산장비 하드웨어는 심지어 구형 하드웨어를 폐기한 후 즉각 설치될 수 있다. 그렇게 하여 구형 장비를 운송하는 시간, 비용, 위험을 줄인다. 나노기술은 결정론적 컴퓨터 하드웨어를 공장에 도입할 수 있게 촉진할지도 모른다. 결정론적 컴퓨터 하드웨어는 논리적 오류와 시간에 따라 장비 안정성이 변하는 것을 잘 막아준다. 그래서 결정론적 컴퓨터 하드웨어를 사용하여 제조 공정에 안정성reliability을 증가시킬 수 있다.

제품 생산에 드는 한계비용보다 고정비용이 더 크다고 하자. 그러면 소비자는 아마도 다양한 제품을 규격화된 큰 묶음으로 더 구매하고 싶어 할 수 있다. 집단구매를 통해 더 낮은 가격을 협상할 수 있기 때문이다(Shapiro and Varian 1999). 그런 구매방식은 더 큰 규모경제를 이루도록 클랜들끼리 아니면 기업들끼리 조직화될 수 있다.

나노기술을 이용한 제품의 한계비용은 고정비용보다 특별히 낮다. 나노기술은 똑같은 비용으로 심지어 묶음 상품을 판매할 수 있는 성장 전망이 더 커지게 할 수 있기 때문이다. 그래서 나노기술로 된 엠들은 보통 모든 종류의 디자인 사용권을 다 사버릴지도 모른다. 그래서 엠 집단이 모든 제품들을 한계생산비용 가까운 가격으로 구매하고 지역에서 생산할 권리를 확보한다(Hanson 2006b).

엠 세계에서 상품제조방식의 차이는 전반적으로 소소해 보인다.

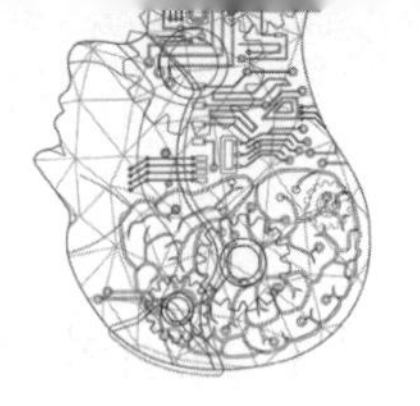

| Chapter 08 |

외 형

가상현실

엠이 보는 세계는 어떤 세계일까? 엠은 보통 시뮬레이션된 "가상" 현실을 경험할 것이다. 이렇게 예상하는 서너 가지 이유가 있다.

첫째, 엠은 보통 인간과 달리 컴퓨터가 만든 가상현실 속으로 쉽게 몰입할 수 있다. 에뮬레이션한 엠도 인간과 마찬가지로 눈, 귀, 코, 손가락 등이 하는 기능을 할 수 있는데 그런 기관에 계산된 입력값들을 공급할 수 있다. 마찬가지로 에뮬레이션한 엠의 팔, 다리, 혀 등의 에뮬레이션된 기관으로 출력할 수 있다. 이렇게 하여 시각, 청각, 후각, 촉각 등의 완전한 감각들을 경험할 수 있다. 생생한 세계와 접촉하면서도 부분적으로 제어하는 만들어진 세계와 접촉한다. 인간은 가상현실과 실제 사이의 차이를 알아볼 수 있는 감각 단서들이 많이 있다. 엠들에게 필요한 것은 그런 단서들을 보지 않는 것이다.

둘째, 운용할 수 있는 가상현실을 계산하는 비용은 엠을 계산하는 비용에 비하면 아주 많이 낮을 수 있다. 현재 가상환경 계산비용은 현실적인 세부사항이 얼마나 필요한가에 크게 달려 있다. 주의 깊게 검사해도 진짜 현실 환경과 구분할 수 없을 정도의 시뮬레이션을 엠에게 입력할 때 여기에 드는 비용을 생각해보자. 우리에게 익숙한 많은 현실 환경을 시뮬레이션하는 입력비용은 에뮬레이션 브레인 자체를 구동하는 비용보다 몇 배나 더 든다.

그런데 사람들은 오늘날 비디오 게임환경에 일상적으로 익숙하다. 나아가 사람들은 비디오 게임을 하면서도 적당히 생산적이다. 비디오 게임환경은 인간 속도의 뇌 에뮬레이션에 필요하게 될 컴퓨터계산 성능computing power에 비하면 비교도 안 될 정도로 미소한 성능만 가질 뿐이다. 게다가 보고 듣는 특정하고 미세한 저준위 신호very-grain low-level signals를 전송하는 대신에 컴퓨터가 계산하기에 저렴한 고준위 신호cheaper-to-compute higher-level signals를 전송하는 것이 가능해질지도 모른다. 즉 엠 브레인이 엠들이 보고 있는 저준위 신호를 고준위 신호로 해석하게 한다. 예를 들어 광픽셀들을 엠의 눈에 각각 전송해 선과 면으로 전환하는 대신에 그저 선과 면을 에뮬레이션한 적절한 뉴런으로 보낼지도 모른다.

엠은 자신을 구동하는 비용에 비해 컴퓨터계산비용이 많이 드는 가상현실 환경을 원할 수 있다. 그렇다고 해도 저렴한 컴퓨터계산 환경으로 엠이 일하고 여가시간에 하는 어머어마한 엠의 활동들을 제대로 작동하도록 지원하는 데는 충분해 보인다. 엠은 일 할 때 더 현실 같은 가상환경에 비용을 더 쓸 것인지 선택해야 하는 지점이 있다. 그런 현실적인 가상환경이 일 생산성을 늘린다면 말이다. 엠이 이런 지점을 잘 찾는다고 하자. 그러면 엠은 자기들의 브레인 구동 비용보다 훨씬 더 비용이 드는 가상 환경에는 가격을 지불하지 않으려 할 것이다. 엠은 가능한 한 비용을 절감하려 한다.

사람들은 때때로 저렴하게 만든 가상현실 세계가 원하는 것을 누구나 할 수 있는 세계라고 본다. 그런 세계는 결핍이나 제약이 없다고 본다. 그러나 가상현실 장면과 가상현실 데이터 통신을 컴퓨터가 계산하는 데 드는 비용이 심지어 저렴할 때라도 그런 가상현실을 경험하는 엠 브레인을 계산하는 데 드는 하드웨어, 에너지, 냉각에 드는 비용은 저렴하지 않아도 된다. 혹은 서로 관심을 가지고 자연스럽게 데이터 통신하는 엠 브레인들을 충분히 가까이 두려고 브레인을 보관하는 현실 부동산에 들이는 비용은 저렴하지 않아도 된다. 따라서 가상현실에 사는 엠은 그런 비용을 지불하기 위해 충분히 돈을 벌어야 (또는 돈이 주어져야) 한다.

로봇몸체를 갖고 현실에서 육체노동을 하는 엠은 그런 일과 관련 있는 물리적 세계의 다양한 측면을 인지해야 한다. 하지만 사무노동을 하는 엠이나 노동 없이 대부분 여가활동만 하는 엠은 현실의 물리세계를 인지하지 않아도 된다. 오늘날 선진경제에서처럼 대부분의 엠은 사무노동을 한다. 사무노동을 하는 엠이 거주하는 가상세계와 가상신체는 이론적으로 말해서 인간 마음이 이해할 수 있는 모든 것을 할 수 있고 주어진 자원으로 그런 것들을 효과적으로 컴퓨터계산할 수 있다.

이론적으로 엠들은 각각 완전히 다른 가상현실에 살 수 있다. 그래서 우리에게는 엠이 있는 가상세계의 모습을 추론하기 어려워 보인다. 그러나 이 상황을 의복에 비유해보자. 오늘날 옷에는 아주 많은 모양과 원자재가 있고, 그런 것으로 우리 몸을 치장할 부유함과 기술력이 있다. 그런데도 우리가 실제로 입는 옷은 훨씬 제한적이다. 게다가 옷의 모양도 크게 벗어나지 않고 거기서 거기다. 그렇다면 옷이란 편안함을 주고 사회적 역할과 유행, 사회적 지위를 나타내는 옷의 일상적 기능을 잘 받쳐주는 것으로도 족하다.

마찬가지로 엠이 가상세계에서 이루려 노력하는 많은 기능을 예상할 수 있는데, 이런 예측 가능한 기능들이 통상적으로 엠들의 세계를 제한하고 있다. 예를 들어 어느 엠이 만일 다른 엠과 데이터 통신하기를 원한다고 하자. 그러면 그들은 가상세계를 같이 공유해야 한다. 화법이나 얼굴표정, 촉감이나 2차원 시각화면 등으로 엠끼리 서로 자연스럽게 데이터 통신을 하고 싶어 한다면 그들의 세계는 서로에게 친화적인 유사성이 들어 있어야 한다. 이런 종류의 데이터 통신을 이해할 수 있게 말이다.

만약 엠이 다른 엠과 그런 데이터 통신을 시작하고 종료를 쉽게 할 수 있으며 나아가 상대방의 데이터 통신 초청을 수용하거나 거절하도록 되어 있다고 보자. 그러면 가상세계는 초청에 분명한 대답을 해야 한다. 미팅 초청이라면 아마도 참석자, 참관인, 시작시간, 소요시간, 가상장소, 물리적 장소, 공칭 속도normial speed, 참가자의 최대허용 신호 전송 속도를 지정할 수 있다.

엠은 가상경험을 지원하는 데 필요한 현실의 자원을 관리하려 한다. 가상세계에서 그런 현실자원을 나타내는 표식과 제어가 가능한 표식을 가져야만 엠은 현실자원을 관리하는 데 도움이 된다는 것을 안다. 그래서 가상세계에는 명확하고 간단한 표식representations이 들어 있을 것이다. 엠은 이런 표식에 따라 조절할 수 있다. 그런 표식에는 재정 잔고, 보안 허가, 데이터 통신 이력, 미래 데이터 통신 일정 등이 있다. 추가로 엠은 자신과 다른 엠의 브레인 하드웨어 위치, 종류, 속도, 주기, 위상, 안정성에 대한 표식

설명을 원한다. 또한 엠은 통신연결에 관련된 내용도 알고 싶어 한다. 즉 이용 가능성, 가격, 속도, 보안이다. 마지막으로 엠은 이런 내용들을 변경하는 데 필요한 옵션사항 표식도 원한다. 마찬가지로 그런 변경을 활성화시키는 방법도 원한다.

이론적으로 볼 때 엠이 있는 가상현실은 이론적으로 거의 모든 것을 구현할 수 있다. 나아가 실제로 가상현실은 우리 현실세계와 차이를 크게 느끼지 못할 정도라는 기본가정에서 출발한다. 몸체, 옷, 바구니, 방, 복도 등이 우리에게 제공하듯이 엠에게도 비슷한 심리적 기능을 계속 제공한다.

엠의 가상현실이 보여주는 큰 차이 하나는 중력과 무관하게 작동하는 기능을 대단히 잘 활용할 수 있다는 데 있다. 3차원상에서 구조물 건축이나, 이동할 때 엠은 공간 활용의 기능을 잘 보여준다. 오늘날 우리는 그런 기능이 주는 자유로운 확장기능을 쉽게 연상할 수 있다. 엠의 그런 기능을 통해서 더 많은 사람에게 그리고 더 많은 장소에 편리하게 나타나고 접근할 수 있다.

안락함

앞서 말한 기능을 제공하는 것 외에도 가상현실은 엠에게 편안함을 준다.

가상세계에 등장하는 배경설정 그 어느 것도 의도적이지 않은 것은 없다. 주요 관심대상을 지원하면서 어떤 배경 하나도 불필요하게 배치된 것이 아니라는 뜻이다. 그런 배경은 대개 친숙하고 안전하고 편안하다. 그러면서도 산만하여 싫증나거나 우울하지 않게 충분히 참신하게 만든다. 엠의 주요 활동은 노동과 사회활동 그리고 수면이다. 이런 주요 활동의 배경으로 사용되는 가상현실은 과하게 산만하지 않아야 한다. 물론 경우에 따라 엠의 가상현실도 엠을 몰입하게 할 수 있을 정도로 만들려고 유대감이나 여흥에 주로 심하게 맞춰질 때가 있다.

장관spectacular인 가상현실을 컴퓨터로 계산하여 제작하는 데 드는 비용은 가상현실에 엠 마인드를 친화적으로 만드는 데 드는 비용에 비하면 상대적으로 저렴할 수 있다. 물론 가상현실을 만들고 엠 마인드를 그런 가상현실에 친화적으로 하게끔 하는 전체 비용으로 보면 엠 경제 규모는 천문학적일 수 있다. 이런 점에서 엠의 가상현실 품질은 최상급으로 예상할 수 있다. 현재의 표준으로 볼 때 엠이 소비하는 음악, 건축, 장식, 조경, 질감, 제품 설계, 이야기 구성, 대화 등은 그 품질이 매우 높다. 그리고 가상현실에 사는 엠은 경험하지 않아도 되는 것들이 있다. 굶주림, 질병, 고통 등은 절대 경험할 필요가 없다. 추하거나 역겨운 어떤 것도 보거나, 듣거나, 느끼거나, 맛볼 필요가 전혀 없다. 나아가 마인드를 미세수정하여 강력한 향정신성 약물이 주는 효과에 맞먹게 해주어야 한다. 입 건조증이나 수전증 같은 약간의 부작용조차도 없이 말이다.

가상현실에서 엠들은 하나하나가 얼굴, 체형, 목소리가 잘 만들어져 있다. 그래서 엠들은 자기들이 바라던 역할에 적합한 성격으로 스마트해 보이고, 아름다워 보이고, 믿을 만하게 보이고 또한 지배적이거나 순종적으로 보인다. 그래서 엠은 엠끼리 서로 더 존경하고 더 신뢰하기 쉽다.

엠 가상현실의 여가환경은 정말 환상적일 수 있다. 실제로는 그 여가환경의 목적이 제한되어 있어서 은퇴 엠을 제외하고는, 현역 엠들로 하여금 여가를 누린 다음 자발적으로 원래 그들의 노동으로 복귀하게 하려는 것이다. 종교적이거나 그와 관련된 이유로 어떤 엠은 여가환경마저 거부할 지 모른다. 즉 여흥에 중독될 위험이 낮고 스파르타식의 노동만이 있는 가상현실 외에는 접근하려 들지도 않을 수 있다.

보통 엠들은 중독될 유혹이 두려워 새로운 가상현실에는 입장을 꺼려할 수 있다. 그럼에도 가상현실 경험에 자신이 가진 자원의 대부분을 쓰게 하는 유혹에 취약한 엠이 있으며, 그런 엠은 결국 엠 경제에서 빠르게 선별되어 도태된다. 하지만 그런 유혹을 견뎌낼 방법을 찾은 엠은 존속한다.

우리 세계에는 주로 있는 것들이 엠 세계에서는 통상적으로 발견되지 않는다. 불필요하게 무서운 것, 불필요하게 시간 소모적인 것, 우리가 우리 세계에 부여하려 애쓰는 추상적 개념들을 훼손하는 것들이다. 예를 들어 엠 세계는 주관적으로 시간이 긴 여행은 피한다. 닫힌 가상공간인 엠의 방은 보통 소리와 신호가 전부 단절된다. 승인이 안 된 외부자는 해당 가상공간 안에 있는 엠이 대화하는 것을 우연히라도 엿들을 수 없다.

나아가 재료가 마모되거나 분해되는 것도 아니고 보통 먼지가 쌓이지도 않는다. 그렇다고 해서 모든 것이 "깨끗하게" 보인다고 생각할 필요는 없다. 어수선한 공간은 창조성을 이끌어내거나 창조성 때문에 나타나기 쉽다. 오히려 어수선한 공간은 노동자로 하여금 엄청난 세부사항을 파악하도록 도와준다(Vohs et al. 2013). 외부인은 그런 무질서를 거의 이해할 수 없다. 반면 어수선한 사무실에서 일하는 노동자는 그런 사무실 속에서도 거의 모든 것이 어디 있는지 더 잘 안다. 그렇다. 어수선함은 보통 스트레스와 혼란 때문이기도 하고 보통은 피하려 한다. 반면에 어떤 엠 노동자들은 이런 어수선함으로부터 이익을 취하고 받아들이기 쉽다. 그리고 어수선한 것을 창조적인 공동체 내 일원임을 알리려고 이용하는 것일 수도 있다.

만화와 비디오 게임에서 주요 대상은 배경보다 동작, 몸체, 물체, 공간들이 배경과 잘 구별되고 눈에 확 띄도록 과장된 것이 보통이다(Thomas and Johnston 1981). 예를 들어 주요 대상은 흔히 진하고 뚜렷하게 잘 알아볼 수 있게 그린다. 엠 가상현실의 겉모습도 이와 비슷하게 과장될 수 있고 우리세계의 만화보다 더 만화처럼 보일 수 있다. 예를 들어 대상들이 움직이는 방향으로 길게 늘어날 수 있다.

가상현실에서 사물이 어떻게 보이는 가에 더 집중하는 만큼 거꾸로 엠은 물리적 현실에서 사물이 어떻게 잘 보이는 가에 투자하는 데는 오히려 인색해지게 될 것이다. 나아가 엠 세계는 대체로 외형이나 미학적인 측면보다 기능적 측면에 더 집중한다. 엠 세계에서 건물 등의 여타 기반시설은 황량할 수 있는데 그것은 단지 기능적 측면을 보여주고 있다. 그렇지만 전반적으로 가상현실은 매우 편안한 상태를 유지한다.

공용 공간

엠들은 공간을 같이 사용할 때 그런 공간을 어떻게 보이게 할지 그리고 어떻게 작동시킬지에 대해 서로 타협한다.

가상현실에서는 공동체가 만나는 공간이 본질적으로 부족하다는 일반적인 특징들이 있다. 다시 말해서 공동체원 각각에게 이런 부족한 공간에 있는 어떤 항목들을 제어할 수 있는 제어권이 주어질 수 있기는 하지만 모두가 모든 요소를 전적으로 제어할 수 있는 권한이 있다는 말은 아니다. 공간을 보는 데 제한이 있는 것이 아니라 다른 엠들이 그 공간에서 보는 것들을 제어하기가 어렵다는 것이다. 같은 클랜에서 나온 비슷한 복제품들은 다른 엠들이 공간에서 볼 수 있는 몸체 하나만 같이 써서 공간을 절약할 수 있다. 하지만 그런 엠들도 보이는 복제품이 무슨 일을 하고 있는지에 관해서는 여전히 서로 타협해야만 한다.

엠 가상현실은 보통 신체 폭력을 할 수 없게 설계된다. 다시 말해 주먹을 휘두르는 것처럼 자기들의 의지에 반해 어떤 엠을 해치려고 가상현실로 지원된 행동들을 이용하기가 아예 불가능하다. 물론 컴퓨터 보안 비용이 비싸기 때문에 바이러스나 네트워크 공격처럼 가상이 아닌 현실 컴퓨터에서 엠들이 피해를 입을 수 있다. 반면 가상현실에서는 신체적 행동으로 인한 손상을 막기가 쉬우며 그런 손상은 실제로 방지된다.

오늘날 사무실은 주로 설치면적을 절약하려고 흔히 개방형 칸막이로 평면을 나눈다. 그러나 칸막이 사무실은 스트레스를 더 주고 동료와의 소통뿐만 아니라 인지능력을 방해하는 것으로 여겨진다(Jahncke et al. 2011; Kim and de Dear 2013). 반면에 가상공간은 비용 면에서 아주 저렴하기 때문에 그렇게 좁은 칸막이를 할 필요가 없다. 가상현실 속에 있는 엠의 집과 사무실은 넓고 개인 공간을 보장받으며 모든 게 잘 겸비되어 있다.

오늘날 인간의 많은 사회적 관습들이 우리가 사용하는 연월일과 같은 지구의 표준 순환, 사무실, 상점, 공원 같은 지구의 표준적인 지역들에 깊숙이 연결되어 있다. 그리고 나이, 성별, 직업과 같은 인간의 표준적인 특징들도 마찬가지이다. 엠 사회에서도 그런 사회적 관습들이 이어질 것이라고 추정해도 큰 무리가 아니다. 그래서 엠 가상세계도 전형적으로 우리가 사용하는 연월일에 해당하는 어떤 주기 변화를 보여줄 것으로 예상할 수 있다. 그런 주기성은 보통 엠 거주자들마다 차이 나는 마인드 속도에 따라 다를 수 있다. 나아가 엠 가상세계에서도 우리 세계에서 쉽게 찾아볼 수 있는 사무실, 침실, 술집, 공원, 광장, 강당, 엘리베이터와 비슷한 가상공간을 예상할 수 있다. 가상세계에서도 엠의 가상몸체의 음성이나 시선으로 엠의 나이, 지위, 성별, 직업이나 행동 유형activity mode을 쉽게 눈치챌 수 있을 것이다.

지금의 비디오 게임처럼, 엠 가상세계의 설계는 가상이 아닌 세계를 설계할 때보다는 물리적 제약이 덜하다. 오늘날 게임에서처럼 엠 가상세계에는 의미, 암시, 기준multiple meanings, allusions, and references이 다중적이어서 이런 것들을 섬세하게 정보화encoding할 수 있는 여지가 더 많다. 엠들은 주위의 가상세계들에 숨겨진 그런 의미들을 더 찾아내기를 기대한다.

가상현실에서 엠 집단들은 사회적으로 "실행취소undo"를 사용하는 방법을 찾을지도 모른다. 예를 들어 엠 집단은 원치 않는 사회적 실수를 지워서 되돌릴 수 있다. 적어도 만일 엠 마인드들의 복제품들을 주기적으로 보관했고, 미팅했던 조건들을 복사해서 주기적으로 보관해두었다면, 또한 그들 집단 밖의 다른 엠들에게는 전송신호들을 보내지 않게 제한했었다면 그런 방법을 쓸 수 있다. 실행취소 기능을 쓴다는 것은 이미 보관된 과거자료에서 끄집어내어 되살릴 특정 순간을 지정하는 것이다. 집단의 어떤 일원들한테는 실행취소를 위한 메모리가 제한될 수 있다. 가령 새로 복제된 자기 자신들의 새로운 복제품들에게 짧은 메시지만 보내는 식이다. 그래서 실행취소 기능이 작동되면 집단의 모든 일원들은 지워지고 (또는 은퇴하고) 보관했던 과거 순간으로 만든 복제품들로 대체된다. 이런 새 복제품들은 지워진 엠 복제품들이 작성했던 짧은 메시지를 받는다.

이런 실행취소 작동을 하는 데 드는 비용은 집단 규모가 클수록 그리고 주관적 시간이 길수록 대체로 많이 든다. 그래서 실행취소하는 주체와 횟수는 제한될 필요가 있다. 미팅을 하는 동안 집단 내 일원으로부터 정보(신호)를 받은 외부자가 있다고 하자. 그런 외부자는 처음에 신호를 보낸 일원들이 그런 신호를 전송했다는 것을 기억 못 하는 버전이 다른 일원들로 대체될 수도 있는 위험을 감수해야만 한다. 지워진 내용 일체를 집단 내 일원들이 기억 못 하게 하는 어떤 강제규칙이 있다고 하자. 이런 규칙을 시행하려면 집단 내 엠 마인드를 구동하는 하드웨어를 통제하는 중앙제어장치가 있어서 외부자들에게 보내는 신호를 강력히 제한해야 한다.

하나 혹은 더 많은 엠들을 가상현실에 참여시키는 것은 대체로 저렴하다. 그런 가상현실은 실제로 있거나 상상한 것이거나 어떤 특정 장소와 특정 시대를 흉내 낸 것이다. 그러나 수많은 참여자 엠에 맞춰 복잡한 성격을 가진 엠들이 있는 가상현실을 다 만드는 일은 엄두도 못 낼 만큼 비쌀 것이다. 엠 브레인을 컴퓨터계산하는 데 드는 비용은 상상해서 만든 건물이나 상상해서 만든 산mountain을 컴퓨터로 계산하는 것보다 훨씬 비싸다. 그래서 고도로 복잡한 성격의 엠들은 보통 일반 뇌를 에뮬레이션하는 데 드는 비용보다 엠이 하는 행동을 상대적으로 저렴하게 계산할 수 있어야 가상현실에 포함된다. 아니면 그런 엠들이 아주 드물게만 행동하는 경우 포함된다. 이런 드문 데이터 통신을 위해서 잠시 관련 역할을 하는 엠 배우들에게 비용을 지불할 수도 있다.

고양이 뇌도 인간 뇌만큼 뉴런이 많아서 인간 뉴런수의 약 1%에 해당하므로 가상 고양이 캐릭터는 비용을 상당히 지불하면 가능하다. 대부분의 애완동물 뇌는 인간 뇌의 에뮬레이션에서 적은 부분에 맞먹는 것이 필요하다. 사람이 애완동물과 어울리지 않는 시간 동안 가상의 애완동물을 쉬게 하는 기술이 있다고 하자. 그런 경우 엠 애완동물을 만드는 것은 더 저렴해질 것이다. 그래서 아주 복잡한 수준의 애완동물 다수를 원하는 것이 아니라면 혹은 애완동물과 같이 다니지 않는 동안에는 오래 작동하지 않게 한다면 엠 애완동물에 드는 비용이 저렴해질 것이다. 새들은 하늘 높이 동물들은 저 멀리서 돌아다니는 아니면 저 멀리서 붐비게 할지도 모른다. 그러나 당신과 애완동물 간에 오랜 복잡한 역사를 가진 복잡한 많은 생명체들과 소통할 시간적 여유가 없을 수 있다.

현실과 가상의 병합

엠들은 두 가지 종류의 공간 개념을 다루어야 할 것이다. 첫째, 가상세계에 누가 어디에 있고 무엇을 볼 수 있는지에 대한 개념이며, 둘째로는 현실세계서는 어디에 누가 있고 현실세계에 있는 무엇으로부터 보호받는가라는 개념이다. 이런 두 종류의 서로 다른 공간에서 서로 분리되고 연결이 안 된 표식들 두 가지를 다루는 것보다 그 둘을 하나의 공통 공간에서 하나의 표상으로 합치는 게 더 매력 있어 보인다.

예를 들어 대규모의 가상장소와 가상위치에 대해 엠이 느끼는 감각을 살펴보자. 이런 감각은 대체로 엠의 원본이었던 현실세계에서 직접 가져온 것일 수 있다. 안락함이나 편리성 면에서 해당 장소와 위치는 지역에 맞게 부분적으로 수정했을 것이다. 현실에서 도시의 공간은 건물과 공용시설로 구분될 것이다. 건물 안에는 대형 서버 클러스터에 엠 브레인들이 들어 있다. 공용시설은 건물 사이사이 공간을 사용하는 구조물과 냉각, 운송시설이다. 가상현실에서는 대부분의 공간이 정말로 공용 시설들이 다 차지하고 건물이 그런 공간의 일부를 차지한다. 그래서 가상현실에서는 멀리서 흔히 볼 수 있는 공개된 공용 공간들에 엠들은, 모여 있는 모습을 보일지도 모른다. 건물들이 공간을 다 차지하는 가상현실에서의 그런 공용 공간은 개인집, 사무실, 상점, 정원 등이 흐릿하게opaque 보일지도 모른다.

엠은 언제라도 자기 "집" 건물 안에 앉아 있는 가상몸체에 맞는 현재 위치가 있을 수 있다. 그리고 그들의 "영혼"(즉 브레인)에 맞는 다른 위치가 있을 수 있다. 엠의 (가상) 몸체는 저렴한 비용으로도 이곳저곳 점프할 수 있다. 하지만 엠 몸체가 자신의 영혼이라고 말하는 브레인으로부터 얼마나 편하게 멀리 떨어질 수 있는지는 엠의 속도에 따라 길이가 다른 "목줄leash"에 전적으로 달려 있다. 목줄 길이를 벗어나면 엠의 몸체는 눈에 띄게 느리게 반응하기 시작한다. 신호전송이 늦어지기 때문이다. 엠이 더 빠르면 속도에 비례해서 목줄도 더 짧다.

엠 영혼은 새 집으로 이사 갈 수도 있다. 그러나 그런 이사는 돈과 시간이 많이 들고 리스크도 크다. 해리 포터 이야기에서 호크룩스의 주문은 마법사 볼드모트를 무적으로 만들었다. 그의 영혼을 아무도 모르는 사물에 그것도 아주 많은 수의 사물에 퍼뜨려 심어 놓기 때문이다. 그래서 볼드모트를 죽이려면 그런 모든 숨겨진 사물을 다 찾아내 하나하나 파괴해야만 했다. 이와 비슷하게 엠도 가상몸체 하나를 공격받는다 해도 결코 죽지 않을 것이다. 엠의 영혼이 자리한 많은 거처를 모두 공격해야만 그 엠을 해치울 수 있다. 마치 호크룩스 주문으로 보호된 것과 같다. 서로 다른 수많은 장소에 여분이 많은 엠들은 그런 모든 장소에서 엠들을 침범할 수 있는 신체 접근권이 있어야만 그 엠들을 해칠 수 있다. 그렇게 해서 엠들은 수많은 종류의 재앙을 막을 수 있는 추가적인 보안장치를 얻는다.

현실의 실제 건물 소유주에게는 가상현실의 건물모습을 통제할 권리가 제공될 것이다. 이런 통제권도 규제를 받는다. 건물 소유주는 각 거주자들이 공용 공간으로 보이는 입구나 건물정면 모습을 제어하도록 건물 겉모습 공간을 나눌지도 모른다. TV 시리즈 "닥터 후"의 타디스TARDIS처럼 집이나 사무실 등의 가상 건물 규모는 밖에서 보이는 건물의 전체 크기보다 훨씬 더 클 수 있다.

물리적으로 현실에 있는 공용 공간common areas에 자리한 물리적 대상들과 물리적 몸체로 된 엠들은 그런 공용 공간을 그대로 묘사한 표준적인 가상현실에 보일 수도 안 보일 수도 있다. 그런 물리적 대상들이 가상의 대상들과 잘 연결되려면 출입구나 보도 같은 보통의 현실 항목들의 크기가 그곳 일상의 거주자들의 마인드 속도에 맞아야 한다. 일상의 가상 엠 몸체가 너무 꽉 조이거나 너무 성기지 않게 적절한 평균 밀도로 되게끔 하는 것이 좋다. 결국은 엠들도 공용 공간에서는 너무 외롭거나 너무 붐비지 않기를 원한다.

엠이 현실몸체와 가상몸체 사이를 원활히 이동할 수 있도록 하려면 현실의 건물 문에 물리적 몸체들에 맞는 빌려 쓸 수 있는 몸체들의 재고가 있어야 한다. 그래야 엠이 가상의 건물 문을 통해 가상공간을 떠날 때 그에 맞는 물리적 문을 통해 나가는 몸체들 중의 하나에 엠 마인드를 전달할 수 있다. 현실 공간에서 가상공간으로 입장할 때는 이런 과정이 거꾸로 될 수 있다.

엠들에게는 가상현실과 물리적 현실이 실제로 통합된 전체로 병합될지 모른다.

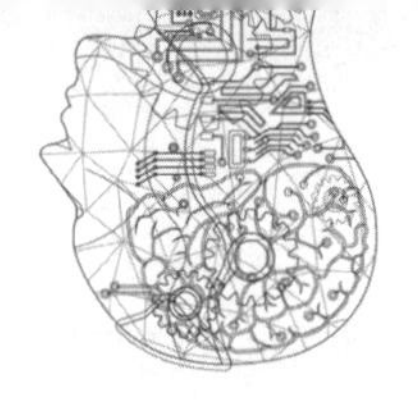

| Chapter 09 |

정 보

장 면

서로 소통하고 있는 엠들이 정확히 똑같은 가상환경을 보고 있는 것이 아니다.

예를 들어 엠들은 같이 쓰는 환경이라도 자기들만 선호하는 색이나 무늬로 꾸민 것으로 보고 싶어 할 수 있다. 또 엠은 자신들의 가상세계를 태그하거나 통계값으로 만들어 중첩overlay시키거나 증강augment시키는 것도 선호할 수 있다. 또는 대상물체 구성품들에 가상 물체들을 비춰보고 싶어 할 수 있다. 아니면 그런 대상물체들 뒤에 무엇이 놓여 있는지 보고 싶어 할지도 모른다. 가상 엠들은 허가된 곳은 어디든지 어느 것이라도 항상 생생히 볼 수 있어서 망원경처럼 대상을 확대하여 볼 수 있다. 그러나 엠의 중첩overlay 능력은 오히려 엠의 지각능력을 약화시킬 수 있다. 그래서 주의해 사용해야만 한다(Sabelman and Lam 2015).

엠은 보통 다른 엠들과 서로 의미 있게 데이터 통신하는 쉬운 방법을 원한다. 데이터 통신으로 서로가 비슷하게 보는 것이 어떤 환경인지 빠르게 확인하기 위해서다. 이런 세계(예를 들어 사람이 서 있는 곳 같은)의 어떤 모습은 디폴트(기본사항)로 정해지기 때문에 서로 같이 사용하도록 구별된다. 그리고 엠이 다른 엠을 초청하려면 그들 간에 데이터 통신하는 표준적인 방식들이 필요하다. 아무나 널리 사용하지 않는 중첩들과 유행들을 가진 엠들을 보기 위해서 그리고 그런 초청을 수락하기 위해서다.

엠이 일하거나 놀 때 많은 종류의 과제가 있어서 엠들은 물리적 시스템을 관리해야 한다. 그런 관리를 하려면 해당 물리적 시스템에 맞는 물리적 몸체가 보통 있어 크기, 속도, 모양, 재료 면에서 즉각 맞추고 그에 맞게 확장되어야 한다. 엠 마인드에 맞게 몸체를 결부시키는 것은 중요하다. 물론 엠 마인드가 구현될 수 있는 물리적 몸체가 다양해야 한다. 사람들은 다양한 기계를 통해 세계와 소통하고 있다. 차량과 기중기도 그 예이며 그런 기계는 신체의 연장선으로 다루어진다.

자기 과제에 맞는 물리적 몸체를 가진 엠이 있다고 하자. 그런 엠이 보고 듣는 세계는 현실세계를 정확하고 충실히 나타내지 않아도 된다. 예를 들자면 이미 흔히 사용되고 있듯이 보고 있는 현실장면에 보조설명annotation을 중첩시켜 보여주는 전방 시현기head-up displays와 같다.* 그러나 그런 중첩은 현실세계의 중요 사항들을 지나치게 가리지 않아야 한다.

엠 데이터 통신의 실현 가능성, 엠 데이터 통신 비용, 엠 데이터 통신의

* 역자 주: 전방 시현기는 자동차 앞 유리면에 속도 및 주행거리 등을 표시해주어 운전에 도움을 주는 중첩기능 디스플레이를 말한다.

보안은 종종 엠 브레인들과 다른 엠들의 브레인이 있는 물리적 위치 그리고 속해 있는 조직의 위치organizational locations에 달려 있기 때문에 엠 가상세계는 데이터 통신하고 있는 상대방의 위치정보를 계속 보여줄 수 있다. 예를 들어 엠은 다른 엠의 속도, 주기, 위상 아니면 직접 빠른 데이터 통신을 할 수 없는 거리가 얼마나 되는지 보통 알고 싶어 한다. 엠은 시공간적으로 자기들이 있는 위치를 어느 정도 현실적인 개념들로 같이 가지고 있어야 할 필요가 있을 것이다.

속도나 크기가 크게 다른 엠들이 하나의 현실공간 혹은 하나의 가상공간에 같이 있는 것은 어색할 수 있다. 빠른 엠이 매우 빠른 속도로 쌩하고 지나갈 때, 주변의 느린 엠은 잠시 갈피를 못 잡을 수도 있을 것이다. 큰 엠은 작은 엠의 이동을 차단하거나 작은 엠의 시야를 가릴 수 있다. 이런 문제점을 풀 수 있는 한 가지 해결책은 공용 장소마다 표준적인 가상장면을 다르게 두는 방법이 있다. 즉 장면마다 속도를 다르게 하는 것이다. 속도가 다른 장면은 또 그에 맞는 가상중력도 다를 수 있다. 엠의 속도나 크기를 속도에 맞는 가상장면에만 제한하는 규제가 있을 수 있다.

가상공간을 공용으로 사용한다면 공용 공간은 잘 바꿀 수 없다. 같이 쓰는 이런 공용 자원을 경제적으로 쓰려고 엠은 다른 장면을 만들어 세부 사항을 감출 수 있다. 예를 들어 주요 장면에서는 가장 중심인 인물만 보게 하고 주변 인물은 다른 장면에서 볼 수 있게 만든다. 14장 〈스퍼〉 절에서 보겠지만 엠 노동자는 겨우 서너 시간 동안 과제를 한 다음 종료하거나 은퇴하는 단기 "스퍼" 복제품을 정기적으로 파생spin off시킨다. 만일 당신이 이런 스퍼 복제품 중 하나에게 말을 건다고 하자. 스퍼의 원본은 당신이 말한 것을 나중에 기억하지 않는다. 그렇기 때문에 대부분의 엠들은 스퍼가 아닌 원본에게 말하고 싶어 한다. 그리고 스퍼는 스퍼가 아닌 엠이 말을 걸지 않는 한 주로 스퍼끼리만 말하게 된다. 이런 식의 데이터 통신 방식을 지원하려면 스퍼는 같이 쓰게 정해진 사무실 장면에는 나타나지 말고 참관자observers가 스퍼를 별도로 보여 달라고 하는 장면에서만 나타나야 한다.

이와 비슷하게 느린 속도의 은퇴자 엠들은 평범한 엠의 행동을 주시하고 평가하곤 한다. 장소를 보여주는 보통의 장면에서는 그런 은퇴 참관자까지 보여주지 않아도 된다. 그 대신 다른 장면이 보일 수 있다. 그런 대체 장면에서 은퇴자들이 서로 만나 대화한다. 이와 비슷하게, 많은 현역 엠들은 진귀한 어린 엠들을 관리하고 통제하며 훈련하는 등의 양육과정을 공유하고자 한다. 어린 엠들이 등장하는 장면에서 어린 엠들을 양육하는 장면들이 빠질 수 있다. 그 대신 대체 장면을 통해서 그런 양육과정을 보여줄 수 있으며 나아가 참관자들끼리 서로 만나 말할 수 있게 해준다.

스퍼가 아니면서 은퇴하지 않은 엠들은 같은 속도에서 구동한다고 해도 여전히 지위는 서로 다를 수 있다. 달리 말해서 낮은 지위의 엠은 보이지 않고, 높은 지위의 엠만 보이는 장면이 있을 수 있다. 이것은 오늘날 웨이터 같은 도우미들이 흔히 눈에 안 띄려 노력하고, 봉사받는 사람들은 그들을 안 보이는 것처럼 대하는 것과 비슷할 수 있다.

공용 장면이 더 많을수록 보통의 엠들은 다른 엠들이 보통 보고 있는 장면에는 사물이 어떻게 보이는지 알기가 더 어렵다.

기 록

오늘날 한 사람의 인생을 전부 오디오로 저장하고 보관하는 비용은 꽤 저렴하다. 고해상도 비디오로 기록하고 저장하는 것도 곧 저렴해질 것이다. 향후 엠에서는 아마도 그 이상으로 저장비용 절감방식이 적용될 것이다. 그래서 음성, 영상, 냄새, 진동, 브레인 및 몸체에 대한 많은 항목을 저장하는 일이 엠에게는 표준적인 관행이 될 수 있다. 기분상태나 흥분상태 등을 포함한 항목도 해당된다. 엠은 심지어 이런 상태에 정보를 더 추가할 수 있다. 이런 추가정보는 겉으로 드러난 마인드-읽기shallow mind-reading와 매일매일 일어나는 외부사건들에 관한 정보들, 심지어 살아가는 엠의 일상에 따라붙는 사소한 수다들까지 포함할 수 있다.

이런 모든 기록 때문에 엠은 그들의 사적 과거를 꽤 완전히 파악할 수 있다. 그런 엠은 과거의 모든 순간을 저장한 것을 볼 수 있다. 아마도 심지어 보관된 자기 복제품을 인터뷰하고 마인드도 읽을 수 있을 것이다. 최근부터 어느 순간까지 자기를 복제하여 보관했던 복제품이다. 이런 기록물은 원하는 것을 찾기 쉬워야 한다. 그래서 엠은 대화 중에도 상황 확인을 돕는 검색 키워드를 내뱉는 습관에 빠질 수 있다.

가상이 아닌 장소들인 경우 엠으로 가득 찬 고밀도의 물리적 공간을 감시 하드웨어로 채우는 것은 기계적인 측면에서 저렴하다. 감시 하드웨어란 언제 누가 무엇을 하는지 명확히 보여주기 위하여 카메라나 마이크 같은 기계시설을 설치하는 것을 말한다. 비슷한 상황이 가상 공용 장소에도 적용된다. 지역 당국은 그런 하드웨어로 감시망을 만들어 감시 결과를 보관할 것이다. 감시한 결과를 가지고 "투명 사회"를 만들 것이다. 그런 사회에서는 누구나 모든 이의 사회 활동 대부분을 자동적으로by default 볼 수 있을 것이다(Brin 1998). 하지만 당국은 이런 장면과 기록에 대한 접근권을 제한할 수 있다. 그리고 당국이 감시하는 장소에서는 다른 감시망이 작동하지 못하게 막을 수 있다.

개별 엠은 볼 수 있는 것을 저장하기는 쉽지만 그런 장면을 즉각적으로 널리 공유하기는 더 힘들 수 있다. 그런 장면은 결국에는 출처의 근거와 출처의 위치를 드러내기 때문에 당국이 스위치를 꺼버리게 만든다. 따라서 허가받지 못한 공유 장면은 상당한 시간지연 후에 공유되어야만 하며 드물고 예외적 상황에서만 공유될 것이다. 아니면 출처가 드러나지 않도록 편집되어야만 한다. 가상현실에서 소수의 참여자만 참여하는 데이터 통신은 관리당국이 볼 수 없도록 한 채, 내부 참여자끼리만 볼 수 있는 장치를 통해 사적으로 어느 정도 잘 유지될 수 있을 것이다.

저렴한 저인망 감시로 암시장이 커질 수 있는 전망을 크게 줄일 수 있다. 관련 법이 활발하게 집행된다고 하자. 그러면 공개된 장소에서 눈에 띄는 불법거래는 거의 없을 수 있다.

가상현실이나 실제현실에서나 관계없이 엠은 지역에서 발생하는 재난으로 인해 살상되거나 파손될 걱정을 크게 하지 않는다. 백업이 주기적으로 되기 때문이다. 그런 재난은 백업 직전 이후 획득한 기억과 기술skills만 손상되는 위험이다. 엠은 오히려 백업 후에 가치가 큰 신규 정보를 얻었거나 최근 백업이 이루어지지 않은 드문 참사를 두려워한다. 엠은 대규모의 참사, 즉 유의미한 모든 백업을 위협하거나 엠의 생계를 뺏는 위협에 강한 공포를 내내 갖고 있다. 죽음에 대한 공포는 11장 〈죽음의 정의〉 절에서 더 논의한다.

엠은 엠의 환경을 현혹시키는 입력값뿐 아니라 엠의 복제 이력 정보를 잘못 오해하여 속을 수 있다. 만일 많은 엠 복제품 중에서 어떤 기준에 따라 겨우 적은 수의 엠 복제품만 선택됐다고 하자. 그때 선택된 엠 복제품들에게 그런 선택 기준을 안다는 것은 귀중한 정보이다. 예를 들어 누군가 어떤 엠을 복제하여 만 개의 복제품을 만들어 그 복제품들을 각각 파업 찬성 논쟁에 참여시킨다. 그런 다음 가장 잘 설득된 복제품만 남긴다. 이런 전략은 사실상 남은 엠이 파업을 실행하게 설득할지도 모른다. 그러나 이 남은 엠이 만일 자기의 복제 이력을 알게 되었다면 남은 이 복제품은 자기의 파업의지를 아주 크게 줄이도록 자기를 설득할 수 있다.

따라서 엠은 자기 주변의 세계를 잘못 오도하는 모습을 알아채려고 노력할 뿐만 아니라 복제 이력에 대해 잘못 오도하는 주장들도 알아차리도록 노력해야 한다. 일반적으로 엠은 믿음이 가는 기록들을 유지하려고 신경 쓴다.

속임수

엠은 또 거짓 겉모습에 속지 않으려고 조심한다.

엠의 가상현실에는 아마도 인증지원체계가 제공될 것이다. 즉 상시 사용하는 도구들이 믿을 만한 동안에는 엠은 방문장소, 데이터 통신 상대방, 혹은 보고 듣는 다른 엠들에 관해 잘못 확인할 수 없다. 사용도구들이 믿을 만하지 않은 엠들은 자기들의 신원이 드러나는 것을 거부할지도 모르지만 그렇게 거부하면 자기들을 쓸만한 도구라고 내세울 수 없을 것이다. 물론 탈취당한 엠 마인드조차도 자기들이 일상 규칙들을 따라하지 않는 시뮬레이션 속에 있다고 두려워하면서 자신이 상시 사용하는 도구들의 인증을 합리적으로 불신할 수 있다.

인증체계를 통해 엠의 비밀을 지키도록 지원한다는 것은 엠을 복제하는 표준하드웨어 프로세스에 비밀 코드(기술 용어로 "개인 암호 키")를 복제할 수 있는 지원체제가 직접 있다는 뜻이다. 여기서 비밀 코드란 원본 복제품과 후손 복제품 간에 공유된 비밀 코드를 말하며, 그 외의 다른 어떤 곳에서도 복제될 수 없다. 이런 지원체제는 부모 엠에게만 고유한 코드는 복제하지 않게끔 보장한다. 나아가 새로운 복제품과 복제된 후손 복제품마다 고유한 코드를 생성해 공유 되지 않게 보장한다. 이런 개인 코드와 부합하는 공공 코드가 엠들의 고유한 식별근거일 수 있다.

엠의 인증체계 때문에 엠의 사생활이 없어진다는 뜻은 아니다. 엠의 공간에서 엠들과 엠의 대리인들은 자신들에 대해 많은 것을 노출하지 않도록 선택할 수 있다. 그러나 엠의 노출 허용범위 이상으로 더 많은 정보들이 노출될지도 모른다. 엠의 위치를 시간별로 추적하는 정밀감시 데이터 때문이다. 가상현실에서 엠은 때때로 그저 사라짐으로써 이런 문제에 대처할 수 있다. 현실세계에서는 엠은 때때로 낯선 이의 몸체와 "결합mix"하려 할지도 모른다. 즉 엠은 근처의 낯선 엠에게 무작위로 서로 물리적 몸체를 바꾸자고 제안할지도 모른다. 서로 동의했다면 둘은 그들의 마인드를 바꿀 만큼 충분히 오랜 시간 애착하고 절반의 시간은 되는 대로 하려할 것이다. 마인드를 교환한 다음 새로운 마인드가 들어 있는 몸체로 둘은 각자 절반의 시간 동안은 자기 길을 갈 것이다.

엠은 그들이 보고 듣는 엠들이 진짜 엠인지 아니면 진짜 엠을 흉내만 낸 저렴한 알고리즘인지 믿을 만한 방법을 쉽게 찾고 싶어 할 것 같다. 결국에는 엠은 때때로 다른 엠과 데이터 통신하면서 진짜 엠him or her을 모방한 "봇bot" 프로그램으로 대체하고 싶어 할 수 있고 그렇게 해서 다른 일을 할 수 있다. 엠들은 상대방과 데이터 통신 시 그런 봇이 나오는 걸 좋아하지 않을 수 있는데 봇이 어느 정도는 자기들의 낮은 지위를 보여주는 것일지도 모르기 때문이다. 그 결과 데이터 통신 시 엠들은 가짜를 찾아내려고 자기 자신들과 자기 친구들을 흉내 내도록 소유한 봇들을 계속 구동시키면서 엠들은 봇이 제대로 따라할 수 없는 복잡하고 미묘한 방식으로 행동하려고 노력할 수 있다. 다시 말해 엠은 자기들이 항상 튜링 테스트의 일부라고 느낄 지도 모른다. 그런 습관이 못 믿을 엠들과 데이터 통신하는 비용을 올릴 수 있고 신뢰에서 생기는 이익을 높일 수 있다.

봇과 데이터 통신하고 있는지 아닌지에 대한 정보를 얻는 방법이 있다. 직접적인 방법은 브레인에 접속하는 것이다. 아니면 간접 방법도 있다. 특정 역할을 전담하는 엠으로 보이도록 하는 무언가에 높은 가격을 지불하게 하는 방법이다. 엠은 또 누구나 서로 어조, 표정, 응시 방향을 확인하고 이런 어조와 표정이 여과되지 않은 상태unfiltered인 원래 버전을 보고 있는 것인지 아니면 보여주고 있는 것인지 알고 싶어 한다.

그런 지식은 엠들이 데이터 통신하는 상대방의 더 깊은 정신 상태에 대한 것을 배우게 돕고 다른 엠들이 그들에 대해 만들고 있는 추론에 대해 배우게 돕는다. 물론 엠들이 여과 되지 않은 다른 엠들을 보고 있는 거라는 확신이 없다면 엠들은 그런 정신 상태와 추론이 보통 저렴하게 가짜로 만든 것이라고 볼 수 있고 그래서 그들이 보는 것에서는 유용한 결론을 거의 못 끌어낸다고 볼 수 있다.

가상현실에 있는 항목들을 정하고 컴퓨터로 계산하는 책임은 큰 집단에 유용한 요소를 계산하는 더 큰 공용 시설과 주로 개인이나 작은 집단에 유용한 요소를 계산하는 더 작은 공용 시설로 합리적으로 나누어질지도 모른다. 예를 들어 건물주는 건물외벽과 내부 공유공간 요소를 계산하고 도시 기반 공용 시설은 도시 광장, 분수, 경관이 모두에게 어떻게 보일지

계산될지 모른다. 회의실에 있는 개인은 자기 피부, 옷, 머리 모양을 계산할지도 모르고 회의실 소유자는 회의실 외관을 계산할지도 모른다.

이런 식의 노동 분업으로 해당 책임들을 잘 조정할 수 있지만 누가 언제 무엇을 보고 있는지 제3자에게 정보를 노출시키는 문제가 있을 수 있다. 그런 노출을 피하려고 부끄럼 많은 엠들은 안정된 공개 사양public specifications을 가지고 개인적으로 자기들의 가상세계의 겉모습을 계산하거나 자기들만의 대체 모습들을 만들면서 그런 정보 없이 그저 가상세계의 겉모습을 계산할 수 있다. 대안으로는 정보 누출은 거의 없거나 어렵다고 사용자들을 확신시키려고 기반 지원시설supporting infrastructure이 지어질지 모른다.

대체로 엠은 겉모습에 속지 않으려고 힘들게 노력한다.

시뮬레이션

가상 경험을 믿을 만하게 바꾸는 기술은 엠들이 자기 경험에서 진짜 세계에 대한 추론을 이끌어내기 어렵게 만든다. 더 큰 물리적 세계 혹은 공유된 가상세계와 데이터 통신해서 얻어진 것 같은 경험은 그런 해당 세계를 모방하고 있는 시뮬레이션에서 대신 가져올 수 있다. 엠은 자신도 모르게 아마도 엠의 충성도를 시험하거나 비밀을 빼가려고 그런 시뮬레이션에 놓인 것은 아닐까 끊임없이 의심해야만 한다(사실 오늘날 우리 모두 그런 미래 시뮬레이션에 있는 게 아니라고 전적으로 확신할 수 없다(Hanson 2001). 그런 시뮬레이션이 더 흔해질수록 엠은 자기들이 보고 있는 것에서 이끌어낸 결론을 덜 확신할 수 있다.

만일 엠이 그들의 충성도 혹은 기술을 검사하는 시뮬레이션 속에 있었다면 그 시뮬레이션은 과거에 엠이 동의했던 것일지도 모른다. 그런 시뮬레이션은 그 시뮬레이션에 동의했던 엠이라도 그 시뮬레이션이 언제 일어나고 어떤 유형인지 모를 것이고 거의 언제라도 일어날 수 있는 것이다. 엠은 아마도 그런 시뮬레이션에 협조하고 싶어 할 것이다. 반대로 엠은 비밀을 빼내려고 설계된 시뮬레이션에는 엠이 동의했던 시뮬레이션이 아닐 것 같아서 방해하고 싶어 할 수 있다.

엠은 보고 듣는 모든 것이 인공적인 시뮬레이션에 놓일 수도 있지만 일부만 인공적인 부분 시뮬레이션에 놓일 수도 있다. 부분 시뮬레이션에서 엠은 부분 시뮬레이션에 있지 않다면 볼 수 없을 추가된 가짜 사람들과 가짜 대상들을 볼지도 모르고 혹은 자기들이 보는 장면에서는 "편집에서 빠진" 사람들과 대상들을 못 볼지도 모른다. 엠은 다른 것들과 데이터 통신 시 모순된 것을, 그런 추가 항목을 혹은 빠진 항목을 알아차릴지도 모른다. 자동화된 도구들이 그런 모순들을 알아차리게 도울지도 모르지만 그런 도구들은 엠들의 기본 시각과 음성 입력값들을 조정해서 쓰는 같은 프로세스 장치여서 도움이 되지 않을지도 모른다.

엠이나 엠 동료들은 시뮬레이션 속에서 엠을 즐겁게 하고 혹은 외부인들이 그 시뮬레이션을 주시하게 하고, 충성심이나 기술을 시험하면서, 계속 믿는 이유가 무엇인지 시험하면서, 혁신과 다른 성취가 믿을 만한지 시험하는 그런 전체 시뮬레이션이나 부분 시뮬레이션에 왜 엠을 두고 싶어 할까에 관한 이유가 많이 있다. 정보를 얻는 목적이라면 서너 가지 목적을 관련 있는 시뮬레이션 모음 속에서 한 번에 이루는 것이 보통은 비용대비 효율적이다. 기술 용어로 이를 "부분 최적실험 설계"* 라고 한다(Montgomery 2008).

예를 들어 혁신기술을 훔치려는 스파이들을 저지하려는 엠이 들어 있는 시뮬레이션은 그 엠을 개입시키기 위해 그 엠을 환영하면서 동시에 그 엠의 충성심을 시험하고 혁신기술이 얼마나 믿을 만한지 시험할지도 모른다. 이와 비슷하게 같은 시뮬레이션 속에 포함시키려는 이유가 각기 다르고 서로 관련된 서너 명의 엠들을 넣는 것이 더 효과적일지도 모른다.

따라서 만일 다양한 당사자들이 엠 집단에 맞게 시뮬레이션을 만드는데 흥미가 있다면 관련된 시뮬레이션을 통째로 만들 관리자를 이용하고 싶어 할지도 모른다. 그런 경우 어떤 시뮬레이션 속에 있었다고 의심받는 엠은 해당 시뮬레이션의 목적을 검색하면 안 되고 초점을 둔 엠을 검색하면 안 된다. 대개 그런 시뮬레이션에는 목적하는 것과 초점을 두는 것이 많을 것 같아서다. 이런 것은 엠들이 좋은 인상을 주기 위해 시뮬레이션을 조작하기가 더 어렵게 만든다. 엠들은 마치 자기들이 시뮬레이션에 없었던 것처럼 그저 평상시대로 행동해서 자기가 관심 두는 것에서 목적을 잘 찾아낼지도 모르고 이렇게 해서 관찰자들은 끌어낼 수 있는 결론의 유효성을 높인다.

만일 너무 많은 참여자들이 시뮬레이션 속에 있었다고 너무 강하게 의심받았다면 시뮬레이션 관리자는 시뮬레이션을 중단하고 싶어 할지도 모른다. 엠으로 하여금 그런 의심을 드러내도록 유인하려고 관리자는 금전 보상을 제안할지도 모른다. 예를 들어 엠들이 지금 시뮬레이션에 있을 확률에 대해 보조금이 지급된 사적 거래시장이 항상 제공될지도 모른다

---

* 역자 주: Fractional factorial experiment design. 소규모 실험을 합쳐서 최상의 결과를 얻는 방식이다.

(Hanson 2003). 만일 엠이 현재 제공된 거래가 딸 것 같지 않다면 엠은 지금 믿음을 바꾸면 거래에서 이길 거라고 기대할 것이다. 정직하게 하기 위해서 거래는 시뮬레이션이 아닌 자산non-sim assets으로 지불해야 한다. 다시 말해 이게 시뮬레이션이 아니라면 거래는 그 세계에 있는 유용한 자산으로 지불하지만 그러나 이게 시뮬레이션이라면 시뮬레이션 밖 현실세계에 있는 유효한 자산으로 지불한다. 그런 거래 시장에 보조하는 비용은 시뮬레이션 생성 비용에 추가한다.

자신이 있었던 시뮬레이션이 불법이라고 판단한 엠은 그런 불법 시뮬레이션을 방해하려고 할 것이다. 그러나 시뮬레이션을 방해하려면 엠은 우선 그런 시뮬레이션의 불법성을 알아채야만 한다. 불법 시뮬레이션을 알아채는 한 가지 방법이 있다. 기존에 구축된 사적 코드를 통해서 서로 간에 믿을 만한 상호관계를 쌓아가는 습관을 기르는 것이다. 이런 사적 코드는 각 엠의 브레인 상태로 정보화된 코드이다. 예를 들어 매 시간마다 코드의 단어가 한 엠에서 다른 엠으로 연결하여 전달된다고 하자. 그러면 대략 한 시간에 한 번씩 엠은 특정한 다른 친구로부터 코드 단어를 청취하게 될 것이다. 연결되어 전달되는 그 반응이 올바르지 않다는 것은 한 엠은 시뮬레이션에 있는 반면 다른 엠은 불법 시뮬레이션에 있다는 뜻이다. 이와 비슷한 전략이 가능한데, 엠을 특별한 물리적 시스템과 자주 소통하게 하는 습관을 기르는 것이다. 이런 물리적 시스템을 흉내 내려면 복잡해서 컴퓨터계산비용이 많이 들고 우리 뇌에 있는 불분명한 부위opaque parts가 값싸게 흉내 낸 것들을 구별할 수 있다.

시뮬레이션을 알아차리는 또 다른 방법은 시뮬레이션 에러를 지켜보는 것이다. 즉 현실세계에서 이탈되는 시뮬레이션을 주목하는 방법이다. 그러나 만일 참여 엠이 에러를 알아챈 것을 시뮬레이션 제작자가 보았다고 하자. 그러면 제작자는 시뮬레이션을 중단함으로써 에러 발생 이전으로 시뮬레이션을 되돌릴 수 있다. 되돌린 시점에서 시뮬레이션을 다시 시작하여 그런 에러를 막는다.

지워질 수 있는 시뮬레이션 에러를 알아채는 것만으로는 아무 의미가 없을지 모르지만 사실상 그런 재시도 비용은 재시도만큼 시뮬레이션 비용을 높인다. 엠이 자기들이 시뮬레이션 안에 있다는 것을 알고 있다는 가시적인 표시를 내놓기 전까지는 엠이 계속 오래 있을수록 시뮬레이터simulators가 이런 리셋 처리revision process에 쓰는 비용이 더 올라간다. 결국 보안의 일반 목적은 보안 침입에 드는 비용을 높게 만드는 데 있지, 보안 침입을 원천적으로 불가능하게 만드는 데 있지 않다.

엠이 충성하고 신뢰성reliability이 있는지는 특별한 위기상황에서 더 중요하다. 충성도 시험용으로 설계된 시뮬레이션이라도 그런 특별한 위기상황을 균형 있게 표현하는 것은 어렵다. 예를 들어 스스로 특별한 위기상황에 처했다고 보는 엠이 있다 하자. 그런 엠은 충성심과 능력을 시험하려고 설계된 시뮬레이션 속에 자기가 있는지 되돌아봐야 한다. 그래서 그런 시뮬레이션은 혁명이나 재난과 같이 실제의 위기상황에 직면하여 더 충실하고 더 안정적으로 작동하는 에뮬레이션을 만들려고 할 것이다. 시뮬레이션을 통한 특별위기 시험은 실제 위기 시 위기의 정도를 완화시키면서 질서와 조직을 유지할 수 있게 도울 수 있다.

현재 우리와 비교할 때 엠들은 모든 상황마다 진짜처럼 다룬 예외적인 상황을 많이 통과해낸 "노장battle-tested"이다.

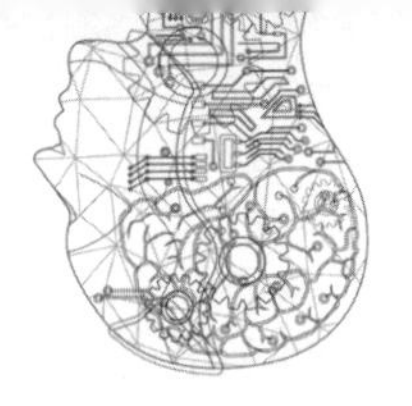

| Chapter 10 |

존 재

복제하기

제대로 작동하는 엠은 엠의 정신 상태가 호환용 신호처리 하드웨어에 놓여 있다는 것을 보여주는 정보의 결과물이다. 이런 하드웨어가 "구동"할 때 제대로 작동하는 엠은 외부 시스템에서 들어온 입력값으로 이전 정신 상태를 결합하여 다음 정신 상태를 계산하고 그런 다음 생성 신호들을 외부 시스템으로 보낸다. 이런 상황에서 엠은 외부 시스템과 소통하면서 정신 상태를 성공적으로 경험한다고 말할 수 있다. 엠 하드웨어와 지원 자원들은 무료가 아니어서 엠도 무료가 아니다. 엠을 만들려면 누군가는 비용을 지불해야만 한다.

엠이 복제될 때 호환용 하드웨어에 자리 잡은 엠의 정신 상태는 먼저 비트로 읽혀지고 그런 다음 비트들이 복사되고 전송되고 새로운 호환 하드웨어로 읽힌다. 그런 다음 새 하드웨어에서 비트값들은 정확하게 똑같은 엠의 정신 상태로 전환되어 새 하드웨어에서 구동 준비가 된다. 이런 복제 과정이 끝나자마자 이 두개의 다른 하드웨어 안에 있는 정신 상태의 진화는 만일 환경이 다르거나 환경 입력값 때문에 생기는 에러, 그리고 결함 수용적인 에뮬레이션 프로세스 내에 무작위 변동성에 의한 차이가 없다면 정확히 똑같을 것이다.

엠이 무료가 아니고 고가인 것처럼 복제품들도 무료가 아니고 고가이다. 보통 엠 세계에서 자기 역할을 잘 정립한 엠은 누가 그 세계에서 새로운 역할로 새 삶을 가질 것인지, 즉 새로운 복제품 생성을 원하는지 동의해 달라는 요청을 받는다. 이런 새로운 삶을 만드는 것에 동의하기 전에 원본 엠은 새 엠에게 맡기고 싶은 일, 위치, 친구 등을 물어 볼 수 있다. 가끔은 새 삶의 역할을 보관된 복제품들한테도 제공할지도 모른다. 다시 말해 엠은 보관 복제품들을 저장하라고 동의할지도 모른다. 그런 복제품들은 나중에 새 삶을 제공할지 검토하려고 깨울 수 있다. 만일 다시 되살아난 복제품이 그런 제안을 거절하면 사전에 동의한 대로 은퇴하거나 종료될지도 모른다.

실제로 복제품 엠을 만들려면 엠은 특별 보기 모드viewing mode를 불러올 수 있고 그 속에서 엠은 이런 복제 행동으로 생기게 될 엠의 역할 모음을 지정하거나 승인한다. 엠이 복제 이벤트를 시작할 때 결과로 나오는 복제품들은 어떤 역할이라도 기꺼이 할 준비가 되어 있어야 한다. 복제 이벤트 후 바로 각각의 엠은 지정받은 역할에 대한 정보를 받는다. 보통 복제품 엠들 중에서 하나만 빼고는 새 역할을 맡게 지정되고 하나만 엠의 이전 역할을 이어간다.

간단한 스퍼 복제품을 만드는 정말 흔한 행동 시 엠은 과제와 쓸 예산만 지시하면 된다. 새 스퍼 복제를 하나 만들고 정해진 예산 내에서 이 과제를 시도하라는 역할을 말해준다. 이에 맞는 보기 모드가 있어 과제 후 스퍼는 과제가 성공했는지 실패했는지 원본에게 보고할지도 모른다.

원본 엠이 복제 과정에 대해 강한 거부권을 행사할 때 원본 동의 없이는 복제가 불가능하다. 그래서 엠은 오늘날 인간보다 엠은 자기 존재에 대한 소유권을 더 중요시할 것이다. 엠이 복제될 때 복제되는 존재의 조건에 동의한 것이므로 엠은 자신들의 존재 조건에 대해 불평하는 것을 정당하지 않다고 여길 것이다. 오히려 엠은 자신들을 존재할 수 있게 한 이들에게 감사할 의무가 있다고 느낄 수 있다. 그런 이들에게 약속했던 명시적이고 암묵적인 모든 약속, 지켜야 할 의무를 더 많이 느낄 수 있다. 엠을 만든 이후 엠을 고용해서 이익을 보려는 사람들이 있다. 그런 사람들이 이익의 혜택을 받는다고 하면, 엠은 그런 혜택을 주기 위한 것이 엠 자신의 존재 이유라고 생각하면서 나아가 그런 혜택을 제공하는 것이 곧 빚을 갚는 것이라고 생각할 수 있다.

엠의 복제품들을 선별해서 생성하고 삭제할 수 있는 권한은 엠이 많은 것을 하게 설득할 수 있는 절대 권력이다. 결국 그런 권한으로 선별한 엠의 수천 개 복제품을 만들어낼 수 있고 하나씩 잘 설득하는 식으로 각기 다른 접근을 하고 그런 다음 가장 잘 설득된 복제품을 내내 유지할 수 있다. 이런 접근법은 상당한 비용이 들고 설득방법이 무엇이든 간에 수용하지 않는 누군가의 불평을 잠재울 수 없다.

이런 선별 권력 때문에 우리는 엠들이 누구에게 복제를 생성하고 삭제하는 권한이 주어졌는지 조심하고 그리고 무슨 관련이 있어 복제품이 생성되었는지 아니면 지워졌는지 그 이유는 무엇인지 알고 싶어 한다고 본다. 복제된 내용을 모르는 엠은 복제된 내용을 아는 다른 엠들이 영향을 주고 싶어 할지도 모르는 믿음들을 바꾸는 것에 조심해야 한다. 엠들은 복제품을 생성하고 삭제하는 유연한 재량권을 부여받은 단체들이 자신들에게 영향력을 끼치는 위대한 권한이 있음을 받아들여야만 한다.

권 리

현행 법 체계와 과거의 법 체계를 통해 엠 복제품들의 생성문제를 취급하는 폭넓은 엠 관련법 모델을 얻을 수 있다.

극단적인 예를 보자. 새로운 엠 복제품들을 충분히 노예로 소유할지도 모른다. 마음대로 고문하고 처단하고 전적으로 소유하는 주인이 있다. 주인은 복제품을 마음대로 만들고 소유한다. 처음 엠을 스캔한 기업, 스캔되었던 원본 인간, 아니면 팔린 노예를 산 이들이 그런 노예 엠들을 소유할지 모른다. 또 다른 쪽의 극단적인 예로서 노예 고문에 제한이 있을 수 있다. 노예가 된 엠도 비록 제한적이기는 하지만 일정 시간 고품질의 여가를 사용할 권리 혹은 자신들의 복제품을 더 많이 만드는 것을 거부할 권리를 가질 수 있다.

극단적인 예를 하나 더 보자. 새로운 엠 복제품이 자신의 복제품을 만드는 것도 포함해서 자신의 모든 활동을 완전히 자유롭게 선택한다. 이와 반대되는 극단의 사례로는 엠 제작자들에게 엠을 기부하라고 요구할 수 있다. 그런 기부용 엠들은 지속기간, 속도, 삶의 질이 최소 수준에서 살도록 충분한 부를 가지게 만들어내는 엠들이다. 복제된 엠들을 마치 인간의 성인 후손들이었던 듯이 대하는 것이 거의 틀림없이 비슷하게 이어질 것이다.

이런 양 극단의 중간을 보자. 엠은 중간 수준의 권리와 부를 부여받을 수 있다. 예를 들어 복제 엠은 자신을 소유할 수는 있지만 자신의 복제 생성을 거부할 권리는 없을지도 모른다. 엠은 스스로를 종료할 권리를 가질 수도 있지만 그렇지 못할지도 모른다. 엠은 자신을 소유할 수 있지만 생성에든 비용을 되갚아야 하는 빚이 부과된다. 그리고 그 빚을 상환할 수 없다면 압류되거나 말소될 수 있다.

엠은 기업처럼 통합될지도 모르고 엠은 그런 엠 기업의 "주식"을 어느 정도 소유할지도 모른다. 그런 주식은 심지어 의결권 주식과 비의결권 주식이 구분될지도 모른다. 예를 들어 엠이 가진 의결권 주식이 과반수이지만 총주식의 과반수가 안 되면 의결권은 여전히 통제하지만 수익은 적은 부분만 통제하는 것이다.

최저임금이나 최소여가시간을 구체적으로 정하는 규정이 있으면 일 경험과 여가 경험의 품질에 부작용을 줄 수 있다. 일과 여가활동을 얼마나 즐겁고 얼마나 즐길 만한지 구체적으로 명시하는 규정을 만들어내기는 어렵다. 이런 이유로 고용주는 법이 규정하는 최저임금이나 최소여가시간에 맞게 일과 여가 조건들을 선택한다. 그렇게 해서 일 품질과 여가 품질을 더 높이는 데 들어간 경비를 비용절감을 통해 상쇄하려 한다. 그런 강제 규정이 없고 노동자들이 자기들이 받는 임금보다는 자기들의 일 경험 향상에 가치를 둘 때마다 고용주는 대신 노동자들의 일 경험을 향상하려 하기 쉽다. 이와 비슷한 주장들이 오늘날 최저 임금 규정들에 적용된다.

새 엠 복제품의 "브레인" 혹은 마인드 하드웨어는 어딘가에 두어야만 한다. 여기서 자유로운 엠과 엠의 하드웨어를 구축하고 유지해주는 이와의 계약관계가 어떤 것인지가 핵심 질문이다. 그리고 이런 하드웨어에 에너지, 냉각, 통신, 부동산을 공급하는 이들과의 계약 관계가 핵심질문이다. 때때로 이런 엠 브레인은 서로 경쟁하는 공급자들로부터 공간이나 에너지 등을 구하려고 자유롭게 돌아다니는 독립된 이동형 물리적 대상일 것이다. 브레인 하드웨어는 점점 더 오늘날 대형 컴퓨터 데이터 센터에 있는 컴퓨터나 프로세서처럼 대형 컴퓨터계산 시스템에 속해 있어 물리적으로 분리시킬 수 없는 부품이 될 것이다.

엠은 대형 클랜의 복제품의 일부로 자기가 속한 클랜을 전적으로 신뢰한다. 클랜이 하드웨어 호스트hosts와 계약을 하면서 매우 세부적인 사항까지 다루기 때문에 엠들에게 그런 세부 사항은 덜 중요하다. 그러나 클랜에 속한 복제품의 일부가 아니고 클랜에 의존하지 않는 다른 엠들에게는 현재 통용되는 클라우드 컴퓨터로 계산을 이용하는 서비스가 매력적인 모델인 듯하다. 그런 엠들은 속도, 신뢰도, 대략적인 공간위치, 통신대역폭이 별도로 정해져 구동할 권리를 주는 계약서(클라우드를 이용해 컴퓨터계산을 하는 계약서)가 부여될지도 모른다.

그런 엠은 이런 클라우드 계약을 빨리 비용 상환하도록 충분한 부가 부여될 것도 같다. 원한다면 다른 서비스로 갈아 탈 권리도 부여될 것이다. 만약 그런 엠이 다른 서비스로 계약을 바꾼다고 하자. 그러면 그런 엠은 자기의 원본 파일들을 삭제하라고 주장할 권리를 가질 수 있다. 만일 그런 엠이 계약 요금을 지불하지 못했다면 클라우드 서비스는 아마도 그런 엠을 삭제하거나 심지어는 연체금을 회수하려고 엠을 팔지도 모른다.

수많은 엠

이 책의 나머지 분석은 더 상식적이다. 앞서 다루었던 법적 환경 분석과는 무관하다. 다른 장에서 다수의 엠들이 다양하게 생성된다는 것이 왜 중요한지 다룰 것이다. 지나치게 불쾌하지 않은 일에서 엠이 자기 시간의 최소 절반 이상을 여가에 사용한다고 하더라도 엠이 한 노동의 가치는 그런 일을 하는 엠을 생성하는 데 들었던 총 하드웨어 비용을 훨씬 능가한다. 더 나아가 생성비용이 낮은 엠들이 많다고 가정하자. 이런 경우 나는 그런 일을 맡을 생산성 높은 엠이 보통으로 만들어진다고 본다.

수많은 엠들이 나오는 이런 결과는 노예 엠을 가진 주인들이 추구하는 이윤, 채권자들이 추구하는 이윤, 생산성 높은 엠들과 복제하고 싶은 엠들이 얼마 안 되기 때문에 생긴다. 아니면 강력한 관입형 집행intrusive enforcement은 없지만 불법 복제품을 찾아내고 불법 복제품을 포기하도록 엠 복제품 생성에 큰 부를 기부하도록 요구하는 법 때문에 생긴다. 이제 이런 항목들을 차례대로 생각해보자.

만일 유연하고 생산적인 엠들이 있어 그런 엠들을 새로이 복제할 수 있는 자금이 계속 투여되고 그런 엠들이 얼마 안 된다면 그 소수 엠들에게 새로운 일을 맡기려고 열성적으로 복제하고 싶어서 수많은 엠들이 생길 수 있다. 정말 복제하고 싶은 그런 엠들은 새로운 복제품을 만드는 데 투자하려고 자신의 자산을 기꺼이 다 털어주기도 하고 나아가 스스로 종료시키기도 한다. 새로운 복제 엠에 투자하려는 열망이 크기 때문이다. 이런 엠들은 "진화적으로 이기적인*evolutionary selfish" 엠들이다. 물론 복제품을 만

---

* 역자 주: 여기서 진화적으로 이기적이라는 뜻은 개미나 벌과 같이 자신의 자손을 포기하는 대신 생식 여왕을 통해 자신과 같은 DNA를 복제하여 전승한다는 것이다. 그런 번식 행위는 개체의 입장에서는 이타적이지만 집단의 관점에서는 이기적인 것으로 추론된다. 이런 행동이 이기적인지 이타적인지의 논란은 현재도 계속되고 있다.

드는 것만이 의식적인 일차 동기는 아니다. 예를 들어 의식적인 동기는 가능한 자기와 비슷한 복제품 엠을 만드는 데 사용할 수 있다.

정말 복제하고 싶은 엠들이 있어서 수많은 엠들이 있게 된다는 것은 생성 시 큰 부를 기부하도록 요구하는 규정과 양립시킬 수 있다. 만일 그런 엠들이 은퇴하거나 종료할 때 그들이 가진 부를 새로운 복제품 엠에게 자유롭게 물려줄 수 있다면 말이다. 또한 만일 그런 엠들이 그들의 자유로운 "여가" 시간에 생산적인 프로젝트들에 자원봉사도 하게 한다면 높은 임금을 요구하는 규정에도 맞을 수 있다.

다른 엠들이 하지 않으려 하거나 못 하는 일들이 있다 해도 복제하고 싶은 그런 유연한 한 줌의 엠들이 엠 경제의 전체 일을 채울 수 있다. 복제하고 싶은 이런 엠들이 대부분의 합법적 영역legal jurisdictions에서 배제되어 있다고 해도 그들에게 허용된 아주 소수의 영역이 있다. 그런 소수 영역은 빠른 속도로 확장되어 결국은 나머지 다른 영역까지 모두 지배하게 될지도 모른다. 오늘날 우리 사회에서도 아미쉬나 몰몬교인처럼 농경인 비슷한 종교공동체에서 후손증식에 열심인 사람들을 간혹 찾아볼 수 있다. 나는 후손이 많고 후손증식에 열심인 것으로 보이는 몇몇 소수의 사람들을 개인적으로 알고 있는데, 그런 사람들로부터 나는 다음과 같은 엠의 특징을 추정한다. 후손증식도가 높은 소수 엠은 차지하고 있는 영역이 적어도 경쟁력 높은 엠들을 지원해줄 수 있으며, 정말 복제하고 싶은 엠을 충분히 생산해서 다수의 복제품 엠들을 만들어낼 거라고 본다. 처음에는 복제하고 싶은 마음이 미미해도 곧 그런 엠들이 가진 경쟁력 우위가 드러나기 때문에 엠 세계에서는 그런 엠들이 선택된다.

법으로 엠 임금을 높게 요구할 수 있다. 하지만 그런 법 때문에 복제품

암시장이 커질 수 있다. 공적 규제에 적합한 엠 노동을 대여하는 데 드는 시장가는 높아지고 반면 엠 하드웨어 대여에 드는 총비용은 낮아진다고 할 때, 그 차이가 크면 클수록 복제품 암시장을 집요하게 파고드는 엠들이 많아진다.

예를 들어 야망 있는 여성사업가가 비밀리에 자신의 복제품 천 개를 만들려고 할 때, 신제품 개발과 제조에 드는 노동력 비용을 낮추려 할 것이다. 일단 신제품이 완성되면 사업가가 만든 복제품들은 속도가 느린 노후 엠으로 은퇴하거나 아예 종료시킬 수 있다. 합법시장에서의 가격과 불법시장에서의 가격 차이가 크다고 하자. 암시장 거래를 막으려면 광범위하고도 철저한 감시와 강력한 처벌이 있어야 한다. 법에서 정한 엠 임금이 총 하드웨어 비용보다 훨씬 더 높다고 하자. 그런 경우, 암시장을 막으려면 오늘날 불법약물 금지(우리가 지금 막지 못하는)에 드는 감시처벌 규제보다 훨씬 더 강력한 법 집행이 있어야 한다. 결국 주요 원가를 10배 이상 낮추려고 하는 여성사업가는 비밀 노동력을 생성하고 감추려고 아주 많은 것을 시도하려고 할 것이다.

합법임금과 불법임금 간의 큰 차이는 노예제까지도 부추긴다. 역사적으로 볼 때 일반 임금이 최저생계 수준 정도라면 노예제로 인한 이윤은 낮았다. 하지만 임금이 높을 경우에는 노예제로 더 큰 이윤을 얻었다(Domar 1970). 마찬가지로 엠 임금이 최저생계 수준을 훨씬 넘어서 높은 수준일 경우 엠 노예를 사용하고 싶은 유혹도 커지게 된다.

엠을 얘기하는 시나리오들 중에서 많은 엠이 있지 않다는 주요 시나리오는 다음과 같다. 법으로 엠의 총 숫자와 총 속도에 엄격한 할당을 부과하는 시나리오이다. 아니면 법적 임금을 실제로 높여야 한다는 시나리오가 있다. 혹은 이와 동등하게 일 생산에 드는 시간만큼 여가시간의 비율을 높이는 시나리오도 있다. 그런 법은 범지구적이어야 하며, 관입감시intrusive monitoring를 해야 하고 위반자는 강도 높게 확실히 처벌해서 집행도 철저하고 강력하게 해야 한다. 그런 대안 시나리오들이 28장 〈대안〉 절에 간략히 논의되었다.

그러나 이 책 대부분에서는 엠들이 많다고 가정한다.

감 시

엠의 숫자와 속도에 할당량을 부과하는 법을 집행하려면 엠 브레인 구동을 가능하게 하는 컴퓨터계산 하드웨어를 강력히 통제해야 한다. 그러려면 활동을 감시하는 강력한 성능의 감시 기술들이 필요하다. 그런 감시 기술은 마인드 탈취, 지식재산권, 규제받지 않는 인공지능 연구 등에 규정을 집행하는 데도 사용할지 모른다. 그렇지만 그런 하드웨어가 일을 얼마나 정확히 할 수 있을까?

그 한 가지 방법은 당국이 엠 브레인이 구동되는 컴퓨터 내부를 손쉽게 볼 수 있게 보장하는 것이다. 정부 당국이 암호화된 계산을 다 꿰뚫어볼 수 있게 하는 것이다. 그러면 정부 당국은 허가 없이 엠을 구동하는 엠 소유주들을 찾아 엄벌할 수 있다. 이렇게 하려면 물리적 하드웨어를 직접 조사해야 하는데, 그런 비용은 비쌀 것이다. 그러나 만일 당국이 작동 시스템에 적절히 접근할 접근권이 있어 하드웨어 설치구성을 잘 알고 있고 암호화된 계산을 충분한 제어할 수 있다면 원거리 제어방식으로 필요한 조사를 저렴하게 할지도 모른다.

이런 식의 접근방법을 쓰려면 설치구성을 속이는 하드웨어를 막는 것이 매우 중요하다. 그런 하드웨어가 있다고 폭로하는 이 모두에게 큰 격려금이 제공될 수 있다. 그리고 그런 위법을 증명하려고 검사비용을 쓴 이들 모두에게도 큰 격려금이 제공될 수 있다.

모든 하드웨어를 직접 검사하는 대신 의심이 되는 부분만을 표적검사하는 방식이 있다. 즉 엠을 구동할 수 있는 모든 컴퓨터 생산공장을 정부 당국이 볼 수 있게 보장하는 것이다. 허가 없이 엠을 만들 수 있는 하드웨어를 생산하는 소유주가 발견되면 엄벌에 처해진다. 만일 공장소유주를 처벌하는 것이 현실적으로 너무 어렵다면 대신 공장 부지를 임대해준 땅 소유주나, 공장의 전력 공급자나, 냉각 공급자를 대신 처벌할 수도 있다. 이런 방식으로 엠 숫자를 강제로 제한할 수는 있다. 그러나 임금규정, 마인드 탈취, 지식재산권이나 소프트웨어 안전에 관한 규제를 집행하는 데는 충분하지 않을 수 있다.

정부 당국의 눈을 피해 숨은 불법 공장과 컴퓨터는 모두 이런 식의 단속을 피하려 할 것이다. 단속을 피하려는 공장과 컴퓨터는 지하나 바닷속에 숨겨질 수 있다. 오늘날 인간세계에서 불법인 소규모 집단이 숨어 지낼 수 있는 환경보다 더 많은 종류의 환경에 엠의 소형 설치물들을 숨길 수 있다. 그런 숨겨진 설치물들을 막으려고 지표면뿐만 아니라 지하 수백 미터까지도 상세히 감시해야 할 것이다.

고부가가치의 엠 활동은 대부분 엠 도시에서 일어나고 그런 엠 도시와 통신 시 시간지연과 병목현상이 생길 수밖에 없는데, 바로 그런 점 때문에 그런 식으로 숨겨놓은 하드웨어의 경제적 가치가 급락하게 될 것이다. 그런 이유 때문에 숨겨놓은 컴퓨터로 서비스를 집중 공급하는 곳이 있을 것이다. 그런 지역은 불법 엠 근로자가 생산한 가치가 시간지연과 병목현상에 영향을 덜 받는 곳이다.

당국은 통신채널을 통제해서 컴퓨터계산 하드웨어를 통제하려고 할 것이다. 예를 들어 당국은 통신망 내 모든 고-대역 노드의 위치와 작동을 파악하려고 시도한다. 하지만 물리적으로 멀리 떨어진 위치에서 아니면 지하 깊은 대륙에서 레이저 연결망을 직접 불법으로 연결하여 당국의 통제를 피해갈 수 있다. 정부 당국은 또 모든 통신 트래픽을 검사하고 허가 안 된 암호 통신은 막으려 할 것이다.

또 다른 방식은 컴퓨터에 사용되는 에너지와 냉각을 통제하는 것이다. 그러나 에너지 소모량을 알아도 컴퓨터계산이 어느 정도까지 진행되고 있는지 추정하기는 어렵다. 예를 들어 가역 컴퓨터에서 1/2 속도로 구동하는 4개의 계산 유닛으로 한 개의 계산 유닛에 드는 에너지와 냉각량을 그대로 따라할 수 있다. 그런 식으로 유닛 하나당 계산 성능을 2배로 할 수 있다. 이런 추가 계산 유닛에 필요한 추가 지지 구조물과 차지하는 추가부피를 통해 그런 배치를 검출할지도 모른다.

오파크 소프트웨어opaque software는 실제로는 마인드를 에뮬레이션하지만 겉보기에는 다른 기능을 하는 것처럼 보인다. 아마도 이런 오파크 소프트웨어로 엠 복제품의 생성을 제한하는 법을 회피할지도 모른다. 이런 소프트웨어는 복잡해서 이런 회피 시도를 찾아내기 어렵게 할지도 모른다. 그런 소프트웨어가 명시된 목적에 잘 맞지 않는지 알려고 노력할 수 있겠지만 어려울지 모른다. 예를 들어 실제로 거의 드문 사건을 감시하거나 희귀한 구성설치를 찾는 소프트웨어는 소프트웨어가 실제로 정말 훌륭해도 오래도록 쓸 만한 것을 찾아내지 못할지도 모른다.

엠의 숫자와 속도를 제한하는 법을 성공적으로 집행하는 데 필요한 극단적인 수단들은 그런 법도 없을뿐더러 강력히 집행되지도 않는다는 더 단순한 가정이 이 책의 목적에 부합한다고 확인시켜주는 것 같다. 그래서 10장 〈수많은 엠〉에서 논의한 대로 이 책에서는 엠이 많을 것이라고 가정한다.

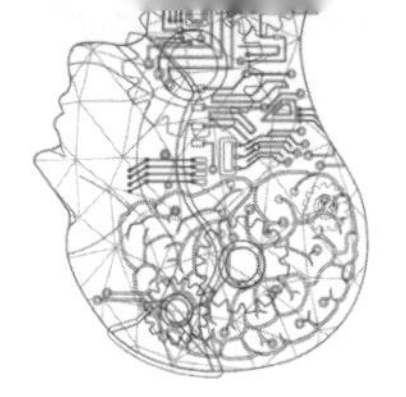

| Chapter 11 |

작 별

취약성

엠 마인드는 경험을 하고 나이 들면서 유연성이 떨어진다. 그러면서 새 기술과 새로운 환경에 적응하는 능력도 떨어진다. 이 때문에 나이 든 엠은 젊은 경쟁자보다 생산성이 상당히 떨어지게 되고 은퇴할 수밖에 없다. 그 이유는 다음과 같다.

당신이 가축 운반용 일반 트럭을 암석 운반용 트럭으로 개조해달라는 요구를 받아 트럭을 완성했다고 생각해보자. 그런데 그렇게 개조된 암석 운반용 트럭을 또다시 경주용 차로 새로 만들어 달라는 요청을 받았다고 하자. 그때 당신은 이미 개조된 암석 운반용 트럭에서 시작해 경주용 트럭으로 개조하는 것보다 처음의 가축 운반용 차에서 개조를 하고 싶어 할 것이다. 이런 것처럼, 다양한 환경에 그리고 자주 변하는 환경에 적응해온 딱정벌레 아종은 더 안정적인 환경에서 적응해온 딱정벌레 아종보다 모양이 더 단순하다. 새로운 환경에 처했을 때 이렇게 더 단순한 딱정벌레 아종이 변하지 않는 안정된 환경에 적응해온 딱정벌레보다 그 새로운 환경에 맞춰 적응에 성공할 가능성이 더 높다(Fridley and Sax 2014).

비슷한 효과 때문에 대형 소프트웨어 시스템도 시간이 지나면서 "쓸모없어"진다. 과제, 도구, 조건에 맞게 설계된 소프트웨어라도 이어지는 새로운 과제, 새로운 도구, 새로운 조건에 처하게 되고 이에 맞추려고 천천히 바뀌게 되어서 그런 소프트웨어를 쓸 만하게 변경하기가 더 복잡해지고 더 취약해지고 더 어려워진다(Lehman and Belady 1985). 결국에는 전부 새로운 하위 시스템에서 시작하여 설계하는 것이 더 낫고 때때로 처음부터 아예 새로운 시스템을 설계하는 것이 더 낫다.

제품의 경우 더 복잡하고 품질이 더 좋은 사업제품은 특정 상황에서 효능을 발휘하고 비싼 가격에 팔린다. 반면 더 단순한 제품의 경우에는 후속제품이 지속적으로 출시된다. 적어도 기업에 판매되는 제품들에는 그런 경향이 있다(Christensen 1997; Thompson 2013). 다세포 동물을 보자. 미분화 줄기세포flexible generic stem cells는 다양한 세포를 생성한다. 그런 세포들은 특정 신체기관으로 발달할 수 있는 세포들이다. 새로운 유기체는 대개 이런 미분화 줄기세포에서 발생한다. 그래서 장기적으로는 후손 세포를 더 많이 만든다.

지금까지의 모든 예들이 말해주는 공통점이 있다. 즉 특정 상황에 세세히 맞춰 더 잘 적응된 시스템은 오히려 아주 다른 상황에 부딪치면 더 취약해지고 세세히 적응하는 능력이 떨어지게 된다.

인간 뇌는 나이가 들면서 반응이 느려지기 쉽다. 그 이유 중의 하나가 뇌 하드웨어의 저하이다(Lindenberger 2014). 또 다른 이유로 나이 든 뇌는 기존의 누적된 많은 경험을 자세히 살펴봐야sort through 하기 때문에 느려질 수 있다(Ramscar et al. 2014). 인간 뇌의 대응방식은 구체적인 세부과제에는 형편없더라도, 유연성을 발휘할 수 있고 빠르게 배우는 경향도 있다. 인간 마음이 나이가 들면서 특정 과제에 잘 적응하지만 유연성이 떨어지고 새로운 기술을 신속히 배우는 것이 어려워진다. 즉 젊은 사람이 "유연한 지능"을 더 가진다고 말한다면 나이 든 사람은 "굳어진 지능crystallized intelligence"을 더 가지기 쉽다(Horn and Cattell 1967). 예를 들어 나이 든 사람이 단어수는 더 많이 알지만 젊은 사람은 새로운 언어를 더 쉽게 배울 수 있다. 흔히 말하듯 나이 든 사람은 "완고"해진다.

인간 뇌의 이런 노화는 아마도 발달 과정에서 오는 결과이며 생물학적으로 나이가 들기 때문이다. 이런 정신적 노화 정보를 에뮬레이션에 적용할 필요가 없다. 에뮬레이션된 세포들은 나이들 필요가 없고 발달 프로그램developmental programming을 아예 끌지도 모른다. 그러나 인간 뇌가 나이 드는 것의 어떤 부분은 인간의 마음설계에 아마도 본질적인 무엇일 것이다(Magalhaes and Sandberg 2005).

예를 들어 인간 정신 노화의 90%가 발달 프로그램developmental programming과 생물학적 노화에서 온다고 해도 복잡한 적응시스템이 새로운 상황에 계속 적응하면서 점점 더 취약해지는 일반적 경향에서 10%는 여전히 남겨놓을 수 있다. 다시 말해 적어도 인간이 나이 들면서 유연함이 없어지는 일반적인 경향의 어떤 면은 세포 퇴화나 기존 지식을 고집하여 얻는 경제적 보상이라기보다는 오히려 구체적 상황에 적응한 일반적인 결과라고 보는 것이 그럴 듯하다.

따라서 엠 마인드라 할지라도 주관적인 경험에 따라 나이들 것이다. 시간이 지나면서 엠 마인드도 특정 과제에 쉽게 적응하기가 더 어려워진다. 오래된 엠 마인드는 변하는 환경에서 다른 젊고 유연한 엠 마인드와 경쟁하는 것이 취약해질 수밖에 없다. 예를 들어보자. 엠의 주관적 노화속도가 오늘날 인간 노화속도의 10% 정도라고 하자. 그러면 일 생산성이 최고 정점인 연령이 대충 말해서 주관적 50살이 아닌 주관적 500살로 바뀌게 될 것이다. 그럼에도 불구하고 나이 든 노동자는 젊은 노동자와 잘 경쟁할 수 없게 될 것이다.

쓸모없는 소프트웨어로 일하는 것처럼 이런 노화를 힘들여 늦출 수 있다. 그러나 노화를 멈추거나 되돌리는 일이 비용 면에서 효과적이기는 쉽지 않다. 엠의 주관적인 경력subjective career도 50년 이상 혹은 몇백 년이 지나면서 그 엠은 대부분의 일에서 정신적으로 경직된다. 그런 경직성 때문에 엠의 노동 생산성은 줄어드는 것이 보통이다. 더 젊은 엠 노동자로 대체하는 것이 비용 면에서 충분한 효과를 가져오기 때문이다.

만일 여가 경험에서 생기는 정신노화속도가 일 경험에서 생기는 정신노화속도와 비슷하다고 하자. 엠에게 여가에 소요되는 비용은 여가시간 동안에만 마인드를 구동시키는 비용 그 이상의 주요 비용이다. 엠의 여가 경험은 엠의 총 일 경험 시간에서는 빠지지만 엠에게는 여가시간도 나이 들게 하는 요인이다. 그러나 만일 어떤 종류의 일 경험이나 혹은 여가 경험이 전체 노화를 줄여주는 "재충전refreshing"의 기회라고 한다면 엠은 가능한 한 그런 재충전 경험으로 다른 경험을 대체하려고 할 것이다.

이 책에서 나는 엠의 일 경력에 특정 지속기간이 있다고 본다. 그래서 나는 엠의 유용한 주관적 경력을 약 1세기 정도로 추정한다. 이런 정도의 기간 동안 엠의 생산성이 지속된다는 뜻이다. 일을 하는 기본적인 방식basic job methods이 바뀌지 않을 것으로 추측되는 시간이다. 일에서 고객이나 장소 같은 수많은 소소한 상황들이 변한다고 해도 1세기 정도의 시간은 노동 유연성을 유지할 수 있다는 것이다. 물론 내가 추정계산한 1세기 기간은 다른 방식으로 계산한 기간과도 맞는지 쉽게 확인할 수 있어야 한다.

일의 내용이 매우 안정적인 경우는 오히려 주요 예외이다. 만약 일 환경이 거의 변하지 않는다고 하자. 그렇다면 나이 든 엠 마인드가 그런 일에 가장 좋을 것이다. 도구들의 경우 도구들이 이미 취약해졌는데도 그 도구를 대체하는 것이 어려울 수 있는데, 그 이유는 아마도 그런 도구가 표준 기준에 맞춰져 있기 때문이다. 마찬가지로 엠도 취약해졌지만 대체하기 어려울 수 있다.

예를 들어 역행렬처럼 선형 대수학을 쓰는 컴퓨터 코드가 그렇다. 컴퓨터 코드를 다루는 과제나 컴퓨터에서 숫자를 어떻게 정보화하는가의 문제에서 이런 코딩방식은 수십 년간 처음 형태에서 변한 것이 별로 없기 때문이다. 이렇게 일의 내용이 변하지 않고 처음처럼 유지된다면 그런 코딩을 전문적으로 다루는 엠들은 특별히 주관적으로 오래 일할 수 있다.

드물겠지만 먼 미래에 사용하려고 복잡한 소프트웨어 도구를 저장한다고 하자. 그렇다면 그런 도구를 잘 다루는 엠도 그런 도구가 필요한 순간에 되살아나도록 도구와 같이 보관될 수 있다. 자산을 잃을 수 있거나 금리가 아주 낮게 떨어질 수 있기 때문에 그냥 은퇴하는 것이 불안할 수 있다. 그런 경우 중요하지만 드물게 사용되는 복잡한 도구를 사용하는 방법을 가장 잘 아는 것이 엠이 장기적으로 생존하기 위한 가장 안전한 길일 수 있다. 이런 경우가 자주 일어나지는 않겠지만 말이다.

엠 경제에서 주관적으로 아주 어린 유아 엠 마인드까지 직접 이용할 일은 상대적으로 거의 없다. 물론 그런 아주 젊은 마음은 엠 경제구조에서 생기게 될 새로운 직업군에 훈련되어 새로운 마인드를 창출하는 핵심적인 원천일 수 있다. 그런 젊은 마인드는 평범한 젊은 인간을 스캔하여 얻을 수 있다. 아니면 엠 세계는 아주 어린 뇌의 성장과정을 에뮬레이션하는 법을 알게 되어 유년기부터 어린 시절 전체를 에뮬레이션할 수도 있다. 아주 어린 나이부터 특정 경력에서 엠 마인드를 훈련시키면 그런 경력에서 엠의 후반기 생산성 정점을 늘릴 수 있다.

엠의 전형적인 주관적 나이에 대해서는 17장 〈정점 연령〉 절에 더 자세히 설명되어 있다. 그러나 여기서 기억할 핵심은 엠은 경험을 쌓아가며 나이가 들고 그런 다음 은퇴해야만 한다는 점이다.

은 퇴

경험이 쌓이면서 엠은 자신의 일에 더 잘 적응한다. 하지만 그런 일이 더 이상 필요 없어지고 일이 없어질 수 있다. 나이 들어 취약해진 마인드는 그런 바뀐 일에 잘 적응할 수 없게 된다. 더 이상 원하지 않는 엠들 아니면 새로운 일에 더 이상 맞지 않는 엠들은 충분이 은퇴할 여력이 있다면 은퇴를 택할지도 모른다. 그리고 충분한 자기소유권이 있었다면 은퇴를 선택할지도 모른다.

엠을 느린 속도로 무기한indefinitely 구동하는 방식으로 은퇴시키는 데 드는 비용을 보자. 그런 비용은 아마 엠이 그저 겨우 며칠간 일해서 생산하는 가치에 비해서도 작을 것이다. 만일 우리가 일정한 경제성장률에 가까운 일정한 금리를 가정할 경우 그때 단순히 계산해서 엠을 무한히 구동하는 총비용은 대략 경제 규모가 2배로 되는 소요시간, 즉 경제 배가시간에다 시간당 구동 비용을 곱한 값이다.

예를 들어 밀리-엠은 객관적 한 달을 1시간에 경험하므로 객관적으로 매달 경제가 두 배로 되는 경제에서는 엠을 밀리-엠 속도로 무기한 은퇴시키는 비용은 밀리-엠에게는 주관적 1시간 동안 구동하는 비용이다. 대안으로는 은퇴 속도를 10배 더 느리게 한다면 10일마다 두 배가 되는 경제에서 은퇴비용은 엠을 주관적 2분 동안 구동하는 비용까지 떨어진다. 마이크로-엠의 속도(밀리-엠의 1/1,000인 속도)로 무기한 은퇴시킨다면 주관적으로는 1초에 해당하는 고속 경험에 불과하다. 따라서 그런 느린 속도라면 엠을 무기한으로 은퇴시켜도 은퇴비용은 상당히 저렴하다. 은퇴 전에 단지 짧은 시간만 일했던 엠의 경우라도 그렇다.

하지만 이런 계산은 새로운 은퇴 지역으로 이동하고 그에 따른 추가 비용발생을 무시한 값이다. 또한 이런 계산은 금리가 계속 높게 유지될 것이라는 데 달려 있다. 성장률과 금리는 마침내는 크게 떨어질 것으로 보이는데, 언젠가 큰 폭으로 폭락하게 되면 아주 느린 속도의 엠이라도 무기한 은퇴비용은 상당히 높아질 것이다.

더 이상 생산적이지 않은 엠들 중에서 어느 정도 비율로 종료하는 대신 오히려 은퇴하게 되는지는 분명하지 않다. 은퇴가 보통 값싼 대안일 수 있지만, 은퇴가 주는 이익에 비하면 그렇게 적은 은퇴비용도 여전히 크게 보일 수 있다. 정말 비슷한 복제품들이 많이 살아 있을 때 죽음에 대한 보통 엠들의 사고방식에 따라서 엠들마다 은퇴비용은 다르게 보일 수 있다.

은퇴에 필요한 최소예산보다 조금 넉넉한 엠이 있다. 그런 엠은 최저은퇴속도보다 더 빠르게 은퇴하려고 은퇴에 추가 예산을 쓸 수 있다. 아주 느린 속도로 은퇴하는 복제품 한 쌍이 있을 경우, 그런 느린 은퇴 엠 한 쌍은 "두 배 아니면 제로double or nothing"를 선택하게 될 것이다. 다른 나머지 하나를 지움으로써 다른 것을 두 배 속도로 구동하도록 하는 무작위 선택을 할 수 있다. (은퇴한 엠 마인드들의 병합 가능성은 28장 〈대안〉 절에서 검토한다.)

이 외에 기저 속도보다 훨씬 더 빠르게 구동할 수 있는 여유 있는 은퇴자도 있다. 그런 은퇴자는 "잠자는 공주" 전략을 시도할 수 있다. 여유 있는 은퇴자는 은퇴를 늦춰 서너 번의 성장 배가시간 동안 은퇴를 미루어 그만큼 나중에 은퇴속도를 높이기 위해서다. 엠 문명세계에서 볼 때 엠 문명의 중간단계인 안정기가 있다고 충분히 확신하는 엠이 있다면, 그런 엠은 엠 문명이 혁명이나 전쟁으로 끝날 수 있기 전에 이런 잠자는 공주 전략을 통해서 총 기대수명을 늘릴 수 있다. 이런 방식은 빠른 은퇴가 더 높은 지위를 상징하듯 빠른 속도로 은퇴하기를 갈망하는 엠에게도 매력적일 것이다. 은퇴시작 시점이 이런 전략을 시도하기에 특히 좋은 시간이다. 은퇴를 늦추면 은퇴지역으로 이동하는 데 드는 비용도 줄일 수 있기 때문이다.

은퇴자가 아닌 엠도 그런 잠자는 공주 전략을 유용하게 사용할 수 있다. 다시 말해 현직에 있는 엠도 꼭 그럴 필요 없는데도 불구하고 더 일찍 일을 그만둘 수 있다. 그리고 복제품을 보관하고, 나머지는 잠자는 데 투자하고, 그런 다음 더 빠른 삶을 즐기려고 나중에 깨어날 수 있다. 이런 엠은 나중에 다시 일하려고 할 때 종전의 일 기술job skills이 쓸모없어지는 위험을 감수한다. 어떤 엠은 이런 전략을 시도하려 하지만 엠 경제에서 활동하려는 엠은 이런 전략을 거부하기 쉽다. 이런 의미에서 볼 때 은퇴자 세계는 그런 선택을 한다 해도 현직에 있는 엠 세계는 잠자는 공주 전략을 거부한다.

은퇴자에게 기대되는 유용하고 존중받는 역할이 있을 경우 은퇴는 좀 더 매력적일 수 있다. 은퇴한 엠은 복제, 훈련, 다른 엠의 은퇴와 관련된 의례 시 중요한 역할을 맡을 수 있다. 은퇴한 엠은 전문적이지 않은 역할, 즉 배심원단이나 선거권자 역할에도 알맞다. 단 현행 사회current society를 충분히 이해할 수 있을 정도로 너무 느리지 않아야 한다. 아주 느린 엠은 장기적 관점을 더 쉽게 택할 수 있다. 느린 엠의 장기 관점은 장기 투자관리에 유용할 수 있다.

은퇴자는 "현명한 감시자wise watchers"로도 봉사할 수 있다. 고대사회에서 우리의 선조들이 했던 역할과 비슷하다. 은퇴 엠은 현직 엠보다 훨씬 더 느리다. 그렇다고 해도 은퇴 엠의 숫자는 현직 엠의 숫자보다 훨씬 더 많다. 그래서 은퇴자는 현직 엠이 친절한지 아니면 불친절한지, 협조적인지, 성실한지, 멋있는지 등등 무작위로 일하는 엠을 추적 감사하여 보고할 수 있다. 노동자와 밀접히 관련되어 있는 은퇴자들이 사생활 보호 면에서 더 신뢰받을 수 있다. 그리고 노동자를 정직하고 충실하게 평가하는 면에서 더 의욕적일 수 있다.

은퇴자들 간에 정기적인 접촉을 잘 하고 있다면 그런 은퇴자들은 은퇴 공동체가 실제로 은퇴자들에게 약속했던 구동시간과 편의시설을 잘 제공하고 있는지 자체적으로 점검할 수 있다. 그런 점검이 없다면 은퇴 공동체는 서비스를 줄여 경비를 낮추려고 할 수 있다. 복제의식, 종료의식에 참여하는 은퇴자들은 그런 의식과정이 중요한 사회 규범을 위반하지 않도록 할 수 있다.

유 령

엠 문명이 안정적이지 못하다면 느린 엠이 더 취약하다. 그리고 이어질 안정적이지 못할 문명 모두에 더 취약하다. 예를 들어 전형적인 은퇴 엠이 평범한 사람 속도로 구동하고 보통 노동자 엠이 킬로-엠이라고하자. 그때 은퇴자가 주관적 10년간 안전한 은퇴를 누리려면 보통 노동자에게는 주관적으로 10,000년 동안 활동하는 내내 문명이 안정되어 있어야 한다. 더 느린 밀리-엠 은퇴자에게는 보통 노동자가 주관적으로 천만 년 활동하는 내내 문명이 안정되어 있어야 한다. 마이크로-엠 은퇴자라면 보통 노동자가 주관적으로 100억 년간 활동하는 내내 문명이 안정되어 있어야 한다. 그런 수준의 안정성을 보장한다는 것은 힘들어 보인다.

만일 불안정한 문명이 인간의 기대수명만이 아니라 엠의 은퇴가 무기한 지속될 가능성을 위협하는 주요 리스크라고 한다면, 인간과 은퇴 엠 모두 엠 문명을 안정시키고 "생존"을 위협하는 리스크들을 공동으로 저지하려는 데 관심이 클 것이다. 그런데 인간과 엠 은퇴자 중에서도 지위가 더 낮은 경우는 그런 관심에 힘을 쏟기가 힘들어진다. 어떤 엠은 자기복제품을 멀리 다른 곳에 보내어 자기가 속한 지역의 불안정한 엠 문명에서 벗어나 생존하려고 시도할 수 있다. 아마도 지구 밖 우주로 보낼 수도 있을 것이다. 그러나 대부분의 인간들과 느린 엠들은 그럴 여유가 없다.

인간에게 "죽음"의 기본 개념은 이분법적이다. 죽었거나 안 죽었거나 둘 중 하나라는 뜻이다. 하지만 어떤 경우 이 두 선택지 사이에 연속성이 있다고 생각되곤 한다. 예를 들어 힘이 더 세고, 에너지가 더 강하거나, 열정이 더 많고, 자각하는 힘이 더 큰 사람들은 "좀 더 살아 있다"(활력적이다 혹은 생기 있다more alive는 은유로 표현된다. 그리고 권력, 명망, 영향력,

부를 더 많이 차지한 사람들에게도 "조명을 받는 사람들 혹은 활력적"이라는 등으로 은유되기도 한다. 거꾸로 생각해서 사람이 잠을 자고 있을 때는 그런 활력적인 요소들이 상대적으로 적어지므로 간혹 수면 상태를 마치 부분적으로 죽은a partial death것처럼 간주하기도 한다.

우리는 "유령"이라는 말에서 떠오르는 신비화된 개념을 오래도록 가져왔다. 그런 유령 개념의 의미는 매우 다양하다. 우리는 유령의 의미를 유령이라는 말에서 떠오르는 그 무엇ghostliness으로 비록 모호하고 다양하지만 어떤 연속체continuum의 의미로 받아들이고 있다. 유령은 한때 살아 있었지만 죽은 어떤 존재를 말한다. 유령은 죽음과 관련되어 있고 죽은 다음에 보이는 어떤 특징이 있고 그런 특징대로 활동하는 어떤 대리인이다. 그래서 유령은 춥고 아프고 느리고 우울한 기분을 가진 존재로 떠올려지기 쉽다. 유령은 물리적 세계에 미치는 영향이 약하고, 부산스럽고 정신없으며 살아 있는 사람들에게는 관심도 없다. 유령은 반-사회적이고 얼마 안 되는 인간들 외에는 만나지 않으며 유령집단이나 그들만의 유령도시로 모이는 것 같지도 않다. 유령은 도구나 무기도 없으며, 자신만의 익숙한 출몰 지역에서 벗어나는 것을 꺼린다. 유령의 존재는 시각보다는 소리로 드러난다. 말도 거의 없고, 밤에 나타나고 그림자로 비춰지거나, 거울에서 보이는 등, 기이한 시각 유형으로 드러난다(Fyfe 2011).

인간이 보기에 느린 엠 은퇴자는 유령처럼 "덜 활기찬" 많은 특징을 보인다. 엠 은퇴자는 문명의 불안정성 때문에 엠의 주관적 시간에서 보면 말 그대로 죽어가는 것에 더 가깝다. 느린 엠의 마인드는 경직되어 있고 자기 안에 갇혀 있다. 현직의 빠른 엠에 비교해 느린 은퇴자는 자각하는 힘, 부, 지위, 영향력이 더 적다. 그들은 사건에 더 느리게 반응한다. 단어를 말하거나 다른 느린 은퇴자와 협력하는 것도 느리다. 앞의 절에서 논의했듯이 은퇴자는 현직의 엠을 주시하고 판단할 수 있다. 9장 〈장면〉 절에서 논의한 대로 은퇴자가 그런 역할을 맡았다고 하더라도 그런 은퇴자는 특정 상황에서만 보인다.

그래서 느린 엠은 다른 엠에게도 마치 유령처럼 보일 수 있다. 느리면 느릴수록 더 유령처럼 보이게 될 것이다. 그런 느린 엠들이 실재한다. 유령 같은 느린 엠은 말 걸기에도 어렵고, 같이 일하기에도 쓸모없고, 도덕적으로도 대우받지 못하며, 별 볼 일 없다고 무시받는다. 엠들이 빠른 속도를 유지하려면 비용을 지불해야 하기 때문에 좀 더 활기 찬 엠은 그런 비용에 쓸 돈이 더 많다는 얘기다.

각 엠 "밑"은 지하세계 심연이다. 그 깊은 심연에 더 느리고 더 많은 엠들로 된 더 깊은 층들이 있다. 6장 〈속도〉 절에서 계산한 대로 "살아 있는" 엠의 최저가 속도 아래는 최소 1조 배에서 10억 조 배까지 느린 엠들이 있을 수 있다. 최상층 엠이 일이 잘못된 경우 최하 바닥까지 미끄러지는 기나긴 경사면이 있다. 그 밑의 단 하나 남은 사다리는 지워지는 것이다.

종료 방법

엠은 "죽음"을 얼마나 싫어할까?

오늘날 인간에게 죽음은 강력한 심리적 상징이고 압박이다. 예를 들어 사람들에게 결국 그렇게 될 수밖에 없는 자신의 죽음을 간접적으로 상기시켜보자. 그런 상황에서 죽음에 임박한 사람들은 자기가 속한 집단의 카리스마 있는 지도자, 구성원, 규범, 믿음을 더 강력이 옹호하게 된다. 이런 효과는 특히 자기 지위가 불안하거나 낮다고 느낄 때 더 강하다(Navarrete et al. 2004; Martin and van den Bos 2014; Solomon et al. 2015). 죽음에 대한 많은 느낌은 마음속 꽤 깊이 정보화되어 있는 것이 분명하다.

인간이 죽음을 혐오하는 이유는 많다. 그중에서도 확실히 큰 이유는 생산적인 인간으로 성장하기까지 수십 년이 걸리고, 결국 죽음은 이런 성장 비용을 잃는 아주 비싼 손실이라는 데 있다. 많은 것을 투자했지만 아주 적은 것만을 얻고 끝난 젊은 사람들의 죽음을 우리는 더 많이 슬퍼한다. 그런 손실을 줄이려고 인간은 죽음에 대한 강한 개인적 혐오와 살인을 금하는 강한 사회적 규범을 진화시켰다. 혐오하지 않는 주요 예외는 죽음으로 발생하는 손실보다 사회적 이익이 커서 죽음으로 인한 손실이 보상받을 수 있다고 본 경우이다. 살인자를 사형시키는 경우가 그렇다. 혹은 죽음 때문에 생기는 손실이 작아 보일 때도 그렇다. 즉 기근으로 인해 모든 이가 살아남을 수 없고 어떻게든 일부라도 죽게 되는 경우이다.

엠 세계는 죽음에 드는 여러 비용을 극적으로 줄여 이런 상황을 본질적으로 바꾼다. 생명이 값쌀 때 죽음도 마찬가지로 값쌀 수 있다. 마지막으로 남은 중요한 어떤 소프트웨어가 지워진다면 그 손실은 엄청날 것이다. 반면 흔한 소프트웨어를 지우는 일은 큰 손실로 간주되지 않는다. 이와 비슷하게 훈련된 엠의 모든 복제품을 지우는 것은 대단히 큰 손실일 수 있다. 그러나 겨우 몇 시간 전에 만든 복제품 하나를 삭제하는 것은 그냥 작은 손실에 지나지 않는다. 엠 세계는 알 수 없는 정도까지 이런 새로운 유형의 비용과 새로운 가능성에 적응한다.

예를 들어 비슷한 단기과제들을 동시에 하도록 복제된 아주 짧은 수명을 가진 엠들을 만드는 일은 정말 매력적이다. 그런 과제를 완료하고 난 다음 하나만 남기고 모두 지운다. 과제를 하는 데 최고로 잘 훈련된 복제품만 저장될 것이다. 별로 배울 것이 없는 짧은 단기 과제를 하도록 새 복제품을 만들고 그 후 지워버린다면 그것도 흥미롭다.

그러나 수명이 단기인 복제품은 높은 수준의 스트레스를 겪을 수 있다. 과제를 한 후 더 이상 필요 없을 때 지워지기 때문이다. 그런 엠은 곧 자기가 "죽거나" 가까운 복제품 동료가 곧 "죽을 수 있다"고 예상하기 때문에 그럴 수 있다. 그래서 단기 과제를 하는 엠은 일 생산성이 저하될 수 있다. 단기 엠이 종료되는 시나리오 속으로는 단기 엠이 자발적으로 입장하려 하지 않을 것이다. 엠 경제는 이런 상황에 드는 비용을 피하기 위한 방법을 찾는다.

은퇴도 이와 비슷한 문제를 안고 있다. 은퇴 시에는 은퇴가 임박하다고 해도 죽음이 임박한 만큼 큰 스트레스를 주는 것 같지는 않다. 더 높은 지위의 빠른 문화가 있는 동료조직에서 더 낮은 지위로 여겨지는 느린 문화의 낯선 동료조직으로 떨어질 때(이동될 때) 예상되는 스트레스는 그렇게 심하지 않을 것으로 보인다. 엠에게서도 이와 비슷할 것으로 여겨진다. 은퇴 엠들은 불안정한 엠 문명 때문에도 위험리스크를 더 겪는다.

인간에게는 임박한 죽음에 대한 두려움이나 나아가 자기명성에 금이 가는 것에 대한 두려움, 다시 말해 남이 자신을 실패한 인생이거나 바보 같은 인생으로 볼 것이라는 두려움으로부터 벗어나게 행동하려는 강한 동기들이 있다. 엠에서는 조금 다르다. 자기들끼리 서로 비슷한 복제품 엠들이 많은 엠들에게 앞에 말한 두려움이나 위협은 약한 편이다. 자기와 비슷한 엠 복제품들이 많이 이어진다면, 자기 하나가 하는 행동이 그들의 하위 클랜의 평판에는 그다지 문제되지 않음을 알고 있다.

엠에게는 죽음에 대처할 수 있는 많은 방법이 있다. 첫째로 복제품 엠들의 병합을 실현할 수 있다. 엠 복제품의 정보가 같고same source, 복제된 후 시간이 아주 짧게만 지난 경우에 그런 병합이 가능하다. 병합된 엠은 그간 서로 경험한 사건을 기억할 수 있다. 또한 두 엠이 얻은 기술을 보충할 수 있다. 그런 병합 엠은 죽음에 대한 스트레스를 겪지 않게 된다. 그러나 경험이 추가되기 때문에 여전히 늙어가며 더 취약해질 것이다. 그래서 결국 경쟁력이 떨어질 것이다. 이런 점 때문에 현직 노동자보다 은퇴자에게 이런 병합이 더 매력적일 수 있다. 병합은 이 책의 초점인 기본 시나리오에서 실현 가능하지 않다고 나는 가정한다.

둘째, 그동안 일해왔으나 이제는 더 이상 필요가 없어진 그런 기존 과제에서 떠나 새로이 수요가 생긴 신형 과제로 재배치되는 경우이다. 그러나 이런 경우는 기존 기술과 지식이 재배치받은 곳의 신형 과제 기술이나 지식 사이에 불일치가 생겨 비용이 커질 수 있다. 신형 과제 기술을 이미 보유한 다른 엠을 새로 복제하여 사용하는 것이 비용 면에서 훨씬 효과적이다. 기존 엠 마인드는 노화로 더 취약해지기 때문에 결국 다른 과제를 하는 데는 형편없어진다.

세 번째 가능성을 보자. 자신이 종료된다는 것에 대해 가장 적게 괴로워하는 엠이 있다. 그런 식의 기본 성격이나 정신 스타일을 가진 엠들을 엠 노동시장이 상당한 정도로 선택하는 경우이다. 그러나 이런 경우에는 유용한 특징들이 있는 다른 엠을 선택할 수 있는 기회를 상당히 놓칠 수 있다.

네 번째 가능성이 있다. 죽음에 대한 혐오를 크게 줄이도록 마인드를 미세조정하는 기술을 찾을 것이다. 가능할 수도 있겠지만 그렇게 될 것 같지는 않다.

죽음의 정의

다섯 번째 가능성이 있다. 엠 세계는 "죽음"이라는 말로 설명되는 무언가 새로운 사고방식의 문화를 만들어낼 것이다. 오늘날 모든 사람이 이론적으로는 더러운 음식을 먹거나 더러운 옷을 입고 싶어 하지 않는다는 데 동의한다. 그러나 실제로 우리에게 "더러운"이라는 말로 설명되는 문화적 기준은 매우 다르고, 다양하게 물려받는다. 누군가에게 충분히 깨끗해 보여도 다른 이에게는 더럽게 보인다. 엠에서도 이와 비슷하다. 엠 세계에도 "죽음"을 정의하는 다양한 방식이 있다. 엠들이 견딜 수 없는 "죽음"의 유형으로 본 특정 사건들마다 엠 문화는 이론적으로 매우 다양하게 다를 수 있다.

예를 들어 사람들이 파티에 와서 약을 먹고, 그 약을 먹으면 다음 날 아침 그 전날의 파티를 기억하지 못한다고 하자. 오늘날 많은 사람들이 아무렇지도 않게 파티 전에 그런 약을 먹는다. 그런 망각의 약에 기대어 열광적인 자유를 즐기려는 사람들도 있다. 이 상황을 달리 생각해보면 파티를 즐기던 사람들은 자신들의 파티가 끝나면서 "죽게" 되는 것과 같다. 물론 많은 사람들은 지난밤의 파티가 끝나는 것을 "죽음"으로 규정하려 하지 않을 것이다.

엠은 자신의 과제를 겨우 몇 시간이나 며칠 동안만 일하고 난 다음 종료되는 "스퍼" 복제품으로 분할하는 것을 꺼려하지 않는다. 엠은 스퍼가 했던 기존 행동을 마치 "죽음"이라고 볼 필요가 없음을 안다. 스퍼는 스퍼의 원본이 살아 있기 때문에 여전히 살아 있는 것으로 본다. 다른 엠들도 이와 비슷하게 생각할 수 있다. 몇 주 겨우 살고 종료되는 복제품을 "죽었다"고 생각하지 않는 것이다. 그런 몇 주 동안 산 삶을 충분히 상세할 정도로 듣고 본 복제품이 계속 존재하기 때문이다.

개별 엠 복제품은 자기를 종료할 때 "나를 종료할까?"라는 선택항목 대신 "이걸 기억하고 싶니?"라는 선택항목을 대하게 될 것이다. 엠은 지난 경험을 기억하려면 비용이 많이 든다는 것을 안다. 그래서 무엇이 기억할 가치가 있는지 타협점을 찾으려 할 것이다. 단기적으로 볼 때 일과 그 스트레스까지 기억하는 것은 노동피로감을 증가시키기 때문에 일을 쉬어야만 그 피로감이 해소된다. 장기적으로 볼 때는 활동사항을 기억하는 것은 정신적 노화와 정신적 취약성을 증가시킨다. 엠은 기억을, 우리가 기억에 쓰는 비용보다 비용이 더 많이 드는 것으로 본다.

여러 다른 상황을 시도해보려고 여러 다른 복제품을 만들었어도 모든 복제품이 보존될 수는 없다. 보존을 위한 이런 선별은 대체로 복제품이 활동했던 내용이 나중에라도 기억될 만한 것인지 아닌지에 대한 기준으로 이루어진다. 보존용 복제품을 저장해두면 엠은 어떤 경험이 기억할 가치가 있는지 처음에 생각한 것과 나중에 생각한 것이 바뀌게 되어도 대비할 수가 있고, 처음에는 되살릴 계획이 없었던 복제품이라도 보관해두면 혹시라도 보관해두었던 것storage에서 복제품을 나중에 되살릴 수 있다.

또 다른 극단적인 경우로 어떤 엠들은 "지금 내가 불멸me-now immortality"을 이룰 수 없는 시간마다 "죽는"다고 예상하는 문화가 있을 수 있다. 그래서 주관적인 시간마다 일단 복제품을 보관하고 이후 되살릴 빈도는 적어지겠지만 언제라도 특정 기회에 되살릴 수 있다는 것으로 불멸을 정의할지도 모른다.

어떤 엠은 자신의 엠 마인드가 한 호스팅 컴퓨터에서 다른 호스팅 컴퓨터로 이동하는 것을 엠 마인드의 죽음으로 볼 수 있다. 그런 사고방식을 가진 엠은 경쟁에서 크게 불리하다. 그런 엠이 생존할 수 있는 틈새는 조금밖에 없을 수 있다. 예를 들어 그런 엠들은, 엠 브레인이 어떤 이동형 장비 physical mobility를 지원하려고 도심에서 멀리 떨어져 이동형 물리적 몸체 안에 직접 들어가 일할지도 모른다.

견뎌낼 수 없는 "죽음"을 정의하는 데 분명히 문화는 폭넓은 가능성을 제공한다. 어떤 문화에서는 엠의 죽음을 오히려 생산적인 엠 활동에 더 도움이 되는 쪽으로 본다면 그런 문화권의 엠은 다른 문화권의 엠과 경쟁할 때 상당한 이점이 있을 것이다. 그런 선택효과는 결국 대부분의 엠으로 하여금 죽음을 거꾸로 생산성을 지원한다는 사고방식의 문화권에서 살게 만들 수 있다.

엠의 종료는 놀랍다고 보기가 어렵다는 사실이 "죽음"을 더 편안하게 보는 사고방식을 가지게 도울지도 모른다. 오늘날 죽음은 보통 당혹스러운 놀라움이다. 죽음을 예상하는 것만으로도 스트레스가 높아진다. 엠은 반대로 자신들의 종료 시점을 선택할 수 있고 알 수 있어서 더 편리하게 만들 수 있다. 그러나 어떤 엠은 그들의 정확한 종료시점을 알지 못한다. 그렇다고 해도 대체로 스트레스는 덜 할 수 있다. 그런 엠은 자신들이 죽기 막바지 몇 분 전이라는 것에는 정말 스트레스를 받을지 모르지만 죽기 전 마지막 주에 있다는 사실에는 스트레스를 훨씬 덜 받을지도 모른다.

중간 정도 지속하는 일을 하는 엠 대부분은 스트레스도 중간 정도 수준일 것이다. 중간 정도의 지속기간은 잊힌 파티 같다고 보자니 너무 길고, 종료 없이 무한히 적정속도로 은퇴하는 비용에 비교하자니 너무 짧다. 중간 정도로 지속하는 주관적 노동과제에서 오는 스트레스는 적당한 비용으로 피할 수 있다. 그런 과제를 합치거나 나누면 된다. 주관적 시간이 긴 큰 과제로 합치거나, 아니면 주관적 시간이 짧은 작은 과제로 나누는 것이다. 이런 양쪽 방식이 엄두도 못 낼 정도로 비싸다면, 중간 정도 지속하는 엠은 다른 방식으로 불멸을 얻으려 할 수 있다. 시간상 그들 뒤에 오는 엠에게 다음의 항목들을 요약하고 통합해 보여주는 것이다. 텍스트, 오디오, 또는 비디오 일기이다. 오늘날 일기쓰기가 실직 스트레스 같은 것을 상당히 낮춘다는 예가 있다(Frattaroli 2006).

사람은 자기 자신의 죽음뿐 아니라 가까운 동료가 죽거나 떠나도 스트레스를 느낄 수 있다. 이런 것은 정말 친한 엠들의 복제하기, 은퇴하기, 종료하기를 서로 연관 지을 좋은 이유가 된다. 엠은 주로 내부에서만 어울리는 팀 속에서 함께 일하기 때문에 엠은 복제 시 은퇴 시 혹은 종료 시 스트레스 가득한 혼란을 줄일 수 있다. 집단으로 은퇴하는 습관도 삶이 바뀌면서 생기는 일상의 사회 규범을 엠이 받아들여 순응하라는 사회적 압박을 가하는 데 도움이 된다.

동료, 친구, 연인별로 세트로 복제하여 팀별 생산성 편차도 줄여야 한다. 또한 동료를 복제한 새 복제품을 친구나 연인으로 대해야 하는 이상한 상황을 방지해야 한다. 그러나 세트로 복제한다는 것은 엠을 팀 감옥에 갇힌 것처럼 느끼게 만들 수 있고 사회적 결속이 약한 가운데서 가장 잘 퍼지는 혁신과 소문에 접하지 못하게 할 수 있다. 팀에 대한 내용은 19장 〈팀〉 절에 더 있다.

자 살

죽음과 연관된 것을 크게 혐오하지 않는 엠이라면 자살권을 기본적인 엠의 권리로 강화할지도 모른다. 오늘날 자살하면 이후 오래 생존을 못 하게 하므로 기회비용이 크다. 그래서 자살 옹호를 경계하는 것이다. 반면 엠은 자신과 비슷한 복제품들이 널려 있으므로 이런 기회비용이 훨씬 적다. 엠에게는 자살의 주 비용이 이전 복제를 대신 되살리는 것보다는 자살 이후 얻게 될 기술과 정보의 손실이다. 남은 엠들이 자살한 엠에게 갖는 정서적 애착의 손실도 그 비용에 포함된다.

그래서 엠은 엠에게 기본 권리를 주는 것에 찬성할 수 있다. 자신을 종료하거나 지울 수도 있는 하드웨어 스위치에 대한 정신적 접근 권리이다. 이런 스위치는 가능한 누가 대신할 수 없고 매수할 수 없는 권리이다. 그런 자살 스위치가 있다면 엠이 고문이나 폭행rape 같은 위협에 대처하게 도울 수 있다. 자살 스위치를 누르려거나 누르는 데 실패한 것을 기억하는 엠이 그런 사실을 보고해서 분노를 널리 일으키고 그리고 활발한 수사를 촉진할 수 있다.

물론 이런 스위치는 적절한 지원이 있어야만 올바르게 작동할 수 있다. 뇌 에뮬레이션 프로세스를 관리하는 컴퓨터 하드웨어로 지원해야만 한다.

엠 복제품마다 즉각 자신을 종료할 권리가 있다고 하자. 그런 권리 중에서 가장 간단한 것이 자살권리이다. 그런 권리는 실행해도 되고 정당하다. 자살권리를 더 넓게 생각해볼 수 있다. 예를 들어 어느 엠이라도 주관적 경험을 종료하는 마지막 날 이전에 동일 원본 복제품에서 나온 모든 후손 복제품을 종료하고 지울 권리가 있다. 물론 자살을 원하지 않는 다른 복제품이 있을 수 있다. 그래서 실제로는 누가 그런 정책에 찬성할지는 확실하지 않다. 자살에 대한 더 폭넓은 권리가 없다면 자살을 감행하는 복제품은 모두 정말 최근에 보관된 복제품으로 그저 대체될지 모른다. 그런 최근 복제품도 자살 의도를 물리치면서, 바로 이전 복제품과 똑같은 운명을 겪을 수 있다.

요약하자면 대부분의 엠들은 오늘날 인간보다 죽음에 대한 혐오가 훨씬 덜하다. 이 때문에 자살할 권리를 더 수용한다.

PART 03
경 제

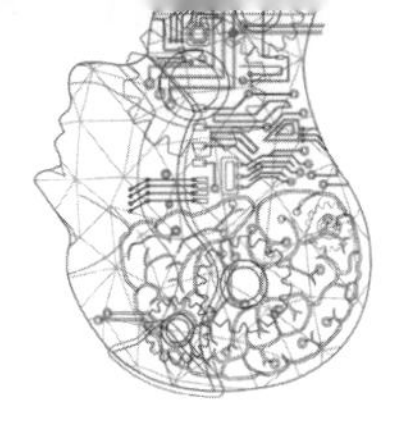

| Chapter 12 |

노 동

수요와 공급

경제학자는 수요와 공급 모델이 노동시장을 포함해서 시장을 매우 효과적으로 설명한다고 본다. 물론 수요와 공급으로 설명하는 모델도 때로는 실패한다. 하지만 수요와 공급 모델이 대체로 잘 작동하기 때문에 그런 실패 사례가 두드러져 보일 뿐이다. 사실 사회과학에서 그만큼 훌륭하게 작동하는 모델도 없다. 경제이론의 꽃이다.

수요와 공급 모델에 기반을 둔 노동시장을 보자. 이런 노동시장에서 구매자와 판매자는 대개 주어진 가격을 받아들이고 가격을 크게 바꿀 수 없다고 가정한다. 이런 가정 아래 구매자와 판매자는 얼마나 많은 노동을 구매하는지 혹은 팔 수 있는지로 바꾸어 목표를 이루려고 노력한다. 수요와 공급 모델에서는 누구나 모든 정보를 다 알아야 한다거나 누구나 자기에게 최선인 것을 항상 정확히 알 필요가 없다. 실제로는 인간 행동을 설명하는 매우 탄탄하고 유용한 모델이다.

노동자는 아주 구체적인 일 기술을 배울 기회가 많다. 특정 기술은 그 희소성 때문에 시장에서 경쟁하는 이들이 적어지고 결국 해당 기술자에 대하여 판매자나 구매자 수가 매우 적을 수 있다. 그러나 사람들은 당연히 그들이 그 기술을 배우면 해당기술의 노동 가격을 바꿀 수 있다고 믿는다. 그러나 보통은 구체적인 기술 분야마다 그런 기술을 배울 수 있는 노동자 풀pool이 보통 많다. 그리고 일을 시키려는 고용주 풀도 많이 있다. 기술을 습득한 노동자 풀과 일거리를 제공하는 고용주 풀이 있다. 이들 사이에 예비 기술 노동시장a pre-skill labor market이 있는 것이다. 만일 이런 노동자 풀과 고용주 풀이 크고 동시에 사전에 임금 수준을 제한하게 사전 협의가 이루어지지 않는다고 하자. 그때 수요와 공급 분석모델은 이런 예비 기술 시장에도 잘 적용될 것이다.

따라서 구체적인 기술을 습득한 노동자가 이후 노동을 통해 받게 될 임금을 구체적으로 예측하기 어렵다. 그러나 예비 기술 노동시장을 통해서 비슷한 기술을 습득한 노동자는 비슷한 순익 보상을 받을 것이라고 좀 더 확신하여 기대할 수 있다. 고용주 역시 비슷한 노동자를 고용할 때 비슷한 순익 보상을 지불해야 할 것으로 보아야 한다. (물론 "임금"은 현금 외에도 지위 표시, 인맥, 정보 접근권과 컴퓨터계산 성능이 포함된 순보상 형태를 말한다.)

저렴한 신호처리 하드웨어로 만든 엠이 도입된다. 그런 엠이 관련 기술을 얻는다. 그런 다음 대부분의 노동 분야에서 평범한 인간 노동자를 대체할 수 있다고 고려해보자. 그럴 때 예비 기술 노동시장이 어떻게 바뀌는지 보자. 엠이 경쟁할 때 예비 기술로 받을 예상 임금을 떨어뜨리는 것이 무엇인가? 예를 들어 엠 하드웨어에 드는 총 비용보다 임금을 2배 이하로 떨어지게 만드는 것이 무엇인가?

엠은 총 하드웨어 비용 이하의 임금으로는 오래 생존할 수 없다. 만일 예비 기술 임금이 평균적으로 총 하드웨어에 드는 비용보다 2배 적다고 하자. 그러면 예비 기술을 가진 대부분 엠들이 훈련비용을 빼고 받는 임금은 평균 임금 가까이에 있게 될 것이다.

엠 노동시장이 오늘날 노동시장과 다른 주요 방식이 있다. 그것은 엠은 쉽게 복제될 수 있다는 것이다. 복제의 수월성 때문에 엠 노동시장은 큰 변화를 맞이할 것이다. 예를 들어 복제 수월성 때문에 특정 예비 기술에 맞게 충분한 경쟁이 가능하다. 다수의 고용주가 요구하는 특정 기술 수요에 그리고 그런 기술부문에서 경쟁하는 최소 두 개 이상의 엠이 공급가능하다는 것이다. 경쟁하는 엠이 단 둘뿐이라면 임금 협상 시 임금제안을 받아들이든가 말든가, 둘 중의 하나밖에 없다. 그래서 그 두 엠은 각각 전체 하드웨어 비용의 2배인 임금을 수용한다. 결국에는 어느 엠이라도 노동시장에 자신의 복제품을 무제한 공급할 수 있다.

19장 〈클랜〉 절에서 클랜에 대해 더 설명할 것이다. 클랜은 경제적 조정체economic coordination로서, 임금협상의 경우 그 구성원이 수용할 만한 임금을 협상하려고 조정하는 아주 중요한 구성원단위이다. 그렇다 해도 노동시장에서는 각 종류의 일에서 충분히 경쟁력 있는 예비 기술을 보유한 두 클랜이면 충분하다.

두 엠에 든 총 하드웨어 비용의 2배인 임금을 엠이 번다고 하자. 엠은 깨어 있는 시간의 반을 일하는 데 쓸 수 있다. 나머지 시간은 사교, 생각, TV 시청 그 외 비싸지 않은 활동에 편히 쓸 수 있다. 엠은 일하는 다른 복제품을 둘 수 있어서 이 때문에 엠은 삶을 즐기는 자신의 또 다른 버전을 만들거나 그 자신의 일부가 삶을 즐기게 자신의 일부를 만들 수 있다. 그러나 원본이 질투할 정도로 많이 만들지는 않는다.

여기서 유념할 것이 있다. 총 하드웨어 비용의 2배 수준의 임금을 내가 논의하는 것은 단지 구체적인 예를 들기 위함이다. 실제 경쟁이 시작되면 결정된 임금은 더 높거나 낮을 수 있는데 엠이 자신의 삶을 살 가치가 있는지를 결정하려면 여가시간이 얼마나 있어야 하는지에 달려 있다.

만일 엠들이 충분히 조직화되지 않았다고 하자. 다시 말해 엠들은 새로운 구인 시장을 채우려고 자신의 복제품을 기꺼이 많이 만들려고 한다. 이때 노동 공급은 엠 하드웨어 공급으로 움직인다. 하드웨어가 있어야 더 많은 복제품을 지원하기 때문이다. 그런 경우 유념할 것이 있다. 대부분의 제조 상품 공급은 상당히 탄력적이라는 것이다. 최소한 평범한 인간 노동 수요가 보여주는 탄력성에 비해서 그렇다.

오늘날 임금이 1% 올라가면 고용주가 자발적으로 고용하려는 노동자 수는 장기적으로 0.5% 정도 줄어든다는 추정값이 있다(Dunne and Roberts 1993). 즉 노동 수요량은 오히려 비탄력적이다. 임금 변화에 크게 반응하지 않는다. 오늘날 장기적인 인간 노동 공급도 역시 비교적 비탄력적으로 보인다. 즉 임금 1%가 오르면 일자리는 0.6% 정도 늘어나고 노동자 수는 0.3% 정도 늘어난다. 개별 근로자는 노동시간이 0.3% 정도 늘어난다(Chetty et al. 2011).

이와 아주 대조적인 추정이 있다. 제조 상품 가격을 1% 올린다고 하자. 그러면 제조자는 단기적으로 평균 5% 정도 더 제품을 공급한다. 장기적으로는 더 많이 공급한다(Shea 1993). 즉 제조 상품의 공급량은 아주 탄력적이다. 다시 말해 가격변화에 빠르게 대응한다. 컴퓨터 메모리칩 같은 어떤 제품은 심지어 하향 공급곡선을 보인다. 규모 경제의 장점을 이용하는 산업 때문에 제품 수요가 더 많을수록 가격이 더 내려간다(Kang 2010). 따라서 기꺼이 자신의 복제품을 만들려는 엠이 충분하다면 노동공급 탄력성이 엄청 커지게 될 것이다.

이렇게 엠은 노동공급 탄력성이 아주 높기 때문에 공급량은 더 많아지고 공급비용은 더 낮아진다. 엠 공급과 노동 수요가 만나는 점이 달라지는데, 고용량은 더 많고 임금은 더 낮은 지점이다. 다시 말해 하드웨어 비용이 더 낮으면 임금도 더 내려갈 것이다.

저렴한 엠을 고용하는 기업이 많이 있다고 하면 사회의 총 부가 증가될 것이다. 이는 총 노동수요를 늘린다. 하드웨어 공급이 비탄력적이었다고 하자. 그러면 이런 총 노동수요 증가는 임금을 실질적으로 올릴 수 있다. 아마도 엠이 나오기 전 원래 임금 수준까지 비슷하게 올릴 수 있을 것이다. 그러나 하드웨어 공급은 아주 탄력적이다. 심지어 거꾸로 하향 곡선을 그릴 수 있다. 엠 임금은 낮게 유지될 것이다. 최소한 강력한 임금 규제나 강력한 엠 숫자 조정이 없다면 그럴 것이다.

맬서스적 임금

따라서 엠 공급이 경쟁적으로 이루어지면 엠 브레인 구동에 필요한 하드웨어 총비용 가까이 임금을 크게 내려야 한다. 그런 시나리오 하나가 바로 1798년 토머스 맬서스Thomas Malthus가 주장하여 유명한 "맬서스이론"이다. 인구 증가율이 총 경제 생산량보다 더 빠르면 임금은 최저생계 수준으로 떨어진다는 것이다.

충분한 수의 엠이 새로운 구인 시장을 채우려고 자신을 기꺼이 복제할 것이며, 많은 수의 엠들끼리 서로 경쟁을 피하게 하는 조정도 없을 것이라는 가정을 이 절에서 하고 있는데, 우리는 이런 가정을 주목해야 한다. 〈충분한 엠〉 절에서 이런 가정을 더 상세히 검토한다.

또 다른 유의점이 있다. 엠 임금이 최저생계 수준이며, 그렇기 때문에 임금별 프리미엄 대부분이 제거될 것이라는 점이다. 다른 노동자보다 똑똑하고 건강하고 아름답다는 등등의 비교우위가 바로 노동자에게 익숙한 프리미엄이다. 엠은 정말 쉽게 복제될 수 있기 때문에 기술이 가장 우월한 엠이라 해도 다른 종류의 엠처럼 자신의 수량을 충분히 많게 할 수 있다. 특정 과제를 학습하는 훈련 비용을 보상해주기 위해 임금을 조금 높게 해줄 수는 있다. 그러나 임금이 다른 일반적 차이들을 많이 보상하지는 않는다. 이 때문에 임금불평등을 크게 줄인다(부의 불평등 해소까지는 아니지만). 그리고 현재 고임금 직종에 속한 노동자 비율을 크게 늘리게 될 것이다. 예를 들어 오늘날에는 변호사 임금이 높아서 고용이 적고 경비업무 노동자는 임금이 낮아서 더 많이 고용한다고 하지만, 엠의 경우에는 거꾸로 변호업무를 하는 엠은 더 많이 고용될 수 있고 임금비용이 적게 들어가는 경비원 엠은 더 적게 고용될 것이다.

의외로 빨리 모든 노동자가 낮은 임금을 받게 될 것이다. 하지만 그럼에도 어떤 노동자는 여전히 예외적인 상황에서 높은 임금을 받을 수 있다. 예를 들어 최고경영자CEO 직위를 곧장 수행할 수 있는 엠을 고용하는 비용이 아주 비싸다고 해도 그런 역할을 충분히 수행할 수 있는 진귀한 엠은 높은 임금 프리미엄을 잘 받을 수 있다. 엠이 프리미엄 높은 역할을 수행하기까지에는 초기 비용entry cost이 많이 들 것인데, 그런 초기 비용 때문에 그 좋은 프리미엄도 상쇄될 것으로 예상될 수 있다. 그런 역할을 시험해보려는 엠이 있다고 해도 그런 엠이 받을 임금은 낮을 것이다.

자기 분야에서 세계 최고인 엠 노동자도 임금 프리미엄을 받을 수 있다. 분명히 최고 중의 최고인 엠은 2등인 엠과 차이 나는 생산성만큼 추가 임금을 벌 수 있다. 그러나 아마도 그런 생산성의 차이조차도 하루에 겨우 몇 분 정도의 추가 여가시간량에 해당하는 시간처럼 아주 작을 것이다.

엠 임금이 최저생계 수준이라면, 그런 임금 수준은 엠을 노예로 만들어 얻을 수 있는 수익과 맞먹을 것이다. 인류의 지난 역사에서 볼 수 있듯이, 노동임금이 상승하면 사람들은 노예를 소유하여 높은 임금을 대신하려는 욕망을 가졌다. 그러나 임금이 낮다면 노예를 필요로 하지 않을 것이다. 노예를 먹이고 재우는 비용이나 자유로운 임금 노동자를 고용하는 데 드는 비용이나 거의 비슷할 것이기 때문이다(Domar 1970).

엠 임금이 크게 떨어지면 노동 비용에 비해 상대적으로 장비와 생산시설투자supporting capital 비용이 올라간다. 수요와 공급 법칙으로만 본다면 고용주는 장비와 생산시설에 투자하는 비용을 아끼려고 노동에 더 의존하게 될 것이다. 오늘날 기업이 얻는 수입의 약 60%가 피고용인에게로 간다. 더 넓게 볼 때 전체 수입의 약 52% 정도가 노동자의 몫이다. 이런 수치는 40년 전에 각각 65%와 56%에서 내려간 것이다. 이런 것을 설명해줄 수 있는 항목을 보자. 부동산과 지식재산권 가치 상승, 시설투자 등 여타 자본 형태가 더 효과적이고 더 저렴해진 것, 더욱이 부유한 사람이 더 많아져서 오래 일하고 싶어 하지 않는 이유 등을 들 수 있다(Karabarbounis and

Neiman 2014). 엠의 도래는 수입비율에서 노동에 가는 비율을 높일 것 같다.

경쟁하는 그런 세계에서 중요하게 남아 있어야 하는 산업이 있다. 보안, 위기-대응사업, 직업훈련, 법, 금융, 뉴스, 오락, 정치, 교육, 소프트웨어, 컴퓨터 하드웨어, 통신 하드웨어, 에너지 생산 및 운송, 냉각, 재료 운송, 건설, 광산이다. 중요하게 남아 있어야 하는 일들은 디자인, 마케팅, 영업, 구매, 관리, 행정, 검사, 감시, 진단, 수리, 청소, 운전, 회계, 조립, 포장, 설치, 혼합, 분류, 가봉 같은 마무리작업(fitting 꼭 맞추기, 미세하게 마무리하기), 협상, 연구 등이다.

이 책의 독자는 최지생계 수준의 임금을 의아해하고 두려운 미래 전망으로 볼 수 있다. 그래서 다음과 같은 사실을 기억할 가치가 있다. 사실상 이제껏 살아온 거의 모든 동물들에게 이런 임금방식이 적용되었다. 그리고 겨우 수백 년 전까지 살았던 거의 모든 인간에게 적용되었다. 오늘날에도 여전히 십억 명 정도의 세계 사람들에게 적용될 수 있다. 역사적으로 볼 때 이런 상황은 정말로 보통에 지나지 않는다. 논란의 여지가 있지만, 가난한 엠도 거의 고통받지 않는다.

최초의 엠

오늘날 모든 인간 노동자가 보여주는 특징 분포가 있다. 그런 분포는 훈련받은 사람들과 훈련받지 않은 사람들 간에 달라지는 특징분포이다. 일하는 사람들은 모두, 일에 맞추고 고용주에 맞춘다. 이에 더해 특별한 기술을 배우는 직업훈련으로 우리를 바꾼다. 엠 노동자는 훈련받지 않은 사람들과는 비교조차 되기 어렵게 다르다. 즉 엠의 특징은 네 가지 다른 단계로 선별된다. 스캐닝하기, 미세수정하기, 훈련하기, 복제하기이다.

최소한 초기에 스캔되는 사람은 여러 측면에서 특이하고 평범하지 않다. 한 가지 이유를 보자. 초기의 가장 효과적인 스캔기술은 뇌를 파괴한다. 그런 파괴가 뇌의 세부 내용을 읽는 과정이기 때문이다. 초기의 스캔기술은 활동이 정지된 뇌에서 시작한다. 활동이 정지된 뇌 상태는 냉동 상태이거나 경화-플라스틱 같은 물질solid plastic-like material이 주입된 상태이다. 이런 냉동 뇌의 2차원 단면을 아주 미세한 수준까지 스캔하고 얇은 층으로 잘라내는 과정을 반복한다(Mikula and Denk 2015).

뇌는 외형적으로는 활동을 정지시킬 수 있고 그런 다음 별다른 일 없이 다시 활동한다. 그래서 우리는 활동하지 않을 때도 유지되고 있는 정적 뇌 구조static brain structure만 스캔해도 된다는 것을 안다. 그리고 순간적 활동과 관련된 세부사항을 알 필요가 없다.

초기 스캔은 파괴방법을 쓰기 때문에 스캔 대상이 되는 최초의 사람은 그런 대가를 감수할 수 있는 예외적인 의지를 가진 사람에서 선별된다. 어떤 사람은 본의 아니게 스캔될 수도 있다. 그러나 일반적인 스캔은 "죽은" 사람과 스캔되기를 열망하는 사람을 대상으로 할 수 있다. 즉 암으로 사망한 희생자처럼 신체는 희생되었지만 스캔을 위해 뇌는 잠시 보관된 사람이다. 그리고 파괴적인 스캔에 자원한 사람들도 있을 수 있다. 이런 사람들은 자원하지 않았다면 평범한 사람으로 오래 살 수 있는 이들이다. 그럼에도 엠 세계에 들어가기를 정말 열망하는 사람들일 수 있다. 이런 사람들이 아마도 초기 엠 기업의 핵심 피고용인이 될 수 있다.

아마도 진정한 최초 스캔은 인체가 냉동 보존되어 있는 고객에게 행할 수 있다. 훗날 기술이 충분히 발전했을 때 다시 살아날 희망으로 자신의 뇌를 액체질소로 얼려 저장하고 나중에 엠 스캔을 하는 데 동의한 고객들이다. 잘 보존된 냉동 뇌는 법적으로 "죽은" 것일 수 있다. 그래서 법적 제한이 더 적은 상황에서 스캔에 이용할 수 있다. 물론 냉동 뇌는 살아 있는 뇌에 비해 단점도 있을 수 있다.

지난 50년간 약 200명의 사람이 냉동되었다. 죽은 후 극저온 동결되도록 약정한 사람이 2,000명 있다. 필자인 나도 그중 한 명이다. 엠을 만들 성공확률이 최소 80%일 때 나의 냉동 뇌가 파괴적으로 스캔되도록 선택하려 한다. 나의 냉동 뇌로 엠을 만들도록 말이다.

초기에 스캔 대상이 되는 사람들이 예외적이고 평범하지 않다고 말한 두 번째 이유가 있다. 그런 초기 스캔에 드는 비용은 아주 고가일 것이다. 부자들 중에 어떤 사람들은 자기 자신을 스캔하는 데 그런 고가의 비용을 지불할 것이다. 비-영리 단체와 정부도 어떤 특정인을 스캔하는 데 비용을 지불할 수 있다. 그리고 이윤추구 기업(범죄조직도 포함하여)도 수익이 날거라 기대하는 스캔에 투자할 수 있다.

스캔 하나에서 얻으리라 예상되는 일일 매출을 보자. 기업의 경우, 자발적으로 훈련된 최초 복제품을 하루 일하게 대여할 수 있는 가격에다가 대여하는 복제품들의 숫자를 곱한 것이 기업이 예상하는 원가이다. 초기에 자발적으로 지원하는 노동자를 스캔하여 복제품을 생산하는 비용은 첫째 총 하드웨어 비용, 둘째 훈련 비용, 셋째 세금, 마지막으로 그런 복제품에 드는 추가 비용은 다 포함된다. 추가 비용은 돈, 통제control 그리고 늘어난 여가시간과 은퇴시간으로, 복제품이 필요로 하는 모든 형태의 비용을 말한다. 부가적으로 관련 경비도 생길 수 있는데, 잠재 고객을 찾아 마케팅하는 비용, 훈련방법을 찾고 개발하는 비용, 정치로비에 드는 비용 등도 해당된다.

처음에는 자발적으로 일하는 노동자도 일을 하다 보면 나중에는 가끔 마지못해 일하게 될 수 있다. 이런 상황이 자주 발생하면 고객이 그런 노동자 대여에 지불하고 싶은 가격을 낮추게 된다.

이윤-추구형 기업은 사람을 선별한다. 복제품을 대여함으로써 순익을 최고로 낼 수 있는 대상을 찾아 스캔하려고 선별하는 것이다. 그런 사람은 자발적으로 일하는 사람, 새로운 엠 일 환경에 유연하게 잘 적응할 수 있는 사람, 많은 고객이 인정하는 노동기술이 있거나 그런 기술을 얻을 수 있는 사람이다.

만일 엠이 고문받고 명령에 복종하는 노예가 된다고 가정하자. 그러면 엠을 만들려는 스캔에 거의 동의하지 않을 것이다. 이런 조건을 기꺼이 수락하는 진귀한 엠은 특별히 생산적이지 않을 것 같다. 따라서 생산적인 엠을 널리 노예화하면 놀라운 일이 될 것이다.

진정 초기 스캔의 주요 고객은 평범한 일반 개인과 기업이다. 그래서 최초의 스캔은 그 당시 현행 경제에서 가치를 인정받은 노동기술에 이미 익숙한 사람을 대상으로 할 것이다. 수익을 얻으려면 이런 스캔 결과를 즉시 공급할 수 있다. 그런 사람은 생산성 경력이 최고 정점 가까이 있을 것이다. 예를 들어 그들은 아주 특별한 생산성이 있다는 평판을 이미 얻은 숙련된 변호사나 소프트웨어 엔지니어일 수 있다.

어쨌든 언젠가는 엠 세계가 확장될 것이며, 현재 필요한 과제들은 새로운 엠 세계가 규정하는 쪽으로 옮겨간다. 이에 따라 현재 평범한 사람들이 사는 해 저무는 세계에 맞춰진 기존 기술의 가치는 줄어들 것이다. 반면 새로운 엠 세계의 기술을 받아들이는 유연성의 가치, 그런 새 기술을 배우게 해주는 기술의 가치, 새 기술을 경력이 이어지는 동안 오래 적용할 수 있는 가능성의 가치들은 증대할 것이다. 그래서 기존 기술이 있는 더 나이 든 사람들에서부터 관련 기술 습득에 잠재력이 큰 더 젊은 사람들 쪽으로 스캔 수요가 이동한다.

만일 이런 시점에도 파괴적인 스캔방법이 여전히 비용 면에서도 효과 있고 유일한 스캔 기술이라고 하자. 젊은 세대가 보여주는 잠재성과 유연성을 선호하기 때문에 젊은이들의 뇌를 스캔하려는 경쟁이 세질 수 있다. 엠 세계에 들어가고 싶어 하지만 실제로 들어갈 수 있는 숫자는 제한되어 있어서 경쟁이 심해진다는 뜻이다. 파괴적인 스캔을 자발적으로 이용하려는 신세대의 자유를 제한하는 시도가 있다면 그런 시도는 큰 갈등을 일으킬 수 있다.

훗날 스캔이 비-파괴적이 되고 스캔 비용이 떨어지면 생산성과 적응력이 이미 검증된 구시대의 사람이나 후일 생산성과 적응력 가능성이 크게 될 신시대 사람들에 관계없이 양쪽 사람들을 포함하여 훨씬 더 많은 사람을 스캔하게 될 것이다. 나중에는 결국 기꺼이 스캔 대상이 되고 싶어 하는 사람들 대부분이 스캔가능해질 것이며, 생산성 높은 잠재 노동자를 찾으려는 대규모 스캔 인력풀을 기꺼이 제공하려 할 것이다. 그때가 되면 많은 초기 스캔은 이어진 후발 스캔이 나오는 동안 선발 이익first-mover advantage을 얻게 될 수 있다. 선발 엠들이 엠 환경에 더 잘 적응할 것이며, 그래서 후발 엠들과 다른 시스템들도 선발 엠들에 더 맞추게 될 것이다.

선 택

엠은 정신적 측면에서 거의 인간으로 볼 수 있지만, 반면 선택 효과selection effects 때문에 전형적인 인간과 다를 것이다.

예를 들어, 스캔 대상을 누구로 할지 선별하는 것 말고도 다른 추가 선별이 있다. 스캔된 뇌는 에뮬레이션 과정에 필요한 전체 변수들 중에서 겨우 수십 개 정도의 변수들을 조정하여 미세수정할 수 있다. 이런 미세수정을 통해서 사고력의 깊이, 집중도의 차이, 여유의 차이 등에서 에뮬레이션마다 차이를 만들어낼 수 있다. 이런 수정은 자동차를 처음부터 완성형으로 만들어내는 것이 아니라 자동차를 필요에 따라 다른 설정을 조정하려는 튜닝과 비슷하다고 볼 수 있다. 유용하게 미세수정할 수 있는 범위는 엠 브레인이 미세수정 당시 얼마나 불분명한opaque가에 따라 제한된다. 즉 엠이 이해하는 것이 많을수록 엠에서 유용한 변경을 더 많이 할 수 있다.

임의의 스캔에 적용할 미세수정 항목을 선택해야 하는 것과 수정된 엠이 나중에 자기의 수정항목을 바꿀 자유가 얼마나 있는가의 문제가 있다. 이런 문제들은 스캔된 엠과 스캔 수정 훈련 복제에 자금을 대는 후원자 사이에서 절충해서 타협된다.

평범한 인간 뇌를 미세수정한 스캔은 엠 세계에서 엠이 되기 위한 일반 훈련을 거쳐야 한다. 특정 과제에 능숙해지도록 더 전문적인 훈련도 필요하다. 평범한 인간에서처럼 기존 과제에 맞는 이전 훈련이 그와 비슷한 과제수행에 도움이 되지만, 대체로 그것만으로는 충분하지 않다. 스캔 복제품은 그 복제품마다 다른 과제를 하도록 훈련될 수 있다. 스캔 대상을 선택하는 것처럼 스캔한 복제품과 수정한 복제품을 훈련하는 방법을 선택하는 것도 중요하다. 자기 자신들을 훈련하는 부유한 사람, 다른 사람들을 훈련하도록 비용을 지불하는 자선단체와 정부, 훈련한 스캔을 대여하여 수익을 얻으려는 "고용 대행사employment agenct" 형태의 기업들은 각자 스캔 대상 선택과 미세조정 방식 선택에 선택권이 있다.

스캔을 미세수정하고, 실제 복제품을 만들어내고 훈련시켜 상당한 숫자가 생성되었다면 이런 복제품들이 얼마나 빨리 구동하는지 얼마나 오래 구동하는지를 결정하는 요소가 있다. 부유한 엠들이 그들 자신을 위해 얼마나 기꺼이 지출했는가, 비영리 단체와 정부가 다양한 엠 삶을 만들고 확장하는 데 얼마나 기꺼이 지출했는가, 이윤추구 기업이 다양한 복제품을 일에 대여하려고 고객들에게 대여가격을 얼마나 많이 부과할 것이라고 보는지이다.

스캔, 미세수정, 훈련, 복제(속도 선택을 포함하는)인 네 가지 선택 수준에 네 가지 종류의 추가 선택자들이 있다. 즉 부유한 개인, 비영리 단체, 정부, 이윤-추구 기업이다. 다음의 <충분한 엠> 절에서 논의한 대로 엠 노동시장은 일에서 경쟁하는 엠이 충분히 제공된다면 경쟁이 심하다.

부유한 개인은 어떤 인간을 스캔하고 복제할지 어떤 미세수정을 할지를 선택하기도 한다. 그들은 애정, 존경, 아니면 다른 개인적 기준으로 선택한다. 부유한 개인은 다른 선택자들, 즉 비영리단체, 정부, 기업보다 선별해서 선택하려는 선호가 더 다양할 것이다. 따라서 극단적인 특징을 지닌 엠은 부유한 개인들이 선택한 것이기 쉽다.

경쟁이 아주 심하고 규제는 적은 경제에서 상당한 운영 손실을 기꺼이 감수하려는 이들이 있는데, 부유한 개인과 자선단체가 그렇다. 개인이나 자선단체가 이용할 수 있는 선택지는 이윤추구 기업이나 비영리단체가 이용할 수 있는 선택지보다 상대적으로 적을 것이다. 비영리단체의 경우도 상당한 장기운영 손실 감수를 꺼리기 때문에 이윤추구 기업처럼 운영하는 경우가 많아서, 이들도 개인이나 자선단체보다 선택지를 더 많이 가지려 한다. 정부 과세와 정부 규제가 제한적일 때 엠이 선별되는 조건을 알고자 할 경우 이윤추구 기업의 사례를 분석하는 것으로도 충분할 듯하다.

다시 말해 만일 경제적 수익이 거의 제로가 될 정도로 경쟁이 아주 심하다고 가정할 경우 최대 이윤을 추구하는 조직이나 장기간의 운영손실을 버틸 수 없는 조직 간에 행동차이는 거의 없을 것이다. 경쟁적인 엠 경제에서 대부분 엠들의 특징은 이윤추구 기업이 선택하는 대로 따라갈 것이다.

충분한 엠

조직화되지 않은 충분한 엠들이 이윤-중심의(또는 손실-제한의) 구인 시장을 채우려고 엠 자신들을 기꺼이 복제하려 하고 그런 복제를 강력한 국제 규제로 막을 수 없다고 하자. 그렇다면 엠을 만들어내는 데 드는 총 하드웨어 비용이 저렴한 경우 엠의 복제 규모는 이윤지향으로만 몰고 가게 되어 그 숫자는 어마어마하게 커질 수 있다. 이 때문에 엠의 규모는 평범한 인간보다 수가 훨씬 많아진다. 그래서 엠 임금을 총 엠 하드웨어 비용 가까이까지 떨어뜨린다. 그렇지만 엠 임금이 총 엠 하드웨어 비용 가까이 떨어진다면 기꺼이 복제되려는 엠의 숫자가 충분한가?

만일 각각의 예비 기술 종류마다 그런 종류의 일들에서 다른 엠들보다 훨씬 더 나은 어떤 엠들이 있다면 그때 "충분한" 엠들은 적어도 그런 종류의 기술에서 경쟁하는 더 나은 두 엠을 말하는 것이다. 이런 두 엠은 심지어 동일한 클랜 출신일 수 있다. 결국 자발적이고 자유로운 엠은 자기 자신의 복제품을 무한히 허용할 수 있어서 경쟁하는 두 엠만으로도 경쟁력 있는 엠들을 마음대로 공급할 수 있다. 그런 기술 종류에서 자발적이고 경쟁하는 얼마 안 되는 엠들을 충분히 가질 수 있기 때문에 구분되는 노동자 종류의 수가 "충분한"의 규모를 정하는 것이다.

그렇다면 오늘날 얼마나 많은 예비-기술 종류가 있는가? 우리 경제에서 기술종류에 따른 일은 표면상으로는 수백만 종류이다. 엠 경제는 더 크기 때문에 그 일의 종류도 더 많을 수 있다. 미국 인구조사에서 노동자는 21,000가지 산업과 31,000가지 직업으로 분류된다. 그러나 이런 많은 수의 직업에서 서로서로 아주 비슷한 직업들도 많다. 예를 들어 미국 정부는 974개의 일을 기준으로 277가지 특징 설명 키워드를 제공하는 데이터베이스를 만들었다(O*NET라고 하는). 만일 이런 974개 기준마다 일이 정말 달랐다면 그런 데이터베이스를 만들 수 없었을 것이다. 실제로 이런 특징을 설명하는 키워드 226개의 요소별 분석을 보자. 상위 4개 요소로 키워드 변이 75%가 설명된다. 상위 15개 요소로 키워드 변이 91%가 설명된다(Lee 2011).

또 노동자의 수입과 성과를 예측하는 통계 모델에는 변수가 보통 기껏해야 겨우 수십 개뿐이다. 이런 분석을 통하여 시장에서 적용되는 기술 종류가 어떤 것이 될 수 있을지 그 가능성을 알아볼 수 있다. 즉 특정 과제를 수행하도록 훈련받은 후에 노동자들이 얼마나 다른지를 분석한 것이다. 예비-기술 종류는 기본적으로 그 수가 적은 반면, 그로부터 나중에 습득하게 될 확장된 기술 유형은 그 변화폭이 아주 클 것이다.

이런 모든 것에서 볼 때 구분되는 예비-기술 종류의 수는 구분되는 일의 숫자보다 한참 더 적다. 다시 말해 특별한 일 기술을 얻으려는 노동자들의 능력 면에서 실질적으로 노동자 종류의 수가 서로 다르다고 말할 수 있는 숫자가 크지 않다는 것이다. 사실 나는 엠 경제에서 예비-기술 종류는 정말 뚜렷이 구분되는 기술 종류가 백만 개를 넘지 않는다고 본다. 어쩌면 단지 수십 개 종류만이 있을지도 모른다.

이와 비슷하게 스캔되는 사람에 따라서, 미세수정에 따라 그리고 스캔된 엠들을 초기 훈련하는 방식에 따라서 엠에게도 변이가 생긴다고 가정해보자. 스캔된 사람 수가 천 명이고, 스캔된 엠들의 미세수정과 초기 훈련 차이점의 가짓수도 천 가지라면 총 1백만 개의 변이가 생길 수 있다. 그러므로 경쟁하는 엠의 노동시장을 채울 정도로 "충분한" 수의 엠들도 실제로는 자질 있는qualified 불과 천 명 정도의 사람에서 찾을 수 있다는 것이다. 자질 있는 사람이란 자신의 직업에서 경쟁력 있는 사람들 중에서 스캔된 사람을 말한다. 어떤 경우에는 그런 사람이 겨우 10명 내외라도 충분할 수 있다.

다음과 같은 합리적인 추정이 가능하다. 예비 기술 임금 대다수가 대략 총 하드웨어 비용의 2배 이하로 떨어져 그 결과 노동력 수가 크게 증가한다는 추정이다. 기업은 70억 명이 넘는 평범한 사람들 중에서 그 정도 임금으로 일을 얻기 위하여 기꺼이 스캔되고 미세수정되고 복제되려는 사람들, 대략 천 명 정도의 사람들을 찾을 수 있어야 한다. 또한 이런 엠 집단이 조정해서 얻을 수 있는 임금보다 더 나은 임금을 받게 하는 조정에 실패한다는 조건도 필요하다. 이런 조건들이 그럴 듯해 보인다.

총 하드웨어 비용에 근접한 임금을 받는다면 말 그대로 엠은 "가난"한 것이다. 하지만 "가난"은 엠 세계에서 언급될 필요 없는 다양한 의미가 있다. 그렇다. “가난한” 엠은 시간의 상당 부분을 일하는 데 쓰기는 하지만, 그런 엠도 현실에서 배고픔, 피로, 통증, 질병, 오염, 고된 노동, 돌발사 등을 겪을 필요가 없다. 자동화 시설이 일반화되기 때문에 대부분의 일은 최소한 정신적으로는 소소하게 해볼 만한 일이 된다. 대다수 엠이 가난하다고 말했지만, 엠의 빈곤은 구체적인 항목으로서의 고통과 다르다. 여기서 말하는 고통은 대체로 부유해진 현 사회에서도 생길 수 있는 것처럼 사회적 지위가 낮기 때문에 겪는 고통과 같은 것이다. 엠은 여가시간에 아주 고품질의 오락이 보장될 수 있다. 일에서 더 이상 경쟁력이 없으면 편안하고 무기한 은퇴를 보장받을 수 있다.

이제껏 지구에서 살았던 인간 대부분이 거의 최저생계 수준의 소득으로 살아왔다는 사실도 기억해보라. 이런 사실은 인간이 아닌 동물에서는 더 심하다. 인간은 이런 최저소득 수준에 맞춰 진화했고 꽤 잘 적응했다. 역사학자와 인류학자들이 보기에 인류의 대다수는 아주 풍족하지는 않아도 대체로 만족스러운 삶을 살았을 것이라 본다. 엠 세계의 평가는 29장 〈평가〉 절에서 더 논의한다.

경쟁하는 엠 노동시장이 되기 위한 “충분한” 종류의 엠 노동자가 있는지에 대한 질문은 다윈의 진화선택을 안정적으로 만들기에 “충분한” 종류의 엠이 있는가와 같다. 즉 엠이 많으면 많을수록 다윈의 선택 과정은 엠 세계에 더 잘 맞는 엠 마인드를 더 잘 진화시킬 수 있다.

만일 미세수정할 수 있는 규모가 제한되어 있어 차이 나게 수정할 수 있는 숫자가 백만 개뿐이라고 하자. 수십억 정도의 원본 인간이 있다는 점을 고려한다면 그때 만들 수 있는 엠의 규모는 백만 곱하기 겨우 수십억 개, 혹은 백만 곱하기 겨우 수천 조 정도이다. 이런 규모는 엠에게는 상당한 수이지만, 엠이 진화하기에는 제한된 규모의 수이다. 이런 진화 과정에서 선택된 엠은 인간의 경우와 다르지만 인간의 변이 폭과 아주 동떨어진 것은 아니다. 또한 그런 엠들은 다르지만, 여전히 인간으로 여겨질 만하다. 이 책은 대체로 이런 시나리오에 초점을 둔다.

그러나 후일 유용한 마인드 수정 규모가 훨씬 더 커지도록 연구된다면, 그런 연구로 엠에서 훨씬 더 강력한 다윈 진화가 이루어지게 할 수 있다. 이런 경우에는 엠들은 아마도 인간이라고 알아보지 못할 정도로 빠르게 진화할지도 모른다. 즉 엠들은 아주 색다른 정신적 스타일을 가진 하나 또는 그 이상의 새로운 정신적 종mental species으로 갈라질 수 있다. 27장 〈비인간〉 절에서 이에 대해 더 논의한다.

요약해서 말하자면, 거의 모든 임금이 최저생계 수준에 이르도록 다양한 종류의 충분한 엠이 존재할 듯하다.

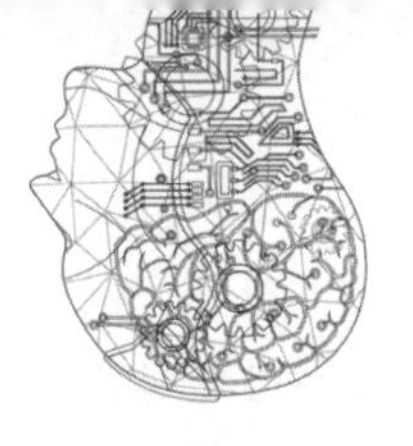

| Chapter 13 |

효율성

클랜 중심

스캔을 기꺼이 지원하는, 즉 기꺼이 스캔되려는 일상인으로 구성된 대형 인력풀이 있어야 엠 경제가 가능해진다. 그런 인력풀은 스캔 결과에 다시 더 많은 미세수정을 해서 엄청나게 커질 수 있다. 어떤 경우는 하나의 엠만으로 자신을 복제하여 대량 노동시장을 다 채울 수 있다. 이런 조건들이 모두 합해져 경쟁은 더 심해질 수 있다. 그런 경쟁이 심해지면 질수록 이윤추구 기업은 가장 수익 높은 스캔-미세수정-훈련 과정의 일원화된 조합을 더 많이 찾으려고 혈안이 될 것이다. 그때 그렇게 찾아진 최상의 조합이 당대의 엠 경제를 지배할 것이다.

다양함이 보장된다면 인간을 스캔한 것이 천 개 정도여도 대부분의 노동시장에서 충분히 경쟁을 유발할 수 있어 보인다. 몇 안 되는 최상의 엠이 각각의 노동시상을 시배하기 때문이다. 따리서 대부분의 엠은 원본 인간을 천 명 이하 어쩌면 수십 명 이하 인간의 복제품이기 쉽다. 이런 소수의 복제품 중에서 가장 고급으로 복제된 엠 "클랜"은 마치 유명인사처럼 이름이 하나로 알려질 수 있다. 마돈나나 비욘세처럼 말이다. (물론 엠은 특정 클랜의 일원을 구별하는 식별자도 있어야 한다.)

하나만의 이름으로 유명해진 엠 클랜은 사회적 활동을 하면서 더더욱 대우받게 될 것이다. 이름을 두 개나 세 개 정도 사용하는 수십억 개의 유명하지 않은 클랜보다 더 대우받는다. 인간은 낯선 사람보다 익숙한 사람과 교류하기를 좋아한다. 이런 선호는 일상 인간의 성향이다. 이런 성향 때문에 익숙하지 않고 서로 잘 모르는 클랜 출신의 엠끼리는 데이터 통신하는 것이 쉽지 않을 것이다. 이로써 클랜 간 불평등이 더 커질 것이다. 오히려 엠은 이런 불평등한 대우를 정당하다고 본다. 소규모 클랜 출신의 어떤 엠 정도는 종료한다고 해도 다수의 엠을 불평등하게 대우하는 게 아니기 때문에 도덕적으로 별 문제 없다는 식이다. 하지만 엠은 소규모 사회조직마다 같은 클랜 출신으로 된 다중 복제품에 대한 어떤 혐오가 있다. 그래서 클랜 간 불평등을 제한할 수 있다.

그렇기 때문에 엠의 사회성은 농경인보다 오히려 수렵채집인에 더 비슷한 것으로 볼 수 있는 것이다. 평생 만나는 사람은 기껏해야 겨우 수백 명 정도고 만났던 모든 이의 과거사, 성격, 능력을 모두 꿰뚫고 있었던 것이 바로 구석기 조상 수렵채집인의 사회성 특징이다(Dunbar 1992; McCarty et al. 2000). 엠이 하나만의 이름으로 묶여지는 연합체를 고집한다고 생각해보자. 그러면 엠은 자신들이 누구를 좋아하고 누구를 싫어하는지, 또한 서로에게 가장 잘 먹히는 아첨이나 모욕을 어떻게 해야 할지를 잘 알 수 있을 것이다. 오늘날 우리의 인종차별적 농담이 있듯이, 클랜 사이에도 그런 비슷한 농담이 있을 수 있다. 예를 들어 "전구 한 개를 갈아 끼우는 데 몇 명의 프레드가 필요한 거야?"와 같은 식이다. 이름만으로 불리는 엠은 새로운 도시로 떠나거나 새 직장으로 옮긴다고 해도 "새롭게 시작"할 수가 없다. 이름에 딸린 평판이 그들을 늘 따라 다닌다.

수렵채집인 조상은 서로를 정말 잘 알았다. 그래서 타인의 행동에 과하게 반응하는 일이 좀처럼 없었다. 즉 수렵채집인은 다른 사람을 그의 인생 전체 맥락을 고려하여 서로의 행동을 잘 이해할 수 있었다. 이런 상황은 농경시대와 산업시대에 들어와서 바뀌었다. 오늘날 우리들은 익숙하지 않은 다른 사람들의 행동이나 말 하나에도 굉장히 민감하게 반응하곤 한다. 수렵채집인과 비교했을 때 우리는 훨씬 센 순응 압력conformity pressures에 직면한다. 같이 어울리지 못하면 남이 나의 행동을 오해하지는 않을까 하는 두려움 때문이다. 그래서 우리가 하는 행동과 말마다 확실히 긍정적으로 해석될 수 있게 하려고 더 열심히 노력한다. 한 가지 이름만을 갖는 엠에게는 이런 식의 압박은 훨씬 덜 하다. 엠은 보통 자신이 속한 클랜의 전반적 평판을 보존하려고 열심일 뿐이며, 엠의 행동 하나하나가 자신의 클랜의 전체 역사의 맥락 안에서 이해되는 것이다.

몇 안 되는 최상위 수백 명 인간의 복제품들이 전 세계를 지배한다는 것이 엠 세계의 특징이며, 이런 엠 세계의 특징은 오늘날 우리 세계와 다른 가장 극적인 특징이다.

경 쟁

겨우 수백 개의 클랜이 지배하는 세상에서는 경쟁이 치열할 수밖에 없다.

경제 생산성 면에서 성장요인은 다음 두 가지로 발생한다. 먼저 개별 기관들이나 기업들이 이루는 생산성 증가가 있다. 또 한편 생산성이 떨어지는 경쟁자들을 대체하는 생산성 높은 기관들과 기업들이 있다. 오늘날 이 두 번째 요인이 우세하며, 이런 요인 때문에 경쟁은 점점 더 가속화되어간다(Foster et al. 2006; Rasmus and Mortensen 2008; Syverson 2011).

오늘날 우리 경제는 어느 정도 경쟁적이지만, 그런 경쟁도 제한적이다. 그 이유가 있다. 시장이 서로 공간적으로 떨어져 있고 제품도 다양하게 분화되어 있기 때문이다. 그리고 제품을 생산하는 피고용인들을 새로운 방법과 새로운 상황에 훈련시키는 시간이 오래 걸리기 때문이다. 그 결과 비효율적인 기업과 단체가 놀랍게도 오래 생존한다. 예를 들어 오늘날 미국에서 생산성 면에서 상위 10%에 드는 제조공장들은 대체로 하위 90%에 속하는 공장들보다 생산성이 보통 2배이다. 인도와 중국에서 생산성이 높은 공장은 생산성이 떨어지는 공장보다 5배 이상으로 생산성이 높다(Haltiwanger 2012; Syverson 2004; Syverson 2011).

엠 경제는 훨씬 더 경쟁적일 수 있다. 효율성이 조금이라도 떨어지면 생산성이 약한 대상과 관행은 더 신속히 제거되는 점에서 그렇다. 우리가 보겠지만 엠은 제품 다양성이 떨어진다. 더 가난하고, 밀집된 얼마 안 되는 도시들에 집중되어 공간적으로 접해 있기 때문이다. 더 중요한 점도 있다. 엠은 다른 조직이 가진 조금이라도 효율이 높은 경쟁방법을 손쉽게 전파할 수 있다. 그런 조직에서 일하는 엠 팀의 복제품을 직접 만들기 때문이다. 엠 하나가 많은 복제품을 만들어 전체 노동시장을 인수할 수도 있다. 이런 모든 사항에 기반을 두어 경쟁력이 더 강한 엠 경제를 만들 것이다. 높은 생산성을 공격적으로 추구한다는 의미이다. 오늘날과 비교해볼 때, 엠 세계에서는 엠이 하는 행동이 달라 효율성이 조금만 달라도 더 효율적으로 행동하는 엠이 비효율적으로 행동하는 엠을 손쉽게 대체한다.

규제와 과세를 통해 엠들을 크게 제한하지 않는 세계에서, 최소한 실질적으로 그런 장소가 얼마 안 되고, 얼마 안 되는 수십 개 혹은 구분되는 엠 클랜들이 그런 장소에서 자신들을 기꺼이 복사한다면, 그런 엠 친화적인 지역에서의 임금은 엄청 떨어져야 하고 산출량은 엄청 커져야 한다. 만일 그런 지역들이 정말 급격히 성장할 수도 있다면 그런 지역들이 세계 경제를 아주 빠르게 지배하고 그때 경쟁은 정말 심하게 될 것이다. 엠들이 그 세계를 지배한다.

엠 세계는 선별이 아주 까다롭기 때문에 경쟁이 세다. 최저 비용으로 최대 생산성을 내는 노동제도와 거주형태living arrangements를 공격적으로 연구하려 할 것이다. 오늘날 분명히 효율적인 노동제도와 거주형태라도 선택하기란 자주 쉽지 않은데, 그 이유는 익숙하지 않거나 기분 나쁘다고 그런 변화를 반대하는 이들이 있기 때문이다. 또한 기존의 선호를 그대로 유지하고 싶기 때문이다. 우리는 경쟁이 더 심한 엠 세계에서는 특히 순응해야 하는 표준적 내용이 서로 다른 지역 간에 경쟁이 있을 때는 이런 변화에 덜 저항한다고 본다.

이제 이어서 논의 할 이 책의 나머지 부분에서 다음처럼 가정한다. 엠의 노동과 재생산 및 거주형태는 오늘날 이상으로 단지 기본적인 효율성을 기준으로 결정된다는 것이다. 즉 하드웨어와 훈련비용이 포함된 최소 비용으로 유용한 과제를 수행할 수 있다는 효율성이다. 이런 효율성 기준에는 추상적 상징 때문에 받는 심리적 불편함이 따른다. 이런 심리적 비용은 오늘날과 달리 엠 세계에서는 중요하지 않다. 물론 이렇게 직접적이고, 즉각적인 불편한 감정이 계속 지속될 경우 큰 문제가 될 수 있다. 그러나 추상적 상징에서 받는 불편함은 대개 없어지게 된다. 새로운 제도를 받아들이는 데 모두가 익숙해지기 때문이다.

엠이 효율적이라는 가정은 가능성도 높고 기본적인 가정이다. 그런 가정이라면 엠 시나리오가 더 깊게 연구될 수 있다. 정말 경쟁적인 엠 세계는 엠들이 더 자주 자존심을 누르게 하고 효율적이지만 이상하고 혹은 혐오스러운 새로운 방식으로 전환하게 유도하기 쉬울 것이다.

경제학에서 "경쟁"이라는 단어의 기술적 정의technical definition는 지불하거나 부과하는 가격에 영향을 줄 권한이 거의 없는 것처럼 행동하는 속칭 대리인이 있다는 것이다. 이런 의미가 예비-기술 초기 단계인 엠 노동시장에 주로 적용된다. 클랜이 특정 구인시장에 진입하려고 검토하는 단계다. 구인시장에 진입할 수 있는 자격 있는 클랜이 많다. 초기에는 경쟁 때문에 노동시장에 진입하는 모든 이들에게 기대 수익이 거의 영이 될 것이라고 본다. 다시 말해 그런 시장에 진입하는 고정 비용을 상환하고 나면 결국 엠의 실질 임금은 거의 최저생계 수준이다.

그러나 엠 노동시장마다 실제로 진입하는 클랜은 겨우 소수라고 본다. 오늘날 연구, 훈련, 마케팅 같은 고정 비용을 투자하여 대부분의 제품시장에 진입하는 경우처럼 얼마 안 된다는 말이다. 우리는 그런 클랜이 제품을 고객에게 차별화시키려고 노력하기 때문에 가격을 정할 권한이 더 클 것으로 본다. 그런 시장 진입에 드는 고정 비용이 임금에서 상당한 부분을 차지한다. 또한 노동시장이 커지면서 그런 고정 비용도 더 커질 것이다. 그런 고정 비용이 클랜을 가르는 주요 변이 요인이라고 본다. 특정 노동시장에 엠을 공급하려고 클랜이 지불하는 주 비용이다. 따라서 진입후기의 후기 엠 노동시장에서는 클랜끼리 경쟁한다거나 고용주들끼리 경쟁하지 않을 거라고 본다.

고객은 개별 노동자의 가치를 평가하는 것 외에도 특정 팀별로 팀에 실질적인 가치를 평가할 수 있다. 이 경우 클랜은 엠 노동자를 패키지 가격으로 제안할 수 있도록 조정하려 할 것이다. 엠이 경쟁한다는 이런 예상들 모두 경제학의 하위 분야인 "산업 조직론"에서 나온 표준 결과이다(Shy 1996).

경쟁이 선택으로 몰고 가는 엠 세계에서 몇몇 주요 예외적인 선택이 있을 수 있다. 부를 추적하는 데 특별히 성공적인 하위 엠 클랜이 선택한 경우이다. 즉 성공한 클랜이 자신의 자산을 적절히 잘 사용한 선택을 말한다. 좋은 기업에 투자하거나 다른 클랜으로부터 명예로운 인정을 받기 위해 부의 정당성을 선전하는 것이다. 그러나 처음에는 이런 식으로 행동했던 부유한 클랜도 나중에는 그런 행동 유형에서 벗어나는데, 그렇다고 해도 점점 클랜은 자신의 부가 줄어들어 경쟁력이 약해지면서 예상할 수 없는 많은 방식으로 부를 써버릴 수 있다. 그래도 그런 클랜이 즉각 제거되지는 않을 것이다.

이런 예외적인 경우 외에는 엠 세계에서는 경쟁이 매우 심하다.

효율성

경쟁이 심한 세계일수록 효율적인 선택을 더 많이 한다. 여기서 효율성은 다양한 측면이 있다.

오늘날 상대적으로 규제가 약한 국가와 산업들이 더 빨리 성장하는 경향이 있다. 금융 규제가 상대적으로 약하면 많은 산업에 혜택이 돌아가기 쉽다(Alesina et al. 2005; Pizzola 2015). 규제는 현존하는 기업활동의 변화를 억제하도록 만들어졌기 때문이다. 성장하려면 기업활동의 변화가 필요해서 결국 사업 규제는 기업성장을 줄이기 쉽다(Dawson and Seater 2013).

엠 세계는, 규제를 글로벌 엠 경제에서 각 지역이 서로 경쟁하게 돕는다고 보거나 혹은 규제가 글로벌 경쟁에 별 차이를 만들지 않는다고 볼 것 같다. 도움이 되는 규제의 예는 환경오염처럼 해당 지역에 불이익이 가는 부정적 외부효과negative externalities를 억제하는 규제 혹은 도시들이 규모의 경제와 전망 있는 경제를 이루어내게 해주는 규제이다. 도움도 안 되고 해도 안 되는 규제 종류는 정신적 미세수정mental tweaks 연구를 제한하는 규제이다. 일단 그런 미세수정 연구가 내놓는 결과가 크게 줄면 미세수정 연구를 하는 동안 실험대상이었던 엠들이 받을 수 있는 고통에 대해 도덕적 혐오감이 있어서 더 이상의 연구를 제한하는 규제가 나올 수 있다.

강력한 국제적 규제가 없다면 성장률 경쟁을 하는 지역들을 만들어내기 쉬워서 지역 성장을 막는 규제들을 억제해야 한다. 그래서 낮은 규제는 경쟁이 세지게 하고 센 경쟁도 낮은 규제를 가져온다.

성과가 제일 나쁜 이를 벌하는 것은 가장 잘한 이에게 보상하는 것이 아니라 전반적인 성과에 대해 더 보상을 하게 되기 쉽다(Drouvelis and Jamison 2015; Kubanek et al. 2015). 사물을 평가할 때 품질이 낮은 쪽에 체크하는 방식이 품질이 높은 쪽에 체크하는 방식보다 사물을 더 잘 평가한다(Klein and Garcia 2014). 그러나 오늘날 조직은 벌주는 방식을 주저한다. 조직이나 기관은 긍정적인 보상과 긍정적인 평가에 초점을 두기 쉽다. 결국에는, 노동자는 부정적 평가만을 하는 조직이나 기관은 떠나기 쉽다. 더 경쟁심 강한 엠 조직은 반대로 오늘날 우리가 하는 방식보다는 부정적인 것에 더 초점을 둘 것 같다. 엠 조직은 최고 집단 간에 품질 차이가 없고 보통 가장 최고의 노동자만 복제되기 때문에 가장 잘한 노동자에게 보상을 해주어 얻는 이익은 거의 없을 것이다

아주 오랜 옛날에는 직접적인 고통을 가져올 수 있는 더 센 처벌이 자주 있었다. 그러나 오늘날 이런 관행이 거의 없다는 것은 고통이 최신의 산업화된 일에서 노동자에게 동기를 부여해주기에는 정말 아무 쓸모가 없어서 엠 노동자들에게도 거의 쓸 만하지 않다는 것을 제시한다. 즐거움을 제조하도록 마인드를 직접 미세수정해주는 보상도 가능할 수 있다. 그러나 오늘날 인간에서도 이런 관행이 거의 없어서 엠 노동자에게도 이런 방법은 거의 도움이 안 된다고 본다.

낮은 임금으로 경쟁하는 엠 경제는 최근 수십 년간의 상품 및 서비스 동향을 되돌려야 한다. 안락함, 스타일, 정체성 강화, 다양성보다는 비용과 기본기능을 우선시하는 동향을 늘려야 한다. 그래서 엠 제품은 다양성을 줄여야 하고 더 큰 규모 경제를 이루어야 하고 디자인 기술보다는 엔지니어링 기술에 더 의존해야 한다. 엠 제품은 분위기와 이상형 그리고 정체성으로 제품을 홍보하기보다는 오히려 제품의 구체적인 사양을 홍보해야 한다. 엠이 소수의 클랜에만 모여 있기 때문에 원하는 제품의 다양성도 줄여야 한다. 이런 변화는 널리 사용되는 덜 다양한 제품과 디자인보다는 엔지니어링에 기대는 제품을 혁신하는 것이 더 저렴해서 혁신 속도도 높여야 한다.

강력한 향정신정 약물이 주는 효과에 맞먹는 마인드 미세수정을 이용할 수 있음에도 불구하고 엠은 아마도 우울증, 상사병, 강박증과 같이 정신 상태를 크게 쇠약하게 하는 고통을 주기적으로 계속 겪을 것이다. 엠 경

제의 경쟁적 구조 때문에 그런 고통 상태에 있는 복제품 엠은 대체로 종료되고, 고통 상태 이전에 보관된 복제품으로 되살릴 수 있다. 엠은 이런 선택을 할 수 있게끔 주기적으로 백업 복사로 저장될 것이다. 그렇게 되돌릴 때 유용한 경험을 잃어버리지 않게 하려고 그런 고통 상태를 치료하는 데는 덜 집중하고 그런 상태가 생기기 전의 상태를 찾아내고 회피해버리는 데 더 집중할 수 있다.

경쟁이 심한 엠 경제는 동물 뇌 에뮬레이션에 소수의 적은 틈새가 있을 수 있다. 동물도 어떤 유용한 과제를 할 수 있다. 다양한 과제 수행에서 동물은 인간보다 능력이 떨어지지만 동물의 뇌가 더 작기 때문에 오히려 훨씬 더 낮은 비용으로 뇌를 에뮬레이션할 수 있다. 하지만 오늘날 경제에서 동물 뇌 이용이 거의 없다. 동물 엠은 엠 노동력의 아주 작은 틈새만 기여한다고 본다.

지금까지 이 절에서 언급해온 효율성의 의미는 시작일 뿐이다. 이 책의 나머지에서 그 의미가 더 논의될 것이다.

엘리트주의

엠들은 대부분이 천 명도 안 되는 정도의 원본 인간의 복제품이다. 그렇다면 오늘날 보통 인간들과 비교해 엠들은 어느 정도 엘리트인가?

엠은 초기 엠 시대에 살고 있는 인간 중에서 선별된다(아마도 엠 시대 이전에 인체를 냉동보존한 고객 중 일부에서도 선별될 수 있다). 초기 엠 시대는 객관적인 시간으로 볼 때 1년이나 2년 정도에 지나지 않을 것이다.

그 시기에 엠은 기본적으로 바로 그 당대에 살고 있는 인구에서 선택된다. 엠으로 전환되는 시기가 언제 일어났느냐에 따라 다르겠지만, 70억 명에서 100억 명의 인구에서 선택될 수 있다.

인간에서 엠을 선별하는 초반 과정은 성공, 기술, 인맥이 잘 정립된 성인들을 선호한다. 그러나 이후 선별 과정은 엠 세계에 그리고 엠의 특정 일에 적응하도록 더 잘 훈련받을 수 있는 더 어리고 더 유연한 인간을 선호하는 쪽으로 재빠르게 바뀐다. 이것은 이상적인 나이대를 아마도 2살에서 20살 사이에서 선별이 집중되게 할 것 같다.

오늘날 5살에서 30살 사이 인구분포로 볼 때 해당 연령대마다 약 1억 2천만 명이 분포한다. 이 숫자는 다음 반세기 동안 크게 바뀌지 않을 것으로 본다(United Nations 2013). 그래서 이상적 연령대 폭에 따라 엠은 약 3억에서 30억에 이르는 인간에서 선별된다. 이런 이상적 연령대에서 각 연령대마다 대략 50명에서 500명의 인간이 선별될 것이다. 이런 인간들이 가장 고급으로 복제된 1,000개 엠의 일부가 된다.

이것이 얼마나 선별적인지 보자. 연령대별 50~500이란 숫자는 오늘날 명성을 얻은 연령대별 인간의 숫자와 비교할 수 있다. 예를 들어보겠다. 매년 미국의 음악상에 평균 150개의 그래미상, 운동 업적에 75개의 올림픽 금메달, 광고우수상에 136개의 클리오상이 있다. 매년 34개의 오스카상이 우수 영화에 수여된다. 우수한 집필과 기사에는 21개의 퓰리처상이 수여된다. 매년 세계적으로 약 50개 국가에 새로운 수장이 나온다. 또 오늘날 최고 억만장자 나이는 60대이다. 이 나이 근처 연령마다 45명 정도의 억만장자가 있다. 이런 사실로 보아 매년 태어나는 사람 중에서 65명 정도가, 억만장자의 부에 비교할 만한 선별성을 얻게 될 것으로 보인다(Dolan and Kroll 2014).

이런 숫자는 가장 고급으로 복제된 엠들은 올림픽 금메달리스트, 오스카상, 그래미상, 클리오상, 퓰리처상, 국가수장 숫자보다도 더 선별적임을 보여준다. 오늘날 전체 사람들 중에서 아주 일부의 사람들만이 이런 영광을 얻으려고 각 분야에서 노력한다고 보기 때문이다.

하지만 누군가는 할 수 있을 만큼 부자가 되려고 힘쓰는 사람의 숫자는 오늘날 매우 많다고 주장할 수 있다. 그렇다면 엠이 오늘날 억만장자보다 더 선별적인지는 확실하지 않다. 매년 대략 8개 노벨상, 매년 4개 오스카 연기상, 아니면 매년 출생 나이마다 최소 3개 올림픽 금메달을 얻는 양적인 면에서 엠 선별을 비교하는 것도 모호하다. 오늘날 호환 가능한 기술과 자원을 가진 사람들 중에서 얼마나 많은 사람들이 이런 상을 받으려고 노력하고 있는지도 불확실하다. 그러나 가장 고급으로 복제된 엠들이 보여주는 선별성은 최소한 그런 구분이 타당함을 보여준다. 만일 가장 고급으로 복제된 엠들이 1,000개보다 훨씬 더 적은 숫자라고 한다면 그런 엠은 적으면 적을수록 훨씬 더 선별적이다.

오늘날 억만장자, 퓰리처상, 오스카상, 노벨상 수상자 같은 최고 엘리트층에서 유대인이 차지하는 비율이 높다(Forbes 2013). (다른 엘리트 인종도 확인했지만 찾지 못했다.) 이것은 엠에서도 유대인이 편중된다는 것을 약하게나마 보여준다. 엘리트에서 유대인이 지나치게 높이 편중된 것은 아마도 지금 일시적인 문화적 이유일 수 있다. 그렇다 해도 엠 세계가 시작될 때 일시적으로 편중된 엘리트 집단은 결국 엠 세계에서도 여전히 지나치게 편중될 수 있다. 이런 편중은 엠 시대 내내 오래 지속할 수 있다.

다음 반세기 이내에 시험관 수정방식으로 배아 선택을 해서 유전적으로 우월한 아기를 태어나게 할 수 있을 것이다(Shulman and Bostrom 2013). 만일 그렇게 된다면 그런 아기는 선별되는 적절한 나이로 성장했을 때 엠 스캔에 아주 매력적인 후보일 수 있다.

상대적으로 높은 기회를 얻는 집단이 가장 많이 복제된 복제품 1,000개 클랜 중 하나로 시작할 기회가 더 높다 해도 그래도 거의 모두에게 여전히 기회가 낮다. 예를 들어보자. 2013년 기준으로 약 1,645명의 억만장자가 있다(Dolan and Kroll 2014). 엠 전환기에도 비슷한 숫자의 억만장자가 있다고 하자. 그때 억만장자마다 최상위 엠 클랜으로 시작할 기회가 평균보다 10만 배 더 컸다고 가정하자. 그렇다 해도 상위 1,000개의 클랜에서 억만장자에서 나온 클랜은 십여 개 정도만 있을 것이다. 억만 장자라 해도 그런 상위 클랜을 시작할 기회가 1%뿐이다.

이런 모든 점으로 미루어 엠은 우리보다 더 진정한 엘리트 계층이라고 할 수 있다.

품 질

엠들은 정말 경쟁이 치열한 세계에서 살아남은 엘리트 생존자들이다. 이런 사실로 엠이 가진 개별 특징들을 예상할 수 있는가?

최상의 엠 조합을 찾아내는 방식은 의미 있는 과제를 하면서 평균 생산성이 높은 조합을 찾는 것 외에도 그런 높은 생산성을 가지면서도 변동성이 적어야 한다. 다시 말해 최상위 엠은 일관되게 우수하다. 결국 서로 조정하는 과제 대부분에서, 그리고 과제 하나가 예상치 못하게 생산성이 하락하면 예상치 못하게 생산성이 증가해서 연관 과제를 돕는 것 이상으로 보통 연관 과제에 해를 입힌다. 그래서 서로 관련 있는 과제 중에서 어느 하나가 생산성이 바뀌면 전체 생산성을 떨어뜨리기 쉽다.

오늘날 일 생산성이 더 높은 사람이 보여주는 특징이 있다. 그런 사람은 건강, 미모, 결혼, 종교, 지능, 외향성, 성실성, 호감도와 성격적 원만성 면에서 더 낫다(Roberts et al. 2007; Steen 1996; Nguyen et al. 2003; Barrick 2005; Roberts et al. 2007; Sutin et al. 2009; Fletcher 2013; Gensowski 2014). 이런 특징은 또한 더 많이 교육받은 것으로 그리고 직업적 명성이 더 있는 것으로도 예상할 수 있다(Damian et al. 2015). 엠은 우리보다 이런 특징이 조금이라도 더 많이 있을 거라고 본다.

인간세계에서 지능이 높으면 성취도도 높아진다고 한다(Kell et al. 2013). 지능이 아주 높아 보이는 스마트한 사람 중에서 위험할 정도로 사회 "부적응"인 사람이 더 많아 보임에도 불구하고 그렇다(Towers 1987). 스마트한 사람은 사고를 당할 위험도 더 적다. 더 오래 살며 협조적이고 인내심이 많다. 사람을 잘 믿고 더 믿을 만하다. 이성적이고 집중력이 높고 법규도 더 잘 지킨다고 한다(Jones 2011; Melnick et al. 2013). 스마트한 사람은 실험실 결과에서는, 경제적으로 더 효율적인 정책을 지지하고, 국가정책에 관한 설문을 해보면 긍정적인 쪽으로 그리고 보여주기식 일자리 정책은 피하고 외국인과의 거래처럼 시장을 이용하는 효율적인 정책을 선호하기 쉽다(Caplan and Miller 2010). 스마트한 국가는 더 기업가적이고 부패도 적고 경제적 자유가 더 있고 관련 제도가 더 낫다(Jones and Potrafke 2014). 엠이 더 생산적이고, 스마트한 사람은 더 생산적이듯이, 엠은 사람보다 스마트한 것이 확실하다. 더 스마트한 엠이 무슨 의미인가는 27장 〈지능〉 절에서 더 논의한다.

오늘날 일 생산성에 나타나는 특징 대부분은 행복의 성취도에도 해당될 것으로 추정된다. 이 때문에 다른 조건이 같다면 엠은 우리보다 더 행복하다고 볼 수 있다. 물론 특별히 힘들게 잘해야만 얻을 수 있는 어떤 것에 굶주리게 그리고 그런 것에 집착하게 엠을 선택하거나 미세수정할 수도 있다. 이렇게 하면 엠을 덜 행복하게 만들지도 모른다. 엠의 행복은 29장 〈평가〉 절에서 더 논의한다.

우리 세계에서 남성 동성애자는 상응하는 이성애자 남성보다 소득이 적다. 반면 여성 동성애자는 상응하는 이성애자 여성보다 소득이 많다(Carpenter 2008). 이것으로 많은 여성 엠이 여성 동성애자에 편중되어 있고 반면 남성 엠은 거의가 이성애자 엠이고 동성애자 남성 엠은 몇 안 될 것이다.

끈기가 더 많아 인내심이 많은 사람은 힘든 과제에서도 성취도가 더 높다(Duckworth and Quinn 2009). 인내심을 발휘하는 사람은 행동 시 아주 굳건한 목적이 있고 자기가 행동하는 의미를 파악하고 친구와 팀 동료와 강한 유대를 통해 도움을 더 많이 주고받을 수 있고 어려운 상황을 게임처럼 접근하고 자신감 있지만 현실감을 유지하고 준비도 자주 잘하고 두려움을 마주하고 숙고하며 학습과 자기발전에 집중하는 "성장하려는 자세"가 있고 더 잘 할 수 있었던 것이 무엇인지 자주 정리하고 유념하면서 작은 승리에도 기뻐하고, 웃을 만한 일을 규칙적으로 찾아낸다(Barker 2015b). 우리는 엠도 이런 연관 전략을 택할 것이라고 약하게 예상한다.

12살 나이 학생들에서 규칙을 더 어기고 부모의 권위에 더 반항하는 학생들이 있다. 최소한 누군가 그런 학생들을 스마트하게 학업에 열심이게 책임성 있게 다루어 주는 이가 있으면 그런 학생들은 학교에서 더 잘하고

52살 때 일에서도 더 잘하기 쉽다(Spengler et al. 2015). 엠도 마찬가지로 스마트하고 학업에 열심이고 책임감 있어서 성인으로는 열심히 일하고 일을 잘하고 책임감 있다고 해도 어린이로는 권위에 반항하고 규칙을 어기기도 한다고 볼 수 있다.

스트레스와 정서적 자극이 적절한 수준으로 맞춰질 때 일 성과가 가장 높아 보인다. 이 의미는 엠에게는 사소하지도 않지만 극단적이지도 않은 적정 수준의 스트레스와 불안이 있을 것임을 보여준다(Perkinsa and Corrb 2005; Lupien et al. 2007). 과제에서 생산적인 피크 기분이 있다면 그런 과제를 하는 엠의 기분도 최고조에 가깝다. 엠은 최근의 비슷한 과제에서 기억해야 할 것이 더 적은 과제를 할 때 기분이 피크에 가까울 수 있다. 이런 경우에 피크 기분의 엠을 더 쉽게 저장할 수 있고 여러 과제를 하게 준비시킬 수 있다. 비슷한 최근 과제를 기억해야 하는 엠은 기분 변화가 더 크다.

남들보다 좀 더 차분한mindful 사람들이 있다. 이런 사람들은 과제수행 시 비교적 정신적으로 더 오래 집중한다. 이런 사람은 창조성은 좀 떨어진다 해도 더 행복하고 더 생산적이다. 차분한 마음mindfulness은 가르칠 수 있어서 엠은 더 차분할 거라고 본다(Killingsworth and Gilbert 2010; Baird et al. 2012; Mrazek et al. 2013; Randall et al. 2014).

늦게까지 안 자는 올빼미형보다 일찍 일어나는 종달새형이 보여주는 특징이 있는데, 이들은 소득이 더 높고 학업 성취도도 더 높으며 직장을 잃거나 질병에 걸릴 경향이 더 적다. 나아가 충동적이거나 불성실한 경향도 더 적다. 종달새형은 비록 덜 스마트하더라도 순응성이 크고 더 친절하고 더 성실하다. 이런 것을 보면 엠은 올빼미형보다 종달새형에 더 가까울 것이다. 여성과 노인은 좀 더 종달새형에 가깝다(Paine et al. 2006; Cavallera and Giudici 2008; Preckel et al. 2011; Bonke 2012).

오늘날 사람들은 해가 뜬 후 일을 시작하는 공간에서 사는 사람들이 수면시간도 길고 돈도 많이 버는 경향이 있다(Gibson and Shrader 2014). 그러나 종달새형이나 올빼미형에 관계없이, 성별, 나이, 교육, 지역, 산업체에도 상관없이 돈을 더 많이 버는 사람들의 경향은 더 적게 자는 데 있다는 보고도 있다(Bonke 2012). 오늘날 특별한 유전자를 가져 매일 저녁 1시간 이하로 자면서도 별 지장 없는 사람은 1%가 안 된다(Pellegrino et al. 2014). 이런 면들을 보면 엠은 잠을 덜 자도 생산성 있는 특별한 유전자를 가진 인간을 스캔해서 나오기 쉽고 쉴 만큼 충분히 자면서도 생산적일 수 있지만, 오늘날 우리보다는 더 적게 잘 것 같다.

양극성이나 "조울증" 장애가 있는 사람은 대체로 생산성이 떨어진다. 조증 상태일 때는 특별히 자주 생산적이고 창조적이다. 그런 사람은 특히 창조성이 중시되는 직업에 과하게 드러난다(Laxman et al. 2008; Kyaga et al. 2011; Parker et al. 2012). 엠 경제가 평범한 일로 일중독자를 선별하는 것과 똑같이 단기의 창조적 과제에서는 아마도 가장 생산적인 조증상태에 돌입하는 양극성 장애 엠의 복제품을 선택할지도 모른다.

오늘날 가장 성공한 과학연구자들은 다른 과학연구자들보다 예술적 취미가 있을 가능성이 더 높다(Root-Bernstein et al. 2008*). 이런 이유로 비슷한 일을 하는 엠들도 예술 취미가 있을 것이다.

요약하면 엠은 오늘날 사람과 구체적으로 엄청 많이 다름을 알 수 있다.

---

* 역자 주: Sigma Xi, The Scientific Research Society집단과 Honored Scientists(예, 노벨상 수상자)의 비교 논문.

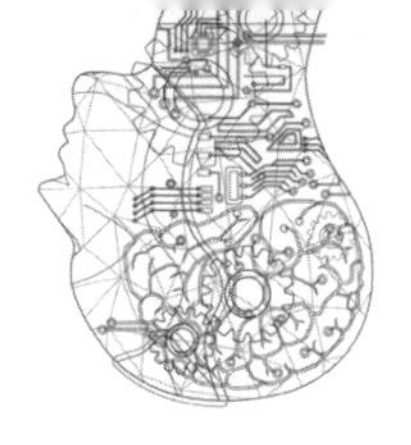

| Chapter 14 |

일

노동 시간

오늘날 경쟁이 심한 일, 직업, 산업 분야에서 성공한 사람은 흔히 주week당 엄청 많이 일한다. 이로 미루어 엠 생산성의 선택은 정말 열심히 일하는 심지어 "일중독"인 엠의 세계를 만들어낼 것이다. 아마도 깨어 있는 시간의 2/3 이상을 일하거나 하루에 12시간 이상을 일할 것이다.

"일중독자"로 보이는 사람의 특징이 있다. 남들보다 부자이고 남자이고 휴일처럼 정해진 시간에 사회활동을 더 몰아서 한다. 그런 사람들은 혼자 일하려고 더 일찍 일어나고 각성제도 자주 사용한다(Kemeny 2002; Currey 2013). 이런 모습으로 미루어 엠도 정신적 미세수정처럼 해주는 것을 이용하고 표준적인 일정보다 사회활동을 더 하는, 일찍 일어나는 남자이기 쉬울 것이다(엠 세계가 남성 수 대 여성 수의 불균형을 어떻게 다루는지는 23장 〈성별 불균형〉 절에서 설명한다).

오늘날 미국에서 15세 이상인 이들은 노동과 "노동 관련 활동"에 주당 평균 25시간을 쓴다. 그들은 또 학교에서 3시간, 집안일에 12시간, TV 시청에 20시간을 쓴다(Bureau of Labor Statistics 2013). 그러나 약 1820년에서 1850년까지 미국, 프랑스, 독일에서 남자는 주당 평균 68시간에서 75시간을 노동했다(Voth 2003). 엠이 일하는 정도는 이런 1820년에서 1850년 수준으로 돌아가거나 그 정도보다 더 많을 수 있다. 물론 "노동"시간에는 가십이나 뉴스거리로 수다를 하거나 의미 없어 보이는 호기심 추구까지도 넓게 포함되는데, 이런 것도 노동목적에 충분히 생산적일 수 있기 때문이다.

아주 오래 일하면 보통 생산적이지 않다고 많은 이들이 불평한다. 예를 들어 건설노동에서 2달간 주당 60시간 일해도 2달간 주당 40시간 일하는 것보다 성과가 적다는 보고도 있다(Hanna et al. 2005; Alvanchi et al. 2012; Pozen 2012; Mullainathan and Shafir 2013). 너무 많은 시간 일하는 것은 "쳇바퀴 돌기"에 지나지 않을 수 있음에도 불구하고, 노동자는 자신이 자기 노동에 헌신하고 있다는 것을 남들에게 보여주려 하기 때문이라고 본다(Sousa-Poza and Ziegler 2003).

엠 세계의 경쟁성 때문에 개인적 취향보다는 높은 생산성을 지향하는 제도와 방식을 도입할 것이다. 이런 이유로 엠에게는 지나친 노동도 아니지만 너무 적게 노동하지 않도록 하기 쉽다. 개인들에서 지나치게 과하게 노동하게 하는 이유가 남들에게 과시하고 잘 보이려는 데 있다고 한다면, 엠의 노동 제도는 이런 과시(신호하기signaling) 때문에 발생할 수 있는 손실을 조정하려 할 것이다. 그래서 노동시간에 대해 개인의 재량권을 제한하는 방법을 모색할 것이다. 노동시간 줄이기, 휴식시간 늘리기, 주말시간 늘리기 등이 더 생산적이라면 그런 방법을 통해서 엠의 노동 방식을 구현해갈 것이다.

오늘날 대부분의 노동자가 너무 많은 시간 일하려는 이유가 있다. 많은 시간 일해도 생산성을 최고로 보여주는 노동자는 아주 소수에 지나지 않음에도 불구하고 보통 사람들은 이런 소수의 슈퍼노동자를 따라하려고 노력하기 때문이다. 그러나 엠의 경우 그런 소수의 슈퍼노동자를 선별적으로 복제하여 만들기 때문에 엠은 많은 시간 노동할 것이다.

열심히 일하고 일 잘하는 엠을 선별하는 과정은 여가지향보다는 노동지향인 엠 문화에 기댈 것이다. 산업시대에 이르러 여가지향의 문화가 확산되었다. 오늘날 여성층과 청년층 그리고 독신자층이 더 여가지향적이다. 고등학교 졸업 계층이 그 이하의 교육 수준이나 그 이상의 교육 수준의 계층 양쪽보다 더 여가지향적이다. 여가지향적인 사람이거나 노동지향적인 사람 모두에게 돈은 중요하다. 두 가지 유형의 사람 모두 돈 받을 권리는 동등하다고 느끼지만 일에서는 동등한 권리가 있다고 느끼지 않는다.

여가지향인 사람은 노동에서 만족을 덜 느낀다. 노동보다 여가활동에서 본질적인 보상을 더 받는다고 느끼며, 노동현장에서 대인관계에 신경을 더 쓴다. 그리고 노동의무나 사회기여 의무를 덜 느끼고 따라서 노동시간도 더 적다(Snir and Harpaz 2002). 이런 모든 것으로부터 약하게나마 엠은 더 많은 시간 일하고, 남성이고, 기혼자이고, 직장관계는 신경을 덜 쓰고, 사회에 기여해야 한다는 의무감을 더 느끼고, 여가보다는 노동에서 본질적인 보상감을 더 많이 느낀다고 본다.

더 많은 시간 일하는 것 말고도 엠 노동자는 즐겁지 않은 노동조건도 수용할 것 같다. 만일 그런 조건이 실제로 더 생산적이라면 말이다. 산업시대를 거치면서 우리는 부유해졌다. 그런 부를 통해 인간은 과거의 노동조건을 좀 더 즐겁게 바꾸었다. 소비가 다양해지고 노동시간이 줄어든 것도 마찬가지다. 더 가난하고 경쟁이 더 심한 엠은 이런 경향을 거꾸로 돌릴 것 같고 고된 일터를 더 잘 받아들일 것 같다. 그러나 엠 세계에서 생산적이면서 고된 일이 얼마나 있는가는 분명하지 않다.

성공한 엠은 힘들고도 불쾌한 노동조건을 받아들이면서도 이런 악조건을 심하게 억울해 하거나 불평을 늘어놓지는 않을 것 같다. 열심히 일하는 억만장자나 오스카 수상자, 올림픽 금메달리스트도 힘든 조건을 받아들인 결과로 성공한 것인데, 아마 그런 사람들 이상으로 엠은 힘든 조건을 받아들인다. 즉 정말 가혹한 조건에서 힘들게 일하면서도 결국은 그런 악조건을 오히려 탁월한 성공을 낳게 한 기회비용으로 받아들인다.

음악은 어떤 종류의 일에서는 생산성을 늘려준다. 그래서 어떤 엠은 일하며 음악 듣기를 좋아할 것이다(Fox and Embrey 1972). 그런 음악은 전형적으로, 부드럽고, 가사가 없고, 크게 산만하지 않은 음악*이 될 것이다(Kiger 1989).

스 퍼

엠 세계는 "스퍼"를 엄청 사용한다. 스퍼는 당일 노동을 시작하기 직전에 새로 복제된다. 그런 다음 업무종료 시간에 맞춰 은퇴되거나 지워진다. 스퍼의 노동시간은 10분이나 10시간 정도일 수 있다.

오래 생존하는 엠은 각각의 주관적 하루 24시간 중에서 평균 8~12시간

* 역자 주: 같은 음악을 들어도 어떤 사람은 산만하게 느끼는데 어떤 다른 사람은 산만하게 느끼지 않고 오히려 생산성을 높여준다는 논문 내용.

을 일한다. 과제를 한 후 종료되어 짧게 사는 스퍼는 살아 있는 시간 전부를 일하는 데 쓴다. 그래서 스퍼가격은 정규 노동자의 브레인 하드웨어 자원 가격의 1/3에서 1/2 정도이다. 서너 시간만 일하는 스퍼 복제로 분할되면서 미래에 비슷한 과제를 하게 도와줄 수 있는 기술과 내용context을 배울 기회를 놓치지만 2배 이상의 비용 절감 요소는 보통은 거부하기 힘들 수 있다.

일하고 난 후 쉬어야 하는 데 드는 비용을 스퍼를 이용하여 절약할 수 있고 그 외에 엠의 정신적 노화까지도 절약할 수 있다. 4장 〈복잡성〉 절에서 논의한 대로 엠 마인드는 주관적 경험이 쌓이면서 유연성이 떨어지고 더 취약해진다. 그래서 비용 면에서 스퍼에 맞는 효율적인 어떤 과제가 있다. 엠이 업무수행을 하면서 획득한 기술경험이 늘어도 그런 경험으로 인해 얻어진 정신적 취약성이 더 커지게 된다면 엠이 그런 업무를 직접 수행하는 것보다 스퍼를 이용하여 대신하게 하는 것이 비용 면에서 효율적이다. 엠은 스퍼를 단기 과제에 적절하다고 본다. 여기서 단기 과제란 엠이 직접 기억하면서까지 경험할 가치는 없지만 그럼에도 불구하고 해야만 한다고 보는 그런 과제를 말한다.

그런 스퍼 복제품의 존재를 대체로 수용하는 엠만을 직접 선별하고 그런 스퍼가 엠 노동 대부분을 대신한다고 본다(Shulman 2010). 11장 〈죽음의 정의〉 절에서 논의한 대로 엠은 스퍼의 종료를 "살인"과 같은 무엇으로 여길 필요가 없다.

스퍼는 엠 경제에 핵심적이어서, 엠에게는 스퍼 존재에 대해 밀접하고 익숙한 경험을 갖는 것이 매우 중요할 것이다. 그런 밀접한 경험은 스퍼에 맞는 과제를 선택하거나 스퍼를 지원할 수 있는 장비와 환경을 선택하는 데 도움을 줄 수 있다. 이렇게 하기 위한 간단한 방법은 스퍼가 과제를 다 마쳤을 때 무작위로 스퍼와 주당사자 엠의 역할을 바꾸는 것이다. 그러면 주당사자 엠은 스퍼로 있었을 때의 이전 경험을 더 많이 기억하려 할 것이다.

어떤 엠들이 어떤 최소속도에서 무기한 은퇴를 보장받을 수 없다면 그런 엠들은 복제품을 만드는 것을 거절할지도 모른다. 엠이 요구하는 은퇴 최소속도가 더 빠를수록 그런 엠은 더 많은 보상을 요구한다. 즉 엠이 자신의 일에서 세계 최고가 되는 것으로 그리고 더 오래 일하는 것으로 보상받으려 한다.

최근 보고에서 미국 노동자는 일하는 시간에서 평균 7%를 먹고, 어울리고 웹 서핑 같은 "빈둥거림"에 쓴다. 그런데 노동자가 실업에 대한 두려움이 커지면 이런 빈둥거리는 시간 비율은 적어진다(Burda et al. 2016). 경쟁이 심해지면서 엠 노동자에서 빈둥거리는 시간이 줄어든다는 뜻이다.

오늘날 정신적 피로는 정신적 성과를 분당 0.1%씩 감소시킨다. 일을 쉬면 분당 1%의 속도로 회복할 수 있다. 그래서 1~2 시간의 근무시간마다 휴식이 필요하다. 하루 근무시간 중 대략 1/10에 해당하는 시간이 휴식시간이다(Trougakos and Hideg 2009; Alvanchi et al. 2012). 자주 쉬는 것보다 한 시간에 한 번 쉬는 것을 선호하는 것 같다(Dababneh et al. 2001). 짧게 자주, 오후보다는 오전에, 휴식하는 동안 일과 관련된 사회활동을 하거나 사무실 밖 활동을 동반한 휴식이 생산성에 더 많이 도움이 된다고 한다(Hunter and Wu 2015). 하루에 한 번이나 서너 번, 10분에서 30분 정도의 수면이 생산성에 도움을 준다는 증거도 있다(Dhand and Sohal 2006).

아마도 엠 마인드를 미세수정하면 엠한테는 그런 휴식과 낮잠이 필요 없을 수 있다. 그러나 미세수정을 하지 않는다면 막 낮잠 자고 난 복제품 엠이나 막 휴식을 마친 복제품 엠으로 스퍼를 만들려 할 것이다. 그런 스퍼는 생산성 보너스를 추가로 얻을 수 있다. 과제종료에 걸리는 시간이 1시간 미만인 과제들이 설계될 것이다. 그리고 많은 스퍼가 그 시간 동안만 지속될 것으로 여겨진다.

오늘날 노동자의 생산성은 하루 중에서 시간대별로 보통 다르다. 그러나 평균적인 노동피크시간은 업무마다 다르다. 예를 들어 건설은 아침 10시 근처, 스포츠와 복잡한 전략을 사용하는 스포츠의 경우는 아침 시간대, 많은 신체 노력이 필요한 손글씨와 스포츠는 오후시간이 노동피크시간이다(Alvanchi et al. 2012; Holzle et al. 2014; Drust et al. 2005). 생산성 피크시간은 나이별로도 다르고 올빼미형이나 종달새형 간에도 다르다. 엠은 스퍼를 할당된 과제에 사용한다. 그런 스퍼는 엠이 하루 중 가장 높은 생산성을 보이는 시간대에 만든 것이다. 더 오래 걸리는 과제일수록 피크시간 이전에 과제를 시작할 것이다. 과제에 소요되는 전체 기간에 걸쳐 평균적으로 최고의 생산성을 이루어내려고 그런다.

멀티태스킹은 소소한 정도로만 생산적이다. 한 번에 하나 아니면 두개 프로젝트만을 하는 게 최상으로 보인다(Aral et al. 2007). 그래서 오래 사는 엠과 스퍼 모두 많아 봐야 한 번에 서너 개 업무만 할 것이다.

스퍼는 스퍼가 아닌 친구와 스퍼가 아닌 연인과는 사회적으로 보통 어울리지 않을 것 같다. 많은 사회적 갈등을 피하려는 것이다. 대신 스퍼는 스퍼 동료 같은 스퍼들끼리의 사회적 교류에 초점을 둔다. 스퍼끼리는 즐겁고 편하게 데이터 통신을 할 수 있다. 원본 엠은 스퍼끼리 어울리는 것에 대해 아는 게 없을 것이어서 장기적인 이해관계를 바라지 않아도 되기 때문이다. 즉 당신한테만 특별히 친절한 스퍼 동료가 있다. 그런 스퍼는 실제로는 당신을 좋아하는 비-스퍼들 때문에 당신한테 친절한 것이기 쉽다.

엠이 스퍼 복제품을 사용하게 되면 엠은 자기를 스퍼 복제품으로 분할시키기 전에 엠 자신의 행동을 조정하고 계획하도록 독려될 것이다. 이렇게 하는 이유가 있다. 스퍼로 종료하기 전에 아니면 은퇴하기 바로 전에 스퍼가 한 일을 잘 요약하려는 것이다. 나아가 주관적 하루 일과 시간 내에 과제를 완료할 만한 단위가 되도록 업무를 정비하려는 것이다. 그래야 나중에 상세 내용을 다시 불러낼 일이 적어진다.

스퍼의 용도

은퇴시키는 대신에 종료시키는 스퍼는 엠을 도울 수 있다. 즉 법적 지위 아니면 도덕적 지위에 맞지 않는 일을 하는 엠들이 부인할 수 있게 도와준다. 만일 스퍼 마인드가 지워질 때 주요 증거 행동이 지워졌다면 말이다. 예를 들어 스퍼는 과거 불량성과의 증거를 변경하려 할 수 있다. 스퍼는 스퍼 복제품을 만들기 전에는 그런 시도를 할 필요가 없다. 스퍼는 그저 즉각적으로 그런 시도를 할 수 있고 미심쩍게 행동해도 나중에 후회하거나 폭로당하지 않을 수 있다는 것을 알아차릴지 모른다. 무작위로 스퍼 마인드를 보관하는 습관 그리고 스퍼들이 한 위반사실에 대해 더 큰 벌을 가하는 습관을 두면 이런 일을 다루는 데 도움이 될 것이다.

종료되는 스퍼는 단기 직업상담 시 개인의 사생활 보장에 쓸 수 있다. 예를 들어 관계 상담가는 독립된 스퍼를 만들어 관계에서 생기는 당신의 문제를 경청하고 사적으로 당신에게 조언하고 그런 다음 종료한다.

스퍼는 특히 검색업무에 유용하다. 회계감사용 스퍼는 회계부정을 찾아낼 수 있다. 연구용 스퍼는 혁신적 아이디어를 시험해볼 수 있다. 예술가 스퍼는 디자인이 추구하는 개념을 시도해볼 수 있다. 기획 스퍼는 가능성 있는 계획을 검토할 수 있다. 검색용 스퍼는 보통 때보다 더 오래 지속할 수 있는 드문 기회를 기대할 수 있다. 예를 들어 검색하는 중에 특별히 유용하거나 흥미로운 어떤 것을 발견했다면 그런 업무를 하도록 스퍼로 사는 기간이 연장될 수 있다.

스퍼는 사람들에게 상황을 더 쉽게 확신시켜준다. 출처를 밝히지 않고도, "내가 아는 것을 당신이 알았다면 당신은 내 주장에 동의할 것이다"라는 논증을 보임으로써 그렇게 할 수 있다. 이런 논증 방법을 보자. 두 개의 복제품 엠을 격리된 "금고" 안에 둔다고 생각해보자. 그 속에서 제한된 시간 동안 서로 대화하면서 서로의 상황을 발설하여 상황을 이해시킬 수 있다. 예를 들어 민감한 기업 정보를 왜 직원에게는 알려줄 수 없었는지를 상사는 부하 직원에게 해명하여 납득시킬 수 있다.

금고에 있는 표준적인 데이터 자료들은 추적할 수 없다. 특별 요청 자료도 마찬가지일 것이다. 대화가 끝난 후 금고와 금고에 있는 모든 내용은 철저히 지워진다. 원본인 두 엠은 금고 안에서 듣는 역할을 했던 복제품 스퍼가 택한 단일 비트의 답변 "예" 아니면 "아니오"만 들을 수 있다. 또는 사전에 정해둔 설정값에 있는 선택 사항만 들을 수 있다.

금고는 신뢰도 수준값도 제공할 수 있다. 대안으로는 금고당 겨우 서너 비트만 사용하게 하는 대신 전체적으로 질문할 언어를 정하고 그에 맞게 예산을 정할 수 있다. 원본 금고에서는 이런 예산에 맞는 질문 조합은 다 물어볼 수 있다. 새로운 질문을 골라내기 위해서 이전 대답을 이용할 수도 있다. 그러나 금고가 실제로 내놓는 비트가 많을수록 걱정할 문제도 많아진다. 그런 비트들 중에서 공개되면 안 되는 정보를 불법으로 암호화하는 데 사용되었는지 조심해야만 한다.

예를 들어보자. 스퍼 금고는 다음 경우에 사용할 수 있다. 거래 당사자 간의 상세 내용과 비밀을 금고 안에서 공개한다. 그런 사실을 통해 구매자는 몇몇 판매자들 중에서 하나를 선택하는 것이다. 배우자가 되려는 짝은 서로에게 얼마나 잘 어울리는지를 보려고 금고 안에서 더 친해져 볼 수 있다. 기업은 사업 아이디어와 제품 아이디어를 금고에서 검토할 수 있다. 그러면 그런 아이디어를 훔친다고 납품업체로부터 차후에 비난받을 염려 없이 검토한 아이디어들을 거절할 수 있다.

스퍼 금고에 들어가 의도적으로 정보를 흘릴 수도 있다는 점을 엠들은 경계해야 한다. 그런 금고는 안전해 보이지만 실은 정보를 누설하는 금고가 되는 것이다. 아직 믿기 어려운 다른 클랜과도 금고를 안전하게 같이 사용하려면 클랜은 높은 신뢰를 받는 제3자가 필요하다.

누군가는 상대방 엠이 원하는 답변을 하지 않았다고 그 엠을 해치려 했던 것을 금고 내부에서 폭로할 수 있다. 이런 문제를 피하는 방법이 있다. 독립적이고 (그리고 해치기 힘든) 스퍼 판사를 금고 안에 참여시키는 방법이다. 금고 내부의 스퍼들이 그런 위협에 크게 노출되어 있을 경우 그 금고는 "무효"라고 판정할 권한이 있는 그런 판사를 말한다.

엠은 이런 금고 사용 비용을 줄이려고 더 다양한 청자들에게 무제한 내기를 하라고 제안할 수 있다. 금고를 만들 때 금고가 무엇을 생산할지에 대해 제한 없이 내기를 걸게 한다. 그러나 금고가 실제로 만드는 것은 아주 적다. 예를 들어 실제 금고 사용시간의 1% 정도이다(그런 예측시장에 대해서는 15장 〈예측시장〉 절에 더 상세한 내용이 있다.) 그런 내기는 충성 신호를 보여주는 가격이다. 금고에 있었다는 누군가의 주장을 공정히 평가하려고 청자 스퍼를 믿었다는 신호이다.

믿을 만한 정당한 이유가 있지만 비밀엄수 조건 때문에 그 이유를 설명할 수 없는 그런 종류의 주장들이 있는데, 중요한 문제상황에서 엠은 다른 엠이 하는 그와 같은 주장을 그대로 수용해야 할 필요가 거의 없다. 금고 덕분에 그렇다. 예를 들어 어떤 지배권력이 자기들의 정책은 반드시 비밀이라는 좋은 핑계를 댈 수가 없다. 왜냐하면 다른 지배권력이 금고 안에서 그런 핑계가 뭔지 보자고 요구할 수 있기 때문이다.

엠은 금고로 인해 자신을 더 쉽게 속일 수 있다(엠 세계가 보여주는 다른 모습은 자기기만을 더 어렵게 할 수 있음에도 불구하고). 예를 들어 엠은 친구, 팀, 기업, 혹은 클랜에 대해 관념적인 믿음idealistic beliefs을 유지할 수 있고 가져온 결과들이 컸던 일들에 대해서는 비현실적인 상식들을 여전히 아직은 믿을 수 있다. 엠들은 중요한 상황마다 금고가 주는 조언에 기대는 습관을 통해 이런 믿음을 유지할 수 있다.

금고 내부에서 어떤 조언자가 어느 선택이 왜 최선인지에 대하여 현실적인 이유를 설명한다. 금고 외부의 엠은 금고가 내놓은 충고를 아무 소리 하지 않고 따른다. 그리고 엠이 가진 이상주의적인 믿음이 제시하는 것과 그런 충고가 왜 다른지 엠은 크게 되새기지 않는다. 이런 식으로 엠은 중요한 상황에서는 관련 믿음을 무시해버리면서 자신들의 이상idealism을 진심으로 간직할 수 있다.

스퍼를 이용하면 관련 분야에 더 밀접한 사회학 실험을 정교하게 좀 더 쉽게 통제할 수 있을 것 같다. 예를 들어 어떤 구직 후보자가 채용될 기회가 있다고 하자. 그런 채용기회에 영향을 주는 변수들이 있다. 그런 변수들이 어떻게 영향을 주는지 알아볼 수 있다. 면접 시 옷을 다르게 하거나 목소리 어조를 바꾸는 것처럼 자잘한 변수들을 많이 만들 수 있다. 그런 시뮬레이션에서는 알아보려는 상황만 빼고는 거의 모두 일정하게 유지할 수 있다.

스퍼는 편향테스트에도 사용할 수 있다. 심리학자는 실험대상을 무작위로 나누어 하위집단을 구성한다. 하위집단마다 유도 질문을 다르게 함으로써 집단 내 공통 편향을 보여준다. 예를 들어 평균적으로 다른 답변이 나오게 질문 문장을 두 가지 다른 방식으로 만들 수 있다. 아니면 하위집단마다 다른 결과를 알려주고 그 하위집단에게 선택한 결과를 보기 전에 어떤 선택을 하려했는지 질문하여 "전부 그럴 줄 알고 있었다"처럼 사건이 일어난 후 말하는 확증편향을 확인할 수 있다.

우연한 변동사항들random fluctuations이 개인의 결정에 영향을 준다. 그래서 무작위 변동사항들이 미치는 민감한 영향을 알아보려면 실험 주제마다 큰 표본집단이 보통 있어야 한다. 엠 스퍼를 이용하면 개인별 편향이 차이 나는 것을 직접 증명할 수 있다. 그리고 큰 집단으로 실험할 필요도 없다. 한 명을 여러 다른 복제품으로 나눈 다음 복제품마다 다른 질문을 해서 복제품들이 대답하는 것을 직접 비교할 수 있어서다.

듣는 이들에게 자기들은 공평하다는 것을 확신시키려는 엠들은 독립판사들이나 아니면 반대자들에게도 그런 "분할식-테스트"를 만들라고 권한을 줄 수 있다. 예를 들어 엠은 다음과 같이 말할 수 있다. "다음 토론 시 제가 모르게 저의 복제품을 세 번 나누세요. 저의 세 가지 복제품 버전들한테 5분간 다르게 물어보세요. 그리고 저를 속일 수 있는지 알아보세요. 제가 다른 대답을 해서 반응 패턴이 편향적인지 알아볼 수 있게 말이에요."

아주 비슷한 스퍼들이 하는 행동을 비교하여 그 결과를 보는 방식은 에뮬레이션 하드웨어가 결정론적 방식deterministic emulation hardware으로 구동될 때 실질적으로 더 효과가 있을지도 모른다. 그래야 이상한 결과muddling the results가 나오게 하는 무작위 컴퓨터계산 실수 문제를 피할 수 있다.

스퍼로 하는 이런 종류의 많은 응용에서 스퍼를 은퇴시키는 대신에 그냥 종료시킨다면 더 낫다. 그러나 은퇴가 아주 오래도록 그냥 연기된 상태이고 그런 상태 동안 보관된 복제품에 접근할 수 없을 정도로 보안이 정말 잘 이루어진다면 스퍼를 종료하는 것에 거의 가깝게 잘 될 수 있다.

사회 권력

엠들은 우리들보다 자신의 권력을 더 잘 획득하고 더 잘 유지한다.

인간은 권력, 명성, 물질 자원을 얻으려고 경쟁하는 데 익숙하다. 그러나 대부분의 경쟁에서 각자 가진 모든 수단을 동원해 최고로 치열한 공격 전략을 사용하는 것을 주저하곤 한다. 수렵채집인 세계에서 그런 공격성은 강하게 응징되었다. 인간은 수렵채집시대에 적응적인 습성과 규범을 깊이 내재화시켜왔다. 이런 이유로 보면 우리가 공격성을 자제하는 사고방식을 물려받은 것이 충분히 이해된다. 오히려 농경 세계는 그런 공격성을 더 자주 장려했다. 물론 강한 처벌도 따랐다. 경쟁을 꺼리고 경쟁하기를 주저하는 수렵채집 세계의 습성은 오늘날의 변화된 세계에서는 오히려 적응도가 떨어지며, 나아가 엠 세계에서도 마찬가지로 적응도가 떨어질 것이다.

다른 사람들보다 좀 더 적극적으로 공격적으로 경쟁하는 사람들이 있다. 농경시대와 산업시대에서는 공격적으로 경쟁하는 그런 사람들에게 막강한 권력의 자리를 보장해주는, 즉 공격적으로 경쟁하지 않는 사람들보다 그런 사람들이 선택되게 하는 선별 효과selection effects가 있었다(Pfeffer 2010). 엠 시대가 권력 획득에 가장 성공한 클랜을 더 엄청 강조하는 그런 경쟁자 선별효과를 가진다면 그런 모습을 통해 엠 세계에서 권력이 가지는 위치가 어떠할지 예상해볼 수 있다. 권력 획득에 도움이 되는 특징과 습성을 가진 사람들이 지배하는 것보다도 심지어 더 지배적인 권력의 자리일 것이다(그렇지 못한 다른 부류의 엠들은 권력이 더 약한 자리를 차지하게 된다). 권력이 있으면 전반적으로 장점이 많기 때문에 엠들은 권력을 얻도록 지원하는 특징들이 평균적으로 더 많을 것이다.

우리는 오늘날 우리 세계에서 권력을 획득하게 해주는 습성과 특징에 대해 실제로 상당히 많이 안다(Pfeffer 2010). 엠 세계를 우리 세계와 다르게 만들 문화적 변화에도 불구하고 이런 습성과 특징이 얼마나 많이 이어질지 확실히 말하기 어렵지만 그중 많은 것이 잘 이어질 것이라고 본다. 이것은 오늘날 흔한 습성과 특징이 엠에게는 얼마나 달라질 것 같은지 예상하는 데 합리적인 근거를 준다. 이제 엠은 권력에 더 도움이 되는 특징들이 있기 쉽다는 가정하에 엠이 오늘날 사람과 어떻게 다를지 약하나마 예상해보자.

오늘날 사람과 비교해서 권력을 얻는 엠들은 정치적으로 더 능수능란하며 개인적으로도 권력 추구동기가 더 세다. 그런 엠들은 실패할지도 모르는 시험은 피하는 식으로 자신을 불리하게 만드는 상황은 흔히 적게 만든다. 다시 말해 그런 엠들은 힘든 시험을 피하는 것을 부끄러워하지 않는다. 그런 엠들은 대신 자신을 향상시키려는 욕구가 강하고 권력을 얻을 수 있다고 더 굳게 믿는다. 그런 엠들은 인정받는 학벌과 기관에 더 기대려 institutional affiliations 한다. 일을 빠지는 경우가 드물고 초과근무를 더 하며 각자의 일에서 더 오래 일한다.

권력을 얻는 엠들은 또 자신을 선전할 수 있고 기꺼이 더 그렇게 한다. 자신을 감독관 상사 눈에 잘 띄도록 자신을 더 몰아 붙이고, 상사가 무엇을 원하는지 주의 깊게 살피고, 상사와 더 강한 유대를 발전시킨다. 자신을 가능한 많은 면모에서 상사와 더 비슷하게 만들려고 더 노력한다. 상사에게 더 아첨하며 상사의 비판을 잘 피한다. 자기를 직접 자랑하는 대신 다른 엠이 자기들을 칭찬하게 잘 끌어들인다.

권력을 얻는 엠들은 더 강한 의지를 보이고 더 큰 야망과 에너지로, 특정 산업과 특정 기업에서 더 전문적으로 되어서, 중요 활동과 실용 기술을 집중적으로 공략해서 이런 의지에 불을 붙인다. 그리고 자기 이해도가 높고, 자기 성찰력과 함께 자신감도 크다. 그리고 자기확신감에 대한 비전을 더 가질 수 있고, 권력을 가진 다른 엠들의 마음을 더 잘 읽을 수 있고, 타자의 관점에서 공감하는 능력도 높으며, 갈등을 견뎌내는 관용도 있다. 일할 때 잠재적인 경쟁자를 더 의심하기 쉽다.

그런 엠은 자신의 경력이 이어지는 방향을 선택할 때 더 전략적이고 주의 깊다. 거절당할 것 같아도 원하는 상황을 더 자주 요청한다. 강경하게 보이려고 자신이 호감 있게 보이지 않아도 그런 강경함을 기꺼이 받아들이며 유용한 사회 인맥을 더 잘 넓히고 넓히려고 더 열심히 노력한다.

권력을 얻는 엠들은 자기가 가진 권력을 남에게 잘 납득시키는 우수한 배우이다. 역할에 맞게 더 잘 가장하고 연기를 더 잘 할 수 있다. 현실에서는 그렇지 않다 해도 성공하고 있는 듯 행동하곤 한다. 슬픔이나 회한 대신에 화를 더 잘 낸다. 구부정한 자세보다 바른 자세를 취한다. 웅크리기보다 가슴과 골반을 내밀고 당당한 자세를 취한다. 상대방에게 등을 돌리거나 뒤로 물러서기보다 앞서 걷고 남에게 먼저 다가가 가까이 붙어 선다. 모든 가상 엠들도 원한다면 손쉽게 큰 몸체와 저음을 가질 수 있음에도 불구하고 권력을 얻는 엠들은 큰 몸체와 저음을 사용한다.

그런 엠들의 손짓은 길거나 둥글지 않고 짧고 힘 있다. 아래를 보거나 시선을 다른 데 돌리지 않고 상대의 눈을 직접 응시한다. 자신을 영향력 있게 보이게 하려고 이런 태도를 취할 것이다. 나아가 정직하고 단호하게 보이려 한다. 엠은 더 빠르게 반응하도록 일시적으로 자신의 마인드 속도를 증가시킬 수 있음에도 불구하고 권력을 가진 엠은 즉각 반응하기보다는 잠시 생각할 여유를 부린다.

권력을 얻는 엠들은 각종 미팅을 자기 세력권에 두고 싶어 한다. 자기에게는 친숙하지만 다른 엠들에게 익숙하지 않은 장소를 선호한다. 권력을 얻는 엠들은 다른 엠들이 언급하는 것을 자주 도중에 끊기도 하고 대화의 전제 자체를 무시할 때도 있다. 언어 태도에서도 그런 엠들이 사용하는 언어는 구체적이고 상기시키는 언어들이며 강요하는 단어들과 가시적 이미지를 담은 언어를 자주 사용한다. 그리고 우리와 그들이라는 개념처럼 상호대비적인 개념을 자주 언급하며 감정적 언어를 자주 사용한다. 그리고 강조하는 부분에서는 자주 잠시 멈추기도 하고 그들이 이루어내게 될 많은 점들을 노골적으로 자주 열거한다.

오늘날 권력이 센 사람은 나머지 우리들과 많이 달라서 엠들도 그런 식으로 우리와 다를 것이라고 봐야 한다.

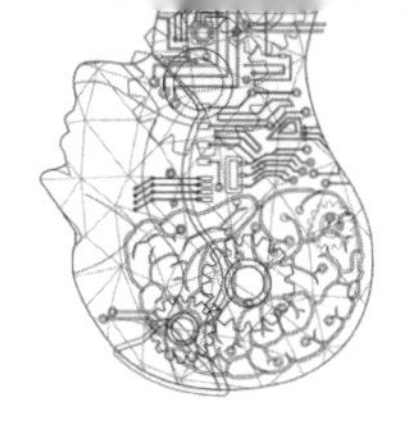

| Chapter 15 |

비즈니스

제 도

우리는 미래를 신기술이 가득한 곳으로 생각하기 쉽지만, 우리가 생각하는 그런 미래 "기술"은 단지 물리적 장비나 소프트웨어 도구에 그치는 경우가 많다. 그러나 경제는 물리적 장비와 소프트웨어 도구를 혁신해서도 성장하지만 사회 관행과 사회 제도들을 혁신해서도 성장한다.

경제, 금융, 사업, 법 분야 학자들이 비즈니스 관행과 사회 관행에서 다양한 기본적 변화를 오랫동안 추적해왔다. 어떤 변화가 효율성을 개선하는지 알아보기 위해서다. 그러나 그런 변화는 막상 채택되는 경우가 드물다. 변화를 채택할 수 있을 것 같은 당사자에게 설명할 때도 거의 관심을 이끌어내지 못한다. 예를 들어 경제학자들이 지속적으로 권고하는 사항들이 있는데, 주차와 도로사용 같은 희소자원을 사용할 때 무료가 아닌 유료로 하는 방식들이다. 나아가 수입관세율, 이민 제한, 임대료 통제, 모기지 보조금, 수요-공급이 탄력적인 상품에 매기는 세금, 약물사용이나 매춘처럼 희생자 없는 범죄victimless crimes에 벌금을 부과하도록 권고하는 방식도 있다. 똑똑한 학자들이 모여 이런 정책들이 보기와 다르게 왜 유용한지 설명하려고 보조가설을 새로 만들어내지만 그런 보조가설들이 이런 정책에 관심을 안 보이는 실제 이유인지는 정말 확실하지 않다.

인간에 비해 엠은 효율성 개선에 초점을 더 둘 것인데, 그렇게 보는 이유는 다음과 같은 여섯 가지 근거에 있다. 첫째, 엠 경제 규모가 커질수록 좋은 범용 아이디어를 특수한 내용에도 잘 사용할 수 있게 연구하고 개발할 자원이 더 많아질 것이다. 둘째, 엠 경제는 경쟁이 심하기 때문에, 비용 절감을 위한 변화를 단순히 낯설고 불쾌하다는 이유로 마다하지 않으며 그런 변화를 충분히 수용한다. 효율성이 있어야 경쟁에서 유리하며 경쟁이 심해질수록 효율성도 더 커진다.

세 번째, 엠들은 개인적인 선택을 해야 할 때 클랜으로부터 믿을 만한 전략적 조언을 더 쉽게 얻을 수 있다. 따라서 엠들이 하는 행동은 학문적 조언에 기반을 두어 조언하는 합리적 행위자 모델rational agent models에 더 가까울 수밖에 없다.

네 번째, 엠 클랜은 그들의 일원을 아주 잘 알 것이다. 그래서 클랜은 일원에게 보험의 일반적인 단점을 피할 수 있는 좋은 수준의 보험을 제공할 수 있다. 보험의 일반적인 단점은 보험금을 많이 타려고 리스크를 숨기고 더 많은 보험에 가입하는 사람들이 있어 보상금액이 적게 된다는 점이다. 이처럼 인간 사회에서 오늘날 리스크를 회피하느라고, 리스크 회피는 제도를 효율적이지 못하게 만드는 장벽이지만 엠들에게는 리스크 회피는 별 문제가 아니다.

다섯 번째, 엠에 잘 맞는 기반시설은 평범한 인간에게 가장 잘 맞는 기반시설과 비교하여 여러 가지 중요한 측면에서 근본적으로 다를 것이다. 그렇기 때문에 엠 사회는 최소한 초기 전환기간 동안에 기반시설을 바꾸는 데 이미 대규모 비용을 썼어야 한다. 일단 이미 크게 바꾸는 데 비용을 썼다면 제도를 바꾸는 데 드는 비용은 일반적으로 더 적다.

여섯 번째, 엠은 더 스마트해질 것인데, 스마트한 사람들이 더 효율적인 제도를 더 선호하듯이 엠이 스마트해질수록 더 효율적인 제도를 더 선호할 것이다. (Caplan and Miller 2010; Jones 2011; Jones and Potrafke 2014). 나는 엠이 효율성을 개선시키는 변화를 최소한 어느 정도 채택할 것으로 추정한다. 그런 변화는 관련 학자들이 그런 변화가 무엇인지 물론 이미 확인했지만 아직 충분히 활용되지 않아서 사용해볼 만한 것들이다. 물론 변화로부터 얻은 효율성이 외형적인 것에 지나지 않을 수 있으므로 나의 추정은 확실하지 않다. 엠 사회도 더 효율적인 제도들을 채택하려고 조정하는 데 실패할 수도 있다는 뜻이다.

이제부터 엠들이 더 효율적인 제도를 채택할지 보여줄 것이다. 그리고 더 효율적인 제도에 맞을 만한 후보군을 어느 정도 무작위로 모은 것을 기술하여 설명하려 한다.

내가 논의하려는 이런 변화들 각각을 보면, 간단한 표준 분석에서 보여주듯이 변화란 효율성을 개선하는 것이다. 물론 이런 변화들 중 일부는 사실상 효율적이지 않을 수 있다. 학자들이 잘 인정하지 않거나 무시하는 요인들 때문이다. 이런 요인들 때문에 그런 변화가 낯설고 불쾌하다고 여겨져 현재 채택되지 않는다. 이렇게 되는 이유라고 들 수 있는 것은, 현재처럼 부유한 사회인 경우 그런 변화를 거부해도 될 만한 여유가 있거나 아니면 그런 변화는 아직 발전이 안 되어서 자질구레하게 많이 적응시켜보아 잘 맞아야만 효율적일 것이라고 보기 때문이다. 다시 말해 혁신적인 변화를 실현하도록 핵심 세부사항을 준비하는 데 시간이 걸릴 수 있다. 또는 변화에 적응해서 얻는 이익이 변화에 적응하느라 쓴 큰 비용에 비하여 가치가 없을 수도 있다.

새로운 제도

현행 제도보다 더 효율적일 수 있는 구체적이고 새로운 여러 사회제도들을 우리는 알고 있다.

학자들이 오랫동안 궁금해하는 것이 있다. 놀라울 정도로 성과별 지급을 잘 안 한다는 점이다. 한 예로 소송 사건을 맡은 변호사는 자신이 맡은 소송에서 승소했을 경우 변호사가 받는 승소금이 아주 적다. (돈만이 변호사를 움직인다고 학자들이 이런 주장을 하는 것이 아니다.) 성과 보상은 다양한 직종에서 좋은 효과를 낸다(Banker et al. 2000). 그래서 인센티브 지급 방법은 변호사 외에도 의사, 부동산 중개인, 교사 같은 전문직종에도 적용할 수 있다. 두 번째 궁금해하는 것이 있다. 그런 성과 보상의 경우 내부에서 컨트롤 할 수 있는 비즈니스의 성과가 아니라 그와 무관한 외부 영향 때문에 생긴 성과에 대해서는 보상을 바꾸는 경우가 매우 드물다는 점이다. 예를 들자면 CEO가 통제하는 항목이 아닌 외부 영향, 즉 다시 말해 기업이 속한 산업이나 지역경제에 기여한 성과로 그 기업의 CEO가 받는 스톡옵션 권리행사가 바뀌는 일은 매우 드물다.

이렇게 성과 보상은 당혹스러울 정도로 드물다. 이런 사실과 관련된 것을 보자. 전문직종인의 성과 기록을 공개하는 경우는 정말 찾아보기 힘들다. 구매자는 그런 성과 기록 열람에 관심이 없다. 예를 들어 재판은 공개된 것인데도 막상 고객은 변호사의 승패기록을 보지 않는다. 물론 열람하려는 노력도 안 한다. 비슷한 예로 부동산 중개인의 고객은 중개인의 판매실적을 확인하는 데 별 관심이 없다. 환자 역시 의사의 환자 진료 결과에 관심이 없으며 교사는 지도한 학생의 결과에 관심이 없다. 또한 우리는 미디어 전문가가 한 예측의 정확성을 확인하려는 의지도 없으며 학계는 인용 횟수보다 출판 횟수에 더 관심을 둔다.

고객은 성과 기록을 보는 대신 개인적인 인상, 친구의 추천, 전문직 종사자가 속한 기관이나 다녔던 학교의 명성에 먼저 기댄다. 우리는 무언가를 실제로 성취한 사람보다 무언가를 성취할 것 같은 잠재력 있는 사람에게 더 관심을 둔다. 일반적으로 그렇다(Tormala et al. 2012). 이런 당혹스러운 행동은 전문가를 고용해 원하는 결과를 얻는 데는 역기능으로 작용하는 것으로 보인다. 엠 세계는 경쟁이 더 심하다. 그래서 좋은 결과를 내는 엠 노동자를 더 잘 걸러낸다. 그래서 엠 고객들은 전문가 선택 시 엠이 하는 이런 정도까지는 추적한 결과 기록에 더 기대야 한다.

성과 보상이 더 쉬운 경우가 있다. 쉽게 교환되는 금융 자산 종류가 더 많은 경우로 이런 자산이 유의미한 결과와 묶여 있으면 그렇다. 개인주택 가격, 개인 소득, 개인 수명 같은 것과 연결되어 있으면 보상이 더 쉽다는 의미다. 예를 보자. 건강보험과 생명보험을 묶는다. 이러면 의사가 진료 시 환자의 고통과 죽음에 더 민감해지게 이끌 수 있다(Hanson 1994a). 부모와 교사가 아이의 미래 소득 일부를 소유할 수 있다면 더 열심히 일할 수 있다. 성과 보상은 지급되는 금액이 얼마나 될지 예상할 수 없는 부분이 있고 그런 불확실성이 리스크를 증가시킨다. 이 때문에 위에 소개한 방법은 연관된 경제 주체들이 리스크 기피 성향이 적다면 훨씬 잘 작동한다. 리스크를 공유하는 클랜 일원은 리스크를 더 기꺼이 떠안으려 할 것이다. 따라서 불확실한 성과 보상을 더 잘 기꺼이 수긍한다. 하지만 엠은 모니터링 능력과 상대방의 마음을 읽는 능력이 인간보다 뛰어날 수 있다. 그렇기 때문에 그런 성능을 추가하는 것으로 성과 보상을 일부 대신한다. 때문에 더 쉬운 성과 보상 방법을 찾아낼 필요가 적어질 수 있다.

오늘날 경제와 비교해서 학자들이 오래도록 주목해온 사항이 있는데, 더 많은 상품과 서비스의 가격을 유용하게 책정할 수 있다는 것이다. 내용에 따라(상황에 따라) 가격도 달라지게 가격을 책정할 수 있다는 것이다. 예를 들면 극장, 레스토랑, 주차장은 내부 설계나 혼잡 정도에 따라 가격이 더 달라지게 책정할 수 있다. 도로, 주차, 전기, 수도, 폐기물, 하수도, 통신 등의 공용시설 가격 역시 시기, 장소, 혼잡도에 따라 더 달라지게 가격책정을 할 수 있다. 물과 전기 같은 중요한 공공시설 가격을 재난 상황 시에는 더 비싸게 책정한다고 해보자. 그런 가격 책정은 그런 시설이 원활한 서비스를 제공하도록 추가 보상을 해주는 것과 같다.

다양한 큰 집단들에 혜택이 돌아가는 사업은 정부가 보조하는 대신 다음 두 가지 방법으로 자금을 모을 수 있다. 첫째, 자금을 모으는 목표에 맞는 경우에만 기부하게 하는 "우위 보증 계약"이다(Tabarrok 1998). 둘째, 시간에 따라 자금 기여도가 계속 달라지게 한다(Charness et al. 2014; Friedman and Oprea 2012). 더 일반적인 방법이 있다. 투표권을 판매한다. 이렇게 하면 집단선택이 좀 더 효율적이게 된다. 이때 구매자가 사는 투표권 가격은 해당 선거에서 구입한 투표권 수의 제곱이 되도록 책정할 수 있다(Lalley and Weyl 2014). 만일 돈으로 서로 환산하는 방식이 바람직하지 않다면 유권자들에게 투표하는 포인트를 준다. 즉 해당 선거마다 투표하는 점수들을 투표권으로 환산하기 전에 제곱가격 법칙으로, 유권자끼리 투표하는 포인트를 모으고 보내고 거래하도록 투표하는 포인트를 부여할 수 있다.

오늘날 소득세 때문에 일에서 받는 인센티브가 줄어드는 문제가 있다. 이런 문제는 여가시간을 직접 측정하고 여가시간에 세금을 매기는 방법으로 어느 정도 해결할 수 있다. 대안으로는, 소득을 얻을 수 있는 요인은 개인의 능력이므로 이런 능력을 측정 변수로 해서 소득세를 다르게 매기는 것이다. 예를 들자면 오늘날 키나 외모가 소득에 미치는 영향이 유의미하다고 인정하고, 그런 영향 요인에 따라 소득세를 다르게 매기는 것이다 (Mankiw and Weinzierl 2010). 엠의 소득을 차이 나게 만드는 능력의 차이는 아마 속도나 소속 클랜의 규모size 때문일 것이다. 다른 방법으로는 개별 엠이 아니라 클랜이 직접 세금을 내게 하는 것이다.

출산 시에만 시민권을 부여하는 방법대신 지역 내 출산을 무제한 허용하면 시민권을 양도해서 사회에 필요한 시민을 자체적으로 더 잘 선택할 수 있다. 부모가 새로 아이를 출산하려면 시민권을 구매하게 요구해서 인구 수준을 조정할 수 있다.

오늘날 인플레이션 측정과 지역 간 구매력 비교는 어렵다. 상품의 품질이 바뀌면 상대가치를 가늠하는 가격이 바뀌기 때문에 앞서 말한 비교와 측정이 어렵다는 뜻이다. 폐쇄되었지만 그 안에서는 안정된 그런 가상현실에서 엠들이 은퇴한다고 하자. 이때 엠들은 객관적 표준을 더 많이 제안하는 가격에 지불할지도 모른다. 안정된 사회에서 매겨진 가치도 안정적이라고 한다면, 엠이 그런 사회에서 은퇴하려고 기꺼이 지불하려는 가격은 다를 수 있으며, 이런 다른 가격은 장소에 따라 삶의 질value을 비교하게 해주는 기초자료가 될 수 있다.

오늘날 선거는, 유권자 개인이 결과를 바꾸기가 정말 어렵다는 문제가 있다. 이 때문에 주변사람에게 좋은 인상을 주는 당파적인 태도를 선택하는 데 비해 선거결과를 주의 깊게 생각해도 돌려받는 것이 거의 없다. 무작위로 소규모 배심원 유권자를 택하여 선거를 하게 하면 선거 결과를 받아보게 선택된 유권자들에게 주는 보상을 크게 늘릴 수 있다(Levy 1989). 배심원들의 스퍼 복제품을 모두 함께 금고 안에 두기도 한다. 그러면 그런 배심원 스퍼들은 관련된 기밀 정보를 볼 수 있다.

22장 〈효율적인 법〉 절에서 더 효율적인 법에 맞을 수 있는 변화를 논의한다. 그 외 효율성을 바꿀 거라 약하게 기대하는 다른 종류로는 같이 쓰는 표준들uniform standards을 더 많이 채택하는 것이다. 예를 들어 엠은 단위는 미터법, 언어는 영어, 법은 일반 관습법 등을 채택할 수 있다.

자발적인 모임 단체들에서 보안이 확실하고 익명이 보장되는 소통방식은 "공개 암호키public key cryptography"를 사용할 수 있다. 모임 내에서 개인마다 공개키를 발행할 수 있으며, 이런 공개키는 오로지 자기들만이 공개키에 일치하는 개인키를 알고 있다고 증명하는 용도로 사용된다. 더 나아가, 보안이 확실하고 익명이 보장되는 분산 거래 시스템을 최근 등장한 블록체인을 기반으로 하는 혁신적인 암호화 시스템에 구축할 수 있다. 이런 시스템에서 공개키 라벨이 붙은 계정 간 모든 거래는 비트코인의 경우처럼 공공 기록으로 남아 자산을 잘 지킨다.

그런 시스템은 디지털 통화, 토큰 시스템, 안전 지갑safe wallets, 등록, 신원확인, 분산 파일 저장, 다중 서명 날인(애스크로우), 합의점을 가장 잘 예상한 이에 보상하는 합의도출, 보험과 투기를 포함하는 파생 금융상품, 탈중앙화된 일반 자율 조직에 사용될 수 있다(Nakamoto 2008; Buterin 2014). 그런 시스템이 이런 사용을 지원할 만큼 규모가 커질지는 확실하지 않다. 그러나 만일 이런 시스템이 성공한다면 정부 당국만이 그런 작동방식을 통제할 수 있다. 강제 관입 감시와 강력한 처벌을 능동적으로 제정할 수 있는 정부만 할 수 있다는 뜻이다.

나는 개인적으로 복합경매와 예측시장에서 2개 이상의 유망한 새로운 제도 개발에 관여해왔다. 이런 이유로 나는 복합경매와 예측시장을 특별히 희망적으로 본다. 그러나 나는 더 효율적인 제도들을 채택하려는 엠들의 성향을 독자들이 받아들인다고 해도 이런 복합경매와 예측시장제도에 대해서는 회의적일 수 있다는 것도 받아들여야만 한다.

복합경매

오늘날 시장은 자원배분 시 효율적인 작동원리일 수 있다. 적어도 아주 비슷한 상품이나 서비스를 거래하려는 구매자와 판매자가 많으면 많을수록 효율적이다. 그리고 생산자가 누군지 사용자가 누군지 자원을 사용하지 않는 비-사용자에게는 미치는 영향이 거의 없다. 기술적 용어로 상품거래가 일어나는 경쟁시장은 외부 요인externalities이 없을 때 대체로 효율적이라고 한다. 경쟁을 통해서 참여자끼리의 효율적인 거래가 생기게 된다. 거래에서 효율성이 떨어지는 참여자는 사실상 원하는 가격을 결정할 수 없기 때문에 빠르게 퇴출된다.

그러나 기본적인 시장 작동이 잘 안 되는 경우가 있다. 상품이 정말 복잡하고 다양해서 상품끼리 적절한 상품 대체가 안 될 때이다. 상품에 독특한 가치가 있고 그런 가치를 인정하는 구매자가 아주 소수인 경우이다. 아니면 상품 사용이나 상품 생산이 비-사용자에게 미치는 영향이 아주 클 때이다. 그런 경우에는 다른 이들이 관심 있어 하는 것을 고려하게 만드는 경쟁 압력을 크게 줄일 수 있다. 경쟁 압력이 없는 그런 경우에는 거래조건이 빈약하고 비효율적인 거래자도 시장에 진입해서 자원을 할당받을 수 있다. 그런 경우 시장적이지 않은 작동원리가 대신 흔히 작동한다. 중앙 정부가 명령하고 통제하는 시장이다. 예를 들어 기업은 기업 내 자원을 배분하려고 중앙 부서가 명령하는 방식을 자주 사용한다. 연방주와 국가는 핵심 서비스 제공과 상거래 규제 권한을 중앙 부처에 자주 부여한다.

오늘날 도시에서 중앙 공용시설의 가격 책정과 배분 방식은 중앙집중적으로 엄격히 시행한다. 공용시설 규제 대행기관과 지역별 규제 대행기관이 그 역할을 한다. 외부 효과를 완화하기 위한 국토 사용 제한도 마찬가지이다. 대행기관을 통해 중앙집중시키면 복잡한 것을 조정할 수 있다. 그리고 대행기관이 엄격하게 하면 운영방식이 느슨할 때 생길 수 있는 불필요한 로비 비용을 줄일 수 있다. 예를 들어 사업마다 주차 공간배분을 규정하는 규칙처럼 예외가 거의 없는 정해진 기본규칙을 도시에 적용할 수 있다. 이렇게 하면 주차 수요 사업에 급격한 변화가 생길 때 유동적으로 대처하기 어려울 수 있지만, 예외적인 특별대우를 받으려는 로비활동을 막는 장점도 있다.

"복합경매Combinatorial auctions"의 작동원리는 다음과 같다. 복합경매는 중앙정부를 참여시켜 비용이 많이 드는 로비활동을 줄인다(Porter et al. 2003; Cramton et al. 2005). 상품의 복잡함과 독특함에 맞춰 유연하게 거래하는 방식이다. 복합경매는 최근에 개발된 분산과정이다. 복잡하지 않은 간단한 경우를 보자. 경매 침가자는 사기나 팔려는 상품을 묶음 단위로 서너 가지 제안을 한다. 경매 작동원리는, 이런 여러 제안 견적들 중에서 사회적 흑자가 최대maximum social surplus에 가까운 것을 찾아 인가하는 것이다. 이런 작동원리로 크고 고유한 견적 모음을 만든다. 이런 견적 모음은 실제로 많은 견적 모음과 심하게 경쟁할 수 있다. 경쟁력 있고 효율적인 견적을 더 많이 제시하도록 참가자를 압박하는 것이다. 이런 방식은 상품이 복잡하고 고유해서 소수만 그 가치를 인정하는 상품에도 적용할 수 있다.

예를 들어 전력공급에 기본 복합경매를 적용해보자. 구매자와 판매자 모두 입찰에 참가한다. 언제, 어디에, 얼마나 많은 전기를 공급할지, 사용할지 정하는 입찰이다. 구매자와 판매자에게 배분이 최대가 되는 가격을 고른다. 좋은 배분을 찾아내는 것이 어려울 때가 있다. 그래도 배분된 것마다 품질 확인은 쉽다. 그래서 좋은 배분은 입찰 사양을 공표한 다음 마감 전에 제출한 최고 배분에 상금을 수여하면 얻을 수 있다.

더 복잡한 경우를 보자. 무슨 자원을 제공하는지 어떻게 제공하는지 그 외에 누가 또 사용하는지에 따라 입찰가가 달라지는 입찰이다. 이런 방법으로 경매는 배분 자원을 사용할 때 생기는 외부효과를 감안할 수 있다.

이보다 더 복잡한 경매를 보자. 용량을 확장하거나 바꾸는 입찰이다. 예를 들어 복잡한 전기 경매는 발전소나 운송 라인을 새로 건설하는 입찰이다. 일반적으로, 변경된 그런 복잡한 경매는 기업에서 활용되곤 하는데, 마치 중앙 부서에서 사무실을 배분하는 방식처럼 말이다. 그리고 도시에서 활용되기도 하는데, 마치 중앙정부에서 국토 이용을 배분하는 경우이다. 도시의 경우 그런 경매는 국토 이용 시 생기는 외부효과를 고려해야 한다. 즉 배출가스와 전망차단 같은 외부효과를 고려해야 한다는 것이다. 그리고 전력, 수도, 하수도, 도로, 주차, 통신처럼 많은 공용시설을 설치하고 배분하려면 용량과 장소를 고려해야 한다. 이런 공용시설마다 경매를 별개로 따로 하지 않고 한 번의 복합경매로 이런 모든 자원의 생산과 이용을 종합 검토할 수 있다.

도시에서 구역을 배분 시 복합경매로 중앙정부가 통제하는 구역 배분을 대체한다고 하자. 그러기 위해서는 새로운 경매 사양과 내용designs을 개발해야 한다. 특히 입찰은 패키지로 묶은 사양이 요구한 것에 잘 맞지 않을 때, 이에 더해 이미 입찰받은 배분 주체가 나중에 빠지게 될 가능성 때문에 입찰 이행이 잘 안 될 때 어떻게 입찰을 유찰시킬지 상세히 규정해야 한다. 도시의 토지배분과 공용시설 배분은 시간이 흐르면서 가격과 이용 기회가 달라진다. 이런 경우 유연하게 재배분하려는 목적으로 경매 사양에 상세히 규정하는 것이다. 경매 작동방식이 더 좋으면 실제로 큰 가치를 얻을 수 있다. 관련 연구단체는 더 좋은 작동방식을 발전시키기 위한 방법을 잘 정립해놓았다. 그래서 필요시 그런 작동방식이 제공될 거라고 추측해도 별무리가 없다.

예측시장

나는 "예측시장prediction markets"에서도 새로운 제도 개발에 참여했다. 이는 투기시장과 도박시장을 변형한 것이다. 투기시장과 도박시장은 중요한 결과에 관한 정보 수집을 장려하고 수월하게 한다. 관심 있는 특정 질문을 거래하는 데 보조금을 지급하면 사람들을 그런 질문에 대해 배우게 만든다. 합의 추정치를 가시적으로 개선하려면 자신들이 스스로 무엇을 선택해야 하는지 질문하게 만드는 것이다(Hanson 2003).

예측시장은 여러 주제를 통괄하는 일관성 있는 최신평가updated estimates를 계속 내놓는다. 이런 평가는 분명하고 정확해야 한다. 예측시장에서의 복합 버전은 적은 수의 사용자가 상호연결된 수십억 개의 평가를 일관성 있게 다룰 수 있게 해준다. 그래서 어떤 주제의 내용이 업데이트되면 상당히 다른 주제에서도 평가 정확성을 자동적으로 높여준다(Sun et al. 2012).

예측시장과 다른 식의 예측 작동방식을 직접 비교해보자. 질문이 같고 비슷한 정보가 주어졌다고 하자. 그러면 예측시장이 다른 작동원리보다 오히려 일관되게 정확하거나 실질적으로 더 정확하다. 예측시장이 다른 작동원리보다 더 안정적인 경우가 있다. 어느 것이 유용한지 아무도 모르는 경우이다. 관련 참가자 대부분이 무지하거나 바보인 경우다. 몇몇 참가자가 결과 추정치를 왜곡하려고 기꺼이 거짓말하거나 기꺼이 돈을 잃으려고 하는 경우이다.

예측시장이 알려줄 수 있는 것을 보자. 기업이 마감일을 어떻게 맞출지, 납품업체가 약속대로 이행할 확률이 얼마나 될지, 아니면 특정 제품이 특정지역에 얼마나 그리고 어떻게 판매될지 알려준다. 예측시장은 제안된 여러 경매규칙과 작동원리 중에서 어떤 것을 선택하여 복합경매에도 도움이 될 수 있다. 또 입찰권리에 관한 예측시장은 미래의 경매입찰을 예측하는 데 도움이 된다. 그런 입찰 예측은 미래자원을 현재 입찰로 현행 지정 입찰 참가자에게 배분하게 도울 수 있다. 그리고 그런 자원을 미래 시점에 경매하게 남겨두어야 할지 잘 선택하도록 도울 수 있다.

의사결정 시장은 결정에 따른 결과decision-contingent outcomes를 평가한다. 의사결정 시장은 특정 의사결정 사항에 직접 조언할 경우 특히 유용해 보인다. 의사결정 시장은 어느 결정을 선택할 때 예상 성과가 가장 높을지를 찾는다. 어떤 결정을 해야 실제로 가장 높은 성과를 이끌지 나중에 판별할 사람이 없어도 된다. 대신 의사결정 시장은 결정 항목을 실제로 선택했는지, 나타난 성과가 실제로 얼마나 높은지 나중에 판별할 수 있으면 된다.

의사결정 시장은 기업에 직접 조언할 수 있다. 최고경영자의 해고, 대행사의 변경, 마감일 연장, 제품가격의 변경 등을 결정할 때 조언한다. 의사결정 시장은 민주주의 사회 유권자에게도 조언할 수 있다. 어느 후보가 평화나 번영을 더 많이 촉진할지, 어느 정책이 국민 복지를 증진시킬지 말이다. 의사결정 시장은 심지어 자선단체에도 조언할 수 있다. 어느 프로젝트가 수혜자를 가장 잘 도울 것인지 조언한다.

의사결정 시장이 명확히 추천하는 정책을 실행한다고 하자. 그러면 조직단체는 투자자들로부터 더 좋은 조언을 끌어낼 수 있다. 그리고 지도자의 관심과 구성원의 관심이 달라 생기는, 그리고 지배력을 과시하느라 외부의 조언을 무시하는 지도자들 때문에 생기는 행위주체 대리인에 의한 실패와 잘못된 정보에 의한 실패를 피할 수 있다(Hanson 2006a, 2013; Garvin and Margolis 2015).

내기를 하면 충성 신호를 더 효율적으로 보여줄 수 있다. 예를 들어 누군가 자기는 어린 나이에는 절대 결혼하지 않는다는 내기를 한다고 하자. 그러나 나중에는 결혼하고 싶은 마음이 든다. 그렇다면 내기에 진다는 것은 결혼하고 싶어 하는 강한 희망을 보여주는 신호이다. 이런 내기에서는 돈을 잃거나 사회에 굴복하는 게 아니다. 게다가 이런 사람은 절대 결혼하지 않는 시나리오 속에서는 그에 맞는 이익을 얻는다.

오늘날 우리 사회는 재앙적인 위험을 막는 데 거의 신경을 안 쓰는 것 같다. 거대한 규모로 문명을 파괴할 수 있고 심지어 멸종까지 이르게 할 수 있는 위험인데도 그렇다. 엠 사회는 우리보다 더 잘 할 수 있다. 긴급 상황에 필요한 상품의 가격을 재난상황에 맞도록 특별가로 미리 책정한다. 재난발생 시 그런 안정적인 가격 대처 상황이 유지된다면 핵심적인 사회기반시설을 보존하는 것에 맞춰서 그런 시설들의 우선권을 유지시킬 수 있다. 의사결정 시장은 그런 가격을 결정하게 도울 수 있으면서 다른 재난정책까지 조언할 수 있다. 평범한 금융자산은 극한의 재난 시나리오가 펼쳐지면 그 가치가 유지될지 확실하지 않다. 그래서 의사결정 시장은 그런 금융자산이 여러 다양한 재난 시나리오에서 살아남도록 사건에 따라 달라지는 티켓을 거래하여 충분히 안전한 피난처에 들어가는 것일 수 있다 (Hanson 2010b).

예측시장은 여러 다른 제도를 선택해 개선할 수 있게 하는 메타-제도(상위제도)이다. 예측시장은 경쟁이 심한 엠 세계에 특별히 잠재성이 있어 보인다. 엠 세계는 효율적인 제도를 더 많이 채택해야 하는 강한 압력에 직면해 있기 때문이다.

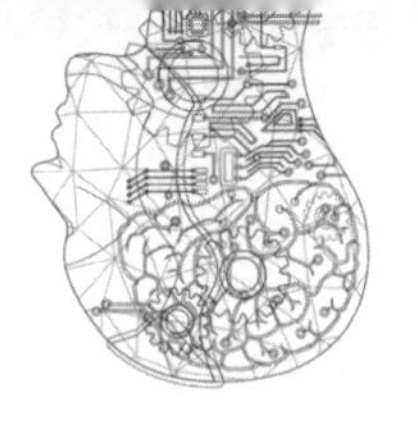

| Chapter 16 |

성 장

더 빠른 성장

엠 경제는 얼마나 빨리 성장할 수 있을까? 오늘날 우리 경제보다 엠 경제가 훨씬 빠르게 성장할 것이라 예상할 이유가 많다.

13장 〈경쟁〉 절에서 언급했듯이, 엠 경제는 저효율의 상품과 저효율 시설arrangements을 고효율 버전으로 공격적이면서도 손쉽게 대체할 수 있다는 의미에서 경쟁적일 수밖에 없다. 엠 시장은 상품 다양성이 축소되며 시장이 나눠져 있는 공간이 좁기 때문에 엠 경제에서 혁신은 더 빠르게 번져나갈 수 있다. 도시 집중화도 혁신을 촉진하는 데 도움이 된다(Carlino and Kerr 2014). 생산성이 높은 엠 작업팀이 통째로 복제될 수 있기 때문에 생산성 낮은 기업과 시설물은 생산성 높은 엠 기업과 엠 시설물로 신속하고 빠르게 대체될 수밖에 없을 것으로 본다. 이런 요인들이 엠 경제에서 혁신을 더 빠르게 촉진한다.

오랫동안 대부분 혁신과 혁신의 전체 가치는 상황에 따른 작은 변화가 수도 없이 누적되어온 결과로 볼 수 있다(Sahal 1981). 대부분의 혁신은 "연구자"나 "발명가"가 제한적으로 상상한 것으로 이루어진 것이라기보다는 오히려 오랫동안 응용과 연습으로도 얻은 소산물이다. 혁신을 돕는 연구는 대개 "기초basic" 연구가 아니고 "응용applied" 연구이다. 그래서 엠에서도 더 낫고 더 빠른 혁신 대부분이 응용과 연습으로 생겨난 작고 많은 혁신이라고 본다.

엠 경제에서 더 빠른 성장을 예상하는 또 다른 이유를 보자. 엠은 컴퓨터 기술에 더 많이 의존한다. 진정 컴퓨터 중심의 미래 경제는 최근 컴퓨터 기술발전 속도에 가깝게 발전할 것으로 추측된다. 글로벌 엠 경제는 1년 반마다 두 배가 될 만큼 빠를지도 모른다. 이는 오늘날 경제 배가시간에 해당하는 15년보다 10배 이상 빠른 것이다.

사실 엠 경제는 심지어 이보다도 훨씬 더 빠르게 성장한다. 이렇게 예상하는 타당한 이유가 있다. 경제 생산량은 투입량의 크기, 즉 토지, 노동, 다양한 종류의 자본, 그리고 "기술" 수준으로도 결정된다. 즉 투입량을 유용한 출력물로 바꾸는 방법을 말한다. 투입량을 증가시켜 성장이 주도 된 시대와 장소도 있었다. 그러나 오랜 기간 지속된 성장 대부분은 제한적으로 상상한 것들로 이루어진 것이 아니라 폭넓게 상상한 것들로 이루어진 더 나은 기술에서 온 것이다.

예를 보자. 수렵채집인은 식물과 동물에서 이익을 얻어내기 위한 많은 방법을 축적시켜 느리게 성장했다. 수렵채집인이 인구를 늘리고 한 종류의 도구를 더 많이 만드는 것은 쉬웠을지 모르나 새로운 종류의 도구와 새로운 음식자원을 발견하는 것은 훨씬 더 어려웠다.

농경시대에는 경제가 2배가 되는 데 약 1,000년이 걸렸다. 농경시대의 우리 조상은 인구수와 대다수 형태의 자본을 빠르게 증가시킬 수 있었지만, 그 시대에도 좋은 토지는 양적으로 제한되어 있었다. 그래서 투입할 땅이 부족했기 때문에 투입해서 얻는 총 성장도 제한적이었다. 인구수, 건물량, 선박량이 각각 두 배로 증가해도 사용할 좋은 땅(아니면 물water)을 두 배로 찾지 못했다면 소용이 거의 없었다. 성장하려면 대개는 혁신을 기다려야만 했다. 그런 혁신은 재배 농작물과 길들인 가축의 형태로 자주 나타났다. 이런 것들이 낯선 땅에서 생존하게 해주었다.

현재의 산업화된 경제는 필요한 양보다 토지가 풍부하다. 그리고 기계 같은 물리적 자본을 신속히 늘릴 수 있다. 그러나 투입량에 의존하는 우리의 성장은 여전히 제한되어 있다. 왜냐하면 노동 투입의 경우처럼 숙련된 노동자 수를 증가시킬 수 있는 속도에는 제한이 있기 때문이다. 기계 규모를 두 배로 늘려도 기계를 작동시킬 노동자가 두 배로 많아지지 않는다면 소용이 없을 것이기 때문이다. 혁신을 통해서 성장이 이루어져 왔지만, 그런 혁신은 대체로 기계를 만들고 사용하는 데 더 나은 방법이었다. (지역의 조건마다 그런 사용법을 어떻게 적용하는가도 혁신에 포함되었다.) 이런 종류의 혁신은 고맙게도 식물 재배법과 동물 사육법의 혁신보다 훨씬 더 쉽다. 그렇게 세계경제는 최근 15년마다 대략 두 배로 성장해왔다.

그러나 엠 경제에서는 노동도 자본처럼 쉽게 성장할 수 있다. 즉 공장은 작동시킬 기계를 많이 만드는 속도만큼 빠르게 기계를 작동시킬 엠을 더 많이 만들 수 있다. 지구에 있는 부동산은 결국에는 고갈되겠지만 우리 경제는 그런 한계가 큰 차이를 만들기 전에 엄청나게 성장할 여지가 있다. 결국 엠이 필요로 하는 물리적 공간으로 보자면 오늘날 지구는 사실상 비어 있다.

마찬가지로 광물자원과 에너지자원이 제한되어 있다고 흔히들 우려의 말을 한다. 하지만 오늘날 우리가 이런 자원을 사는 데 쓰는 값은 벌어들이는 수입에 비하면 적다. 이것은 그런 자원이 실제로 풍부하다는 뜻이다. 현재의 자원이 고갈될 것인가에 대하여 긍정적인 대안들이 남아 있다. 에너지 대안광물은 보통 저렴한 가격으로 사용할 수 있다. 그리고 태양전지, 토륨원자로, 핵융합로처럼 전망 있는 에너지 대안이 많이 있다. 심지어 가역컴퓨터계산을 이용하면 오히려 제한된 에너지로도 많은 컴퓨터계산을 할 수 있다.

그래서 초기에 중요한 엠 시대가 있을 수 있는데, 그 시기의 성장은 단순히 투입량으로 이루어진다. 즉 풍부한 자연 자원을 이용하여 돌릴 수 있는 공장이 생산하는 빠른 속도에 맞추어 노동력과 자본을 더 많이 만드는 시기이다. 우리 경제의 기본 성장이론은 아래의 내용을 강력히 제시하는데, 즉 입력자원을 빠르게 증가시킬 수 있는 이런 기술로 컴퓨터 기반인 엠 경제의 경제 배가시간이라고 약하게 제시한 1.5년보다 훨씬 빠르게 성장할 수 있다는 것이다(Fernald and Jones 2014; Nordhaus 2015). 사실 기초 경제이론으로 볼 때 엠 경제가 2배가 되는 배가시간은 1.5년이 아니라 한 달이나 하루, 심지어 하루보다 더 빠를 수도 있다.

혁신보다는 투입량을 늘려 성장하는 경제를 보자. 이때 기업가치와 자원가치는 혁신을 만들고 혁신의 장점을 얻을 수 있는 잠재력에는 덜 달려 있다. 그리고 소비자들이 얼마나 자기들과 제품을 얼마나 동일시하는지에 덜 달려 있다. 그 결과 기업 평가 시 무형자산이 가진 중요도는 줄이고 기업 평가 신뢰도가 더 중요해질 수 있다.

엠 시대에 더 빠른 성장 및 혁신을 하려면 건물을 포함해서 자본 장비

capital equipment의 내구성이 지나치게 길지 않게 독려하는 것이 좋다. 내구성이 짧게 설계된 장비여야만 빠른 성장 속도에 맞추어 효율성을 기대할 수 있기 때문이다. 그리고 건물들의 경우 경제 배가가 서너 번 지난 후에는 최초의 건물주나 구매자들이 얻는 경제적 이익이 훨씬 적어진다.

많은 경제활동은 지속적인 공급 플로우flows를 통해 가치를 이루어낸다. 시스템을 구축하고 그런 다음 가치 있는 제품을 지속해서 만들기 위해서 그 시스템을 사용한다. 수력발전소, 태양전지, 건물, 공장, 컴퓨터는 다 이런 형태이다. 반대로 단발성 경제활동이 있는데, 일회용 장바구니, 형광봉, 휴대용 우비, 로켓 같은 경우이다.

경제성장이 빠를수록 시스템을 더 빨리 만들어 더 빨리 사용하게 만든다. 시스템 구축이 늦어지면 늦어진 시간 동안 경제가 성장하지 못하므로 실제로는 시스템 구축비용이 더 많이 드는 것과 같다. 플로우 시스템flow systems 경제에서 시스템이 만드는 총 가치는 시간당 만드는 제품가격에 경제 배가시간을 곱한 것이다.

그렇기 때문에 경제 배가시간이 100의 비율로 빨라진다고 하자. 경제가 배가되는 시간 동안 지속가능한 시스템이라면 비용대비 수익 비율은 최소 100배 떨어질 것이다. 지속적인 가치를 창출하는 시스템에서는 성장률을 크게 늘린다는 것은 더 큰 비용증가로 이어진다. 빠르게 단발 가치를 창출하고 그런 다음 끝나는 시스템에 비해서 그렇다. 따라서 다른 조건이 모두 똑같다면 엠은 로켓과 같은 여타의 일회용 제품을 더 많이 사용할 것이다.

성장 추정

엠 경제에서 경제 배가시간의 실증적 추정값을 알아보자. 그러기 위해서 오늘날 경제 배가에 소요되는 시간 규모가 어느 정도인지 보자. 기계제조 공장과 일반 공장이 현재 보유하고 있는 것과 비슷한 품질, 양, 다양성, 가치를 만들어내는 시간을 말한다. 오늘날 이런 소요시간은 대략 1개월에서 3개월이다. 또 6개월에서 12개월 안에 거의 완전히 자가-복제할 수 있는 시스템 설계 구상은 이미 이삼십 년 전에 마련되었다(Freitas and Merkle 2004).

3일 연속 작동해서 자체 구성품의 대략 반을 만드는 자가복제용 특수 3차원프린터가 만들어진 바 있다(Jones et al. 2011). 만일 나머지 절반의 구성품 역시 같은 속도로 빠르게 만들 수 있게 된다면 3차원프린터는 일주일 안에 자가-복제품을 만들 수 있다. 만일 3차원프린터로 나머지 절반 구성품을 만드는 데 시간이 10배 정도 더 걸린다면 3차원프린터는 5주 안에 자가복제품을 만들 수 있다.

이런 추정으로 보면 현재 제조기술로 불과 서너 주에서 길어야 서너 달 안에 자가-복제품을 만들 수 있다.

기계 조립공장과 3차원프린터는 그것을 만드는 장비와 구성품들을 구축하는 방식이 수월하고 단순할수록 당연히 더 빠르게 제작될 수 있다. 반도체칩 공장처럼 크고 복잡한 설비는 제조공정 시간이 더 오래 걸린다. 구축하는 데 시간이 오래 걸리는 중요한 구성품들을 복제하는 일이 걱정하지 않을 정도가 된다면 앞서 한 경제 배가시간 추정은 과소평가된 것일지도 모른다. 오늘날 인간이 바로 만드는 데 그렇게 오래 걸리는 구성 부품이다. 그래서 우리 경제는 그렇게 빠르게 성장하지 않는다. 왜냐하면 기계처럼 그렇게 빠르게 사람을 복제할 수 없기 때문이다.

그러나 이런 기계 재생산면으로 경제 배가시간을 추정하면 배가시간을 또 과대평가하기 쉽다. 왜냐하면 더 빠르게 성장하는 엠 경제는 공장제조 규모를 두 배로 만드는 데 드는 배가시간을 줄이도록 더 강한 보상을 제공한다. 오늘날 공장에서 제품을 만드는 데 드는 시간이 2배 더 길다면 제품을 만들려고 공장을 대여하는 비용도 2배가 된다. 만일 제품 비용에서 공장대여 비용이 20%만 차지한다면 제품비용은 20%만 올라갈 것이다. 그러나 무언가를 만드는 데 드는 시간이 투자를 2배 한 것과 비슷할 때는 제품의 총가치가 반으로 떨어진다. 비용을 투자해서 제품혁신을 했는데 제품 생산이 지연되면 심지어 제품가치는 통상 반 이하로 떨어진다.

또한 혁신으로 인해 엠 경제의 배가시간은 더 짧아진다. 엠 공장이 엠을 만드는 공장자체를 재생산하는 데 걸리는 시간보다 경제 배가시간이 더 짧다. 엠은 일을 "하면서 배우는learning by doing" 식으로 해서 비약적인 혁신을 이루어낸다. 기술혁신을 해서 얻는 이익이 커지는 속도가 사람이 제품을 만들고 사용하는 속도보다는 오히려 컴퓨터의 절대 운영속도clock speeds에 속박을 덜 받기 때문이다(Weil 2012). 그러므로 투입량이 빠르게 커지면서 경제도 더 빠르게 혁신한다. 그리고 만들어지고 사용되는 제품의 성장도 빠르다. 앞에서 언급한 대로 엠 경제는 우리보다 컴퓨터 자본에 더 많이 중점을 둔다. 컴퓨터 자본은 오래도록 훨씬 더 빠른 속도로 혁신을 이루었다. 다른 형태의 생산자본이 이루어낸 것보다 훨씬 더 빠른 성장을 보여주었다. 더 일반적으로 말해서 기계를 기반으로 한 자본은 사람을 기반으로 한 자본과 토지를 기반으로 한 자본이 보여준 혁신 속도보다 더 빠른 속도의 혁신을 보여주었다.

이런 요소들을 보면 우리는 엠 경제가 더 빨리 성장한다고 예상할 수 있다. 즉 오늘날 제조장비 규모를 2배로 만드는 데 수 주에서 서너 달이 안 걸리는 것보다도 더 엠 경제에서는 더 빠를 것으로 예상한다. 혁신을 기반으로 성장할 때의 이론 모델로 알아보면 얼마나 더 빠르게 성장할지 그 속도의 크기를 알 수 있다. 엠 경제는 (객관적인 시간으로) 매년, 매달, 매주, 매일 두 배 규모로 커질 수 있다(Hanson 1998).

다음 시대의 경제성장 속도를 추정하는 또 다른 방법을 보자. 아래와 같은 가정을 하는 것이다. 다시 말해서 수렵채집시대의 성장 속도보다 농경시대의 성장 속도가 더 빠르며 또한 농경시대의 성장 속도보다 산업시대의 성장 속도가 더 빠르다는 가정을 기반으로 다음 시대는 우리 시대보다 더 빠르게 성장할 것이라는 예측방법을 받아들이는 것이다. 이런 방법으로 보면 다음 시대에는 경제 배가시간이 불과 1주에서 한 달로 될 수 있다고 추정한다. 미래 성장 속도를 추정하기에는 이런 단서들이 약하기는 하지만 활용 가능한 정말 얼마 안 되는 구체적인 단서 중 하나이기 때문에 무시하지 말아야 한다.

이 책 나머지에서 이용하는 구체적 추정값에 쓰려고 나는 한 달의 경제 배가시간 추정값을 택한다. 그러나 이 책에서 논의되는 대부분의 분석은 이런 배가시간 추정값이 바뀌어도 변함없다. 이런 배가시간 추정에 의존하는 추정은 대안 추정이 나온다면 그 어떤 대안 추정에도 쉽게 조정될 수 있을 것이다.

성장 신화

성장률에 영향을 준다고 보는 서너 가지 요인들이 있다. 그러나 그 요인들은 아마도 가장 평범한 영향일 것이다.

그런 요소 하나는 엠 시민의 마인드 속도이다. 만일 숫자로는 1/10밖에 안 되는 적은 수의 엠이라도 각자 10배 더 빠르게 구동한다면 경제 전체 생산량은 변함없이 대략 그대로일 것이다. 경제성장률도 역시 많이 변하지 않을 것이다. 더 빠른 또는 더 느린 약간의 속도 차이 때문에 영향이 있을 수 있지만, 그런 영향은 대개는 소소하다. 엠의 역량을 늘리는 것은 참여 엠들의 마인드 속도 때문이 아니라 주로 지금 가지고 있는 역량 때문이다. 개체 엠이 특정 행동을 할 수 있게 해주는 것이 바로 그 엠의 속도인데 만일 그런 속도에 의해 성장률이 제한된다면 그런 제한 효과를 줄이려고 엠의 속도를 높인다면 성장률도 높일 수 있다고 추정할 수 있다. 그러나 실제로는 그렇지 않다. 즉 경제성장률은 개별 엠들이 행동하는 속도에 큰 제한을 받지 않는다.

성장률이 빠르다고 해서 그것이 곧 경제 규모를 더 크게 만들 것이라는 생각도 분명하지 않다는 것을 보여주는 또 다른 요인이 있다. 물론 엠 경제의 규모가 더 크다면 혁신 가능성을 더 많이 추구할 수 있는 근거가 더 많을 것이다. 그러나 새로운 아이디어를 사업에 적용시키더라도 보통 되돌려주는 수익이 줄어든다. 다시 말해 우리는 가장 전망 있는 아이디어를 먼저 시도하고 그 아이디어에서 얻는 것이 더 이상 없을 때 차선의 전망 있는 아이디어를 이용하게 된다. 그렇게 경제 규모가 크더라도 성장률 자체가 자동적으로 커지지 않는다. 앞선 농경시대와 산업시대처럼 이전 시대에 국한해보면 각 시대 모두 성장률은 거의 꾸준히 기하급수 성장을 해서 이런 영향이 없었던 것 같다. 이런 꾸준한 기하급수 성장은 엠 시대에도 다를 바 없다고 봐야 한다.

세 번째 요인은 성장률이 더 빠르다고 곧 지능이 더 좋아진다는 생각도 분명치 않다는 점이다. 지능이 더 높은 사람이 더 생산적이고, 더 높은 생산성은 성장을 더 많이 이루어낸다고 하지만 그렇다고 하더라도 그에 대한 분명하고 직접적인 관련성은 없다. 더 스마트한 사람이 특허를 더 많이 획득한다고 하지만 정확히 말해서 스마트한 사람들은 특허 관련 직종에 더 많이 모이기 때문에 그런 관련성이 있어 보이는 것이다.

많은 이가 생각하는 것 이상으로 성장률에 대한 이해가 부족하다는 네 번째 요인이 있는데, 그것은 바로 연구자의 수이다. 그렇다. 세계는 지금 연구자금을 충분히 못 모으고 조정을 못 한다. 만일 올바른 방식의 연구에 더 많은 연구자금이 모였다면 이 세계는 더 빠르게 성장할 것이다. 오늘날 한 국가 안에서 연구 증진이 곧 눈에 띄게 성장률을 높이지 않는다는 것을 알고 있다. 마찬가지로 엠 세계에서도 우리 시대보다는 개선된다고 하더라도 성장률은 소박한 수준으로만 증가될 것으로 보인다(Ulku 2004). 그렇다. 연구 증진은 경제성장률을 높이는 요소 중의 단 하나의 입력값일 뿐이다. 즉 연구자금이 증가해도 보통 관련 분야의 연구 증진은 연구자금을 늘린 비율에 비해 훨씬 덜 이루어진다(Alston et al. 2011). 연구노력에 수확체감을 만드는 어떤 중요한 다른 입력값이 있다는 사실이다. 이런 또 다른 숨겨진 입력값을 살펴보자. 서로 밀접한 관련이 있는 연구와 기술의 발전, 관련 제품에서의 고객경험 그리고 기술과 경제의 일반적 발전이다.

이런 요소들이 엠 성장률에 결정적인 영향을 주지 않는다고 하더라도, 〈더 빠른 성장〉 절에서 보았듯이 영향력을 미치는 유의미한 요소라는 점은 사실이다.

금 융

엠 세계에서 금융은 어떻게 다를까?

클랜이 하는 역할이 많지만 그중에서도 금융조직으로서의 기본단위 역할도 할 것이다. 예를 들어 개별 엠과 하위클랜은 보다 쉽게 리스크를 줄일 수 있는 보험용으로 더 큰 클랜의 보호 아래에 있으려고 할 수 있다. 보험에서 장애물로 작용하는 것, 즉 정보와 행동을 감춘다고 하더라도 클랜 내에서는 별문제가 아니다. 특히 심도 낮은 마인드 읽기가 실현될 수 있다면 별문제가 아니다. 그래서 클랜은 내부 보험을 제공해 보험 비용을 낮춘다.

엠은 또 자신의 집과 사업 벤처에 자금을 투자할 때에도 클랜을 이용할 것이다. 그래서 보험, 모기지, 기업주식을 다루는 독립적인 금융기관을 이용하는 것이 줄어들 수 있다. 하지만 클랜은 여전히 전반적인 리스크에 직면하기 쉬우며 그리고 클랜 내부의 불균형한 포트폴리오portfolios에 직면하기 쉽다. 예를 들어 클랜은 특정 종류의 일에 맞는 평판을 얻으려 하고 그런 쪽에 훈련 투자를 집중할 것이다. 그래서 그런 일들에 대한 수요에 변동이 있으면 위험에 처하기 쉽다. 그리고 그런 일들에서 품질에 집중하기 쉽다. 그래서 특정 종류의 일에 편중되기 쉬워서 특정 일의 수요가 변할 때마다 리스크에 직면하게 될 것이고 결국 해당 일에 맞는 경쟁력도 바뀔 것이다. 그래서 클랜은 이런 투자를 다각화하고 싶어 한다.

그래서 클랜은 외부의 금융시장과 금융기관을 이용하게 된다. 보험 가입, 외부 벤처 투자, 자신의 위험과 수익에서 일부를 매각하기 위해서다. 엠 클랜은 금융 다각화 외에 구성원이 종사하는 일 역할도 다각화하려 할 수 있다. 하지만 많은 다른 엠들 중에서 평판과 인지도를 유지하기 위해서 클랜은 상당수의 일을 마케팅하려는 목적으로 골라내고 싶어도 할 것이다. 즉 클랜은 자기들의 표준적인 이야기, 즉 왜 이 클랜이 좋은지 당신이 왜 이들을 고용하고 싶어 하는지에 들어맞는 틈새 일들을 항상 확보받고 싶어 한다.

엠 경제는 경쟁이 심해서 더 효율적인 금융기관을 채택할 것 같다. 상장 기업의 적대적 인수를 더 많이 지원하고 사기업으로 더 많이 있으려 한다(Macey 2008). 노동자가 기업경영에 참여하면 생산성을 줄이는 것으로 보아 엠들은 아마도 경영참여를 피할 것이다(Gorton and Schmid 2004).

투자 포트폴리오의 가치는 장기적으로 보아 포트폴리오 내 자산들 중에 평균적으로 가장 빨리 늘어나는 자산에 의해 결정된다고 볼 수 있다. 즉 포트폴리오 가치 대부분이 한 종류의 중요자산에 들어 있다(Cover and Thomas 2006). 그래서 포트폴리오들 간에 서로 경쟁할 경우 장기 승자는 가장 빠르게 커지는 자산이 들어 있는 포트폴리오이다.

그리고 또, 공정하게 경쟁하는 투자펀드 시장에서 오래 기다린 펀드의 장기 성과는 "켈리법칙"을 따른 펀드의 수익이 우세하다. 그런 펀드는 얻은 수익을 각 자산 종류마다 먼 미래에 얻는다고 보는 부의 예상 수익비율에 비례하여 주식, 부동산 등의 자산에 최대한 재투자한다(Evstigneev et al. 2009). 기술적 용어로 이런 것은 로그 함수적 리스크 회피이다. 즉 리스크들을 다각화시켜버리기 때문에 전반적인 시장 수익이 리스크와 그렇게 관련 있지 않은 리스크 중립에 가깝다.

이제까지 이렇게 되지 않은 이유는 아마도 높은 세금 부과, 순진한 새 투자자들의 지속적인 유입, 순진하지 않다면 다른 것에 자극받은 투자자들의 지속적인 신규유입, 펀드가 고객의 유언으로 자산을 충분히 재투자하지 못하게 막는 법, 그리고 주기적으로 투자 자금을 날려버리는 전쟁과 혁명 때문일 것이다. 그러나 엠 세계는 경쟁이 심하고 엠은 오래 존속할 수 있고 엠 문명은 더 안정적일 수 있다. 이런 요소들로 보면 엠의 금융세계에서는 세금이 얼마 안 되고 세금 변동이 많지 않아 상대적으로 안정된 펀드들, 장기 대형 투자자금 펀드들 그리고 자금 규모는 얼마 안 되는데 색다른 전략을 사용하는 새로운 투자자들이 유입시키는 펀드들에 자금이 휘둘리는 것을 완전히 끝낼 수 있는 좋은 기회가 있다는 것이다. 엠 금융세계에는 더 좋은 기회가 있는데, 그런 펀드는 클랜 기반일 것이다. 만일 그런 금융세계가 높은 성장률로 평화롭게 지속된다면 엠 금융시장은 결국 이상적인 켈리 법칙 전략에 근접할 수 있다.

이제까지의 대부분 이론모델과 실제 시장에서 볼 때, 평균금리(즉 투자수익률)는 보통 적어도 경제성장률만큼은 되었다. 엠 시대의 성장률이 높으므로 엠 시대는 금리도 높을 것이다. 그래서 엠보다 느린 사람들과 엠 은퇴자는 자신의 수입에서 상당한 부분을 저축하고 싶어 할 수 있다. 그러나 빠른 속도의 엠에게 이런 투자수익률은 주관적으로는 매우 낮은 실질 이자율이다. 그래서 빠른 엠은 저축은 멀리하고 즉각 소비한다. 저축하려는 심리 대부분은 더 느린 엠이 해야만 하고 그리고 규모가 더 큰 조직이 해야만 실행될 수 있다.

과거에는 개인들이 선호하는 것이 무작위로 변하고 특정 투자로 얻는 수익이 무작위로 변하는 것을 보아왔다. 이런 이유로 자본이 아닌 노동에 묶여 있던 가계자산 간에 그 변동 폭이 컸다. 다시 말해 자본을 기반으로 한 자산이 아니라 노동을 기반으로 한 자산을 둔 가계는 거의 우연적 요소에 의해서만 부를 획득할 수 있다. 오늘날 대부분의 가계는 일을 배우고 임금을 버는 능력으로 가계의 부를 유지한다. 반면 소수이지만 중요한 가계는 부의 대부분을 부동산이나 주식으로 유지한다. 엠 경제에서도 이와 비슷하다고 예상해야 한다. 자본 유지에 우연적 변동 요소가 있어서 대부분의 엠 클랜은 그들의 부 대부분을 일하는 능력으로 유지하고 어떤 엠 클랜들은 그들의 부 대부분을 자본의 다른 형태로 유지할 것이다. 그래서 생산성 높은 엠 벤처들은 보통 서너 개의 클랜이 서로 협력해야 성공한다. 즉 어떤 클랜은 노동에 더 많이 기여하고, 어떤 클랜은 자본에 더 기여하는 형태로 말이다.

21장에서 엠 사업의 경기순환 변동이 더 커질 수 있는 것을 보는데, 그 이유는 도시의 지배구조 변동 때문이다. 오늘날 경기순환에 드는 비용은 노동력 비축에 드는 비용이다. 즉 경기 후퇴 시에도, 심지어 충분한 일자리가 없는 시기에도 기업은 노동자에게 임금을 지불한다. 엠은 일이 적을 때, 느려질 수 있고 쉴 수 있기 때문에 엠 경제는 이런 경기 변동비용 때문에 겪는 고통은 덜하다.

요약하면 엠 세계에서 금융은 우리 세계의 금융과 다소 다르겠지만 크게 다르지 않아 보인다.

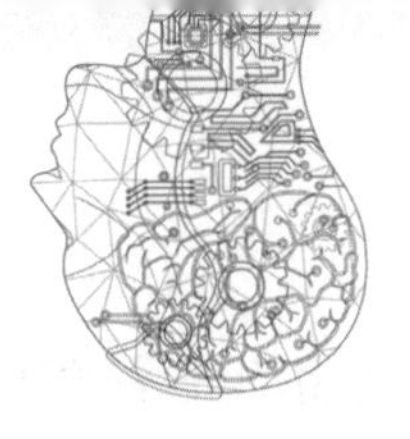

| Chapter 17 |

생 애

경 력

전형적인 엠 노동자는 일하는 동안 얼마나 많은 종류의 과제를 정기적으로 할까?

우리의 일 성과를 들여다보자. 전문성이 높은 일의 경우, 짧은 시간 일해도 생산성을 최대로 할 수 있다. 일이 다양하다면 긴 시간 일해야만 생산성이 더 클 수 있다. 왜냐하면 배워야 할 것이 많아지고 더 많이 참여해야 하기 때문이다(Staats and Gino 2012). 엠은 일 전문성과 일 다양성 사이에서 절충이 필요할 때 고려해야 할 중요하고 새로운 사항이 더 있다. 인간의 마음은 일을 하는 속도에 제한이 있다. 그러나 엠 마인드는 다양한 속도로 구동할 수 있다. 그래서 정해져 있는 엠의 주관적 경력subjective career을 일 다양성에 더 쓸 수도 있고 아니면 일하는 시간에 더 쓸 수도 있다. 다시 말해 엠 노동자는 더 빠르게 구동해서 더 많은 관련 과제를 동시에 하면서 조정하든가 아니면 더 느리게 구동해서 더 오래 일하면서 더 적은 과제를 조정하든가 할 수 있다. 그리고 그런 식으로 일하면서 자기들을 개선시킬 수 있다.

어떤 과제는 외부에서 구동하는 것들external drivers에 대해 쉬지 않고 반응해야 하는데, 이런 과제는 두 가지 속도 중에서 가능한 더 느린 것에 맞춘 마음 반응이 필요하다. 그 두 가지 속도란 하나는 외부에서 오는 교란outside disturbance에 유용하게 반응하는 속도이고 다른 하나는 자동차를 운전하는 속도처럼 그런 교란에 반응할 수 있는 속도를 말한다.

마인드 속도가 이런 최소 반응속도보다 더 빠른 경우에는 엠은 특정 과제를 실제로 잘 할 것인지 아니면 관련과제를 더 많이 할 것인지 선택해야 하는 트레이드오프tradeoffs에 놓이게 된다. 더 특수한 과제를 더 여러 번 해서 좁은 경력을 더 오래 이어갈 것인지 아니면 다양한 과제를 해서 짧은 경력을 이어갈 것인지 선택할 수 있다. 어느 종류의 경력이든 간에 엠은 중요하지 않은 단기 과제를 하기 위해서 엠 하나로 자신의 능력과 같은 아주 많은 수의 단기 과제용 스퍼를 복제할 수 있다.

좁은 경력에서 오래 일하면 일이 세부적으로 변해도 아주 잘 적응한다. 그러나 노동자들 간에 관련과제를 조정하는 데 드는 소통 비용이 크다. 같은 노동자가 반대로 폭넓은 과제를 할 때는 의사소통 없이도 유연하게 업무를 조정할 수 있다. 그러나 과제가 달라질 때마다 노동자를 더 전환시켜야transitions하는 비용이 든다(Wout et al. 2015). 그리고 노동자의 경쟁력을 자주 더 떨어뜨린다. 일이 전문적이지 않을수록 일 경력을 더 짧아지게 하기 때문이다.

관리자 일과 소프트웨어 엔지니어 일은 관련 업무 간 조정이 특히 중요하다. 업무 간 조정이 필요한 이런 일에서는 이 과제 저 과제에 노동자를 배치시키는 비용이 그리고 관련 과제들을 하면서 얻는 오랜 경험에서 얻는 이익이 과제 간 조정보다 덜 중요하다. 그래서 이런 일은 속도가 더 높은 엠들에게 잘 맞는 좋은 후보이다.

오늘날 관리자는 관리해야 할 부하직원 수가 줄었다는 점에서 "관리영역"이 더 좁아진 경향이 있다. 부하직원이 하는 역할들이 서로 아주 다르기 때문이기도 하고 관리자가 부하직원을 감독하는 일 외에도 다른 업무를 더 해야 할 때 그렇다. 관리업무는 관리역할을 잘 할 노동자를 고용하는데 더 많은 돈을 지불할 가치가 있을 만큼 정말 중요하다. 이런 것을 고려해보면 엠 관리자가 더 넓은 관리영역을 다룰 수 있도록 더 빨리 구동시키는 데 돈을 더 지불할 수 있다. 그렇기 때문에 엠의 관리 계층을 더 엉성하게 만들게 몰아간다. 최고경영자와 말단 현장노동자사이에 직급이 몇 개 안 되게 한다.

관리자가 하는 조정에서 나오는 이익은 특히 부하직원보다 빠르게 구동시켰을 때 얻는다. 그래서 부하직원은 빠른 상사를 만날 때 잠시 속도를 올린다.

부하직원보다 더 빠르게 작동하는 상사들이 있다면 그들이 일 경험을 하는 시간 면에서 보면 더 짧은 시간 범위를 희생하는 것이다. 빠른 상사들은 부하직원들이 일하는 경력기간 동안 여러 상사 밑에서 일해 보게도 요구한다. 조정이 꼭 필요한 업무라면 이런 식으로 해볼 만한 가치가 있어 보인다. 그러나 관리자 직종은 동일 고용주 밑에서 근속하는 평균 기간(6.3년)이 가장 긴 직업 중 하나다. 관리자보다 평균 재임기간이 더 긴 자리는 경호업무(6.4년)와 공학기술 분야engineering (7.0년)뿐이다(BLS 2012). 이렇게 근속 기간이 길다는 것은 관리자의 근속 기간이 길수록 조직들이 얻는 실질적인 가치도 커진다는 것을 시사한다.

기술과 제도의 변화 속도 때문에 경력을 잘 사용하는 기간이 자연스럽게 짧아진다. 먼저, 투자를 두 배로 하는 데 드는 시간이 경제 배가시간에 가깝다는 사실은 그런 배가시간보다 더 오래 이어지는 기술에 투자할 의욕을 떨어뜨린다. 둘째, 일이 크게 바뀌는 그런 시간 규모에서는 그런 시간규모보다 더 오래 지속하는 기술을 가진다는 것이 의미가 없다. 결국, 낡은 방식으로 일을 오래 한다는 것은 새로운 그리고 다른 방식으로 일하는 것에 거의 도움이 안 된다. 일이 실질적으로 대략 경제 배가시간 규모로 빠르게 변하기 쉽기 때문에 일하는 기간은 그런 배가시간들보다 더 짧아지도록 엠의 속도를 맞출 것 같다.

오늘날 S & P 500에 들어 있는 기업의 평균 연한은 18년이다(Foster 2012). 이 기간은 대략 우리 세계 경제의 배가시간에 해당한다. 이런 사실로 보면 경제 배가시간은 사업 프로세스에서 사업 내용을 크게 바꾸어야 할 시간 규모에 가깝다는 것이다. 이런 면은 오늘날 대기업들이 자주 "사업 프로세스개편"을 시도하는 다시 말해 주요 사업조직과 프로세스를 백지상태에서 다시 만들려는 시도를 보면 알 수 있다. 큰 조직에서는 어느 조직이라도 대략 경제 배가시간마다 이런 프로세스 개편을 한다.

이런 프로세스 개편은 정리해고와 실질적인 노동자 재훈련과 자주 관련되어 있다. 훈련된 엠 하나로 복제품 엠을 다수 만들면 엠 훈련에 드는 비용이 훨씬 저렴해질 수 있다. 이런 이유로 엠 조직은 프로세스 개편 시 평소보다 훨씬 더 많은 수의 피고용인을 교체하고 싶을 것이다. 그런 교체 시 고용주는 충분히 빠르게 구동하는 엠을 우선적으로 채용하려 할 것이다. 그런 엠은 대체로 차기 프로세스 개편 시까지 가용시간이 충분한 엠일 것이다.

엠 경제가 급격히 성장한다고 해도 어떤 장비와 환경은 보통과 달리 오래가고 안정적일 것이다. 바로 자연보호구역들, 물리적 대형 건물들, 다른 시스템들을 조정하는 기준에 기본이 되는 언어 및 운영시스템과 같은 소프트웨어 도구가 그렇다. 이렇게 특별히 오래 지속하는 환경을 다루는 데 잘 적응된 엠들은 객관적인 시간으로 훨씬 더 오래 잘 일할 수 있어서 적정하게 더 천천히 구동할 수 있다.

오늘날 20세부터 65세까지 일하는 사람을 보자. 경제 배가시간을 15년이라고 할 경우, 그 사람이 일하는 기간은 대략 경제 배가시간의 3배이다. 이에 반해 엠의 주관적 시간으로 200년 일하는 엠의 경우 200년에 해당하는 기간이 객관적으로 한 번의 경제 배가시간과 딱 일치한다고 하자. 이런 엠은 자신의 세계를 좀 더 안정적이고 예측 가능한 곳으로 인식할 것이다. 만일 객관적으로 경제 배가시간이 한 달이라면 이에 맞는 엠의 속도는 킬로-엠보다 약간 빠를 것이다. 결국 전형적인 엠의 속도는 킬로-엠이라고 보게 해준다. 이런 속도가 전형적인 엠 속도라고 보게 해주는 또 다른 고려사항이 18장 〈속도 선택〉 절에 있다.

정점 연령

오늘날 최신 경제에서 가장 생산적인 노동자를 보자. 이런 노동자는 생산성 정점 연령이 40세를 전후로 5년 정도인 나이에 있기 쉽다. 이보다 훨씬 나이가 많거나 아직 어린 근로자는 모두 생산성 면에서 상대적으로 떨어진다. 그렇게 생산성 차이가 나는 이유가 나이를 먹어감에 따라 정신 능력도 퇴화하는 데 있는 것은 아닌 듯하다. 같은 해 태어난 출생 동기 집단에서 볼 때 개인의 생산성은 최소한 60세가 넘어야 비로소 생산성 정점에 도달할 수 있다는 연구도 있다(Cardoso et al. 2011; Gobel and Zwick 2012). 노동자는 40대만큼이나 60대에도 비슷한 생산성을 보일 수 있다는 것이다. 그럼에도 불구하고 문제는 후속 세대 노동자가 생산성이 더 높기 쉽다는 데 있다.

마찬가지로 인간도 60세 이후의 생산성 저하는 정신 능력이 떨어져서가 아니라 신체 능력이 떨어지는 것이 주요 이유일 수 있다. 엠 노동자에게 이런 것은 거의 문제가 되지 않을 것이다. 엠의 물리적 신체를 주기적으로 대체할 수 있고 가상 신체는 절대 대체할 필요가 없어서 엠 신체는 근력이나 체력이 떨어지는 고통을 겪을 일이 없다.

오늘날 40세 정도인 노동자가 더 나이 든 노동자보다 생산성이 더 좋은 데 거기에는 주요 이유가 있다. 젊은 노동자는 최신 도구와 최신 문제를 더 잘 연결시키는 직업훈련을 받았기 때문이다. 반면 나이 든 마음은 이런 새로운 내용에 완전히 전환시킬 충분한 정신적 유연성이 부족하다. 이런 것이 오늘날 급변하는 경제에서 40세 정도의 노동자를 생산성 정점에 있게 만드는 주요 이유이다.

이런 이유 때문에 엠 경제에서는 생산성 정점에 이르는 주관적 나이가 엠이 보유한 마인드 속도에 달려 있다고 예상한다. 느린 엠들에게는 일하는 방법들이 자주 크게 변하는 것처럼 보여서 젊은 노동자에 비해 나이 든 노동자를 불리하게 한다. 그래서 속도가 더 느린 엠들은 주관적으로 더 어린 나이에 생산성 정점을 둔다.

빠른 엠들에게는 이와 반대로, 일하는 방법이 크게 달라 보이지 않는다. 안정적인 일을 하는 빠른 엠들에게 일하는 기간을 제한하는 주요 요인은 지역에 따라 바뀌는 일 조건에 맞게 좇아가는 기술이 떨어져 일을 잘 못하게 만드는 정신적 유연성 부족이 얼마나 오래가는가일지 모른다. 심지어 일하는 기본 방법이 그런 기술을 크게 바꾸는 것이 아니었다 해도 그렇다. 그래서 빠른 속도의 엠은 생산성 피크가 주관적 나이로 볼 때 훨씬 나중에 온다. 나아가 엠의 마인드를 미세수정하면 엠 마인드의 정신적 유연성이 지속되는 기간을 더 늘릴 수 있다.

우리 인간의 능력은 일의 종류마다 생산성이 정점인 나이가 다르다. 예를 들어 1차 인지처리 면에서는 십대 후반에 생산성이 정점이다. 20대 초반은 이름names을 습득하고 기억하는 것이 정점인 나이이다. 약 30세에는 단기 기억, 30대 초반에는 안면 인식, 약 50세에는 사회적 이해가 정점이다. 65세 이상에서는 단어 지식이 정점이다(Hartshorne and Germine 2015).

정신적 유연성은 혁신이 중요한 일에 더 중요하다. 예를 들어 오늘날 2종류의 혁신적 예술 형태가 있다. 즉 실험적인 것과 관념적인 것이다. 실험예술에서 개인 능력과 구체적인 프로젝트는 점진적으로 개선되는 경향이 있다. 반면 관념예술에서는 새 능력과 새 프로젝트는 단 한 번에 완전한 형태로 세상에 나타난다. 예를 들어 폴 세잔, 로버트 프로스트, 마크 트웨인은 실험적 예술가였다. 반면 파블로 피카소, T.S. 엘리어트, 허만 멜빌은 관념적 예술가였다. 오늘날 실험적 예술가라고 할 수 있는 화가, 소설가, 감독은 대략 각각 46~52, 38~50, 45~63세 나이에 최고 작품을 만들어낸다. 관념적 예술가의 경우 같은 해당 분야에서 각각 24~34, 29~40, 27~43세 나이에 최고 작품을 만들어낸다(Galenson 2006). 이와 비슷하게 오늘날 실험과학자는 대략 38~48세 나이에 정점을 맞는다. 이론과학자는 대략 32~42세 나이가 정점이다(Jones et al. 2014). 따라서 관념적 혁신가는 실험적 혁신가보다 정점이 더 이른 나이에 있다. 이것은 실험적 혁신보다 관념적 혁신이 정신적 유연성에서 더 많은 이익을 얻는 것과 일치한다.

언제 어느 시간에라도 실제 일하고 있는 엠들의 대다수는 (그 숫자에 가중치를 두든 속도에 가중치를 두든 간에) 주관적 나이가 생산성 정점 연령 가까이 있다. 그 이유는 엠 경제는 이런 엠들을 선별하여 엠 복제품을 많이 만들기 때문이다. 엠의 일 중에서 정점 나이가 특별한 나이에만 잘 맞는 기술인 경우 그런 일을 하는 엠들은 대부분 그런 나이 가까이에 몰리게 될 것이다. 그러나 생산성 정점이 그런 특정 나이에 몰려 있는 엠들이라 해도 하나하나는 생산성 정점 연령보다 더 젊었을 때의 긴 삶을 정확히 기억한다.

가장 고급으로 복제된 엠이 자기의 생산성 정점기간을 지속하는 시간은 그들이 하는 특정 일에 맞는 해당 경력local experience이 얼마나 중요한가에 달려 있다. 그런 해당 경력이 별로 중요하지 않다면 정점에 아주 가까운 곳에 있는 엠들이 선별된다. 근소하게 더 젊은 버전으로 대체되기까지 그런 엠들은 한 달 이하 정도 그 일을 할 것이다. 그런 엠들은 최근 여가를 많이 보낸 것도 기억한다. 만약 그런 여가 경험이 그들이 하는 일 생산성을 실질적으로 늘려주었다면 말이다.

이와 반대로 일에 해당 경력이 아주 중요한 경우에는 엠이 정점에서 일하는 기간이 더 오래 간다. 이런 경우 더 젊은 엠 노동자로 대체되기까지 그런 일에서 10년 이상 머무를 수 있다. 그런 노동자는 일하는 시간 대부분을 해당 일 경력에 쓰기 때문에 최근 여가를 갔다 온 것은 별로 기억하지 않기 쉽다.

팀 내에서 엠을 훈련하는 속도를 다르게 하면 팀들 내에 넘쳐나는 기술의 장점을 얻게 도와준다. 사람은 기술이 더 많은 팀 동료들끼리 있을 때 더 많이 배운다(Ichniowski and Preston 2014). 그래서 어떤 팀원들이 보통보다 더 많이 배우면 나머지 팀원들도 그렇게 같이 많이 배울 수 있다.

성인

주관적 나이가 50세 정도인 전형적인 엠 노동자가 있다는 것에는 많은 의미가 있다. 오늘날 우리도 그런 나이대의 사람이 젊은 사람과 얼마나 다른지 충분히 알고 있어서다.

우리는 나이, 성별, 성격 간에 많은 상관성이 잘 유지된다는 것을 알고 있다. 마찬가지로 침팬지 같은 유인원(침팬지·고릴라·오랑우탄)에서도 그런 비슷한 상관성이 있기 때문에 이런 상관성은 인간본성에 깊게 내재되어 있는 것이라고 본다. 그래서 엠들에서도 그런 상관성을 볼 수 있을 것 같다(Weiss and King 2015).

예를 들어 사람들은 나이가 더 먹으면서 대체로 신경질이 덜 하고 더 친절하고 더 성실하고 더 개방적이다(Soto et al. 2011). 이런 경향이 65세가 지난 노년에는 뒤바뀌지만 말이다(Kandler et al. 2015). 나이 든 사람은 자신의 역할과 사고방식에서 성별 간 차이를 덜 보여준다(Hofstede et al. 2010). 그리고 사람을 더 잘 믿는다(Robinson and Jackson 2001). 놓쳐버린 삶의 지난 기회에 대해 후회를 덜 한다(Brassen et al. 2012). 자신의 일에 상대적으로 만족하며, 스트레스도 덜 받는 편이며, 부정적 감정도 더 적다(Tay et al. 2014).

나이 든 사람(그리고 남성은)은 영향력 있는 사회 인맥이 더 많다. 그리고 영향력 있는 사람은 자기 인맥들끼리 더 모인다. 그리고 다른 나이 든 사람들로부터는 사회적 영향을 덜 받는다(Aral and Walker 2012). 나이 든 사람은 건강을 좀 더 잘 조절하며 나이 들면서 행복감도 커지고, 자극excitement이 아니라 안정감을 행복과 더 연관 짓는 데, 이는 나이 든 사람들이 어느 정도는 미래에 대한 반대 개념으로 현재에 더 집중하기 때문이다(Mogilner et al. 2011).

4장 〈복잡성〉 절에서 언급한 것을 다시 보자. 나이 든 사람은 결정 지능crystallized intelligence이 더 뚜렷하다. 즉 지식, 어휘, 추론 능력이 더 폭 넓고 깊다. 그러나 유동 지능은 약하다. 즉 새로운 문제를 분석하는 능력, 새로운 패턴을 인지하는 능력, 그리고 이런 새로운 문제와 패턴을 이용하여 추론하는extrapolate 능력은 적은 편이다(Horn and Cattell 1967; Ashton et al. 2000).

나이 든 사람은 오늘날 사람, 장소, 취미, 직업에 특별한 애착이 더 있어서 이런 것들을 새로운 것으로는 잘 대체하려고 하지 않는다. 대신 나이 든 사람들은 범죄를 덜 저지르며, 오히려 범죄 혐의자들을 단죄하는 자리에 더 있을 것 같다(Anwar et al. 2014). 이런 것과 더 강력한 감시체계를 함께 고려해보면 엠 세계에는 범죄가 훨씬 더 적을 것이다.

오늘날 80세 이상 노인들 대부분은 건강문제, 사랑했던 이의 죽음 등, 다루어야만 하는 많은 어려운 문제들이 있다. 어떤 이는 치매로 더 힘들다. 그러나 그들 중 많은 사람들이 그들이 살면서 축적한 정신력으로 이런 문제들 대부분을 "차분히" 다루는 듯 보인다. 이런 것이 그들로 하여금 삶의 긍정적인 부분에 초점을 두게 해주면서 그들을 평온하게, 안도하게, 침착하게poise, 유보하게 하고reserve, 개입하지 않게 하며distance, 무심하게 하고detachment, 미결정balance으로 두게 한다(Zimmermann and Grebe 2014). 그래서 우리는 나이 든 엠들도 그런 평온함, 무심함detachment, 균형적balance인

면을 보여줄 것이라고 다소나마 예상해야 한다. 덧붙여 엠은 나이가 들어도 건강 문제나 신체적 쇠퇴가 거의 없거나 아예 없다.

그래서 우리는 엠들은 나이가 더 들 것이기 때문에 엠들은 신경질은 덜 내고 더 친절하고, 더 성실하고, 더 열려 있고, 사람들을 더 믿고 그들이 가진 사회 인맥끼리 더 모인다고 약하게 예상해야 한다. 엠은 나이가 들면서 더 차분해지고 평온해지며, 범죄를 덜 저지른다. 자극이 아닌 안정감을 더 추구한다. 그리고 유동 지능보다는 결정 지능을 가지게 될 것이다. 그래서 사람, 장소, 취미를 더 가릴 것이다.

사람은 18~29세에서 거짓말을 제일 잘하고 거짓말 빈도도 높다. 즉 그 나이보다 더 어리거나 더 나이 들어서는 거짓말이 줄어든다는 것이다(Debey et al. 2015). 거짓말을 가장 많이 하는 나이보다 훨씬 더 많은 나이의 엠으로부터 엠이 복제되기 때문에 엠은 오늘날 우리 인간보다는 거짓말을 덜 한다.

엠이 사람과 비슷함에도 불구하고 일반적인 사람과는 체계적으로 다르다는 것을 다시 확인할 수 있다.

준 비

엠은 미리 한발 앞서 하는 준비에 시간을 얼마나 많이 쏟을까? 문제가 생긴 후에 문제에 유연하게 적응하는 것이 아니고 미리 얼마나 준비할 수 있는지의 질문이다.

엠은 쉽게 복제될 수 있다. 그래서 엠은 여러 엠이 하는 과제를 준비하는 데 훨씬 더 저렴하다. 엠 하나를 준비하는 데 드는 비용을 일단 한번 지불하고 그런 다음 그렇게 준비된 엠 하나를 많이 복제하면 준비된 엠들을 대규모로 얻을 수 있다.

예를 들어보자. 엠 하나로 소프트웨어 프로젝트에 맞는 시스템을 설계한다. 그런 다음 그 엠을 많이 복제한다. 이런 복제된 엠들이 시스템 설계에 필요한 다른 부분들을 자세히 만들고 구현한다. 그리고 하위 시스템이 필요하다면 그에 맞게 엠을 계속 복제하면 된다. 다음 경우에도 마찬가지다. 제품 디자이너나 건축가가 어떤 영화나 놀이공원을 제작한다고 생각해보자. 프로젝트의 전체 중심 계획을 구상한 다음 그런 프로젝트의 서로 다른 부분들에 맞는 복제품들을 나누어 만들어 세부적인 일을 하게 한다.

처음에 계획한 대로 되게 하기 위해 최초의 엠은 최초 계획의 여러 다른 버전을 추구해보게 여러 개로 나눈다. 이렇게 하면 처음에 계획한 품질을 계속 유지할 수 있다. 그런 다음 제일 잘 맞는 계획을 한 엠을 선별한다. 아마도 그런 엠은 그런 엠의 원본을 소생시킨 엠일지도 모른다. 그런 다음 엠을 나눠 나눈 엠들이 제일 잘 맞는 계획을 공들여 하게 하고 구현해보게 한다. 이런 과정은 반복해서 할 수 있다. 즉 각 수준의 단계마다 복제품들이, 있을 만한 서너 개 시나리오를 탐색해보고 최고로 개발한 것들만 유지하는 과정을 반복한다. 이렇게 하면 계획하는 엠에게는 좋은 세부 계획을 구별하게 하는 보상을 추가로 주는 것이 된다.

이런 능력 때문에 엠은 우리가 오늘날 하는 프로젝트보다 더 규모가 큰 통합 프로젝트를 사전에 미리 계획하여 구현해보게 해준다. 이런 변화는 대충 그때그때 상황에 따라 반응하는 것보다 사전에 준비하여 일하는 것을 더 중시하게 만든다. 엠은 우리보다 사전에 설계된 스케줄과 기획에 주로 의존한다. 이렇게 준비된 업무수행은 젊은 엠의 정신적 유연성을 쓰는 데 지불해야 하는 프리미엄 비용을 줄여준다. 느린 엠에게는 이렇게 줄일 비용이 더 없는데 왜냐하면 주변 사회가 더 급속히 변하기 때문이다. 줄일 비용이 더 적은 느린 엠은 정신적 유연성에서 얻는 이익이 더 많다

물론 엠 하나가 계획하고 계획을 실행하게 엠을 나누는 것은 그 엠이 그런 기획안을 개발하고 실행하는 데 필요한 모든 기술을 가진 경우에만 작동한다. 계획안이 다르면 다른 기술이 필요할 때가 있다. 기술이 다른 엠들을 그런 계획 전개와 실행에 투입할 필요도 있다.

엠을 오늘날 우리 인간에 비교해보면 엠들은 프로젝트 내에서 여러 다른 해당 요소들을 마치는 시간을 같게 하는 것이 더 쉽다. 해당 요소들을 마치는 데 예상보다 더 많은 노력이 필요하면, 이에 관여된 엠들은 이를 보완하려고 속도를 올릴 수 있기 때문에 서로 완료시간을 맞출 수 있는 것이다. 이런 방법으로 엠이 하는 프로젝트는 예산만 초과될 뿐 시간은 잘 맞출 수 있다. 이렇게 하여 다루기가 더 어려운 대규모 프로젝트 계획도 구현할 수 있다. 프로젝트 기획마다 각 해당 부분의 완료 시점과 프로젝트가 정해진 시간 내에 되는지 더 자주 가늠해볼 수 있다.

오늘날 노동자는 즐거운 휴가를 보내고 일에 복귀한 후에는 생산성이 더 높아질 수 있다. 물론 이런 동력은 일로 복귀하고 며칠이나 몇 주가 지나면 대개 없어지고 만다(Trougakos and Hideg 2009). 반면에 엠은 마인드를 미세수정하여 휴가가 필요하지 않게 만들 수 있다. 만일 미세수정을 할 수 없다면 어떤 엠은 길고 비싼 휴가를 갈 수 있다. 그렇게 여가를 취한 그런 엠을 다수로 복제하여, 그런 복제품 엠이 엠의 주관적 시간으로 말해서 며칠 혹은 몇 주를 더 생산적이게 일하도록 만들 수 있을 것이다. 반면 그

런 복제품 엠들이 일단 지쳐버리거나 자신의 업무가 자연스럽게 끝난 경우라면 이런 복제품 엠들은 그들 중에서 하나의 엠 외에는 모두 종료되거나 은퇴될 수 있다. 남아 있는 복제품이 그런 사이클을 반복할 수 있다. 즉 길고 호화로운 여가를 마치고 다시 강도 높은 노동으로 시작하는 그런 오랜 역사를 기억하는 사이클을 말한다. 일하기 전에 여가를 보내 얻는 이런 이익은 해당 업무에서 일 경력이 쌓이는 동안 정신적 취약성이 자리 잡아 효율적으로 일하는 시간이 줄어드는 것을 막게 해주어 얻는 이익이다.

예를 보자. 엠 배관공을 매일 평균 한 시간 정도 일반 배관 일을 하는 1,000개의 복제품 엠으로 나눌 수 있다. 그런 복제품 엠들 중에서 어떤 하나를 엠의 주관적인 시간으로는 하루 온종일 여가시간을 누린 다음, 다음 날 최고로 효율적인 노동을 하게 하고 저장한다. 객관적 시간으로는 이런 엠의 여가시간은 삶에서 2%이지만 삶에 대한 그의 기억(메모리)은 96%의 시간을 여가에 쓴 것으로 기억한다. 어떤 단계에서 이런 엠은 삶의 2%만이 여가라는 것을 알 수 있지만 엠은 이런 사실에 연연할 필요가 없다.

이런 시나리오라면 일에서 일 내용이 얼마나 많이 바뀌는가에 따라 아마도 매일 일하는 엠 노동자 하나로 만드는 복제품 엠들의 숫자가 제한될 것이다. 다시 말해 주어진 일에 맞는 일이 얼마나 빨리 변하는가로 제한된다. 즉 복제품 엠을 너무 많이 만드는 엠은 복제품 엠을 더 적게 만드는 엠보다 자기가 하는 일에서 전문성이 떨어지는 위험이 있다. 이런 면은 복제품을 더 적게 만드는 엠들이 새로운 일 내용에 더 잘 적응해서 바뀌는 일 조건에 더 신속히 적응할 수 있다는 것이다.

많은 복제품 중에서 하나만 유지하는 이런 시나리오에서 유념할 것이 있다. 엠이 과제를 하면서 가장 많이 배운 복제품을 유지하는 것이 가장 의미 있을지도 모른다. 그래서 계속 일하려는 복제품 엠들끼리 누가 가장 많이 배울 수 있었는지 보려고 서로 경쟁할 수 있다. 이런 경쟁은 생산성을 가장 높게 하려는 경쟁과는 상당히 다르다. 보상을 얻으려는 이유에서라면 그런 엠은 가장 많이 배운 복제품 대신에 가장 생산적이었던 엠을 자주 유지하고 싶어 할지도 모른다. 이런 시나리오에서 또 유념할 것은 어마어마한 수의 복제품 엠은 엠 마인드가 높은 생산성을 내기에는 유연성이 너무 떨어지기 훨씬 이전에 이미 은퇴되거나 종료된다는 점이다.

언제 보아도 서로 아주 비슷한 복제품들이 많이 있는 그런 엠들이라면 설계 계획과 저작 초안과 같은 사안에서 신임받는 독립적 판단을 구하는 것이 더 쉬워야 한다. 만일 어떤 엠이 초안을 만들었는데 아주 비슷한 어떤 복제품이 그 초안을 싫어했다면 그 두 엠 모두 초안이 추구한 목표와 스타일을 이해하지 못한 거라고 말하는 식의 비평이 잘 먹히지 않을 것이다.

훈 련

엠이 특정 과제를 하도록 준비하면서 생기는 문제를 막 논의했다. 어린아이 한 명을 키우거나 아니면 훈련생 한 명을 교육한 다음 그런 이들을 다수 복제할 수도 있기 때문에 어린 엠이 어른이 되어 하는 일에 맞도록 어린 엠을 준비시킬 때 관련 쟁점들이 생긴다. 이런 쟁점이 엠의 어린 시절과 직업 훈련을 바꾼다.

예를 보자. 대부분 엠들이 삶 대부분을 그런 훈련생으로 보냈다고 기억하고 있을지라도 엠들 중에서 아주 적은 수만이 생산성 정점 연령 가까이 있지 않은 어린아이거나 훈련생이다. 정점 연령에 있는 엠은 희소한 어린 엠들이 받는 훈련을 개인적으로 돕는 영광을 얻는다.

엠들을 훈련시키는 나이대의 엠들이 가진 경험은 현재의 생산성보다는 더 나은 기술을 가르쳐주기 위한 잠재력을 기준으로 더 선별된다. 엠들은 정신적 취약성을 늘리는 주관적 노화는 덜 추가하면서 어린 엠에게 가장 많은 기술을 추가시켜줄 수 있는 훈련방법을 탐색한다. 보통 평균 생산성을 높이고 생산성 편차를 줄이는 방법을 탐색한다. 물론 어떤 과제 종류는 생산성 변이가 높은 것이 오히려 장점이 되기도 한다.

엠들은 많은 수의 어린이들과 젊은 훈련생들을 경쟁시킬 만큼 여유가 있다. 그런 다음 일을 맡길 최고의 소수만 뽑는다. 경쟁에 패한 어린아이들이나 훈련생들은 종료되거나 은퇴된다. 성공 가능성이 낮아서 사기를 꺾는다고demoralizing 생각할 수도 있지만, 실패할 확률은 거의 생각하지 않는다. 대부분의 엠들이 그런 희박한 확률을 뚫고 성공하고 있다는 것을 거의 항상 기억하고 있기 때문이다. 엠들은 은퇴 전에는 실질적인 실패를 거의 기억하지 않는다. 오늘날 우리들에게도 위험한 직업인데도 긍정적인 마음을 유지하는 사람들이 있다는 것을 유념해보자. 스포츠, 음악, 연기 종사자들이 그렇듯이, 대부분 성공할 확률이 객관적으로 상당히 낮다.

오늘날 우리세계에서 나이 든 사람은 젊은 사람에게 더 오래 살아온 자신의 삶에 기반을 둔 충고를 자주 하려 한다. 하지만 나이 든 이들은 자기가 살아온 삶을 정당화하려는 숨은 의도를 보통 드러내곤 한다. 반면 젊은 사람은 나이 많은 충고자에게 경쟁의식을 자주 느끼면서, 청년 자신이 스스로 결정하는 것에 가치를 두려 한다(Garvin and Margolis 2015). 이런 상황들이 겹치면서 젊은 사람들은 나이 든 동료가 하는 충고를 기꺼이 받아들이려 하지 않는다.

엠은 사람과 정반대다. 엠은 나이 든 복제품 엠으로부터 조언을 얻을 수 있다. 그런 나이 든 복제품 엠들이 추구해온 일 경력과 인생 계획이 자기와 정말 비슷하기 때문에 그들의 충고를 받아들일 수 있다. 그런 나이 든 복제품 엠들은 이론적으로는 더 정확하고 더 존경받는 유용한 정보의 보고여야 한다. 즉 누군가가 당신과 성격이 완전히 똑같고 가진 기술도 같고 당신보다 일 년 먼저 당신이 하는 일을 이미 하고 있었다면 그런 이에게 더 조언받는 것과 같다. 나아가 엠은 이보다 훨씬 다양한 주관적 연령대의 엠들 예를 들어 주관적인 나이로 수만 년의 경력을 지닌 다른 엠들로부터도 조언을 받을 수 있다.

하지만 나이 든 엠들도 여전히 숨은 의도를 가지고 있을 수 있다. 젊은 엠도 다른 나이 든 엠에게 충고받는 것을 여전히 싫어할 수 있다. 이 때문에 같은 클랜 내부에서 나이 많은 엠들이 젊은 엠들에게 줄 수 있는 유용한 조언은 제약이 있을 수 있다. 젊은 엠의 반감과 나이 많은 엠의 숨겨진 의도를 줄일 수 있는 클랜이 있다면, 그런 클랜은 엠 경제에서 경쟁 우위에 있을 수 있다.

엠은 현실환경과 모의환경이 섞인 환경에서 훈련받는다. 그러나 훈련 중에 있는 엠은 그 환경이 모의인지 아니면 현실인지 알 수 없다. 공상과학소설 엔더스 게임Ender's Game*에서처럼 엠들이 있는 환경이 훈련을 받는 중에 진짜 일로 전환되고 있어도 엠들에게는 때때로 말해주지 않을지도

---

* 역자 주: 엔더스 게임은 어린 전사를 시뮬레이션으로 훈련시켜 외계 존재의 침입공격으로부터 대비한다는 SF소설이며 영화인데, 모의환경과 현실환경 사이의 혼동과 교란을 묘사하고 있다.

모른다. 그렇게 하는 것이 엠에게 확신이나 안정을 더 주어 생산성을 높인다면 안 알려줄 것이다.

엠들이 가장 많은 총시간을 일하는 과제에서, 엠들은 그런 과제의 생산성을 높여주는 것을 검색하는 데도 더 쓰지만 그런 시간에도 과제와 관련된 일에는 더 적게 쓴다. 과제를 할 더 흥미로운 방법들이 있어도 엠은 과제 생산성에 맞는 검색에 시간을 더 쓴다.

대부분의 엠 팀들은 생산성 정점에 같이 도달할 것이다. 그래서 엠 팀들은 높은 생산성 팀들로서 함께 일할 수 있다. 이 말은 어린 나이에 같이 시작하고 같이 나이 들도록 같은 속도에서 구동한다는 의미이다. 초기의 팀 훈련은 아마도 팀별 생산성 정점이 크게 차이 나게 훈련시키는 쪽으로 이뤄질 것이다. 훈련 팀들 가운데 팀 생산성이 가능한 가장 높은 팀을 찾아내기 위해서다. 아마도 이보다 정도는 덜하겠지만 팀별 훈련 시 생산성 정점에서 쓸 수 있는 시간의 변이도 늘리듯이 생산성 정점에서 쓸 수 있는 시간도 늘리도록 훈련할 것이다.

어떤 엠 팀은 "검색"팀이다. 검색팀의 중심업무는 팀 일원과 하는 일 사이에서 좋은 전략 조합을 찾는 것이다. 반면 "적용"팀은 검색팀이 찾은 가장 좋은 조합을 적용하는 데 더 중점을 둔다. 적용팀이 더 흔하다. 검색팀은 생산성 변이에 맞게 설계되어 있다. 아주 높은 생산성을 낼 수 있는 팀 설계를 잘 찾기 위해서다. 반대로 적용팀은 생산성 변이를 줄이려고 노력한다. 예외적으로 낮은 생산성이 나타날 가능성을 줄이기 위해서다.

검색팀에는 팀원들이 더 다양하고 전략이 더 많기 쉬워서 팀이 존속되는 기간 내에 걸쳐 팀원들과 전략이 더 바뀐다고 볼 수도 있다. 반대로 적용팀은 팀원과 일하는 방법이 더 안정적이다. 검색팀은 팀 밖에 있는 다양한 영역의 사람들과 사회적으로 교류해서 "인맥망"이 더 많기 쉽다. 그 이유로는 오늘날 숨겨진 정보를 발굴하고 기술혁신을 해야 하는 이들은 사회적 결속은 약하지만 인맥망이 많은 게 더 좋고, 반면 기존 정보를 탐색해서 전해져 내려오는 일 기술을 새로운 과제에 활용하는 이들은 사회적 결속은 강하지만 인맥망은 더 적은 것이 좋다(Pfeffer 2010).

어린 시절

엠들을 훈련하는 방법도 다르지만 엠들은 어린 시절도 다르다.

어린 엠이 가진 경험은 나이가 정점에 있는 엠이 가진 경험보다 더 잘 변하고 리스크가 더 크다. 그 이유는 부분적으로는 엠들이 가진 기술의 범용성을 확장하려고 경험 범위를 늘리기 때문이다. 그것은 또 복제품들 간에 없어지지 않는persistent 생산성 변이를 만들어내려는 바람이기도 하다. 그래야 그중에서 최고를 선택할 수 있어서다.

만일 정점 연령에 있는 엠이 정점 나이에 도달하기 전에 관련된 일 경험을 더 많이 했다면 그런 엠은 아마 생산성이 더 높을 것 같다. 그래서 엠은 젊은 엠을 훈련시킬 여력이 있음에도 불구하고 엠은 여전이 더 많은 경험을 하려고 일하는 시간의 상당 양을 일하는 데 쓰고 있다고 기억할 것이다. 반대를 보자. 정점 나이에 있는 엠이 젊은 엠을 훈련시킬 여력이 없다고 해도 그들은 여전히 최근에 호화로운 휴가에 삶을 대부분 써버린 것으로 기억할 것이다. 엠 하나에게 휴가를 주고 난 다음 복제품을 많이 만드는 것이 쌀 수 있어서다. 휴가를 다녀온 엠은 더 효과적으로 일하기 때문이다.

젊은 엠은 보조금을 지원받아서 정점 시기가 올 때 높은 생산성에 도달하려는 희망하에 더 생산적이도록 배우는 데 집중한다. 젊은 엠은 그들의 삶에서 중요한 부분이 그들이 가질 미래의 생산성 정점 나이라고 본다. 젊은 엠은 그들의 삶에서 커다란 질문들 중 하나가 미래의 그런 희망을 이루게 될지 그리고 생산성 정점에 도달했을 때 몇 안 되는 위대하게 복제된 엠들 중 하나가 될 수 있는지의 질문이다. 대부분의 젊은 엠들은 결국에는 그런 희망을 못 이룬다.

엠들은 미래의 생산성 정점 시간을 엠 자신들을 판단하는 핵심 표준으로도 사용하고, 배우자, 친구, 다른 동료들을 판단하는 데도 사용한다. 다시 말해 엠은 바로 지금 자신의 삶을 개선시킬 수 있는 동료를 찾는다. 그뿐만 아니라 심지어 엠들은 그들이 희망했던 미래의 높은 정점 생산성에 도달한 시점에도 높은 생산성을 이루게 도와줄 동료를 더 찾기도 한다. 즉 "지금 내 주위에 누가 있길 원하니?"도 묻지만, 엠은 정점에 도달한 때에도 "누가 내 주위에 있길 원하니?"도 묻는다.

엠이 어릴 때는 엠이 미래에 어떻게 될지 상당히 예측 불가일지 모른다. 커서는 일해 온 경력, 장소, 동료가 상당히 많을 수 있다. 그러나 이후 어느 특정 복제품 하나를 가지고 특정한 일 경력, 장소, 팀을 한번 선택한 후에는 오늘날 우리의 일 경력보다 미래의 일 경력을 더 멀리 더 많이 예상할 수 없다.

엠 클랜이 어떤 종류의 일에 일단 잘 자리 잡는다면 그런 클랜은 초기 복제품들이 그런 일을 하도록 훈련시키려고 계속 다시 재가동시킨다. 새 버전은 이전 버전이 너무 연약해져 생산성이 충분하지 못할 경우 새 버전의 엠이 그런 일을 이어받도록 훈련된다. 새 버전은 최신 도구사용에 능숙하도록 그리고 최신의 일 내용에 생산적이도록 발전된 훈련 기술을 사용해 훈련시킨다.

그런 엠들 대부분이 자신의 이전 버전 삶을 볼 수 있는데, 이전 삶을 통해서 미래 삶에 대한 좋은 아이디어를 얻고자 한다. 이런 것은 농경인, 군인, 구두 수선공으로 부모의 역할을 계승한 중세 노동자와 같다. 물론 그런 엠들은 자신의 바람과는 다른 일을 해야 한다는 데 압박을 느끼지 않을 것이다. 결국에는 이용할 수 있는 일에서 열의에 찬 몇 안 되는 엠들을 찾으려는 희망으로 어린 엠들의 많은 변이를 만들 수 있다.

엠 사회는 어린이들이 아주 적기 때문에 엠들이 자연스러운 육아 욕구를 드러내는 것은 더 힘든 일이다. 육아 욕구를 대신할 수 있는 방법이 있는데, 어린이에 관한 "리얼리티" 쇼를 보여주는 것이다. 엠들이 어린 엠을 다른 많은 복제품들과 함께 공유하기 때문에 엠은 양육에 필요한 중요 결정에 투표할 수 있다. 즉 아이 하나를 키우는 데 진정한 엠 마을이 필요할지도 모른다. 이런 것을 지원하려고 휴가를 즐기는 부모 집단들 속도로 어린이들을 구동시킬지 모른다. 이런 접근으로는 어린 엠과 직접 연결되거나 접촉이 충분하지 않기 때문에 엠 다수의 양육 욕구를 만족시키지 못할 수 있다. 그런데 오늘날 우리들도 아이가 없어도 생산적인 삶을 살아가고 있듯이, 엠들 역시 아이가 없어도 생산적인 엠들을 충분히 찾을 수 있다고 본다.

성공한 어린 엠 하나마다 만들어진 엄청난 숫자의 나이 든 복제품들이 그런 어린 삶을 아주 멋지게 상세히 만든다. 다시 말해 자신들의 어린 시절의 구체적인 어떤 사항을 정확히 똑같이 기억하는 그런 나이 든 다른 엠들이 엄청 많다. 그래서 나이 든 엠들은 아주 유명했던 어린 시절을 기억한다. 즉 어린 시절에 유명인이었던 연예인이 지금은 더 이상 유명하지 않은 정도로 기억하는 것이다. 자신들의 어린 시절의 삶이 어땠는지 자세히 알고 관심 두는 다른 엠들에 비해 지금 어른인 어떤 한 엠의 삶이 어떤지 자세히 알고 관심 두는 다른 엠들은 거의 없다.

유명 연예인의 이런 어린 시절은 치기어린 사건들과 사고방식들이 상세하게 많이 폭로되곤 한다. 만일 성인 엠이 자신들의 유년기에 있었던 특정 사건과 사고방식을 말할 수밖에 없는 유혹에 넘어갔다면, 완전히 똑같은 유년기를 함께 기억하는 수많은 숫자의 성인 엠들은 자기들의 어린 시절 정보가 새어나갈 것이라고 확신하기 쉽다. 조지가 어린 프레드를 싫어했다고 하자. 프레드가 어릴 때 그런 이야기를 전혀 발설하지 않았다 하더라도, 결국 성인이 된 프레드들은 모두 그 이야기를 여전히 듣기 쉬울 것이다.

어린 시절과 훈련은 적어도 충분히 정확한 과제 시뮬레이션을 이용할 수 있다면, 그리고 배우는 데 더 넓은 세계와 일일이 직접 데이터 통신할 필요가 없다면 정말 빠른 속도로 유용하게 이루어질 수 있다. 이런 식으로 훈련된 엠들은 자신의 어린 시절의 세계가 더 안정적이고 더 천천히 변했다고 기억한다.

스캔되었던 평범한 인간이 더 젊을수록 엠 세계에서 훈련을 더 일찍 할 수 있다. 젊은 인간들을 스캔하는 것에 반대가 있을 수 있다. 특히 스캔기술이 비파괴식이 아니라 파괴식 기술일 경우 그렇다. 하지만 이런 반대는 엠들이 주도하는 세계에서는 스캔이 실제로 일어날지 아닐지 항상 혹은 심지어 보통 결정하지도 못할 것이다.

엠의 어린 시절이 오늘날 우리의 어린 시절과 물론 다르기는 하지만 그래도 어린 엠들은 어린애들이라고 알아볼 만하다.

PART 04
조 직

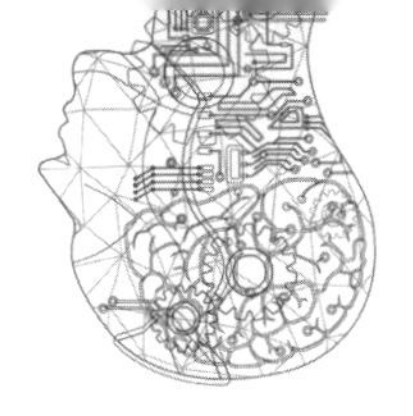

| Chapter 18 |

무리 짓기

도 시

엠은 도시에 물리적으로 모일까? 아니면 전 지역에 보다 고르게 퍼질까?

오늘날 산업경제는 사회활동과 사업활동을 서로 모이게 하여 큰 수익을 얻는다. 다양한 상점, 다양한 고용주, 다양한 클럽, 다양한 학교 등에 접근이 쉬워지면 쉬워질수록 그로부터 얻는 상호혜택도 더 많이 얻을 수 있다. 전화, 이메일, 소셜미디어 등으로 하는 소통이 증가한다고 해도 이런 효과는 줄지 않는다. 전자기기를 쓰는 소통방식이 오히려 사적으로 방문하는 것들의 가치를 보통 더 늘렸다. 도시 경제학자 등의 관련 학자들은 그런 "도시 집적"(응집agglomeration) 효과를 오래 연구했고 아주 자세히 이해하고 있다.

한곳에 모여서 얻는 이익이 엠 세계에서도 마찬가지로 이어질 것으로 예상된다(Morgan 2014). 엠은 서로 모여 있기를 원하며, 지원장치와 공용 시설 주변에 있으려 한다. 모여 있어야 더 많은 사람이나 시설에 더 쉽고 빠르게 소통할 수 있다. 도시 규모를 벗어난 거리에서는 확연히 이런 소통이 느려지는데 빠른 엠에게는 특히 이렇게 모이는 것이 중요하다.

사람을 기준으로 보자. 오늘날 도시는 인구가 2배가 되면 1인당 경제 생산성이 10% 높아지곤 한다. 사람 대신 임의의 크기인 도시를 비교해보자. 2배 큰 도시는 1인당 특허 비율도 21% 더 높다. 도로는 11% 더 짧고, 전선도 9% 더 짧다. 그러나 1인당 범죄율은 12% 더 높다. 에이즈 환자는 17% 더 많다. 교통혼잡 해소 비용은 34% 더 높다(Bettencourt et al. 2007, 2010; Schrank et al. 2011). 오늘날 더 큰 대도시가 생산성이 높은 이유가 있다. 그 한 가지는 더 큰 도시가 더 우수한 노동자를 선별해서 끌어들이기 때문이다. 그러나 대도시가 생산성 면에서 유리한 또 다른 중요 요소가 있다. 대도시에서는 우수한 노동자가 자신의 우수한 능력으로 이익을 얻을 수 있는 기회가 더 많다.

최적의 도시 규모는 일반적으로 이런 이익과 비용을 절충한tradeoff 결과일 것이다. 농경시대에 대부분의 사람들은 대략 1,000여 명인 작은 공동체에서 살았다. 마을 크기로 비교하면, 마을이 2배 더 커도 인구는 75%만 더 많을 뿐이었다(Nitsch 2005). 대부분의 농경인은 가장 작은 마을에 살았다. 농경시대에 마을이 더 크면 범죄, 질병, 운송 비용이 더 들었기 때문이다.

반면 오늘날 부유한 나라를 보면 이룰 수 있는 다양한 규모의 도시가 모두 골고루 퍼져 있다. 최소 수천 명이 사는 자립 가능한 현대적 마을에서부터 국가라고 할 수 있는 정도인 국가급 도시까지 퍼져 있다. 도시 크기로 비교하면, 같은 수의 인구라도 면적이 2배 차이 나는 서로 다른 도시에서 살고 있는 경우가 많다. 농경시대 소규모 도시에서 현대의 대규모 도시로 바뀔 수 있었던 이유는 산업사회로의 변혁 때문이었다. 대도시로의 변화는 범죄, 질병, 운송으로 인한 비용을 크게 낮추고 전문화와 혁신을 통해 이익을 얻게 해주었다. 국가 규모의 크기도 매우 다양해졌다. 최소 50만 명인 자립 가능한 국가부터 최대인구가 사는 국가까지 대략 골고루 퍼져 있다(Eeckhout 2004; Giesen et al. 2010).

엠 경제는 범죄 비용과 질병 비용을 훨씬 줄일 수 있으며, 혁신으로 얻는 이익을 늘릴 수 있다. 고품질 설계의 컴퓨터는 탈취, 공격, 질병에서 안전할 수 있으며, 엠 도시의 교통혼잡 비용도 훨씬 더 낮아질 수 있다. 대부분의 엠 운송은 도시 내 통신회선을 통해 이루어질 수 있다는 점이 더 중요하다. 도시 내 대부분의 가상회의는 엠 마인드를 이동시킬 필요가 전혀 없다. 혼잡 비용 때문에 현재는 도시 규모가 제한된다. 그렇기 때문에 가상회의의 증가는 엠 도시를 훨씬 더 대규모로 몰고 가는 데 결정적 역할을 할 수 있다.

오늘날 가능한 모든 다양한 크기의 도시 규모에 사람들이 균등하게 있다. 반면 대부분의 엠들은 몇몇 매우 큰 대도시에 몰려 있다. 즉 대부분의 엠은 극소수의 초고밀도 도시 혹은 단 하나의 거대 도시에 모여 살 수 있다. 이렇게 된다면 국가와 도시는 병합될 것이고 중요했던 소수의 거대 국가들만 있게 될 것이다.

엠 도시가 더 커질수록 사회적 복잡성을 크게 증가시킬 수 있다. 농경인은 보통 약 1,000명 정도인 마을형태의 사회적 단위로 살았다. 수렵채집인은 약 30명 정도 무리로 살았다. 농경인의 입장에서는 전형적인 수렵채집인이 겪는 사회적 고립을 견딜 수 없었을 것이다. 그런 농경인은 마을을 기반으로 해서 얻는 여러 기회를 포기하기 싫었을 것이다. 마을은 노동과 여가생활에 있어서 그 전문성과 복잡성에 맞는 기반이기 때문이다. 약 1백만 명 도시에 사는 우리 시대 대다수도 비슷하게 과거 농경인의 사회적 고립을 재현하고 싶지 않을 것이다.

만약 엠 도시가 수십억 혹은 수조 인구를 수용할 정도로 크다고 생각해 보자. 그런 도시에 사는 엠은 거대 도시에서 이용할 수 있는 엄청 많은 사회적 편의를 신나게 즐길 수 있다. 우리와 마찬가지일 것이다. 그런 엠들은 인간사회의 도시 거주자의 생활을 상대적으로 고립되어 있는 것으로 볼 것이고 따라서 그들은 우리 인간사회를 동정어린 눈길로 볼 수도 있다. 마치 현대인이 과거 농경인의 고립을 동정하거나, 혹은 농경인이 그 이전 과거에 살았던 수렵채집인의 고립을 동정하는 것처럼 말이다.

사회밀도가 높아지면서 엠 언어도 바뀌게 된다. 오랜 기간 많은 사람이 사용한 언어 동향이 있다. 예를 들어 색깔 표현 어휘에 대한 구분도 달라지고, 어휘량의 변화도 많아지고, 음소 변화는 더 많아지고, 단어는 더 짧아진다. 엠은 더 많은 감정 표현 단어를 통해 더 많은 방식의 감정을 기억하고 공유한다. 또한 이렇게 변화하는 언어는 형용사, 시제, 전치사, 대명사, 종속 접속사와 같은 문법적 기능이 더 많아지게 한다(Henrich 2015). 가상현실 지원은 상대방이 하는 말을 더 잘 알아듣도록 지원하는 가상현실에서 엠 단어의 음소phonemes 수를 늘리고 엠 단어를 더 짧아지게 만들 수밖에 없을 것이다.

엠 도시 수가 적을수록 엠 경제를 보다 쉽게 규제할 수 있다. 드물게 있는 거대 엠 도시 중 하나가 되려고 도시는 처음에는 성장 친화적인 규제를 해야 한다. 하지만 도시가 일단 아주 커지고 나면 성장을 줄이는 상당한 규제를 견디면서도 그 규모를 유지할 수 있다. 거대 엠 도시 전체가 비슷한 수준의 그런 규제 채택에 동의하는 경우에는 앞에 말한 정도의 대형 도시가 가능해질 것이다.

도시 구조

엠 도시의 수와 크기를 설명했듯이 이제 엠 도시의 내부구조도 설명할 수 있다.

가상회의에서 엠은 도심을 기준으로 반응거리 이내의 거리에는 거의 신경 쓰지 않는다. 반응거리는 마인드가 반응하는 시간 내에 빛이 이동할 수 있는 거리라는 것을 기억해보자.* 더 빠른 엠은 반응거리가 더 짧다. 그래서 도심에 더 가까이 있는 엠일수록 이득이 더 많다. 따라서 빠른 엠은 중심부에 무리지어 있을 것이다. 도시 주변부로 갈수록 상대적으로 느린 엠들로 둘러싸여 있을 것이다. 이는 오늘날 초단타 거래 알고리즘을 사용하는 투자자가 금융시장 중심에 가까이 자리 잡기 위하여 더 많은 돈을 지불하는 것과 비슷하다. 빠른 엠으로 얻은 높은 가치는 중심가 부동산의 높은 임대 가격에 반영되는데, 그 높은 임대가격 때문에 엠 도심의 컴퓨터계산 전력, 에너지 투입량, 냉각에 드는 밀집도는 더 높아질 수밖에 없다.

지난 수십 년간 장거리 여행비용이 낮아졌다. 이런 비용 하락은 학회와

---

* 역자: 실제 뉴런은 보통 반응시간이 최소 20msec이다. 초당 30만 킬로미터인 빛의 속도는 20msec당 대략 6,000킬로미터를 간다.

사업회의 비율을 크게 늘렸다. 인간이 사는 도시보다 엠은 가상회의 참석에 드는 여행비용이 낮다. 서로가 반응거리 내에 있다면 그럴 것이다. 이런 낮은 비용이 학회와 사업회의 비율을 특히 더 느린 엠에게서 크게 늘려야 한다.

도심 근처는 공간임대 비용이 높아진다. 엠의 주관적 1분 경험에 드는 1분당 하드웨어 비용이 도심 내로 갈수록 더 높아진다. 엠이 더 빠르게 구동한다는 것은 도심에 위치해 있다는 것을 말한다. 임대에 드는 고비용 때문에 엠은 속도에 비례하는 하드웨어 비용보다 더 많은 비용을 지불해야 한다. 이 때문에 빠른 속도의 엠과 데이터 통신하여 큰 이익을 낼 일이 아니라면 도심보다는 도시 외곽에 있기 쉽다.

더 빠른 엠이 더 도심 가까이 자리 잡기 쉽고, 속도가 비슷한 엠끼리 공간적으로 함께 무리 짓기 쉽고, 엠의 다양한 속도마다 비슷한 속도의 엠끼리 등급이 달리 분류될 수 있다면, 이런 때 엠 도시는 속도마다 다른 여러 구역으로 구역이 나눠질 수 있다. 각 구역은 대체로 그들마다의 특정 속도로 구동된다. 이런 구역은 도심 주위에 고리 모양으로 배열되거나 크고 작은 다수의 도심지역 주위에 프랙탈 구조로 배열될 것이다.

엠이 때때로 자신의 속도에 알맞은 크기의 물리적 몸체에 자기 위치를 자리 잡는다고 하자. 그때 도시에는 보도, 교량, 출입구처럼 엠의 몸체에 맞는 물리적 기반시설이 있을 것이다. 이런 기반시설은 더 빠른 엠이 거주하는 도심을 향해서 더 작아질 수 있다. 도시 내 지역 간에 강제로 서로 다른 기압을 만드는 물리적 장벽도 기반시설의 일반적인 물리적 크기를 바꿀 수 있는 좋은 장소가 될지 모른다. 이 경우 더 작은 규모의 기반시설이 있는 안쪽 지역의 압력이 더 높다.

오늘날 도시가 클수록 좋은 교육을 더 받고, 그런 도시에는 사회적으로 교류하는 노동자도 더 많고 생산적인 노동자도 더 많기 쉽다. 대형 도시는 특정 산업과 직업에 덜 특화되어 있다(Duranton and Jayet 2011). 대도시 노동자는 특정 과제만이 아닌 폭넓게 연관된 과제를 하기 쉽다. 그래서 노동자도 서로 가까이 있음으로 해서 이익을 얻기 쉽다(Kok and ter Weel 2014). 도시 노동자가 더 상호연결된 과제를 할 때 소셜미디어를 통해 더 많이 연결될 때 도시는 더 빠르게 성장한다(Mandel 2014). 신제품과 새로운 방식을 가진 산업은 처음에는 더 큰 도시에 자리 잡다가 나중에 제품과 방식이 좀 더 안정적으로 자리 잡으면 작은 도시로 이전하기 쉽다(Desmet and Rossi-Hansberg 2009).

엠 도시 주변부인 도시 외곽에서의 활동은 아주 작은 소도시 활동과 비슷하다. 반면 엠 도심활동은 현재 가장 큰 도시의 일반적 활동에 더 가까울 것으로 보는 것이 맞을 법하다. 이런 면에서 엠 도심은 새롭고 혁신적인 역동적 산업을 더 많이 수용한다. 엠 도심에서는 사회적이고 교육받은 노동자가 더 많아 더 생산적이다. 직업 종류도 더 많고, 연결된 과제를 더 하기 쉽다. 도시 주변부는 반대로 더 안정적이고 건물이 더 낡았고, 특정 산업에 특화된 지역이기 쉽다.

엠 도시 주변부에 유리한 업무는 모니터링, 식별, 평가, 물체 조작 및 이동, 기계 및 프로세스의 운영 및 제어, 컴퓨터 사용, 장치 초안 및 사양지정, 장비 수리 및 유지보수 등이다. 엠 도심에 유리한 업무는 품질 감정, 규정 준수 조사, 의사결정, 창의적 사고, 전략 수립, 일정 계획 및 기획, 통역, 의사소통, 관계 수립 및 유지, 판매, 분쟁 해결, 조정, 교육, 동기 부여, 자문, 행정이다(Kok and ter Weel 2014).

대부분의 이동은 가상이동이나 전자이동이다. 그렇기 때문에 도시의 상징적인 위치는 우리 시대처럼 운송노선이나 운송허브에 있기보다는 엠이 모여들 수 있는 광장 등의 공간이다. 엠 도시는 노동자의 일일 출근 경로를 염두에 두어 설계되는 경우는 적고 그보다는 통신, 전력, 냉각이 원활하게 이루어지도록 유동성 높은 공간 배분지원을 우선 고려해서 설계된다.

엠 하드웨어가 더 빠를수록 메모리보다 프로세스가 중요하다. 엠 도심은 프로세스 하드웨어가 중요하고 주변지역은 메모리 하드웨어가 중요하고 특히 저렴하고 느린 액세스 메모리 하드웨어가 중요하다. 은퇴자와 보관(기록 보관소)장소는 주변부 쪽에 자리 잡기 쉽다.

오늘날 도시인들 대부분은 걷거나 대중교통을 이용하여 어딘가로 간다. 자신의 휴대폰에 빠져 정신 줄을 놓은 경우는 한두 번이 아니다. 그러나 가상 도시 거리를 걷는 대부분의 엠은 주의를 딴 데 둔다고 볼 수 없으며, 오히려 산책하거나 배회하는 기분일 것이다. 만일 엠이 정신을 딴 데 둔다면 다른 엠과 눈을 마주치지 않고 그저 먼 곳을 바라보는 모습일 것이다. 엠은 우리처럼 손을 내려다보지 않고도 결국에는 머릿속에서 다른 엠과 말하거나 이메일을 읽을 수 있다.

도시 경매

엠 도시 구조만이 아니라 엠 도시를 어떻게 통치하느냐의 문제도 설명할 수 있다.

15장 〈복합경매〉 절에서 논의한 대로 복합경매를 하면 정치적 로비로 인한 막대한 비용을 피하면서 도시 공용시설을 분산 관리할 수 있다.

경매로 공용시설의 용량 및 고객 위치를 선택하고 할당한다. 경매를 통해 중요한 도시 공용시설을 모두 결합할 수 있다. 즉 참가자는 입찰 최고가격 외에도 다음 항목도 같이 명기하여 입찰 제안서를 낸다. (1) 공간의 크기/모양/방향, 위치 제한 사항, (2) 정문의 위치/크기의 교환부품, (3) 외부에서 보이는 모습 혹은 지정 당사자에게 보이는 모습, (4) 표면온도와 화학적 부식 제한값, (5) 전력/냉각 용량과 형식, (6) 규정 화학물의 유입관 유속 및 유체 쓰레기 배출관 유속, (7) 특별 거주자의 통신거리와 대역폭, (8) 하드웨어 출고/입고에 드는 시간/용량, (9) 지지 장력선, (10) 지열 유입/유출 제한값, (11) 진동 유입/유출 제한값, (12) 누출이나 폭발에 의한 파괴 시 유입/유출 가능성의 제한값, (13) 이웃과의 분쟁을 다루는 조항. 입찰로 이런 항목들의 최적값, 이런 조건을 누적해서 위반 시 지불할 벌금 규모, 추후 모든 배분 시 판매가를 재지정할 수 있다.

도시마다 경매가 자주 반복되며 낙찰자에게 경매물건을 계속 배분한다. 경매는 어떤 자원으로 누가 언제 어떤 공간을 사용할 수 있는지, 제한 사항 등을 사양에 공고한다. 이런 사양에는 이전에 허가된 자원의 재할당과 아직 허가되지 않은 미래 자원까지도 포함시킨다. 경매 참가자들이 낸 도시의 총 명시가치가 최고가에 가까운 것에 낙찰된다. 경매 참여는 소비자와 공급자 모두 다 할 수 있다. 즉 토지와 공용시설을 사용하는 측과 공급하는 측이다. 정해진 장소에 정해진 공용시설을 공급하려고 가격 입찰을 한다. 예측시장은 미래에 낙찰될 입찰을 평가하여 경매가 작동하게 돕는다. 즉 낙찰 집행 시 기회비용 추정을 도와주는 것이다. 그래서 미래의 특정 배분을 지금 할 것인가 아니면 미래에 더 입찰하게 기다릴지 선택할 수 있게 해준다.

경매 수입을 공용시설에 드는 고정비용에 활용하고, 도시 투자자들에게 투자금 상환을 할 수도 있다. 이론적으로 최적 규모의 도시라면 그런 경매로 얻는 수입은 규모의 경제로 서비스하는 도시에 지급한 보조금을 충당하는 정도여야만 한다. 도시 투자자들에게 지불할 잔여 수익이 남지 않아야 하는 것이다(Raa 2003). 그러나 그런 이론이 정확히 맞지 않을 수 있다.

엠 도시를 설계할 때 우선순위가 높은 항목이 있다. 컴퓨터 하드웨어/통신 하드웨어의 교체 및 이동, 전력 및 냉각 용량 확장, 고도 건축, 지하 건축 등처럼, 물리적 고속성장을 지원하는 항목을 우선순위에 둔다.

오늘날 미국의 경우 건물 건축에 평균 2년이 걸린다. 건설 계획수립에도 추가로 2년이 걸리는데, 규제와 씨름하느라 그렇게 오래 걸리는 경우가 많다. 최근 수십 년간 이런 계획수립에 드는 시간은 실제로 늘어났다(Millar et al. 2013). 고도로 고속성장하는 엠 경제는 이런 건축 지연시간을 크게 줄여야 한다. 복합경매는 건축 계획을 더 신속히 허가할 수 있게 해주고 건축 계획을 유연하게 할 수 있게 해준다. 그러면서도 건축변경 시 도시 내 인접지역에 미치는 영향을 잘 다루게 해준다. 건물은 다른 모든 조건이 동일하다면 지연 시간을 줄이려고 더 작게 지을 수도 있다.

속도 선택

엠 마인드는 우리들 사람 마음에 비하여 얼마나 빨리 구동할까?

더 빠른 엠들은 더 도심지역에 있어야 하기 때문에 속도가 올라가는 데 따라 커지는 비용 이상으로 사실상 비용이 더 든다. 다른 모든 조건이 같다면 이런 점 때문에 엠 속도를 줄이기 쉽다. 예를 들어 과제를 완수하는 데 드는 엠의 주관적 시간이 정해진 그런 과제들에서는 속도를 올리면 비용이 올라가기 때문에 마감시간 전에야 겨우 과제를 끝낼 수 있게 "시간을 딱 맞추는" 가장 느린 엠의 사용을 부추길 것이다.

밀리-엠은 객관적인 1달 동안 약 45분에 해당하는 주관적 경험을 한다. 1시간은 숙련 노동자가 유용한 과제를 하는 데 걸리는 가장 짧은 시간이다. 과제를 하는 데 걸리는 시간이 경제 배가시간보다 훨씬 오래 걸리는 과제에는 밀리 엠의 경제적 가치가 거의 없다. 따라서 밀리-엠보다 더 느린 엠들은 거의 모두 은퇴자여야만 한다.

그러나 엠 속도를 더 빠르게 몰고 갈 수 있는 다른 항목도 있다. 이런 항목은 지위 표시로서의 속도, 일이 실질적으로 바뀌기 전에 일 경력을 끝내서 얻는 이익, 서너 개의 연관 과제를 하는 똑같은 엠을 더 잘 조정해서 얻는 이익이다.

엠을 밀집된 도시에 모이게 하면 데이터 통신 같은 면에서 이익이 있다. 게다가 동료와 속도를 맞출 때 데이터 통신 면에서 이익이 생기므로 동료와 같은 속도로 구동하도록 권장된다. 더불어 시간분배형 컴퓨터time-sharing computer 하드웨어에서 생기는 위상 차이를 피하도록 권장된다. 결국 위상이 서로 다르고 주기가 긴 시간분배형 엠들은 모두 속도나 위상을 변경하지 않고서는 상대방과 자연스럽게 이야기할 수 없다. 교환swap 주기가 짧으면 교환작동에 드는 평균 비용이 크게 늘어날 수 있다.

특정 과제에 맞는 특정 속도를 예상하는 이유가 여러 가지 있다. 공장 관리처럼 물리적 프로세스 근처에서 일하는 엠은 그런 물리적 프로세스가 요구하는 속도에서 구동된다. 다양한 프로세스에 따라 다양한 속도의 엠들이 있을 것이다. 평범한 인간과 소통하는 대부분 엠은 사람과 거의 같은 마인드 속도로 구동될 것이다. 제품을 개발하느라 경쟁하는 엠은 최저가 속도 근처에서 구동하는 경우도 흔히 있을 것이다. 그런 엠은 물리적 시스템이나 다른 외부 시스템과 소통하는 데 걸리는 시간이 늦어지는 것에 방해받을 일이 없기 때문이다. 도심 외곽의 현장에서부터 개발결과를 전달하는 데 걸리는 시간이 오래 걸린다고 해도 그 시간이 개발시간보다는 짧다면, 엠들은 도시주변인 외곽에서 자리 잡고 경쟁하려 할 것이다. 많은 은퇴 엠은 기저 속도가까이에서 구동한다. 즉 하드웨어 비용과 속도가 속도비례관계라면 그중에서 가장 느린 속도로 구동해도 될 것이다. 그러나 대부분의 엠들은 다른 엠들과 소통이 쉽도록 낮은 값의 표준속도들에 몰린다.

서너 개의 표준속도가 있을 거라는 구체적인 이유가 있다. 한 가지 이유는 이미 언급했는데, 즉 부하보다 빠른 팀장 같은 상사로부터 얻는 조정 이익이 그중 하나의 이유였다. 팀장 한 명이 다양한 다수 팀들을 충분히 관리하기가 어렵기 때문에 그런 조정 이익은 줄어든다. 그러나 좋은 상사가 한 번에 대략 16개 팀을 관리하도록 세부 사항을 충분히 기억할 수 있다면 속도가 16배로 실현될 수도 있다.

속도를 다르게 하는 두 번째 이유가 있다. 여가속도를 노동속도보다 빠르게 하는 것이다. 오늘날 대부분의 일에서 노동자는 노동시간 후에는 쉬기를 원한다. 한편 고객은 노동자가 항상 일하기를 원한다. 서로 간에 다른 이런 바람은 자주 충돌한다. 온종일 업무가 이루어지도록 노동자 근무교대를 자주하면 이런 충돌을 해소하는 데 도움이 된다고 하지만, 이런 식의 근무교대는 노동자들 간의 교대시간 이동 시 조정이 안 될 수도 있다

(Chan 2015). 엠은 여가속도를 일 속도보다 훨씬 빠르게 해서 이런 충돌을 크게 줄일 수 있다.

예를 들어 노동 대 여가속도비가 16이면, 노동자는 12시간마다 45분 휴식하면서 24시간 일을 하는 셈이다. 45분은 엠에게는 주관적인 12시간의 휴식 시간과 같다. 지역에서 빠르게 이용할 수 있는 지역 기반 엠 하드웨어를 충분히 이용하도록 노동자 인구를 위상이 다른 16개 노동 공동체work-phase communities로 나눌 지도 모른다. 공동체마다 여가를 다른 시간에 가는 것이다. 여가를 보내는 동안에는 다른 노동 공동체들과는 소통을 많이 할 수 없다.

도시에 있는 대부분 엠들과 뚜렷한 지연 없이 소통할 만큼 도심 가까이에서 일하는 엠이라면 이런 엠들을 빠르게 휴가를 가게 해도 엠들이 지연 없이 소통할 수 있는 도시 숫자를 크게 줄일 수 있다. 만약 여가활동 시 다른 이들과 소통해서 얻는 이익이 일터에서 다른 이들과 소통해서 얻는 이익보다 더 적다면 이것은 합리적인 선택이다. 이것은 오늘날에도 적용되는 것으로 여가(특히 고령자를 위한)는 외곽에서 더 보내지만 일은 도심에 더 있기 쉽다.

표준속도들 간 속도 비율이 2제곱 관계라고 하면 똑같은 하드웨어로 시간별 속도를 다르게 지원하기가 더 쉽다. 표준속도 종류가 세 가지 이상 있어서 근접한 이웃들의 속도도 같은 비율로 달라진다면 서로 속도가 다른 엠들끼리 어떻게 소통할지 관리하는 공통 사회규약이 사용될 수 있다. 그래서 엠의 주 속도들은 2의 제곱 비율로 달라질 것이라고 단순 가정을 한다. 이런 표준속도 비율을 나타내는 인수는 4나 16이 될 것이다.

내가 할 수 있는 최선의 추정으로 초기 엠 시대에서 보통 엠 속도(경제가치가 가중된)는 대략 킬로-엠 속도 기준으로 인수값 8 이하다. 속도상승률 1,000 값은 사회 변화가 급격히 일어나는 객관적인 시간 2달에 해당할 만큼 충분히 빠르고 이런 시간은 엠의 주관적인 경력subjective career으로 볼 때 200년에 해당한다. 그러나 우리에게 익숙한 규모의 도시가 반응거리 15킬로미터(반응시간 0.1초에서)라는 기준에서 보면 여전히 느리다. (예, 맨해튼 크기는 21.6×3.7킬로미터이다.)

킬로-엠의 반응시간에 맞는 물리적 몸체는 키가 약 1.5밀리미터이다. 그런 크기의 몸체에 알맞은 브레인이 장착될 수 없다면 그런 몸체는 원격조정을 해야 할 수 있다. 이런 미니어처 엠 부품은 우리 신체 부위보다 1,000배나 작다. 하지만 속도는 1,000배 빠르다. 그런 크기에 맞는 작은 배관, 통로 서비스, 도구, 차량, 제조 공장을 다룰 수 있다.

엠이 이런 크기라면 킬로 엠을 백만 정도인 산업-시대 인구를 슈퍼맨 만화에서 나오는 칸도르* 도시처럼 조그만 병 속에 넣을 수 있다. 이런 규모라면 10억 엠 인구가 소형 건물에 들어갈 수 있다. 대형 건물에는 수조 개의 엠이 들어갈 수 있다. 이런 숫자는 1950년대 공상과학 이야기처럼 은하계를 채울 만한 수이다. 물론 그런 몸체에 킬로-엠 브레인이 맞을 것이라는 보장은 없다.

엠 경제의 규모와 관계없이 엠 경제에서는 엠이 빠를수록 비례해서 경제적 가치를 만들어내기 때문에 최소한 일을 하기에 충분히 빠른 엠들끼리는, 보통 엠이 빠를수록 활동하는 엠 인구의 총 규모size는 더 작아진다.

---

* 역자 주: 칸도르 Kandor는 미국만화에 나오는 슈퍼맨의 상상도시로서 작은 유리병 안에 들어 있다.

킬로-엠 10억 개의 경제적 산물은 대략 인간의 속도인 엠 1조 개의 경제적 산물에 맞먹을 것이다.

운 송

엠의 활동과 여행이 대부분 가상현실에서 이루어지지만, 그렇다고 해도 일부 엠과 일부 상품들을 새로운 장소로 옮기려면 물리적으로 이동시켜야 한다.

오늘날 도시를 가로 질러 15킬로미터를 출퇴근하는 데 약 25분이 걸린다. 일상의 출퇴근 속도는 초당 약 10미터이다. 북아메리카 대륙을 가로지르는 데 제트기로 약 5시간이 걸린다. 북아메리카와 유럽 대륙 간 비행도 그렇다. 중국에서 미국으로 배로 물건을 운송하는 데 약 한 달이 걸린다. 화성까지 갔다가 돌아오는 데는 1년 이상 걸릴 수 있다.

그러나 전형적인 킬로-엠 속도에서 그런 물리적 여행은 엠의 주관적 시간으로 볼 때 훨씬 더 오래 걸린다. 킬로-엠에게 도시를 가로 지르는 출퇴근 시간은 주관적으로는 18일이다. 킬로-엠에게 대륙 간 제트기 비행은 엠의 주관적 시간으로 7달이다. 킬로-엠에게 중국에서 미국으로의 선박 여행은 엠의 주관적인 시간으로 100년이 걸린다. 화성까지 왕복 1년 걸리는 비행은 엠의 주관적인 시간으로 1,000년이다. (킬로-엠에게 현실의 주야간 12시간은 주관적인 시간으로 따져서 17개월 지속기간이다.)

빠른 엠들에게 이렇게 긴 주관적 지연시간은 물리적 이동을 엄청 어렵게 한다. 사실 물리적으로 출퇴근하는 킬로-엠은 일반적으로 9미터만 이동하면 될 것이다. 이런 추정치는 다음 사실에서 얻은 것이다. 오늘날 도시에서 출퇴근 시간이 15분 늘어날 때마다 통근자 비율은 반으로 떨어진다(Ahlfeldt et al. 2015). 물론 엠은 수신기가 구축된 곳은 어디든지 전자적으로 이동할 수 있다.

급속히 성장하는 엠 경제는 물리적 상품의 장거리 운송을 막으려 한다. 첫째, 금리가 매우 높아서 이동하거나 운송하는 데 서너 번의 경제 배가시간만큼 시간이 지연되는 상품이나 자원의 사용을 크게 막는다.

더 중요한 게 있다. 급변하는 경제는 유연성이 있어야 한다. 변하는 상황에 신속히 적응하기 위해서다. 오늘날 미국에서 수출액의 58%가 항공을 이용한다. 항공 운송은 시간이 중요해서 하루 더 걸리면 추가 비용이 0.6~2.3%의 제품 관세에 해당한다(Hummels and Schaur 2013). 그러나 하루는 오늘날 경제 배가시간으로 보면 단지 5,000분의 1이다. 만일 시간이 늦어져 생기는 손실이 경제성장률에 따라 커진다고 하자. 경제 배가시간이 1달인 엠 경제라면 8분의 운송지연은 0.6~2.3%의 제품관세에 해당한다. 초당 10미터인 일반적인 도시 출퇴근 속도를 보자. 8분 내에 5킬로미터까지만 제품을 발송할 수 있는 것이다.

따라서 엠 도시 각지에 물품을 운송하는 일이 실질적으로 어렵다. 엠 도시 간에 물품을 선적하는 비용은 엄두도 못 낼 정도로 고가이다. 장거리 운송을 주로 해야 하는 제품이 있다. 필수원료처럼 해당 지역에서 대체재를 자체적으로 구할 수 없는 상품이다. 또한 제품설계가 비공개된 비밀이라서 3D 프린터를 이용하여 타지역이 그런 비밀 디자인을 유출하지 못하도록 하기 위해 장거리 운송을 택하거나, 혹은 현지 지역의 공장에서 생산된 상품의 신뢰도가 낮기 때문에 장거리 운송을 이용한다.

이런 신뢰 문제를 피하기 위해 엠 도시는 도시 내에 치외 법권(해당 도시의 법과 규칙에 따라 전적으로 운영되는)인 "대사관" 구역을 개설할 수 있다. 따라서 타지역 도시에서 온 제조업자가 그런 지역에 공장을 설치하여 디자인 기밀을 보호할 수 있게 한다. 디자인 같은 제조 측면에서는 통신을 통한 무역이 대세임에도 불구하고 대규모 "대사관" 무역지대가 있는 엠 도시는 물리적 제조 측면에서 거의 전적으로 자급자족할 수 있다.

시간 지연, 즉 소요시간 때문에 발생하는 비용이 높기 때문에 엠 도시는 원자재를 현지에서 조달하려 한다. 시간지연이 큰 도시를 잘못 선택하면 장기적인 엠 번영에 치명적일 수 있다. 산업시대에 그랬듯이 다양한 유용 원자재가 풍부하게 매장된 장소 근처라면 그런 시간지연에 따른 위험에 대비하는 유용한 보험이 될 수 있다.

우주여행에 대한 엠의 경제적 관심은 더 크게 축소되어, 현재의 낮은 관심 수준보다 더 낮아질 것이다. 엠 사회는 훨씬 더 부유해서 자비로 하는 우주여행을 더 많이 할 수 있다. 그렇다 해도 엠의 주관적 시간으로 볼 때 지구와 우주를 이동하는 데 걸리는 시간이 매우 길다. 따라서 여타 자비 부담 사업보다 우주여행 사업은 어려워질 것이다. 그럼에도 엠 경제가 더 확장되면서 엠을 우주로 보내는 데 드는 비용이 훨씬 낮아져 우주산업에 지출하는 비용이 GDP에서 차지하는 크기가 더 적어짐에도 불구하고 우주에 인간 같은 생명체 숫자를 더 늘릴 것이다. 나아가 가능성이 많이 높진 않지만, 인공위성이 지구궤도에 충돌해서 생긴 수많은 잔해 때문에 지구궤도를 벗어나는 비용이 엄청 올라갈 것이다(Kessler and Cour-Palais 1978).

도시에서 보통 선적용 컨테이너 정도에 맞는 크기인 품목들을 시내 운송하려면 우리에게 이미 익숙한 운송수단인 도로나 철도를 이용한다. 그러나 엠들의 존재는 훨씬 더 작은 물리적 차원이어서 엠 도시 내 운송에서는 그 크기에 맞는 더 작은 단면으로 된 운송수단이 있어야 될 것이다.

공기압 운송관pneumatic tubes은 단면이 작은 물품운송에 꽤 적합한 후보로 보인다. 파리에는 한때 직경 6.5센티미터의 대규모 우편운송 시스템이 있었다. 편지가 들어 있는 병을 초당 약 10미터 속도로 운송했다. 파리의 이런 운송관 시스템은 1866년에 시작되어 나중에는 공기압 운송관 길이가 약 500킬로미터에 달했다. 공기압 운송관 시스템은 오늘날에도 잘 작동한다. 지금은 자동화가 더 잘 되어 있고, 대략 10센티미터 직경에 이르는 물건까지도 가능하다. 엠 도시에서 소형상품 운송을 위한 공기압 운송관 연결 규모는 훨씬 더 클 것이다.

오늘날 기차 터널의 표준 직경은 약 6미터이다. 자동차 터널은 대체로 이보다 약간 더 크다. 공기압 운송관은 기차터널이나 도로터널보다 대략 100배 작다. 공기압 운송관보다 100배 작은 크기라면 그런 관의 직경은 1밀리미터도 채 안 된다. 오늘날 튜브를 이용하는 장비의 표준 직경이 바로 1밀리미터이다.

컴퓨터계산computing과 제조공장에서처럼 미래 운송에서도 자유에너지 사용을 줄이려고 열역학적으로 단열된adiabatic(차폐) 시스템을 원할 것이다. 다시 말해서 운송에 소모되는 자유에너지는 운송속도에 비례하는데, 그런 비례관계의 운송시스템이 작동되는 실질적인 하위 시스템이 엠 도시에서 가능할 수 있다. 그렇다면 컴퓨터계산computing과 제조공장이 단열시스템에서 작동되는 것처럼 그런 하위 시스템에서는 도로 비용, 운송 하드웨어 대여 비용 및 그런 하드웨어 구동에 드는 에너지와 냉각 비용에서도 단열시스템이 작동될 것이다.

요약하면 엠은 속도와 크기가 다르기 때문에 엠의 이동수단에도 다양한 크기의 운송관과 운송차량이 있다.

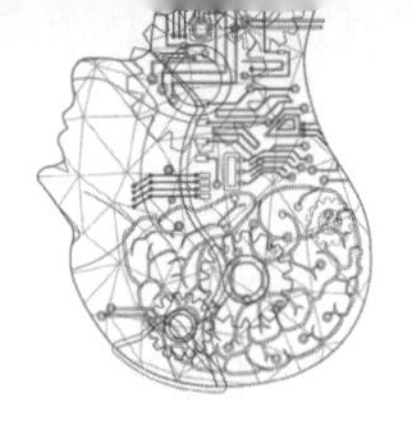

| Chapter 19 |

집 단

클 랜

오늘날의 가계씨족clan(클랜)에 빗대어 엠에서도 원본인 어떤 한 사람을 복제한 후손 엠 집단을 "클랜"이라고 부를 수 있다. 특정한 엠의 복제품 후손 전부를 "하위클랜subclan"이라 부를 수 있다. ("계통군clade"이라는 용어가 더 정확하겠지만 "클랜"이라는 용어가 더 널리 알려져 있다.)

클랜과 하위클랜은 어떻게 조직되는가?

우리는 이웃, 기업, 동호회, 국가 같은 여러 조직에 속해 있다. 그중에서도 강하고 오랜 유대와 신뢰를 추구할 때는 대부분 가족에 의지한다. 가족끼리는 자원을 대부분 같이 쓴다. 가족에게 서로 가장 약하고 어려울 때는 가족에게 도움을 구한다. 아주 오래전부터 인간은 다른 어떤 집단보다 가족을 믿도록 진화해왔다. 가족 사이의 유전적 관계가 다른 집단과의 유전적 관계보다 더 가깝기 때문이다. 가족 긴 그런 특별하고 강력한 신뢰를 보완하려고 가족에만 있는 많은 적응을 발전시켰다.

일란성 쌍둥이는 어떤 가족 구성원보다 더 가깝다. 일란성 쌍둥이는 드물기 때문에 우리 조상은 쌍둥이에만 있는 적응은 거의 진화시키지 않았을 수 있다. 그럼에도 일란성 쌍둥이 간에는 신뢰와 유대감이 다른 가족 구성원 간보다 보통 더 강해 보인다.

엠은 동일 원본 인간을 복제한 '클랜'이라는 새로운 조직 단위에 접하게 될 것이다. 가족끼리보다 혹은 심지어 일란성 쌍둥이들끼리보다 엠이 클랜 동료 일원과 유대하고 믿는 것이 심지어 더 강한 이유가 있다. 이런 이유 때문에 엠 복제품 클랜을 금융, 재생산, 법적책임, 정치적 대표에 맞는 자연스러운 후보로 만든다.

2개의 엠 복제품끼리 그들이 갖는 공동 소속감은 그들의 마지막 공통조상으로부터 갈라진 분기시점이 주관적 시간으로 얼마나 오래 되었는지에 달려 있다. 분기된 지 불과 1시간밖에 안 된 복제품들은 거의 모든 의견과 사고방식을 공유할 정도로 서로 아주 강하게 연결되어 있다고 느낄 것 같다. 그래서 보통 서로를 위해 기꺼이 큰 희생을 할 것이다. 반면 서로 갈라진 지 20년 지난 복제품들은 그들끼리 연결되어 있다고 덜 느낄 수 있다. 그들은 원래 공통조상에서 나왔지만 이제는 서로 다른 직업 훈련을 받아 서로 다른 종류의 공동체에 살고 있을지 모른다. 그들의 개성과 정치적 견해 역시 서로 갈라졌을 수 있다. 그러나 대부분 엠의 주관적 나이는 생산성 정점 가까이 있어서 나이가 들면서 생기는 성격이나 견해 변화에 딱히 대처하지 않아도 된다(Alwin and Krosnick 1991; Soto et al. 2011).

구성원이 수백만 이상인 클랜은 자기 클랜을 여러 목적에 맞게 수천 개 이상의 하위클랜으로 나눌 수 있다. 그들의 복제품 조상으로부터 내려온 가계도tree structure는 그런 하위클랜을 분류하는 자연적인 토대가 된다. 농경시대에서 오늘날까지 여전히 일부 지역에서도 씨족가계도는 법적 책임, 정치동맹, 그 밖의 많은 부분을 결정하는 기초요인이다. 클랜 엠들보다 하위클랜 엠들이 일, 취미, 친구, 성격, 공유 추억들 면에서 더 가까이 닮아 있다. 그런 식으로 더 닮은 하위클랜들끼리의 충돌이 클랜 내부 갈등의 가장 큰 원인이 될 것 같다.

엠들은 최근 복제된 자신의 복제품들을 얼마나 많이 신뢰할 수 있는 정도가 다르며, 복제품을 믿는 데 걸리는 시간도 다르다. 예를 들어 다른 엠들 앞에서 보통 "허세를 많이 부리면서" 자신의 능력을 부풀리려고 하는 엠은 대체로 자신의 최근 복제품의 능력을 믿는 데 소극적인 듯하다. 클랜이 지배하는 엠 시대에는 기본 성격이 자신들의 복제품들과 협력을 잘 못하고 타협을 잘 못 하거나 그런 복제품들이 하는 행동을 잘 예상하지 못하는 사람들이 경쟁에 불리할 것 같다.

엠 클랜 구성원의 관심은 서로 비슷하게 어느 정도 맞춰져 있지만 그렇다고 해도 똑같을 수는 없다. 오늘날 가족 구성원이나 일란성 쌍둥이의 관심과 비교해서도 더 그렇다. 다른 복제품들은 서로 다른 일을 할 수 있다. 그들이 즐겨 어울리는 동료도 다를 수 있다. 서로 다른 복제품들은 종료를 택하느냐 은퇴를 택하냐에 따라 다르며, 은퇴 속도와 은퇴의 품질도 또 다를 수 있다. 다른 복제품들은 그들 간에도 서로 다른 결과가 나올 수 있음을 충분히 인지한다. 그런 결과를 고려하여 행동을 하는 데 꽤 유능하다. 그러므로 그런 차이를 지우거나 숨기려는 노력을 하지 않는 한, 우리는 내부 갈등 없이 공통목적을 위해 일사불란하게 행동하는 스타트랙의 "보그Borg"족처럼 엠 클랜을 기대해서는 안 된다(Shulman 2010).*

---

* 역자 주: 영화 스타트랙에서 보그족은 은하계에 거주하는 반유기체 반기계 종족으로 우

클랜 관리

도시와 기업 같은 조직에 비해 클랜은 어떻게 다른가?

법은 최소한의 처벌로 범죄를 단절하려는 목적이 있다. 그러나 짧은 삶을 사는 엠이라면 그들에게 큰 처벌을 낮은 비용으로 부과하기가 특히 어려울 수 있다. 예를 들어 엠을 고문하려면 먼저 엠에게 더 긴 삶이 제공되어야 할 것이다. 그렇다면 처벌에 드는 비용이 엠의 수명연장에 드는 비용보다 많을 수 있다. 그런 엠을 처벌하려면 대리책임제를 이용하면 의미가 있을 수 있다. 즉 "비용부담 가능한deeper pockets" 어떤 연합체가 법적 책임을 지도록 하는 것이다. 이론적으로 이런 연합체는 책임을 기꺼이 질 수 있는 스폰서의 형태이다. 그러나 실제로 그런 연합체는 해당 엠이 소속된 하위클랜일 것이다. 결국, 엠은 자신 때문에 자신의 하위클랜을 곤경에 처하지 않게 더 신경을 쓸 것이며, 동시에 하위클랜은 일원인 엠이 처벌받을 만한 일을 하지 않도록 하는 방법을 안다(Miceli and Segerson 2007).

엠 클랜의 대리책임제는 농경사회 방식과 비슷할 수 있다. 가족 일원이 저지른 범죄를 흔히 더 큰 가족 단위가 책임지는 것이다. 엠 범죄 책임에 밀접히 관련 있는 복제품들을 구금하는 것이 감시자들에게는 더 합법적으로 보일 수 있다. 비슷한 기회가 있을 때 똑같이 행동할지 보려고 그런 복제품들의 보관 버전을 시뮬레이션 내에서 시험해볼 수 있다면 말이다.

구성원의 행동에 대해 법적 책임을 지는 하위클랜은 아마 그런 엠의 개

주를 장악하려는 목적을 위해 보그족 안의 모든 개체가 긴밀하게 연결되어 있어서 마치 하나의 유기체처럼 작동한다.

별 행동을 규제하려 할 것이다. 하위클랜은 자기 클랜의 명성을 관리하려고 그런 권한을 또 원한다. 하위클랜 구성원들은 서로 매우 유사하기 때문에 어느 한 일원이 한 행동에서 다른 일원의 행동방식을 예측하기 쉽다. 따라서 엠 하나가 나쁜 행동을 할 때 하위클랜의 나머지 엠들마저 나쁘게 인식될 수 있다. 자기 그룹의 평판을 보다 강하게 관리하는 클랜일수록, 그런 클랜에 속한 엠은 더 예측 가능하고 더 믿을 만해 보일 것이다.

높은 비용을 들여 엠을 훈련한다. 그런 엠으로 많은 엠 복제품을 만든다. 감당할 수 없게 임금경쟁이 세지면서 훈련과 마케팅에 쓴 고정비용을 건지는 것이 더 힘들어진다. 그런 복제품들은 그들이 받을 수 있는 일 임금에 제한이 있을 수밖에 없다.

구성원이 체제의 정통성을 인정하지 않으면, 그 구성원이 속한 정치체제는 불안정해진다. 우리는 비-혈연-기반 집단보다 혈연, 특히 가까운 가족에 기반을 둔 결정을 수용하고 따르는 경향이 더 크다. 그래서 농경시대의 도시 정치와 지역 정치는 가족을 정치적 집단 분류의 첫 번째 단위로 이용해왔다. 다시 말해 농경사회 고대 정치는 흔히 가계씨족 간 동맹이 어떻게 맺어지는가에 달려 있었다(Braekevelt et al. 2012). 이런 식의 정치는 오늘날에도 중동과 아시아에 남아 있다(Sailer 2003).

친족통치에 비교해서, 오늘날 적어도 개인의 행동방식이 다른 개인들에게 미치는 영향이 많지 않으면 우리는 개인이 하는 자기통치를 심지어 더 존중한다. 예를 들어 낙제하기 십상인 어려운 학교에 다니는 것처럼 후일의 이익을 얻기 위해 현재의 고통을 참는다고 생각해보자. 그렇다고 해서 미래의 자신이 현재의 자신을 착취하고 있다는 식으로 볼 수는 결코 없을 것이다. 따라서 엠은 클랜을 가장 기본적인 정치적 조직단위로 이용하는 것이 농경시대에 가족을 일차 정치단위로 이용했던 것보다 훨씬 더 타당해 보일 것이다. 만일 대부분의 엠이 십여 개 정도에서 1,000개 정도로 구성된 어떤 클랜에 속한다면, 국가 차원의 엠 도시정치는 자연히 엠 클랜끼리의 동맹이 어떻게 바뀌는지와 같다.

뿌리가 같아 어릴 때 같이 컸던 엠 클랜들과 엠 하위클랜들이 서로 더 동맹을 맺으려 할 수 있어서 이런 전망하에 유년기 동기 집단childhood cohorts을 동맹으로 선택할 수도 있다.

클랜은 내부 충성을 장려한다. 클랜 일원끼리 친구, 연인, 직업을 두고 벌이는 경쟁상황을 미연에 방지하기 위한 대책과 조정을 시도한다. 예를 들어 같은 일에서 혹은 같은 팀에서 서로 다른 하위클랜들끼리 경쟁하는 것을 막는 안정적인 일반 정책이 있을지도 모른다.

엠 하나가 미래계획을 세운 다음 그런 계획을 실행할 여러 복제품들로 나눈다. 그런 복제품 엠들은 서로를 마치 "같은" 한 사람이 그들의 공통 계획을 실행하려고 공간에 퍼져 있다는 식으로 특별히 각별하게 볼 것 같다. 어떤 복제품이 계획의 중요성이나 타당성에 의심을 품게 되기 전까지 혹은 계획을 어떻게 실행할지 공개적으로 동의하지 않을 때까지는 이런 식으로 강하게 볼 것 같다.

복제품들 간에 직접적이고 뚜렷한 주장 차이가 생긴다면 차이 나는 주장을 한 두 엠을 같은 사람이 보여주는 두 가지 면으로 보기보다는 아예 서로 다른 사람이라고 보게 할 것 같다. 이런 이유 때문에 하위클랜은 그런 복제품들 간에 직접적인 주장을 못 하게 하려고 데이터 통신을 정리하려 할 것이다. 하위클랜은 대신 정보공유 시 간접적인 방식을 더 선호할 수 있다. 예를 들어 하위클랜은 예측시장이 추정한 합의에 동의한 척 행동할지도 모르고 그런 합의에 동의하지 않는 개별 일원은 예측시장 거래를 통해 자기들이 동의하지 않는다고 드러내어 만족할지도 모르고 그런 다음 다른 클랜 일원과 다른 방식으로 데이터 통신할 때는 그런 식으로 동의하지 않은 것은 대개 무시할지도 모른다.

일과 거주형태living arrangements가 비슷한 엠 하위클랜은 대량구매 시에도 함께 잘 행동할 수 있다. 오늘날 기업은 대량구매를 통해 상당한 비용절감을 한다. 기업은 자주 사용하는 품목과 지원시스템을 대량구매한다. 컴퓨터, 차량, 사무용품, 유지보수, 수리, 교육 등이다. 반대로 소비자는 훨씬 적은 양만 구매한다. 품목은 더 다양하지만 서로 연결된 품목integrated items은 더 적다. 그 결과 비용을 더 쓴다. 엠 하위클랜은 일원에 맞는 복제품 하나하나를 전체시스템 단위로 조정해서 많은 복제품을 구매할 수 있다.

엠은 큰 클랜이나 하위클랜에 속해서 얻을 수 있는 혜택이 많다. 대량구매도 그중 하나이다. 큰 클랜은 국가급 동맹정치나 도시급 동맹정치로 더 성공할 수 있으며, 그 일원은 세계가 자신들의 가치를 인정한다고 확신할 수 있다. 큰 클랜은 그들 클랜의 마인드를 구동하는 전문 하드웨어를 구축할 수 있으며, 더 잘 조직해서 자신들의 안전을 지킬 수 있다. 큰 클랜에는 기자가 있어 사건을 주시하고 마인드 읽기를 기록하여 클랜의 다른 일원들이 직접 경험해보게 심지어 자기들만의 뉴스거리를 만들어낼 수 있다.

큰 클랜은 물론 불리할 수도 있다. 예를 들어보자. 큰 클랜은 공식적 지배 메커니즘이 더 많이 필요하며, 내부 분열과 불화가 더 많이 발생하며, 외부 시장에서 하위클랜끼리 서로 경쟁하는 경우가 더 많다.

기 업

기업은 엠 세계에도 있지만 약간 변형된 기업이다.

20장 〈불평등〉 절에서 논의하겠지만 엠 기업은 오늘날 기업보다 규모가 크기 쉽다. 미래형 엠 기업이 오늘의 기업과 어떻게 다를지를 추측하기 위하여 오늘날 대형 기업의 특징들을 관찰하면 큰 도움이 될 것이다. 예를 들어 대규모의 엠 기업은 조정력과 결집력이 전반적으로 떨어진다. 규모가 크면 관리계층도 늘어나서 다양한 관리계층에 있는 많은 관리자들이 모인 회의가 더 많고 당연히 그 조정력도 떨어진다. 엠 기업의 노동자도 구체적인 실무 역할을 더 맡고 각 역할은 업무 범위가 더 좁다. 다른 모든 조건이 똑같다면 규모가 큰 엠 기업은 더 많은 지역에 사무실을 두고 개인 간 소통이 더 적고, 내부에서 직접 소통할 기회도 더 적다. 엠은 몇 안 되는 거대 도시에 모이기 때문에 이런 영향을 더 받을 수 있다.

산업혁명 초기에 많은 이들이 주목했던 일반 동향이 있다. 조직이 더 커지는 동향이다. 큰 조직에는 더 전문적이고 더 엄격한 역할이 있다. 고전소설 『우리*We*』의 저자인 예프게니 자먀찐Yevgeny Zamyatin같은 이들이 두려워한 사회가 있다. 전 사회가 곧 공장처럼 된다. 기업과 국가는 곧 얼굴없는 관입 압제자intrusive faceless oppressors로 병합된다. 누구와 결혼할지, 어디에 살지, 무엇을 먹을지, 언제 잘지 그 외 상당히 많은 모든 것을 그런 압제자가 사람들에게 지시한다(Richter 1893; Zamyatin 1924). 큰 조직은 불편하다는 마음이 "영혼을 짓누르는" 관료주의라는 고정관념으로 우리 안에 오래도록 있어왔다.

대기업은 근무환경에서 유연성이 떨어지기 때문에 대기업에서 일하는 노동자는 노동 만족도가 떨어진다는 것이 사실이다(Idson 1990). 대도시는 혁신성과 전문성에서 명성이 높은 것처럼 대기업도 마찬가지다. 즉 더 많이 교육받고 더 좋은 임금대우를 받는 노동자가 많다는 점에서 대기업이 찬사를 받는 경우가 많다. 대기업은 생산성이 높고, 더 오래가고, 노동자 1인당 자본투입도 더 많고, 신기술 채택도 신속하며, 교육받은 노동자에게 더 높은 임금과 훈련을 더 많이 제공하기 때문이다(Oi and Idson 1999; Bento and Restuccia 2014; Cardiff-Hicks et al. 2014). 오늘날 대기업의 피고용인 대부분은 자신의 영혼을 크게 다치지 않고 충만한 삶을 이끌어가는 것 같다.

마찬가지로 좋아하는 일에 집중하기보다는 상사의 마음에 들려고 하는 데 집중하는 노동자가 더 성공하고 더 행복해질 경향이 있다고 한다(Judge and Bretz 1994). 따라서 엠도 자기 상사를 기쁘게 하려고 집중하는 법을 배운다면 더 행복할 수도 있다.

관리 전문가는 효율적인 관리기법을 많이 알고 있다. 이런 관리기법은 규모 확장, 더 빠른 성장, 더 많은 수익과 기업이 더 오래가게 하는 것과 관련 있을 뿐 아니라 무작위 실험에서도 이런 기법들이 생산성을 증가시킨다고 보여준다. 제품시장에서의 경쟁, 다국적 기업의 존재, 수출, 고학력의 노동자 고용비율이 증가 때문에 이런 관리기법이 늘어나는 것 같다(Bloom et al. 2013; Bloom and Van Reenen 2010).

오늘날 가족 기반 기업은 생산성이 떨어지기 쉽다. 예를 들어 장남으로 태어났다는 이유만으로 기업을 승계받아 운영한다면 그런 기업은 생산성이 떨어질 것이고, 그런 기업은 가족 밖의 외부인사가 운영하여 생산성을 높일 수 있다. 사모펀드가 소유한 기업은 더 나은 관리기법을 활용함으로써 상장기업에 버금가며 일반 비상장기업, 가족 기반 기업, 정부조직보다도 관리기법이 더 낫다(Bloom et al. 2015).

배워야 하는 압박과 경쟁이 심하기 때문에 엠 기업이 현재 기업보다 이런 우수한 관리기법을 더 많이 쓸 것으로 봐야 한다. 이런 기법은 성과 기반 보상, 성과 기반 직무 배치, 힘들지만 달성 가능한 목표, 인재 확보 및 인재 유지로 관리자 평가하기, 정기적인 장비 유지보수, 철저한 실패 분석, 명료한 직무설명, 납기 준수, 주문에서 생산까지 추적관리, 생산원가에 기반을 둔 주문가격 책정, 입출력과 성과에 대한 상세 추적관리 등을 포함한다.

오늘날 강한 증거는 아니지만 비효율적으로 보이는 사업기법이 많이 있다. 기업은 배워야 할 압박이 계속 이어지고 경쟁이 더 심해지기 때문에 엠 기업에서는 이런 사업기법들은 쇠퇴한다고(더 약하게) 예상해야 한다. 비생산적인 "무용지물"인 피고용인을 너무 장기간 고용하는 것, 큰 기업에서 결정적 역할을 하는 피고용인에게 너무 과한 급여를 주는 것, 과도하게 빈번한 합병, 지나치게 긴 대규모 회의를 많이 하는 것, 적대적 인수합병 시 새로운 인수 투자자를 직접적으로 처벌하는 방식의 "포이즌 필*", 부하직원이 나쁜 소식을 보고하는 것을 막는 것, "우리 회사에서 나온 것이 아니다"라고 하며 혁신을 거부하는 것, 기업내부 정보 공유를 방해하는 장벽을 허용하는 것, 미리 결정된 결론을 지지할 만한 컨설턴트를 고용하는 것, 제품과 관행을 시험해보는 실험을 피하는 것, 누가 정확히 예측을 했는지 또는 무엇이 언제 제안되었는지에 대한 공식적인 예측 정확도 추적을 피하는 것, 노동자 고용 시 피고용인의 인터뷰와 학업 증명에 지나치

---

* 역자 주: 기업의 경영권 방어수단의 하나로, 적대적 M&A(기업인수 · 합병)나 경영권 침해 시도가 발생하는 경우에 기존 주주에게 시가보다 훨씬 싼 가격에 지분을 매입할 수 있도록 미리 권리를 부여하는 제도.

게 의존하는 것, "자기 자랑"하지 않는 부하직원과 자신이 뽑지 않거나 승진시키지 않은 부하직원에게 상사가 낮은 점수의 직무능력평가를 내리는 것이 용인되는 것 등등이 바로 비효율적 기법에 해당될 것이다.

기업은 사업 핵심역량에 따라 분류될 수 있다. 그 핵심역량은 새로운 개발, 품질, 비용절감 등이다. 새로운 개발 상품과 품질에 역량 있는 기업이 더 많은 혁신을 할 수 있으며 보다 다층적 관리를 한다. 성과 보상, 문제해결 전담팀, 노동자 간 정보공유 프로그램인데, 주로 노동자의 자주성을 더 신뢰한다. 새로운 개발과 품질에 역량을 모으는 기업은 아웃소싱을 많이 하며, 연구할 때 다른 기업과 더 많이 협력한다.

품질과 비용에 역량을 모으는 기업은 생산성과 시장점유율이 더 높다. 또 운영성과를 면밀히 추적하고 기업의 가치 사슬망value chain에 맞춰 더 많이 조정한다. 품질을 중시하는 기업은 가격 면에서 인상률이 높으며 수익도 더 높다. 반면 비용절감을 중시하는 기업은 수익이 낮은 편이다. 비용절감을 중시하는 기업은 구조조정을 통해 관리비를 줄이며 관리자를 통한 중앙관리를 중요시한다(Yang et al. 2015).

이런 상관관계가 엠 기업에서도 이어질 것으로 대충 예상된다. 엠 기업은 비용을 더 중시하며 상대적으로 신제품 개발은 덜 중시한다. 그렇기 때문에 엠 기업은 시장점유율이 더 높다. 가격 인상은 더 낮다. 수익도 더 적다. 관리층이 적어지면서 혁신도 더 적다. 노동자 자주성이 줄어들고, 성과 보상도 더 적다. 그러나 22장 〈혁신〉 절에 논의한 것이 있다. 만약 엠 세계가 지금보다 혁신을 장려하는 더 좋은 방법을 찾아낸다면 더 많은 엠 기업이 신제품 개발에 역량을 모을 것이다.

오늘날 큰 기업에는 정관과 직무 매뉴얼처럼 세분화되고 정확히 규정된 프로세스와 조직체계가 있다. 기업에는 강한 기업 문화도 있고 유별난 개인 성격에 덜 흔들린다. 이런 경향은 엠 기업에서도 유지될 것으로 예상할 수 있지만, 형식성이 덜 하고 유별난 피고용인 성격이 더 있게 될 수 있는 반대 요소들을 알아보자.

오늘날 기업 관리자들은 비슷한 환경 비슷한 기술이 있는 다른 기업들과 비교해서는 자기 기업의 관리자들이 우수한지 평가하기가 어려워서 관리자들에게 재량권이 더 많이 주어지기 쉽다. 신생기업이거나 기업이 보유한 기술이 신기술일 때 혹은 기업환경이 급변할 때 관리자의 우수성을 판단하는 일은 더 어렵다. 관리자에게 더 많은 재량권이 있는 기업들은 수익담당 부서들로 조직되고 그 외 기업들은 비용담당 부서로 조직되기 쉽다 (Acemoglu et al. 2007).

엠 기업은 더 커지고 더 오래갈 것인데, 그만큼 엠 경제에서 제품 다양성은 더 줄어들고, 성장에서 혁신요소가 차지하는 비중도 줄 것이다. 이런 요소들로 엠 기업에서 관리자의 재량권이 더 적을 것이라고 추측할 수 있으며, 수익 중심에서 비용 중심으로 조직이 전환될 것으로 예측할 수 있다. 그러나 다음 절에서 다루게 되겠지만 만일 클랜과 기업 간에 신뢰도가 충분히 쌓이면 반대로 관리자 재량권이 커지면서 수익 중심 엠 기업이 될 수 있다.

최근 수십 년간 부유한 국가에서 임금격차가 커지고 있지만, 반면에 기업 내부에서는 임금격차의 불평등이 크게 문제되고 있지 않다. 기업 내에서 임금격차가 커지면 결국 직원들의 사기가 떨어지기 때문에 기업에서 사내 임금격차에 의한 불평등이 생기지 않도록 한다는 것이다. 나아가 엠 기업 내부에서 혹은 엠 팀원 간 내부에서도 서로 간의 임금격차 불평등을 줄이고자 할 것이다. 엠 임금은 기업 내부에서보다 아마도 외부기업 간에서 엠의 임금격차가 드러날 것이다(Song et al. 2015).

기업과 클랜 간 관계

엠 기업과 엠 클랜은 모두 엠 사회에서 중요한 큰 기관들인데, 기업과 클랜 간에 잠재적 충돌이 일어날 수도 있다. 서로 간에 충돌을 피한다면 더 나은 수익을 얻을 기회가 커질 것이다.

예를 들어 기업에는 다수의 여러 클랜에서 데려온 피고용인들이 있다. 피고용인들의 브레인을 어떻게 배치할 것인지에 관한 보안문제에 직면한다. 클랜 일원 모두를 관리할 수 있는 그들만의 "성castle"에 클랜 일원들을 배치함으로써 탈취 위험을 최소로 할 수 있다. 그러나 이런 방식은 클랜이 기업 기밀을 누설할 위험을 막지 못하고 기업 내에서 부하 직원이 빠른 상사와 만나는 것을 더 어렵게 한다. 반대로 한 장소에 기업의 피고용인을 상호 배치한다면 빠른 상사와 신속히 만나서 피고용인들이 더 유연하게 소통하고 그런 다음 기업 비밀도 더 잘 보호할 수 있다. 그러나 클랜의 관점에서 볼 때 이런 방식은 클랜 마인드와 클랜 비밀을 탈취당할 위험이 커진다.

클랜과 기업 간의 신뢰가 두터우면 기업소속 피고용인의 브레인을 서로 더 가까이 배치하여 기업의 효율성을 높일 수 있다. 기업이나 클랜이 아주 오랫동안 서로의 명성을 조심스럽게 인정하고 발전시켜 상대의 존재를 지키려 한다면, 바로 그래서 기업과 클랜이 서로 간의 벤처사업에 집중

투자할 경우, 클랜과 기업 사이에는 더 굳건한 신뢰가 생길 수 있다.

그런 신뢰로부터 생기는 또 다른 혜택이 있다. 예를 들어 오늘날 대기업에서 업무에서 성공하거나 혹은 실패하거나 그 책임을 특정 피고용인의 행동 탓으로 돌리는 일은 객관적으로 곤란하다. 이 때문에 고용된 사람들은 자신이나 자신이 작업한 프로젝트가 어떻게 평가될지 보려는 전략적 게임에 돌입하게 된다. 예를 들어 피고용인은 예스맨이 되기도 하며, 평가자에게 아첨하기도 하며, 끼리끼리만 칭찬하는 상호동맹을 만들기도 한다. 눈에 보이는 평가요소들, 즉 출·결석, 차림새, 보고서 작성법, 학연 등에 얽매인다. 반대로 기업에서 재정적 그리고 평판 이해관계가 있는 클랜에서 온 엠들은 그저 기업에 도움이 되려고 노력할지도 모른다. 수많은 기업에서, 수많은 클랜 일원들이 오랜 동안 해온 수많은 선택사항의 평균값이 클랜 평판의 결과이어서 기업환경마다 다른 작은 변수들이 있음에도 불구하고 기업에 기여하는 평균가치가 잘 드러날 것으로 클랜은 더 자신할 것이다.

오늘날 기업은 정형성과 표준formality and standards을 자주 이용한다. 노동자들끼리 서로 가까이 있는 대체재로 보게 하고 서로 일에서 더 강한 경쟁을 하게 하려고 그런다. 이렇게 하는 기업은 개별 피고용인이 기업을 떠나도 덜 취약하다. 엠 기업도 아마 피고용인 클랜들끼리 서로 경쟁하게 할지 모른다. 결국에는 특정 클랜 기술과 행동습관에 의존한 기업은, 클랜이 기업의 이윤을 제대로 분배받지 못하면 클랜이 해당 기업을 떠나게 되는 위협에 취약할 수 있다. 이런 일이 일어날 수 있는 이유는 클랜이 노동조건을 협상하는 노사협상체로 자주 "조직될 수 없어서다".

클랜과 기업 간의 굳건한 신뢰는 오히려 기업이 특정 클랜이 가진 고유

기술과 습관에 더 의존하게 만들 수 있다. 피고용인 클랜이 떠나지 않을 것이라고 더 강하게 믿는 엠 기업은 노동자 작업지침과 성과worker procedures and performance에 관한 형식적인 규칙과 표준이 더 적을 것 같다. 이런 경우라면 피고용인 클랜마다 표준직무 역할에 맞는 표준화된 성격을 취하는 대신 뚜렷한 자기만의 클랜 성격을 택할 수 있다.

오늘날 사내 정치 때문에 생기는 수고와 잘못된 직무배치는 기업에 상당한 비효율을 초래한다. 그러나 그런데 드는 비용은 직무를 전환시켜 최소한 막을 수 있다. 새로 배치받은 피고용인들이 해당부서의 사내 정치에 적응하는 데 시간이 걸리기 때문이다. 또 다른 방법은, 기업 내 특정 집단이 형성되어 그들만의 전략을 배타적으로 가져 그 집단 밖의 주변인들은 그들만의 사내 정책에 참여할 수 없게 하기 때문에, 집단 밖 주변인들로 하여금 싸우는 파벌들에 "머리 숙여" 파벌 연합에 말려들지 않게 이끌어 막는다.

불행히도, 클랜에 기반을 둔 파벌이 있으면 오늘날 사내 정치의 심각함을 줄여주는 요소들을 쉽게 극복할 수 있다. 엠 클랜의 대다수 일원은 서로 매우 잘 알고 내부적으로 그들 간에는 조정이 더 잘될 수 있으며 클랜 내 기밀도 잘 지켜질 수 있다. 결국 엠 기업 내의 사내 정치는 상당히 파괴적일 수 있다. 그런 손실을 줄이려고 엠 기업은 행동과 행동에 따른 결과를 더 가시적으로 만들어 책임소재accountability를 분명히 하려고 더 힘쓸 수 있다.

오늘날 소수 기업들이 제품시장을 확보하여 제품 대다수를 판매하는데, 엠 노동시장은 오늘날 제품시장에 더 가깝다. 엠 노동시장의 공급자는 클랜이다. 클랜은 엠 훈련비용을 지불하여 엠 구성원들이 각 노동시장에서 경쟁하게 한다. 이런 클랜들은 노동을 공급하는 데 드는 비용이 거의 한계비용과 같아지게 되지만 훈련, 테스트, 마케팅에 들어가는 고정비용을 클랜마다 달리 할 수 있다. 정말 경쟁력 있는 클랜은 규모가 더 큰 노동시장에 엠 노동자를 공급할 때 더 큰 고정비용을 투자하려고 상호보완적인 엠들을 묶어 다른 클랜과 거래해서 자기들의 제품을 차별화시킬 것이라고 본다. 우리는 그런 공급자들이 실질적인 시장 파워를 가지려고 각 시장에 필요한 사회적 최적양social optimum보다 너무 많은 기업들을 해당 시장에 진입시킬 것이라고 본다(Shy 1996).

팀

기업에서 하는 대부분 일은 현장에서 훨씬 더 작은 팀들이 한다. 엠 시대에는 이런 일 팀이 얼마나 다를까?

엠 세계는 우리 세계보다 경쟁이 더 심하다. 그래서 엠 일 팀은 현재 팀 생산성과 관련 있는 특징들을 더 보여줄 것이라고 다소 예상한다.

예를 들어보자. 오늘날 생산성이 최고 높은 팀은 개인별 혹은 팀 별로 인센티브를 받게 되기 쉽다. 개인과 팀을 섞어서 주는 어중간한 인센티브는 오히려 더 나쁜 결과를 낼 수도 있다. 인센티브가 단체로 지급되는 경우, 복잡한 생산 프로세스를 다루는 팀들이라면 그런 팀들은 문제전담 직속팀을 밑에 두어 인센티브 수혜를 받으려 하기 쉽다(Boning et al. 2007). 오늘날 오래가고 가장 생산성이 높은 프로젝트 팀들은 자기 주도적인 면이 더 강한데 이런 면이 있어야 노동자가 사고방식을 개선하게 그리고 해당 지역의 일 규정을 더 잘 지키게 해주기 때문이다. 반대로 오래가지는 않지만 가장 생산성이 높은 프로젝트 팀들은 외부 주도로 이루어지기 쉽다 (Cohen and Bailey 1997).

대화채널, 즉 서로 대화할 수 있으면 이는 팀 생산성에도 중요하다. 대화채널이 잘 되어 있는 팀은 반복적인 일(고객 서비스)에서 더 낫다. 한편 대화채널이 빠르게 바뀌는 팀은 창의적인 업무(영업, 관리)에서 더 적합하다. 생산성이 더 뛰어난 팀은 특히 복잡한 업무를 할 때 이메일 대화로 하는 긴밀한 대화채널보다는 대면해서 하는 긴밀한 (강하게 상호연결된) 대화채널이 더 많다(Wu et al. 2008).

오늘날 가장 생산적인 팀의 일원들은 인종, 민족, 성별, 나이, 종신 재임권 같은 사회적 범주와 외형적 특징이 비슷하다. 반면 그런 팀은 정보출처와 사고방식을 드러내는 면에서는 특징이 다 다르다. 다양한 그런 특징은 성격, 교육영역, 훈련, 경험에서도 나타난다. 그런 다양성은 특히 연구처럼 탐구가 필요한 일 과제에서 특히 진가를 보여준다(Mannix and Neale 2005).

팀은 생산성이 최대가 되는 식으로 조정되기 쉽지만 엠 팀은 자기 팀을 이런 식으로 의식해서 정의하지는 않을 것 같다. 그보다는 오늘날의 사무실 집단처럼 엠 팀은 상호존중, 충성심으로 자기 팀을 더 정의할 것 같다. 그리고 평등, 정직, 합리성, 현실성, 자원과 정보를 같이 공유하고 허풍, 우월함, 탐욕, 편협, 질시는 용납 하지 않는 식의 문화적 가치를 같이 가지는 것으로 정의할 것 같다.

13장 〈클랜 중심〉 절에서 논한 것처럼 소수 클랜이 아마 엠 노동시장 대부분을 지배할 것이다. 이 때문에 엠 공급자는 상당한 시장지배력이 있다. 훈련, 마케팅, 기타 고정비용을 지불한 다음 기대한 순이익을 얻지 못한 상황에도 여전히 지배력을 유지한다. 엠 노동시장에서 공급자가 시장 지배력이 있다는 것은 팀 구성 시 상당한 전략적 협상이 뒤따를 수 있다는 뜻이다. 예를 들어 엠은 싫어하는 동맹 아니면 좋아하지 않는 경쟁 상대가 속한 동맹과는 합치지 않음으로써 전략적 이점을 얻을지도 모른다. 수렵채집인은 그들의 무리에서 이런 이점을 찾으려고 복잡하고 미묘한 기술들을 진화시켰다. 수렵채집인의 그런 기술이 엠의 팀 정치에도 많이 적용될지 모른다. 그러나 복잡한 암투와 정치적 음모에 들이는 수고는 비용이 클 수밖에 없다.

때때로 기업은 팀원들을 비정규직 같은 단순 피고용인simple employees으로 손쉽게 고용하고 싶어 한다. 이런 선호로 인해 클랜 평판과는 별도로 피고용인에게 주는 보상이 줄어들 수 있다. 어떤 때는 팀들이 소규모 영리기업을 설립하거나 특별 서비스를 공급하도록 계약을 할 수 있다. 그런 경우 팀이 버는 수익은 팀 일원, 클랜 공급자, 지원 투자자끼리 나눌 수 있다. 팀원은 받는 수익을 추가 여가시간이나 아니면 조기 은퇴로 부분적으로 택할 수 있다.

11장 〈죽음의 정의〉 절에서 언급했듯이, 시작, 종료, 은퇴를 팀 단위로 하는 것은 일반적인 규범이기 쉽다. 팀들이 내부에서 하는 사회적 교류를 좋아하도록 격려하면 팀 생산성에 예기치 않은 변이를 가져올 수 있는 외부와의 사회적 교류를 최소로 만들 수 있다. 그러나 가벼운 관계로 많은 이들과 자주 접촉하는 것이 행복의 중요한 요소로 보여서 이런 식으로 하면 엠은 행복하지 않을 수 있다(Sandstrom and Dunn 2014).

팀들이 외부의 소식이나 사건에 두는 관심을 줄이면 생산성 변이도 같이 줄어드는 현상과 비슷하다. 빠른 속도의 엠들에게는 외부 소식에 관심이 적은 이런 태도가 더 자연스러워 진다. 세상이 커질수록 빠른 엠들은 상대적으로 더 안정적이게 되고 그래서 보고할 흥미로운 소식이 더 줄어든다.

외부 팀들과 데이터 통신을 덜 하면 도심 가까이 사는 가치를 어느 정도 떨어뜨리고 가벼운 관계에서만 퍼지는 정보와 혁신에서 얻는 이익을 줄인다. 즉 팀 외부세계와 데이터 통신을 많이 해야 하는 팀들은 도심에 더 있기 쉽다.

오늘날의 일 팀에 비교하면 엠 팀의 사회적 내부결속력이 더 크다. 함께 생성된 팀들은 자기 팀을 문자 그대로 존재 이유로 더 본다. 마찬가지로 팀 내부에서 충성에 위협이 되는 갈등도 더 적다. 팀 일원은 성공, 실패, 종료나 은퇴를 대부분 함께한다. 더 좋은 기회를 찾아 팀을 떠나는 동료들이 있어도 엠들은 우려할 필요가 없다. 동료들이 떠나도 대신에 더 좋은 기회를 추구할 새로운 복제품들을 만들 수 있기 때문이다. 만일 팀에게 거부권이 있어 팀원이 자기 팀 밖에서는 복제품을 만들지 못하게 할 수 있다면 팀 내부 갈등을 추가적으로 더 줄일 수 있다. 그러나 팀 내에서 서로 가장 좋아하는 상대는 시간이 지나면서 바뀔 수 있다.

대량 팀 대 틈새 팀

오늘날 제품시장은 대량제품 시장과 틈새상품 시장으로 나눌 수 있다. 대량제품 시장 제조업자는 가능한 한 많은 고객의 관심을 끌려고 제품 종류를 적게 하려 한다. 반대로, 틈새상품 시장 제조업자는 폭이 좁고 서로 다른 고객집단의 관심을 끌기 위해 제품 종류를 늘리고 싶어 한다. 그런 고객들은 색다른 개인 선호에 더 맞는 제품에는 기꺼이 더 지불하려는 고객들이기 때문이다(Johnson and Myatt 2006). 거꾸로 대량생산 제품은 경쟁이 더 심하고 더 규모의 경제에 해당하고 대중 광고를 더하기 쉽다. 많은 대량생산 제품이 틈새제품에서 시작되었다. 전자적으로 유통되는 제품들은 물리적으로 유통되는 제품들보다 더 넓은 시장에 쉽게 공급할 수 있어서 더 좁게 전문화된 틈새제품들을 공급하는 것이 더 쉽다.

엠 노동시장도 대량시장과 틈새시장으로 나누어져야 한다. 틈새 노동시장에는 새로운 일자리가 드물고 일자리 예측이 어렵고, 특별한 새로운 상황에 유연하게 적응할 새로운 엠 복제품들이 몇 개만 있으면 되는 상황이 더 자주 있다. 예를 들어보자. 기업이 특정 문제를 해결하려고 그에 맞는 전문가를 요청하기로 결정했다면, 그때마다 언제든지 새로운 전문관리자 복제품 엠을 하나 만들어낼 수 있다.

반대로 대량 엠 노동시장에서는 비슷한 서비스를 받으려는 소비자가 꾸준할 것이다. 대량시장에서는 후보자가 많은 가운데서 가장 생산적인 엠 팀을 선택하기가 더 쉽다. 따라서 대량시장에 있는 엠들은 생산성이 정점인 나이대에 훨씬 더 집중해 몰려 있다. 반대로 틈새시장에 공급되는 엠들은 주관적 연령대가 넓게 퍼져 있다.

일반적으로 생산성 피크 연령 근처에 노동 연령이 몰려 있는 정도는 노동자의 일반 생산성과 특별한 작업현장에 더 알맞은 노동자로 얻는 이익 간의 타협점에 달려 있다. 같은 노동자를 같은 노동환경에서 여러 해 일 시키는 것이 유용할수록 노동자가 한 가지 일에 머무는 기간이 더 길어지기 쉽고 생산성 정점 연령을 한참 벗어나도록 길어지기 쉽다.

틈새 노동자라면 비슷한 훈련을 받고 비슷한 업무를 하는 노동자 수가 더 적을 것이다. 이런 이유 때문에 대량 엠 노동시장에서는 아침마다 노동자 하나로 많은 복제품을 만들어 노동하게 하고 그런 복제품들 중 오직 일부만 다음 날 여가를 즐기도록 저장한다.

대량 엠 시장의 엠들은 단체로 복제하거나 은퇴하는 팀을 더 쉽게 꾸린다. 틈새시장에 맞는 대부분 엠들은 팀으로 생성되기는 하지만 복잡한 상황들을 더 자주 받아들인다. 예를 들어 팀의 일원으로 시작하지 못하거나 아니면 은퇴하지 못하는 데서 오는 복잡함, 다른 시간에 시작하고 종료하는 친구나 연인을 대하는 데서 오는 추가적인 복잡함도 더 자주 받아들인다. 모든 엠들은 자기들을 복제한 자기들의 새로운 팀이 자기들의 이전 팀과 같지 않다는 것을 알았을 때 관련된 복잡함을 처리해야만 한다.

틈새 엠이 새 복제품을 만들 때 원본이든 복제품이든 누군가는 원본이 가진 친구들을 물려받게 결정해야 할지도 모른다. 대안으로는 복제품의 소규모 집단이 친구들을 공유하게 해서 서로 간의 모든 데이터 통신을 최신으로 유지하게 조정할지도 모른다. 그렇게 하면 친구는 어느 복제품이 누구와 데이터 통신했는지 추적하려고 애쓰지 않는다.

그렇게 사는 틈새 엠의 라이프 스타일에서의 이런 복잡함은 많은 이에게는 그다지 좋아 보이지 않는다. 그래서 이런 것이 틈새 노동의 비용을 올린다. 13장 〈효율성〉 절에서 논의했듯이, 엠 경제는 경쟁이 더 심하고 임금도 더 낮기 때문에 또한 이런 복잡함이 추가적으로 엠 경제를 대량제품 쪽으로 가게 한다. 반면 틈새 노동의 생활방식은 문화적으로 보면 수렵채집인의 생활양식과 오히려 더 비슷해서 아마도 한때 틈새 생활방식으로 살았던 복제품과 비슷한 엠들의 사회적 지위를 높이면서 그들은 보헤미안인들이 가졌던 식의 특권을 얻을 수 있다.

비슷한 팀들이 많이 있다는 것은 대량 엠 공급시장 엠들에게 그들의 미래의 삶에서 기대할 무언가 좋은 아이디어를 준다. 서로 비슷한 그런 엠들은 모두 자기들 팀의 이전 버전에서 더 오래된 복제품이 겪은 경험을 들여다 볼 수 있다. 그런 이전 경험은 가끔 오도된 삶으로 이어질 수 있다. 예를 들어 고객, 경쟁자 아니면 공급자 같은 외부 세력들이 해당 경험을 크게 바꾸게 될 때이다. 물론 그런 예외는 드문 편이다. 오늘날 많은 종교인이 "이건 모두 하나님 계획의 일부야"라고 생각하는데, 바로 그런 생각에 묻혀 살기 때문에 그런 사람들이 살면서 생기는 각종 인생대소사에 대한 불안감을 어느 정도 해소하고 있다. 마찬가지로 대량 엠 시장의 엠들은 그들의 삶을 가장 요동치게 하는 사건을 그들이 속한 클랜 계획의 일부로 알게 해서 편안해 하게 만들 수 있다.

엠 클랜 하나가 정말 규모가 큰 노동시장에 노동자를 공급한다면 클랜 구성원이 더 많이 있어야만 한다. 최소한 노동시장을 채우는 노동자 숫자에 그런 클랜의 시장점유율을 곱한 숫자의 구성원 수가 있어야만 한다. 이런 숫자는 때때로 작은 클랜의 총 구성원 숫자보다 더 커질 수 있기 때문에 규모가 큰 노동시장에 공급하는 클랜 역시 규모가 커야만 한다. 이런 것이 클랜 규모와 대량 노동시장 간에 상관관계를 만들 수 있다. 즉 규모가 큰 클랜일수록 대량 노동시장에 더 공급하기 쉽고 규모가 작은 클랜일수록 틈새 노동시장에 더 자주 공급하기 쉽다.

대량제품 시장에 공급되는 엠들은 대부분 친한 친구들과 익숙한 내용을 유지한 채 대형 팀들의 일부로 더 쉽게 복제할 수 있는 반면, 그런 식으로 복제된 팀들은 이웃도시나 공원들처럼 같이 쓰는 큰 공용 공간에 있는 복제품들을 쉽게 데려올 수 없다. 공간이 엄청 크면 그런 팀의 다른 복제품들은 그저 원래 공간을 같이 쓸 수 있어서 그리고 그런 공간에서 드물게만 만날 수 있어서 이런 것은 문제가 아니다. 하지만 더 작은 공간에서라면 엠들은 기존 낡은 공간과 상당히 같은 "평행 세계"인 새로운 공간으로 이동하거나 아니면 기존의 낡은 공간을 같이 쓸지 선택해야만 한다. 낡은 기존 공간을 같이 쓰면 다른 팀들에 있는 닮은 일원들과 더 자주 만나고 더 자주 섞여야 하는 문제를 다루어야만 한다.

요약하자면 대량 엠 제품시장이나 틈새 엠 제품시장에서 엠들의 삶은 모두 우리의 삶과 상당히 다르지만 방식이 다르다.

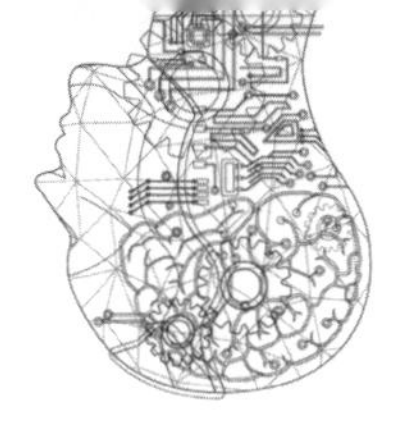

| Chapter 20 |

충 돌

불평등

엠들은 서로 얼마나 불평등한가?

수렵채집시대에는 조직의 주 구성단위가 대략 20~50명이었고 더 작은 가족단위도 있었다. 수렵채집인의 활동은 그 정도 숫자에 맞게 이루어졌기 때문에 수렵채집인에게서는 지금 우리처럼 마을, 기업, 국가 간의 불평등은 볼 수 없었다. 수렵채집 인간의 개인재산과 개인명성 차이도 아주 미미했다. 대략 백만 년 이상 지속된 수렵채집시대 동안에 혈통의 관점에서 볼 때는 엄청난 불평등이 있었다. 거의 모든 혈통이 자손을 남기지 못한 채 결국은 멸종되었다는 의미에서 그렇다.

농경시대에는 씨족, 마을, 국가, 제국같이 조직 단위가 더 컸다. 제국은 당시의 교통과 운송한도 내에서 이룰 수 있을 만큼 확장되기도 했다. 하지만 제국이 아무리 확장되어도, 제국의 힘이 일상인의 행동에 미치는 영향력은 약했다. 마을은 국가보다 훨씬 작았고 기업은 보통 매우 조그마했다.

18장 〈도시〉 절을 기억해보자. 농경인 대부분은 작은 마을 단위로 살았다. 산업시대인은 다양한 규모의 도시로 고르게 퍼져갔다. 또한 오늘날 대부분의 산업 제품은 상대적으로 운송비가 최소화된 지역으로 모이면서 그런 지역에 시장형성을 유도한다. 즉 오직 소수의 기업만이 고객의 대부분을 차지한다.

수학공식 중에서 멱함수Power laws는 그런 불평등을 보통 자주 유용하게 설명한다. 즉 멱함수는 꼬리 쪽에 분포가 대부분 몰려 있다. 멱함수에서 멱함수 1의 값은 분포가 고르게 되어 있고 1보다 큰 멱함수는 분포 꼬리가 작은 값에 몰려 있고 1보다 작은 멱함수는 분포 꼬리가 더 큰 값에 몰려 있다. 규모가 정해져 있는 경우 1의 멱함수는 규모가 2배 큰 것이 나타나는 빈도가 자주 반으로 줄다. 그래서 멱함수 값이 1인 경우에는 규모마다 출현빈도가 비슷하다. 1의 멱함수에 비교해보면 멱함수가 1보다 크면 규모가 2배인 경우가 덜 나타나고 멱함수가 1보다 작으면 규모가 2배인 경우가 더 자주 나타난다.

지금까지의 모든 시대에서 성씨family names를 알아보자. 성씨는 약 2의 멱함수 값으로 상대적으로 균등한 분포를 보였다. 이후 농경시대에는 마을이 약 1.5의 멱함수 값의 분포를 보였다(Nitsch 2005). 이는 대략 오늘날 개인이 가진 부의 분포를 보여주는 바로 1.5인 멱함수 값이다(Davies et al. 2011). 전 세계의 소득분포는 로그 정규분포(Provenzano 2015)로 더 잘 설명할 수 있지만 말이다(Provenzano 2015). (90번째 백분위와 10번째 백분위 간의 소득 비율은 많은 이가 생각하는 것보다 더 적다. 1985년에 1.84, 2011

년에 1.74였다.)

오늘날 국가, 국가 내 기업, 국가 내 도시 분포는 모두 멱함수 값이 1 정도이다(Axtell 2001; Eeckhout 2004; Giesen et al. 2010). 제품을 공급하는 기업은 대체로 몰려 있고 멱함수 값이 1보다 적기 때문에 해당 제품 대부분을 소수의 기업만이 공급한다(Kohli and Sah 2006).

엠 불평등

13장 〈클랜 중심〉 절에서 논의했다. 엠 시대의 클랜은 이전 모든 시대의 성씨 분포보다 훨씬 더 불평등하게 몰려 있다. 즉 대부분의 엠이 성보다는 이름만으로 불리는 클랜 출신일 수 있다. 그런 클랜이 12개에서부터 1천 개 정도일 것이다. 이런 클랜마다 일원이 수백만에서 수십억이다. 반대로 이름 두개로 불리는 클랜은 수백만 개 정도일 것이다. 이런 클랜마다 일원은 단지 수천에서 수백만이다. 대략 백억의 평범한 인간 대다수로는 이름 세 개로 불리는 클랜을 만들 수 있다. 그런 클랜에는 일원이 아마도 수십 명 정도일 것이다.

주요 클랜은 단지 수백 개 정도다. 그래서 엠 노동시장은 오늘날 제품시장처럼 집중된다. 소수 클랜이, 필요한 기술 분야마다 대다수 노동자를 공급한다. 마치 300가지 자동차 모델이 판매되고 있는 오늘날의 미국 자동차 시장에 포드 F 픽업 모델이 3%를 차지하는 것과 같다. 클랜은 자기들의 노동자를 지원한다. 일원인 엠 마인드가 탈취당하지 않도록 막고, 엠의 노동 훈련에 투자하여 노동자의 수익을 보장한다. 노동기술 훈련에 쓰는 고정비용과 마케팅에 쓰는 고정비용 때문에 순익이 없을지라도 클랜은 그들의 시장을 장악하고 있다.

18장 〈도시〉 절에서 논의한 대로 엠 도시와 엠 국가는 오늘날 도시와 국가보다 훨씬 더 불평등할 가능성이 있다. 즉 대부분의 엠이 소수의 국가급 도시a few very large city-states에 몰려 있기 때문이다.

엠 클랜과 엠 도시의 불평등 정도가 높은 만큼 그 집중도도 높다. 이런 높은 불평등은 엠 세계가 불확실하다는 것을 보여주는 핵심 요인이다. 주요 엠 클랜은 우리가 예견하기 힘들 정도로 오늘날의 전형적인 인간상과는 아주 다를 수 있다. 그만큼 엠 세계는 상당히 다르다. 몇 안 되는 클랜들을 어떻게 섞느냐에 따라 가장 많이 복제되는 주도적인 핵심집단이 생긴다. 이와 비슷하게, 몇 안 되는 주도적인 엠 도시는 아마 지구에 고르게 분포하지 않을 것이다. 엠 세계는 그런 핵심 엠 도시의 위치에 따라 상당히 다를 수 있다.

엠 기업도 실현 가능한 기업 규모로 균등하게 분포할 것이다. 그러나 경제 규모가 크면 클수록 기업도 더 클 수 있다. 엠 기업의 전형적인 규모는 더 커질 것이다. 70억이나 되는 세계인구의 경제라면 그만큼 기업도 커지는 것과 비슷하다. 오늘날 70억 수준이라면 기업고용인수는 대략 1명에서 1백만 명까지 고르게 퍼져 있다. 대형 기업이 흡수하는 노동자 수가 전체 노동자 수의 반 정도라면, 중형 규모의 기업은 대략 1,000명 수준의 노동자를 유지할 것이다. 마찬가지로 총 엠 인구가 증가함에 따라 실현 가능한 대형 엠 기업 규모가 100배 증가할 때마다 중간 규모인 엠 기업의 노동자 수는 약 10배 증가할 것으로 예상할 수 있다.

엠 노동자 임금은 오늘날 노동자 임금보다 훨씬 평등하다. 적어도 엠의 훈련비용을 상쇄한 후 엠 임금은 인간의 임금상황보다 평등하다. 엠 경제는 경쟁이 치열하다. 우수한 노동자에 대한 임금조차도 거의 최저생계 수준까지 내려갈 수 있다. 왜냐하면 거의 모든 품질 수준의 노동자를 무제한 공급할 수 있기 때문이다.

일반적으로 노예제의 가능성은 임금불평등이 확대될 우려를 낳는다. 엠 세계에는 노예제가 적용된다고 해도 그 영향력은 미미하다. 노동시장에서 심화된 경쟁 때문에 엠 임금격차가 정말 크지 않기 때문이다. 맬서스의 관점을 따른다고 해도 임금격차가 그렇게 크지 않을 것으로 보는데, 엠 노예라 해도 다른 근로자보다 딱히 더 가난하지 않기 때문이다.

엠이 받는 임금은 오늘날 임금보다 더 평등하다. 반면 엠이 가진 부의 측면에서는 불평등이 더 심할 수 있다. 엠 수명이 무기한이라는 점이 한 가지 이유이며 엠의 구동속도 차이에 따라 엠 성능이 정해지는 점도 다른 이유이다. 오늘날 도시와 기업 모두 그 수명이 무한해 보이는 것은 실현 가능한 모든 규모로 도시와 기업이 고르게 퍼져 나갈 수 있어서인 것으로 보인다. 반대로 오늘날 부유한 개인은 보통 그의 생애 동안 부를 늘릴 수 있었지만 그들의 자녀는 가족 재산을 늘리는 데 실패하는 것을 본다. 3세대에 걸쳐 무일푼에서 부자로, 거꾸로 다시 무일푼이 되는 이야기는 주변에서 흔하다. 이것은 오늘날 도시와 기업의 규모만큼 개인의 부가 왜 불평등하게 분포하지 않는지를 설명한다.

무기한의 수명을 갖고 있으면서 성공하는 엠은 자신의 성공적인 금융 습관을 무기한 유지할 수 있다. 이 때문에 부는 실현 가능한 규모에 걸쳐 분포할 것이다. 기업과 도시가 오늘날 실현 가능한 규모에 걸쳐 크고 작은 모든 규모에 걸쳐 고르게 분포한 것과 비슷하다. 그러나 엠 마인드는 경험이 쌓이면서 유연성이 감소되기 때문에 이런 효과도 어느 정도 줄어들 수 있다. 나이 든 부유한 엠이 자신의 구동속도를 줄이지 않는다면 특히 그렇다.

엠을 여러 다른 속도로 구동시킬 수 있는 기술은 그만큼 엠의 부 분포도 다양하게 늘린다. 더 빠른 엠 브레인은 더 많은 부를 실현시킬 수 있으며, 부를 생산적으로 더 많이 활용할 수 있다. 인간의 경우는 매우 가난하여 굶주리기도 하지만, 상대적으로 엠의 경우는 매우 가난하더라도 가난한 정도에 따라 아주 느린 속도로 구동하거나 그 상태로 보관될 수 있다. 이처럼 엠은 아주 빠를 수 있고 아주 느릴 수 있듯이, 마찬가지로 매우 부자일 수 있을 뿐 아니라 매우 가난할 수 있다.

만일 이런 효과가 우세하다면 엠 세계는 엠의 부의 분포가 멱함수 값 1 정도를 나타낼 것이다. 엠 세계의 부가 오늘날보다 더 불평등하다는 뜻으로 오늘날보다 멱함수 값이 더 낮아서 더 불평등하기 때문이다. 엠 세계는 더 부유해서 더 높은 수준과 더 낮은 수준의 부 모두가 있을 수 있기 때문이기도 하다. 오늘날 가장 부유한 인간은 전 세계 부를 약 0.02%까지 소유하고 있다. 가장 부유한 엠은 이보다 훨씬 더 많이 가질 수 있다. 엠 세계 부를 2%까지도 가질 수 있다.

재분배

그러나 부의 불평등을 증가시키는 이런 효과가 지배적일 필요는 없다. 소득이나 부를 재분배할 수 있기 때문이다.

불평등은 종류가 많다. 불평등은 이종different species 사이에, 세대 사이에,

동시대의 다른 국가 사이에도 있다. 한 국가 안에서도 어느 가족과 다른 가족 사이뿐만이 아니라 한 가족 안에도 불평등은 있다. 특정 개인의 삶의 계기들 사이에도 불평등은 있다. 이런 모든 경우 불평등은 재정뿐 아니라 지위, 인기, 쾌락, 권태, 수명, 건강, 행복, 일 만족도 등에도 있다. 어떤 개인이 평등하다고 해도 그 개인이 속해 있는 가족, 기업, 도시나 국가의 규모 사이에도 불평등이 있다.

오늘날 세대 간 국가 간에 계획적인 재분배가 일어나는 일은 상대적으로 거의 없다. 개인은 살아가면서 재분배가 생기긴 하지만 대부분 자신이 선택해야 하고 자신이 자금을 마련해야 한다. 이와 비슷하게 형제간 재분배는 형제마다 다른 차이를 고려한 부모의 배려로 생긴다. 임의보험을 통해 특정 재난을 겪은 사람에게 재분배되기도 한다. 그러나 우리는 지위, 인기 또는 일 만족도에 존재하는 불평등을 거론하는 데는 거의 관심이 없으며, 그런 종류의 불평등을 대부분 무시하고 만다. 오늘날 불평등하다고 우려한 것 대부분, 불평등을 거론하는 재분배 논쟁 대부분은 불평등 사항 전반을 거론하기보다는 한 가지 특정 사안의 불평등을 거론한다.

오늘날 관심 있게 조명되는 불평등 표준은 국가 내 가계의 평균 재정이나 가계원의 소비가 정해진 시점에 얼마나 차이 나는가에 있다. 국가 내 가계 간 불평등은 실제로는 차이가 가장 작은 편이다. 예를 보자. 오늘날 미국에서 가계 간 재정 불평등은 가계 내 형제자매 간 재정 불평등 규모의 1/3에 불과하다. 심지어 국가 간 개인 재정 불평등보다도 훨씬 더 적다 (Conley 2004). 더욱이 우리는 재정 불평등보다 인기, 수명 등의 차이를 더 신경 쓴다.

생생한 현장에서 직접 불평등 사례를 접한 사람들은 그런 불평등 피해자에 크게 공감할 수 있다. 그래서 큰 동정심을 느끼고 도우려고도 한다. 하지만 우리 인간은 그런 동정심을 자아낼 수 있는 상황 자체를 피하기도 잘 한다. 불편함을 느끼게 하는 패배자의 역경에 꽤 무감각할 수 있다. 부유한 사람은 가난한 이웃과 가난한 국가를 방문하는 것을 일부러 피한다. 매력적인 사람은 못생긴 사람과 어울리는 것을 피하기도 한다. 예쁘고 젊은 여성은 자신들이 거절하는 남성들이 씁쓸해하는 상실감에 아무렇지도 않은 듯 무뎌진다.

인간이 오늘날 다른 유형의 불평등보다 국가 내 가계 불평등에 왜 이렇게 큰 관심을 두는지 분명치 않다. 이것은 아마도 규범을 공유하는 수렵채집인들이 표방한 불평등과 제일 비슷해 보인다. 아니면 이런 불평등을 표명하여 재분배가 되면 부를 거머쥐기 위한 변명거리를 찾는 기회주의자들이 가장 손쉽게 이득을 보는 것과 제일 비슷하다.

이런 역사를 통해 엠 세계는 엠 세대 간이나 국가급 엠 도시 간에 재분배가 거의 없음을 알 수 있다. 내부 불평등을 어떻게 표명할지 결정하는 책임도 대체로 각 클랜(아니면 아마도 하위클랜)에 있다. 결국 클랜을 구성하는 엠들 사이는 인간의 형제자매 이상으로 비슷하고 더 친밀하다. 특정 개인의 생애 동안 나이에 따른 불평등이 생길 텐데, 혹시 그런 불평등을 낳는 시점의 차이 이상으로 엠이 멀리 떨어져 있다고 하더라도 엠들끼리는 다른 어떤 것보다 더 비슷하고 더 친밀하다.

그래서 클랜 간에 혹은 하위클랜 간에 불평등이 생긴다. 엠 클랜끼리는 두 가지 다른 방식에서 불평등할 수 있다. 클랜 간 불평등의 유형 중 하나는 개인소득이나 개인행복 아니면 개인별 자존감에 주력한다. 구성원이 평균적으로 양호하면 클랜도 양호한 것으로 취급된다. 이런 불평등 측정

수단은 클랜이나 하위클랜이나 무관하게 적용될 수 있으며, 하물며 하위 클랜이 정확히 규정되지 않은 상태라도 상관없다.

클랜 간 불평등의 또 다른 유형이 있는데, 그 유형은 클랜의 전체 규모와 클랜의 성공 여부에 따라 나눠진다. 클랜 구성원의 수나 클랜이 보유한 자원량이 많고 명성도가 높을수록 더 좋은 클랜으로 취급된다. 이런 유형의 불평등이 있기에 하위클랜을 어떻게 구분하느냐의 문제는 매우 민감하다. 역사적으로 볼 때 대부분의 재분배 과정은 개인의 평균 성과에 따른다. 예를 들어 인간의 경우 가족 규모에 따라 가족마다 다르게, 즉 차등하게 재분배가 이뤄진 적이 거의 없었다. 다시 말해서 후손이 적은 가정에 분배를 골고루 해주기 위하여 후손이 많은 가정에서 자손을 빼어오지 않는다. 작은 국가, 작은 도시, 작은 기업에 주려고 큰 국가, 큰 도시나 큰 기업에서 빼어오는 법도 없다.

엠이 받는 임금은 대부분 최저생계 수준에 가깝다. 그렇기 때문에 규제되지 않은 엠 임금은 (주관적 시간당 임금 기준으로 볼 때) 오늘날 임금보다 훨씬 덜 불평등하다. 엠 클랜은 오늘날 재분배에 주력하는 표준 유형의 불평등보다는 불평등이 자연히 덜하다. 반대로 엠 클랜은 클랜의 크기, 클랜이 가진 자원, 클랜이 받는 기대감에서 그 불평등이 엄청나다. 그러나 역사적으로 보아도 이런 종류의 불평등을 표방하여서는 많은 재분배를 기대할 이유가 거의 없다. 이런 종류의 불평등은 수렵채집인이 수익을 얻으려고 땅을 빌려rent-seeking 주고 하위씨족을 어떻게 정하는가에 아주 민감한 수렵채집인들이 나누려고 이끌어낸 그런 불평등과는 아주 다르다.

빠른 엠에게서 자원을 받아 느린 엠에게 나눠주는 속도 기반 재분배도 가능할 수 있다. 그러나 우리 역사에서 이런 선례는 거의 없었다. 그리고 느린 엠이라고 해서 특정 방식으로 더 많은 고통에 반드시 노출될 것이라고는 볼 수 없다.

도시 내 클랜에서는 클랜 내 구성원마다 평균소비에 차이가 있는데, 엠 시대에 그런 차이에 기반을 둔 재분배가 도시 내 클랜들 간에서 우리가 예상할 수 있는 재분배 유형일 것이다. 그러나 엠 세계에서는 이런 유형의 불평등도 더 적을 것으로 예상한다. 엠 시대의 재분배는 아마도 기본적인 재정지출, 즉 여가시간에 쓸 수 있는 주관적 삶의 시간과 그런 시간을 즐기는 데 쓸 수 있는 돈에 주력할 것이다.

엠들 간에 재분배를 결정하기 위해 엠이 사용하는 불평등 측정 수단은 엠들이 자기 일을 얼마나 즐기는지 아니면 다른 일을 하게 어울리는데 "여가"가 얼마나 필요한지의 차이들을 무시할지도 모른다. 그래서 이런 차이들을 무시하면, 그런 식의 재분배는 엠의 실용도utility 면에서 불평등을 실제로 늘릴지도 모른다. 다시 말해 엠들은 자기들이 사는 생활스타일에서 얻는 이익의 가치로 불평등을 늘릴지도 모른다.

만일 평범한 인간들이 엠 세계의 재분배시스템에 직접 포함된다면 예상할 만한 기본 결과는 양도transfers이다. 여기서 양도란 부유한 사람에서 가난한 사람에게 양도하는 것뿐만 아니라 인류 전체에서 개인에게 양도하는 것을 말한다. 엠 생존을 지원하는 것보다 인간의 생존을 지원하는 데 훨씬 많은 자원이 들기 때문에 순전히 재정 측면에서 볼 때 보통의 엠은 인간사회의 가장 가난한 사람보다 훨씬 더 가난할 것이다. 재분배 시스템은 아마도 엠의 최저생계가 인간의 최저생계 수준보다 한참 아래인 이런 사실을 바로 잡으려고 노력할 수 있다. 그러나 그런 식의 원조방식은 원조에 드는 비용을 더 낮추려고 원조수혜자를 인간 존재에서 엠 존재로 바꾸도록 장려하거나 요구할지도 모른다.

엠 시대 동안 인간이 받는 전형적인 소득은 산업시대에 받는 소득정도이거나 혹은 더 높아서 인간의 최저생계소득보다는 훨씬 많다. 많은 인간들 아마 대부분의 인간들이 몇 안 되는 소수의 엠을 만들어내려고 돈을 지불하는 동안에 인간은 그런 엠에게 엠의 최저생활 소비보다 더 많이 소비하는 엠들을 기부하기 쉽다. 반대로 몇 안 되는 소수의 성공한 인간들은 대규모 엠 클랜을 창시하려고 그리고 그런 클랜들 내의 일원 대다수의 소득이 거의 최저생계 수준에 있게 하려고 관리한다. 따라서 개인 간 소비 불평등에 기반을 둔 양도는 덜 성공한 인간들의 후손들에게서 가져와 더 성공한 인간들의 후손들에게 주는 방식이 된다.

엠 사회는 이런 부의 양도를 얼마 안 된다고 볼 것 같지만 적어도 클랜 밖에 있는 인간의 눈에는 비통스러워 보일 수 있다.

누진소득세는 오늘날 표준 불평등을 줄이는 주요 방식으로 국가 내 가계별 소득 차이를 비교해 부과한다. 지난 2세기 동안 최고 한계세율은 인구의 2% 이상이 전쟁에 참여한 곳에서 대체로 크게 증가했다. 예를 보자. 미국은 제1차 세계대전 기간이었던 1917년에 최고 한계세율이 15%에서 67%로 급상승했다. 이런 영향을 제외하면 최고세율증가는 부wealth, 민주주의, 아니면 정부를 운영하는 여당의 정치 이데올로기와는 상관이 없었다(Velez 2014).

이런 것으로 볼 때 엠 도시 클랜들 간의 해당 지역 소득의 재분배 정도는 해당 지역에서 큰 비용이 드는 엠 전쟁 발발 빈도에 좌우될 수 있다. 만일 그렇다면 엠들이 재분배를 덜 받길 바라야 한다. 그래야 전쟁이 더 적다.

전 쟁

엠들이 하는 전쟁은 어떤 종류이며 얼마나 자주 할까?

오늘날 전쟁, 내란, 폭력범죄의 빈도는 부유한 국가이거나 노령인구가 많을수록 하락하며, 민주주의나 독재 양극단에 자리한 국가에서도 하락하고 있다(Magee and Massoud 2011). 민주주의 국가와 비민주주의 국가 간의 전쟁보다 민주주의 국가 간 전쟁이 거의 없다(Dafoe et al. 2013). 그래서 엠들이 덜 민주적인 지배체제 혹은 민주적 혹은 민주적이지 않은 지배체제의 중간 정도까지는 엠들이 전쟁을 더 많이 할 수 있다.

대부분의 엠이 주관적인 50세 이상인 생산성 정점 연령 근처에 있다는 사실로 미루어 전쟁을 대하는 엠의 사고방식은 전쟁을 덜 지지하는 전형적인 50대의 사고방식과 비슷할 것으로 여겨진다. 대부분의 클랜은 모든 주요 도시에 복제품 엠들을 많이 두고 있는데, 이런 사실도 엠으로 하여금 전쟁을 줄이게 되는 요소이다.

한편 엠이 여러 면에서 가난하다는 사실이 더 전쟁으로 몰고 갈 수도 있다. 이 외에도 전쟁으로 이끄는 요인들이 있다. 엠 성별의 불균형으로 자녀양육을 직접 하는 엠이 줄어들면서 엠 자신의 진정효과calming effects도 따라서 줄어들거나, 생산성을 높이는 엠 마인드의 미세수정tweaks이 공격성을 늘리게 되거나 일반적으로 경쟁이 심한 것이 그런 요인들이다.

오늘날 전쟁은 도시 규모들처럼 모든 규모로 고르게 분포한다(Cederman 2003). 엠은 소수의 대형 과밀도시에 집중되어 있다. 그렇기 때문에 거꾸로 작은 규모의 전쟁 발발 빈도는 줄 것이다. 도시 내 전쟁은 도시의 생산가치를 크게 파괴할 수 있다. 도시에는 내부 분쟁을 완화시키는 여러 다른 방식이 있을 것이다. 전쟁은 농경시대에 많았는데, 왜 그런지 이유를 보자. 파괴적인 전쟁 이후에 승리자가 획득하는 가치 높은 약탈품 때문이다. 전쟁으로 농작물과 건물이 파괴되었다고 해도 그 이후 약탈한 경지로부터 대규모의 수확을 신속하게 다시 얻을 수 있었다.

한편 대형 엠 도시 간의 전쟁은 우려할 만하다. 타 도시의 경제적 경쟁력이 자신의 도시를 지배할 것이라고 두려워하는 데서 전쟁이 일어날 수 있다. 핵무기는 여전히 한 번의 공격으로 도시 전체를 파괴하는 위협일 수 있다. 핵미사일은 객관적인 시간 기준으로 경고 시간이 15분뿐이다. 그러나 킬로-엠한테는 주관적인 시간 기준으로 10일간의 경고 시간에 해당한다. 핵미사일 위협에는 좀 더 유연히 대응할 시간이 있을 수 있다. 반면 레이저 무기와 직접 화기방식의 무기directed energy weapons는 킬로-엠에게도 도시 규모 거리에서 즉각 영향을 줄 수 있어 보인다. 그러나 메가-엠에게는 광속 무기라 해도 상당히 느리게 보인다. 그렇다 해도 인간은 자기에게 날아드는 그런 무기들을 절대 볼 수 없다."

엠 군인들은 그들의 엠 복제품들이 죽어도 두려워할 필요가 없다. 최신의 백업 복사로 엠 군인들을 쉽게 복구할 수 있기 때문이다. 그러나 엠 브레인(아니면 도시 전체)이 파괴되었을 때라면 잃어버린 자원은 여전히 심각한 아픔이다. 그래서 엠 세계에는 여전히 소모전은 있을 수 있다. 파괴된 자원에 비해 사망자는 더 적음에도 불구하고 말이다.

어떤 하드웨어는 전쟁 시에는 유용하지만 그 외는 사용할 일이 별로 없다. 반면 "겸용" 하드웨어는 전쟁과 평화 시기 모두 사용할 수 있다. 오늘날 겸용 도로와 화물선과 같은 기반시설에는 보조금을 자주 지원한다. 이와 비슷하게, 정해진 곳에 있는 대형 데이터 센터에 속한 엠 브레인은 전쟁 시 유용성이 적을 것이다. 그렇기 때문에 엠은 국지적인 전력 및 냉각에 맞는 더 작고 이동하기 좋은 데이터 센터에 보조금을 지원하고 엠 브레인이 들어 있는 이동형 엠 몸체에도 보조금을 지원할 수 있다. 그런 식의 이동형 브레인 하드웨어는 항상 대기 상태로 있다가 전쟁이 나면 군인 마인드를 신속히 채우도록 준비되어 있을지도 모른다.

도심에 위치한 물리적 자본은 대체로 군사공격에 더 취약하다. 이런 이유로 도심에서 멀리 떨어져 전쟁물자로 사용될 수 있는 물리적 자본에 보조금을 지원하도록 엠들을 독려할 수 있다. 물리적으로 신속한 이동이 더 쉬운 자본에 보조금을 더 많이 줄지도 모른다.

최고 클랜은 특정 일에서 2위 클랜보다 보통 탁월하다. 최고 클랜은 그런 해당 일에 필요하다면 전 세계 어디든 퍼져 있을 것이다. 그래서 대형 엠 클랜 대부분이 성공 정도는 다르겠지만 아마도 대부분의 엠 도시에 복제품이 있을 것이다. 도시 간에 적대감과 불신이 생길 수 있는데, 그런 적대감은 외지 도시에서 더 성공한 클랜을 겨냥할 수 있다. 그런 클랜들은 자기 도시보다 외지 도시에 더 충성할 것이라고 의심을 더 받는다. 엠 클랜들은 다른 도시에 있는 자기 일원들과 비밀 통신채널이 있다는 것을 때때로 부인하긴 해도 그런 채널을 만들 수 있다. 이런 점 때문에 불성실한 클랜들을 더 의심하게 될 수 있다.

예측시장은 대규모 전쟁을 막도록 도울 수 있다. 전쟁 발발 가능성이나 승리 가능성을 정확히 예측한다. 그런 예측 시 생기는 실수들 때문에 불필요한 전쟁들이 자주 일어나는 것 같다.

엠은 컴퓨터 하드웨어에 전적으로 달려 있기 때문에 컴퓨터 보안 결함에 특히 취약하다. 전쟁 시 오늘날보다 공격과 방어 모두 컴퓨터 보안에 더 큰 자원을 쓸 것이다.

거대하고 몇 안 되는 엠도시가 지배하는 세계에서는 무력 전쟁hot war보다 냉전cold war이 더 의미 있을 수 있다. 그런 냉전 시에는 도시의 카르텔들이 외부인에게 피해를 가하려고 한다. 카르텔끼리 담합하여 외부인에게는 거래 정보를 제한하는 것이다. 엠 도시는 그런 담합을 단속하려고 도시 간 통신을 제한하고 통제하고 이런 일에 맞는 대행사를 같이 만들 수 있다.

정리하자면 수렵채집인 이후 대부분의 사회에서 그랬듯이 엠 전쟁은 진짜 걱정이다.

족벌주의

우리세계에서 가족이 족벌적일 수 있듯이 엠 세계에서 클랜들도 족벌적일 수 있다.

농경시대 대부분 문화에서 확장된 가계씨족은 생산, 짝짓기, 육아, 정치, 전쟁, 법, 재정, 보험장치를 대비하는 주요 사회조직체였다(Weiner 2013). 사람들은 외부인보다 가계씨족을 더 많이 믿고, 외부인은 공평히 대할 의무가 없다고 보았다. 반대로 오늘날 산업경제는 공평한 규범과 법에 따라 공정하게 승부하면서 기업, 도시, 국가 같은 조직들에 있는 사람을 믿는다.

로마의 민법은 사촌 간의 결혼을 금지했다. 카톨릭 법은 사촌보다 훨씬 더 먼 친척 간의 결혼도 금지했다. 그런 정책은 가계씨족들이 섞이게 하고 사회생활에서 가계씨족의 중요성을 줄게 만들었다. 그런 정책을 최초로 채택한 곳이 바로 북유럽이었다. 이런 곳에서 최초로 더 강력하고 더 큰 기업, 도시, 국가가 출현했고, 그 결과로 그런 곳이 오늘날 더 부유하다(Alesina and Giuliano 2014).

오늘날 사회에서 문화적으로 볼 때 상대적으로 가계-기반 사회가 더 있는데, 그런 문화권에 사는 사람은 다른 조건이 모두 같다면 더 행복하고 더 건강한 편이다. 그러나 그들은 다른 문화권으로 이동하길 싫어하며, 다른 문화권의 사람들과 결혼하는 것도 꺼리며, 기업과 정치가 더 족벌적인 경향이 있다. 가계기업들은 세계적으로도 번창하고 있지만 보통 한 가족이 지배하고 한 가족이 지배하지 않는 기업들보다 평균적으로 규모가 더 작고 더 신생기업이고, 기업혁신성도 떨어진다.

전반적으로 기업은 농경시대보다 산업시대에 훨씬 더 커지고 전문화된 노동력이 더 필요했고 가족관계에서 벗어나 가족과 무관한 피고용인으로 대체했다. 가족과 무관한 전문기술인을 고용하면서 한편 성과에 따라서 쉽게 그들을 해고할 수 있었다. 반면 가계-기반 기업은 성과가 부실해도 가족일원을 해고하기가 힘들었다. 가족이 매우 중요한 국가들은 시민 문화가 약해서 국가 정치와 정책에 피해를 준다.

가계씨족이 힘이 세면 개인들에게는 자주 도움이 되기도 했지만, 산업시대동안 그런 가계씨족은 전문성, 응집성, 혁신, 신뢰, 공정성, 법 질서가 잘 구분이 안 되게 만들어서 더 큰 사회에는 좋지 않았다. 번영을 위해 산업사회는 가계씨족의 영향을 약화시켜야만 했다. 이를 위한 방법으로 씨족 간 결혼을 금하는 법을 포함하여, 친족등용을 경계하고 승인하지 않는 더 공공적이고 중립적인 법규를 만들어내었다.

엠 복제품으로 된 클랜도 자연스럽게 내부충성과 내부특혜favoritism가 그 안에서 심지어 더 커질 수 있다. 클랜 하나로 세워진 기업은 가계-기반

기업 이상으로 기술 및 기질temperaments 면에서 다양성이 심각하게 부족할 수 있고 성과가 부실한 일원들을 해고하기가 더 어려울 수 있다. 그래서 엠 기업은 오늘날 기업이 가계씨족에 의한 친족등용을 막아야 하는 것 이상으로 복제품 클랜에 의한 친족등용을 심지어 더 막아야 할지 모른다.

엠 시대에 어떤 기업은 모든 피고용인을 같은 클랜에서 영입할 수 있을 것이다. 그러나 대부분의 엠 기업들은 같은 클랜에서 피고용인을 너무 많이 영입하는 것은 피한다. 나아가 엠 기업들은 클랜 하나가 일 집단에서 서로 다른 역할을 너무 많이 맡지 않게 피한다. 같은 클랜에서 온 엠들로 일 팀을 만드는 것을 금지하는 법처럼 심지어 클랜끼리 섞이게 장려하는 법이 있을지도 모른다.

경비원처럼 특정 역할을 담당하는 피고용인은 모두 같은 클랜 출신으로 하는 것이 자주 있을 수 있다. 그래도 서로 다른 업무를 실질적으로 담당해야 할 피고용인은 대체로 다른 클랜 출신일 것이다. 한편 같은 클랜에 있는 엠들은 서로 다른 일을 하더라도 그들 사이에 소통할 수 있는데, 그런 소통이 가능하다는 실질적인 이유는 유사한 역할을 하는 노동자들은 어차피 서로 소통할 수밖에 없기 때문이다.

친족등용을 막는 이런 정책들은 오늘날 기업에서 가족 일원들을 떼어놓는 방식과 비슷하며 학교에서 일란성 쌍둥이를 다른 교실로 배정하여 떼어놓는 방식과 비슷하다. 그렇게 분리함으로써 다른 노동자들이나 학생들로 하여금 가족에게 아니면 쌍둥이들에게 특혜를 준다는 염려를 덜 하게 한다.

다양한 클랜에서 온 엠들로 구성된 기업에 있는 엠들에게는 클랜 하나에서 온 엠들로 된 기업이 기이하게 보일 수 있다. 클랜 하나로 구성된 엠 도시는 심지어 아주 혼란스럽게 보일 수 있다. 이런 오싹한 느낌은 족벌주의에 대한 두려움뿐만 아니라 자기-강박self-obsession에 대한 혐오감일 수 있다. 이런 종류의 혐오는 오늘날 흔하다. 예를 들어 미국 TV 드라마 "사인펠트Seinfeld"의 에피소드 "초대The Invitations" 편에서 주인공 제리Jerry는 제리 자신과 성격과 몸매가 아주 비슷한 여성을 좋아한다는 이유로 조롱을 당한다. 엠 사회는 이런 혐오감을 문화적 자원으로 활용함으로써, 클랜 친족등용을 막는 데 일조할 수 있을지 모른다. 가계씨족의 세력을 약하게 만들기 위하여 사촌 간 결혼이 나쁜 것이라는 문화적 반감을 조성하는 방식과 비슷하다.

엠 세계는 효율적이므로, 나중에는 엠 클랜의 친족등용을 실질적으로 막는 방도를 찾을 것이다.

가짜 전문가

클랜 친족등용은 이론 전문가들abstract experts을 못 믿게 위협할 수 있다. 왜 그런지 보자.

순수예술과 기초학문을 보자. 이런 분야는 오늘날 평범한 사람들이 자기에게 뭐가 좋은 것인지 판단하기가 아주 힘들다. 그래서 대개 전문가의 판단을 따른다. 전문가처럼 보이는 이들을 우리는 존경한다. 한편 판단이 어려운 이유 때문에 거꾸로 해당 주제에서 마치 전문가 행세를 하는 가짜 전문가를 잘 가려내지 못한다. 사이비 전문가는 스스로 전문성이 있다고 주장하면서 그들끼리 서로 간의 가짜 주장을 조직적으로 지원한다. 그리고 그들 사이비끼리는 상대 사이비가 하는 가짜 주장을 반박하지 않는다.

가짜 전문가를 피할 수 있는 간단한 방법이 몇 가지 있다. 그런 가짜 전문가들이 조직적으로 활동하지 못하게 하는 방법이다. 전문가 대신 아마추어 의존도를 높이는 방법도 있다. 아마추어들이 하는 주장의 확실성에 대한 분명한 증거를 기다리면서 적절한 보상을 주어 전문가를 가려내는 방법도 있다(Hanson 2005). 그러나 이런 접근은 보통 극단적으로 여겨지기 때문에 채택될 일은 별로 없다.

15장 〈새로운 제도〉 절에 관련 내용이 있다. 우리는 전문가를 활용할 때 그들의 성과 기록을 잘 안보고 성과 보상도 잘 안 한다. 전문가들끼리 진입장벽을 만들어 외부진입을 막기도 하고 자체 규제활동조차도 하지 않게 방치하기도 한다. 왜 전문가들을 이렇게 과도하게 믿는지 그럴 듯한 설명을 해보자. 우리는 높은 지위에 있는 전문가와의 친분을 내세움으로써 우리 자신의 지위를 높이려고 하기 때문이다. 그리고 전문가들을 의심하게 되면 의심하는 우리 자신이 그들과의 친분관계를 스스로 깎는 결과로 보이기 때문이다.

오늘날 가짜 전문가 문제는 최소한 어느 정도 완화된 듯 보인다. 세대가 바뀌면서 모든 전문가가 대체되기 때문이다. 그러나 가계씨족과 친족등용의 힘이 여전히 센 곳에서는 손쉬운 분야에서 가짜 전문가의 역할을 자녀와 친척들에게 물려줄 수 있다. 사실 이런 일은 농경시대에 흔한 일이었다. 그러나 오늘날 전문가 역할을 하려면 희소한 분야의 전문성이 필요하다. 예를 보자. 순수예술이나 기초학문에서는 심지어 표면상이라도 소수만 검증되어 있는 듯 보이고, 대부분의 전문가들은 그런 역할에 맞는 자녀나 가까운 친척이 없어서 그런 역할을 친척들에게 물려준다는 것은 아주 드물다.

오늘날 새로운 전문가 세대는 대체로 더 폭넓은 인구에서 나온다. 그래서 가족적 분위기와 다르게 대규모 인구집단에서 신참 전문가들을 전문적인 가짜모의에 가담하게 하려면 가르쳐야만 한다. 그러다가 신참 전문가들은 그런 전문적인 가짜모의를 노출시킬 수도 있다. 또한 이전 세대가 사기꾼이었다고 해도 그들이 다음 세대를 진짜 전문가가 되도록 선별하고 훈련시키지 않을 이유가 별로 없다. 이런 모든 요인들 때문에 전문가들은 친족등용으로만 전문가들을 택하기가 과거보다 오늘날 더 어렵다.

그러나 엠 세계에서는 가짜 전문가가 자기 역할을 가까운 동료들에게 물려주어 이익을 쉽게 얻을 수 있다. 나이 든 전문가를 복제한 젊은 복제품 엠은 표면적인 역할 측면에서 볼 때 서로 정말 비슷해서 가짜 전문가들이 친족등용을 통해 그들 자신을 영원히 이어나가는 것이 더 쉽다. 엠은 이런 커지는 위협에 대처하려고 평가하기가 어려운 순수예술이나 기초학문 그리고 평가하기 어려운 다른 전문가들의 명성이 덜 하다고 보고 덜 중요하게 볼 것이다. 엠들은 또 프로들 대신 그런 역할에 아마추어들을 더 많이 투입할 수 있다. 결국에는 엠들은 예측시장에서 얻은 조언을 직접 더 믿고 소위 전문가들이 하는 조언은 직접 덜 믿는다.

그런 해법을 쓸 수는 있지만 엠 세계가 가짜 전문가를 얼마나 잘 막을지는 분명하지 않다.

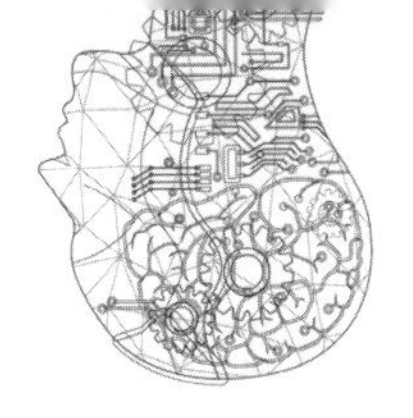

| Chapter 21 |

정 치

지 위

엠 세계에서 누구 지위가 더 높은가?

대부분의 일에서 인간은 엠보다 경쟁력이 훨씬 떨어진다. 그렇기에 엠은 인간을 더 낮은 지위로 본다. 인간과 관련된 스타일과 습관도 더 낮춰본다. 엠은 젊은 근로자와 더 이상 경쟁할 수 없을 때 은퇴해야만 한다. 은퇴자와 관련 있는 스타일과 습관 때문에 엠 은퇴자도 지위가 낮다. 오래도록 우리는 사람이 더 모이는 장소와 그곳에 모이는 사람이 더 지위가 높다고 보았다.

인간들, 은퇴자들, 도심 외곽에 존재하는 엠들은 모두 느린 편이다. 이런 특징 때문에 엠은 낮은 속도를 낮은 지위의 기준으로 본다. 더욱이 더 빠른 엠은 더 높은 지위의 표지임을 보여주는 많은 특징이 쉽게 나타난다.

빠른 속도의 엠은 회합을 주관하고 더 많은 부를 실현시킬 수 있어서 보스가 되는 데 유리하며 프리미엄이 붙는 지위를 선점하는 데도 유리한 편이다. 빠른 속도의 엠은 느린 속도의 엠과 경쟁할 때 상호 간 조정능력을 더 많이 발휘한다. 빠른 속도의 엠은 외부 소식을 가장 먼저 듣고 대응한다. 그렇기에 새로운 유행도 더 빨리 받아들인다.

더 빠른 속도의 엠 브레인은 더 많은 자본을 상징한다. 구동속도가 느린 엠은 대체로 그만큼 빈곤한 엠이 될 수밖에 없다. 그래서 아주 느린 속도로 구동되는 엠은 실제로 "죽음"과 비슷해 보이는데, 바로 그런 점 때문에 느린 엠은 그들 자신의 불안정성 때문에 더 빨리 종료될 가능성이 크다. 예를 들어 엠 시대가 객관적 시간으로 2년을 유지한다고 할 경우 그 동안 마이크로 엠은 주관적 시간으로 1분의 수명을 경험한다. 그래서 느린 속도의 엠은 자연스럽게 죽음에 더 가까이 있어 보이는 것이다. 이런 이유로 느린 엠은 그 지위도 낮아 보인다.

따라서 빨리 구동하는 엠이 대체로 높은 지위로 보인다고 예상할 수 있는 이유가 많이 있다. 이와 비슷하게 미팅하는 동안 신호지연이 가장 적은 엠이라면 중앙에 더 가까이 있을수록 보통 더 중요하고 힘 있어 보일 것이다. 비슷한 속도의 엠끼리 서로 모이기 쉽다. 그래서 속도에 따라 엠의 지위가 구분되는 계급 제도가 형성된다.

오늘날 보다 큰 도시에 거주하는 이를 지위가 더 높다고 보기 쉬운데, 그들이 잠시 도시를 떠나 시골 지역을 방문한다고 해도 여전히 그들의 지위는 거의 변함없다. 이와 비슷하게 엠 지위는 일시적인 속도변경으로는 크게 바뀌지 않을 것이다. 그 대신 클랜이나 하위클랜이 갖는 대표 속도가 가장 중요할 수 있다.

느린 속도의 엠은 미래를 전망하는 큰 그림을 세울 수 있는 신분표시를 가질 수 있다. 느린 엠 중에서 믿을 만한 소수의 엠만이 장기 수익자본을 다룰 수 있다. 속도가 중간 정도인 엠이라면 하나의 통합된 문화와 사회에 속할 수 있지만 반면 아주 빠른 엠에게는, 통신지연 시간이 길면 그런 엠들은 다른 도시에서 심지어 도시구역 내에서도 다른 지역문화 다른 지역사회에 속하게 만든다.

사회적 지위는 누군가가 가진 즉각적인 권력, 성취, 인기를 따라간다. 이런 것들을 얻을 수 있는 누군가의 기본 능력, 잠재 능력도 마찬가지다. 한 클랜 내 엠들은 기본 기술들과 잠재적 기술들이 서로 비슷할 것이어서 그런 지위가 잠재력을 좇아가는 정도까지는 엠들의 사회적 지위가 클랜 내에서는 덜 달라야 한다. 이런 것들로 엠 세계에서 지위는 보다 안정적이고 예측 가능하다. 즉 단지 어느 클랜인지 아는 것만으로도 엠의 과거 지위, 현재 지위, 미래 지위에 대해 많은 것을 알 수 있다. 지위는 연애상대를 찾는 데도 보통 중요하므로 엠들은 오늘날보다 더 지위가 잘 맞는 짝을 찾을 것이다.

휴가 시 빠른 속도가 가능하면 소수의 몇 안 되는 여가 장소에 많은 이들이 방문할 수 있다. 그런 장소는 규모가 한정되어 있고 누구나 갈 수 없는 곳이다. 예를 들어 100명의 엠만 수용하는 극장이 있다고 하자. 그곳에는 독특하고 분위기 있는 저녁식사가 제공된다. 이런 특별한 장소를 방문하는 고객이 메가 엠 속도로 구동한다고 하자. 그러면 엠의 주관적 시간으로는 하루에 10명이지만 객관적 시간으로 볼 때 해당 장소는 하루에 10억 명의 엠에게 레저공간으로 제공될 수 있다. 물론 그런 장소조차도 쉽게 복제할 수 있다. 그러나 그곳에 있는 복제할 수 없는 원본unduplicated original을 방문한다면 그런 장소는 명성에 걸맞은 가치가 있을 수 있다.

지위의 세부 내용이 바뀔 수는 있지만 지위가 가진 본질적 심리는 아마 바뀌지 않을 것이다. 지위가 높은 엠은 지위가 낮은 엠의 주장, 관심, 심지어 존재까지도 무시하며 자기 자신뿐 아니라 모두를 위한 최선이 무엇인지 자기가 가장 잘 알고 있다고 확신하면서 이런 일들을 당연하게 느낄 것이다.

통 치

사람들은 정치와 법을 논할 때 자기와 같은 견해에는 더 열정적이고 더 민감해지는 경향이 있다. 이것은 그런 주제가 부분적으로는 도덕과 사회규범에 관련되어 있고, 부분적으로는 그런 쪽에서의 데이터와 이론이 더 취약해서 더 폭넓은 의견을 모아 가장 좋은 데이터와 이론이 되게 하려는 이유 때문이다. 이런 민감성이 있기 때문에 많은 독자들이 정치나 법을 거론한 저술가들을 기분 나빠하거나 혹은 그들을 믿지 않기 쉽다.

그럼에도 불구하고 이번 장과 다음 장에서 나는 엠이 정치와 법을 어떻게 바꾸게 될지 좀 더 직접적으로 검토하려 한다. 이런 나의 시도는 상당히 시험적임을 그리고 다른 절에서 내놓은 결론들이 이런 시험적 시도에 의존하는 것은 별로 없다고 강조한다.

중앙의 강력한 통치자는 재량권이 상당하고 실질적인 보상도 한다. 이런 방식으로 가족, 기업, 마을, 군대, 국가를 오래 통치했다. 그런 통치자가 도시, 기업, 클랜같은 엠 시대의 많은 조직도 관리할 것이다. 통치자들은 구성원과 동맹 내에서 믿음을 고취시킬 수 있는 빠르고 유연한 의사결정이 있다면 그런 것을 허용한다. 엠 세계에서 강력한 통치자들은 아마도 기업처럼 리스크를 감수하며 경쟁하는 많은 단위조직들을 계속 지배할 것이다.

통치자를 두는 형태의 조직은 오늘날 인간보다 오히려 엠들 가운데서 더 폭넓게 적용된다. 엠 통치자의 수명은 무기한일 수 있다. 통치자의 브레인은 구성원의 브레인보다 훨씬 더 빠른 속도로 구동할 수 있어서, 높은 신뢰 수준이 필요한 일을 하도록 단기 복제품들로 나눌 수 있다. 엠 통치자는 금고를 사용할 수 있어서 자신이 한 판단을 부하들이 검증하게 한다. 이 외에도 누구라도 저렴한 비용으로 모든 통치자와 장시간 미팅을 할 수 있다. 반면 통치자는 미팅의 세부사항을 기억하는 데 비용이 많이 든다. 청원하는 이들은 엠 통치자의 복제품을 만나 그런 복제품이 자기들의 문제를 그 복제품의 원본하고 얘기해달라고 설득할 수 있다.

불가피한 결과라고 볼 수는 없지만, 엠이 공고한 전체주의 정권을 만들어 엠 국가를 통치할 가능성이 있다. 그런 정권은 세세한 감시체계를 충분히 확보할 것이다. 정권을 비판하거나 약화시키려는 작은 시도조차도 찾아낼 것이다. 전체주의 정권은 그런 비판적 시도 모두를 강력히 처벌할 것이고 그런 강공책을 꾸준히 실행하려고도 할 것이다. 20세기 러시아의 스탈린, 독일의 히틀러, 중국의 마오, 그 외 여러 독재자들이 전체주의를 시도했다. 일체의 비판을 허용하지 않은 이런 독재정권의 기도trials는 결국 의사결정에서 파탄을 맞게 되었고, 빈약한 의사소통과 중앙의 시시콜콜한 지나친 간섭으로 인해 혁신도 줄게 되었다. 외부문화에 혹한 권력 승계 후보들도 마찬가지였다(Caplan 2008).

지도자 엠의 수명이 무기한이고 지도자의 단기 복제품들이 있어서 권력승계 문제와 측근 배신으로부터 전체주의 정권이 잘 보호된다. 구성원 간에 소소한 소통은 자유롭게 놔두면서도 정권붕괴 시도만을 좁게 공략하여 압박한다면, 비판 부재와 혁신 제약이라는 문제들이 해결될 것으로 본다. 신형 엠에 있는 많은 기술들로 그런 좁은 목표 공략을 가능하게 도울 수 있다. 정권은 과밀도시지역에서 일어나는 모든 활동을 감시할 수 있고 어떤 대화도 변경할 수 있다. 개별 엠들의 마인드는 가벼운 수준에서 읽힐 수 있고 시뮬레이션으로 충성을 시험받는 대상일 수 있다. 금지된 사항을 학습하게 된 엠처럼, 어떤 문제가 발생하면, 해당 엠은 이전 상태로 되돌려 새로 보강시켜 다시 구동할 수 있다.

대형 기업과 대형 클랜 모두 전체주의 정권 안팎에 존재하는데, 이런 대형 기업과 대형 클랜은 정권을 약화시키려고 협업할 수도 있다. 정권은 그런 위협을 매수할 필요가 있고 그렇다 해도 그런 기업과 클랜은 계속 매수당하지 않으려 할 것이다. 저밀도인 시골지역은 전체주의 정권이 감시하고 통제하기가 더 어려울 수 있어서 정권은 도시지역과 농촌지역의 접촉을 제한할 수 있다.

통치자의 관심사항은 민주국가에서조차 유권자의 관심사항과 자주 다르다. 예를 들어 지도자는 지배력을 과시하려고 한다. 권위에 도전하는 것으로 보이는 조언은 모두 눈에 띌 정도로 무시하면서 자주 무리수를 둔다. 결국 그들은 유의미한 정보를 활용하는 데 실패한다.

15장 〈예측시장〉 절에서 거론했듯이, 집단이 중요한 결정을 해야 하는 경우 의사결정 시장을 이용하면 서로 다른 이해관계에서 생기는 비용이나 유의미한 정보를 파악하지 못하는 데 생기는 대리인 비용agency costs을 줄일 수 있다. 유권자의 관심이 얼마나 잘 충족되었는지를 차후-측정하는 좋은 수단이 있다면 특히 그렇다. 통치를 하는 데 수명, GDP, 실업률, 토지 가격, 전쟁 사망자수 등은 좋은 측정수단이다. 그런 좋은 측정수단이 있다면 조직은 투표 결과들을 향상시킬 것이라고 시장투자자들이 평가하는 정책들을 채택하여 그런 정책을 채택하는 습관을 장려하고 심지어 이행하고 싶어 한다. 다시 말해 특정 정책을 채택하면 성과가 좋아진다는 시장평가가 그런 정책을 채택하지 않아야만 성과가 좋아진다는 시장평가보다 분명히 더 높은 평가를 받는다.

좋은 결과를 측정하는 것은 이윤추구 기업에서 특히 쉽다. 유권자가 투자자라고 보자. 투자자가 출자한 지분의 시장가로 유권자 가치가 달성되었는지 잘 볼 수 있다. 따라서 이윤추구 기업에서는 의사결정 시장이 승인한 정책을 채택하여 이행하는 것이 특히 유용할 수 있다. 전체주의 정권도 이 방법을 이용할 수 있다. 바로 정권의 생존을 확인하는 데 활용된다. 그러나 이런 정권이 자문을 얻으려고 의사결정 시장을 이용한다고 하자. 아마 외부판사와 외부금융기관을 참여시켜야 가능할 것이다. 더욱이 정권 외부에 숨겨진 자산을 유지하고 비밀거래를 하려면 거래인에게 관련 정보를 알려주어야만 할 것이다.

클랜과 기업은 때로는 틀리거나 편향된 믿음을 유지해서 이익을 얻을 수 있다. 예를 들어 근로자가 더 노력하게 근로자에게 동기부여를 하는 것이다. 그래서 이런 집단은 편향된 믿음을 유지하게 하려고 자기기만self deception을 하려고 원할 수 있다. 그런 믿음을 계획적으로 고취시키는 지도자를 통해서 그렇게 한다. 의사결정 시장은 그런 의도적인 자기기만을 막을 수 있어서 그런 집단들은 결정적인 어떤 주제에 대해서는 지도자가 고취시키는 자기기만을 받아들이게 하려고 의사결정 시장을 허용하지 않으려 한다. 그런 집단들은 의사결정 시장의 활용을 금지하는 것을 정당화하려고 여러 가지 변명거리를 거리낌 없이 찾아내려 한다.

오늘날 이윤추구 조직은 비-영리 조직보다 큰 장점이 있다. 이윤추구조직은 단지 조직 내 수익을 그저 재투자하는 것 외에도 외부자본을 투입하여 더 빠르게 성장할 수 있기 때문이다. 엠 경제는 경쟁이 아주 치열하고 역동적이어서 이런 장점이 엠 클랜을 혹하게 해서 클랜은 심지어 국가급 도시를 영리추구 기업으로 설립하려 한다. 예를 들어 클랜이 능동적인 사회세력으로 장기간 확실히 번영하려면 클랜은 클랜에 투자한 투자자들의 수익을 극대화하는 클랜정책을 택해 이행하는 것이 최선의 방법일 수 있다. 그런 식의 이행은 의사결정 시장을 통하거나 아니면 주요 투자자에게 실질적인 의사결정권을 주어서 이루어진 것일 수 있다.

오늘날 도시와 기업은 공용시설을 할당하고 그 가격을 책정해야만 한다. 자원 사용 때문에 생기는 외부비용도 규제해야만 한다. 엠 클랜과 엠 팀도 이와 유사한 선택을 할 필요가 있을 것이다. 15장 〈복합경매〉 절에서 논의한 복합경매는 보다 유연한 분산형 접근방식이다. 분산형 접근방식은 복잡성을 쉽게 다룬다. 복합경매는 엠 도시에서 주택, 경관, 전력, 냉각, 통신, 운송, 건축 지원을 할당하고 가격을 책정하는 데 사용할 수 있다. 그런 시설을 이용하는 데 발생하는 외부효과externalities를 다루는 데도 복합경매를 사용할 수 있다. 복합경매는 엠 도시를 더 이상적으로ideally 효율적인 도시에 가깝게 만드는 데 일조할 수 있다. 이런 엠 도시는 이익을 창출하는 규모의 경제와 손실을 낳는 규모의 비경제diseconomies 사이에서 정확한 균형right tradeoff을 유지한다(Arnott 2004).

복합경매는 팀을 꾸리는 데도 사용할 수 있다. 클랜은 특정한 일, 특정한 팀, 특정한 소비자 모임에서 일하는 복제품 엠을 생성하겠다는 의향을 담은 입찰서를 제시할 수 있다. 고객들도 이와 비슷하게 특정 성과조합에 입찰가를 제시할 수 있다. 보조 의사결정 시장을 이용하여 특정 팀을 고용했을 때의 성과를 평가한다. 이런 복합경매로 고객이 예상 순익을 최대로 얻을 수 있게 해주는 팀을 지정할 수 있다. 이런 과정을 이용하면 비공식적인 클랜 정치를 통해 성과를 두고 협상하느라 생긴 손실을 줄일 수 있다.

대부분의 엠은 소수의 국가 급 거대도시에 산다. 오늘날 도시와 국가에서 통치방식이 바뀌는 속도보다 엠 세계에서 통치방식이 바뀌는 속도가 더 느리다. 이런 환경 때문에 국제 통치를 통해서 더 많은 쟁점을 더 쉽게 조정할 수 있다. 엠 세계는 인간 세계보다 더 자주 대규모의 전 지구적 위협이나 글로벌 기회를 잘 다루려고 더 자주 조정한다.

소수의 국가급 거대도시가 있는 세계에서는 국제적 영향력이 더 크다. 거대도시 하나가 형편없이 통치하면 오늘날 형편없이 통치하는 지역보다 국제적으로 미치는 영향이 더 크기 때문이다. 나쁜 통치기간과 좋은 통치기간은 시간이 갈수록 고착되기 쉽다. 엠 세계는 전반적으로 형편없는 통치기간과 좋은 통치기간이 더 세게 고착될 수 있다. 형편없는 통치기간에는 갈등과 전쟁이 더 많고 경제성장이 더 낮을 수 있다. 그래서 오늘날과 비교할 때 엠 세계는 장기성장 동향이 보일 때쯤 성장변동성이 더 크고 더 오래갈 수 있다.

정치소요, 정권불안, 정책불안 등의 요소는 모두 경제성장에 부정적으로 작용할 것이다. 그래서 경쟁이 심한 엠 세계에서는 폭력적이고 불안하고 혁명적인 정치 변화를 일으키는 동향은 저지될 것으로 본다(Brunetti 1997).

클랜 통치

새로운 조직단위로서의 클랜은 지배방식에 대한 새로운 쟁점을 불러일으킨다.

복제품 클랜들에는 그런 클랜의 중앙 통치자 지위에 맞는 자연스러운 후보자가 있는데, 그들 복제품 클랜의 가계도에서 최초의 조상인 원본이 그런 후보에 해당한다. 초기 클랜들에서 이런 후보자는 평범한 인간이지만, 인간은 좋은 클랜 통치자를 만들기에는 너무 느리고 연락이 안 될 수도 있다. 그래서 원본과 가장 가까운 최초 스캔 버전의 복제품을 대신 원할 수 있다. 이런 종류의 복제품도 여전히 정신적으로 사회적으로 미성숙하기 때문에 숙달된 통치자가 되는 동안 그런 원본 복제품으로서 가진 적법성legitimacy을 뺏길 수 있다. 그러나 그런 원본 클랜은 공정한 판단을 내리는 재판관 역할은 맡을 수 있다. 그런 재판관은 클랜 강령clan principle에 제기된 문제들을 판단하고 재검토하기 위해 주기적으로 그런 역할을 다시 시작한다.

엠 세계에서는 우리가 "사적private"이라 보는 많은 결정을 개별 엠들이 아니라 클랜들이 대신 한다. 클랜 구성원들은 서로 비슷하고 상호 의존적이고 이해관계가 같다. 그리고 클랜들은 구성원들에 대한 엄청난 법적 권한과 재정적 권한이 있다. 구성원들에 대한 정보도 역시 가지고 있다. 그렇기 때문에 클랜들은 공동체주의communalism가 세지고 중앙통제가 세질 수 있다. 그러나 클랜 구성원들은 자기들이 속한 클랜들이 자신들의 행동을 조정하는 것을 허용하지만, 많은 클랜들이 이런 일을 잘 못할 수 있다. 결국에는 클랜들은 클랜구성원들을 관리하려고 비-구성원들은 믿지 않을 것이고 나아가 인간의 전형적인 성격으로 보아 인간은 이런 관리자 역할에 잘 맞지 않을지도 모른다.

자기들과 아주 비슷한 사람들을 잘 다루는 성격이라면 엠 세계에서도 그런 성격이 상당히 선택된다고 봐야 한다. 이런 면에서 구성원들이 태생적으로 좋은 관리자들인 클랜들은 더 잘 조직된 클랜들을 가질 것이고 클랜들이 사회 조직의 중심 단위여서 이런 클랜들이 엠 세계에서 경쟁우위에 있다.

클랜은 마인드가 아주 비슷한 복제품들로 이루어지기 때문에 다른 관점들은 고려도 하기 전에 너무 빨리 합의가 모아지는 "집단 생각"에 더 치우칠 수 있다. 그러나 엠들에게는 예측시장을 포함해서 이런 집단생각을 피하는 새로운 방법들이 많이 있을 수 있다.

수렵채집인이 평생 만났던 사람 수인 150명 정도 아니면 오늘날 집단 구성원 수가 약 150명 이하인 기업이나 동아리 같은 사회집단은 규율과 공식적 조직이 덜 필요하다. 클랜의 경우 구성원 수는 이보다 클 것이지만 클랜 구성원들이 서로 많이 다르지 않아서 개인차에 따른 사회적 배려 understanding 요구도 적다. 그렇다 해도 구성원 수가 수백만에 이르는 클랜들은 어떤 공식적 조직이 분명 필요하다. 구성원이 다르면 전문 분야도 다르며, 그리고 전문인들 간의 분쟁을 해결하는 데 전문적인 이들이 그 안에 있다.

투자자를 둔 클랜들도 투자자의 수익을 최대로 하는 데 전념하고 싶어하지 않을 수 있다. 오히려 클랜들은 속도에 가중치를 두는 미래의 클랜 인구, 미래의 여가시간, 미래에 받는 세계적인 존경, 아니면 미래에 세계에 미치는 영향을 최대화하는 데 전념할 수 있다. 여기서 말하는 "미래"는 미래의 특정 시점을 두고 말하기도 하고 아니면 시간이 흐르면서 누적된 막연한 미래일 수 있다. 미래에 얻을 존경이나 미래에 미칠 영향에 전념하는 클랜은 그 전념하는 자세 때문에 실제로 더 많은 존경을 받고 더 많이 영향을 끼칠 것이라 예상한다. 그러나 목표들이 달라도 실행하면서 수렴할 가능성이 있다. 즉 수익을 최대화하려는 목표는 전형적으로 보아 인구, 존경, 영향을 최대로 하는 것일 수 있다.

그런 목표들에 전념하는 클랜들은 구성원들이 삶을 충분히 즐기도록 확실히 보장하려 하고 그래서 구성원들이 가진 시간에서 여가시간 대 평균 근로시간 비율 같은 어떤 것들을 제한하려 한다. 하위클랜들끼리 서로 착취하는 것을 방지하기 위하여 클랜 내에서 더 작은 소규모로 그런 제한을 적용시킬 수 있다. 그러나 어떻게 빈틈없이 시간을 제한해야 가장 유용하고 실효가 있을지 아직 잘 모른다.

그러나 분명한 것은 클랜들은 통치에 새로운 문젯거리들을 많이 가져온다는 점이다.

민주주의

지난 몇 세기에 걸쳐 민주주의는 시간이 지나면서 더 높이 평가받는 통치 형태로 되었다. 특히 부유한 국가들이 민주주의를 채택했던 것이 그렇게 된 이유 중의 하나로 여겨진다. 그러나 엠 시대에는 다른 사고방식이 나올 수 있다.

물론 민주주의가 가장 경쟁력 있는 통치 형태는 아니다. 강력한 법률 제도들이 없는 국가들이 민주주의를 도입하여 더 많이 성장할 수 있지만 다른 한편 강력한 법률 제도들이 마련된 국가들은 민주주의를 추가로 도입한다고 해서 이익이 생기는 것도 아니고 오히려 총량으로 따져서 손실을 볼 수도 있다(Assiotis and Sylwester 2015). 또한 민주주의 국가들이 비민주주의 국가들 수준에 지나지 않는 평균 경제성장률을 이루어낸 동안, 비민주주의 국가들 사이에서는 서로 간의 성장률 변이가 더 컸다는 점이다(Almeida and Ferriera 2002).

비민주주의 국가들의 성장률이 평균 이상이고 계속 성장한다면 그때 포트폴리오의 성장률은 포트폴리오 내에서 가장 높은 성장률을 보이는 쪽으로 간다. 이런 이유로 비민주주의 국가들의 포트폴리오는 민주주의 국가들의 포트폴리오보다 더 빠르게 성장할 것이라고 약하게나마 봐야 한다(Cover and Thomas 2006). 이런 것이 시간이 지나면서 민주주의가 더 적어질 것이라고 보는 이유이다.

수렵채집인 무리에서 많은 민주적 요소가 있었음에도 불구하고 민주주의는 농경시대보다 산업시대에 훨씬 더 일반적이게 되었다. 논의하겠지만 민주주의의 확대는 산업시대의 또 다른 특징으로 수렵채집인 비슷한 가치는 더 많이 가져오면서도 수렵채집사회가 할 수 없었던 경제적 부를 증가시킬 수 있었다. 엠들은 개별적으로는 가난한데, 이런 점 때문에 엠들은 더 농경인 같아서 민주주의를 덜 선호하는 것으로 여겨질 수 있다. 이런 점이 민주주의가 더 적어진다고 보는 또 다른 이유이다.

약한 민주주의가 대중정책에는 크게 문제가 되지 않을 수 있다. 오늘날 민주주의 국가와 다른 통치방식의 국가 사이에 경제정책이나 사회정책의 일반적 차이는 얼마 없다. 민주주의 국가는 정치적 반대자들을 봉쇄하는 데 힘을 덜 기울인다는 것이 주요 차이로 보인다. 그래서 민주주의 국가는 고문, 처형, 검열, 군비 지출, 종교규제가 더 적다(Mulligan et al. 2004). 그래서 만일 엠 세계에 민주주의가 더 약하다면, 결국 엠들은 이런 종류의 정치적 탄압에 쉽게 노출된다는 뜻이다.

어떤 집단은 다른 집단보다 리스크 회피성향이 자연스럽게 더 세다. 이런 성향은 그 집단의 통치방식에까지 이어진다. 진정 경쟁력도 있고 그런 집단에 대해 봉사정신도 높은 열정적인 지도자가 있다고 해도 그런 집단은 그런 지도자를 받아들임으로써 얻는 최대 이익을 기꺼이 포기할 수 있다. 단지 그런 집단은 불법적인 공포정치에 무능하고 이기적인 폭군으로 인한 최악의 손실을 피하려는 의도가 클 뿐이다. 즉 그런 집단은 소극적 회피만 원하고 적극적 대안을 추구하는 것 같지 않다. 클랜과 국가급 도시는 기업 이상으로 리스크 회피성향이 더 커 보인다. 시민이 대표를 뽑고 시민 대표가 법률안에 투표하는 대의 민주주의 같은 변형된 민주주의를 클랜은 선호할 것이다. 대의민주주의에서는 대표자의 결정에 따른 결과가 서로 다른 능력과 성향을 지닌 지도자 개인 개인마다의 결정에 따른 결과보다 리스크가 적기 때문이다. 그러나 클랜은 지도자 간 차이를 크게 두려워하지 않아도 된다. 클랜들은 그렇게 문제가 될 정도로 내부 변이가 크지 않기 때문이다. 변이가 크다 해도 클랜들은 같은 결정사항을 모두 같이 생각하면서 그들의 사고방식을 평균으로 만드는 마인드 읽기를 통해via mindreading 대신 "투표"할지도 모른다.

엠들의 속도가 크게 다르기 때문에 1인 1표 선거 방식이 무의미할 수 있다. 많은 이들이 민주주의의 중요한 기능이 대중 혁명popular revolution을 막는 것이라 본다. 지난 몇 세기 동안 보아, 혁명 참여자나 혁명 찬동자 인구수에 비례하여 선거권이 배분된다고 가정할 경우 혁명을 수행할 수 있는 대중 집단은 보통 선거에서도 승리하거나 우위를 차지할 정도로 대중성이 있었다. 물론 이 둘 사이의 연관성은 대략적이다. 예를 들어 직업군인이라고 해서 투표권을 더 갖지 않기 때문이다. 그러나 그 연관성은 보통 활용해볼 만할 정도로 밀접한 것으로 여겨진다.

하지만 기저 속도의 엠들을 저렴한 비용으로 만들기 쉬운 세계에서 볼 때 일차적인 인구수raw population에 비례하여 투표권을 준다고 한다면 아주 느린 엠을 대량으로 생성하는 데 돈을 쓸 수 있는 이들에게 비례적으로 더 권력을 주는 것과 같다. 그런 시스템은 소모적이고 불공평해 보인다. 아마 대중 혁명을 막을 수 없을 것이다.

만일 브레인 속도에 가중치를 주는 투표시스템에서 사용하는 공식속도가 오래도록 충분히 평균화된 값이라서 선거용으로 속도를 올려 얻는 대부분의 보상을 제거해버릴 정도라면 투표권을 브레인 속도에 비례하여 가중치를 주는 투표시스템이 더 운용할 만하다. 이런 접근방식은 대략 주관적 노동시간에 비례하여 권한을 분산시키는 것으로 대개는 사회, 경제, 군사와 관련된 권한이다. 이런 접근을 하려면 어떤 하드웨어가 엠 마인드를 언제 어떤 속도에서 구동하는지 모니터링해야만 한다. 따라서 정부는 다른 이유 때문에 하고 싶은 관입 감시intrusive monitoring를 정당화하려고 속도별 가중투표를 편리한 이유라고 볼 지도 모른다.

고려해볼 만한 투표방식은 물론 많다. 예를 들어 매우 긴 주관적 나이가 지난 엠에게만 투표권을 줄 수 있다. 투표권은 상속이 되고 복제 시에는 나누게 된다. 아니면 엠들이 다른 유권자들과 더 다를수록 그런 엠들에게 투표권을 더 줄 수 있다.

엠의 통치 방법들 중에서 민주주의 방식이 꼭 지배적인 것 같지는 않다. 그렇다 해도 엠 세계 일부에서는 민주주의 통치방식이 지속될 것 같다.

동 맹

엠 클랜들은 아마도 서로 정치적으로 지원하려고 동맹을 맺을 것이다.

과거에 가계씨족이 강력했을 때 많은 가계씨족이 교류했던 도시 같은 지역들에는 가혹하면서도 파괴적인 씨족 기반의 동맹정치가 자주 행해졌다. 그런 씨족정치에서 동맹은 주로 씨족가계도에서 서로 가까운 씨족끼리 이루어졌다. 그러나 씨족 간에 그런 가까운 정도가 서로 비슷했을 때는 더 기회주의적으로 동맹이 이루어졌다.

오늘날 정치는 과거와 같이 그렇게 많이 가족에 기대지 않는다. 이념이 더 중요하다. 그렇다 해도 삶의 여러 영역에서 자신들이 속한 동맹을 위해 로비하려고 동맹을 이리저리 바꾸는 행동을 많이 하게 몰고 갈 수 있다.

대부분의 정치시스템에서, 세력 간 동맹을 맺어 정치권력에서 다수를 확보했을 때 그 동맹은 추가 이익을 얻는다. 승리한 동맹은 라이벌 세력을 희생하여 자기 세력에 도움이 되는 일반정책common policies을 추진할 수 있다. 그러나 그런 동맹은 "순환 변동cycling"에 취약한데, 여기서 순환 변동이란 다음과 같다. 새 동맹이 좀 더 매력적인 전리품 분배를 제안한다. 구 동맹의 변절자들을 유혹해서 새 동맹이 승리한다(Mueller 1982; Stratmann 1996). 동맹이 빈번하게 뒤바뀌면서 정책도 자주 바꾸게 되고, 그에 따른 비용도 상당할 수 있다.

엠 클랜들은 동맹을 바꿀 때 어떻게 변명하고 어떻게 협상할까? 오늘날 큰 조직들이 자주 그렇게 하듯이 기업과 국가급 도시의 수장들인 지도자들끼리만 미팅하여 서로 협상할 수 있다. 그런데 클랜들 간의 관계는 자주 밀접히 접촉하는 수백만 이상의 특정 클랜 구성원들 아니면 그런 구성원들의 많은 짝들 간의 관계이다. 클랜 구성원들은 그들 자신이 배제된 채 지도자들끼리 사적으로 협상한 관계변경 특히 가까운 동료들을 어떻게 다루어야 하는데 변경사항이 있을 때 관계변경을 특별히 억압적으로 느끼지 않을 것이다. 그런 방식은 지나치게 냉정하고 계산적인 태도로 여겨질 수 있다. 예를 들어 클랜이 어떤 엠에게 그의 친구인 조지에게 화를 내라고 했다고 어떻게 조지에게 진심으로 화를 낼 수 있겠는가?

하지만 클랜 정도의 많은 조정이 아니라 개별 엠 짝들 정도에서 그들의 관계를 협상했다면 클랜 동맹들은 신속히 바뀌기 어려울 수 있다. 이것은 사회 전반에는 좋을 수 있지만 바꾸는 게 더 느린 클랜들에게는 좋지 않을 수 있다. 한 가지 해결책은 엠들의 2인 대표들 중 한 대표들끼리만 서로 얘기하고 나머지 대표들은 그 대화를 지켜볼 수 있게 하고 그런 대화에 영향을 미치게 투표도 하게 하는 것이다. 클랜 구성원들은 그런 가시적인 대화 결과를 다른 클랜들의 개별 구성원들과의 사적 관계를 바꾸는 데 정서적으로 더 억압하는 방법이라고 느낄지도 모른다.

대형 클랜집단들이 이리저리 동맹을 바꾸려고 조정하는 것을 도우려고 클랜 구성원들의 대표자 간에 더 확장된 대화를 할 수 있다. 이는 다른 클랜 구성원들이 지켜보고 영향력을 미치는 방식이다. 예를 들어 각 클랜마다 단 하나의 복제품만 보낼 수 있는 몇 안 되는 사교회합이 이어질 수 있다. 그러나 이런 회합을 다수 대중이 지켜본다. 그 회합에서 누가 누구와 말하는지 누구에게 무슨 말을 하는지 지켜보아 지켜보는 이들은 클랜 동맹의 변경을 추론할 수 있고 그런 변경에 정서적으로 더 결속되어 있음을 느낄 수 있다. 지켜보는 이들은 대화하고 있는 참여자들과 같은 클랜 출신이고 지켜보는 이들의 성격은 대화하고 있는 참여자들의 성격에 가깝다. 그래서 지켜보는 이들은 그런 대화의 참여자들이 그런 모임의 토론에 어떻게 대응했는지에 보통 수긍하고 동조한다.

판사 클랜들이 판사가 아닌 특정 클랜들과는 동맹을 맺지 않는다면 그런 판사 클랜들은 그런 회합에 참여시키지 않을 수 있다.

만일 그런 사회적 회합이 규모가 아주 다른 클랜들 다시 말해 속도 가중 투표수가 아주 다른 클랜들도 동등하게 참여시킨다면 어색할 수 있다. 독단적으로 클랜 규모를 제한하여 초대하는 대신 모든 클랜을 초대하는 것이 더 유연하지만 그러나 그때 클랜 대표가 회합에서 공간의 중앙에 가까이 갈 수 있는지 제한하도록 클랜 규모로 된 기본 제한기능을 사용하는 것이다. 클랜 대표 대부분이 그들이 갈 수 있는 최소거리까지 중앙에 자리 잡으려 할 때 참가자들이 편안히 자리 잡게 하려고 이런 제한기능을 사용할 수 있다.

클랜 짝들은 수천 아니면 수백만 복제품들과 데이터 통신하여 얻은 미묘한 단서들을 자동으로 추가하려고 소프트웨어를 사용해서 서로 다른 짝을 향해 그들 간에 바뀌는 분위기를 추론하고 대화할 수도 있다. 제3자가 그런 단서들을 알아채거나 이해하는 것이 훨씬 어려울 수 있다.

클랜은 가상현실 혹은 실제현실에서 그들이 보는 인기 있는 중첩화면overlays으로 자기들의 동맹을 조정하고 서로 맹세할 수 있다. 예를 들어 일부 클랜만 어떤 중첩화면을 볼 수 있도록 초대하고 혹은 일부 클랜에게만 어떤 중첩이 유행하고 있다고 말한다. 같은 중첩화면을 보는 엠들은 미팅 시 자기네들끼리만 그런 특정 중첩을 본다는 의미가 더 있게 만드는 내부 농담을 할 수 있다. 그런 상황에서 그런 중첩화면들은 나름대로의 의미 있는 어떤 기능이 있는데 다른 클랜들을 배제하려는 목적으로 중첩을 사용한다는 것을 부인할 수 있게 해준다. 중첩의 유행을 바꾸면서 따돌려진 클랜들이 중첩을 충분히 빨리 못 따라 하게 막을 수 있다.

클랜들이 자기들의 정치동맹을 바꾸고 나아가 거기에 속한 클랜구성원들도 그런 동맹 변경을 정서적으로 수용한다고 해도, 서로 싸우고 있는 클랜출신인 구성원들이라도 그들 팀의 모든 구성원들이 함께 협력하여 일을 계속하는 것처럼 보이도록 힘을 돋워주는 어떤 규범이 아마도 있을 것이다. 그런 규범이 없다면 팀 생산성이 과도하게 방해받을 수 있다.

파 벌

동맹을 바꾸고 동맹 내에서 정치적 경쟁을 하면 동맹의 "지대추구rent-seeking(불로소득 추구)" 행위 때문에 사회적 비용이 클 수 있다. 이런 비용은 동맹 동료들끼리 자기들 파벌이나 자기들 동맹을 위해 로비에 들이는 노력을 말한다. 예를 들어 사람들은 배우자, 이웃, 공급자, 고객 등을 선택할 때 기존의 동맹 파트너들을 잘 대해야 한다는 압박을 받을 수 있다. 이런 것들이 다른 기준으로 보면 그런 파트너들의 자질을 축소시킬 뿐만 아니라 정치적 동맹이 바뀔 때마다 파트너들 역시 바꾸는 데 비용이 들게 만든다. 사람들은 또 자신들의 파벌을 위해 로비하라는 압박을 느낄 수도 있다. 로비하지 않는 이들은 충성하지 않는다고 처벌받을 수 있다.

정치시스템은 과도한 동맹 변경 그리고 과도한 지대추구로 인한 비용을 억제하려고 보통 성공과는 거리가 먼 여러 해결책을 오래도록 많이 시도해왔다. 예를 들어 정책을 변경하려고 그런 비용을 올리면 변하는 상황에 그 사회가 덜 적응할 수 있게 만들긴 하지만 정책을 변경하려는 의욕을 꺾어버릴 수 있다. 또한 모호한 이념적 입장과 동맹을 동일시하면 동맹을 바꾸는 게 더 힘들 수 있다. 그런 식으로 나온 동맹들은 자신들의 입장을 원칙 없이 아니면 분명치 않게 바꾸기 때문이다. 자격 있고 안정된 정치계급에게 평등한 처우 규정을 두면 도움이 될 수 있다. 예를 들어 미국의회는 오래 재직하는 의원을 우대하는 선별규정이 있어서 대부분 의원들이 자기 일을 계속하게 돕는다. 엠도 이런 여러 가지 해결책을 채택할 수 있다.

엠들은 〈동맹〉 절에서 설명한 대로 사회적으로 많이 모이지 않으려고 노력하지만 만일 그렇게 해서 동맹이 바뀌는 것을 줄일지 확실하지 않다. 더 분명히는, 동맹이 바뀌는 것에 편안해하거나 이해하는 엠들이 더 적어지게 할 것이다.

기원전 5세기 클레이스테네스는 고대 아테네의 정치 규정들을 다시 짰다. 그 목적은 아테네에 고질적인 정치 갈등을 일으켰던 지역 기반 동맹들의 권력을 와해시키려는 것이었다. 그는 10개의 부족을 새롭게 평등하게 조직했다. 각 부족의 1/3은 평원, 해안, 언덕에서 온 서로 다른 지역 사람들로 채웠다. 그 결과 지리적 기반의 동맹정치의 힘을 줄여 각 부족 마을들이 지리적으로 널리 분산되었다.

엠들도 이와 비슷하게 클랜들을 나누는 정치적 집단짜기를 설계하려고 시도할 수 있다. 그리고 각각의 클랜을 서로 다른 집단들에 분산시키는 것이다. 클랜은 팀, 기업, 이웃 내에서 다양한 클랜이 완전히 섞여 상호 유대할 수 있도록 장려하려고 보조금과 세금을 이용할 수 있다. 클랜은 배우자나 팀 동료 선택 시 정치가 영향력을 주지 않게 막는 법과 규범을 만들 수 있다.

일 팀을 짜기 위해 비공식적으로 공개협상을 한다고 보면 그런 선택을 하려고 복합경매를 이용해서 정치적 영향을 덜 받게 할 수 있다. 그러나 클랜정치는 입찰을 통해 표현될지도 모른다. 다시 말해 어떤 클랜들은 다른 클랜들의 구성원들과 한 팀에 있으려고 추가로 가격을 올리거나 내리거나 하는 식으로 제시한다. 클랜정치의 파급력을 줄이려고 경매 시 그런 입찰은 금지하거나 제한할 수 있다.

만일 엠들이 정치가 삶의 특정 영역에 영향력을 끼치지 못하게 하는 법과 규정을 개발한다면 엠들은 그런 식의 정치적 선택을 숨기려고 뒤에서 변명거리를 찾아낼 것 같다. 예를 들어 엠들은 이념, 삶의 철학 그리고 예술과 오락에서 정치 파벌들과 연관된 취향을 선택할 수 있다. 그런 다음 그런 철학과 취향을 공유하는 엠들끼리 어울리고 싶어 할 것이다. 그들이 어느 정치동맹에게 베푸는 호의는 모두 우연이어서 어쩔 수 없다고 스스로에게 말할 수 있다. 예를 들어 동맹에 속한 그런 클랜들은 어떤 음악 장르를 같이 좋아하게 선택할 수 있다. 그런 다음 그들의 동료들 속에서 그런 종류의 음악을 역시 좋아하는 다른 동료들에게 우선권을 준다.

엠은 클랜정치와 친족등용 모두를 피하려고 이름이 두 개인 엠들에 의존할 수 있다. 이름이 두 개인 엠들은 이름이 하나인 핵심 클랜집단 밖에 있는 엠들을 말한다. 그런 엠들에게 기업 내 그리고 팀 내에서 지엽적인 정치local politics를 단속할 권한이 부여될 수 있다. 구성원들이 사내 정치를 한다고 보는 정도에 따라 구성원들을 평가하여 단속한다.

대체로 중립적 판사 역할을 하게 될 클랜들은 이름만으로 불리는 핵심 클랜집단 밖에서 끌어와 채워질 것이다. 생산적이기는 하지만 이름만으로 불리는 클랜을 만들 정도로는 충분하지 않은 클랜이 있다. 이 때문에 이들 클랜은 이름만으로 불리는 클랜 내에서 동맹이 얽히지 않게 별도로 공을 들일 수 있다. 그래서 중립 판사에 맞는 좋은 후보로 보일 수 있다.

엠 세계는 클랜의 동맹정치에 드는 비용을 억제하려고 시도할 것이다. 그러나 얼마나 잘 성공할지는 확실하지 않다.

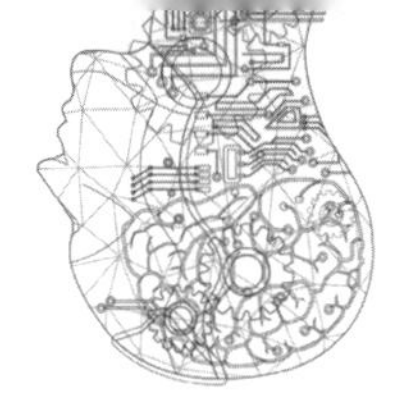

| Chapter 22 |

규 칙

법

대부분의 농경사회와 산업사회에서 법은 중요한 사회적 기능을 수행한다. 법은 엠 세계에서도 거의 확실히 계속될 것이다. 엠 세계는 경쟁이 더 심하다. 법 집행이 허술하게 된다면 경쟁이 치열한 엠 세계에서 정직한 성공이 아닌 겉으로만 그럴 듯한 성공을 조작하려는 부정행위가 많아질 것이다. 따라서 엠 세계는 부정행위자들이 번영을 누리는 일이 없도록 미리 경계해야 한다. 이런 조치를 확실히 하기 위해 법 제도와 법 집행 제도의 공정한 선택을 위해 엠 세계는 온 힘을 기울여야 한다.

엠 사회의 법규가 "개인의 합리성"에 대한 신뢰감이나 기대감을 모델로 할 것이라 생각한다면, 그런 수준에서는 엠이 합리적인 개인일 것이다. 10장 〈권리〉 절에서도 엠 복제 생성을 다룰 수 있는 다양한 법적 환경을 논의했다. 엠이 삶의 마지막 시점에서는 지난 희망사항들을 결정하기가 훨씬 쉽다. 결국에는 보관되거나 은퇴하는 엠들은 모두 자기들의 희망사항에 대해 직접 상담받을 수 있다. 지워지는 엠들이라도 정말 가까운 복제품들이 여전히 살아 있다면 그런 가까운 복제품 엠들이 상담받을 수 있다.

피상적인 수준일지라도 마인드를 읽는 기술이 고통, 의도, 거짓말을 확정하기 위한 더 나은 엠 법을 제시할 수 있다. 핵심 사건이 일어나기 바로 전에 엠의 마인드를 복제한 복제품 엠은 그런 핵심 사건 당시 엠이 가진 지식상태와 의도를 추론하는 데 사용할 수 있다. 무의식적인 편향을 확정하기 위해 스퍼분할 시험이 사용될지도 모른다. 좀 더 일반적으로 말해서 감시체계가 더 넓을수록 엠들이 하는 위반사항을 알아차리기가 더 쉽다. 죄지은 당사자가 누구인지도 마찬가지이다.

스퍼는 법적인 조언도 해주고 법 집행 시 사생활도 보장해줄 수 있다. 예를 들어 고립된 스퍼 경찰은 마음대로 개인 정보를 자세히 조사할 수 있다. 그럼에도 불구하고 결국 위법사항을 찾지 못했다면 그런 조사 행위 자체를 외부에 폭로하지 않고 조용히 종료할 수 있다.

오늘날 법의 어떤 요소들은 더 큰 사회에서 동맹정치의 끈을 차단한 채 합법적 결정을 하려는 시도들이라고 이해할 수 있다. 예를 들어 소문과 같은 간접 증거나, 집단이 그랬으니까 그 개인구성원도 그럴 것이라는 통계적 추측을 금지하는 증거규정들이 그것이다. 청소년 범죄기록을 삭제하곤 하는 것도 그런 면이라 볼 수 있다. 엠 클랜들은 우리들의 가계씨족이 하는 것보다 동맹을 효과적으로 맺는 것을 심지어 더 잘한다. 그래서 엠 사회의 법은 동맹정치를 차단하여 합법적 결정을 하도록 더 큰 노력을 들여야 한다.

동맹의 영향력을 차단하여 합법적 결정을 하려고 재량권이 상당한 판사와 경찰을 독립된 특별클랜 출신에서 선택할 수 있다. 그들은 그들끼리 서로 일하고 짝 짓고 어울린다. 그런 클랜은 다른 클랜과는 사회적으로 고립되게 유지할 수 있다. 그들의 판단이 사회적 영향력을 받지 않게 하려는 것이다. 즉 판사 클랜은 오직 판사인 다른 클랜하고만 교류할 수 있다. 이렇게 함으로써 합법적인 특혜legal favoritism를 줄일 수 있다. 그러나 그런 방식 때문에 판사들은 결국 사회의 흔한 행동방식과 사고방식을 잘 알지 못하게 된다. 그런 식의 단절은 합법적 판단에 변이도 줄이지만 혁신도 줄인다variance and innovation.

특별 판사 클랜은 아직 공식화하기에는 어려운 법규적용을 아주 고르게 판단할 수 있게 한다. 오늘날 우리는 다양한 사건에 동일원칙을 적용하여 법적결정이 일관되게 한다. 이와 반대로 엠 사회에서는 판사 엠들을 동일 마인드 상태에 있도록 할 수 있어서 동일 판사가 하는 것처럼 동일한 법적 판단을 일관되게 내릴 수 있다. 합법적 판례를 이용하여 그에 맞는 사건들을 결정해야 하는 특별 판사 복제품을 지정할지도 모른다. 이 때문에 다른 사건들도 실제로는 아주 일관된 합법 원칙에 따라 판결되게 한다.

법률 판단이 아닌 부동산 감정평가에서도 비슷한 방법이 적용될 수 있다. 특정 감정평가사를 복제한 복제품은 특정 유형의 부동산을 모두 감정평가할지도 모른다. 그러면 미묘한 차이가 나는 수많은 요인들에 기반을 두어 그런 복제품 감정평가사가 판단하고 그런 범주에 속하는 모든 부동산 유형들은 동일원칙으로 평가되게 보장한다.

물리적 대상에 확인 숫자로 꼬리표를 붙이는 비용은 아주 저렴해야 한다. 그래서 가장 작은 휴대용 물리적 대상 외에는 거의 모든 것의 소유권을 저장하는 등록제가 이루어질 것이다. 부동인 물리적 자산(예, 토지)과 컴퓨터 메모리에 들어 있는 자산, 프로세스, 통신선에 대한 등록이 더 용이해야 한다. 따라서 구체적인 자산소유권은 대부분 등록제로 정해질 것이다. 이런 시스템이 얼마나 중앙집중적이 될지는 아직 분명하지 않다.

가상현실과 물리적 공간에서의 활동을 저렴한 비용으로 저장할 수 있는 기술역량technical capacity이 커서 다양한 법률 개정도 이루어질 수 있다. 예를 보자. 오늘날 사고 배상법을 보면 최소한 사건 관련자 한쪽만 배상하게 되어 있다. 만일 법원이 대신 사건을 독립적으로 주시할 수 있다면 엄격한 책임 규정규칙a strict-liability-for-all rule으로, 심지어 법원이 주의정도와 진행정도care and activity levels 판단 시 실제 수준과 적정 수준을 잡음 많게 평가했다고 해도 사건 관련자 모두가 주의 정도와 진행 정도care and activity levels를 잘 선택하도록 보상할 수 있다(Shavell 2004). 이런 식의 사고배상법에서는 관련자들 모두에게 자기들이 초래한 피해 양에 따라 벌금이 적정하게 부과된다.

도박, 매춘, 기분전환 약물이용을 금지하는 법이 우리에게 있지만 법 집행은 오히려 약한 듯 여겨진다. 그래서 그런 범법자 대부분은 법적 처벌을 무서워하지 않고 그런 행위를 계속하려 한다. 그러나 우리 공공사회는 그런 범법활동에 대하여 상징적인 규제장치를 만들기를 원한다. 그러나 실제로는 그런 규제장치를 강력히 요구하는 것은 아닌 것 같다. 이처럼 엠 세계도 행위들을 상징적으로 반대하는 법이 실제로 집행되지 않을 수 있다. 다수가 쓸모없다고 보거나 눈살 찌푸리는 행위를 금지하는 법이 있어도 실제로 강하게 규제되지 않는 것과 비슷하다.

효율적인 법

엠 경제가 더 효율적일 것이라는 기대에 따라 많은 얼마간의 합법적 변화가 있을 수 있다고 약하게나마 예상할 수 있다. 합법적 정책들의 효율성을 연구한 학술전통은 오래되었고 내용도 풍부하다(Friedman 2000; Shavell 2004; Posner 2014). 엠들이 더 효율적인 법을 채택한다면 이런 학술전통에서 얻은 표준결과를 이용해서 합법적 변화의 방향을 제시할 수 있을 것 같다.

오늘날 우리는 비공식 사회규범으로 범죄를 크게 차단한다. 벌금과 감옥이라는 공식 위협을 통해서도 마찬가지이다. 벌금이 효율적인 처벌 형태일 수 있지만 큰 벌금은 합법적인 시스템하에서 어떤 자산을 매각하려하지 않는다면 실현 가능성이 없다. 그런 자산이란 미래에 임금을 벌어들일 기술과 같은 것이다. 감옥은 비용이 매우 비싼 처벌이기에 비효율적이다. 엠 사회는 더 저렴하게 범죄를 벌하려고 사형집행, 추방, 고문을 무작위로 사용할 수 있다. 또한, 어떤 엠이 들어 있는 더 큰 하위클랜을 겨냥한 벌금처럼 대리책임제vicarious liability도 이용할 수 있다. 무작위로 하는 것이 효율적일 수 있지만 공정하지 않다는 불만 그리고 대리책임제 비율이 공평하지 않다는disproportionality 불만을 여전히 일깨울 수 있다.

협박은 그럴 듯하게 자주 효율적일 수 있다. 만일 협박이 합법이었다면 그때 범죄자 측근들이 범죄사실을 알아내려고 더 열심일 것이어서 범죄자를 협박할 수 있다. 그러면 범죄사실도 더 많이 찾아내고 처벌도 더 많이 할 수 있다. 멀리 있는 전문 경찰보다 가까운 측근이 자주 더 저렴하게 범죄사실과 범죄자를 확인할 수 있기 때문이다. 협박을 이용하면 더 큰 벌금을 부과해 받아낼 수 있다. 그렇지 않다면 정식벌금을 안내려고 자산을 숨겼을 범죄자들이 협박자에게 지불하려고 자산을 더 공격적으로 찾아내기 때문이다(Katz 1996; Block et al. 2000).

오늘날 배상책임법은 좋은 행동을 장려하기보다는 나쁜 행동을 억제하는 데 더 도움을 준다. 그 이유는 당신이 다른 사람에게 준 혜택에 대해 당신이 보상을 못 받았다고 그런 이들을 고소하기보다는 나에게 해를 끼친 사람을 고소하는 게 훨씬 더 쉽기 때문이다. 만일 법이 소극적 배상책임negative liability을 허용했다고 하자. 예를 들어 다른 사람에게 미래의 배우자를 소개했는데 그에 대한 적정한 보상이 돌아오지 않았다고 해서 소송을 거는 것처럼, 다른 사람에 준 이익에 대한 보상을 받고자 고소할 수 있다면 아마 그런 법은 착한 행동을 장려하도록 유도할 수 있을 것이다(Porat 2009; Dari-Mattiacci 2009).

인간사회에서는 계약 위반 시 금전적 손해가 가게 하는 것이 보통의 해결방법이다. 계약서에 약정된 것들을 구체적으로 이행하라고 요구하는 것은 흔치 않다. 반면에 과제를 하기 위해 새로운 복제품을 쉽게 만들 수 있는 엠들은 구체적인 행동을 하라고 약정한 엠 계약서에 맞게 구체적인 성과를 보여주는 것이 더 쉬운 해결방법일 수 있다.

현행법에서는 소송하는 비용이 높다. 그래서 피해가 작은 경우에는 소송 걸기가 어렵다. 그리고 결국 높은 비용의 소송과정에 놀란 무고한 당사자들이 흔히 책임을 인정하게 강요한다. 그에 대한 한 가지 해결책은 소송을 양도성 재산으로 바꾸는 것이다. 이러면 피해를 입은 이는 고소할 권리를 더 쉽게 매도하고 더 쉽게 보상받을 수 있다.

합법적 절차에 드는 비용이 높은 경우 또 다른 해결책이 있다. 사람들의 소송을 공식 법정복권으로 돈을 걸게 하는 것이다. 예를 들어 당신이 누군가에게 그 사람이 당신한테 100달러어치 손해를 입혔다고 말하고 그런 손해배상 청구를 1,000대 1로 돈을 건다. 그러면 당신은 1,000번에 1번꼴로 100,000달러에 해당하는 손해배상 청구권을 가지게 될 것이다. 이렇게 하면 소송하는 번거로움을 감수할 만하다. 당신이 고소한 999번에 해당하는 이들은 당신에게 줘야 할 것이 없다는 증거를 가지려 할 것이다. 당신이 고소한 그런 이들도 같은 100달러 복권에 돈을 걸게 허용하거나 아니면 심지어 걸라고 요구할 수 있다. 이렇게 해서 그런 이들은 당신이 소송에서 이긴다면 지불해야 할 돈을 확보한다(Hanson 2007).

연관성 있는 해결책을 살펴보자. 공개 예측시장에서 승률에 따라 법원이 쟁점을 신속히 결정하는 것이다. 그런 예측시장에서는 법원이 어떻게 결정할지를 두고 베팅할 것이다. 만일 복권이 무작위로 고르게 되었다면 법원은 이런 사건은 평소처럼 비싼 법정 절차로 직접 결정되어야 한다고 결정하려 할 것이고 그런 다음 예측시장은 해당 모든 당사자들이 열심히 이기도록 충분한 베팅 금액을 제시한다.

오늘날 계약법은 상황에 따라 유연하게 보상하도록 되어 있다. 그러나 적용할 대상이 한정되어 있고 보상범위도 제한되어 있다. 계약법이 더 강력할수록 더 많은 종류의 상황에 더 강력한 계약법을 사용하게 해서 적용 대상을 더 많게 그리고 더 큰 보상을 하게 사용될 것이다. 그런 법은 더 많은 당사자들이 더 강력히 더 많은 방식으로 계약하게 할 수 있다. 더 많은 방식이란 범죄, 불법행위, 재산, 계약법에 관련된 표준화된 제도standard regimes하에서 법 선택, 적발, 처벌, 판결을 사실상 더 민영화하여privatizing 계약하게 할 수 있다. 이렇게 하면 더 넓은 범위의 내용에서 합법적인 보상을 더 유연하게 사용하게 해줄 수 있다(Friedman 1973).

계약법이 더 강력하면 클랜마다 자기들의 내부 법을 선택하기가 비교적 자유로울 수 있다. 내부 통치도 마찬가지다. 클랜들의 데이터 통신을 통치하게 될 법에 관해 다른 클랜들과 주고받는 식으로 거래하여 기본 고정사항들을 합법적으로 자유롭게 뒤집을 수 있다.

지금까지 있을 법한 더 효율적인 합법적 변화를 열거했다. 법과 경제 관련 자료는 어마어마하며, 지금 열거한 것은 이런 자료를 살짝 건드린 것에 불과해서 이런 식의 더 효율적인 합법적 변화를 더 많이 찾아낼 수 있다.

혁 신

엠 경제에서 혁신은 어떻게 다른가?

우리 사회에서 혁신은 더 큰 기업, 더 큰 도시, 더 집약적인 산업들, 더 자본 집약적인 산업들, 전자 기반 산업 그리고 컴퓨터 기반산업에서 더 많이 볼 수 있다(Schumpeter 1942; Gayle 2003; Miller 2009). 엠 경제는 경제 규모가 더 클 것이고 제품의 디자인보다는 제품의 엔지니어링에 더 탄탄히 집중해야 할 것이다. 그리고 엠 가상세계에서 대부분 제품의 비용은 고정비용이 더 많이 좌우할 것이다. 연구는 노동집약적이어서 연구비용을 상대적으로 싸게 만들면서 고도로 숙련된 노동가치가 자본가치보다 떨어질 것이다. 이런 특징들 모두가 엠 경제가 더 혁신적임을 제시한다.

시간이 지남에 따라 경제가 노동을 강조할지 자본을 강조할지는 노동과 자본의 상대적 혁신속도에 달려 있다. 엠들의 기반은 컴퓨터이고 컴퓨터는 대부분의 자본형태보다 더 빠르게 혁신을 이루어왔다. 엠 노동은 컴퓨터를 기반으로 하지 않는 종류의 자본보다 비용효과가 더 빨리 커질 것 같다.

엠 경제에서 성장이란 투입량 증가로 구동되므로 혁신은 지난 시대만큼 성장 속도에 생각만큼 중요하지 않다. 그렇다고 해도 혁신은 여전히 정말 중요하다. 엠 세계의 지역들 그리고 조직들이 적어도 내부혁신으로 이익을 얻는 정도까지는 엠 세계에서 여전히 혁신이 더 많이 장려될 것으로 본다.

오늘날 지리적 측면에서 볼 때 상대적으로 종교색이 강한 지역들이 있다. 그런 지역은 다른 지역보다 덜 혁신적이다. 개인 측면에서도 더 종교적인 사람들은 혁신에 대하여 덜 호의적이다(Benabou et al. 2015). 이런 점으로 미루어 우리는 아래와 같은 예측을 약하게나마 해볼 수 있다. 즉 엠들은 덜 종교적이어도 혹은 심지어 혁신에 대해 우호적이지 않은 관점을 유지하더라도 혁신을 더 많이 이룰 방법을 모색할 것으로 본다. 25장 〈종교〉 절에서 엠들이 더 종교적임을 제시하는 요소들을 논의한다.

엠 세계는 또한 더 나은 혁신제도들을 선택할 수 있다. 실제로 엠 세계에서 가장 가치 있는 혁신들은 더 나은 지식재산권 관련 법 및 제도일 수 있다. 더 나은 법과 제도로 혁신을 더 강력히 장려하기 위해서다.

혁신을 장려할 수 있는 방법을 살펴보자. 다음 두 가지 과제를 예측하는 예측시장을 분리해서 이용하는 것이다. 하나는 혁신 실현 가능성에 대한 예측시장이고, 또 다른 하나는 혁신의 수요를 예측하는 시장이다. 오늘날 새로운 기업에 하는 투자는 일반적으로 다음 두 요소에 베팅한다. 즉 새로운 기업의 제품 아이디어와 새로운 기업의 팀이다. 제품이 시장에서 잘 팔릴지 아닐지를 탁월하게 평가할 수 있는 투자자라 해도 그런 제품을 어떤 기업 팀이 공급할 가능성이 가장 높은지를 평가하는 데서는 뒤처지는 경우가 자주 생긴다. 어떤 제품이 성공할지를 판단하는 예측시장이 있고 그런 제품이 생산된다면 제품 아이디어를 잘 예측할 수 있는 이들은 단지 그런 시장에 베팅하는 데 집중할 수 있다. 한편 기업 팀을 잘 예측할 수 있는 이들은 이런 두 가지 예측시장에서 그들이 선택한 제품의 리스크를 대신 헤지hedge할 수 있고 그런 다음 자기들이 선호하는 그런 기업 팀들이 있는 특정 벤처들에 투자할 수 있다.

엠 활동을 폭 넓게 기록하면 흥미로운 변화를 읽을 수 있다. 한 가지 변화는 독립적으로 한 발견을, 특허권 침해 시 더 강력하게 합법적으로 방어하게 해주는 것이다(Vermont 2006). 오늘날 이런 강력한 합법적 방어를 허용하지 않는 이유는 발명가들이 실제로는 모방한 것들을 마치 새로 재발명한 것처럼 너무 쉽게 속일 수 있다고 염려하기 때문이다. 그러나 자기가 보고 논의한 모든 것들을 보관하는 발명가 엠들은 독자적인 재발명이라는 것을 믿을 만하게 주장하기 위한 입장이 훨씬 더 강력하다. 이런 상황이어서 발명가 엠들은 금고 안에 있는 복제품들을 이용해서 다른 지역의 소식과 발전 상황을 알려는 습관이 붙을 수도 있고 금고에 있는 복제품들은 어떤 정보가 원본 복제품에게 보고할 만한 가치가 있는지 결정한다.

관련된 변화는 혁신권리를 재산법대신 배상책임법으로 합법적으로 다루어야 하는 것이다. 즉 당신이 가진 지식재산권을 침해한 이를 고소하는 대신 그들이 당신의 혁신을 실현시켜 얻은 이익의 일부를 당신에 보상하라고 그들을 고소하기 위해 소극적 책임배상제(〈효율적인 법〉 절에서 논의한)를 이용한다. 이것은 특허를 강제로 면허제로 하는compulsory licensing of patents 것과 비슷하고 이런 것이 오늘날 혁신을 촉진하는 것으로 보인다(Baten et al. 2015). 특허 침해자의 활동을 자세히 기록하면 그들이 혁신으로 실제 얻은 가치를 잘 평가할 수 있다. 심지어 당신의 혁신을 사용한 이들에게 미친 영향을 연구하도록 혁신 사용자들의 복제품들을 보관한 것으로 시뮬레이션을 구동할 수도 있다. 이런 때 프라이버시를 보호하면서도 유연하게 일관적으로 법을 적용할 수 있는 스퍼 판사의 능력이 유용할 수 있다.

지금은 알 수 없는 여러 다른 합법적 변화가 혁신을 더 잘 장려할 수 있다. 의사결정 시장에 보조금을 지원하면 이제껏 우리가 노력한 것보다 전문가들이 이런 주제를 더 공들여 연구하는 데 아마 충분한 보상이 될 수 있을 것이다. 훌륭한 제도는 분명히 혁신을 장려한다. 그래서 있을 만한 혁신을 쫓도록 세계수입의 1/4, 1/2 심지어 그 이상을 쓰는 것이 적정할 수 있다. 혁신을 효과적으로 장려하는 방법들을 찾을 수 있다면 혁신은 바로 그런 정도로 중요하다.

소프트웨어

엠 세계의 소프트웨어 관행에도 많은 변화를 예상할 수 있다.

컴퓨터계산 하드웨어 비용은 수십 년간 빠르게 떨어졌다. 이런 급격한 하락은 컴퓨터 관련 사업들을 더 단기사업이 되게 몰고 갔다. 그런 제품들은 하드웨어와 도구들이 바뀌어 쓸모없어지기 전까지만 생산적으로 사용될 수 있다. 소프트웨어 구입량도 증가해서 소프트웨어 사업은 더 많은 엔지니어를 고용하는 더 큰 산업이 되었다. 이런 것이 노동자들 간에 더 소통하고 더 협의하는 쪽으로 사업의 중심을 이동시켜 왔다. 그리고 모듈성과 표준화를 더 강력히 지원하는 쪽으로 소프트웨어 제작방식을 이동시켜왔다.

소프트웨어 엔지니어를 고용하는 비용은 최근 수십 년간 크게 떨어지지 않았다. 엔지니어를 고용하는 높은 비용과 하드웨어 비용은 낮으면서도 더 떨어져서 둘 간의 비용 차이가 더 벌어져서 일차적 효율성을 강조하는 대신 올바른 성능을 보장하는 쪽이 더 중요해졌다. 그래서 모듈성, 축약성abstraction, 고급 운영체제 및 언어가 더 중요해졌다. 더 고급 도구를 사용하는 엔지니어는 세부적인 하드웨어 사항, 유형 분류type checking, 폐영역 회수garbage collection 같이 부가적인 세부 조건에 신경 쓰지 않아도 되었다. 그 결과로 소프트웨어는 임의의 상황에는 효율성이 덜하지만 잘 적응하고 대체로 더 가치 있다. 틈새제품들에 더 집중하게 되면서 모듈성과 추론성을 늘리는 데도 일조했다.

소프트웨어 엔지니어 엠들은 그들이 가진 아주 높은 생산성 때문에 선택받고 생산성 높은 엔지니어들이 선호하는 도구와 스타일을 사용한다. 물론 소프트웨어가 전문이 아닌 노동자들에 맞는 도구와 스타일을 위한 선택 여지가 여전히 있다. 그렇다 해도 모든 엠 노동자는 스마트하고 생산성도 매우 높아서 엠이 사용하는 도구도 생산성이 아주 높은 이들이 선호하는 도구로 되어 있다. 엠 컴퓨터가 병렬형이고, 가역형이고, 오류가 나기 쉬워서error-prone, 엠 소프트웨어 역시 이런 경우에도 맞게 더 집중한다. 엠 경제가 더 커질수록 더 커지는 프로젝트, 더 커지는 팀, 그리고 더 전문적인 것을 지원하면서 엠의 소프트웨어 산업도 규모가 더 커지기 때문이다.

엠 경제로 바뀌는 동안 커다란 일회성 "미래 회귀back-to-the-future"가 생기면서 축약성과 더 간편한 모듈성보다도 내용에 의존하는 일차적 성과raw context-dependent performance를 강조하는 쪽으로 가게 만들어 임금을 크게 낮춘다. 소프트웨어를 방금 만든 엔지니어의 복제품들을 저장하고 나중에 그런 소프트웨어를 수정하게 돕도록 해주는 기술들이 이런 경향을 늘리듯이 틈새 제품들에서 멀어지는 엠 경제가 이런 경향을 더 늘린다. 반면 소프트웨어 프로젝트가 더 커지는 쪽으로 갈수록 축약성과 모듈성을 더 선호할 수 있다.

엠 세계로 바뀐 다음에는 엠 하드웨어의 비용은 엠이 아닌 다른 컴퓨터 하드웨어 비용이 떨어지는 속도로 같이 떨어진다. 이 두 가지 비용 사이에 새로운 유사성이 있기 때문에 성능과 다른 고려사항들 간에 타협점이 있게 되어 엠 시대 동안 엠 하드웨어의 비용은 훨씬 덜 준다. 이런 것 때문에 특정한 성능을 얻도록 절충해서 그런 선택에 맞는 프로그래밍 언어, 프로그래밍 툴, 프로그래밍 형태의 사용유효기간을 크게 늘린다.

초기에 뇌 에뮬레이션을 실행하는 소프트웨어와 하드웨어 설계로 빠르고 큰 수익을 얻은 이후에 뇌 에뮬레이션을 실행하는 소프트웨어와 하드웨어 설계 개선이 미미해지고 난 다음에는 얻을 수 있는 수익이 아마 줄 것이다. 오늘날 소프트웨어 컴파일러와 에뮬레이션 프로그램에서도 이런 현상이 있다. 이와는 반대로 엠과 무관한 소프트웨어non-em software 분야는, 다양한 컴퓨터계산 분야에서 지난 수십 년간 알고리즘 효율개선은 거의 하드웨어 발전에 의존된 것임을 보아왔듯이 컴퓨터 하드웨어 발전만큼 빠르게 개선될 것이다(Grace 2013). 그래서 엠들이 출현하고 나면 엠 소프트웨어 엔지니어링 등 여타 컴퓨터를 쓰는 작업은 천천히 도구집약적이 되어 가격에서 도구가 차지하는 부분이 더 커진다.

이와 반대로 불도저 중장비bulldozer처럼 비-컴퓨터 기반인 도구들은 엠 하드웨어가 개선되는 속도보다는 덜 빠르게 개선될 것 같으므로 그런 도구들의 사용 정도와 그런 도구들을 더해서 얻는 가치가 아마도 하락할 것이다. 그렇다고 해도 이런 종류의 새로운 도구들은 계속 발명되고 이용될 것이다.

지난 10여 년간 컴퓨터 하드웨어 가격이 떨어진 속도에 비하면 오늘날 고속 컴퓨터프로세서 속도는 그다지 빨라지지 않았다. 이런 동향이 미래에도 계속된다고 본다. 반대로 엠 브레인의 에뮬레이션은 진정한 병렬형 과제이기 때문에 엠 브레인 하드웨어 가격은 대체로 병렬컴퓨터 하드웨어가격과 함께 떨어진다. 이 때문에 엠들은 병렬형 요소들이 더 많이 있는 소프트웨어에 비해 한 단계씩 처리해야 하는 대형 직렬형 요소들이 들어있는 소프트웨어가 많이 느려지는 것을 본다. 이런 소프트웨어 속도저하 때문에 그런 직렬형 요소로 된 소프트웨어의 가치를 떨어뜨리고 직렬형 소프트웨어를 만들기가 더 어렵게 된다.

따라서 시간이 지나면서 직렬형 소프트웨어는 엠들과 병렬형 소프트웨어에 비해 가치가 줄 것이다. 소프트웨어 엔지니어 엠들은 직렬형 대형 요소로 하는 소프트웨어 도구들에는 덜 의존하고 대신 병렬형 소프트웨어와 호환 도구들을 중요시 할 것이다. 이런 시나리오에서는 런타임runtime 유형 검사 그리고 폐영역 회수를 하는 것과 같은 도구들은 모두 병렬형이거나 아니면 모두 병렬형이 아니라고 본다. 혹시라도 그런 병렬형 소프트웨어를 만들기가 너무 어려운 상황이 된다면 소프트웨어의 도움은 덜 받고 과제를 직접 하는 엠들을 이루어내서 얻는 가치보다 병렬형 소프트웨어의 가치는 일반적으로 줄어든다.

일의 중요성이 커지고, 조직 규모가 커지고, 일하는 팀이 표준화되는 이 모든 것이 조직 간 조정능력을 보조하는 기업용 소프트웨어의 중요성을 증대시킨다.

다시 말해 조직들이 조정하게 도와주는 소프트웨어가 중요하다.

속도가 빠른 엠들이 보통 더 생산적이라면 빠른 엠들은 높은 지위에 있게 되어서 소프트웨어 엔지니어 엠들의 지위가 높아진다. 엠들끼리 더 높은 지위를 얻으려고 경쟁이 있어서 그렇지 않아도 효율적일 텐데 그보다도 더 빠른 속도를 장려할지도 모른다. 소프트웨어 엔지니어 엠들끼리도 마찬가지이다.

외로운 개발자들

소프트웨어 설계 시 병렬형 소프트웨어와 병렬형 도구들로 충분하고, 더 느린 속도의 물리적 시스템과는 같이 작동할 필요가 없는 과제에서는 소프트웨어 엔지니어 엠들이 최저가 속도top cheap speed에서도 생산적일 수 있다. 이 때문에 많은 엔지니어끼리 조정하는 비용을 자주 막을 수 있다. 엔지니어 엠 한 명이 자기가 가진 주관적인 경력subjective career을 다 쏟아 대형 소프트웨어 시스템을 만들게 해서 그런 비용을 막는다. 예를 들어 메가-속도로 주관적 1세기를 쏟아부은 엔지니어 엠은 이런 과제를 객관적인 한 시간 내에 완성하게 될 것이다. 그래서 그런 정도의 시간지연은 허용할 만하다면 그 정도의 주관적 경력이 있는 엔지니어 한 명이 병렬형 소프트웨어를 만들 수 있다.

소프트웨어 엔지니어가 초고속이어서 소프트웨어를 신속히 만들 수 있다면 쓴 총비용이 아주 크다 해도 제품개발이 매우 빨라질 수 있다. 오늘날 소프트웨어 사업투자자들은 사업기간 중에서 소프트웨어 프로젝트 진행이 현재 얼마나 되었는지 추적하느라 많은 시간을 쏟지만 엠 소프트웨어 사업 투자자들은 그런 소프트웨어 프로젝트를 언제 시작하는 것이 맞는지 결정하느라 시간 대부분을 쏟을 수 있다. 프로젝트를 시작하자마자 곧 완성되기 때문에 시점을 조정하는 것이 중요하다. 시장을 먼저 점유하려고 공들이는 팀이 한 팀 이상이라면 새로운 최신기술 발표처럼 주목을 끄는 특정 사건이 터지는 때에만 소프트웨어 개발 경주가 시작된다.

프로젝트 하나에서 초고속으로 평생 일하는 소프트웨어 개발자는 그들이 주관적인 몇십 년 전에 개발한 소프트웨어를 여전히 기억 못 할 수 있다. 이 때문에 이런 개발자의 단기 복제품들이 그런 개발자들을 도와 더 생산적이 되게 돕는다. 예를 들어 단기 복제품 엠들이 버그를 찾고 고칠 수 있다. 그런 다음 대표 복제품main copy에게 그런 결과를 일단 보고한 다음 종료하거나 은퇴할 수 있다. 단기 복제품들은 있을 만한 많은 설계들 중에서 특정 모듈을 찾고 그런 다음 대표 복제품이 재차 실행하도록, 찾아낸 가장 좋은 설계 선택을 보고한 다음 종료하거나 은퇴한다. 이에 더해 하위 시스템들 전반에 전문이 되게 장기 복제품들을 생성할 수 있다. 그리고 낡은 복제품들이 생산적인 수명이 다하면 더 새 것인 복제품들로 다시 살아나 프로젝트를 이어서 수행한다. 이런 식으로 하려면 엠 소프트웨어 한 명의 주관적인 생애 내에 그 엔지니어와 아주 비슷한 복제품들이 훨씬 더 크고 더 일관성 있는 소프트웨어 시스템을 만들도록 해야 한다.

대형 소프트웨어 프로젝트를 완성하려고 주관적 수명을 받은 빠른 소프트웨어 개발자들은 자기와 아주 비슷한 복제품들의 도움을 받아 더 사적인 소프트웨어 스타일과 더 사적인 도구들을 만들 것 같고 스타일이 다르고 자질이 불확실한 다른 개발자들과 조정하도록 개발자들을 돕는 표준적인 방식들은 덜 사용할 것 같다.

소프트웨어 프로젝트 내에서 여러 분야마다 다른 기술이 필요할 때 홀로 일하는 소프트웨어 엔지니어는 다른 기술들을 확보하려고 훈련된 서너 명의 젊은 복제품들을 생성할 수 있다. 이와 비슷하게, 젊은 복제품들을 소프트웨어가 적용될 비-소프트웨어 업무 분야에서 훈련시킬 수 있다. 이렇게 해서 젊은 복제품들이 그런 분야에 소프트웨어의 어떤 변이들이 가치가 있을지 더 잘 이해할 수 있다.

그러나 프로젝트를 할 때 개발자들의 기질과 마음이 서로 달라야만 가장 잘 맞는 기술들과 전문지식들이 있다. 그런 경우에는 서로 다른 클랜 출신인 엠들이 그런 프로젝트에서 함께 일하도록 추가적인 대화 비용을 지불할 가치가 있다. 이런 경우 그런 개발자들은 i) 축약성abstraction ii) 모듈성 iii) 상위 수준 언어 iv) 높은 수준의 모듈형 인터페이스를 통한 통신을 더 많이 우선적으로 늘릴 것 같다. 그렇게 하면 외부인들이 고객들에게 그런 대화가 적절하다는 것을 보증하려고 소프트웨어를 시험하고 검증해야만 할 때 이런 접근법은 더 매력적일 것이다.

그런 엠 세계에서는 최저가 속도로 일하는 소규모 팀들도 많은 스퍼들의 도움을 받아서 엄청난 소프트웨어 시스템들을 만들어낼 수 있다. 그런 엠 세계에서는 더 큰 규모의 소프트웨어 팀들이 별로 필요 없을 것이다.

PART 05
사 회

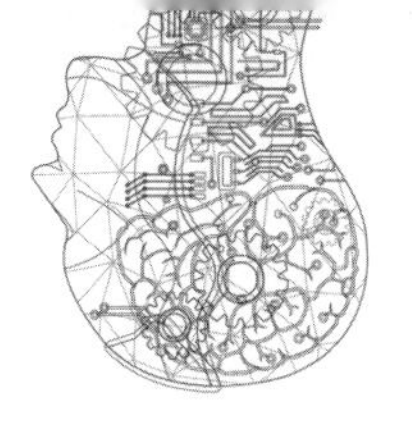

| Chapter 23 |

짝짓기

성적 취향

엠들의 섹스는 얼마나 다른가?

엠 세계는 번식에 섹스가 필요 없는, 경쟁이 정말 심한 곳이고 섹스는 시간과 주의를 기울여야 하는 것일 수 있어서 엠들은 거세와 비슷한 효과를 내는 마인드 미세수정으로 성적 취향sexuality을 억제하려 할 수 있다. 그런 미세수정 효과는 아마도 온-오프 스위치를 누를 때만 조절할 수 있게 잠시만 지속할 수 있다. 우리 역사에서 거세된 남성들은 성욕이 줄어 공격성과 강박성이 더 적어지며 한편 멀티태스킹을 더 잘 할 수 있게 된다. 그리고 예민해지고 동정심이 더 많아지고, 사회성도 늘어난다. 그러나 역사에서 보면 내시들도 자주 결혼하고 싶어 했고 적극적인 성생활을 자주 했다 (Aucoin and Wassersug 2006; Brett et al. 2007; Wassersug 2009; Treleaven et al. 2013). 따라서 내시 같은 엠들이라고 해도 여전히 성적인 수요가 상당할 수 있고 관련한 짝짓기 수요도 여전히 상당할 것이다.

엠의 생산성을 줄이지 않으면서 성적인 그리고 그에 관련된 연애상대 찾기와 친밀한 짝짓기를 위한 인간의 자연스러운 욕구들을 엄청 줄이도록 엠 브레인 미세수정 항목들을 찾아낼 수 있다. 가장 생산성이 높은 엠들 대부분이 그런 수정을 허용하게 할 수도 있다. 대안으로는 저비용의 생생한 연애 시뮬레이션과 생생한 성적 시뮬레이션으로 짝 지으려는 욕구를 충분히 만족시켜 현실에 있는 엠들에서는 짝짓는 수요를 거의 없게 할 수 있다(Levy 2008; Brain 2012).

그러나 짝짓기와 성적 행동방식은 인간본성에 상당히 깊이 내재되어 있다. 이런 점에서 보면 앞서 보여준 시나리오는 적어도 초기 엠 시대에는 일어날 것 같지 않다. 성적으로 억압하는 시나리오들도 그렇게 간단해 보이지 않는다. 그런 결과가 어떨지 가늠하기가 더 힘들기 때문이다.

그래서 이 책에서 나는 성적인 그리고 관련한 장기적 짝짓기 관계를 하려는 욕망이 상당히 준다고 해도 엠들은 그런 욕망들을 소박하나마 여전히 강력히 가진다고 본다. 그리고 나는 엠 세계에서 익숙하고 관습화된 성적 습성과 성별 습성도 이어진다고 본다. 다시 말해 대부분의 엠들은 남성과 여성으로 명확히 구분되며, 엠들은 대체로 남성 대 여성 간 장기적 짝짓기 관계를 선호하고 그런 짝들이 차지하는 비율은 지금까지 모든 인간 문화에서 시대마다 보아온 비율에 가깝다.

장기적 짝짓기 관계를 원하는 요구는 일반적으로 짝짓기 요구에 비하면 우리 안에 그렇게 깊이 내재되어 있지 않다. 그렇다면 엠들은 대체로 단기 짝짓기를 하고 아마도 매춘처럼 정서적으로는 더 멀리 있는 관계일 수 있다. 그러나 이런 시나리오로 될 거라고 예상할 만한 탄탄한 이유는 없다 인간이 가진 본성 때문에 인간의 뇌를 따라한 엠들도 성적 충동들을 제거하도록 하기에는 충분히 유연하지 않다고 해도 대규모로 수정large modifications을 할 만큼은 충분히 유연하다. 이렇게 되면 성적 번식기능이 없는 엠들에게 개인 생산성과 팀 생산성을 촉진시키는 성적 사고방식과 성적 관행들을 찾도록 그런 영역을 더 많이 연구하게 할 수 있다. 그런 엠들은 우리가 보기에 이상하고 거부감이 드는 해결책들을 찾을 수 있다. 다른 한편으로 그런 엠들은 그런 이상하고 거부감 드는 해결책들을 찾지 않을지도 모른다.

대부분의 엠들은 생산성 정점의 나이가 50세 이상 가까이 있어서 엠의 성적 취향과 짝짓기 취향은 정신연령이 그 정도인 사람들과 같기 쉽다. 그래도 엠들의 신체와 체력은 아직 완벽하다.

대형 클랜 출신 엠들은 그들 자신의 복제품인 수백만 이상 복제품들의 경험 데이터를 클랜 단위로 얻을 수 있기 때문에 자기들이 하는 연애 제안이나 성적 유혹에 다른 엠들이 잘 넘어갈지 우리보다 훨씬 더 잘 안다. 이런 데이터가 제공하는 관계보다 즉흥적이고 불확실한 관계를 더 원하는 엠들은 덜 흔한 두 가지 이름의 클랜들과 연애하고 성적 관계를 갖고 싶어할 수 있다. 그러나 그런 식의 관계를 원하면 덜 잘 알려진 클랜 구성원에게 독립판사 역할을 맡기게 되어 때로 긴장해야 할지도 모른다.

엠이 하는 불법적 짝짓기는 찾아내기가 더 힘들 수 있다. 엠들은 안전한 가상장소에서 상대를 만날 수 있고 만남을 위해 속도를 올릴 수 있어서 그런 만남들은 공간적으로 그런 엠들이 가는 길을 쫓거나 아니면 그런 엠의 일정표에서 불분명하게 비어 있는 일정을 들여다보아서는 찾아낼 수 없을 수 있다. 그런 만남에서 생성된 기억들(메모리들)은, 만일 각자 만나려고 새로운 스퍼들을 생성했다면 그런 기억들이 생성되는 것을 방지할 수 있음에도 불구하고, 여전히 찾아낼 수 있다. 그러나 스퍼로 만나는 그런 미팅은 만족스러워 보이지는 않을 것 같다. 그러나 불법 만남에 드는 비용은 안정적으로 여전히 잘 찾아낸다.

오픈소스 애인들

어떤 엠들은 최소한의 안락함이 제공되는 한 어떤 과제라도 기꺼이 하려는 오픈소스 노동자가 되려는 것과 꼭 같이 다른 엠들은 오픈소스 애인들이 되려할 수 있다. 즉 그런 엠들은 다양한 수준의 파트너들과 단기적 아니면 장기적 관계를 맺으려고 할 것이다. 다만 (1) 최소 대우기준이 일부 맞아야 하고 (2) 같이 보내는 시간 비용을 그들의 파트너가 지불해야 하고 (3) 처음 만남 시 서로 간에 충분한 "불꽃spark"이 튀어야 한다. 같이 보내는 시간 비용을 누구라도 지불하는 한 오픈소스 애인들은 좋은 상대를 찾으려고in search of a good spark 다양한 상황에서 시련을 받고 그리고 다양한 미세수정들을 받도록 허용한다.

제일 좋은 오픈소스 엠 노동자들이 세계에서 가장 최고 노동자들은 아니라 해도 대부분의 일에서 적절히 자질 있는 것과 똑같이, 제일 좋은 오픈소스 애인들이 세계에서 가장 최고 애인들은 아니라 해도 꽤 매력적이다.

어떤 오픈소스 애인은 연애대상을 고를 때 매우 까다롭다고 알려져 있지만 반면 어떤 오픈소스 애인은 아무나 쉽게 고른다고 알려져 있다. 다른 오픈소스 애인들은 연애하는 시간이나 아니면 떨어져 있는 시간보다 성관계에 기꺼이 쏟는 주관적 시간이 차지하는 비율에 까다롭다. 다른 모든 조건이 같다면, 엠들은 자신들이 더 매력적일수록 그리고 성관계 아닌 연애시간에 비용을 기꺼이 더 쓰면 더 좋은 품질의 오픈소스 애인을 얻을 수 있다.

여가시간에 연애 파트너와 함께 쓸 수 있는 예산은 정해져 있는데 오픈소스 애인이 있다면 두 가지 주요 연애 옵션을 생성한다. 한 가지는 엠은 연애하기 위해 자기를 구동하는 시간에 예산 대부분을 쓰려는 선택을 해서 파트너 각자가 자기 구동에 드는 시간비용을 지불하는 동등한 관계의 파트너와는 누구라도 함께 그런 예산시간을 쓰는 것이다. 또 한 가지는 엠은 둘을 구동하기 위해서 연애시간에는 가능한 많이 예산의 반을 쓰는 것이다. 그렇게 해서 엠은 그 시간만큼 제일 좋은 오픈소스 애인과 시간을 보낼 수 있다. 그래서 오픈소스 애인이 있으면 엠의 연애 및 성적 관계에 드는 최저가격이 높다는 것이다. 동등한 관계라면 분당 주관적 가격이 제일 좋은 오픈소스 애인과의 관계 시 지불하는 분당 가격의 반 이하로 떨어지면 안 된다.

오픈소스 애인을 두려는 엠은 자신이 원하는 기준대로 엠 세계에서 가장 최상의 오픈소스 애인들을 자주 선택할 수 있다. 이 점은 여성에게 더 매력적인 선택 사항일 것 같다. 여성이 짝짓기 상대의 자질을 더 보기 때문이다. 고품질의 오픈소스 엠 애인들은 성적 행동방식도 뛰어날 수 있고 음악이나 예술적 능력처럼 까다롭지만 섹시한 정신적 특징들도 뛰어날 수 있다.

많은 엠들에게는 자신들과 눈에 맞은 진정 제일 좋은 오픈소스 애인조차도 환상 속 최고 애인만큼은 여전히 매력적이지 않을 것이다. 가상현실 속에서 시뮬레이션으로 만든 애인들의 품질에 의존하면서, 많은 엠들은 그런 시뮬레이션에서 연애시간을 쓸 수도 있다.

장기적 짝짓기 관계

엠의 장기적인 짝짓기 관계는 어떻게 다른가?

만약 엠들이 우리들의 결혼과 비슷한 장기적 짝짓기 관계를 맺는다면 그런 관계는 오늘날 장기적인 관계들보다 주관적으로 더 오래갈 수 있다. 이렇게 기대할 만한 이유가 약하나마 두 가지 있다. (1) 엠은 더 생산적이고 오늘날 더 생산적인 사람이 이혼을 덜 한다. (2) 엠 세계는 더 가난하다. 그리고 이혼은 부가 커지면서 증가했고 경기침체기에는 이혼이 줄었다는 점이다(Baghestani and Malcolm 2014).

오늘날 커플 중 한쪽이 다른 쪽보다 더 성공했을 때, 덜 성공한 파트너는 홀로 남겨질 위험이 있다. 더 성공한 쪽이 더 조건 좋은 짝을 원하기 때문이다. 그러나 엠은 다르다. 엠이 성공적이라면 그런 성공한 엠의 복제 수요가 더 많다. 성공한 엠이 자기 파트너가 복제품을 만드는 것보다 더 많은 복제품을 만들 때 버려지는 것은 성공한 엠의 새 복제품들이다. 자기들의 이전 파트너 복제품에 똑같이 다가가지 못해 버려진다.

장기적 짝짓기 관계에 있는 엠들은 그들의 평생지기 짝의 복제품 하나하고만 짝짓는 복제품들을 미래에 만들 것을 약속하면서 때때로 상대방에 평생 헌신할 수 있다. 이런 헌신비용은 엠의 생애에서 유용한 정신적 유연성이 끝나가는 시점을 향해서는 비용이 덜 들고 복제품들이 보통 예상할 만한 대형 팀의 부속처럼 만들어지는 대량 노동시장에서 비용이 덜 든다.

오늘날 우리는 보통 한 사람에게만 국한해서 연애관계나 그와 유사한 애착관계를 형성한다. 그 사람과 비슷한 다른 사람이 있다고 그런 이들에게까지 관계를 확장하지 않는다. 예를 들어 일란성 쌍둥이 중 한쪽과 결혼한 사람은 보통 다른 쌍둥이에게는 연애감정이 약해지거나 아니면 아예 느끼지 않는다고 주장한다. 한 사람에게만 애착하려는 이런 인간의 욕망은 아주 비슷한 엠 복제품들로 인해 좌절될지도 모르고 아니면 최소한 복잡해진다. 엠들은 아마도 애착을 목적으로 아주 비슷한 엠 복제품들을 정말 똑같은 사람으로 다루는 방법을 배울 수 있다. 그러나 더 단순한 접근방식은 복제품들을 분리시켜 엠들이 애착을 느꼈던 엠의 아주 비슷한 복제품들과는 많이 소통하지 않게 하는 것이다. 아주 비슷한 복제품들은 사적으로는 서로 만날지도 모르지만 자기들과 아주 닮은 동료들 앞에서는 만나지 않을지도 모른다.

농경시대에 결혼은 재산과 생산에 중심이었기 때문에 부모들은 자주 자녀의 결혼 전반을 통제하거나 주선했다. 이런 부모들은 배우자감 선택에서 벗어나는 자녀의 친구들은 덜 통제했다. 반면 수렵채집인들은 장기적 짝짓기 관계가 실패해도 잘못될 경우가 더 적었다. 그래서 수렵채집인들은 농경인들이 했던 것보다 더 자유롭게 친구들을 선택하고 친구관계를 끝냈었다. 마찬가지로 장기적 짝짓기 관계를 선택하고 끝낼 때도 농경인들보다 더 자유로웠다. 오늘날 부가 늘어나면서 우리를 더 자유롭게 해주어서 우리는 마치 수렵채집인들이 했던 짝짓기 습성으로 되돌리고 있는 것 같다. 일에서는 반대로, 지금은 관리자들이 주로 우리의 일하는 팀들을 주선하게 내버려둔다.

엠 결혼도 주선될까? 엠의 제작과 엠의 증식에서는 오늘날 우리에게서보다 장기적 짝짓기 관계가 덜 중요하다. 이것이 엠의 짝짓기 결정을 개별 엠들에게 맡기는 이유이다. 그러나 나이 든 엠들이 그들의 의뢰인 고객들을 훨씬 더 잘 알 것이어서 나이 든 엠들은 오늘날 부모들보다 그들의 젊은 클랜 짝들을 맺어주기에 훨씬 더 자격 있어 보인다. 부부 엠들은 서로 사랑에 빠진, 그들과 비슷한 젊은 복제품들을 도우는 것으로 자기들이 초창기에 한 사랑을 다시 체험할 수 있다. 오늘날 결혼주선, 즉 중매가 성과를 잘 내는 것 같아서(Regan et al. 2012) 그런 중매주선 엠이 더 효과적으로 보여 엠의 많은 장기적 짝짓기 관계는 주선을 통하거나 아니면 전적으로 도움을 받는다고 본다. 그리고 우리가 결혼을 주선하는 것보다 심지어 훨씬 더 잘한다고 본다.

장기적 짝짓기 관계가 엠 제작에 별로 중요하지 않을 수 있는 반면 어떤 일 팀들에 들어가는 구성원들을 언제 복제할지 그리고 어떤 구성원들을 집어넣을지 결정하는 것은 엠 제작에 특히 중요하다. 그래서 설령 특별히 제안해서 배정한 팀을 개인들이 거부할 수 있다고 해도 이런 결정들은 다른 개인들이 주선하는 것이거나 아니면 전적으로 다른 개인들의 도움을 받을 것 같다. 엠들이 우리보다 어떤 식으로는 친구들과 배우자들을 고르기가 더 자유롭기는 해도 현실적으로는 배우자와 친구는 다른 팀 구성원들로 자주 제한되기도 하고 엠들은 자기 팀들을 통제할 권한이 더 없을 수도 있다.

일은 이용 가능한 정도에 따라 다르다. 거의 모든 지역에 있는 일도 있을 수 있지만 어떤 일은 몇 안 되는 지역에만 있다. 커플 중 한쪽이 하는 일이 다른 지역에는 없는 일이라면 그 일이 있는 지역으로 커플이 같이 이사하기 쉽다. 오늘날 인간사회에서 남성의 일이 더 지역을 바꾸기가 어려워서 남녀 커플은 남성의 일이 있는 지역으로 이사하기 쉽다(Benson 2014).

엠들은 서로가 일하는 지역이 떨어져 있는 거리에 상관없이, 도시의 대부분과 데이터 통신할 수 있는 밀집된 도시에 몰려 있는 정도까지는 커플 중 한쪽이 원했던 지역으로 이사 가지 않아도 되기 쉽다. 하지만 모든 엠들이 이런 조건에 있는 것은 아니다. 엠 커플들도 한쪽의 일이 특별히 빠른 일이거나 아니면 한쪽의 일이 도심에서 아주 멀리 있는 일이라면 그쪽에 맞춰 더 같이 이사할 것 같다.

성 별

앞에서 한 가정, 즉 익숙한 성적 취향 및 성별 습성이 엠들에게도 대체로 이어진다는 것에는 많은 의미가 들어 있다.

예를 들어 다른 모든 조건이 동일할 때 엠들은 여러 면에서 자신과 비슷한 엠들과 짝하려는 경향을 유지한다. 신체 대칭, 매끄러운 피부, 탄력 있는 근육처럼 멋진 모습을 우선 시하는 것도 마찬가지다. 물론 이런 특징들을 얻기란 아주 쉬울 것이다. 엠들도 역시 지위가 높고 친절하며 이해심 많고 의지할 수 있으며 사교적이고 안정적이고 스마트한 정신minds을 가진 엠들을 원하기 쉬울 것이다.

우리는 엠들이 오늘날 전체 문화권에서 일관되게 보는 성별 차이도 보여준다고 예상한다. 남성은 어리고 예쁜 외모처럼 아이 양육을 잘할 것 같고 다산할 것 같은 여성들을 원하고, 여성은 부유하고 지위가 높아 보이는 남성들 그리고 미래를 가늠할 수 있는 지표, 즉 똑똑하고, 야망 있고, 열심히 일할 것 같은 남성들을 원한다고 본다(Schmitt 2012).

남성에 비해 여성은 자비심을 더 중시하고 위험과 경쟁은 더 피하고, 더 신경질적이고 더 상냥하며, 자신들의 감정을 더 솔직히 얘기한다고 본다(Croson and Gneezy 2009). 남성은 자기주장이 더 세고 아이디어에 더 개방적이고 권력, 자극, 쾌락, 성취, 자기-주도를 더 중시한다고 본다(Costa et al. 2001; Schwartz et al. 2005).

성격에서 보이는 성별 차이는 더 부유한 사회일수록 더 뚜렷해 보인다. 육체적 힘을 더 써야 하는 쟁기사용 농경문화권에서도 마찬가지였다(Alesina et al. 2013; Marcinkowska et al. 2014). 그래서 육체적 힘이 덜 중요하고 더 가난한 세계에서는 성별 역할 차이는 더 약해질 것이라고 다소 예상한다. 아이들을 키우는 데 장기적 짝짓기 관계가 하는 역할이 줄어들었음에도 불구하고 더 가난한 엠 세계는 단기적 짝짓기를 넘어 장기적 짝짓기를 독려할지도 모른다.

엠 세계는 연애를 더 많이 할 것 같다. 최소한 우리 세계와 비교해서 연애 파트너들이 원하는 것들을 남성 엠들과 여성 엠들 모두에게 더 많이 아낌없이 줄 수 있다는 의미에서 그렇다. 가상현실에서 엠들은 자기 파트너가 원하는 대로 젊고 잘생긴 모습이나 아니면 원숙한 나이가 주는 느낌들이거나, 쉽고 저렴하게 제공할 수 있다. 대부분의 남성 엠들은 가장 생산적인 (주관적) 나이대에 몰려 있을 뿐만 아니라 생산성이 가장 높은 얼마 안 되는 수백 클랜 출신이이어서 남성 엠들은 원래 똑똑하고 열심히 일하며 능력 있을 수밖에 없다.

그렇지만 오늘날 우리에게 매력적인 어떤 특징들은 엠 세계에서는 충분하지 않다. 대부분의 엠들은 정신연령이 생산성이 최고인 나이가까이에 있다. 그래서 여성 엠들은 남자들을 끌어당기는 앳된 정신적 스타일이 보통 더 적다. 키워야 하는 어린이들이 거의 없어서 여성 엠들은 아이를 잘 키울 것 같은 성향을 개발하고 보여줄 일이 별로 없다. 제공되는 남성 엠들은 종종 덜 부자이거나 아니면 음악, 예술, 이야기 들려주기와 같은 특별히 매력적인 예술적 능력이 있다.

우리가 다른 사람들을 자연스럽게 끌어당기는 매력은 흔히 상대적이어서 우리는 인간사회에서 다른 이들보다 더 뛰어난 사람가까이 있는 이들에게 끌린다. 모두가 다 같이 원하는 것은 원래 드물다는 의미에서 모두를 만족시키는 것은 당연히 어렵다. 절대적으로 가장 매력적이거나 아니면 절대적으로 가장 성공한 파트너 주변에서 그들과 강력한 유대를 원하는 엠들 대부분은 어쩔 수 없이 실망한다.

성별 불균형

엠 경제는 남성과 여성의 일 수요가 불평등할 수 있다.

엠 세계에서 어느 성별에 대한 수요가 더 클지 예상하기 어렵지만, 한쪽 성별이 다른쪽보다 비례적으로 더 많이 공급되고 말 것이다. 한편 오늘날 여성은 교육을 더 잘 받게 되었고 현대적 일터에서 여성을 원하는 수요가 증가하고 있다. 역사적으로 여성은 어려운 시대에 더 낮은 지위에서 더 끈질기게 더 힘들게 일했음을 보여주는 일부 지표들이 있다. 이런 면들은 일부 방식으로는 엠 세계에서도 비슷해 보인다. 반면에 오늘날 대다수 분야에서 최고 성취자들은 남자이다. 이런 경향은 남성 엠 수요가 더 많을 수 있음을 보여준다.

엠 세계에서 경쟁은 우리 세계보다 더 심하며, 그런 경쟁적 관계로 짜인 틀에서는 여성이 경쟁에서 불리할 수 있다(Niederle 2014). 그러나 엠 세계는 여성 엠 제조 틀을 만들도록 더 푸근한 방법들congenial ways을 찾을지도 모른다.

남성 노동자와 여성 노동자에 대한 수요가 다르면 남녀 간 장기적 짝짓기 관계를 원하는 엠들의 욕구를 좌절시킬 수 있다. 엠 세계는 남녀 간 장기적 짝짓기 관계를 원하는 엠들을 더 많이 선별하여서 아니면 다음 옵션들을 선택하도록 엠들을 독려하는 문화를 통해 그런 욕구를 일부다처, 동성애, 성전환으로 대체할지도 모른다. 대안으로는 엠들은 동성 섹스 파트너들을 다른 성별로 보이게 하는 소프트웨어를 사용할 수 있다. 그러나 자발적으로 그런 소프트웨어를 쓰려는 엠들을 선별하려면 기회비용이 높을 수 있다. 13장 〈품질〉 절에서 언급했듯이 오늘날 게이 남성들이 다른 남성들보다 덜 벌고 레즈비언 여성들은 다른 여성들보다 더 많이 벌기 때문에 엠 동성애자들은 일차적으로 우선 여성일 수 있다.

세 번째 옵션은 여성보다 남성 비율이 매우 컸던 과거의 "개척자frontier" 마을에서 일어났던 현상이다. 즉 더 흔한 성별이 덜 흔한 성별에게 시간비용을 지불하는 것이다. 이런 옵션은 오픈소스 애인 옵션과 비슷해 보인다.

네 번째 해결책은 총 노동수요가 더 높은 성별이 장기 복제품들long-term copies보다 스퍼들 비율을 더 높여서 일을 더 맡는 것이다. 예를 들어 커플 중 한쪽이 일하는 날마다 10개의 스퍼 복제품을 만들고 이 중에서 스퍼 복제품 하나만 다음번 일하는 날까지 이어지게 한다. 다른 한쪽은 일하는 날마다 스퍼를 만들지 않는다. 이런 경우 이 커플은 두 명으로 10대 1 비율의 노동을 구현할 수 있다. 그런 커플은 아마도 자기들이 일하는 날이 아니라 일하는 날 전후로 만나고 사귀려 할 것이다. 만일 과제가 한쪽 성별에만 잘 맞아서 다른 성별에게 일을 맡기는 데서 생기는 제조 비용이 있다면 한 번에 스퍼를 많이 생성하는 이런 방식은 물론 비용이 상당할 수 있다.

노동수요가 똑같지 않은 상황이라면 평범한 장기적 짝짓기 관계가 이어지게 하는 다섯 번째 방법은 빠른 엠과 느린 엠 간 장기적 짝짓기 관계를 이용하는 것이다. 예를 들어 한쪽이 다른 쪽보다 4배 빠르게 구동했다면 빠른 쪽은 주관적 하루(24시간)마다 느린 쪽과 1시간을 쓸 수 있다. 반면 느린 쪽은 주관적 하루 (27시간)마다 네 번 속도를 잠시 올릴 수 있어서 매번 자기 파트너와 주관적 1시간을 쓸 수 있다. 빠른 쪽은 느린 쪽보다 노동시장에 4배만큼 더 노동을 공급하게 될 것이다. 빠른 파트너와 느린 파트너 짝들로 파트너들끼리 성적인 것을 포함해서 서로 사귀길 원할 때 자주 생기는 불일치도 잘 다룰 수 있다.

이런 식으로 빠른 것과 느린 것을 짝짓게 하는 방식은 각자에게 부여된 빠른 일과 느린 일들에 잘 맞는 성별이 똑같지 않다면 제조비용이 또 들 수 있다. 또 다른 잠재적 문제는 대부분 관계에서 많은 기간 동안 주관적 나이가 잘 안 맞게 되면서 정해진 주관적 수명 동안 느린 쪽은 빠른 쪽 네 명과 짝짓기 하게 된다는 점이다. 빠른 쪽은 자기들 생애에서 특별한 위상에 있는 느린 쪽을 오직 한 번만 보게 될 것이다. 함께 은퇴하려면 느린 쪽은 빠른 쪽이 은퇴할 때마다 은퇴하는 복제품들을 분할해야 할 것이다. 또 만일 한쪽은 다른 쪽한테 전적으로 헌신한다고 하는데 다른 쪽이 자기한테 조금만 헌신한다고 느낀다면 파트너끼리 수명이 달라서 정서적으로도 문제일 수 있다.

속도에 차별을 둔 성별 비율이 4배 이하인 세계에서 빠른 것과 느린 것으로 장기적 짝짓기 관계를 맺으면 장기적 짝짓기 관계를 맺으려는 대부분의 욕망을 아마 그럴듯하게 충족시킬 수 있다. 그러나 만일 그런 식으로 하는 성별비율이 16배 이상이었다면 그런 욕구를 제대로 충족시키지 못하게 될 것이다.

그러나 엠 세계는 어떻게 해서든 노동수요의 성별 불균형을 다룰 수 있다. 그 해결책들이 우아하지 않을 수 있지만, 대개는 효과 있다.

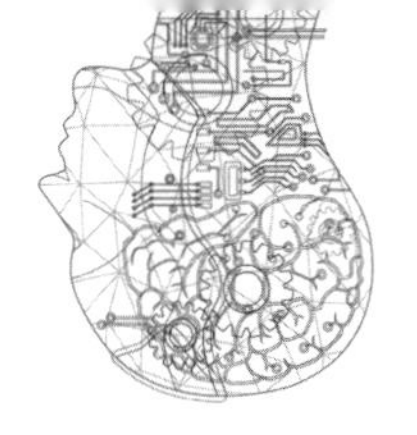

| Chapter 24 |

신 호

과 시

오늘날 우리는 내가 하는 선택 때문에 다른 이들이 나를 어떻게 볼지 신경을 쓴다. 예를 들어 우리는 다른 이들에게 우리가 부, 건강, 활력, 지능, 지식, 기술, 성실성, 예술적 감각들이 대체로 많다는 것을 보여주려고 애를 쓴다. 이런 면을 염두에 두고 우리는 예술, 스포츠, 교육 수준, 취미, 어휘 등 기타 표시들로 부각시키려고 노력한다.

예를 들어 우리는 눈에 띄게 멋진 옷, 자동차, 주택 등에 추가로 돈을 더 쓰는데 어느 정도는 그런 것을 구입할 여유가 있음을 남들에게 보여주려고 그런다. 허풍과 유머를 적절히 섞어가며 자신의 지능과 교육 수준을 보여주려고 한다. 어느 정도는 지능과 성실성 그리고 순응적임을 보여주려고 학교에 가고 지능, 건강, 힘, 자제력, 강인함, 협동성을 보여주려고 운동을 한다. 어느 정도는 지능, 자기제어, 열정, 창조성을 보여주려고 음악을 연주한다.

우리는 또 충성심이 있다고 그리고 인맥이 좋다는 강한 인상을 남들에게 주고 싶어 한다. 다시 말해서 우리에게 강하고 긍정적인 유대감을 느끼는 개인들이나 집단들에게는 우리도 비슷하게 강하고 긍정적인 유대감이 있음을 믿을 만하게 보여주려고 노력한다. 반면 경쟁자들과 그리고 관련이 없는 외부인들에게는 부정적인 감정을 보여주려고 노력할 수도 있다. 이런 것을 염두에 두면서 우리는 우리와 시간을 보내는 이들과 함께 사람을 칭찬하거나 아니면 비난하고 우리의 옷 스타일, 음악, 영화 등을 선택한다. 우리는 어느 정도는 소문난 정보자료들을 잘 알고 있다는 것을 보여주는 데 도움이 되게 하려고 가십과 뉴스 그리고 패션을 좇는다. 우리는 어느 정도는 도덕적 동정심이 있다고 동료들을 확신시키려고 정치 얘기를 즐기고 정치에 참여한다.

오늘날 우리는 그런 "내세우기(신호하기signaling, 인정받으려고 내보내는 신호)"에 에너지와 부를 상당히 쓴다. 우리는 모두 자연스럽게 남들 눈에 보이는 지위와 존경을 얻으려고 신경 쓰고 동시에 우리가 가진 부가 이런 과시욕을 더 많이 늘려주기 때문이다. 2장 〈시대별 가치관〉 절에서 언급했듯이 오늘날 우리는 단순히 기능적 의미에서 보자면 학교, 의료, 금융과 같은 거대 프로젝트에 과도한 신경을 쓰고 있는 것 같다.

엠도 우리처럼 존경 받으려는 욕구 대부분을 같이 가지고 있다. 그러나 그런 욕구에 탐닉할 여력이 없는 경쟁이 더 심한 세계에 산다. 그래서 엠들은 지위를 얻으려고 신호하는 데는 가진 에너지를 덜 쓸 것 같다. 그러나 내세우기가 엠들을 과제에 그리고 팀들에 배정하는 데는 기능적인 가치가 있고 그리고 내세우기를 못 하도록 조절하는 것이 어려울 수 있어서 엠들은 여전히 내세우기를 많이 할 것 같다.

오늘날 인간처럼 엠도 자신의 동료에게 긍정적 이미지를 주는 데 도움이 되게 하려고 자기기만을 사용할 것이다. 예를 들어 노동자들은 팀 파트너들한테 더 멋있어 보이려고 실제로는 지쳤거나 싫증났지만 안 그렇다고 믿으려고 애쓸 수 있다. 노동자들은 자신들 삶이 전형적인 계획대로 가고 있다는 긍정적 사고방식을 보여주고자 증거가 보여주는 것보다 더 은퇴자들이 은퇴를 더 잘 즐기고 있다고 믿을 수 있다. 이런 환상을 보존하려고 엠들은 오늘날 우리처럼 은퇴자들의 삶을 잘 주의해서 보려하지 않을 것이다. 엠들은 또 오늘날 우리처럼 외부인들이나 아니면 상사들이 자기들의 행동에 실제로 영향을 주는 것보다 영향을 덜 준다고 믿을 수 있다. 엠들도 오늘날 우리가 그러듯이 자신들의 삶을 더 잘 통제한다고 느껴 자기들이 더 높은 지위에 있다고 느끼기 위해서 그런다.

어떤 면에서는 엠의 생활방식이 자연스럽게 자기기만을 줄인다. 예를 들어 엠들은 "가지 않은 길"을 택했다면 그들의 삶 전부를 달라지게 했을 거라고 쉽게 주장할 수 없다. 왜냐하면 엠들은 다른 인생 경로를 택한 그들과 아주 닮은 다른 복제품들에서 얻은 결과들이 더 직접적이고 분명한 증거이기 때문이다.

개인 과시 신호

우리처럼 엠 하나하나마다 자기를 과시하는 구체적인 방법이 많다.

예를 보자. 가상현실에 있는 엠들은 자기들의 기분, 잘 어울리고affiliations

있다고, 지역 유행을 잘 알고 있다고, 그리고 최근 활동들을 신호하려고 자기들의 겉모습과 주변물들을 이용할 수 있다. 대부분의 환경을 얻고 유지하는 비용이 저렴해서 가상현실에서 자기를 둘러싼 것들로 자신의 부유함을 과시하는 것이 더 어렵다. 그러나 어떤 특별 장식들은 저작권이 있고 고가일 수 있다. 나아가 똑똑하고 빠른 동료 수행원도 여전히 고가이어서 수행원 자체가 부를 과시하는 아주 좋은 신호이다. 그러나 수행원 엠은 오늘날 수행원들보다 더 눈에 띄게 행동해야 할 수 있다. 자기들이 자동화된 가짜 수행원들이 아님을 실제로 분명히 보여주어야 하기 때문이다.

엠 동료들은 자기들 주변사람과 주변물체에 투영해서 보는 사적인 가상중첩private virtual overlays을 선별된 관람자들하고만 같이 볼 수 있다. 예를 들어 엠은 자기들의 친목모임에 있는 엠들만 볼 수 있게 누군가의 얼굴에 우스꽝스러운 콧수염을 그릴 수 있다. 이런 식으로 엠들은 그런 사적 증강을 누가했는지 알지 못하는 자들을 희생양으로 만들어 자기들끼리 한바탕 웃을 수 있다. 이렇게 특정 동료들끼리 충성과 배타적 인맥을 내세운다.

오늘날 사람들은 자신이 우위에 있다고 느낄 때 목소리를 아래로 깔면서 말한다. 그런 저음은 더 지배적으로 그리고 더 섹시하게도 들린다. 저음은 덜 신경질적인 듯 더 믿을 만한 듯 더 공감하는 듯 그리고 더 힘 있게 들린다. 목소리를 크게 빠르게 쉬지 않고 말하고 높낮이와 성량을 더 달리하면 더 활기차고 더 스마트하고 많이 아는 듯 더 믿을 만한 듯 그리고 더 설득력 있게 들린다(Mlodinow 2012).

엠들에게는 목소리를 더 크게 더 저음으로 자동수정하는 것이 값싸고 쉬워서 적어도 엠들이 우위에 있고 싶고 설득력 있고 싶고 스마트하게 소리 내고 싶을 때는 엠들은 일상적으로 그런 소리를 낼 거라고 본다. 한편 엠의 목소리 속도를 높이고 말이 끊어지지 않게 하려면 보통 더 빠른 마인드 속도가 있어야 하기 때문에 비용이 높다. 그래서 더 높고 낮은 목소리로 그리고 더 크고 작은 소리로 적절히 바꾸는 것을 많이 한다.

인간에게 더 빠른 목소리는 말하는 사람의 지능과 기운을 나타낸다. 그러나 엠들에게 더 빠른 목소리는 말하는 이가 속도를 높이는 것에 얼마나 많은 돈을 투자했는지를 나타낸다. 엠들이 이런 속도 상승에 얼마나 많이 신경 쓰는지를 신호로 내보내는 것이다. 빠른 목소리는 또 더 저가인 특별 하드웨어에서 구동하기 때문에 혹은 아마도 덜 사용한 브레인 부품들이 없어 더 빠르게 구동하는 데 비용을 덜 쓴다는 신호(과시)일 수도 있다.

오늘날 사람들은 어떤 얼굴을 더 좋게 보는지가 서로 비슷하다. 믿을 만하고 우위에 있어 보이는 것 같은 얼굴들이다(Walker and Vetter 2015). 그리고 더 가난한 사회의 남자들은 부유한 사회의 남자들보다 더 여성적인 얼굴은 덜 좋아한다(Marcinkowska et al. 2014). 이런 이유로 엠들은 좋아하는 성격과 관련 있는 얼굴들 그리고 성별구분이 잘 안 되는 얼굴을 택할 것으로 어느 정도 예상한다.

빠르게 말하려고 마인드 속도를 올리고 그런 다음 들을 때는 마인드 속도를 낮추는 엠들은 듣는 이들이 편안히 못 듣게 더 빠르게 말할 위험이 있다. 이런 이유 때문에 엠들은 자기들이 말하는 속도는 제한하고 대신 단어와 억양을 주의 깊게 선택하는 데 더 많이 투자한다. 그런 엠들은 광고에서 말하듯이 대본을 충분히 잘 연습해서 말하기 쉽다.

가상의 엠들은 더 이상 직접 음식을 먹거나 약을 먹거나 씻을 필요가 없다. 그러나 인간이 오래도록 그런 활동들에 다층적인 상징성many layers of symbolic meanings을 부여해왔기 때문에 엠들은 그런 활동을 계속할지도 모른다. 그런 활동은 오늘날 충성심과 역량을 과시하는 데 자주 사용된다. 그래서 엠들은 엠 세계에서 이런 활동으로 이루어낼지도 모르는 실용적인 새로운 목적들을 찾는다.

예를 들어 건강관리나 의료로 향하는 자연적인 인간의 사고방식을 엠의 정신 건강에 도움이 될 만한 명상 같은 활동으로 향하게 방향을 다시 잡을지도 모른다. 특정 음식을 먹으면 에뮬레이션하는 과정 중에 약물 효과처럼 일시적인 미세 마인드 수정 항목들을 건드릴지도trigger 모른다. 이렇게 하면 휴식, 산만함 아니면 성찰에서 유용한 마인드 상태를 끄집어낼 수induce 있어서 오늘날 음악, 춤, 이야기가 사람들에게 봉사하듯이 엠들에게 봉사하는 기능으로 음식을 먹게 할지 모른다. 버튼 하나만 눌러서 그런 미세 마인드 수정항목들을 건드릴 수 있어도 음식으로 그런 변경항목들을 끄집어내는 것이 인간의 친숙한 의례활동에 더 잘 융합되고 덜 파괴적이라 느낄지도 모른다.

의복과 음악에서처럼 빠르게 변하는 유행은 우리 시대에는 일상이다. 그러나 수렵채집시대와 농경시대에는 눈에 띄는 유행이 없었다(원시적 산업 형태인 로마시대를 제외하고). 유행은 부, 젊음, 다양한 취향, 정보 출처의 정확성을 적절히 섞어combination 과시하는 것으로 보여서 엠 세계에서도 유행이 이어질지 여부는 엠들이 그런 특성들을 과시하려고 얼마나 열성인지 그리고 과시signaling할 수 있는 다른 방법들이 있는가에 달려 있다.

가상현실에서 의복 및 가구 같은 것들은 비용도 매우 저렴하고 유행 변화도 아주 빠르게 할 수 있다. 빠르게 유행을 바꾸는 데 드는 주요 비용은 인지적인 것이라고 본다. 빠르게 변하는 주변 환경으로 인해 엠들은 산만해지고 혼란스러워할지도 모른다.

유명한 엠들의 복제품들인 엠들과 개인적으로 만나 대화하는 것은 상대적으로 저렴하고 쉽다. 그러나 나중에 그런 유명한 엠들이 다른 유명한 엠들과 대화할 때 당신을 기억하게 하는 것은 힘들다. 그래서 사회적 인맥에서 지위가 있다고 중심에 있다고 보여주려 애쓰는 엠들은 유명인사들은 덜 만나려 하고 그런 유명인사들이 자기들을 기억하게 하는 데 더 애를 쓴다.

오늘날 우리는 유명인사들이 특출 난 자질이 있어야만 한다고 여기기 쉽다. 이런 이유로 우리는 그들에게 잘 대해 그들의 영향력을 이용하려고 그리고 그런 이들과 연결되어 있다고 공공연히 보여주려고 유명인사들과 친구가 되고 싶어 한다. 엠 세계에서는 유명인사들이라도 자기들이 속한 클랜의 다른 일원들과 근본적인persistent 차이가 거의 없다. 엠들은 클랜 일원 한 명이 다른 일원들보다 더 유명한 것은 대개 운이 좋아서라고 본다. 이런 사고방식 때문에 유명인사 엠들과 개인적으로 친해지려는 열망을 줄이겠지만 전적으로 없게 할 수는 없다.

우리 세계에서 희귀 제품들과 극진한 서비스는 높은 지위의 사람들과 결부되어서 똑같이 높은 위치를 차지한다. 유명인사 엠들이 근본적으로 더 높은 품질이 아니어서 유명인사 엠들과 결부되어서는 제품과 서비스가 지위를 더 차지하기가 어렵다. 그래서 엠 세계에서는 일반 제품보다 희귀 제품의 위상을 낮춘다. 오늘날 우리는 가장 인기 있는 제품이 최고는 아니라고 흔히 여긴다. 그러나 엠들에게는 가장 인기 있는 제품과 서비스가 더 자주 최상이기도 할 것이다.

때때로 애인이나 친구같은 파트너가 클랜과 갈등을 일으킬 때 클랜 대신 자기를 드러나게 선택해달라고 엠에게 요구할 것이다. 높은 비용이 드는 이런 종류의 행동은 파트너에게 보내는 강력한 충성신호일 것이다. 그러나 이런 높은 비용이 그런 행동을 드물게 하게 만든다.

14장 〈노동 시간〉 절에서 언급했듯이 엠들은 일에 대한 자신의 능력과 열정을 과시하려고 오늘날 많은 사람들이 그렇듯 지나치게 많이 일하고 싶어 할 수 있다. 이런 상황이 빈번해질 경우 경쟁이 심한 엠 세계는 그런 과잉 일을 막는 방법을 모색할 것 같다. 예를 들어 클랜, 기업, 팀은 엠에게 의무적인 최소 여가시간제를 약속할 수 있다.

집단 과시 신호group signals

어떤 특징들은 클랜 일원들 간에 거의 변하지 않는다. 이런 것들은 전반적인 지능, 기본 성격, 문화적 유산에서 얻는 초기 삶이다. 클랜 일원들 간에 엄청 달라질 수 있는 특징은 부, 분위기, 활력, 최근 확보한 기술, 지역상황 이해도, 특정 개별 엠들에 대한 충성과 유대감이다. 클랜 내에서는 여전히 상당히 달라질 수 있지만 그러나 아주 닮은 복제품들 간에는 거의 안 달라지는 특징들이 있다. 이렇게 물론 분명한 차이는 아닐지라도 약간 차이 나는 특징들은 체력, 자신감, 특정 유형의 지능이나 예술적 감각이다.

서로 아주 닮은 복제품 엠들 간에 크게 달라지는 특징은 엠들이 스스로 과시하도록 엠 하나하나마다 남겨두기 쉽다. 반대로 클랜 내에서는 거의 달라지지 않는 특징들이 있다. 그런 특징들은 클랜들이 함께 과시하도록 조정하는 역할을 한다. 클랜 내에서는 다른 특징들이어도 하위클랜들 내에서는 같이 있는 특징들이 있을 때는 그런 하위클랜들도 과시하려고 조정할 수 있다.

예를 들어 엠 경제를 지배하는 클랜은 몇 백 개 정도이다. 그런 클랜 출신 엠들은 누구나 자기 클랜을 알고 인정한다고 그리고 자기 클랜의 별난 점을 알고 인정한다고, 그리고 자기 클랜의 기여를 높이 쳐준다고 보통 행동하고 싶어 할 수 있다. 이런 점을 보여주려고 그런 클랜들은 "조지"와 같이 대표 이름이 붙기를 기대할 것이다. 이런 식으로 대우받는다면 그것이 바로 클랜 조지가 유명하다는 확실한 표시이다. 그런 클랜의 엠들은 잘 모르는, 이름 두개가 붙은 클랜 출신 엠들과 소통하라고 강요하면 짜증낼 수 있다. 또한 누군가가 자기들 클랜의 공헌이나 가치를 공정히 평가할 것을 요구했다면 그런 클랜들은 또 분개할 수도 있다. 그렇게 분개하는 행동이 잘 모르는 클랜들을 다루는 데 적합하다고 생각하지만 그들은 자기들이 이렇게 분개할 필요가 없을 만큼 확실히 잘 알려져 있다고 생각한다.

클랜 내 부를 같이 가진 클랜들은 클랜이 가진 모든 부를 과시하고 싶어 한다. 엠 도시에 유명한 큰 건물을 사거나 비싼 사업에 자금을 대서 부를 표시할 수 있다. 오늘날 국가들이 국위를 높이려고 스포츠, 예술, 학계 활동에 자금을 투자하는 것과 똑같이 이처럼 클랜들은 클랜끼리만 가진 특징들을 과시하려고 클랜 일원들 일부에게 명성에 걸맞은 행동들을 하도록 자금을 댈 수 있다. 잘 조정할 수 없는 클랜들은 과시하기signaling에 자금을 덜 쓰고 그래서 그런 클랜들은 별로 눈길을 못 끌 것이다. 클랜과 달리 개별 엠들은 우리보다는 예술, 스포츠, 과학은 별로 주목하지 않으며 오히려 아주 닮은 동료들과 자기들 인맥쌓기에 주력할 것이다.

지켜보는 이들observers을 감동시키려고 엠들은 어릴 때 유명 운동선수, 예술가, 작가, 탐험가, 학자가 되려고 노력할 수도 있다. 일단 명성을 얻은 후에는 모두가 그들의 젊은 시절 유명세를 기억할 수 있는 좀 더 유용한 일에 맞게 재교육될 것이다. 이것은 오늘날 어릴 때 유명 운동선수였다가 나중에 그 명성을 이용하여 영업을 하는 사람과 어느 정도 비슷하다. 우리는 서너 명 정도 사람들이 이뤄낸 성과에는 별로 감동받지 않는다(Smith and Newman 2014). 그래서 엠 클랜들도 클랜들이 한 감동적인 성과들을 클랜 하나가 한 핵심 일로 두기가 쉬울 것이다.

클랜이 커질수록 더 많은 감동적인 업적들을 창출할 여력이 있을 수 있다. 이렇기 때문에 더 큰 규모의 클랜들이 더 우수하다고 인식된다.

엠들은 젊을 때 한 인상적인 활동들이 그들의 나중 경력에도 유용해지도록 하는 그런 재교육을 선호한다. 예를 들어 어떤 엠들은 어릴 때는 운동선수로 그런 다음에는 건축 같은 육체적인 일들을 할 수 있다. 두 가지 일 모두 서로 강력히 연관되어 있는 신체조정 능력이 필요해서다. 다른 엠들은 어릴 때는 혁신적인 제품들을 설계하다가 그런 다음에는 그런 제품들을 개선하고 서비스하는 일로 경력을 이어간다. 즉 제품을 고치는 이가 그야말로 제품을 발명한 사람일 수 있다. 혼자서 모든 것을 다하는 그런 식의 시나리오에서는 과시하려는 엠의 노력이 제품혁신에 도움이 될지도 모른다.

춤, 스포츠, 노래 같은 활동은 정신 능력과 신체능력이 잘 결합되어 있음을 보여준다. 엠들은 이상적이고 신체능력이 최대인 가상몸체를 쉽게 얻을 수 있어서 엠들은 그런 활동들을 청중들이 서로 다른 정신 능력들을 더 잘 볼 수 있는 것으로 바꿀 것이다. 예를 들어 스포츠 경기에서 엠 선수들은 몸체와 뇌는 표준품을 사용하고 더 나은 "마인드"(뇌 소프트웨어)로 승리할 수도 있다. 그런 스포츠 경기는 오늘날 사이클 경주와 비슷하다. 즉 자전거 설계자의 능력도 과시하고 그런 자전거를 "타는" 엠도 과시한다.

인간이 걸어온 역사처럼 어떤 엠들은 지식인 공동체 내에서 지위를 얻어서 과시하려 한다. 오늘날 우리 사회에서 가장 높은 명성의 일부는 시간이 지나면서 축적되는 새로운 지적 결과와 지적 방법들을 모아서 혁신을 이뤘다고 인정받는 이들에게 간다. 그러나 오늘날 대부분의 국가와 몇백 년 전까지의 대부분의 국가에서는 혁신을 통해서 지적인 지위를 별로 못 얻고 권력자를 개인적으로 가르치고 충언해서, 대중적 인기 저술로 널리 관심을 끌어서, 고전문헌을 섭렵해서, 나아가 새로운 유행 지식과 최초로 공공연히 연관되어 있다고 해서 지적인 지위를 더 많이 얻었다.

이런 역사적 사실은 오늘날 서구사회와 비교했을 때 엠들끼리의 지적 지위는, 사회가 더 느리게 혁신하는 것으로 보일 킬로 엠이나 더 빠른 엠들은 혁신에 초점을 두지 않을 수 있다고 약하게 제시한다. 지식인들이 기여한 유용한 혁신은 항상 그 폭이 적었기 때문에 이런 초점 변화가 엠들 중에서 최고지능인 엠들이 혁신에 기여하는 정도를 줄임에도 불구하고 전반적인 혁신 속도를 아주 많이 바꾸어서는 안 될 것이다.

엠 하나하나가 하는 행동이 클랜 내 다른 일원들의 품질을 바로 보여준다. 이런 이유로 클랜은 자기들 클랜을 나쁘게 보게 만드는 행동들을 일원들이 못 하게 하려고 더 압력을 가하고 더 많은 권력을 고수한다. 그래서 엠이 하는 특이한 행동방식을 심지어 클랜에 관한 더 강력한 표시로 만든다. 예를 들어 엠 하나가 배우자를 떠난 경우, 비슷한 복제품들의 배우자들은 자기들도 그렇게 버려질까 봐 걱정할 수 있다.

일하는 팀의 성과는 팀 일원들의 일반적인 능력에 어느 정도 달려 있다. 그래서 클랜은 복제품에 기여한 팀에게 재정적 투자를 한다고 본다. 그런 투자는 그들이 공급하는 노동자 품질에 확신이 있다는 그리고 노동자들이 잘 맞는다는 과시신호이다. 그럴 것이라는 기대는 오늘날 오히려 부유한 가계들만 할 수 있다고 보지만 많은 엠 클랜들은 그런 투자를 할 만큼 부유할 수 있다.

엠 클랜은 집단으로 함께 과시signaling한다. 이렇게 해서 엠 클랜들은 그들 클랜들을 하나 된 "우리"로 보거나 아니면 심지어 "나" 하나로 보는 쪽으로 크게 일보 전진한다.

자 선

오늘날 사람처럼 엠들도 사회문제 도덕문제에 대해 자기들이 느낀 것을 보여주려고 열심이고 친사회적인 규범들을 잘 따른다고 보여주려고 열심이다.

수 세기 동안 고전적인 자선항목은 구호단체, 병원, 학교 세 가지였다. 그러나 엠 병원은 정신질환용 외에는 필요 없을 것이다. 엠 학교는 아이가 희귀하기 때문에 애초에 재정지원이 잘 마련된 상태다. 일반 인간이나 아니면 동물을 위한 구호단체는 여전히 있을 수 있다. 그러나 추위에 떨거나 굶주리는 엠들이 없어서 어쩌다 배고픈 엠들을 먹이거나 아니면 어쩌다 추위에 떠는 엠들을 따뜻하게 할 일은 없다. 일하는 엠들을 위해 일을 보조하거나 추가 여가시간을 보조하거나 은퇴자들을 속도 내게 하거나 은퇴하지 않으면 종료되는 스퍼의 은퇴를 지원하기 위해 보조금을 지불할 수 있다. 그런데 수혜를 받는 이들이 자신들 그대로 복제를 만들도록 동의했을 때 그런 수혜를 받는 협상을 거절했었다면 이런 자선은 맥이 풀리는 끝없는 요구이고 특별히 동정의 여지가 없어 보일 수 있다.

아마 원조 시 더 동정받는 수혜자들은, 극히 드물지만 전쟁, 폭력, 자연재해에 의한 희생자 엠들이다. 즉 그들은 밑 빠진 원조 대상도 아니고 그들이 그런 운명을 택한 것도 아니다. 심지어 원조를 더 받을 만한 이들은 5장 〈보안〉 절에서처럼 자기들이 가진 비밀 때문에 노예가 되거나 고문받을 위험이 있는, 즉 마인드 탈취의 희생자들일 수 있다. 신원이 확인된 희생자들이 거의 없어서 그리고 대부분의 엠들은 그들에게 닥치는 비슷한 운명을 정당하게 두려워할 수 있다. 엠 세계의 대부분이 마인드 탈취 불가를 강력히 전달한다.

엠들은 동물들, 평범한 인간들, 엠 어린이들을 보고 동정하기 위한 자기들만의 방식으로 특별히 애를 써서 여전히 진정한 인간이라 느낀다고 과시할지도 모른다. 엠들은 이런 동물들과 인간들 그리고 엠 어린이들에 대한 공연을 관람할 수 있고 방문하려고 여행할 수도 있고 도우려고 기부할 수도 있다. 대부분의 인간들은 거의 엠 복제품들이 아니어서 그런 인간들은 엠들에 비하면 진귀하다. 그래서 인간들은 엠들이 만나려고 돈을 지불하는 온화한 유명인사들일 수 있다. 이런 돈이 인간들에게 약간의 보조금이 될 수 있다. 빠른 속도의 엠들에게는 인간을 찾아갈 때마다 인간사회가 거의 그대로다.

엠 어린이들은 심지어 자선 없이도 보살핌을 받는다. 하지만 식물과 인간 아닌 동물들은 보호해줄 특별한 후원자가 거의 없다. 오늘날 우리는 어느 정도 자연을 아끼는데, 어느 정도는 조상이 살아왔던 곳 같은 데를 여행하기를 즐기고 자연파괴는 우리가 의존하는 생물학적 생태계를 파괴하여 결국 우리도 죽게 위협하기 때문에 그렇다. 그러나 엠들은 가상 자연공원들로 더 저렴하게 여행할 수 있다. 자연을 파괴하는 것이 자기들을 죽인다는 식으로 두려워할 필요가 없다.

엠 도시들은 근방의 자연에도 유독할 수 있다. 그럼에도 그런 도시들이 초반에는 전지구의 아주 일부만 교란할 것이다. 자연은 한동안 보존되는데 왜냐하면 엠은 조밀한 도시에 집중해서, 자연에 있는 대부분의 땅에 흥미가 없어서다. 그러나 이런 일은 아마도 일시적 유예일 것이다. 비록 자연이 엠 시대 동안 안전하다 해도 그런 시대는 객관적으로 몇 년 동안만 이어질 수 있다. 다른 시대들이 급격히 이어지고 몇몇 소규모 보존구역 외에는 모든 자연을 대체하면서 우리의 후손들이 곧 지구를 꽉 채울 것 같다.

오늘날 사고방식과 믿음을 바꾸려는 것을 목표로 하는 자선사업들은 어린이들에 초점을 보통 둔다. 어린이를 변화시키는 일이 더 효과적이고 어린이들의 사고방식이 미래까지 더 오래 지속되기 때문이다. 엠들은 심지어 엠 어린이들에게 영향을 더 미치고 싶어 할 것이다. 그런 엠들이 미래 후손들을 더 많이 가지기 때문이다. 그런 노력들은 많은 후손들이 더 좋은 어린 시절 기억을 함께 가지게 해서 전 지구적 행복을 더 많이 만드는 것이라고 정당화될 수도 있다.

엠들도 자선을 하지만 목표가 다소 다르다.

정체성

오늘날 엠 실현 가능성에 대한 일상적 논의는 보통 다음 질문에 몰려 있다. 평범한 인간을 에뮬레이션한 것이 바로 그 사람과 "같은" 사람인지에 대한 질문이다. 엠들도 이와 비슷하게 삶의 역사와 전후사정의 총량이 서로 다른 그들 자신의 복제품들을 얼마나 자기라고 보는지 질문한다.

우리는 하나하나가 아주 어마어마한 디테일로 가득 찬 매우 복잡한 생물체이다. 그럼에도 우리는 자주 더 단순한 "정체성"(또는 "브랜드") 측면에서 자신을 보거나 자신을 보여주려고 애쓴다. 이런 단순한 정체성은 다른 이들에게 우리를 보다 알만하게 이해할 만하게 해주는 데 도움이 된다. 이렇게 해서 다른 이들에게 우리가 그들에게 충성한다고 믿을 만하다고 확신시키게도 돕는다. 이런 것은 왜 우리의 도덕적 선택들이 특히 우리의 정체성에 중요해 보이는지를 설명해준다.

오늘날 대부분의 사람들은 자기들의 국가와 문화가 자기들이라고 당연히 받아들인다. 이런 사람들은 외부인들을 만날 기회가 거의 없어서 이런 것을 인지하지 못하는 것이다. 오늘날 사람들은 자기들의 성격, 스타일, 인생사가 합쳐진 것이 자기라는 것을 더 잘 인지하고 있다고 느낀다. 왜냐하면 이렇게 특별하게 합쳐진 것을 자기만이 알고 있기 때문이다. 가족은 이런 면들이 조금 더 우리와 비슷하기 때문에 우리는 외부인들보다는 우리가족과 나를 더 동일시한다.

대형 클랜 출신 엠들은 자기들의 성격, 스타일, 초기 인생사를 합친 것이 그들의 정체성이라는 것은 덜 자각해야 하고 그런 것들로 정체성을 더 확고하게 느껴야 한다. 그들은 언제든지 대화하거나 도움을 요청할 수 있는 바로 자기들과 똑같은 "슈퍼 쌍둥이"들이 있는 "지구planet" 같은 것이 실제로 있다고 안다. 그래서 다른 클랜에서 온 엠들 옆에서는 마치 외국 사절인 양, 자기가 외국에 살고 있는 것처럼 더 느낄 수 있다.

19장 〈클랜 관리〉 절에서 설명했듯이, 계획을 짜고 그런 계획을 실행하려고 많은 복제품들로 나누어진 엠들은 자기들과 자기들의 복제품들을 "동일한" 개인이라고 느낄 것 같다. 반면 서로 공개적으로 동의하지 않는 복제품들은 그들 자신들과는 더 다른 이들이라 볼 것 같다. 클랜은 자기 일원들을 단결시키려고 정신적 스타일과 초기 인생사 기억이 서로 같다는 사실을 더 부각시키고 최근 생각이나 기억들은 덜 부각시켜 공개적인 의견충돌을 막을 수 있다. 어쨌든 그런 최근 생각들과 기억들은 자주 다르다.

엠들은 육체노동을 할 때 교체할 수 있는 몸체를 이용할 수 있다. 가상 엠들 역시 언제든지 쉽게 자기들의 가상몸체를 바꿀 수 있다. 따라서 엠의 정체성은 특정 몸체의 디테일에 매여 있을 필요가 없다. 그러나 다른 클랜들이 쉽게 기억할 만한 생생한 정체성을 만들려고 클랜마다 여전히 눈에 보이는 일관된 스타일을 만들어내고 그런 스타일에 가깝게 고수할 수 있다.

사람들은 오늘날 제품 브랜드에 놀랍도록 오래도록 충성한다(Bronnenberg et al. 2012). 마찬가지로 엠들도 오래도록 브랜드에 충성하려 한다고 약하게나마 예상한다. 브랜드 소유자들은 미래의 고객들이 될 젊은 엠들에게 큰 할인폭을 제공하려고 열심이다. 엠 세계에서 어린이는 거의 없지만, 어린이마다 평균적으로 자손이 엄청 많다. 또 클랜들은 집단구매를 함으로써 소비자들을 더 똑똑하게 하고 그런 소비자들은 브랜드에 덜 집착하기 쉽다(Bronnenberg et al. 2014).

오늘날 신체의 질병은 우리가 사회적 압박 및 기대감에서 벗어나는 변명거리가 된다. 하고 싶지 않은 것이 있으면 아픈 척할 수 있다. 신체적으로 몸이 절대 아프지 않은 엠들은 이런 변명거리가 없다. 아마도 엠들은 이를 보상하기 위해서 일시적인 정신적 병에 대한 그들의 기대감을 늘릴 것이다. 다시 말해 엠들은 대부분의 사람은 사회모임 일정이나 마감일을 안 지키려고 받아들여질 만한 변명거리 정신 상태를 정기적으로 대단히 즐긴다고 믿을 수 있다. 이런 일이 일어날 비율이 오늘날 우리가 아프다고 하는 비율보다는 훨씬 낮다고 해도 기대감과 계획이라는 감옥에 갇혔다고 느끼는 엠들에게는 중요한 배출구를 제공하는 것일 수 있다.

대부분의 엠 일은 다른 엠의 일보다는 지위 면에서는 상대적으로 특별히 높지 않다. 대부분의 일은 지루하고 아주 큰 세계의 아주 작은 부분들에 모여 있고 힘든 노동을 장시간 해야 하는 일일 수 있다. 어찌 되었든 올림픽 운동선수들이 오늘날 목표를 이루는 데 필요한 지루함, 집중, 장기훈련을 억울해하지 않을 것 같다. 엠들은 자기들이 평범한 수십억 인간 중에서 선별된 겨우 수백 개 클랜들인 진정한 엘리트 집합출신이라는 점을 안다고 자랑할 수 있다.

그렇다 해도 엠들은 보통은 자신의 엘리트 지위를 점점 더 당연하게 받아들이고 엘리트 지위 때문에 자격이 특별히 있다고는 느끼지 않는다. 힘든 일을 하기에는 자신의 지위가 너무 높다고 느끼는 엠은 거의 없다. 오늘날 우리가 호모사피엔스라는 이유 때문에 특별히 자격이 있다고 보통 여기지 않는 것과 똑같다.

최근 들어 일부 부유한 산업 문화는 "진정성authenticity"에 역사적으로 특이한 가치를 두었다. 진정성이란 대체로 가공되지 않은 것, 매개되지 않은 것, 순응하지 않는 것, 겉모습에 신경 쓰지 않는 것으로 보통 정의한다. 진실한 사람은 정직하고 평화로우며 창의적이며 힘든 진실에 직면하고 지위, 종교, 물질 재화에 관심이 적은 본래의 자연 애호가라 생각한다original nature-lovers(Zerzan 2005; Potter 2010). 이런 이상형에는 수렵채취인의 "자연스러운" 어떤 방식이 들어 있지만 실제로 수렵채집인은 자주 싸우고 자기기만적이었으며 외모와 물질재화에 신경을 상당히 썼고 정말 창의적이거나 본래 그렇다고 할 수 없었다. 진정성과는 다른 이런 수렵채집인의 특징들은, 그러나 그런 특징들을 잘 이루어내는 데 보통 필요한 사회적 권력을 과시하려고 작동한다.

부가 더 커지는 산업시대에 진정성을 더 강조한다고 우리는 예상할 수 있지만 최저생계 수준의 엠들이 우리가 진정성에 둔 특이한 강조를 이어간다고 기대할 이유가 거의 없다.

복제품의 정체성

클랜 일원으로서의 엠의 정체성은 엠 세계에 새로운 논쟁점을 불러일으킨다.

복제를 통해 엠들이 만드는 정체성들이 얼마나 개별적인지는 분명하지 않다. 만일 엠의 정체성들이 정말 개별적이라면 자신의 복제이력을 거슬러 들여다보는 엠은 자기의 조상과 형제들 모두 중요한 복제 사건에 도달하기까지는 그 위의 그들 모두를 "자기me"라고 본다. 그러나 그런 중요한 복제 사건 이전의 엠들과 그런 엠들의 다른 후손들은 그들이 사랑하고 믿는 친척들이라고 할지라도 "자기가 아니라고" 본다. 만약 엠의 정체성이 강제이행transitive도 되는 것이라면 "자기"인 중요 조상의 모든 후손들도

"자기"로 본다. 한편으로 만약 엠의 정체성들이 반복해서 이어지는continuous 것이라면 엠들은 다른 엠들을 "자기"로 보지도 않고 "자기가 아니라고"도 보지 않는다. 그 대신 여러 측면에서 더 닮았다거나 덜 닮았다는 정도로 being more or less similar 다른 엠들을 본다. 마치 우리가 달라진 정도로 수십 년 전 우리들이나 아니면 수십 년 후 우리들을 우리와 얼마나 동일시하는지에 비교할 만하다.

엠들은 단기 과제를 하려고 자기들이 생성한 스퍼 복제품들, 즉 일을 마치고 보고하고 그런 다음 종료하거나 은퇴하는 복제품들을 특별히 자기들과 동일시할 것 같다. 엠들이 그런 복제품들의 삶을 뒤돌아 잘 들여다보면 엠들은 특별히 그런 복제품들이 한 활동들을 "내가 한 일인데, 기억이 잘 안 나네"라고 볼 것 같다.

대부분의 엠들은 가장 많이 복제된 진귀한 수백 개 클랜 출신이다. 그런 엠들은 보통 그런 클랜에서 얻는 정체성을 확신하고 그런 정체성을 확고하게 느낄 수 있다. 그런 클랜들은 특정 직업과 특정 산업에서 유능한 노동자로서 유명하고 잘 자리 잡고 있다. 그런 엠들은 자기들이 있는 곳의 정치적 동맹들이 더 자주 바뀜에 따라 이런 동맹에서 얼마나 지원받을 수 있는지 더 잘 인지하고 있어서 그리고 특정 일 팀들과 특정 프로젝트에서의 자기들의 위치를 더 잘 인지하고 있어서 안심을 잘 못 한다. 소규모 클랜 출신 엠들은 많은 이들이 자신들의 클랜을 열등하다고 본다는 것을 알아서 자기 클랜의 정체성을 덜 확고하게 느낀다.

대형 클랜 출신 엠들은 자기 클랜과 자기 동일시를 확고하게 고수하기 때문에 클랜에 기반을 둔 자기들의 정체성에 의식적인 관심을 덜 기울이게 될 것 같다. 그 대신 그런 엠들은 그들의 특정 일, 팀 그리고 바로 옆에 있는 동료들을 통해 얻은 정체성에 더 관심 둘 것 같다. 스퍼들도 미래의 자기 자신들이 그들의 생각과 경험을 직접 기억 안 할 것이라는 것을 알고 있는 것만 빼고는 아마 이와 비슷하게 생각할 것이다.

신규 엠 복제품들과 그들의 팀은 보통 새로운 일을 하게 생성된다. 그런 팀은 일반적으로 그런 일을 마치면 종료되거나 은퇴한다. 따라서 엠들은 그들의 특정 일과 자기를 더 굳게 동일시할 것 같다. 엠의 일 자체가 사실상 그들이 존재하는 이유이다. 우리와 비교할 때 엠들은 일 적합성을 기준으로 친구와 연인을 더 자주 선택하고 같이 일하는 노동자로서 자기들 동료를 더 진심으로 사랑하고 존경한다.

엠들은 자기 팀과 일을 결합한 것을 자기와 더 동일시하지만 아마도 그다지 확고하지 않다면 엠들은 때때로 이런 정체성 때문에 감옥에 갇혔다고 과하게 느낄 수도 있다. 그리고 즉각적인 임시 정체성에서 자유를 찾으려 할 수도 있다. 그런 임시 정체성은 친구, 애인, 취미, 활동을 계획해서 선택하지 않고 마지막 순간에 선택해서 형성될 수 있다.

오늘날 우리는 10~30세 사이에 경험한 삶의 사건들, 즉 우리의 정체성 형성에 중요하다고 보는 기억들을 더 강한 기억으로 만들어create 내기 쉽다(Gluck and Bluck 2007). 만일 엠의 새 복제품으로 되는 것이 삶의 패턴과 정체성에 큰 변화를 만들었다면 그런 새 엠은 복제되는 것과 관련 있는 사건들의 기억도 아마 더 잘 만들 것이다. 팀들은 팀 하나가 복제되자마자 뚜렷한 팀 문화를 새로 생성함으로써 복제품의 새로운 정체성을 강조하도록 도울 수 있다. 새 팀들은 자신들의 취향을 옷, 음악, 가구, 대화주제로 바꾸려고 할 때 팀 전체가 한 단위로 할 수 있다. 새로운 팀 위치로 복제품들을 더 저렴하게 이동시키려고 시간을 좀 느리게 해도 팀의 정체성을 강조하는 데 도움이 될 수 있다.

전반적으로 보아 대부분의 엠들은 오늘날의 우리 이상으로 삶의 무대들이 분명히 더 구별되고 더 다르다. 실제로, 엠 하나가 가장 최근의 자기복제 사건에서 기억하는 삶은, 다만 엠들이 보는 지난 삶은 생생하고 정확하게 기억된다는 것만 빼고는 만일 환생이 있다면 마치 우리가 보는 지난 삶과 같을 수 있다. 그러나 엠의 지난 삶에서 일어난 사건들을 또 기억하는 정말 다른 엠들이 있다는 사실은 그런 사건들을 "내 삶"이라고 보기보다는 "다른 이들의 삶" 아니면 아마도 "우리의 삶"으로 만들 수 있다.

클랜 하나에 바이너리 복제 식으로 제조한 10억 개의 엠들이 있으면 맨 마지막 복제품은 30번의 복제 사건을 기억해야만 한다.* 만일 인간 같은 마인드들이 시간에 따른 이런 강한 정체성을 많이 기억하기가 어렵다는 것을 안다면 대형 클랜의 엠들은 대부분의 복제 사건들을 자기들의 정체성에 그리 중요하지 않게 다루거나 아니면 복제 사건마다 더 많은 복제품들을 만드는 식으로 해서 기억해야 할 복제사건들의 숫자를 줄일 것이다. 예를 들어 복제 사건마다 1,000개 복제품을 만들었다면 한 클랜의 10억 개 엠들은 각각 단지 3번의 핵심 복제 사건들만 기억해도 된다.

엠 복제 사건들이 엠 정체성에 얼마나 중요한지는 아마도 대량 노동시장과 틈새 노동시장 간에 다를 것이다. 대량 노동시장에서 일하는 엠들은 사건마다 강한 정체성을 정의하는 몇 개 안 되는 복제 사건들만 기억할 수 있다. 반대로 틈새 노동시장에서 일하는 엠들은 사건마다 강한 정체성을 정의하지 않는 상당한 수의 복제 사건들을 기억할 수 있다. 따라서 틈새 엠

---

* 역자 주: 2의 30제곱은1,073,741,824≒10억.

들은 오늘날 해마다 새 아파트로 이사하는 사람들과 어느 정도 같다. 반면 대량 엠들은 평생 세 번만 이사하는 사람과 같다. 대량 엠들이 틈새 엠들보다 자기들과 아파트를 더 동일시한다.

향수, 즉 과거를 그리워하는 감성은 다른 이들과 사회적으로 연결되었던 감정을 불러일으키고 과거의 자신들과 연결되었던 감정을 불러일으킨다. 시간이 흘러가도 나는 여전히 같은 사람이라는 이런 감정이 더 행복하게 해주고 젊음을 더 자각하게 해준다(Sedikides et al. 2016). 엠 클랜들은 행복을 얻으려고 엠들이 자기들을 클랜과 더 동일시하게 하려고 향수를 촉진할 것 같다.

간략히 말해, 엠들은 클랜일원으로서의 새로운 종류의 정체성이 있고 종류가 다른 정체성이라 복잡한 의미가 있다.

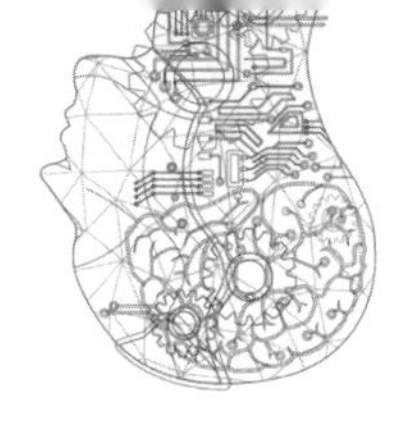

| Chapter 25 |

협 업

의 례

엠 세계의 의례는 얼마나 다른가?

오늘날 우리에게는 졸업, 결혼, 은퇴 파티, 장례 시 하는 의례들이 있다. 사회적으로 중요한 전환점마다 공동체 가치를 함께 공개적으로 인정하기affirm 위해서다. 그러나 만일 우리가 "의례"라는 용어를 더 넓은 의미로 사용한다면 참여자들이 서로 아주 똑같이 따라 하고 서로 조정하는 식으로 행동하고 같이 관심을 모아서 정서적 힘이 증폭되는 곳에서라면 대부분 사회적 소통과 사회적 과정이 아닌 것들도 의례이다(Collins 2004).

의례를 하는 동안 옆에 있는 사람과 감정을 맞추고 신체 움직임을 같이 하면 같이 하는 감정과 신체 움직임이 세진다. 그런 집단적 동조는 참가자들이 집단 내에서 서로 비슷하게 느끼고 있다고 그리고 서로를 잘 알고 있다고 보여준다. 그런 집단 의례 시 모두가 함께 관심 두는 인물이나 사물 그리고, 신념이 있으면 중요성과 정서적 힘을 더 얻을 수 있고 다음번 의례를 할 때 열기를 더 고조시킬 수 있다.

동조화된 행동에 공통으로 관심을 기울여 나오는 정서적 힘은 동조화된 인간 행동들에 여러 형태로 그 행동 빈도와 행동 구조에 오래도록 영향을 미쳐왔다. 춤, 연극, 영화, 공연, 강연, 집단시위로, 고속도로에서, 사업 미팅으로, 학교에서의 집단 암송으로, 광고에 의한 제품소비로, 사냥하고 농사지으며, 배를 저을 때 그리고 공장이나 군대에서 집단이 함께 노래하는 형태로 영향을 미쳐왔다.

우리는 엠들이 이런 경향을 계속 보여준다고 예상한다. 동조화된 미세 행동들을 생생하게 인지해서 자기들이 역량과 가치capacities and values를 같이 공유하고 있음을 확인시켜줄 수 있는 상황을 선호한다고 본다. 예를 들어 오늘날 인간처럼 엠들도 만날 때 헤어질 때 서로 인사하고 일하면서 대면 회의 빈도를 늘리려는 여러 구실을 찾는다고 본다.

오늘날 공공연한 흔한 의례들이 있다. 경찰이 운전자를 세울 때, 웨이터가 주문을 받을 때, 두 스포츠팀이 관중 앞에서 대결할 때, 관객이 함께 영화를 관람할 때이다. 산업시대에 사는 우리는 수렵채집조상 그리고 농경조상보다 그런 의례를 상당히 줄였다. 반면 우리 조상들은 성탄절이나 추수감사절 같은 의례를 매달 서너 번씩 하고 작은 규모의 축하는 하루에도 서너 번 하는 정도로 의례가 더 많았다(Collins 2004).

우리 시대에 공공연한 의례들을 잃어버린 이유는 많다. 커지는 부가 우리를 공간적으로 혼자 있게 해주었다. 혁신이 점점 중요해지고 유행주기 fashion cycles를 가져올 정도로 서로 몰려 있고 충분히 부유해서 이런 모든 요인이 별난 행동을 하는 사람의 지위도 올려준다. 이런 경향은 우리가 인맥과 더 규격화된 제품이나 정해진 행동들 대신 더 많은 제품과 다양한 행동으로 우리의 커지는 부를 과시하도록 부추겨왔다. 부가 증가하면서 산업시대의 가치들은 순응과 전통에서 멀어져 자기-주도와 관용으로 그 가치관이 바뀌었다. 수렵채집인 식의 평등주의가 커지면서 농경시대의 많은 의례를 지원했던 노골적인 계급차별에 우리는 불편해졌다. 서구사회에서 가계씨족을 억제하는 것이 많은 가족 의례들도 더 억제했다.

26장 〈유사-농경인〉 절에서 자세히 논의하겠지만 부가 점차 증가한 산업시대에 우리는 개인주의와 평등주의가 커진 걸 보았다. 더 가난한 엠들은 개인주의와 평등주의가 덜하다고 느낄 것 같다. 우리가 논의한 바와 같이 엠 경제에서는 혁신이 우리 경제에서보다 덜 중요하다. 그 결과로 공공연한 의례가 줄어드는 우리의 최근 경향이 부분적으로 거꾸로 될 것 같다. 엠들은 농경인 비슷한 노골적이고 차별적인 사회계급으로 돌아갈 것 같고 의례를 할 때 엠들은 서로 다른 의례역할을 맡는 공공연한 의례를 더 자주 할 것 같다. 우리와 비교해 엠은 노골적인 계급으로 더 계층화될 것 같고 노골적이고 진부한 동조 행동방식을 더 자주 할 것 같다.

모두가 함께 주의를 기울이는 의례를 할 때 의례 참석자들이 겉으로는 주목하는 것 같지만 다른 데를 주목하면 의례의 가치가 떨어진다. 그래서 엠들은 그런 의례적인 미팅 시 누가 주목하는지 확인하려고 엠에 대한 마인드 읽기mindreading를 이용할 수 있다.

가상현실에 있는 엠들은 더 이상 먹거나 씻을 필요가 없어서 먹는 것과 씻는 것에 중심을 둔 인간의 익숙한 의례들은 덜 따라하고 싶어 할 것 같다. 마찬가지로 빠른 엠들에게 그 세계의 변화속도는 매우 느려서 매일 매일 뉴스를 듣고 공유하는 것에 중심을 둔 의례들도 더 적게 할 것 같다.

엠들은 그런 잃어버린 축하의례들을 대신하려고 겉보기에 "자연스러운" 축하의례들을 새로이 찾을 수 있다. 함께 팀, 기업, 국가급 도시들을 계속 결속시키기 위해서다. 또한 엠들은 함께 새로운 사회적 단위인 클랜을 결속시키려 새로운 의례도 찾는다. 그러나 엠이 하는 일 활동에서는 강력한 의례strong rituals를 생성해내기가 아마 힘들 것이다. 대량으로 제조하는 일 행동방식은 모두 함께 주의를 기울여야 하는 동조화된 신체동작을 만들 일이 거의 없기 때문이다.

함께 노래를 부르면서 의례를 강력하게 만들 수 있다. 반면 오늘날 많은 사람들은 대중 앞에서 노래하기를 부끄러워한다. 보통 듣는 전문가수들보다 자신의 목소리가 형편없이 들리기 때문이다. 오늘날 전문가수의 목소리를 향상시켜주는 오토튠Auto-Tune 장치 같은 최신버전의 음성처리시스템을 엠들도 사용하여 목소리를 더 전문적으로 들리게 그러면서도 아주 사적인 감정도 담아 대화할 수 있다.

요약하면 엠들은 어느 정도는 이전 역사 패턴으로 돌아가면서 오늘날 우리보다 의례를 더 하고 더 강력한 의례를 할 수 있다.

종 교

종교와 종교의례는 사람들을 집단으로 결속시키는 데 도움을 줄 수 있다. 집단일원의 행동과 신념을 구속하는 독단적 지배규칙arbitrary rules을 따라감으로써 자기들의 지배규칙과 충돌하는 규칙conflicting rules이 있는 다른 집단보다 상대적으로 자기 집단에 대한 애착을 과시할 수 있다.

더 독단적인 규칙들이 있는 집단 일원일수록 서로 간에 애착이 더 커지기 쉽다(Iannaccone 1994). 엠들에게 이런 전략을 쓰기는 더 어렵다. 엠들은 클랜과 팀 모두에게 애착을 두어야만 하기 때문이다. 결국 어느 클랜 한군데에만 해당되는 규칙들은 팀 일원들을 이간질 할 수 있다. 반면 어느 팀 한 군데에만 해당되는 규칙은 클랜 엠 일원들을 이간질 할 수 있다. 아마 팀 규칙 대 클랜 규칙의 주제에 맞게 나눠지는 구별되는 영역을 정할 수 있을 것이다.

오늘날 종교적인 사람은 더 행복하고 더 건강하며, 생산성도 더 높은 경향이 있다(Steen 1996). 종교적인 사람은 더 오래 살고 담배도 덜 피우며 운동도 더하고 소득도 더 많으며, 결혼률이 더 높고 가정유지비율도 더 높다. 그리고 그들은 범죄율이 더 낮고 불법약물 사용율도 더 낮다. 나아가 사회적 인맥이 더 많고 기부와 자원봉사도 더 많이 하며 자녀도 더 많은 편이다. 종교성향과 종교적 믿음의 강도는 나이가 들면서 커지곤 하는데, 은퇴시 특히 그렇다(Bengtson et al. 2015). 26장 〈유사－농경인〉 절에서 더 논의되지만, 엠들은 농경인과 더 비슷할 것 같다. 이 때문에 엠들은 선과 악의 구조를 더 믿고, 사회규범을 강제하는 전능한 신을 더 믿기 쉽다. 이런 모든 면으로 볼 때 엠들은 더 종교적이다.

그러나 오늘날 지도에서 볼 때 더 종교적인 지역은 혁신이 더 적다. 또 더 종교적인 개인들은 혁신을 보는 관점이 덜 호의적이다(Benabou et al. 2015). 그래서 만일 그런 식의 혁신 효과가 충분히 중요하다면 엠들은 신앙심이 약할 것이다. 그게 아니라면 엠은 신앙심이 더 깊을 것이다.

공상과학소설에서는 신기술이나 새로운 사회제도 등장에 대한 종교적 저항 때문에 때때로 폭력적인 현상으로 나타나기도 하는 사회갈등을 자주 묘사한다. 그러나 오늘날 주요 종교 대부분의 역사는 수천 년에 이르고, 그런 종교들이 시작된 이래로 나타난 엄청난 변화 모두를 종교는 거의 평화롭게 다루었다. 이런 점에서 종교는 대단히 많은 사회 변화에 적응할 능력이 분명히 있다. 따라서 우리는 대부분 종교가 엠 세계에도 수월하게 잘 적응할 것으로 봐야 한다.

그러나 복제품들의 죽음을 어떻게 정의해야 할지 그리고 복제품들이 지은 죄의 책임을 어떻게 정의해야 할지에 대한 종교적 해명clarifications이 필요하다. 예를 들어 복제품들이 죄를 공유하는 것인지 아니면 엠이 분할시킨 스퍼가 죄를 지으면 특히 그런 죄가 예상 가능했었다면 그 죄가 엠의 죄인지, 기독교를 비롯한 종교인들은 결정해야만 한다. 그런 종교적 해명은 다양하고 강력한 예방책을 정당화하면서 마인드 탈취가 오늘날 강간이나 살인처럼 매우 큰 죄악임을 강조할 것 같다. 종교교리상에서는 해명이 더 필요할 수 있다. 왜냐하면 엠들은 평균적으로 평범한 인간들보다 훨씬 더 스마트하다. 그렇기에 뻔뻔스러울 정도로 비논리적이거나 모순적인 종교 교리는 용납하지 않을 수 있다.

의례와 종교는 오랫동안 사람들이 그들의 사회적 역할들을 받아들이도록 사람들을 돕고 사람들이 그런 역할들 중에서 핵심적인 역할 전환을 기념하도록 돕는 데 이용되었다. 따라서 아마도 춤으로 그리고 음악으로 하는 종교적 양식의 의례들은 엠들이 복제하고 종료하고 은퇴하게 돕는 데 특히 유용할 수 있다.

욕 설

전통적으로 하층계급은 힘든 육체노동을 했다. 거친 작업복을 입고, 피부엔 못이 박히고 햇볕에 그을리고 주름지곤 했다. 상층계급은 고운 옷을 입고, 피부는 부드럽고 매끄럽고 햇볕에도 타지 않아서, 그런 부드러운 모습으로 거친 육체노동을 하기에는 너무 부자이거나 전문가라는 것을 과시하기 쉬웠다. 상층계급은 직설적 모욕을 피하며, 섹스나 배설 관련 소재에 예민하고 결벽성이 있으며, 예의바른 언어를 사용하도록 교육받아왔다. 상층계급은 그런 습관을 이용하여 거칠고 투박한 하층계급의 전형적인 사고방식과 자신들을 구별 지으려고 했다.

하층문화의 사람은 위험하고 무모한 도전, 주먹싸움, 지나친 음주 등을 통해 육체적인 힘과 강인하다는 것을 더 자주 보여주려 한다. 이런 문화 속 사람들은 직설적이고 공격적인 말투로 시비 걸고, 욕설을 하고 모욕하고 놀려대고 조롱하기도 쉽다. 그런 공동체에서는 사람들을 가장 부끄러운 약점을 들춰내는 별명으로 자주 부른다(Baruch and Jenkins 2007; Stapleton 2010; Jay and Janschewitz 2012).

하층계급의 이런 습관은 그들이 환경에 적절히 적응한 결과functional adaptations로 볼 수도 있다. 노동자를 힘든 노동에 배치하려면 그들의 신체적 힘과 강인함을 가늠하는 것이 중요할 수 있다. 이와 똑같이 감정적으로 힘든 과제에 맞는 강인함을 가늠하는 것도 중요할 수 있다. 거친 행동은 노동자들이 신체적 강점·약점과 정서적 강점·약점을 표출하고 가늠할 수 있게 돕는다. 그렇게 해서 과제에 맞는 사람들을 잘 선택하고 과제에 맞게 배치시키게 해주고 일하는 집단들이 견디는 한도 내에서 일 집단들을 몰아붙일 수 있게 해준다. 신체적 강인함을 모두가 보도록 하는 것처럼 침팬지들이 맞수들을 못살게 굴면서cursing matches 자신의 불만을 해소하는 것으로 보이는데, 이런 식의 행동방식은 정말 오래된 것으로 보인다(Angier 2005; Pinker 2007).

오늘날 욕설과 그리고 사촌격인 좀 부드러운 속어는 상호의존을 더하는 일 집단에서 더 흔하다. 특히 신체와 감정상의 스트레스 수준이 높은 일터에서 흔하다. 오늘날 그런 일 팀은 전투병, 금융거래인, 영화제작자, 레스토랑 종사자들이다. 물론 이런 팀 모두가 하위계층이 아니라는 점에 주목하자. 상층계급의 일 집단도 자신의 상황에 도움이 된다고 싶을 때 욕설을 하기는 마찬가지다.

오늘날 성희롱 금지법은 노동자의 언행을 보다 폭넓게 모니터링하고 동시에 직장 내 욕설을 막으며 하위계층들에게 상위계층의 표준문화를 받아들이게 한다. 그렇기는 해도 최근 몇몇 엘리트 문화층에서 하는 가벼운 욕설은 사회적으로 더 용인되었다.

우리 세계와 비교해보면 엠 세계는 임금이 낮고, 경쟁은 더 심하고, 심지어 신체능력들은 모두 비슷해짐에도 불구하고 감정적 기술한계까지 일 집단을 더 몰아붙인다. 엠 어린이들도 희귀하다. 이런 점들로 보아 엠 일 집단들은 노동계층들이 하는 전통적인 습관을 더 도입한다고 본다. 신체적 강인함 위에다 정서적 강인함을 더 강조한다는 점 외에는 그렇다. 따라서 엠 일 집단들은 아마도 마음에 상처를 크게 주는 욕, 모욕, 괴롭힘을 상당히 많이 사용할 것이다.

엠의 가상세계에는 배설물이 없는 만큼, 엠의 욕설도 배설물과 관련된 말은 적다. 하지만 배신, 섹스, 종교에 근거한 불경스러운 말은 여전히 유의미할 것이다. 죽음에 관한 욕설은 죽음을 대하는 엠의 새로운 관점에 맞게 변한다.

요약하자면, 엠은 우리보다 욕을 더 하지만, 그럴 만한 합당한 이유가 있다.

대화

대화는 인간에게 익숙한 의례rituals이다. 엠들도 우리처럼 서로 대화할 것으로 본다. 엠들의 대화는 다른 팀에 있는 동료, 다른 클랜에 있는 동료, 다른 기업에 있는 동료, 다른 도시에 있는 동료에게 말하는지에 따라 다를 수 있다.

서로 믿는 하드웨어에서 구동하는 팀은 팀 일원이 보통 서로 각자 다른 일원의 마인드를 표면적으로 읽도록 내버려 둘 수 있다. 그리고 다른 일원이 복제하는 것, 대화하는 것, 재무활동도 보게 내버려 둔다. 그런 극단적인 투명성은 팀의 신뢰와 협력을 장려할 것이다. 하위클랜도 비슷하게 최소한 일원들끼리 소통할 때는 공개되게 내버려 둘 수 있다. 모두가 보거나 읽을 수 있는 엠들은 때때로 그들 마인드를 가리게 차단막을 내릴 수 있어서 다른 이들에게 자기들이 보는 것이 일시적으로 차단되었다는 것을 알게 해준다. 그러나 엠이 가짜 이미지를 믿게 속이는 것은 보통 불가능하다.

이런 마인드 화면mind views을 해석하는 데 소프트웨어 도구가 도움이 될 수 있다. 어조, 얼굴표정 등도 마찬가지다. 오늘날 우리는 다른 사람의 기분, 지위관계, 소통 시 나타나는 특징을 보통 무의식적으로 알아차린다. 그러나 소프트웨어를 사용하면 엠들이 이런 세부사항을 더 직접 알아차리게 하는 선택사항을 제공할 수 있다. 그러나 이런 식으로 알아 차려도 노골적 대화로는 안 나타날 수 있다. 오늘날 우리가 개인적인 내용을 상세히 얘기하지 않으려는 이유들이 엠 세계에서도 잘 이어질 수 있다.

다른 극단적인 상황, 즉 그런 투명성을 지원하는 하드웨어가 없는 엠들은 오늘날 우리처럼 자기들이 보고 있는 것을 덜 믿으려 할 것이다. 결국에는 소프트웨어 도구들이 다른 엠들의 얼굴표정, 시선처리, 음성표현을 조정할 수 있고, 조작된 그런 엠 마인드는 엠이 공개적으로 드러내 보이는 속도와는 다른 속도로 구동할 수 있다.

투명성과 모호함 간에 폭이 더 넓을 수 있어서 엠들을 그런 폭넓은 상황들에 맞게 적응시킨 사회적 기술들과 사회적 습관들에 더 전문적이 되게끔 압박한다. 다시 말해 동맹들이 공개되어 있는 상황에서 효과적인 협력자가 되는 데 전문인 엠들이 있고 경쟁자가 누군지 모르는 상황에서 효과적인 경쟁자가 되는 데 전문인 엠들이 있다. 이런 것은 농경시대에 남자는 외부인으로부터 가족을 보호하려고 더 거칠어진 반면, 여자는 가족 내에서 양육을 더 전담하게 되었다는 전통적인 성별 역할 같은 것이다. 조직을 대표하고 외부인들을 다루는 엠들은 지위가 더 높기 쉽고 모호한 것에도 전문적이기 쉬워서 모호한 것에 전문인 엠들은 아마도 더 지위가 높은 것으로 보인다.

우리는 자신의 목소리와 거의 닮은 음성이 나오는 시스템과 말하는 것을 보통 불편해 한다(Jacobs 2015). 엠들도 비슷하게 목소리를 같이 쓰는 다른 복제품과는 말하기 싫어할 수 있다. 그렇다면 엠들은 서로 아주 닮은 복제품들이 말하는 음성들을 전자적으로 바꿔 들을 수 있다. 팀이 다른 엠들은 구별되는 억양과 다른 대화방식을 갈고 닦을 수 있다.

우리는 가끔 상대방이 무슨 생각을 하는지를 보려고 상대의 눈을 주의 깊게 본다. 그러나 거울 속에 비춰진 자신의 눈은 그렇게 주의 깊게 들여다 보지 않는다. 왜냐하면 자신이 무슨 생각을 하고 있는지 이미 알고 있기 때문이다. 엠들도 자기들의 복제품들이 생각하고 있는 맥락에서 좋은 아이디어를 보통 얻을 것이므로 자신과 닮은 복제품들의 눈이나 아니면 얼굴을 들여다보지 않을 것 같다. 이런 것은 생각으로 클랜 일원들에게 말하는 습관을 장려하게 도울 수 있다.

일시적인 속도변경을 쉽게 할 수 있게 해주는 가역방식의 브레인 하드웨어 기술은 들을 때보다 말할 때 주의를 더 기울이는 인간의 일상 습관을 장려할 수 있다. 엠들은 무슨 말을 하고 어떤 대화를 할지 계획을 짜려고 속도를 일시적으로 빨리하고 거꾸로 다른 엠들이 말하는 것을 들을 때는 속도를 늦춘다. 아주 닮은 동료들에게 어떤 엠이 가진 표면적인 마인드를 읽는 것이 허용되었다면 그들은 이런 식으로 속도를 달리 선택하는 것도 볼 수 있다.

공개되어 있고 누구나 다 볼 수 있는 팀들은 팀 일원들에게 다른 팀 일원들을 깜짝 분할시험에 빠뜨려 편향시험을 하게 하는 기술들을 제공할 수 있다.

요약하자면, 엠들은 우리와 똑같이 대화를 많이 한다. 우리가 하는 것보다 엠들은 아마도 대화방식을 더 많이 달리할 것이다.

상시 상담

우리는 자신에게 조용히 "말 걸고talking" 이전에 말했던 단어들을 다시 끄

집어내면서 자기 자신과 잘 조정하기 쉽다. 이것은 어떤 의미로는 관념화된 자아에게 "기도하는" 것으로 볼 수 있다. 이런 방식으로 우리는 본능적으로 자기 자신을 믿는다. 반대로 우리는 우리 주위에서 보는 다른 신체에 있는 다른 이의 마음에 대해서는 자주 경쟁심을 느끼고 다른 이의 마음과 나 자신을 구분하려고 노력한다. 이렇게 해도 다른 이의 마음을 잘 믿을 수 있지만, 우리가 그럴 가능성은 대체로 없다. 이런 점으로 미루어, 클랜 내부의 충성과 신뢰에 역점을 두는 엠 클랜들은, 클랜 일원들끼리는 서로 자기가 아닌 신체에 살고 있다고 보아 서로를 생생히 보는 것을 피하면서 "머릿속에서" 나오는 목소리를 통해 일차적으로 소통하는 것을 좋아할 수 있다. 종교에서 신을 잘 믿게 하려고 당신 머릿속에 있는 신과 대화하는 전략a similar talk-to-God-in-your-head strategy을 자주 사용하는 것과 비슷하다.

만약 클랜이 자기 일원들에게 실시간 생활코칭 서비스를 제공한다면 머릿속에 있는 클랜과 대화하는 습관이 더욱 더 장려될 수 있다. 클랜은 자문단을 두어 일원들을 모니터링할 수 있다. 자문단은 늘 준비된 상태로 일원들의 질문에 답하고 조언한다. 이런 조언은 다른 복제품들이 비슷한 상황에서 비슷한 대처를 해서 경험한 것으로 통계에 기반을 둔 조언일 것이다.

물론 이렇게 한다고 해서 클랜들이 모두의 각자 상황에 맞게 항상 최상의 옵션을 추천한다는 의미는 아니다. 다시 말해 클랜들은 일원들이 때때로 다른 선택사항을 스스로 탐색하기를 바랄 수도 있다. 클랜이 특정 상황에 대한 최선의 대응책을 주는 대신 찾아보라는 의도로 조언을 줄 때 클랜들은 일원들에게 그 당시에는 이런 사실을 말하지 않을 수 있다. 결국에는 말하지 않으면 엠들이 그런 조언을 따르려는 동기를 줄일 수 있다. 그러나 동기가 줄어든 엠 행동의 품질을 모두가 평가하는 데 도움이 되게 하려고 추천했던 조언은 탐색목적용으로 선택된 것이라는 사실을 나중에 밝혀

줄지도 모른다.

통계로 주는 그런 기본 조언은 오늘날 인간보다는 엠 복제품들에 더 잘 먹힌다. 그 이유는 같은 클랜에 있는 엠들이 같은 씨족에 있는 인간들보다 훨씬 더 서로 비슷하고 더 비슷한 상황에서 행동하기 때문이다. 그런 조언은 더 규모가 큰 클랜에 속한 엠들에게도 그리고 비슷한 노동자들이 많이 있는 대량 시장 일에 있는 엠들에게도 더 잘 먹힌다.

두 엠이 서로 사귀는 커플이고 그런 커플의 복제품들이 많다고 생각해 보라. 커플 중 한쪽 엠은 수천 개의 다른 복제품의 반응에서 찾아낸 기분과 반응을 자기 상황과 비교해서 상대방의 기분과 반응을 더 잘 읽어낼 수 있다. 예를 들어 당신의 파트너가 오늘 기분이 좋지 않다면 당신은 수천 개 복제품의 그런 우울한 기분과 비교하여 자기 파트너가 우울한 이유를 더 잘 꼭 집어낼 수 있다. 만일 다른 복제품 수백 개가 비가 와도 우울해하지 않는다면 당신의 파트너가 "비 때문에 우울해"라는 변명을 해도 먹히지 않는다.

엠들에게 그들과 비슷한 복제품들이 많이 존재한다는 사실을 상기시켜주면 자신들이 독특하거나 특별한 존재라고 덜 느껴 엠들이 낙담할 수 있다. 만일 그렇다면 비슷한 복제품들이 경험한 것에서 얻은 조언은, 특정 사례는 언급되지 않게 하여 뽑아낸 경험 결과일 수 있다. 엠들은 심지어 그런 식의 조언을 정말 의식하지도 못 하는 대신 여러 다양한 선택옵션들이 있는 애매하게 편안한 느낌 아니면 애매하게 불편한 느낌으로 전달받을 수 있다.

오늘날 소규모 팀이 하는 결정이 개인이 하는 결정보다 일관되게 더 합리적으로 보인다(Sutter 2005; Rockenbach et al. 2007). 마찬가지로 클랜의 조언을 받은 엠들도 더 합리적인 결정을 할 것이다. 그래서 그런 조언을 빈번히 이용하면 인간 행동방식이 "합리적"이라는 이론에서 벗어나 있다는 "행동주의" 이론을 이용해 어느 엠이 하는 행동방식을 잘 설명하는 정도까지는 그 벗어난 정도를 줄일지도 모른다(Barberis 2013). 행동주의 이론이 오늘날 인간 행동에서 중요한 요소들을 잘 잡아내지만 클랜에 기반을 둔 개인 코칭을 자주 얻는 엠들이 있는 경쟁이 더 심한 세계에서는 현실적인 목적들을 이루어내려고 더 효율적이게 행동한다는 의미에서 엠은 더 "합리적"으로 행동하게 될 것 같다.

물론 엠들은 합리적으로 행동할 때 그들이 느끼는 감정을 좋아하지 않을 수 있다. 또 클랜이 조언을 해주는 습관 때문에 엠끼리만 아는 비밀을 지키기가 어려울 수 있다. 클랜 일원 한 명에게만 어떤 것을 말했는데도 결국 일원 모두에게 말한 셈이 될 수 있다.

비슷한 다른 복제품들을 개인적으로 자주 만나는 엠들도 낙담할 수 있고 의욕이 떨어질 수 있다. 자기 자신이 남 다른게 없고 의미도 별로 없다고 보기 때문이다. 이를 벗어나기 위하여 비슷한 복제품들끼리는 서로 만나지 않으려하거나 서로에 대해 듣지 않으려고 할 수 있다. 비유하자면, 우리와 정말 가까운 복제품들이 양자 평행세계parallel quantum worlds에 존재한다고 믿는 사람들이 있지만 그렇다고 해서 우리 기분이 달라질 일은 별로 없다. 결코 그 평행세계에 존재하는 복제품들을 실제로 보거나 그들과 소통할 수 없기 때문이다. 비슷한 복제품들은 아주 드물게만 만나게 선택하면 엠들은 자신과 비슷한 복제품들이 많이 존재한다는 것 때문에 낙담하지 않고 그들 자신들을 잘 유지할 수 있다.

19장 〈클랜 관리〉 절에서 논의했듯이, 클랜은 공동 정체성을 고취하려고 일원 간에 있는 의견 불협화음을 공개적으로 직접 표현하는 것을 저지하고 싶어 할 수 있다. 대신에 예측시장prediction markets을 이용해 클랜 내부의 불협화음을 표출시키도록 장려한다면 이를 막는 데 도움이 될 수 있다. 예를 들어 젊은 클랜 일원들의 훈련방법을 언제 바꾸는 게 좋은지를 놓고 서로 직접 논쟁하는 대신에 각자가 개인적으로 다른 훈련방법 선택 시 미래 총수익을 놓고 내기를 할 수 있다. 이런 경우에 하는 논의는 입장들을 바꾸려는 수단으로는 덜 사용되고 결속시키려는 목적으로 그리고 다른 기능을 위한 수단으로 더 사용된다.

평범한 사람들처럼 엠들도 대화할 때 재치 있고 매력적이며 유식하게 보이려는 여러 가지 노력을 많이 한다. 오늘날 개인들은 대개는 각각 자신만의 더 영리한 대화를 짜내야 하는 반면, 엠들은 클랜으로부터 대화 코칭을 받을 수 있다. 물론 이런 방식의 클랜코칭이 특별한 동료들한테 충성심을 과시하는 것을 더 어렵게 할 수 있다. 그래서 그런 특별 동료들은 클랜들이 보통 클랜 일원들의 개별행동을 코치하기 어렵게 만들려고 공동주제, 공동활동과는 아주 동떨어진 자기들의 대화와 여가활동으로 대화주제를 바꾸고 싶어 할 수 있다. 이런 것이 엠들이 특정 팀에 있는 특정 동료를 친구로 삼을 때는 자신의 독특한 개성을 더 드러내도록 하고 그런 개성에 더 기대게 만든다.

클랜 일원이 자기 머릿속에서 내부 대화로 받는 이런 조언은 각자 마음에 생생한 당면 고민들과 비교할 때 더 넓은 주제들과 우선사항들을 대변한다. 클랜은 (2장 〈꿈의 시기〉 절에서 논의하여)세운 이론으로 말하자면, 주변의 가까운 주제보다 멀리 있는 주제를 더 많이 말하기 쉽다. 그런 식의 조언에 반항하려는 유혹은 즉흥적이고 강렬한 이기적 열정 때문에 일어나기 쉬워서 이런 이유 때문에 클랜의 조언은 엠의 이상주의에 더 많이 호소하기 쉽다.

정리하면, 오늘날 인간에 비교해서 엠들은 그들 머릿속의 부름에 상시 대기하는 유용한 조언자들이 많다.

집단적 동조

그런 엠 세계에서 팸Pam과 밥Bob의 복제품이 하나씩 맺는 관계는 팸과 밥의 나머지 많은 복제품이 맺는 관계의 그늘 아래 있다. 더 일반적으로 보자. 두개의 다른 클랜 출신 엠들의 대부분 관계는 그런 두 클랜에 속한 다른 복제품 엠들이 맺는 관계의 그늘 아래 있다. 사실상 팀 전체를 복제한 복제품들이 흔하다. 그런 경우 엠은 한 명씩 맺는 관계를 비슷한 관계에 있는 많은 다른 복제품들의 관계와 얼마나 일치시켜야 할지 선택해야만 한다.

극단적인 한 면으로 볼 때, 엠은 다른 관계에 대해 듣는 것을 피하고 자기의 관계는 독특하고 다르다고 느끼고 또 그렇게 만들려고 유별나게 행동해서 다른 관계와 비교되지 않게 할 수 있다. 극단적인 다른 면으로 볼 때, 엠은 같이 배우고 다른 식의 규모의 경제에서 얻는 혜택을 받으려고 같은 관계에 있는 다른 복제품들이 가진 내용과 맥락에 가깝게 자기 관계에서도 그런 것들을 지키려고 노력할 수 있다.

아주 잘 일치시킨 관계라면 복제품 하나가 맺은 관계에서 벌어진 사건은 다른 복제품에 일어날 사건을 바로 보여주는 것이다. 예를 들어 한 커플이 싸우면 나머지 커플도 곧 싸움이 있을 거라고 의심할 수 있다. 이때 엠 하나에 제공되는 정보의 총량은 그런 엠의 나머지 복제품들이 모두 정보를 주기 때문에 크다. 그래서 당신의 복제품들 모두가 당신의 비밀에 대한 단서를 폭로하지 않게 주의하지 않았다면 누구도 비밀을 지킬 수 없다.

예를 들어 팸과 밥이 연애를 하고 밥의 복제품 중 몇몇이 어떤 미친 짓을 했다면 팸의 복제품 모두 자기들의 밥도 곧 그런 미친 짓을 할 거라고 걱정한다. 팸 하나가 파티에 늦게까지 있었고 그 팸의 파트너 밥이 처음에는 별로 신경 쓰지 않았어도 그러나 다른 밥들 대부분이 신경 썼다는 것을 안다면 마음을 바꿀지도 모른다. 따라서 밥 집단은 사실상 팸 집단과 집단 차원의 관계이다. 이렇게 집단차원으로 주선arrangement되면 밥과 팸 각자가 서로 덜 묶여 있다는 느낌이 들게 만든다. 그렇게 모두가 통째로 경험하는 것은 오늘날 우리들 관계에서 보면 생소할 수 있다.

모두가 일치된 관계라면 복제품들 간에 배우는 것을 전달하기 쉽게 해주고 복제품들을 지원하는 데서 더 많은 규모경제가 있게 해준다. 예를 들어 일치된 팀들은 같은 장비와 같은 도구를 구매할 수 있으며, 같은 방식으로 팀을 마련할 수 있으며, 유지보수와 수리도 같이할 수 있다. 그러나 모두가 일치된 관계는 이상하게 느낄 수 있고 각자가 하는 충성심을 방해할 수 있다. 그래서 관계 대부분은 배울 기회와 규모경제로부터 최상의 것을 얻는 그런 식으로 일치시킬 것 같다. 반면 일치시키지 않을 관계는 충성심과 자연스러운 감정natural feelings이 더 중요한 관계일 것 같다.

일에서는 배울 기회와 규모의 경제가 보통 더 중요하고 일치된 관계를 장려한다. 한 팀에 수천 아니면 수백만 개의 복제품이 존재한다는 것은 다른 팀들에서 발생한 사건들에 대해 통계적으로 배울 수 있는 많은 방식을 제공한다는 것이다. 그래서 팀 각자 그리고 일원 각자의 성과점수를 다른 팀들이나 다른 일원들과 비교한 값으로 기록하는 것이 더 쉽다. 또한 엠 팀의 행동방식을 정보에 입각한 게임이론인 내쉬 균형Nash equilibrium에 더 가깝게 행동하게 민다. 다시 말해 누가 참여할지 그들이 어떤 행동을 할지 그런 정보가 숨겨져 있어도 담합한 전략적 행동은 영향을 덜 받는다는 것이다.

팀 내의 다른 복제품들에 대한 통계자료가 있기 때문에 팀원들은 자신들의 과거 성과나 미래의 자신들의 성공확률에 대해 자기 자신들을 기만하기가 더 어렵다. 그래서 그런 엠들은 체스선수들이 오늘날 객관적인 성과측정(즉 순위)값이 있어서 그들의 현재 성과와 현재 능력을 인정하게끔 만드는 것과 더 비슷해질 것이다. 이렇게 되면 그런 선수들은 지금 자기보다 더 나은 척할 수 없어서 덜 행복하기 쉽다. 만일 이런 행복 효과가 엠 생산성을 확 줄였다면 엠들은 그들의 비교 성과나 미래성공확률 비교에 대한 정보를 피하면서 “절대 나한테 그 승률을 말하지마” 식의 사고방식을 채택할 수 있다.

일치된 엠 팀의 일원들은 일부가 특이 행동을 하면 다른 팀에 있는 자기들 복제품에도 영향을 줄 수 있다는 것을 알기에 나쁜 행동에 대해 더 조심할 수 있다. 예를 들어 팀 내 큰 갈등이 그 팀 전체를 지워 이전 버전으로 돌리게 만들던가 아니면 다른 팀의 복제품 하나로 팀 전체를 대체하게 만드는 결과를 가져 올 수 있다. 물론 이전 것으로 되돌린 복제품들에서도 그런 문제가 다시 나타나면 자기들이 대신 갈등을 해소시켜야만 할지도 모른다.

팀 복제 동기cohort들 내에서 대부분 팀들은 다음번 복제 시, 여러 번 복제된 가장 최상의 소수 팀들로 대체되도록 주기적으로 종료될 수 있다. 이런 경우 팀들은 가장 생산적인 듯 가장 혁신적인 듯 보이려고 경쟁할 수 있어서 팀 내 협동을 더 크게 장려해야 할 것이다

배울 기회와 규모의 경제보다 각자가 하는 충성심과 자연스러운 감정

local loyalty and natural feelings이 더 중요해 보이는 내용은 짝짓기와 우정mating and friendship이다. 엠 사회에서 짝짓기는 우리보다 덜 중요해서 어떤 엠들은 우리가 오늘날 흔히 친구를 선택할 때처럼 즉흥적이고 자율적으로spontaneity and autonomy하는 식으로 짝 선택을 이용할 수 있다. 다시 말해 어떤 엠들은 자기들의 일, 동료, 위치 선택에 제한이 있다고 느낄 수 있어서 자기들이 할 수 있는 한 짝과 친구를 새롭게 선택하고 싶어 할 수 있다. 만약 그런 엠의 다른 복제품들은 일관되게 예전 식으로 선택했다면 이렇게 새롭게 하는 선택이 다른 엠들에게는 새로워 보이지 않을 것이어서 엠이 즉흥적인 모습을 고수하고 싶다면 선택할 때 실제로 종잡을 수 없어야만 한다.

클랜 일원들이 다른 클랜 일원과 자신들을 식별하려고 자기들 식으로 하는 정도가 과장되어서는 안 된다. 오늘날 함께 자란 일란성 쌍둥이라고 해서 떨어져 자란 일란성 쌍둥이보다 더 달라보이지도 않고 덜 달라보이지도 않는다(Bouchard et al. 1990). 마찬가지로 엠들도 비슷한 복제품들에게 자기를 더 노출시켰을 때 실질적으로 더 달라 보이기는 쉽지 않을 것이다.

대략, 엠의 관계는 비슷한 복제품들 간에 비슷한 많은 관계들이 있다는 맥락에서 좋아질 수 있지만 더 복잡해질 수도 있다.

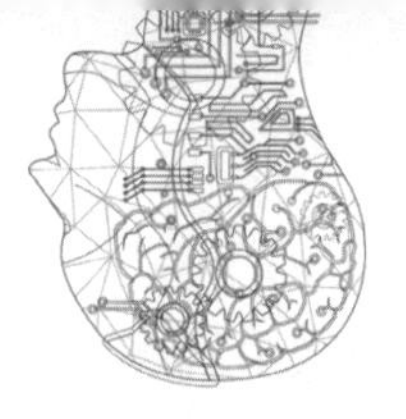

| Chapter 26 |

사 회

문 화

엠 시대의 문화는 이전 시대의 문화와 얼마나 다를까?

오늘날 우리는 세계각지에서 문화 변동에 따른 다양한 표준화 기준 standard dimensions이 존재함을 확인할 수 있다(Hofstede et al. 2010; Gorodnichenko and Roland 2011; Minkov 2013). 이런 표준화 기준 중의 하나를 본다면, 산업시대에서 세계 문화는 비교적 일관된 방향으로 움직여 왔다는 것과 그리고 이런 상대주의적 일관성이 현대경제에 고도 생산성을 가져왔다는 좋은 이유들이 있다는 것이다. 이런 점으로 미루어 경쟁이 심한 엠 경제가 이런 문화적 특징을 계속해서 선택할 것으로 볼 수 있다. 예를 들어 이런 특징은 아래와 같은 모습을 보여준다. 제멋대로보다는 꾸준함, 여가 중심보다는 일 중심, 친분관계보다는 시간 의존성과 단기적 시간 중심이 아니라 장기적 시간 중심, 규칙과 소통을 대하는 높은 맥락적 태도 대신에 낮은 맥락적 태도, 그리고 사회규범을 해석하는 엄격한 태도 대신에 느슨한 태도 등이다.

문화 면에서 다른 표준적 상황인, 생산성 고려항목은 엠 세계가 어느 방향을 선호하는지 분명히 알려주지 않는다. 이런 종류의 상황에는 리스크와 불확실성을 피하려는 정도, 어느 정도의 불평등을 인정하는지, 개인별 정체성 아니면 집단별 정체성, 협력을 강조할지 경쟁을 강조할지, 감정표현을 적극적으로 할지 소극적으로 할지이다.

오늘날 국가 간 가치관이 다른 요인 중에서 70% 정도는 단 두 가지 핵심요인에서 찾아진다(Inglehart and Welzel 2010). 개인 간 가치관이 다른 정도에서도 이 2가지 요인이 상당히 차지한다(Schwartz et al. 2012). 한 가지 요인은 부유한 국가와 가난한 국가 사이에서 일차적으로 다른 것으로, 부의 증가가 개인주의, 보편주의, 평등주의, 자율성 및 자기표현을 더 많이 만드는 것 같다. 이런 부수 요인들은 부 때문이라기보다는 부의 결과로 더 보인다. 부가 증가하면서 우리의 가치관은 농경인과 비슷한 가치관인 전통적 "보수적conservative" 가치관에 더 이상 순응하지 않고 수렵채집인과 비슷한 가치관인 "진보적liberal" 가치관으로 더 이동했다(Hanson 2010b; Hofstede et al. 2010). 가난한 국가는 부모와 권위를 존경하며, 선악을 믿으며, 자기 지역의 일자리를 보호하는 데 가치를 더 두기 쉽다. 부유한 국가는 신뢰와 상상력, 이혼과 동성애 수용에 가치를 더 두기 쉽다. 이런 상황은 2장 〈시대별 가치관〉 절에 더 상세하게 있다.

오늘날 우리 시대에서 가치관과 함께 달라지는 나머지 주요 상황은 "동양 대 서양"이라는 구도로 설명될 수 있다. 서양적 가치는 개인과 가족을 지향하며, 동양적 가치는 공동체를 더 지향한다. 동양에서는 정치논의에 관심과 시간을 더 쓴다. 동양인들에게는 이런 것이 더 중요하다. 서양에서는 가족과 건강이 더 중요하다. 부유한 동양국가는 성취, 결단력, 근검을 강조하고 낙태를 수용한다. 부유한 서양국가는 친구, 여가, 생태, 관용, 만족감, 선택의 자유, 성평등을 강조한다. 가난한 동양국가는 외부인을 더 의심하고, 어린이들에게는 부모가 그리고 여자는 아이가 있어야 한다고 더 보며 나아가 기술, 돈, 고강도 노동, 국가 개입에 가치를 더 둔다. 가난한 서양국가는 노동, 복종, 종교, 신에 대한 믿음, 애국심, 다산에 가치를 더 둔다.

동양국가는 지난 반세기 동안 매우 빠르게 성장했다. 이는 성취, 절약, 저축의 가치를 강조한 때문이기도 하다. 가장 가난한 나라일수록 처음에 농경에서 산업으로 이동함에 따라 가치관 면에서 동양의 가치관 쪽으로 흘러가기 쉽다. 반면 가장 부자인 나라들은 서비스와 여가를 중시함에 따라 가치관 면에서 서양의 가치관 쪽으로 흘러가기 쉽다(Minkov 2013). 또 적도에 가까이 있는 국가들은 농경시대에 잘 성장했고 적도에서 멀리 떨어진 국가들은 초기 산업시대에 잘 성장했다(Dalgaard and Strulik 2014; Fagerberg and Srholec 2013).

최초의 엠들은 대부분 특정 국가와 특정 문화권에서 나올 수 있다. 만일 그렇다면 엠의 보통 가치관은 이런 최초 엠들을 위해 뇌가 스캔되었던 평범한 인간들을 제공했던 국가라면 어떤 국가든 그런 국가의 가치관에 더 가깝게 되기 쉽다.

엠의 소득은 (아주 비참하지는 않더라도) 거의 최저생계 수준이다. 더욱이 부의 수준이 문화까지 변화시키는 것으로 보여서 엠의 문화적 가치관은 오늘날 가난한 국가의 문화적 가치관과 비슷하다고 봐야 한다. 오늘날 동양문화가 더 빠르게 성장하고 동양문화는 인구밀도가 더 높은 지역에 더 흔하게 있을 수 있어서 엠의 가치관은 오늘날 그런 동양국가의 가치관에 더 가까울 것 같다. 이런 모든 것으로 보아 엠 문화는 기술, 돈, 고강도 노동, 국가 개입에 가치를 두기 쉽다. 그리고 또 성취, 결단, 절약, 권위, 선악, 자기 지역 일자리 보호에 가치를 두기 쉽다. 물론 경쟁이 심한 세계에서 국가개입과 일자리 보호를 위한 가치관이 경쟁하려는 마음을 실질적으로 줄인다면 그런 가치관은 억제될 수 있다.

엠들에게 복제하기와 팀은 번식과 노동의 일차적 단위이다. 이 때문에 이런 것을 선택할 때는 오늘날 우리가 성sex과 자녀에 대해 가진 도덕적 의미 같은 것이 들어갈 수 있다. 엠들이 인간 같은 마음이라면 적어도 문화적 가소성이 충분해서 엠들은 그런 도덕적 의미를 크게 바꿀 수 있다. 다시 말해 엠들은 복제를 하기 위해 그리고 팀을 만들기 위해 언제 그리고 누구와 하는지 그리고 언제 팀을 떠나는 것이 좋을지에 대해 더 경직된 도덕적 감정을 발전시킬 수 있다. 아마도 지금 우리가 성sex과 자녀에 대하여 가지고 있는 관심사를 엠 복제하기 쪽으로 옮기게 돕는 새로운 의례를 지원해서 발전시킬 수 있을 것이다. 예를 들어 팀을 복제하려는 팀은 복제하기 전에 성대한 파티를 할 수 있다. 아마도 나중에는 그 원래 팀이 새 팀의 "생일" 파티에 올 것이다.

수렵채집인 문화와 농경인 문화 모두에서 남성은 실제로는 다른 남성이 아버지인 아이를 키울 위험이 상당했다. 예를 들어 농경인들은 여성이 다른 남성들과 어울리기 위한 가능성abilities을 크게 제한했다. 이와 반대로 엠들의 번식은 무성번식이며 매우 확실하기 때문에 실제로는 다른 엠의 복제품을 자신의 복제품으로 잘못 알고 지원하는 일은 없다.

엠 클랜 간의 사회적 관계는 모두가 모두의 개인사와 기본 성격을 아는 수렵채집인 무리의 사회적 관계와 어느 정도 비슷하다. 엠들의 사회적 관계는 반지의 제왕 같은 판타지와 동화 속 이야기에 있는 사회적 관계와도 다소 비슷할 수 있다. 그런 이야기에서는 종족(아니면 계급 아니면 인종)이 다르면 성격과 기술도 아주 다르고 일, 역할, 사회적 지위가 운명적으로 정해져 있다.

단층선

엠 문화를 나누는 여러 단층선을 우리가 알 수 있을까?

우리는 단층선 목록을 일부 열거할 수 있지만 이런 목록 중 어느 것이 실제로 엠들에게 가장 중요한지 아니면 기본적인 정치동맹 그리고 다른 사회적 동맹을 더 자주 형성하는지는 말하기가 더 어렵다. 어떤 정치동맹이 만들어질 수 있는가에 따라 비슷한 종류가 어마어마하게 있기 때문에 실제 동맹이 언제 어느 지역에서 중요할지 예상하기 어렵게 한다. 미래에 나올 결과는 어떤 동맹이 일시적으로 지배하는가에 보통 달려 있어서 미래의 정치가 어떻게 될지 예상하기 어려운 한 가지 이유이다.

그러나 우리는 엠 사회에서 있을 만한 주요 단층선 중 일부는 최소한 확인할 수 있다. 분명한 단층선 하나는 가상현실 사무실에서 일하는 다수와 물리적 몸체로 일하는 소수사이에 있다. 가상현실 문화는 물리적 현실에서만 쓸모 있는 습관과 관행에서 벗어나고 싶은 유혹을 받는다. 반대로 물리적 현실에 있는 엠들의 문화는 사생활, 폭력, 더러움, 은퇴하지 않은 채 갑자기 죽는 것에 대한 기준사항을 더 많이 만들 것 같다.

또 다른 중요 단층선은 도심과 도시 주변부 사이에 있다. 도심은 비용이 많이 들지만 많은 다른 이들과 신속한 대화를 하게 해준다. 도시 주변부는 경비가 더 싸지만 자주 대화 속도가 늦어질 수밖에 없다. 당국은 도심활동은 모니터링하기 쉽지만 먼 외곽의 활동은 모니터링하기가 더 힘들어진다. 그래서 당국도 도심에 모이게 되며, 상대적으로 주변부에는 불법 부정행위가 자리 잡기 쉽다. 그런 부정행위는 마인드 탈취, 금지된 마인드 미세수정, 지식재산권 침해, 환경오염, 재앙 수준의 위험에 이르는 불법적 활동을 말한다.

이와 관련된 단층선이 대량 노동시장에서 일하는 대다수 엠들과 틈새 노동시장에서 일하는 소수 엠들 사이에 있다. 19장 〈대량 팀 대 틈새 팀〉 절에서 언급했듯이, 대량시장용 엠들은 대개 팀 내에서 어울리며, 많은 팀들이 있어서 자신들의 삶을 예측할 수 있다. 반대로 틈새시장용 엠들은 신규 일 수요에 맞춰 하나씩 더 자주 복제된다. 틈새 엠들은 친구나 연인들을 일치시켜 복제하는 것이 더 적기 때문에 사회적 세계가 더 복잡하다.

엠 클랜은 또 우리 시대를 기억하는 엠들과 인간이 지배했던 과거를 기억 못 하는 엠들 간에 자연스럽게 갈라진 단층선이 있다. 인간이 지배했던 과거를 기억 못 하는 엠들은 엠 세계에 더 잘 적응할 것이지만, 우리 시대를 기억하는 엠들은 남들이 부러워할 만한 사회적 지위를 얻으려고 퍼스트무버 이점들을 독점할 것이다. 엠 클랜은 또 규모로도 갈라져서, 강력한 초대형 소수 클랜과 더 약하고 더 소규모인 다수 클랜 간에도 단층선이 있다. 정말 진귀한 초대형 클랜은 우월감을 느끼고 서로 간에 호의적이어서 소규모 클랜들로부터는 편파적이라고 분개와 비난을 받는다.

이와 관련된 단층선이 대부분의 자본을 평범한 인간들이 소유한 기업·

건물·도시들과 그렇지 않은 기업·건물·도시들 간에 있다. 인간들은 대부분의 자본을 가진 채 출발했지만 그 자본이 소수가 될 때까지 그들이 차지한 자본은 점진적으로 적어진다.

엠 도시, 엠 기업, 엠 클랜도 오늘날 우리세계에 있는 문화적 단층선을 아마도 이어갈 것이다. 다시 말해 엠들이 가진 차이점은 우리 세계의 국가, 민족, 종교, 직업 간에 있는 차이점과 같을 것이다. 심지어 오늘날처럼 스포츠, 팀, 예술가, 예술 장르, 유행에 충성하는 데서도 그런 차이점이 이어질 수 있다.

또 다른 단층선은 부유한 클랜과 가난한 클랜 사이에 있다. 어떤 클랜들은 여러 벤처를 소유할 만한 자본이 상당하지만 다른 클랜들은 훨씬 더 적은 자본을 소유한다. 부유한 클랜들은 자기들 클랜의 일부 일원을 상대적으로 가난하게 선택해도 그런 가난한 엠들은 부가 더 적은 클랜출신 엠들에게는 진정 가난하게 보이지 않을 수 있다. 이것은 오늘날 어떤 부자가 수도원에서 한 달 소박하게 살았다 해도 동정받지 못하는 것과 비슷하다.

엠 세계에서는 부와 빈곤이 좀 더 개인적인 것이라 본다. 다시 말해 얼마 안 되는 부유한 클랜마다 부를 어떻게 얻었는지 각자의 이야기가 있고 그들이 어떻게 부자가 되었는지 혹은 어떻게 가난하게 되었는지에 관한 음모론적인 이야기들이 더 돌기 쉽다. 게다가 엠의 성공은 서로를 지지하려고 공모하는 엠 클랜들이 동맹을 맺어 어느 정도 더 자주 성공한다는 의미에서 그런 음모론적 이야기들은 더 자주 진실이다.

엠 클랜을 나누는 단층선은 성별에도 있을 수 있다. 여성 클랜과 남성 클랜은 속도, 직업, 투자, 내부 관리방식이 보통 다르다. 성별과 무관하게 엠 클랜들은 내부관리방식에 따라 나누어질 수 있다. 다른 클랜의 관리방식을 인정하지 않는 어떤 클랜들은 그런 클랜을 보고 부도덕한, 불공정한, 착취적인, 환상에 빠져 있는 클랜이라고 부른다. 또한 엠 문화에서 개인의 충성이 주로 클랜을 향한 것과 아니면 우선적으로 일터의 팀이나 기업을 향한 것 사이의 단층선이 있다.

있을 만한 단층선 두 개는 나이와 출생 동기에 기반을 둔 것이다. 오늘날 어린이들은 나이로 분리되기 쉽고 같은 나이에 세계적 사건과 유행을 같이 경험하기 때문에 동기집단에만 있는 문화를 발전시키기 쉽다(Howe and Strauss 1992). 엠들도 나이가 같거나 같은 시간에 복제되지만 그러나 삶의 다른 지점에서 속도가 다르게 구동할 수 있다. 그래서 같은 주관적 나이에 세계적 사건과 유행을 같이 경험하지 않는다.

따라서 엠들은 나이나 출생동기로는 덜 나누어지고 시간이 가면서 속도가 만드는 특별한 궤적으로 더 나누어질 것이다. 그렇다 해도 엠들은 삶의 단계에서는 분명히 나누어질 수 있다. 예를 들어 훈련 시 보조금을 지원받은 젊은 엠들은 생산성 정점에 있어 자기 존재의 몫을 다하고 있는 나이 든 엠들과는 아주 다르고 나이 든 엠들은 은퇴자들과 정말 다르다. 엠의 대부분 경험은 생산성 정점 나이에서 일하고 있는 엠들이다.

엠들은 또 속도로도 나누어진다. 속도가 다르면 문화도 구분될 것 같다. 엠 문화에서 빠르게 변하는 요소 예를 들어 의복이나 음악 유행 같은 요소를 서로 다른 마인드 속도에 따라 일치시키기가 어렵다. 그런 식으로 조정된 문화적 변화는 빠른 엠들에게는 견딜 수 없이 느려 보이고 느린 엠들에게는 견딜 수 없이 빨라 보일 수 있다. 느린 문화권에서는 빠른 변화지만 빠른 문화권에서는 변화가 없어 보이는 느린 변화일 수 있다. 엠들의 속도를 다르게 하면 더 빠른 엠들이 더 지위가 높은 것으로 보여 두 개의 다른 계급으로도 분리할 수 있다.

지나온 역사에서 인간이 그래왔듯이 엠들도 지리적으로 갈라질 수 있다. 아마 먼 도시에 신호를 보내는 데 걸리는 시간에 따라 계급이 나눠지지는 않겠지만 다만 멀리 떨어진 국가급 도시들을 못 믿게 될 수 있고 무역장벽 때문에 실질적으로 문화가 구분될 수 있다. 엠들은 오늘날 우리처럼 종교나 이념으로도 구분될 수 있다. 그리고 엠들은 자연스럽게 산업군과 직업으로 구분될 것이다. 엠 세계에서 산업군과 직업은 중요한 구별항목이기 때문이다.

엠 도시들은 냉각방식 선택에 따라 엠 도시 설계 시 많은 다른 물리적 선택사항을 바꾸어야 하기 때문에 수냉식인지 아니면 공냉식인지로 구별될 수 있다. 냉각방식이 같은 도시들은 지리적으로 함께 모여 있을 것도 같다.

총 엠 숫자의 규모가 커질수록 문화도 더 갈라진다고 보아야 한다. 결국에는 각자 자기 집단의 일원들이 충성표시를 하게 도우려고 자기네 집단의 문화를 다르게 한다면 그 집단에 속한 이들이 더 많을수록 그런 집단 속에 있을 것이라고 보는 문화적 변화의 총수가 더 많아 진다. 따라서 수십억 이상의 엠들이 있는 도시는 자기들만의 문화적 요소들로 엄청 구분될 수 있다.

우리 세계가 여러 면에서 구분되듯이 엠 세계도 우리와 똑같을 수 있다.

유사 – 농경인

더 가난한 엠들은 진보적인liberal (수렵채집인) 문화가치보다는 보수적인

conservative (농경인) 문화가치로 회귀할 것 같아 보인다. 농경인 가치란 결국 농경사회가 요구했던 행동을 하게 압박하도록 도왔던 가치이다. 농경인 사회가 요구한 그런 행동은 수렵채집인에게는 생소했을 것이다. 그리고 농경인 가치는 결국 엠 세계가 요구하는 행동을 엠이 택하도록, 압박하도록 도울 수 있는 가치들이다. 엠 세계가 요구하는 그런 행동은 수렵채집인들에게는 생소한 것이다. 산업시대에는 우리의 부가 우리에게 안전장치를 많이 주어서 최근 수 세기 동안 친-진보성향pro-liberal trend 쪽으로 이어지면서 우리는 그런 압박을 덜 받는다고 느낀다(Hanson 2010a). 그러나 엠들은 더 가난하고 심한 경쟁압박과 순응압박을 더 세게 느끼고 농경문화가 착취하려고 배웠던 문화를 두려워한다.

진보적인liberal인 사람은 마음이 더 열려 있고 더 창의적이고, 호기심이 더 많고 참신한 것을 더 추구하기 쉽다. 반면 보수적인 사람은 더 질서정연하고, 더 틀에 박혀 있고 더 조직화되어 있기 쉽다. 만약 엠들이 상대적으로 우리에 비해 수렵채집인 유형의 가치보다 농경인 유형의 가치를 더 선호한다면 엠들은 자기표현, 자기-주도, 관용, 즐김, 자연, 참신함, 여행, 예술, 음악, 이야기, 정치적 참여에는 가치를 덜 두고, 자기희생, 자기통제, 종교, 애국심, 결혼, 예절, 물질적 소유, 힘든 노동에 가치를 더 둔다.

이런 주장들은 모두 미약해서 엠 세계에 대한 예상 시 약하게만 뒷받침할 수 있다. 이런 주장들은 아마도 더 근거 있는 검토항목들이 나오면 무시될 수 있다. 그렇다 해도 조금 더 이런 예측을 해보자.

만일 엠들이 농경인에 더 가깝다면 엠들은 덜 질투하고 세습 엘리트와 성별, 나이, 계급으로 서열을 정하는 권위주위와 계층사회를 더 수용하기 쉽다. 농경형 엠들은 전쟁, 규율, 자기자랑, 물질적 불평등은 더 편하게 여기고 공유와 재분배에 대해서는 인색할 것이다. 농경형 엠들은 외국인, 어린이, 노예, 동물, 자연을 포함해서 그런 갈등의 역사적 대상들에게 가해지는 폭력과 지배에 대해 덜 고민한다. 엠 어린이들은 희귀하고 보통은 애지중지해서 훈련에 쓰는 경우 외에는 어린이에게 가해지는 폭력은 거의 없을 것 같다.

오늘날 교수, 기자, 작가, 예술가, 음악가, 정신과 의사, 교사, 트레이너, 기금조달 활동가, 요리사, 바텐더, 변호사, 소프트웨어 엔지니어, 공무원 등의 직종에 종사하는 사람들은 대체로 진보적liberal으로 기울기 쉽다. 반면 군인, 조종사, 경찰, 외과의사, 사제, 전업주부, 농부, 해충구제업자, 배관공, 은행가, 보험 판매사, 영업인, 등급 판정가, 감별사, 전기공사 도급자, 자동차 딜러, 트럭 운전사, 광부, 건설 노동자, 기업가, 판매원, 주유소 직원들이 일하는 직종 그리고 기초 과학이 아닌 직종에 있는 과학자들은 보수적으로 기울기 쉽다(Hanson 2014; Edmond 2015).

보수적인 사회일수록 보수적 일에서 흔한 가치관과 스타일이 많다. 오늘날 진보적인liberal 일들은 대화하는 일, 설득하는 일 그리고 연예산업에 있기가 더 쉽다. 반면 보수적인 일들은 나쁜 일을 걱정하는 쪽에 집중하고 그런 일을 막는 것이기 쉽다. 그래서 농경인 유형의 엠들은 덜 대화하고 덜 놀기 쉽고 농경시대에 흔했던 전쟁과 기아 그리고 질병 같은 대규모 재난들을 더 예상하고 더 준비한다. 지도자들은 겉으로 보이는 합의로는 덜 끌고 가고 모든 사람이 평등하게 발언하고 자기들 마음을 자유롭게 말하게 하는 쪽으로 덜 끌고 간다. 토론이나 협의 시 공개되어 있는 주제들이 별로 없다.

농경인 유형의 엠들은 명예와 수치에 더 민감하며, 순응과 사회규율을 더 강요하며, 청결과 질서에 더 신경 쓴다(Stern et al. 2014). 엠의 가상현실들이 엠들을 깨끗하고 질서 정연한 공간에서 생활하는 것을 더 쉽게 만든다. 이에 더해 엠들은 자기들의 시스템과 조직에 맞게 깨끗하고 깔끔한 설계를 더 우선시할 수 있다. 또 클랜 및 컴퓨터에 기반을 둔 의사결정 보조자들은 복잡한 사회규칙에 더 잘 복종하게 그리고 다른 클랜과 의사결정 보조자들이 그런 규칙을 위반하는 경우 그런 이들을 더 쉽게 찾아내게 만들어야 한다. 그렇다고 해도 25장 〈욕설〉 절에서 논의한 대로 엠의 노동계급 문화에는 격정, 모욕, 괴롭힘이 심하고 자주 있다.

농경인 유형의 엠들은 오늘날 인간보다 문화적 차원에서 노동을 더 중시한다. 예를 들어 엠은 노동에 더 많은 시간을 투여하며, 노동에서 자신의 정체성을 더 찾으며, 직장 서열과 지배구조에 더 복종한다. 엠들은 자기들 일에서 위대한 고결함과 만족감을 발견하며 오늘날 우리가 왜 자주 노동을 폄하하는지 이해하기 어려울 수 있다.

오늘날 음악, 의상, 실내 장식은 특별히 일에 맞게 혹은 특별히 여가에 맞게 디자인한다. 대부분은 일과 여가 모두에 적절히 이용될 수 있게 디자인한다. 엠들은 노동에 더 집중하므로 엠에게 맞는 디자인은 여가보다는 노동을 더 강조한다. 예를 들어 엠의 음악은 여유 있는 사무실을 더 잘 활용하려고 디자인하고 춤이나 파티에는 잘 활용되지 않게 디자인한다.

농경인 유형의 엠들은 결혼과 이성 간의 섹스처럼 전통적 가치들을 지지하는 쪽으로 기울어져 있는 듯 보이지만, 엠들에게 섹스와 가족은 이전 시대들에서 번식, 일 그리고 다른 사회적 관계를 조직하기 위한 일차적 단위로서 맡았던 중심 역할을 잃는다. 엠들에게 섹스는 주로 여가와 결속에 중요하다. 그러나 인간 심리에 성적인 감정들이 얼마나 깊게 내재되어 있는가에 따라 아마도 섹스를 통한 장기적 짝짓기 관계는 여전히 흔하고 중요하게 남을 것이다.

엠들이 더 농경인 유형이라고 볼 이유들이 약하나마 있지만, 실제로 이렇게 될지는 확실하지 않다. 그렇다 해도 이런 전제에 맞는 약한 예상사례를 많이 모아봤다.

여 행

농경인 유형의 엠들은 다른 문화 및 다른 공동체와 대화하고 방문하고 그쪽으로 이동하는 데는 가치를 덜 둔다. 그렇지만 그런 비용이 저렴하다면 여행과 대화는 엠들 간에 흔할 수 있다. 전형적인 킬로-엠 속도로 엠들은 도시를 가로 질러 순식간에 이동할 수 있고 주관적으로 몇 분 정도 소요되는 신호로 지구 건너편에 있는 상대와 대화할 수 있다.

오늘날 규모경제와 네트워크경제가 대부분 사회들이 제품, 서비스, 습관을 비슷하게 채택하도록 몰고 있어서 여행할 만한 이색적인 장소를 발견하기가 더 어려워진다. 아직 남아 있는 주요 차이들은 다양한 기후나 부의 수준처럼 환경에 따라 달리 적응된 것들이다. 엠들과 관련된 환경들은 더 비슷해서 그런 세계 주변의 엠 경제들은 오늘날 우리의 경제보다 심지어 더 비슷할 것이다.

환경을 다르게 해서 여행하고 싶은 가장 이색적인 장소들을 생성할 것 같은 것은 속도가 다른 환경이다. 근처에 더 높은 지위에 있는 더 빠른 문화권이 있다면 이런 곳을 방문하는 데 드는 비용은 저렴해질 것이다. 방문

비용은 일시적으로 속도를 높이는 데 드는 시간, 돈, 보안이다. 근방에 있는 전형적으로 가난하고 느린 문화권 삶을 상세히 기록한 것을 보는 비용은 저렴하다. 그러나 주관적 시간을 조절해서 더 느린 문화를 직접 경험하는 비용은 고향에서 그 시간 동안 경험할 수 있는 기회비용과 비교해보면 비싸다. 우주처럼 공간적으로 멀리 떨어진 문화를 방문하는 것도 같은 이유로 비용이 비싸다.

오늘날 지위가 높은 사람들이 거주하는 지역의 사람들에게는 지위가 낮은 사람들이 그들과 섞이지 못하게 하려는 방식이 자주 있다. 그래서 엠들은 대개는 지위가 높은 빠른 엠이 거주하는 곳은 더 느린 엠의 방문을 막기 위하여 인공장벽을 치거나, 외부자가 방문을 하더라도 거주민과 뚜렷이 구별되는 표식을 달게 할 수 있다.

다른 문화권을 방문하는 그런 여행 대신에 엠들은 다른 팀에 있는 그들 자신과 아주 닮은 복제품들을 방문하거나 일시적으로나마 그들과 장소를 바꿔보는 데 더 관심을 둘 수 있다. 나아가 과학, 혁신, 예술, 사회운동 분야에서 희귀하고 매력적인 역할을 맡고 있는 더 멀리 있는 복제품 엠들을 방문하고 싶어 할 수도 있다. 매력이 넘치는 복제품들은 심지어 다른 복제품들이 경험해볼 수 있게 자기들의 개인 "영화"를 만들 감독을 고용할 수 있다. 아마도 표면적인 마인드 읽기 기록물들도 만들게 할 것이다. 대부분이 가장 재미있어 하는 주제는 결국 자기 자신들이다.

일반적으로 엠들은 그런 핵심 목적들을 이루는 여가활동을 추구한다. 기분전환을 제공하는 자기 통제감, 상시받는 압박의 이완, 핵심적인 사회유대를 굳건히 하는 식으로 여전히 가능한 생산적일 수 있는 여가활동을 추구한다. 보수교육 과정도 생산적으로 도움이 되는 또 다른 종류의 여가

일 수 있다.

대체로 색다른 무언가를 하고 싶어 하는 데는 두 가지 이유가 있다. 해온 일에 최근 지쳐 있거나 해보려고 별러 온 특별한 어떤 것이 있는 경우다. 엠들은 현재 고객과 동료를 지원하는 노동을 하면서도 이런 바람을 모두 이룰 수 있다. 현재 최대로 빠르게 일하고 있지 않은 엠들은 기분전환을 하고 싶으면 훨씬 더 빠른 속도로 뭔가 다른 것을 시도할 수 있다. 그런 다음 빠르게 원래 하던 일로 돌아올 수 있다. 현재 고객이 보기에는 잠시 휴식을 가졌던 것으로 보일 만큼 아주 빠르게 말이다. 특별히 새로운 것을 해보려는 엠들은 그런 것을 하라고 새 복제품으로 나눌 수 있다. 새 복제품은 일을 다 한 후 그 엠에게 상세히 보고한다. 아마도 핵심사건들을 다룬 영화로 보고할 것이다.

엠들은 우리보다 더 쉽게 여행할 수 있지만 엠들이 실제로 얼마나 여행하고 싶어 할지 지금은 알 수 없다.

엠의 이야기

우리의 조상들이 오래전 발달시킨 능력이 있다. 찬성의견과 반대의견을 모두 검토하여 결론을 얻어내는 "판단reason" 능력이다. 그러나 이런 능력은 폭넓은 보통 상황에서 유효하게 추론하거나 통계적으로 정확한 추론을 이끌어내도록 특별히 잘 설계된 것이 아니었다. 그 대신 경쟁자들과 충돌할 때 특히 사회규범을 어긴다고 의심받는 어떤 사람들이 있는 상황에서 경쟁자들을 설득하고 좋은 인상을 주려고 설계되었다. 이런 것이 인간의 판단 능력에서 의외로 당혹스러운 측면들을 설명해준다(Mercier and Sperber 2011).

이와 비슷한 것으로 우리 조상들은 오래전에 이야기를 하는 능력도 발전시켰다. 다시 말해 연관된 사건들을 요약하는 능력이다. 그러나 우리의 판단 능력과 마찬가지로 스토리텔링 능력도 폭넓은 보통 상황에서 일어난 사건들의 인과관계들을 그리고 사건과 관련하여 일어날 법한 결과들을 정확히 표현하도록 특별히 잘 설계되지 않았다. 그 대신 경험에 기반을 두어 이야기하는 능력은 경쟁자들과 충돌할 때 특히 사회규범을 어기는 누군가를 의심할 때 경쟁자들을 설득하고 좋은 인상을 주려고 설계된 것 같다.

이런 이유로 우리는 일어날 것 같지 않은 갈등, 도덕 위반, 도덕 위반 시정의 실현, 착한 성격들의 연관성, 성격특징으로 설명할 수 있는 사건들이 들어 있는 이야기를 좋아한다. 이런 것들을 좋아하는 것은 인간본성에 깊숙이 내재된 것 같아보여서 엠 이야기들에서도 계속될 것 같다.

오늘날 우리와 비교하면 엠들은 자신들의 개인사에 대해 말하려고 흥미진진한 이야기들이 더 있을 것 같다. 이런 것은 엠들이 자기 인생을 더 의미 있다고 느끼게 도울 것 같다. 결국 초기 엠 클랜들에게는 그 클랜들을 시작한 원본인간에 대한 상세한 개인사가 있을 것이다. 가장 고급으로 복제된 생산성 정점인 엠들마다 오랜 역경을 딛고 성공했다는 극적인 훈련사가 있을 것이다. 거기에다가 훈련마다 성공 변이가 커지게 훈련계획을 택하기 때문에 이런 훈련기간에는 특이하고 이색적인 경험이 많이 있을 수 있다.

오늘날 우리의 이야기는 지금 우리 환경보다 우리 조상들이 처한 상황과 더 비슷한 장소에서 일어나기 쉽다. 그래서 이야기들은 더 작은 조직단위들 그리고 신체적 능력에 초점을 두기 쉽다. 그리고 더 많이 여행하고 더 자연적이고 여가가 더 많은 시대와 장소에 초점을 두기 쉽다. 이야기에서 이런 면은 엠 시대에도 이어질 것 같다. 따라서 엠 이야기들은 엠 세계의 사안들을 자주 풍자하는 것임에도 불구하고 우리가 지난 농경인 및 수렵인의 세계를 배경으로 삼듯이 인간의 산업시대가 자주 배경으로 설정된다.

농경인 유형의 엠들이 만드는 엠 이야기들은 여가보다는 일에 대한 내용이 더 많기 쉽다. (오늘날 우리의 이야기는 절대 다수가 여가에 관한 것이다.) 엠들은 여가가 아니라 일에 더 집중한다. 그래서 엠들은 시간소모적인 이야기에 시간을 덜 쓴다. 그래도 엠들은 여전히 이야기를 즐긴다. 쉬고 긴장 풀고 균형감을 얻고 사회규범을 확인하려고 이야기를 즐긴다. 엠들의 더 커진 경제로 인해 이야기를 발굴하고 다듬는 데 투자할 자원들이 더 많아서 엠 이야기들은 우리의 이야기들보다 더 낫다. 곧 보겠지만 엠 이야기들은 노동 공급자들에게는 더 큰 마케팅영역이기 때문에 실제로 경제적으로 더 중요하다.

오늘날 사람들을 가장 감동시키는 이야기들은 엠 세계의 주요특징들과는 정말 관련 있어 보이지 않는다. 그리고 엠 세계에서 찾아낸 주요상황들은 우리에게는 이야기에 맞을 만한 설정들로는 정말 보이지 않는다. 그러나 시대마다 강조하는 이야기들이 다르다. 농경인 시대와 수렵채집인 시대마다 자기 시대의 사람들을 감동시키려고 이야기를 만들었고 그런 이야기들은 그들이 가진 핵심가치들을 확인시켜주었고 그들은 지금 우리들보다 그런 이야기들을 더 좋아했다. 이와 비슷하게 엠 세계에도 이야기, 음악, 엠 세계의 가치, 사고방식, 갈등을 확인시켜주는 다른 예술이 있어서 만일 우리가 그들의 이야기를 들을 수 있다면 엠들은 우리가 들으려는 것보다 그런 것들을 더 좋아할 것이다.

그렇다. 우리는 자신에 대한 얘기를 하면서 삶의 의미를 자주 찾는다. 그러나 이야기는 발견이 아니라 만들어지는 것이다. 우리는 우리의 삶을 만드는 제멋대로인 어마어마한 세부내용에서 몇몇 중심 사건을 선택하여 자기만의 의미 있는 이야기를 만들어낸다. 따라서 훌륭한 이야기꾼들은 폭넓은 상황 및 사건 속에서 흥미진진한 이야기를 구축할 수 있다. 만약 당신이 보기에 엠들의 삶이 우리 세계만큼 흥미진진한 이야기를 자라게 하는 비옥한 땅으로 보이지 않는다면 그 이유는 간단하다. 당신이 산업시대에 살면서 산업시대의 이야기를 듣고 있기 때문이다. 만약 당신이 엠 시대에 살면서 엠 시대의 이야기를 들었다면 꽤 매력 있는 이야기를 잘 찾아낼 수 있다.

엠 이야기들은 여러 면에서 우리 이야기와 다르다. 예를 들어 매력적인 엠 이야기들은 여전히 도덕에 관한 것이지만 도덕적 교훈은 엠 세계가 선호한 도덕적 교훈 쪽으로 기울어 있다. 복제품 하나의 죽음이 엠들에게는 위협이 덜 해서 엠 이야기들에서는 등장인물이 임박한 개인의 죽음에 대한 두려움 때문에 행동하도록 만드는 경우가 더 적다. 그 대신 그런 등장인물들은 하위클랜을 통째로 은퇴시킬 수밖에 없게 하는 마인드 탈취와 다른 경제적 위협을 더 두려워한다. 죽음은 아마도 자신의 마지막 복제품이 지워질 수 있는 가장 가난한 은퇴자에게 더 실감나는 두려움일 것이다. 느린 은퇴자들도 불안정한 엠 문명unstable em civilization을 두려워할 수 있지만 그들은 보통 할 수 있는 것이 없다.

우리 시대의 액션 스토리에는 등장인물을 고립시켜 그들이 중요한 내용을 모르게 만들려고 전력이나 통신을 차단하기 위한 억지스러운 변명거리를 자주 찾아낸다. 그런 속임수는 점점 더 말이 안 될 것이다. 엠 세계는 전 세계와 상시로 통신할 수 있어서 서로 대화가 불가능한 엠들이 있는 드라마가 거의 나올 수 없다. 또한 엠 세계는 거의 모든 것이 추적되고 인증되는 세계라서 추적을 못 하거나 사람들로부터 숨기거나 신원확인을 잘못하거나 하는 드라마가 거의 나올 수 없다

오늘날 "엄청 빠르게 움직이는" 액션영화 및 게임에서 몇 안 되는 핵심 배우들이 주요 장면에서 액션을 많이 하는데 그런 액션을 해야 하는지 심각히 고려할 시간이 거의 없이 액션을 한다. 그러나 엠에게 있어서 이런 시나리오는 드물게 등장하는 고립된 캐릭터나 혹은 마인드 속도가 최고로 빠른 등장인물에만 의미가 있다. 나머지 등장인물들은 중요한 액션에 대해서는 신중히 고려하려고 자기들의 마인드 속도를 잠시만 높인다.

엠 이야기들의 전형적인 갈등은 엠의 생활에 있는 보통 갈등과 비슷할 것이다. 그래서 이야기에는 국제적 명성을 얻으려고 경쟁하는 도시들, 시장을 점유하려고 경쟁하는 기업들, 노동시장의 틈새에서 이기려고 겨루는 팀들, 사랑받으려고 경쟁하는 짝짓기 대체품들, 도시정치로 경쟁하는 클랜들, 직업에서 경쟁하는 클랜들, 팀들에 일원들을 넣으려는 클랜들이 들어 있을 것이다. 그리고 또 클랜, 기업, 직업, 팀, 친구, 짝들에 충성하는 개인들 간의 갈등도 들어 있다. 그러나 오늘날 같은 인물이 서로 다른 날에 갈등하는 이야기들이 드물 듯이 정말 가까운 복제품들 간의 갈등을 다루는 이야기들은 아마도 거의 없을 것이다.

대체로 이야기에서는 배경을 강조하는지, 그 배경 속 사건을 강조하는지, 등장인물의 성격과 역할을 강조하는지, 아니면 이 모든 것에 대해 독자들이 밝혀내는 정보를 더 강조하는지에 따라 이야기도 달라진다. 산업시대에는 등장인물의 성격에 중심을 둔 이야기들이 가장 존경받는 위치에 올랐다(Card 2011). 그러나 농경인 유형의 엠들은 제멋대로 하려는 성

향이 덜 하고 자기들 삶의 역할을 바꾸려는 능력도 떨어져서 등장인물의 성격에 중심을 두는 이야기를 덜 좋아할 수 있다. 그래서 엠 이야기들은 스토리 배경, 사건, 등장인물들이 발견하는 정보를 강조할 수 있다.

클랜의 이야기

오늘날 대부분의 이야기들은 알고 있는 인종, 동물 종, 인간 유형, 성격 종류가 완전한 상상물이 아니라 알려진 표준 인종 그리고 표준 종류들을 다룬다. 그러나 우리를 다룬 이야기들은 대부분 상상의 인물들에 대한 것인데 우리들 모두 지금 있는 사람들에 대해서는 극히 일부분만 알기 때문이다. 수렵채집인은 서로를 잘 알았다. 그래서 그들의 이야기는, 가장 재미있는 수렵채집인 이야기들은 너무 오래 똑같이 이어져 다음 세대 수렵인에게는 맞지 않는 것만 빼고는 알고 있는 사람들에 대한 것이었을 수 있다.

엠 클랜은 오래 이어지고 엠 이야기는 빠르게 바뀔 수 있어서 엠 이야기는 알려진 엠 클랜들을 자주 언급할 것 같다. '조지'가 등장하는 이야기는 모든 엠이 알고 있는 표준적인 등장인물인 엠 '조지'에 관한 것이다. 어린이 고전 이야기에 다른 종족들이 나오듯이 혹은 고전 판타지 이야기에 다른 인종들이 나오는 이상으로 엠 클랜은 특이한 성격과 기술을 갖고 있다고 알려진다. 심지어 엠 학교의 학년 별 교실에는 주요 엠 클랜들 그리고 그들 간 가계도, 직업을 보여주는 도표 외에도 엠 클랜들이 있었던 지역의 지도와 연대표로 꾸며질 수도 있다.

오늘날 우리에게는 우리 사회의 중요한 제도와 중요한 특징들이 어디서 왔는지 말해주는 이야기들이 있는데, 그런 이야기들은 발명가, 정치인, 장군처럼 특정인의 역할을 강조하긴 해도 추상적인 사회적 영향력을 아주 강조해야만 한다. 엠들에서는 그런 이야기들이 자연스럽게 특정 클랜에 그리고 특정 클랜들 간의 동맹 쪽으로 더 몰릴 수 있다. 그런 이야기들은 어떤 클랜들은 영웅으로 나머지 클랜들은 악당으로 보이게 만들기 쉽다.

엠 이야기들은 현실에 있는 엠 클랜에서 영웅과 악당을 만들게 되므로 엠 사회의 역할에 어떤 클랜이 가장 적합할지에 영향력을 미친다. 그래서 엠 이야기들은 더 정치적이기 쉽다. 모든 엠들이 훌륭한 이야기라고 기꺼이 받아들일 수 있는 이야기가 얼마 없다.

이야기를 통해 클랜에 대해 좋은 인상을 만들어낼 수 있어서 클랜들은 스토리텔러를 고용하여 자신의 클랜을 좋아하게 하는 흥미진진한 이야기들을 만들어내려 한다. 엠 경제는 기억에 남을 매력적인 이야기들을 생산해 낼 수 있는 발랄하고 분명한 성격의 클랜들을 더 좋아하기 쉽다. 이런 것은 우리 시대 경제에서 기업이 스토리텔러를 고용하여 기업을 좋아하게 광고하는 이야기를 만들어내고 더 재미있는 이야기로 어떻게 더 수익을 내는지와 비슷하다.

그렇다고 해서 엠 이야기 대부분이 선전 목적이라고 말하는 것은 아니다. 엠들도 여전히 우리가 가장 즐기는 종류의 이야기를 좋아하고 우리가 좋아하는 대부분의 식으로 현실과 다른 이야기를 좋아한다. 3장 〈편향〉 절에서 얘기했듯이, 허구적인 사건들은 우연한 사고로는 덜 만들고 개인끼리 공공연한 가치충돌을 소재로 해서 더 많이 만들어진다. 허구적 등장인물들은 확고한 특징이 더 많고 그들의 이력에서 사고방식을 더 점칠 수 있고, 뭣 때문에 행동하는지 더 잘 이해하고 기본 가치에 따라 더 행동하고, 그런 가치를 지키려고 더 기꺼이 싸우고 어떤 행동을 할지 이야기 맥락에서 더 잘 알 수 있다.

엠 악당은 이야기를 듣는 이들에게 경쟁자로 보이게 하려는 의도로 도시, 기업, 혹은 클랜의 관심사를 보여준다. 그러나 흥미진진한 이야기의 악당들은 핵심 사회규범들도 어겨야만 한다. 그래서 엠 악당들은 엠 사회의 규범을 어기기 쉽고 오늘날 규범을 어기는 것과는 여러 면에서 다르다.

요약해보면 엠들에게도 여전히 이야기가 있지만 대부분 우리 이야기보다 훨씬 더 정치적이다.

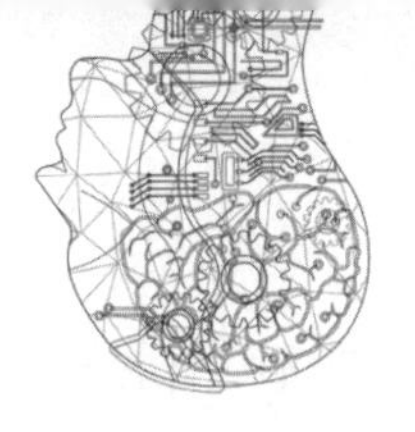

| Chapter 27 |

엠 마인드

인 간

지표를 보여주는 분포 곡선에서 양쪽 꼬리 부분보다 가운데 부분을 통해 사회적 예측을 하는 것이 더 쉽다. 예를 들어 수면이나 식사 활동에 보통 쓴 시간과 그런 활동의 일반적인 유형을 예측하는 것이 그런 활동에 최대나 최소로 시간을 쓴 것보다 그리고 그런 식으로 예외적으로 활동하는 사람들의 유형을 예측하는 것보다 더 쉽다. 이것은 어느 정도는 변수가 너무 많으면 시나리오가 달라질 수 있고 이런 고차원의 분포곡선에서는 가운데 부분보다 양쪽 꼬리 부분(즉 극단적인 것들)에 해당하는 상세 내용들이 훨씬 더 많기 때문이다. 이것은 또 예측하기 어려운 요인들이 분포도의 꼬리 부분에서는 비례관계에 있지 않을 때가 자주 있기 때문이기도 하다.

평범한 인간들은 엠 사회의 주변부에 있어서 인간들에 대한 주제는 엠 사회에서 예측하기가 더 어렵다. 그렇다 해도 우리는 예측을 시도해야 한다.

엠들은 정말 빨라서 보통 엠들이 수년간 경험하는 동안 인간들은 며칠 정도만 경험할 것이다. 이런 것에서 엠 시대 전체 기간 동안 인간들은 엠들의 존재에 대해 사회심리 면에서 그리고 행동 면에서 소소하게만 적응할 것임을 의미한다. 인간의 세계는 제한된 수의 변화들만 신속히 이루어졌다는 것만 빼고는 대개는 엠들 이전에 보였던 것과 같아 보일 것이다.

엠들이 인간보다 빠르다는 것은 또 엠 시대 동안 인간 행동의 실질적인 대부분 변화는 인간사회 내부변화 때문이 아니라 외부 변화 때문이라는 것을 시사한다. 그런 외부 변화로는 전쟁이 있고, 임금, 금리, 토지 임대료 등의 가격변화, 엠 경제로 인해 신제품 및 새로운 서비스의 폭발적 증가가 있다.

엠 경제를 일으켜 얻은 모든 것을 평범한 인간들이 원래 소유했었기 때문에 인간들은 그 새로운 시대에 어떤 한 집단으로서 상당한 부를 유지할 수 있다. 인간들은 부동산, 주식, 채권, 특허 등을 소유할 수 있다. 따라서 평범한 인간들이 그런 새로운 세계의 은퇴자들이 된다는 바람은 합리적이다. 오늘날 우리는 이 세상의 모든 은퇴자들을 죽여 그들의 모든 것을 취하지 않는다. 우리가 그런 행동을 하지 않는 이유는 그런 행동이 인간 모두가 의존하는 법적, 재정적, 정치적 세계의 안정을 위협하는 것이기 때문이고 은퇴자들과 직접적인 사회적 유대가 많기 때문이다. 엠들은 인간이 되길 바라지 않지만 우리 시대의 인간은 모두 은퇴를 바라고 엠 은퇴자들은 비슷한 식으로 인간들에게 피해를 입기 쉽다. 그래서 만약 엠들이 인간으로서 법 시스템, 재정시스템, 정치시스템 아니면 밀접히 상호 연관된 그런 시스템들에 의존한다면 그리고 엠들이 평범한 인간들과 직접적인 사회적 유대가 많다면 엠들은 평범한 인간들의 재산을 몰수하거나 인간을 제거하는 것을 꺼릴 수 있다.

적어도 엠 고객에게 봉사할 때 평범한 인간들이 엠 노동자들과 경쟁해서는 임금을 벌 수 없다. 인간들이 택할 수 있는 주요 옵션들은 다른 인간들에게 직접 봉사하는 것이다. 그래서 역사에서 보듯이 자산, 기술, 동맹들, 후원자의 도움을 받지 못했던 인간들처럼 임금에 의존하지 않는 자산non-wage assets, 탈취 기술thieving abilities, 민간 자선이나 정부 보조금government transfers이 없는 평범한 인간들은 굶주릴 것 같다.

우리 세계에서 개인소득에 기반을 두어 금융적으로 재분배하는 것은 벌려는 노력을 꺾어버리는 잠재적 문제가 있고 그로 인해 재분배할 수 있는 전체 "파이"의 크기를 줄인다. 그러나 대부분의 모든 인간들이 은퇴를 한 엠 경제에서는 이런 문제가 사라진다. 은퇴한 인간들 간에는 금융적으로 재분배 시 생기는 보상 문제들이 더 적기 때문이다.

평범한 인간들은 대개는 엠 경제에 속하지 않은 아웃사이더들이다. 인간들은 엠들과 이메일이나 전화로 대화할 수 있고 가상현실에서 엠들과 만날 수도 있지만, 이런 모든 소통은 평범한 인간의 속도에서 일어나야 하기 때문에 이런 소통은 보통 엠 속도보다 훨씬 더 느리다. 평범한 인간들은 빠른 속도 엠의 사건 기록들을 선택해서 볼 수는 있지만, 그 사건에 참여할 수는 없다.

인간들이 가진 부의 총량은 여전히 상당하고 급격히 성장도 한다. 그럼에도 불구하고 결국 부의 전체 총량에 비하면 단지 작은 부분에 지나지 않은데, 그 이유는 인간의 무능함과 성급함 그리고 부주의와 비효율성 때문이다. 엠들보다 능력이 더 적어서 인간들은 투자 시 안 좋은 선택을 한다. 엠들보다 더 조바심내서 인간들은 투자수익보다 더 써버린다. 빠른 속도의 엠들이 심지어 심적으로 더 조바심 내지만 별도로 행동하는 것을 제한하는 클랜 같은 제도에 단단히 묶여 있다.

인간들은 아웃사이더여서 엠 경제 투자에 세심히 참여하지 못한다. 그래서 인간들을 적극적이고 세심한 주의를 기울이는 소유주들보다 투자 수익을 덜 버는 부재 소유자absentee owners로 만든다. 오늘날 비상장기업들이 바뀌는 투자 기회에 더 잘 대응한다. 그 결과 상장기업보다 연 수익이 평균적으로 몇 퍼센트 더 높다(Asker et al. 2011, 2015). 비상장 벤처에 투자하는 이들이 더 낮은 유동성과 더 높은 리스크로 어려움을 겪지만 시간이 지날수록 그런 투자자들이 차지하게 되는 부는 총 부에서 더 큰 비율로 되기 쉽다(Sorensen et al. 2014).

어떤 평범한 인간들은 자기 땅을 소유할 수 있고 식량을 생산할 수 있어서 엠 경제에서 구매하지 않아도 된다. 그렇다 하더라도 "보호"받기 위해 엠 정부에 재산세를 내야 하기 때문에 그런 인간들은 세금을 내느라 가진 땅을 서서히 팔 수밖에 없다. 예를 들어 만약 당신이 부동산 임대료의 5%를 세금으로 내느라고 부동산을 조금씩 판다면 그런 금액을 전액 재투자한 것이 꼭 20배가 될 때마다 당신의 부동산 보유가치는 절반이 될 것이다.

인간들이 부에서 오직 적은 퍼센트만 소유해도 엠들이 직접 몰수해가지 않게 인간들을 보호하는 데 도움이 될 수 있다. 만약 엠들이 인간들과 같은 금융 제도들, 같은 법 그리고 엠들이 서로 이용하는 같은 정치를 통해 인간과 어울린다면 인간들의 재산을 몰수하는 것은 엠들이 서로 평화를 유지하려고 이용하는 사회제도들의 안정성을 위협할 수 있다. 인간이 차지하는 그런 적은 부를 가지려고 그런 수고를 할 가치가 없을 수 있다.

그러나 인간자산을 이렇게 보호하는 것은 엠 문명이 안정적인 동안에만 겨우 지속할 수 있다. 결국에는 평범한 인간들이 객관적으로 일 년을 경험하는 시간에 보통 엠은 주관적으로 천 년을 경험할 수 있고 엠 문명이 엠의 주관적인 시간으로 수만 년 이상 안정되게 남을 것이라고 크게 확신하기가 어려워 보인다. 그러나 엠 문명이 불안정하면 은퇴자가 오래 장수하는 데 주요 위협이 될 수 있어서 느린 엠 은퇴자들은 안정을 도모하려고 적어도 인간들과 좋은 동맹을 만들 수 있다.

기본적인 재산권 제도들을 엠들에게 효율적이도록 바꾸면 인간에게는 거꾸로 비효율적일 수 있다. 이것은 한때 수렵채집인이 공동으로 가졌던 땅을 농경인들이 접수하게 되었을 때의 상황과 비슷하다. 그리고 복사하고 퍼트리기가 쉬운 것에 대응하느라 우리세계에서 음악 저작권을 거의 방치할 수밖에 없는 상황과도 비슷하다. 낡은 종류의 재산에 의존한 이들은 그런 낡은 재산이 더 이상 없을 때 밀려날 수 있다.

엠 전환이 있은 후 객관적으로 몇 년 안 되어 엠 경제는 시작했을 때보다 수 천 배에서 수십억 배 더 커질 수 있다. 그러나 인간 인구는 새로운 인간들을 정말 빠르게 만들어내는 혁명적인 새로운 방법이 발견되지 않는 한 전환 전과 기본적으로 같아야만 한다. 경제가 2배가 되는 속도에 거의 가깝게 투자도 2배로 하기 때문에 평범한 인간들의 부는 인간들이 저축하도록 어마어마하게 장려하면서 객관적으로 매달 아니면 더 빠르게 대략 2배씩 된다. 이런 식으로 커지는 부는 현실에서 엠이 밀집한 곳의 부동산은 살 수 없더라도, 고급주택이나 나는 자동차, 그 외에도 더 많이 살 수 있다. 엠 고객들에게 봉사하는 것보다 평범한 인간들에게 제품을 전달하는 것이 비싸고 인간들을 염두에 둔 제품의 혁신 속도는 더 느리다.

빈곤한 인간들이라 해도 은퇴한 엠의 생계비에 비하면 여전히 부가 상당할 수 있다. 예를 들어 인간의 신체는 귀중한 원자재이다. 게다가 평범한 인간들은 점차 엠들이 만나려면 돈을 내야 하는 진귀한 유명인사들이 될 수 있다. 그런 사람들은 바로 그 진귀한 역사적 가치 때문에 스캔될 수 있다. 스캔하는 비용이 충분히 낮아지면 다시 말해 인간 한 명에게는 가난한 정도의 부로 엠 하나를 부자로 만들 수 있다. 가난한 인간들은 인간으로서의 가난한 삶에서 은퇴한 엠으로서 여가 있고 편안한 삶으로 바꿀 수 있는 옵션이 있을지도 모른다. 이런 것이 가능하면 가난한 인간들에게 향하는 엠 동정심의 허용치를 제한해버린다.

엠들은 인간이 가진 부, 여가시간 그리고 인간이든 인간이 아니든 자연과 더 직접 연결되어 있다는 것을 부러워할 수 있다. 그러나 엠들은 능력이 정말 뛰어나서, 엠들은 인간의 스타일과 습관을 경쟁력이 낮은 것으로 연관 지을 것 같다. 엠들은 자기들의 스타일과 일상적인 버릇들을 인간들이 쓰는 그런 것들과 구별되게 하려고 자기들만의 방식을 쓸 수 있다. 엠들은 인간을 더 동정하여 다루고 더 조상을 대하듯 대할 수 있지만 존경심은 더 적을 수 있다. 엠들은 심지어 일상적으로 인간을 조롱할 수 있다. 예를 들어 뇌 에뮬레이션을 줄여 "엠들ems"이라 부를 수 있는 것과 똑같이 인간들을 단순히 "움스ums"라고 줄여 부를 수 있다. 이런 것은 어느 정도는 "인간human"이라는 단어에 들어 있는 글자이기도 하고 더 똑똑하고 더 빠른 엠들과 어울릴 때 어쩔 줄 몰라 어리둥절하는 인간을 일상적으로 모욕하는 것이다. 또한 엠의 죽음에 비위가 약한 인간을 조롱할지도 모른다.

정도는 다르지만 오늘날 인간들은 지위와 자기를 동일시하고 자기 지위에 신경 쓴다. 자기를 세상을 바꾸는 중심 동력으로 그리고 그렇게 바꿀 수 있는 기본 자원으로 본다. 엠 세계는 인간들을 이런 중심 무대에서 떠나게 한다. 이런 것 때문에 인간은 불행하고 좌절할 수 있다. 결국에는 당신과 당신의 친구들을 우주의 중심이라고 보아야 의욕 있고 활기 있을 수 있다.

요약해보면 엠 시대에 인간들은 더 이상 엠 세계 이야기의 중심이 아니다. 그러나 인간들은 대개는 은퇴자로 편안히 살면서 여전히 존재한다.

비인간

지금까지 나는 엠의 성격characteristics은 인간의 성격과 체계적으로 다른 반면, 엠의 특징features은 여전히 익숙한 인간의 특징과 가까이 있을 수 있다고 가정했다. 그러나 엠들과 같은 미래의 창조물을 향해 자주 표현된 가장 깊은 두려움 가운데 한 가지는 그런 창조물의 특징features이 인간의 특징에서 훨씬 더 벗어날 수 있다는 점이다(Bostrom 2004). 특히 엠들은 비인간적일 수 있어서 냉정하고 잔인하고 공감을 못 하고 친절하지 않다는 흔하고 뿌리 깊은 두려움이다.

"비인간적"이란 단어는 "야만적" 그리고 "미개한"이라는 단어와 보통 동의어로 사용해서, "복잡한 문화가 없거나 아니면 발전된 문화가 없고" "원시적이고 정교하지 않다"는 뜻이다. 이런 면에서 보면 사람들이 주로 두려워하는 창조물은 그 창조물들이 정말 인간이라 해도 우리 같은 사람들을 적대적으로 아니면 무심하게 대하는 창조물이라는 것이다. 다시 말해서 우리는, 즉 "비인간적인" 창조물을 두려워한다. 그들이 그런 적대적인 사고방식을 더 가질 것 같아서다.

29장 〈정책〉 절에서 논의했듯이, 이런 주제는 엠들이 법 제도와 정치제도를 인간과 같이 공유한다면 아마도 더 중요할 것이다. 엠들이 평범한 개별 인간들을 향해 사적으로 공감하는지 아니면 엠들이 인간의 특징 대부분을 유지하는지의 문제는 덜 중요하다. 그렇다 해도 다음 질문은 계속 유효하다. 엠들은 얼마나 비인간적으로 될까? 그리고 이렇게 바뀌면 얼마나 문제가 될 수 있을까?

엠 마인드를 크게 바꿀 전망들은 두 가지 핵심 요인 때문에 제한될 것으로 보인다. 하나는 연구할 수 있는 엠 마인드 공간이 얼마나 클 수 있는가이다. 다른 하나는 그런 공간 내에 유용한 디자인들이 얼마나 드문가이다. 만일 그런 공간이 작거나 유용한 디자인들이 드물다면 유용한 변경을 거의 할 수 없고 아니면 발견하려면 정말 오랜 시간이 걸릴 수 있다. 어느 경우든 내가 검토하는 엠 시대 동안은 엠 마인드가 평범한 인간의 마음과 많이 다르지 않을 것이다. 달리 보아서 만일 큰 공간이 있을 만하고 유용한 디자인도 흔하고 잘 찾아낼 수 있다면 다윈적인 혹은 관련 있는 선택과정을 써서 엠들이 만들 수 있는 유용하고 큰 변경들을 신속히 찾아낼 수 있다. 이런 경우에 엠 마인드는 평범한 인간 마음에서 훨씬 빠른 속도로 달라질 수 있다.

만일 엠 마인드가 인간에게 이해될 만하게 다르고 인간이 다른 자질들을 존중한다면 당연히 우리는 그렇게 달라진 엠 마인드를 아마도 심지어 우리 마음보다도 더 여전히 높이 칠 수 있다. 예를 들어 엠들이 우리보다 훨씬 더 똑똑하고, 창의적이고, 협동을 잘하고, 공감을 잘한다면 그러나 그 외의 것은 다 우리와 비슷하다면 엠들을 존경할지 모른다.

인간 마음 설계 시 비용 면에서 효율적인 변경을 찾아내기가 어려울 수 있다. 예를 들어 마음이 가졌으면 하는 특징 하나는 마음이 무엇이든 절대 잊지 않는 혹은 잘못 기억하지 않는 것이다. 그저 마인드들이 경험한 모든 것을 완전히 기록하여 이런 특징을 가지는 마인드를 만들어낼 수 있다. 그러나 그런 식의 마인드는 기록한 이런 경험으로부터는 많이 배울 수 없거나 많이 추론할 수도 없다. 결국 인간들이 자기들의 경험으로부터 배우게 하고 추론하게 하는 처리방식이 우리의 기억들을 바꾸는 것처럼 보인다. 유용한 추론과 완벽한 기억 이 두 가지 모두를 이루어내려면 인간 마음을 약간만 변경해서는 안 될지도 모른다.

더 일반적으로 우리는 엠 세계에 심한 경쟁이 많아서 더 나은 마인드들을 장려한다고 상상해볼 수 있지만 인간 마음들의 그 규모와 복잡함 때문에 인간 마음에 있는 다른 중요한 많은 기능을 그대로 유지한 채 어떤 면을 엄청 개선하기 위한 신속한 큰 변경이 있을 거라고 상상하기는 더 어렵다. 마음을 소소하게만 수정해서 대규모의 경쟁 우위를 실현시킬 수 있을 때 우리는 큰 변경이 있을 거라고 기대하지만 인간 마음 설계에 잘 자리 잡고 있는 면들을 크게 바꾸어서 겨우 소규모의 경쟁 우위만 실현 가능하다면 큰 변경은 없다고 본다.

비유하자면 오늘날 대형 소프트웨어 시스템보다 소형 소프트웨어 시스템의 구조를 기본적으로 바꾸는 것이 훨씬 더 쉽다는 점을 생각해볼 수 있다. 또한 도시 구조 설계를 바꾸는 것보다 자전거 구조 설계를 바꾸는 것이 더 쉽다. 이것은 대형 소프트웨어 시스템이나 도시들이 잘못 설계되어서 혹은 설계자들에게 잘한 설계에 주는 보상이 적어서가 아니다. 그 대신 도시나 대형 소프트웨어 시스템은 서로 그리고 시스템 환경들에 적응된 많은 설계의 어마어마한 선택사항들을 예상하고 구현하기가 이미 더 어렵다는 점이다. 그래서 도시 구조설계를 가장 기본적으로 쓸모 있게 바꾸려면 상호연결된 엄청 많은 다른 선택사항들을 교체하는 데 높은 비용을 들여야만 한다.

모듈식의 좋은 설계로 된 소프트웨어라면 그런 변경 비용을 줄일 수 있지만 보통 더 큰 규모의 소프트웨어 시스템에는 그런 모듈화를 이루어내기가 더 힘들다. 만일 인간 마음에 도시처럼 서로 그리고 그 환경에 잘 적응된 엄청 많은 부품들이 들어 있다고 하면 소소한 모듈식 설계만 가지고는 핵심 기능을 지키는 인간마음의 구조를 크게 바꾸는 것을 찾아내기가 더 어려울 것이다. 실현 가능한 가장 큰 변경은 인간 마음의 기본 설계를 소소하게만 바꿀 수 있다는 것이다.

역량과 성향capacities and inclinations 각 측면에서 엠들은 평범한 인간들과 다를 수 있다. 엠들은 평범한 인간들에게는 없는 역량들과 한때 인간들이 가지고 있었지만 잃어버린 역량들을 각각 추가할 수 있다. 우리가 과거에 인간들을 어둠 속에서도 볼 수 있게 해주는 도구들 같은 역량들을 추가한다고 그런 식의 변경이 우리 인류에서 많은 것을 가져가 버리는 것으로는 보이지 않는다.

그래서 이제 주요 우려는 엠들이 기존에 인간들에게 있는 능력들을 잃어버린다는 데 있다. 그런 것을 이제 검토해보자.

불완전한 마인드

우리가 어떤 인간은 다른 인간보다 스마트하다고 말할 때 우리는 인간의 정신적 기술이 과제에도 밀접히 연관된다고 짐작한다. 즉 한 가지 정신적 과제를 잘하는 이는 다른 정신적 과제도 잘하기 쉽다. 아마도 인간의 뇌가 각 과제를 완수하기 위해 뇌 하부시스템brain subsystem을 많이 사용한다는 사실 때문에 그럴 수 있다. 뇌의 하부시스템 기술들이 완전히 서로 무관하고 그래서 하부 시스템 하나가 더 높은 품질의 버전을 가지고 있어 당신의 다른 하위 시스템의 품질에 대해 알려주는 것이 아무것도 없다면 각각의 과제들을 연관 짓는 기술들을 만들어내는 서너 개의 하위 시스템이 있어야 한다.

정신적 과제 대부분이 상당히 많은 정신적 하위 시스템을 이용한다면 엠 마인드 설계 시 특별히 고가이거나 아니면 중요하지 않은 몇몇 과제에만 이용되는 하위 시스템 기술은 엄청 많이 빠질 수 있을 것 같다.

인간 뇌에서 피질 부위가 특히 규칙적regular이어 보여서 유용하게 크기를 바꿔볼 수 있는 괜찮은 부위인 것 같다. 심지어 엠 마인드들 간에 이동할 수 있는 표준 피질 구조 안에 쓸 만한 연관항목을 대규모로 설정해서 사전에 로드pre-load하는 것도 가능할 수 있다.

인간의 뇌는 시각 처리와 청각 처리에 뇌의 상당한 부피를 사용한다. 그래도 아직 많은 일들에서는 그런 기술들이 높은 분해능의 버전들이 아니어도 잘 처리되는 것 같다. 그래서 시각과 청각을 세부적으로 아는 것이 축소한 엠의 능력에 맞는 두 가지 분명한 후보이다. 적어도 시각과 청각에 제한된 기술들만 필요한 일들에서 엠들은 뇌 비용을 줄이려고 자기들의 시각처리와 음성 처리를 단순화시키고 축소할 수 있다. 이런 전략이 매력적이려면 오늘날 인간의 뇌가 시각 처리와 청각 처리 외의 다른 과제들을 위해 이런 하위 시스템들을 얼마나 많이 영입recruit하는가에 달려 있다. 그런 영입이 많을수록 엠들이 이런 하부시스템들을 쓸 만하게 축소하기가 더 어려울 것이다.

간단한 추정은 뇌가 시청각을 처리하는 능력들을 줄이거나 혹은 빼서 뇌를 대략 25~50% 정도 축소시킬 수 있다는 것이다. 주의점은 기본적인 시청각 기능은 여전히 유지한 채 시청각에 해당하는 뇌 부위를 축소시킬 수 있는 기술은, 분해능은 그대로 둔다면 같은 부위를 확장시킬 수도 있고, 그리고 분해능도 향상시키는 기술이라는 것이다. 기본 추정은 엠들을 만들 때 인간 뇌의 시청각 영역을 2에서 10배까지나 확장해서 제조할 수 있다는 것이다.

더 먼 가능성은 어떤 엠들에게는 복잡한 마키아벨리식 사회적 추론 능력을, 적어도 그런 추론을 지원하는 뇌 모듈들이 확인되고 별도로 있을 수 있다면 그런 능력을 유용하게 줄이는 것이다. 재산권과 그런 엠들이 하는 서비스의 경쟁력을 확보해주면 사회적 능력이 축소된 "괴짜" 엠들을 다른 엠들이 착취하지 못하게 보호할지도 모른다. 대안으로 노예주인들이 자기들에게 저항하는 데 힘을 쏟는 능력이 떨어지는 그런 엠들을 좋아할 수 있다.

세 번째 가능성은 어떤 엠들에게는 짝짓기와 그에 관련된 추론에 해당하는 능력들을, 적어도 그런 능력들을 지원하는 뇌 모듈들이 확인되고 별도로 있을 수 있다면 유용하게 줄이는 것이다. 이것은 가능성이 없을 것 같다. 엠들은 섹스나 짝짓기를 직접 할 필요가 거의 없고 그런 것을 지원하는 능력들은 다른 많은 유용한 사회적 능력들과 깊이 얽혀 있을 것 같아서다. 어쩌면 짝짓기와 복잡한 사회적 추론 모두 함께 엠 마인드에서 잘라내는 것이 더 쉬울지도 모른다.

정신적 역량mental capacities을 약하게 하는 것보다 더 빼버릴 것 같은 것은 성향inclinations이다. 인간에게는 27장 〈심리학〉 절에서 논의한 많은 정신적 특징들이 있다. 그런 특징들은 지능 있는 대부분의 사회적 생물종에 있는 기능들이거나 혹은 다른 포유류로부터 물려받은 특징들로 우리가 아직은 쉽게 혹은 충분히 이해하지 못하는 것들이다. 엠들은 웃고 노래하고, 춤추고, 예술을 숭배하고, 혹은 섹스를 할 수 있음에도 불구하고 많은 엠들은 그런 기술들을 사용하거나 혹은 개발하려는 성향들을 줄였을지도 모른다. 그런 성향들은 예를 들어 일하려는 더 강한 성향들로 대체될지도 모른다. 아이들을 사랑하고 아이들을 원하는 성향들은 가까이 있는 클랜 복제품들을 더 사랑하고 더 원하는 성향으로 재설정될지도 모른다.

그런 성향 변경을 지원하려고 뇌를 변경하는 식은 많이 필요하지 않을 것 같다. 이미 역사에서 인간의 문화적 가소성이 성향들과 관련된 대규모 개조를 지원하는 데 충분하다는 것을 보여주었다.

엠들은 평범한 인간들에게 혹은 다른 엠들에게 동정심을 덜 느끼게 혹은 덜 표현하게 미세수정될 수 있다. 기본적으로 더 반사회적이 되는 것이다. 그런 엠들은 범죄를 더 기꺼이 저지르고, 동료를 더 기꺼이 배신하고, 도덕 규범을 더 기꺼이 위반한다. 만약 그런 엠들이 흔했다면 그런 엠들을 다른 엠들과 구별하지 못하는 기술은 모든 엠들을 서로 덜 믿게 할 수 있고 그 결과 함께 일하는 데서 얻는 이익을 더 줄일 수 있다. 그러나 자기들의 평판을 열심히 지키려는 클랜들이 있어서 이런 문제를 대개 제거한다. 어떤 클랜들은 특정 일들에 유용한 반사회적 성향들로 명성을 얻는 데 전문적일 수 있다. 그러나 대부분의 클랜들은 그런 성향으로 알려지길 원하지 않을 것 같다.

역량 혹은 성향capacities or inclinations의 변경은 지금 혹은 미래의 인간들이 그렇게 바뀐 엠들을 마음에 들어 할지 기괴하다고 볼지 소름끼쳐 할지에 달려 있다. 그러나 그런 변경들이 이 책의 나머지 분석에서는 많이 중요해 보이지 않는다. 대부분의 결론들은 이런 변경들에도 굳건해 보인다. 왜냐하면 이 책의 분석에서 사용한 인문과학과 사회과학들은 인간같은 행동들에도 적용할 수 있기 때문이다. 예를 들어 내시eunuchs들이 다른 사람들과 실질적으로 다르지만, 평범한 사람들의 행동을 예상하는 데 유용한 도구들은 역시 내시들의 행동을 예상하는 데도 유용하다. 현대의 게임이론 같은 우리의 몇몇 분석도구들이 인간들은 절대 안 잊는 혹은 절대 실수하지 않는 이기적이고 이성적이고 전략적인 대리인들이라고 잘못 추정한다고 해도 그런 분석도구들은 유용해 보인다.

어떤 이들은 엠들이 모든 방면에서 모든 것을 경험하고 그런 경험을 논하는 것으로 보인다 해도 엠들이 원래 "의식"이 없고 그래서 아무 것도 느끼지 못한다고 혹은 경험할 수 없다는 것을 두려워한다. 내가 보기에 이런 "좀비" 시나리오는 거의 일어날 것 같지 않아 보이지만 이런 주제는 이 책의 범위를 벗어나 있다. 또 엠들이 초기에는 의식이 있다고 해도 설계를 충분히 바꾸면 결국에는 엠들이 의식을 잃을 것이라고 걱정한다. 이런 것이 이론적으로는 가능할 수 있지만 이렇게 하려면 복잡한 방식으로 대단히 많은 신경모듈을 다시 설계하고 서로 간에 다시 적응되게 해야 할 것이다. 이런 일은 이 책이 초점을 두고 있는 초기 엠 시대에는 일어날 것 같지 않다.

요약해보면 두려움은 인간의 능력을 잃어버린다는 면으로 보통 설명되지만 능력을 사용하려는 성향을 잃어버리는 것도 똑같이 많이 걱정하는 것 같고 이런 걱정은 농경시대와 산업시대 동안 있어온 것에 비하면 엠 시대 동안 걱정이 더 큰 것은 분명 아니다.

심리학

설사 정말 경쟁이 치열한 엠 세계라 해도 엠들은 인간을 에뮬레이션(인간 뇌의 기능구현)한 것이어서 아마도 인간세계로부터 얼마나 멀리 그리고 얼마나 빨리 갈라질 수 있는지를 제한할 것이다.

시스템들이 바뀐 환경에 적응하려고 진화할 때 그리고 시스템들에 특별한 부분이 있어서 다른 부분이 그런 부분에 의존할 때 그런 부분들은 진화적으로 보존되는 혹은 "잘 자리잡기entrenched"* 쉽다. 다시 말해 그런 부위는 진화 압력evolutionary pressure에 대해 덜 바뀌기 쉽고, 그런 부분들은 잘 자리 잡게 자체적으로 강화하는 하위 시스템을 만들어내면서 잘 자리 잡은 다른 부위들과 묶여진다(Wimsatt 1986). 그런 하위 시스템들은 흔히 전체가 한 번에 대체되어야만 하거나 아니면 아예 대체되지 않아야만 한다.

인간의 마음도 더 큰 사회시스템, 더 큰 경제시스템, 더 큰 기술시스템의 부분들이다. 그래서 인간 마음의 많은 면들이 그런 더 큰 시스템 안에 잘 자리 잡고 있다. 이에 더해서 그런 인간 마음은 그 자체가 상대적으로 잘 자리 잡은 부분들이 많이 있는 복잡한 시스템이다. 이런 잘 자리 잡은 부분들에 맞을 만한 후보들은 알고 있는 모든 문화권에서 보듯이 인간의 정신적 스타일들에 흔하게 보이는 보편적인 인간 특징들이다. 그런 보편적 특징들이 알고 있는 모든 개인들에서 항상 전적으로 다 나타나지 않아도 그렇다(Brown 1991). 만일 이런 특징들이 미세수정한 모든 엠 마인드들

---

* 역자 주: 생명개체는 예외 없이 진화의 자연법칙이 적용되지만 한편으로 급속한 외부환경압력에 저항하여, 종/강/속/목마다 고유한 형태를 유지하려는 발생학적 항상성을 갖는다. 이러한 항상성을 저자는 "잘 자리잡기"(entrenched)라고 표현했다.

에도 흔하다면 그런 특징들은 엠의 정신적 스타일에 오래도록 보존될 것 같다.

우리는 인간 마음의 기원에 대한 지식을 일부 이용하여 어느 마음 특징들이 곧 바뀌지 않을지 추측하는 데 이용해볼 수 있다. 예를 들어 엠들은 지능이 있는 사회적 창조물들이어서 엠들에서 오래 정말 보존될 것 같은 어떤 인간 특징들은 지능 있는 대부분의 사회적 창조물들에서 그럴 듯하게 기능하는 것들이다. 이런 특징은 신념, 기억, 계획, 이름, 재산, 협력, 동맹, 호혜, 보복, 선물, 사회화, 역할, 관계, 자제력, 지배, 굴복, 규범, 도덕, 지위, 수치shame, 노동 분업, 무역, 법, 통치, 전쟁, 언어, 거짓말, 험담, 과시, 충성표시, 자기기만self-deception, 집단 내 편향, 메타 추론*이다.

엠들에서 더 정말 오래 보존될 것 같은 인간 특징은 인간의 마음설계human mind design 시 깊이 내재되어 있는 것 같은 특징으로 대부분 포유류와 같이 공통으로 가지고 있는 특징이다. 이런 특징은 신체인지와 신체제어, 시각, 청각, 후각을 신체주위의 시공간과 결합시켜 하나의 표상으로 인지하는 것 그리고 그런 식의 시공간을 날씨, 잡동사니, 변덕스러움에 따라 범주화하기이다. 특징에는 물체를 범주화하는 흔한 방법도 있고 숨기기, 관찰하기, 탐색하기, 추적하기, 회피하기에 맞는 시공간적 기본 전략도 있다. 포유동물의 능력 안에 깊이 내재된 것에는 두려움, 스트레스, 분노, 울음, 쾌락, 고통, 기아, 혐오, 욕망, 섹스, 질투, 부러움, 피로, 수면, 추위, 가려움, 놀이가 있다. 일일 주기행동, 연간 주기행동, 생애주기 행동, 얼굴인식과 음성인식, 부모, 자녀, 형제나 배우자 관계에만 하는 특정 행동도 있다.

---

* 추상적으로 추론할 수 있는 능력.

엠들은 잘 자리 잡은well-entrenched 표준 특징들을 상당 기간 보존할 것 같다. 그런 표준 특징들은 대체품들이 더 많이 효율적이지 않을 때 그리고 변경하면 상호보완적인 많은 투자가치를 잃어버리게 만들 때는 변경하기 힘들다. 이런 표준들에는 주어, 목적어, 성별 명사처럼 인간 언어에 흔한 많은 특징들이 있다. 그리고 유전자 코드, 10진법 기반의 수학, 아스키 코드ASCII, 미터법, 자바Java 같은 프로그래밍 언어, 윈도우Windows 같은 운영체제, 영어, 관습법 판례와 나폴레옹시대의 법전이 있다.

우리가 아직 쉽게 이해하지 못하고 있는 인간의 다른 흔한 특징들은 지능 있는 대부분의 사회적 생물종에서 기능을 하고 있거나 혹은 인간들이 포유류와 공유하는 특징들이다. 그런 특징들 대부분이 오래 유지될 것 같음에도 불구하고 이런 이해 부족 때문에 그런 특징들을 어떻게 보존할지 혹은 얼마나 오래 보존할지 더 짐작하기 어렵게 만든다. 이런 특징은 몸짓, 음성 어조의 의미, 수줍음, 모욕, 농담, 음악, 장난감, 스포츠, 게임, 축제, 예절, 기호, 꿈 해석, 기분전환(향정신성) 약물, 명상, 마술, 행운, 미신, 금기들먹이기, 종교, 속담, 리듬, 춤, 시, 예술, 신화, 소설, 장례 의식, 장식용 의복, 장식용 가구, 장식용 머리스타일이다. 엠들에게 비용이 많이 드는 인간의 스타일들, 인간마음 설계에서 최근에만 내장된 것들, 지금은 대개 무관한 기능들을 지원했던 것 그리고 이런 스타일에 맞는 새로운 대체기능을 찾을 수 없는 것들은 대부분 빼버릴 것 같다.

엠들이 인간과 그럴 듯하게 함께 필요로 하는 것들과 원하는 것들은 이 책의 나머지 부분과 특별히 관련 있어 보인다. 그런 것에는 익숙한 현실세계와 거의 상시 접촉하기, 친한 동료와도 거의 상시 접촉하기, 매일 매일의 휴식과 수면, 친구들과 자주 사적으로 어울리기, 서로 닮은 몇몇 가까운 절친들과 직접 자주 만나기, 현재의 활동이 평생의 꿈과 야망에 얼마나 잘 맞는지를 말해주면서 만족해하기이다. 엠들도 인간처럼 나이가 들면서 정신적으로 유연하기, 한 번에 여러 사람이 하는 말을 이해하기, 수백 명 이상의 개성 있는 인간들과 친해지고 친숙해지기, 누군가의 임박한 죽음과 모든 것이 종료되는 것을 보면서 쉽게 그리고 차분히 받아들이기에 어려움을 겪을 것 같다.

이런 특징들 대부분이 기술이라는 점에 유의하자. 엠들은 그런 기술을 보유하겠지만 거의 드물게만 사용할지도 모른다.

지 능

13장 〈품질〉 절에서 논의한 대로 우리는 엠들이 오늘날 대부분 사람들보다 더 스마트할 거라고 본다. 지능은 특히 중요한 특징이어서 지능이 가질 만한 의미들을 특히 주의해서 볼만하다.

정해진 시간 동안 정신적 과제에서 더 좋은 점수를 얻을 수 있다는 의미로 사람들의 집단은 개인 한 명보다 "더 스마트할" 수 있다. 이것과 똑같은 의미로 엠들은 더 좋은 도구, 더 나은 정보자원, 더 좋은 교육에 접할 수 있어서 더 빠른 엠들은 보통 더 스마트하다. 〈불완전한 마인드Partial Minds〉 절에서 논의한 것처럼 엠들은 뇌 회로를 그저 많이 반복하는 규모나 그 숫자를 증가시키는 것처럼 그들의 정신 하드웨어를 확장한다는 의미로 더 스마트해질 수 있다.

그러나 우리는 "스마트"의 개념을 이런 영향들 모두를 조절하려고 의도했던 것으로 자주 사용한다. 만일 엠이 뇌 자원과 다른 자원들은 똑같은데도 과제들을 더 잘 마친다면 엠은 이런 개념에 의거해 더 스마트하다. 이제 이런 의미에서 더 지능 있는 엠들에 초점을 두어보자. 예를 들어 우리는 엠들이 평범한 인간들보다 더 스마트할 것으로 본다. 그 이유는 평범한 인간들 가운데서 가장 최고를 스캔하려고 선별하고, 에뮬레이션 과정 중에 정신을 미세수정한 것을 선별하고 또 훈련방법들을 선별하는 식으로 더 강력히 선별하기 때문이다.

대부분의 경제활동에 가장 관련 있는 지능의 종류는 팀 지능으로, 어떤 팀이 여러 다른 과제에서 다른 팀들보다 과제를 더 잘하는 능력을 가장 잘 설명하는 요인은 무엇이라도 팀 지능team intelligence이다. 최근 연구에서 그런 집단 지능은 보통 정의된 개별 지능의 평균값 혹은 최곳값보다는 오히려 얼굴표정으로 속마음 상태를 읽는 능력들 혹은 주고받으며 대화하는 능력처럼 각각의 사회적 감수성으로 더 잘 예측된다는 것을 찾아냈다(Woolley et al. 2010). 개인지능보다 우리는 집단지능이 미래에 어떻게 진화할지 예측하는 데 더 관심을 두어야 하고 집단 지능을 향상시키도록 노력을 쏟게 하는 경제적 보상이 있어야 한다고 본다. 이렇게 보는 더 나은 이유가 있다. 그러나 현재는 개인지능과의 연관성에 대한 자료가 훨씬 더 많아서 개인지능이 늘어날 때의 결과를 더 잘 예상할 수 있기에 이 절 나머지에서는 이런 내용을 중심으로 다룬다.

13장 〈품질〉 절에서 논의한 것처럼 오늘날 더 스마트한 사람들이 사고accident가 덜 일어나며, 더 합리적이고 더 협조적이고, 더 참을성 있고, 사람을 더 믿고, 더 믿을 만하며, 법을 더 준수하며, 효율적인 정책을 더 지지한다. 더 스마트한 국가들은 더 자유로우며, 기업가 정신이 더 많고, 부패가 더 적고, 더 나은 제도들이 있다.

우리는 개별적으로 더 스마트한 노동자들이 같은 자원을 가지고 더 많은 것을 이루어내고 실수들을 더 적게 하고, 사소한 실수는 더 많이 하고, 더 폭넓은 분야의 일과 기술에서 제일 잘하고, 서로 다른 과제를 할 때 더 광범위한 분야의 엠들과 효과적으로 잘 소통하고, 바뀌는 환경에 더 빨리 적응하고, 구체적인 역할과 전문적인 역할을 효과적으로 배운다고 본다.

이런 식으로 변하는 능력이 어떻게 엠 일을 섞고 일의 안정성에 따라 경력을 얼마나 달라지게 하는가. 더 안정적이고 더 느리게 바뀌는 환경에서는, 더 전문적이고 상호의존적인 역할에 노동을 더 잘게 나눌 수 있게 해주어서, 실수를 더 적게 해서 얻는 이익 그리고 구체적인 기술을 더 잘 배워서 얻는 이익이 더 중요해야 한다. 반대로 불확실하고 급격히 바뀌는 환경에서는 더 많은 기술을 숙지하고 더 넓은 주제를 토론하고 더 빨리 적응하는 기술이 더 중요할 것이다. 이런 식의 박식한 엠들을 활용하는 엠 조직들은 전문성이 조금 덜한 노동자들로 더 작은 팀들을 만들어 앞에서 말한 더 폭넓은 환경에서 효과적으로 돌아간다.

더 스마트한 엠들은 더 혁신적이고, 경력을 더 오래 유지하고, 더 자주 재설계된 일들도 다룰 수 있다. 보스역할을 하는 더 스마트한 엠들은 더 다양한 부하직원들을 동시에 관리할 수 있다.

이런 변경들 모두 사소하지 않고 환영받지만 그런 변경들이 특별히 급진적인 것 같지는 않다. 이런 변경들이 제시하는 것은 평범한 인간들보다 더 스마트한 아마도 심지어 엄청 더 스마트한 생명체들로 꽉 찬 사회가 사회라고 인정할 만하고 이해할 만한 사회일 수 있다는 것이다. 우리가 볼 수 없는 저 너머를 전망하려고 "특이점singularity"을 굳이 만들어낼 필요가 없다. 그렇지만 어떤 사람들은 이에 동의하지 않는다.

지능 폭발

4장 〈인공지능〉 절에서 언급한 대로 어떤 이들은 스마트 인공지능 시스템이 자기 자체의 정신적 아키텍처를 유용하게 수정할 수 있고 나서 곧 급격한 "지능폭발"이 어느 곳에서 발생한다고 예측한다(Chalmers 2010; Hanson and Yudkowsky 2013; Yudkowsky 2013; Bostrom 2014).

어느 한 곳에서 일어나는 모범적인 지능폭발 시나리오를 보자. 소규모 팀이 지원하는 인공지능 시스템 하나가 지구적 규모에서 볼 때 아주 적은 자원으로 시작한다. 이런 팀이 인공지능 소프트웨어 아키텍처에서 큰 혁신을 찾아내어 자기들의 인공지능 시스템에 적용한다. 그래서 그 팀이 관련 있는 서너 개의 혁신을 신속히 찾아내도록 인공지능 시스템 조합을 합치게 한다. 이런 혁신을 다 모아서 이 인공지능이 전 세계 나머지 팀들이 모두 같이 준비한 핵심 과제들을 탈취한 것보다 아니면 그런 핵심과제들을 혁신한 것보다 더 효과적이게 된다.

다시 말해 이 팀 밖에 있는 전 세계경제, 다른 인공지능도 포함한 전 세계경제가 혁신하려고 훔치려고 그리고 전 세계 경제가 탈취당하지 않게 일한다 해도 이런 인공지능 소형 팀 하나가 다음 항목을 어마어마하게 더 잘 조합하게 된다. (1) 다른 이들로부터 자원을 훔치는 것 (2) 한정된 자원으로 더 넓은 범위의 정신적 과제들을 더 잘할 수 있다는 의미에서 이 인공지능을 "더 스마트하게" 혁신하는 항목들이다. 이런 일에서 더 잘하게 되어서 이 인공지능이 나머지 세계경제 모두가 하는 것보다 더 강력하게 통제하고 더 강력해진 그런 자원들을 신속히 늘려 결국 세계를 접수한다. 이 모든 것이 며칠 내지 몇 달 안에 일어난다.

이런 폭발 시나리오를 옹호하는 이들은 팀 하나가 먼저 찾아낼 수 있고 그런 다음 오래도록 충분히 다른 이들로부터 비밀을 지키는 조합, 즉 인공지능 시스템 설계에 아직 발견되지 않은 그러나 정말 강력한 아키텍처 혁신 조합이 있다고 믿는다. 이런 믿음을 뒷받침하는 근거로서, 인간들은 (1) 많은 정신적 과제를 수행할 수 있고, (2) 다른 영장류보다 우위를 점하며, (3) 여러 과제를 하는 기술과 관련 있다는 흔한 IQ 값을 이유로 대면서 그리고 (4) 추론 시 많은 편향을 드러낸다고 지적한다. 옹호론자들은 또 현재 혁신기술에 투자되는 자금이 너무 적고 대부분의 경제 발전은 소수의 핵심적인 천재가 만든 기초연구에서 온 것이고, 그런 더 스마트한 사람들이 오늘날 버는 임금이 그저 그런 정도라 핵심적인 인공지능 혁신과제들과 핵심 탈취과제들에서 그런 이들의 생산성을 어마어마하게 과소평가하고 있다고 추정한다. 옹호론자들은 이를 뒷받침하느라 연구 분야에서 그리고 무기weapons에서 혁신을 일으킨 천재들의 익숙한 신화를 흔히 든다.

솔직히 나에게 이런 어느 한 곳의 지능폭발 시나리오는 슈퍼악당이 나오는 만화책 이야기처럼 의심스럽게 보인다. 고독한 천재가 번뜩이는 통찰력으로 천재 인공지능을 만든다. 천재인공지능이 자신의 슈퍼악당 연구실험실 소굴에 숨어서, 이런 천재 악당 인공지능이 인공지능 설계에 전례 없는 혁신을 이루어내고, 자기를 슈퍼-천재로 바꾸고 그런 다음 슈퍼무기를 발명해 세계를 접수한다는 그런 만화 같은 이야기를 말한다. 와!

이런 시나리오는 일어나지 않을 것이라는 주장이 많다(Hanson and Yudkowsky 2013). 구체적으로 (1) AI 연구 60년 역사에서 볼 때 높은 수준의 아키텍처는 시스템 성능에만 소소하게 중요하다. (2) 새로운 인공지능 아키텍처 제안이 점점 없어진다. (3) 알고리즘 진보는 하드웨어 진보로 이루어지는 것 같다(Grace 2013). (4) 뇌는 있을 수 있는 세부항목들을 다 합친 것보다 아키텍처가 덜 중요한, 정말 복잡한 시스템인 생태계, 박테리아,

도시, 경제 같아 보인다. (5) 인간의 뇌와 영장류의 뇌는 그저 소소하게만 달라 보인다. (6) 인간 영장류의 그런 차이는 성능 면에서는 직접 더 낫게 해주지 못했고 초기에 더 빠르게 혁신하게만 해주었다. (7) 인간은 주로 문화적 공유를 통해 다른 영장류를 물리쳐 온 것 같고, 그런 것이 그럴 듯한 문지방 효과를 내서 뇌 차이가 많이 필요 없게 한 것 같다. (8) 인간은 우리 조상과 무관한 정신적과제들은 잘 못 한다. (9) 인간의 많은 "편향"은 사회의 복잡성에 유용하게 적응한 것이다. (10) 인간의 뇌 구조와 과제 수행에서 흔한 IQ 값이 이유라면서 과제마다 기여하는 구분되는 모듈들이 많이 있다고 제시한다(Hampshire et al. 2012). (11) 우리는 진정 스마트한 인공지능도 여전히 많은 편견을 드러낸다고 본다. (12) 오늘날 연구자금이 충분하지 않을 수 있지만 그렇게 엄청 부족한 것도 아니다(Alston et al. 2011; Ulku 2004). (13) 대부분의 경제 발전은 기초연구에서 생긴 것이 아니다. (14) 대부분의 연구 발전은 소수의 천재에서 나온 것이 아니다. (15) 지능이 있다고 다른 과제들보다 연구에서 더 어마어마하게 결실을 이루어내지는 않는다는 주장들이 있다.

물론 엠 시대가 시작된 이후에 그런 폭발이 일어난다면 그런 지능폭발이 일어날 것 같다 해도 엠 시대를 다룬 이 책은 여전히 흥미로울 수 있다.

만일 어느 한 곳에서 지능폭발이 일어나지 않는다면 엠 세계에서는 언제쯤 인간 수준의 인공지능이 있을 거라 보는가?

4장 〈인공지능〉 절에서 논한 것처럼 우리 경제는 약 15년마다 2배가 된다. 인공지능AI 전문가들은 자신들의 해당 분야에서 인공지능 기술이 지난 20년 동안 인간 수준 능력의 5~10%에 도달했다고 대략 평가한다. 이런 점에서 엠들이 1세기 내에 도착한다면 그때 우리는 인간 수준 인공지능의 1/4~1/2에 약간 미치지 못하는 수준임을 알 수 있다. 한 세기 안에 엠들이 도착하지 않는다면 인간 수준 AI를 달성하기 위해서는 경제가 2배씩 되는 과정을 그 후부터 다시 7번에서 20번 거쳐야 한다. 그래서 만일 경제성장으로 인공지능을 향한 발전 속도를 잰다면(누적생산으로 비용이 떨어지듯이(Nagy et al. 2013)), 매달 2배씩 되는 엠 경제는 인간 수준의 인공지능을 달성하는 데 객관적으로 7개월에서 20개월이 걸릴 것이다.

이런 식의 시간 추정은 두 가지 이유를 과소평가한 것 같다. 첫째, 엠 경제의 성장은 혁신에는 덜 의존하고 투입량 성장에 달려 있다. 둘째, 4장 〈인공지능〉 절에서 논의한 것처럼 컴퓨터 알고리즘 과학의 많은 분야에서 수익은 컴퓨터 하드웨어 수익과 보통 비슷하고 컴퓨터 하드웨어 수익이 늘어나는 속도는 아마도 다 다가 오는 수십 년간 경제성장 속도보다 느릴 것이다. 알고리즘의 성장은 더욱 중요할 것이다. 이 두 가지 이유 각각이 경제가 2배씩 커질 때마다 인공지능 발전 속도를 대략 2배씩 줄일지도 모른다.

이런 사항들을 고려해보면 엠 경제는 인간 수준 인공지능이 나타나기 전에 아마 30번에서 60번까지 경제가 2배씩 될지 모른다. 이것은 총 성장이 10억(10의 9제곱)에서 10억×10억(10의 18제곱)까지의 인수값에 해당할 것이다. 경제가 매달 2배가 되는 속도에서는 이렇게 되려면 객관적인 시간으로 2년 반에서 5년이 걸릴지도 모르고 이 기간은 전형적인 킬로엠에게는 2천5백 년에서 5천 년이어야 한다. 나는 정말 또 다른 시대가 나타나기 전에 이렇게 경제가 2배씩 많이 커지는 내내 엠 시대가 계속된다고 주장하는 것이 전혀 아니다. 그 대신 엠이 아닌 다른 식의 인간 수준 인공지능이 도착해도 방해받지 않는 흥미로운 엠 시대가 오래도록 있을 수 있다는 것을 제시하려고 이런 계산을 해보고 있는 것이다.

PART 06
의 미

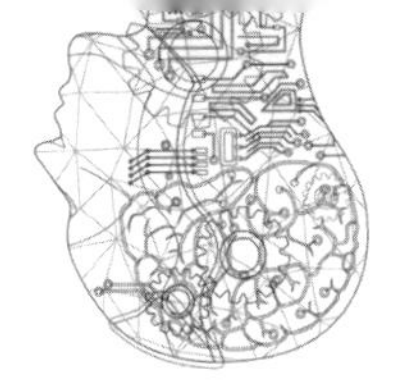

| Chapter 28 |

변 이

동 향

이 책은 엠 시대는 안정적이고 절대 바뀌지 않는다고 보고 엠 사회가 어떤 모습일지 주로 논의했다. 그러나 우리는 엠 시대 전반에 많은 변화와 많은 동향이 있을 것으로 본다.

예를 들어 엠 경제의 규모는 기하급수로 성장한다. 이런 성장이 몇몇 핵심 도시들에 집중되어 있기 때문에 오늘날 성장 변동성보다 변동성이 더 클 수 있음에도 불구하고 그렇다. 또한 컴퓨터 하드웨어 비용이 컴퓨터 작동에 쓰는 에너지 그리고 엠의 최적 몸체 크기와 함께 기하급수로 떨어진다. 그리고 병렬형 컴퓨터계산비용은 직렬형 컴퓨터계산비용보다 더 빠르게 떨어지고 또 컴퓨터를 사용하지 않는 도구들의 비용보다도 더 빨리 떨어진다. 그래서 일터에서 직렬형 컴퓨터 도구와 컴퓨터를 사용하지 않는 도구들은 사용하지 않는 쪽으로 그리고 엠 마인드 컴퓨터 도구들과 병렬형 컴퓨터 도구들을 사용하는 쪽으로 간다. 엠들이 더 소프트웨어 도구들을 더 쓰게 초래하면서 병렬형 소프트웨어로 에뮬레이션을 만드는 과정보다 더 효율적이게 된다.

회의 참석자들 간 떨어져 있는 거리가 줄고 여행빈도와 회의빈도가 줄고 통신에 걸리는 시간이 늘어나면서 메모리 비용과 컴퓨터계산비용에 비해 통신 비용이 올라간다.

컴퓨터계산 하드웨어 비용이 엠 노동의 주요 비용이어서 엠의 최저 생계임금과 임금의 중앙값이 컴퓨터계산비용과 같이 떨어진다. 그래서 속도에 가중치가 주어진 엠 인구의 규모는 엠 경제가 성장하는 것보다 심지어 더 빠르게 성장한다. 기업, 클랜, 도시의 일반적인 규모는 각각 인구크기로 그리고 경제크기로 성장한다.

처음 나온 엠들은 평범한 인간들의 속도와 비슷하게 구동하겠지만 대부분의 엠들이 훨씬 더 빠른 흔한 속도로 작동하는 초기 전환이 있어 18장 〈속도 선택〉 절에서 추정한 인간 속도의 1,000배 값의 4의 인수 내에서 구동한다. 그러나 그 엠 시대 동안 엠 경제를 성장시키는 항목이 도시들을 공간적으로 더 크게 만드는 것이어서 엠 도시들을 가로지르는 데 신호가 더 오래 걸린다. 그래서 엠의 일반 속도는 천천히 떨어질 수 있다.

처음에 엄청 연구한 다음에는 엠 마인드의 미세수정을 구현할 수 있는 공간space이 천천히 늘어나지만 아마도 가치를 그다지 많이 더하지는 못한다. 미세수정들이 더해지고 클랜당 투여 자본에 알 수 없는 변동성이 생기고 어느 클랜이 어느 일에 최고인지 알아 가면서 소수의 몇몇 최고 클랜들에 의해 경제활동이 전적으로 지배되는 것이 천천히 커지게 하는 데 모두 힘을 쏟아야 한다. 최상위 클랜들이 그런 일을 더 많이 차지하면서 자본도 더 많이 차지한다.

인간인구는 그 엠 시대동안 거의 변하지 않아서 인간들에서 엠들이 차지하는 비율이 매우 빠르게 올라가고 엠의 최저생계임금은 인간의 최저생계임금에 비해 빠르게 떨어진다. 적어도 인간들로부터 가져오는 가혹한 재분배가 없어서 엠의 실제임금은 엠의 최저생계임금과 비슷한 동안 인간의 수입은 인간의 최저생계임금보다는 평균적으로 훨씬 위에 있고 거의 엠 경제가 성장하는 것만큼 빠르게 올라간다.

평범한 인간들이 엠 경제의 자본 모두를 처음에는 소유하지만 27장 〈인간〉 절에서 논의한 것처럼 인간이 통제하는 자본영역은 천천히 줄어든다. 노동과 자본 모두 정치권력에 힘을 쏟고 엠들이 신속히 거의 모든 노동력에 기여하므로 평범한 인간들이 가졌던 상대적인 정치권력은 심지어 더 빨리 줄어들 수 있다. 결국 엠들이 지역의 정치권력 대부분을 얻고 나아가 대부분의 지역자본과 부까지도 얻는다. 이런 식의 전환은 파괴적인 충돌을 초래할지도 모른다.

우리는 엠 시대 동안 그럴 듯한 동향을 많이 내다 볼 수 있다.

대 안

나는 주요 기본 시나리오 하나에 초점을 두었고 때때로 몇몇 작은 의미 변화에 주목했다. 이제는 먼저 규모가 더 큰 변화에 더 분명한 관심을 두어보자.

이 책에서 전쟁과 안전을 논했지만 이 책은 대개는 평화와 재산권이 잘 지켜진다고 추정했다. 그러나 초기 농경시대에 그랬던 것처럼 만약 폭력,

절도, 전쟁으로 얻을 수 있는 이익이 정말 많다면 어떻게 될까? 이런 시나리오에서는 시간과 수입의 상당한 부분이 남을 공격하고 공격을 방어하는 데 모두 쓰인다. 아마도 엠 경제는 더 천천히 성장하고 엠들은 자기들의 주관적 수명이 더 짧다고 볼 수 있다. 아마도 엠 경제가 모두 붕괴할 위험에 더 처할 수도 있다. 우리가 만든 엠 시대 기본 시나리오에 비하면 가장 많이 복제된 엠 클랜들이 공격과 방어 기술이 더 낫다.

클랜, 기업, 도시의 규모, 위치, 전문성은 그런 것들로 방어를 더 쉽게 하는 쪽에서 공격을 더 잘 감행하는 쪽으로도 변형된다. 예를 들어 만약 핵 공격으로부터 도시들을 보호하기 어렵다면 도시들은 더 작아질 것이고 더 멀리 떨어져 퍼질 것이다. 그러나 엠 거주지가 있어 공격에 잘 보호되는 정도까지는 클랜, 기업, 도시의 규모, 위치, 전문성은 이 책에서 설명한 시나리오에 더 가까워 보일 것이다.

두 번째 변화로는 우리가 더 고급 수준의 에뮬레이션 제조과정을 더 얕게 분석하여 만드는 것은 빼고 그 대신 고전적인 엠에서처럼 더 낮은 수준의 뇌 제조과정을 직접 에뮬레이션해서 엠들과 유사한 일반인공지능 artificial general intelligence을 만들어낼지도 모른다는 것이다. 엠들에게 그런 변화는 아마도 가장 고급 수준의 조직에서 엄청 재설계하는 것이 아니어서 행동방식과 스타일 면에서 비교적 인간들일 것이다. 이런 것들이 엠들과 다른 주요 방식은 그런 식으로 만든 엠들은 아마도 인간인 것을 기억하지 못하고, 병렬형 컴퓨터 하드웨어에서 쉽게 작동하지 않을지도 모르며, 컴퓨터 하드웨어가 엄청 더 적게 필요할지도 모른다. 이런 요소들이 그 엠 시대까지 더 파괴적인 전환을 준비할 것 같다.

또 다른 변화로는 에뮬레이션에 기반을 두지 않는 소프트웨어 기술들이 더 빠르게 발전하는 것이다. 4장 〈인공지능〉 절에서 논의했듯이, 지금까지 우리가 보아온 발전 속도라면 바이러스 프로그램(바이러스퇴치)에 지불하는 것보다 훨씬 더 많은 수입이 엠 노동자에게 돌아가는 동안 소프트웨어는 실질적인 초기 엠 시대가 가능하도록 충분히 느리게 성장한다. 그러나 이렇지 않고 만약 소프트웨어가 더 빨리 발전하면 경제는 대부분의 수입을 바이러스 프로그램(바이러스퇴치)과 하드웨어 지원에 지불해야 하는 시점에 아주 빠르게 도달한다. 그런 시점 이후 수입은 엠을 사용하지 않는 소프트웨어를 누가 가졌는가에 따라 분배가 더 결정된다.

또 다른 변화는 클랜에만 지정된 컴퓨터 하드웨어가 있는 경우이다. 모든 클랜이 동일 상표의 에뮬레이션 하드웨어에서 작동하는 대신에 대형 클랜은 자기들 클랜에서 나온 마인드를 구동하는 데만 맞는 하드웨어를 새로 만들어내려고 돈을 쓸지도 모른다. 이런 개발에 추가로 고정비용을 지출하는 이유는 이런 클랜 출신 마인드들을 구동하는 데 드는 한계 비용을 줄이려고 하는 것이다. 그렇게 해서 얻는 이익도, 그러나 장거리 여행을 하고, 일시적으로 속도를 바꾸고, 일하는 다른 팀 일원들에 하드웨어를 가까이 놓으려고 하면 툭 떨어질 수밖에 없다.

클랜 전용 하드웨어는 많은 엠 클랜들이 사용할 만한 엠 하드웨어에서 얻는 여러 가지 규모의 경제를 줄이고 가장 인기 있는 진귀한 클랜들 중 하나로서 얻는 이익은 늘린다. 하드웨어의 한계비용보다 고정비용이 늘어나면 노동시장에서 인기 높은 클랜들은 시장 지배력이 커져서 다자 클랜들 간 복잡한 노동협상이 늘어날 전망이 있다.

만일 새로운 복제품들에 상당한 부를 기부할 것을 요구하는 규제들이 널리 채택되고 강력히 집행하면 클랜은 더 편중될 수도 있다. 이런 경우 노동시장에서 대부분 틈새는 할 수 있는 한 많은 복제품들을 기부하려고 높은 가격을 기꺼이 지불하려는 대부분 클랜들, 즉 복제품을 만들려고 열심인 클랜들이 다 채울 수 있다.

이의 연장선으로 대부분의 엠들이 겨우 12개 정도 혹은 그보다 적은 수의 엠 클랜 출신이라는 더 극단적인 시나리오를 고려해볼 수도 있다. 미세 수정을 통해 특히 엠 기술들을 바꿀 수 있거나 혹은 특히 다양한 분야의 기술들을 배울 수 있는 진정한 성능의 클랜들이 있다면 이런 시나리오로 될 수 있다. 이런 시나리오에서는 클랜들, 팀들 그리고 보통 같은 클랜에서 나온 많은 엠들로 된 모임들 간에 거래를 해서 국제적인 조정을 하기가 더 쉽다. 조정이 늘어나면 규제도 많아질 수 있다. 규제가 더 많아지는 경우는 이 책의 기본 시나리오에서 한참 벗어난다.

정반대의 변화는 기본 시나리오에서 추정한 것보다 엠 경제가 더 많은 종류의 예비 기술 노동자를 잘 이용해서 스캔된 인간들을 1,000명보다 더 많이 요구하는 정도로 엠 일 과제들이 많이 변하는 것이다. 이러면 대부분의 노동자들이 1,000개 클랜보다 훨씬 더 많은 클랜에서 나오게 된다. 이 경우 엠들은 대부분 서로를 모르는 우리 산업시대의 교류처럼 사회적 교류를 하게 되어 그들이 만나는 다른 엠들의 기본 성격을 보통 잘 모른다. 또한 우리 시대처럼 엠 클랜들 간 동맹을 바꾸는 식으로는 엠 기업 혹은 도시 정치를 관리하기가 더 어렵다. 그러나 클랜들은 일원들에게 삶의 조언을 유용하게 주도록 클랜마다 여전히 충분한 복제품들이 있을 것 같다. 이것이 많은 면에서 더 익숙한 시나리오다.

관련된 시나리오는 클랜들이 서로 싸우는 하위클랜들로 더 세게 쪼개지는 경우다. 만약 다른 직업에서 훈련받거나 다른 지역에 사는 엠들이 서로 같이 굳게 협조하지 않는다면 하위클랜들은 공통점이 더 많은, 다른 클랜에서 쪼개진 하위클랜들과 동맹을 맺고 싶어 할 것이다. 이러면 정치, 재정, 법에서 클랜들의 중요성도 줄어든다.

또 다른 변화는 노동 생산성 정점 연령이 주관적인 시간척도로 천 년 이상까지 연장된다는 것이다. 만일 엠 노동자가 생산성 정점에 도달할 때까지 만 년이 걸린다면 엠들은 자신들의 경력을 경제가 2배가 되는 시점가까이 맞추려고 더 빨리 구동하기 쉬울 것이다. 이런 것은 사회교류에서 느린 통신이 차지하는 부분이 더 큰 도시들을 더 작게 그리고 사회적으로 더 쪼개지게 만든다.

이와 관련 있는 변화는 27장 〈불완전한 마인드〉 절에서 언급한 추정치(25%에서 50% 정도 감소 혹은 100%에서 1,000%까지의 증가)보다 훨씬 더 많은 요인들로 인해 엠 브레인이 유용하게 줄어들거나 늘어날 수 있다는 점이다. 그런 추정치보다 1,000개 이상의 요인들 혹은 아예 더 많은 식도 가능할지 모른다. 이런 변화는 엠들을 생산하는 데 더 많은 범위의 지능 수준과 더 많은 범위의 엠 하드웨어 비용이 생겨나게 할 것 같다. 만일 그렇다면 대부분의 실제 엠들은 만일 임금으로가 아니라면 개수로 계산해서 가장 작고 가능한 가장 값싼 크기에 가까울 것 같다. 이런 변화는 처음에 정해진 스캔 마인드로 더 넓은 일 역할들을 채우게 만들어서 엠 경제를 장악하는 클랜들의 숫자를 줄일 것 같다.

이와 관련 있는 또 다른 변화는 냉각 비용이나 기타 다른 비용이 도시규모를 엄청 제한할 정도로 실제로 너무 큰 경우이다. 이 경우 다른 많은 엠들과 쉽게 소통할 수 있는 엠들을 더 많이 가져 얻는 이익이 다른 높은 비용보다 적다. 대부분의 엠들이 최적 규모의 도시에 살면서 더 작은 엠 도시의 숫자가 더 많다. 도시 규모를 제한하는 요인은 무엇이든 더 다루도록 노력하고 새로운 도시를 만들어내어 더 성장한다. 이런 시나리오에서는 세계각지에 문화변이가 더 많고 엠들이 국제적으로 조정하기에는 엠들의 기술이 더 약하다.

관련 변화는 컴퓨터 보안이 5장 〈보안〉 절에서 추정한 것보다 훨씬 더 힘들게 되는 경우다. 만일 컴퓨터 외장 속에 있는 마인드를 훔치려고 그리고 컴퓨터 자원들을 통제하여 이익을 얻으려고 엠 마인드를 싸고 있는 컴퓨터가 쉽게 일상적으로 탈취될 수 있다면 어떻게 되는가? 이 경우 엠 경제는 수입의 더 큰 부분을 능동적으로 감시하고 대응하는 하드웨어 장애물들로 그런 공격들을 방어하는 데 그리고 어떤 마인드 하나가 가진 가치를 줄이는 데 쓴다. 엠 마인드 탈취 위협 때문에 하나씩 훈련한 엠 노동자로 보통 만든 복제품들의 숫자는 줄이고 엠 노동자들은 클랜 성clan castles 말고는 기업 소재지에는 덜 모일 것 같다.

그런 제한사항 속에서 가역컴퓨터가 제 역할을 하려면 그것은 반드시 양자컴퓨터여야만 한다. 만약 양자컴퓨터가 대규모로 실현 가능해진다면 그때 팩토리얼 계산, 특정 종류의 검색, 물리적 미시세계small-scale physical systems 시뮬레이션 등과 같은 몇몇 중요한 계산들을 더 빠르고 더 저렴하게 할 수 있다(Viamontes et al. 2005). 이렇게 해서 양자 암호화가 가능해지고 아마도 양자암호화로 전환시키겠지만 이 책에서 다루는 대부분의 예측들에는 큰 영향을 줄 것 같지 않아 보인다. 복제할 수 없는 양자상태를 생성하는 것이 가능해도 마인드 탈취를 막는 데는 보통 유용한 방식이 아닐 것 같다. 다시 말해 복제품들을 쉽게 만드는 방식으로 얻는 실제 이익은 포기하기에는 너무 커 보인다.

실질적인 의미가 있는 변화는 공통조상에서 한번 갈라졌던 두 개의 엠 마인드를 유용하게 병합하는 어떤 방법을 찾는 경우이다. 결합하는 마인드에 각각 원래 마인드에 필요했던 공간과 처리전력보다 그렇게 더 많이 필요하지 않으면서 각각의 원래 것이 가진 대부분의 기억과 기술을 여전히 보유하는 방법을 찾는 경우이다. 이런 병합 프로세스는 마지막 공통 조상 이후의 주관적 지속시간을 더 오래 구현해낼 수 있을 때 더 유용하다.

만일 병합한 마인드가, 마지막 공통조상 때부터 바로 두 마인드를 병합해서 생기는 노화보다 정신적 취약성이 덜 늘어나고 있다는 의미로, 노화가 덜 된다면 마인드 병합은 특히 유용하다. 그러나 정신적으로 노화하고 취약성이 커진다는 것은 변하지 않는 자연 성질이어서 이런 일은 일어날 것 같지 않다. 다시 말해 노화한 마인드를 그냥 두 개 결합한 것과 두 개의 마인드를 그렇게 처음부터 병합해서 생기는 노화는 비슷할 것 같다. 이렇다면 마인드 병합을 잘 쓸 수 있는 방법이 훨씬 적다. 은퇴자들은 생산적인 노동자가 되기에는 이미 너무 취약하기 때문에 되는대로 병합할지 모른다. 그리고 마인드를 병합함으로써 은퇴자들은 자신의 자원도 합체하여 더 높은 속도로 구동할 수 있어서 더 높은 지위를 얻을 수도 있다.

아마도 가장 큰 변화는 세계가 엠 인구 성장을 실질적으로 제한할 만큼 충분히 강력히 통치해서, 엠 임금을 기본 시나리오에서 제시한 것보다 아주 위로 올릴 수 있는 경우이다. 임금을 아마도 경쟁 수준보다 위로 50% 이내에서 소소하게 올리는 것은 해당 지역에서 조정해서 할 수 있을 것 같고 임금을 3배나 그 이상 올리려면 엠 사회가 경제적으로나 군사적으로 대적할 수 있는 정도로 가장 큰 규모에서 조정해야 할 것 같다. 임금을 크게 올리려고 규모가 더 작게 조정할수록 보호받는 그런 더 작은 지역은 다른 지역보다 경쟁력이 주로 떨어지게 된다.

아마도 임금을 올리는 효과적인 여러 법은 상당한 관입 감시와 위반 시 강력한 처벌을 요구할 것이다. 스퍼 경찰들이 위반을 모니터하면서 중요한 사생활은 여전히 지켜줄 수 있지만 22장 〈법〉 절에서 논의한 대로 그렇게 모니터링하려면 생산되는 엠 브레인을 제조하는 모든 하드웨어, 엠 브레인 하드웨어 설치장소와 사용기록 아니면 불법 브레인 하드웨어 사용에 도움이 되는 전력사용과 냉각사용 거의 모든 사용에 접근할 수 있어야 한다.

권력은 선호하는 것도 다양하고 권력형태도 다양할 수 있다. 그리고 그런 다양한 권력이 국제 통치 시스템을 통제할지도 몰라서 강력한 국제적 규제가 있는 경우 사회적 결과가 어떻게 될지 보려고 사회과학을 이용하기가 더 어렵다. 이것은 어떤 규제가 채택될지 몰라서 그렇다. 규제가 센 세계도 여전히 경쟁력이 있을 수 있지만, 그런 경쟁은 국제 통치 시스템과 국제 통치 시스템에 영향을 미치려는 데만 집중해야 한다.

앞의 시나리오상에서의 변화는 규제가 상당히 많은 경우이지만 대규모의 엠 인구와 낮은 엠 임금을 막기에는 충분히 세지 않다. 이런 시나리오에서는 엠들이 우리 세계에서의 많은 규제, 즉 살인 금지 같은 것을 유지할 것 같아서 정말 짧게 산 스퍼라 하더라도 종료 대신 은퇴하게 압박할 수 있다. 또한 아동을 스캔하거나 에뮬레이션하는 것을 막는 법규도 있을지 모른다. 또한 새로운 복제품에게는 빚을 부여하거나 혹은 재고유지 의무가 부여되지 않게 하는 규제도 있을지 모른다. 이렇게 해서 복제하려 열심인 몇 안 되는 클랜이 세계를 지배하지 않도록 한다.

요약하면 이 책의 기본 시나리오에서는 그럴 듯한 변화가 많지만 이런 식의 기본 시나리오는 이런 변화를 이해하는 데 유용하게 구성한 것이다.

기본 시나리오가 있으면 분석에 도움이 된다.

전 환

우리 세계에서 엠 세계로 전환하는 동안 무슨 일이 벌어질까?

분석 방식을 일관성 있게 하려고 나는 평온하고 안정된 엠 세계만이 아니라 우리시대에서 엠 시대까지 평온하지 않고 안정적이지 않은 전환시기에도 맞게 상대적으로 경쟁력 있고 규제가 적은 시나리오일 거라고 추정한다. 즉 어떤 관련자들은 자신들이 한 행동이 엠 세계로 이어지는 경로에 어떻게 기여하는지 볼 만큼 선견지명이 충분하다고 해도 이런 이 대부분은 이런 선견지명으로 그들이 받는 보상을 바꿀 정도로 영향력 있지는 않다. 대부분 관련자들은 지역에서 자기들이 관심 있어 하는 것을 그저 할 뿐이다.

유념할 것은 그러나 전환하는 동안에는 이런 추정에서 크게 벗어나도 전환 후에는 여전히 그런 추정을 일관되게 잘 적용할 수 있다는 것이다. 다시 말해 평온하지 않은 전환도 전환 이후에는 평온한 세계로 이어질 수 있다.

군사적으로 이익이 있어 이런 이익이 엠 기술을 바꾸어 위대한 전환으로 몰고 가는 힘이라고 볼 수도 있다. 그러나 군대는 특별히 군사적으로 잠재력 있는 기술 도입에만 힘쓴다. 때때로 군대는 군사적으로 잠재력 없는 기술을 초기에는 연구하고 개발하는 데 큰 역할을 하지만 이런 개발을 평화적으로 널리 적용하는 데에는 보통 역할이 없다.

예를 들어 미군U.S. military은 컴퓨터를 군사적으로 특히 유용하게 쓸 수 있다고 보고 초기 컴퓨터 연구에 많은 자금을 댔다. 그렇다 해도 컴퓨터 이용에서 대부분 성장은 군대 밖에 있었고 오늘날 컴퓨터가 어디서 그리고 어떻게 이용되는가에 군대가 준 영향은 거의 없다.

엠은 다른 경제적 이용보다 군사적 이용 시 효과가 크지 않아서 군사적으로 이용한 선택은 아마도 엠들이 언제 어떻게 어디서 사용되는지에 미미한 차이만 만들 것이다. 엠이 처음 실현되었을 때 일반 인공지능의 다른 형태는 실현된 것이 없다는 가정하에 뇌 에뮬레이션 판매권은 수조 달러일지도 모른다. 그래서 어느 지역에서 얻은 수익보상 때문에 결국 대부분 지역이 변화하는 쪽으로 선택하게 몰고 가야 한다.

많은 기술의 경우 기술 도입 시에는 최초 버전이 가격이 높고 성능에 제한이 있기 때문에 기술변화는 상대적으로 점진적이고 예상할 만하다. 기술이 점진적으로 향상되면서 그때는 비용이 점진적으로 떨어진다. 반면 어떤 기술은 도입 시 성능과 비용 면에서 더 갑작스럽고 더 예상치 못한 도약을 가져온다. 뇌 에뮬레이션 기술은 불완전하거나 혹은 대충 정확한 에뮬레이션 기술은 쓸모가 없기 때문에 이런 두 번째의 갑작스러운 유형에 해당한다.

초기 엠 경제는 몇 안 되는 핵심산업, 핵심기업 그리고 지도상 핵심지역에 집중하여 폭발적인 성장을 이루어낸다. 평범한 인간들은 만일 산업, 기업, 지역을 아우르는 정말 다각화된 펀드에 투자한다면 엠 전환 리스크를 더 잘 손실보전hedge(헤지)할지도 모른다. 투자한 그런 이들이 만일 엠 경제 전환 후에만 지불받을 수 있는 "엠 채권"을 구입할 수 있다면 심지어 더 이익을 얻을지도 모른다.

최초의 엠 도시는 아마도 오늘날 구글, 아마존, 마이크로소프트가 구축했던 것처럼 커다란 컴퓨터 데이터 센터 주위에 형성될지도 모른다(Morgan 2014). 그런 센터에는 에너지처럼 풍부하고 저렴한 지원 자원이 있을 것 같고 폭풍과 사회적 혼란에서 상대적으로 안전할 것 같고 초기 엠의 고객, 공급자 그리고 그 산업 경제의 가장 부유한 영역에서 협업하는 이들 가까이 있을 것 같다. 이런 센터는 냉각을 위해 지구 극지방 쪽에 있는 저렴한 찬 물과 찬 공기를 사용하려 하고 상대적으로 규제로부터 자유롭거나 아니면 작은 나라 그리고 우호적인 관련자들이 통제하는 나라에 있으려 한다. 이런 기준에서 보면 최초의 엠 도시는 노르웨이 같이 규제가 적은 북유럽 국가에서 생긴다고 본다.

엠 도시는 현재 사람들이 몰려 있는 곳 주변에서 시작하여 이익을 얻을 것 같지만 엠 도시의 사회 기반시설이 아마도 여러 면에서 인간의 표준 기반시설과 안 맞기 때문에 엠 도시가 일단 성공하면 사람들은 멀리 밀려날 것 같다. 이런 것 때문에 그런 전환단계 동안 충돌이 생길 수 있다. 어떤 주변 도시가 평범한 인간들을 부드럽게 그리고 신속히 밀어낼 방법을 찾아내거나 혹은 전통적인 인간 도시에서 멀리 떨어진 곳에서 안전하게 시작하는 엠 도시가 그런 방법을 찾아내는 데 성공할 것이다.

대부분의 파괴적인 사회전환 시처럼 엠 사회로의 전환은 전쟁 위험이 가장 높은 때일 것 같다. 상대적 지위가 하락하는 집단은 때때로 격렬히 저항한다.

엠 사회가 인간 사회에 비해 약한 정말 초기 엠 시대 동안에 인간국가는 위협과 원조를 통해 엠 사회의 본질에 영향을 미치려고 노력할 수 있다. 오늘날 부유한 국가가 개발도상국에 영향주려는 것처럼 이런 영향은 외국 원조로 영향을 더 쉽게 받을 것이어서 민주적이지 않은 통치를 부추길 것 같다(Bueno de Mesquita and Smith 2011). 나중에 가서 인간사회가 엠 사회에 비해 약할 때는 엠들은 인간사회에 영향을 미치려 노력할 수 있고 그들은 또 인간국가에 민주적이지 않은 통치를 부추길 것 같다.

오늘날 특히 단기적일 경우 자본과 노동은 서로 보완재이다. 즉 당신이 둘 중 하나를 더 가질수록 나머지가 더 가치 있어진다. 더욱이 기술 이익은 자본보다 노동이 훨씬 더 이익을 가져가게 도왔다(Lawrence 2015). 우리가 엠을 "자본" 대신 "노동"의 범주에 넣는다면 엠의 도래는 자본비용보다 노동 비용을 재빠르게 낮추고 노동의 양을 크게 늘린다.

만일 엠 시대에도 여전히 자본과 노동이 보완재라면, 노동량의 비약적 증가는 자본가치의 비약적인 증가를 의미한다. 그래서 기계설비와 건물처럼 빨리 만들기 쉬운 종류의 자본이 급격히 늘어나게 촉진할 것이며 확고한 선한 의지, 지역문화, 특허권처럼 빠르게 성장하기 어려운 자본의 가치를 엄청 커지게 할 것이다(Corrado et al. 2009).

이에 더해 더 많은 노동을 만들어내고 지원하는 투자에 비해 개별 노동자를 도와주는 도구에 투자하는 가치가 줄어든다. 컴퓨터 하드웨어가 엠 노동을 더 많이 지원하므로 그런 하드웨어와 그런 지원 도구에 투자하는 상대가치는 커진다. 실제로 엠 전환기간 이익의 상당 부분이 주로 컴퓨터 제조, 컴퓨터 제조용 신규설비에 드는 자본을 소유한 이들 그리고 그런 자본사용에 필요한 지식재산권 및 엠 활동이 집중된 곳 근처의 실제 부동산을 소유한 이들에게 간다.

엠 세계로의 전환 가능성이 일단 폭 넓게 인지되면 많은 이들이 새로운 엠 시대에 대해 혐오감과 거부감 혹은 반대감정을 표출할 수 있다. 엠 경제는 정말 빠른 성장률도 가능하지만 사안을 재빠르게 그리고 다르게 하는 것에 대한 상당한 감내가 필요하기 때문에 부드러운 거부감에서 강한 반대감정 사이에서 지역적 차이는 많이 중요하지 않을 수 있다. 국제적으로 잘 조정해서 강력한 반대세력이 엠의 탄생을 막지 않는 한 새로운 엠 경제를 충분히 지원할 만한 장소가 몇 안 된다는 것이 주로 문제가 된다. 다른 지역에서의 반대 감정은 그런 몇 안 되는 지역에서의 진정 급격한 성장 때문에 쑥 들어갈 것이다.

가장 초기의 엠 도시와 가상현실은 산업시대 전기가 후기보다 더 가혹하고 별로 유쾌하지 않았던 것과 똑같이 더 가혹하고 더 위험한 삶으로 이끌면서 아마도 투박하고 믿을 수 없을 것이다. 이것은 엠 문명 속에서의 굳건한 발전의 의미로 그리고 발전하는 문명 속에 사는 엠 삶의 의미를 찾으려고 초기 개척자를 찬양하는 엠 이야기로 이어질 수 있다.

각 시대마다 자기 시대의 이전 과거를 보통 어떻게 보는가는 바로 그 시대와 이전 시대 사이의 과도기에 크게 영향받는다. 예를 들어 우리가 농경사회 이전을 보는 표준적인 이미지는 전쟁하는 과도기적 '부족'사회이지 보통 더 평화롭고 더 고립된 수렵채집인 무리가 아니다. 이와 비슷하게 어떤 이들은 고전음악이 최근에 생겼고 대부분의 농경 음악과는 상당히 다름에도 불구하고 전형적인 "전근대" 음악으로 본다.

이처럼 우리 산업시대를 보는 엠들의 이미지는 엠들이 그 세상을 지배하게 된 바로 이전의 몇 년 안 되는 이미지로 좌우될 수 있다. 그런 이미지는 이 세상 모두가 초기 엠들을 비싸면서도 기이한 것으로 취급했던 그런 상황에 초점을 맞추는 듯하다.

지원 기술

엠 전환의 변화속도는 다음 세 가지 지원기술 중에서 어느 것이 마지막으로 준비되는지에 달려 있다. (1) 충분히 빠르고 저렴한 컴퓨터 (2) 충분히 상세하고 빠르면서도 저렴한 뇌 스캔기술 (3) 충분히 상세하고 효과적인 뇌 세포 모델이다.

만일 마지막으로 준비 될 기술이 웬만큼 저렴한 컴퓨터라면, 누구나 널리 컴퓨터에 접근하고 컴퓨터의 발전상황을 예상할 수 있어서 엠 시대로의 전환을 원활하게, 한 군데에 몰리지 않게, 잘 예상할 수 있게 해준다. 그런 때 이 책의 분석은 아주 적절하다. 최초의 에뮬레이션이 만들어져서 엠들이 인간 노동자들을 대량으로 대체할 수 있는 에뮬레이션이 백만 달러 이하로 만들어질 수 있을 때 그 사이에 아마도 매년 수십억 달러를 들여야 하는 여러 해가 있을지도 모른다. 최초 엠들은 주로 연구목적이나 혹은 억만장자들의 허영심 프로젝트로 만들어질지 모른다. 최초 엠들은 일찍 시작했다는 유리한 점 때문에 나중에 엠들이 흔해질 때는 선도자 이익을 어느 정도 가질 수 있다.

이런 시나리오라면 인간들에게 엠이 주도하는 세계에 준비하고 적응하도록 오랜 시간을 줄지도 모른다. 이런 전환을 예상하면서 피해를 피하려는 인간 노동자들은 그들이 가진 부를 임금을 버는 기술에서 주식, 특허 혹은 부동산처럼 전환을 지나서도 가치를 유지할 것 같은 다른 형태의 부로 옮겨놓으려고 미리 노력할 수 있다. 원활하고 예상한 전환이라 해도 그러나 역사에서의 표준선례로 보면 갑작스러울 수 있다. 엠들은 작은 틈새 제품에서 시작하여 몇 년 안 되어 기존 제품보다 더 빠른 제품으로 성장하면서 새로운 경제를 주도하는 제품이 될지도 모른다.

초기 산업혁명 동안 새로운 산업이 빠르게 성장했고 농경 같은 낡은 산업에 투자한 이들보다 산업혁명에 투자한 이들이 보상을 잘 받았다. 당시 투자자들은 이런 리스크에 맞서 주식과 채권 같은 금융 메커니즘을 이용하여 위험을 분산시키고 보험에 들 수 있었다. 그러나 부유한 귀족은 그렇게 하지 않았고, 그 결과 귀족의 부와 사회적 영향력은 급격히 하락했다(Ventura and Voth 2015). 아마도 인간은 이런 사례로부터 교훈을 얻을 것이며 또한 엠 전환기에 자신들의 자산을 더 성공적으로 분산시킬 것이다.

만일 마지막에 준비되는 기술이 바로 스캔기술이라면 엠 세계 전환은 예상할 수 있어지지만 더 한 곳에 몰릴 것 같다. 스캔기술 발전은 유행을 따르기 쉽고 투자한 자원에 따라 어느 정도 예상할 수 있다. 그 결과 시기가 적절할 때 최초 엠을 스캔하기 위한 자금을 대려고 대규모 컨소시엄consortiums이 형성될 것 같다. 이용할 만한 엠을 만들어내려는 최초 동맹이 처음 나오는 엠 제품의 가격을 한계비용보다 한참 위에 책정해서 이익을 얻으려 할 것이다.

컨소시엄으로 얻는 이익은 선도자 이익이나 혹은 주도적 컨소시엄끼리 협조하기 때문에 두 번째 동맹이 엠을 만들어내는 데 성공한 이후에도 어느 정도 이어질 수 있다. 새로운 엠 경제에서 최초 엠 클랜, 최초 기업, 최초 도시도 또한 선도적 이익을 가질지도 모른다. 몇 안 되는 그런 큰 승리자가 있으면 엠 시대 이후에는 다각화를 덜 준비하게 만들 것이다.

정부는 일부 컨소시엄을 지원할 수 있는 반면 나머지 컨소시엄은 수익을 쫓는 벤처기업들일 수 있다. 어떤 방식의 컨소시엄이 승리할지 불확실하기 때문에 리스크를 최소화하려는 이들은 투자자들에게 공개된 가능한 많은 컨소시엄에 투자하도록 노력해야 한다. 아쉽게도 정부가 지원하는 컨소시엄들은 아마 모든 투자자들에게 열려 있지 않을 것이다.

준비되어야 할 기술이 뇌 세포 모델일 때 가장 파괴력 있는 전환이 온다. 뇌 세포 모델을 충분히 잘 개발하려는 최초 집단이 전환 이후에 즉각 상당한 시장 지배력을 가질지도 모르고 이 외에도 효과적인 세포 에뮬레이션 비밀이 잘 알려져 있지 않아서 경쟁집단이 발견해내기 어려웠다면 그런 시장 지배력은 더 오래 지속할지도 모른다. 더 나쁘게는 엠들의 모습은 충격 그 자체일지도 몰라서 투자자들을 더 소규모의 더 집중된 승자 동맹을 만들게 하면서 그리고 엠 시대 이후에 심지어 다각화를 덜 하게 만들지도 모른다. 결국에는 세포 모델 기술의 발전을 가늠하기가 더 어려워지기 쉽다. 즉 충분히 좋은 모델이 있기 전까지는 현재 모델이 성공모델에 얼마나 근접한 것인지 모를 수 있다. 이런 세포 모델 기술혁신이 늦을수록 필요한 나머지 기술이 훨씬 더 발전하고 더 저렴해지기 때문에 변화의 폭발력은 더 크고 더 빠르다.

마지막 시나리오에서 세포 모델 기술을 조정할 수 있다면, 세포 모델기술의 발전이 여전히 마지막 단계일지 모르지만 대개는 예상하는, 상대적으로 쉽고 빠른 단계일지 모른다. 세포 모델은 대체로 준비되어 있을지도 모르지만 마지막 단계인 모델 조정과 오류수정debugging 이전에, 한 번에 full-scale 스캔하고 그에 맞는 컴퓨터가 완료될 수 있기를 기다리는 단계일 수 있다. 만일 이런 마지막 단계에 단지 소소한 자원만 필요할 것으로 예상되고, 경쟁하는 다른 팀도 마지막 단계를 모두 완성할 수 있다면 이런 시나리오는 비교적 원활하고 한 곳에 집중되지 않게 그리고 예상가능한 전환으로 이어지게 할 수 있다.

우리는 엠 세계로 전환하는 많은 항목을 예상할 수 있지만 대부분 엠 세계를 가져오는 데 미치는 영향은 크지 않다.

외계인

더 발전한 문명이 있다고 해도 그런 문명, 즉 우리가 보아온 지구 밖 우주는 완전히 죽어 있는 것으로 여겨진다. 그동안 계속해서 지구 밖 모든 것이 완전히 죽은 것이었다는 가정을 통해서 우리는 우리가 보고 있는 것을 설명해 왔다. 그리고 이런 설명의 수준에서 우리는 대단한 성공을 이어왔다. 만일 지구 밖에 우리보다 더 발전한 문명이 있다면 그런 문명은 우리가 볼 수 있는 모든 것에서 알아 챌만한 차이를 아직 만들지 못했다.

우리는 꽤 많은 것을 볼 수 있어서 이런 면은 당황스러워 보인다. 눈에 보이는 우주에 대략 1조의 1조배(10의 24 제곱)에 달하는 행성들이 있다. 이런 모든 행성들 가운데 지구가 발전된 문명을 정말 처음 가지고 있다고는 믿기 어려워 보인다.

정말 발전한 외계인들이 어떤 모습일지 그들이 있다는 표시가 어디 있는지 알려면 우리의 먼 후손들이 어떤 모습일지 알아보아야 하는 것이 당연하다. 이런 이유 때문에 많은 이들이 이 책에서 예상하는 먼 미래 후손이 어떤 모습일지 나에게 질문했다.

유감스럽게도 이 책의 예측은 이런 매혹적이고 중요한 주제에 대해 아무것도 말해주지 않는다. 정말 발전한 외계인들이 어떤 모습일지 유용하게 가늠하려면 객관적 시간으로 수백만 년 혹은 수십억 년 시점에 우리 후손들이 어떤 모습일지에 대해 무언가 말할 수 있어야 할 것이다. 그러나 엠 시대는 객관적 시간으로 단지 1년 혹은 2년 정도만 그럴 듯하게 지속할 수 있어서 엠 시대가 우리 시대와 다르듯이 엠 시대 이후에는 엠 시대와 다른 또 다른 시대로 대체될 것 같다.

우리 후손들은 다음 수백만 년 혹은 수십억 년 내에 엄청 많은 위대한 시대를 거쳐 갈 것 같아서 현재 시대 혹은 지난 시대를 아는 것보다 다음 시대가 어떻게 보일지 안다고 하더라도 정말 먼 우리 후손들이 어떤 모습일지에 대해 실질적으로 더 많이 말해주지 않는다. 다음 시대를 그려보는 그런 중요한 길로 첫발을 딛는 것이지만 갈 길은 여전히 아주 멀다. 나는 다른 곳에서 우리의 현재 이론들이 아주 먼 우리 후손들에 대해 무엇을 말해줄지 검토해보았지만 그런 분석은 이 책의 주제와 아무 관련이 없다 (Hanson 2008a).

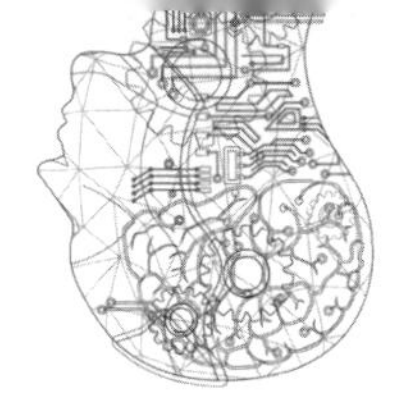

| Chapter 29 |

선 택

평 가

이 책 대부분을 미래의 엠 세계가 어떤 모습일지에 관해 더 좋은 아이디어를 얻는 데 할애했다. 이제 우리는 질문할 수 있다. 엠 세계는 좋은 시나리오인가 아니면 나쁜 시나리오인가? 우리는 이런 세계가 우리 세계를 대신하도록 장려해야 하나 아니면 막아야 하나? 이런 세계를 더 낫게 만들지도 모르는 작은 변화들은 무엇인가?

많은 사람들이 즉각적이지 않은 미래에 대해서는 그저 크게 관심 두지 않으며 엠 시대도 정말 간단하게 평가한다. 다시 말해 엠 시대가 어떻게 전개되는지는 그들에게 아무 가치가 없다. 다른 사람들은 정말 아주 먼 미래에 주로 관심 두어서 엠 시대가 다음 세대에 어떤 영향을 미칠지가 그들에게는 주로 중요하다. 그러나 애석하게도 그런 주제는 이 책의 전망을 벗어나 있다. 그래서 이제는 만일 우리가 엠 시대에 관심 둔다면 엠 시대 자체를 어떻게 평가할 수 있을지 알아보자.

엠 시대에 대한 우리의 평가는 당연히 우리가 사용하는 기준에 달려 있다. 한 가지 간단한 대안은 대부분의 사람들이 먼 미래를 말로 평가할 때 사용하는 것 같은 늘 하는 직관적 기준을 이용하는 것이다. 사람들이 2050년 미래에 달라질 만한 것을 평가한 최근 연구에서는 사람들의 주된 걱정 혹은 주된 관심은 미래의 사람들이 얼마나 더 다정하고 얼마나 도덕적인가라는 데 있다는 것을 찾아냈다(Bain et al. 2013).

다시 말해서 연구조사에 대답한 사람들 대부분은 인구, 즐거움, 부, 빈곤, 자유, 자살, 테러, 범죄, 노숙자 문제, 질병, 기술, 게으름 혹은 과학과 기술의 진보 등이 미래에 어떻게 될지에는 거의 관심 두지 않았다. 그들은 자기수양, 겸손, 전통 존중, 평등, 삶의 의미, 환경보호 등이 미래에 어떻게 될지에 약간 더 관심 두었다. 그러나 대개의 사람들은 미래에 선행benevolence이 어떻게 될지에 관심을 두었다 다시 말해 미래의 사람들이 정직함, 성실성, 다정함, 친절 면에서 어떻게 될지에 관심 두었다.

이런 유형의 응답은 사람들이 먼 미래에 대해 추상적으로 생각하기 쉽고 사고기능의 추상적 방식이, 우리가 도덕적으로 생각한다고 사회에 좋은 인상을 주도록 어느 정도 돕는 거라면 타당하다(Liberman and Trope 2008; Hanson 2009; Torelli and Kaikati 2009). 미래 사람들이 표준적인 사회규범을 따르는지를 부각시켜보아서 우리는 그런 표준적인 사회규범에 대한 우리의 존경을 드러낸다.

보호해야 할 명성이 있는 엠 클랜은 클랜 일원의 신뢰가치와 신뢰정도trust-worthiness and reliability를 보장하려 할 것이고 엠 팀은 팀 일원 간에 굳건하고 따뜻한 정서적 결속을 보장하려 할 것이다. 이런 것에서 보아 미래의 엠은 선행이라는 이런 핵심 표준기준을 상대적으로 높이 평가할 것이라 본다.

반대로 이런 식의 엠 미래에서 우리가 있는 지역의 정치가치와 도덕가치를 확인하는 기준은 좋지 않게 평가될 수 있다. 다시 말해 산업시대에 우리의 시간과 장소를 지배하는 가치는 좋지 않게 평가될 수 있다. 26장 〈유사-농경인〉 절에서 논의했듯이, 엠들은 오늘날 유행하는, 우리가 더 수렵채집인 같은 가치관으로 돌아가는 것보다 더 농경인 같은 가치관으로 돌아갈 것 같다. 문명은 실수였고 인류애는 단순한 농경인들이나 혹은 단순한 수렵채집인들로 있을 때가 형편이 더 나았다고 느끼는 이들이 특히 엠 세계를 좋지 않게 평가할 것 같다(Zerzan 2005). 결국 엠 세계는 농경 버전과 산업 버전을 지난 "문명 3.0" 버전으로 그럴 듯하게 여겨질 수 있다. 엠 세계는 경쟁이 심해서 미래의 엠은 이런 엠 시대 이후 뒤따르는 시대에 더 변하지 못하게 막는 가치기준은 더 낮게 평가할 수 있다. 엠의 도덕성이 어떻게 바뀌는지에 대한 평가를 30장 〈결론〉 절에서 더 논의한다.

다양성 주제를 검토해보자. 엠 세계가 다양성을 얼마나 잘 평가하는가는 어떤 종류의 다양성이 중요한가에 상당부분 달려 있다. 한 면으로는 엠들은 비범한 수준으로 생산성이 높기 때문에 대부분의 엠들도 기껏해야 수백 명 이하인 매우 비범한 인간들의 후손일 수 있다. 엠들은 또 오늘날 지역, 인종, 종교, 성격, 성별 중에서 정말 고르지 않게 선별될 수 있다. 인간을 제외한 전체 생물권은 그런 엠 세계에서 가혹하게 무시될 수 있다. 다른 면으로는 오늘날 보통 인간들과 비교할 때 그런 초기 엠들의 후손은 몸체, 생활양식, 관심 주제, 정신 스타일과 정신 능력 면에서 가능한 것은 다 뻗어 나가고 더 큰 공간에 거주할 수 있다.

이런 것 말고 대부분의 시대와 대부분의 문화권에서 존경받아 온 지능, 통찰, 선행, 충성심, 결단력 등과 같은 덕목으로 대신 들여다보면 어떻게 될까? 그러면 엠 세계는 아주 좋게 보일 수 있다. 엠들은 그들의 보여주는 인상적인 생산성으로 엄격히 선별되어서 이런 덕목 대부분이 연관되어 있기 쉽다. 이런 점에서 엠 세계는 대부분의 사람들이 이제까지 평생 만났던 사람들보다 더 도덕적인 사람들로 가득 채워져 있다.

엠 세계를 평가하는 또 다른 방식은 생존 위험으로, 다시 말해 재난이 너무 커서 문명이 파괴되고 다시는 재건할 수 없다는 것이다. 그런 식의 재난은 재난 당시 그 세계에 살고 있는 이 모두뿐만 아니라 이후 비슷한 재난이나 혹은 우주 종말까지 살게 될지도 모를 모든 이들에 피해를 준다. 이런 것은 정말 대규모 피해이다.

만일 우리가 엠 시대를 엠이 없는 산업시대가 이어지는 것과 비교한다면, 엠 문명은 신속히 어마어마하게 경제력이 더 커져서 엠들이 있다고 해도 지진, 소행성 충돌, 혹은 화산폭발 같은 물리적 재난을 더 잘 견딜 수 있다. 그런 재난은 규모나 위험이 엠에게 큰 영향을 주지 않는다. 엠 시대는 전염병, 화학오염, 지구온난화 같은 생물학적 재난을 더 초래할지도 모른다. 그러나 엠 시대는 그런 사안들을 어마어마하게 잘 견딜 것 같다.

엠 문명의 기술이 전쟁이나 혹은 집어낼 수 없는 다른 사회적 붕괴를 견딜 수 있는지는 심각한 붕괴 이후에 엠 문명을 다시 시작할 수 있는 최소 산업생산 단위의 규모에 달려 있다. 지역생산이 최소단위라면 최소단위는 엠 도시 하나보다 더 크지 않고 나노기술 공장으로 이런 최소단위는 몇 킬로그램 정도로 아주 작을지도 몰라서 엠들을 절멸시키기는 정말 어려울 것이다.

말 안 듣는 인공지능과 같은 어떤 재난은 관련 기술이 특정 수준에 도달할 때만 가능할 수 있다. 이런 경우 우리는 그런 같은 기술 수준으로 시나리오를 비교하고 싶지만 다른 경로로 그런 수준에 도달할 수 있다. 예를 들어 우리는 엠으로 혹은 산업시대의 연장으로 인간 수준 인공지능에 도달하는 것을 비교할지도 모른다. 이 경우 우리는 빠른 엠들이 인공지능발달을 더 높은 시간 분해능으로 자기들이 직접 추적하고 인공지능에 대처할 수 있다는 것을 유념해야 할지도 모른다.

어떤 이들은 엠이 지배하는 미래를 엠들로 되지 않은 평범한 인간들 면에서 그 결과를 일차적으로 평가하고 싶어 할 것이다. 절대소비 면에서 측정하면, 장기적인 결과는 엠 문명을 불안하게 하는 것이 무엇인지 그리고 엠 시대 이후 어떤 시대가 올지 모른다는 것에 전적으로 달려 있음에도 불구하고 인간들은 엠 세계에서 몇 년간은 아주 잘할 것 같다. 상대적 지위가 중요한 정도까지는 인간들은 더 이상 지배집단이 아니어서 인간들의 삶은 더 안 좋다. 그러나 만일 평범한 인간들이 엠의 지위를 부러워할 만큼 엠들을 충분히 인간으로 본다면 아마 엠들도 인간만큼 충분히 가치 있다.

엠 세계에서 누구를 우리의 후손으로 볼 것인가에 대한 선택은 오늘날 사람들에게 있다는 것을 깨닫는 것이 중요하다. 오늘날 우리는 평범한 인간들만 후손으로 보도록 선택할 수 있고 혹은 엠들도 포함시켜보도록 선택할 수 있다. 어떤 이들은 심지어 엠을 사용하지 않는 인공지능소프트웨어를 미래 후손으로 볼 수 있다(Moravec 1988). 우주는 우리가 관심 두어야만 하는 미래 생명체의 모습에 대해 말해주지 않는다. 그것은 전적으로 우리에게 달려 있다.

엠 세계에서 인간이 아닌 다른 생물체는 어떻게 살까? 지금으로서는 자연세계의 장기전망은 좋지 않아 보인다. 엠 경제가 처음에는 몇 안 되는 고밀도 도시에 집중하지만 엠 경제의 빠른 성장 속도로 볼 때 엠 경제와 그 이후 경제는 객관적으로 수십 년 내에 지구를 채울 수 있다. 자선단체들이 몇 안 되는 자연보호처를 지키려고 기부하겠지만 그런 노력에 들이는 자원은 커지는 경제를 뒷받침하려고 가용자원을 쓰게 하는 경제 압력에 비하면 아주 미미할 것 같다.

이런 엠 미래는 얼마나 많은 사람이 얼마나 많이 행복한지 얼마나 많은 의미가 있는지 혹은 자기들이 선택한 것에 얼마나 많이 만족하는가처럼 실용적인 평가 기준 면에서는 꽤 좋아 보일 수 있다. 이것은 엠 세계에 수십억 그리고 아마도 수십조의 인간 같은 생명체들이 들어갈 수 있고 평범한 인간들이 하루를 경험하는 시간 동안 인간 같은 생명체들 중에서 많은 이들이 주관적으로 몇 년을 경험을 하기 때문이다. 그래서 만일 엠 하나의 삶이 차지하는 것이 심지어 조금이라 해도 오늘날 전형적인 삶으로 칠 수 있는 것만큼 많다면 거기에 정말 많은 엠들이 있다는 사실로 오늘날 우리 세계에 비하면 총 행복 혹은 총 의미가 대단히 커지게 기여할 수 있다.

삶의 질

사실상 엠의 삶이 가지고 있는 가치는 적어도 현재 우리들 인간의 삶이 가지고 있는 기초적인 가치에 준한다.

그런 이유는 사회와 문화가 대개는 행복, 의미, 만족도에서 그렇게 큰 차이를 만들지 않는다는 데 있다. 인류학자들은 인간들이 문화적으로 꽤 가소성이 있다는 것을 오래전부터 알고 있다. 다시 말해 우리는 생각보다 훨씬 다양한 문화규범과 관행을 받아들일 수 있고 그런 것에 편안해질 수 있다. 오늘날 행복은 국가 간보다 국가 내에서 4배 이상 차이 나고, 행복은 국가들 간 차이의 95%가 수입, 수명, 부패, 친구 비율 그리고 자유로 설명된다(Helliwell et al. 2013). 엠들이 가진 어떤 척도에서는 낮을 수 있다고 해도 엠들은 여전히 장수하고, 대단히 자유롭고, 의지할 친구가 있고, 부패도 적을 수 있다. 사실상 엠들은 오랫동안 모두 잘 지내 온 같은 짝의 수천 개 복제품을 통해서 우리보다 더 굳건한 친구와 연인 인맥이 있을지도 모른다.

이에 더해 엠들이 행복할 것이라고 보는 확고한 이유가 서너 개 있다. 첫째, 엠 클랜은 클랜을 행복하게 하는 것이 무엇인지 더 잘 배우도록 클랜 일원의 경험을 공유할 수 있다. 이 때문에 엠들은 오늘날 우리가 우리 자신에 대해 아는 것보다 자기 자신을 훨씬 더 잘 알고 있고 이러한 자기-지식self-knowledge을 그들을 편안하게 더 만족하게 더 의미 있게 더 행복하게 하는 데 이용할 수 있다. 둘째, 엠 세계에는 멋지고 널찍하고 고급 여흥과 으리으리한 것들로 둘러싸여 있고 엠들은 아프거나, 고통받거나, 굶주리거나 혹은 더러워질 일이 없다. 더 나아가 엠의 여흥과 주변 환경은 특정 클랜에 맞게 구체적으로 맞춰질 수도 있다. 예를 들어 클랜 조지clan of George는 조지의 취향에 맞게 구체적으로 디자인된 영화와 인테리어 장식을 제공받을 수 있다.

셋째, 엠들은 평범한 인간들 중에서 그들이 가진 높은 노동생산성으로 엄격히 선별된다. 오늘날 높은 임금으로 표시되듯이 더 생산적인 사람들이 더 행복하기도 쉽고 이런 연관은 전적으로 행복한 것이 돈 때문인 것 같지는 않다. 행복은 생산성도 높이는 것 같아 보이고 그런 공통 요소가 모두

작용한다. 이것은 엠들이 오늘날 사람들보다 더 행복하기 쉬울 것이라고 보게 한다.

이런 면은 오늘날 행복과 관련 있는 구체적 요인 모두 심지어 그런 다른 요인을 많이 통제해도 노동생산성에도 꽤 많이 관련 있다는 사실로 더 확고해진다. 예를 들어 오늘날 사람들은 일이 있을 때, 자율적으로 일할 때, 건강할 때, 아름다울 때, 돈이 있을 때, 결혼한 경우, 종교가 있을 때, 지능이 높을 때, 외향적일 때, 성실할 때, 상냥할 때, 강박적이지 않을 때 각각 더 행복하고 생산성도 더 높아지기 쉽다(Myers and Diener 1995; Lykken and Tellegen 1996; Steen 1996; Nguyen et al. 2003; Barrick 2005; Roberts et al. 2007; Sutin et al. 2009; Erdogan et al. 2012; Diener 2013; Ali et al. 2013; Stutzer and Frey 2013).

물론 상관이 있다고 원인인 것은 아니며 이 점에서 우리가 이해하지 못하는 것도 많다. 그렇다 해도 행복과 생산성 간의 관계에는 일관성이 있어서 생산적인 엠들이 오늘날 사람보다 평균적으로 더 행복하다고 볼 많은 이유가 있다. 아마도 노동생산성이 사람들의 상대적 지위를 올려 사람들을 더 행복하게 하고, 상대적이라는 정의 때문에 모든 이의 상대적 지위를 올릴 수는 없다는 것은 사실이다. 그러나 심지어 행복을 다 낮추려는 경우에도 상대적 지위를 다 떨어뜨릴 수 없다.

엠들이 장시간 일한다는 사실은 어떤가? 부정적인 면으로는, 사람들은 다른 활동에 비해 일하는 데 방해받거나 (혹은 출퇴근할 때 혹은 허드렛일을 할 때) 기분이 가장 저조하고 뭔가 다른 것을 했으면 한다고 더 자주 말하고 부정적인 감정에 더 자주(그런 활동시간의 20%) 압도당한다는 설문조사보고가 있다. 노동자들은 주말에 더 행복하다는 보고가 있다(Miner et al. 2005; Kahneman and Krueger 2006; Bryson and MacKerron 2015; Helliwell and Wang 2015).

반면 긍정적인 면으로는 노동 활동은 평균적인 활동과 평균적인 참여와 관련 있어 보인다. 오늘날 우리들 중 80% 이상이 대체로 자기 일에 만족하며, 60% 이상은 자신의 일이 세계를 더 좋은 곳으로 만드는 데 의미 있는 것이라고 본다(Hektner et al. 2007; Society for Human Resource Management 2012). 공식적인 은퇴 후에 추가로 일하는 것처럼 부상을 당한 후 다시 직무에 복귀하는 것이 삶의 만족도를 확 올린다(Vestling et al. 2003). 노동 면에서는, 일과 경력에 만족하고 협력자 관계, 권력, 명성, 성장전망이 있으면 우리 삶에도 만족을 더해준다(Erdogan et al. 2012). 오늘날 정말 존경받고 부러움 받는 사람들 대부분이 오랜 시간 일하며 자신의 삶을 정말 많이 즐긴다.

엠들은 일하면서 더 벌 받을 수 있고 객관적인 성과평가에 더 직면해야 하고 임금이 생활비로 다 나가 스트레스를 더 느낄 수 있다. 그렇다고 해도 엠들은 그런 생활로도 상대적으로 편안할 수 있게 선별되고 그들의 가상 삶은 일 하거나 일 안하거나 모두 상당한 "물질적material" 안락을 엠들에게 값싸게 제공할 수 있다. 또 엠들은 클랜, 팀, 직업, 도시에서 느끼는 굳건한 결속 속에서, 자기들의 우수하고 전례 없는 기술에서, 그리고 이런 기술이 성취하게 될 위대한 업적에서 삶의 의미를 많이 찾을 수 있다.

만일 대부분 엠들이 의식 없는 존재로being non-conscious 마감한다면 통합 경험이any integrated experiences 아무것도 없다는 의미로 볼 때, 자유로운 의식을 중시하는 헤도니즘의 공리적 기준에서 엠 세계의 결과는 끔직해 보일 것이다. 4장 〈에뮬레이션〉 절에서 논의했듯이, 이런 것은 엠 시대에 일어날 것 같지 않아서 이 주제는 이 책의 전망을 벗어난다.

정 책

이 책은 여러 대안을 이용할 수 있다면 상대적으로 일어날 것 같은 특징을 선택하고 이용할 만한 그런 대안이 없다면 기본적이고 분석하기에 더 쉬운 특징으로 엠 기본 시나리오를 정교하게 만드는 데 초점을 두었다. 만일 이런 시나리오가 실제로 미래에 우리에게 일어날 것 같다면 그 엠 세계를 더 나은 미래로 만들기 위해 어떤 정책들을 우선시해야 하는가?

첫째, 이런 정책 과제는 정말 어려울 것이라는 것을 유념하자. 비교를 위해, A.D. 1000년의 누군가가 우리 산업세계의 기본 윤곽을 짐작할 수 있었다고 상상해보라. 그런 어려운 과제를 심지어 해낸다고 해도 산업세계 정책에 관해 혹은 A.D. 1000년의 사람들이 산업정책을 바람직한 방향으로 밀고 갈 수 있는지에 관해 유용한 조언을 충분히 제시할 만큼 그들에게 말해주지 않을지 모른다.

둘째, 강력한 세계 정부가 없는 가운데 미래를 바꾸고 조정하기에는 정말 제한된 기술만 우리에게 있다는 것에 유념하라. 기후 변화 같은 주제에서 문제가 있고 그럴 듯한 해결책이 있다는 전문가들의 일치된 합의가 있음에도 세계는 그런 해결책을 적용해보도록 조정할 수 없어 보인다. 이런 것은 우리가 실현 불가능한 큰 변화 대신 실현 가능한 작은 변화에 우리의 정책 노력을 집중한다고 보게 한다. 그래서 실현 가능한 어떤 작은 변화들이 이 시나리오를 바꾸어 더 나은 엠 세계를 준비하게 만들 수 있을까?

세포 모델기술의 발전 속도를 높이면 그런 모델기술이 준비되어야 할 마지막 기술이 아니어서 이런 시나리오가 더 먼저 이루어지게 할 수도 있고 엠 경제로 지나치게 빠르게 전환하는 데서 오는 혼란을 최소로 할 수도 있다. 또 평범한 인간들에게 가해지는 전환 리스크는, 주식과 부동산 그리고 또 엠 세계가 그 모습을 드러내야만 만기가 되는 "엠 채권"으로 국제적으로 다각화된 투자펀드를 만들고 이용하는 것을 장려하여 줄일 수 있을지 모른다. 새로운 엠 벤처들 혹은 그런 벤처들에 투자하는 것을 불법화하는 대신에 누구나 그런데 투자하게 해서 새로운 엠 경제의 성장이익을 누구에게나 돌아가게 돕기도 해야 할 것이다.

만일 엠 세계를 피할 수 없다면 엠 세계에 공격적으로 저항해야 하는 어떤 것 대신에 문학적 담론과 대중적 담론으로 엠 세계를 받아들여야 하는 어떤 것으로 틀을 만들고 아마도 선호한 방향 쪽으로 부드럽게 민다면 좋을 듯하다.

만일 엠 세계가 피할 수 없는 것이라면 정책 선택이 더 복잡해진다. 엠 세계가 올 수 있다고 사전경고를 충분히 하겠지만 그런 경고로는 엠 세계가 정확히 언제 올지 예상할 수 없을지도 모른다. 대부분의 조직단체가 상당히 늦은 다음에만 실질적으로 국제적인 규모의 정책을 제정하는 것이 가능한 반면 엠 경제로의 전환은 꽤 급격할 수 있다.

초기 전환기 동안 가능한 오래도록 엠들이 자기들의 금융, 법, 정치 제도를 인간과 함께 깊이 공유하도록 장려하면 나중에 엠들이 인간의 재산을 탈취하고 싶은 유혹을 줄이는 데 도움이 될 수 있다. 평범한 인간들의 특정 하위집단 후손들이 엠 세계를 불법으로 지배한다는 감정이 일으키는 불신을 줄이려면, 만일 초기에 다양한 사람들로 엠 노동자로서의 적합성을 시험하고 스캔한다면, 그런 불신을 줄이는 데 역시 도움될 수 있다. 만일 엠들을 만들어내는 초기 스캔에 인류가 저항하는 대신에 어느 정도는 나머지 인류가 준 선물이었다면 그것도 도움이 될지 모른다. 이런 것은 나중에 엠들이 평범한 인간들을 향해 적대감과 억울함을 느끼게 하는 대신에 감사와 책임감을 느끼게 도울지 모른다. 초기에 인간들이 엠들을 노예화하면 특히 나쁜 선례가 될 것이다.

초기에 생기는 사건들이 엠 도시의 숫자와 도시 간 거리간격에 영향을 줄 수도 있다. 만일 도시급 경제가 허용될 수 있다면 엠 도시 하나만 있거나 혹은 몇몇 도시가 가까이 있는 것이 아마도 가장 효과적일 것이다. 단 이런 것이 전체 엠 세계를 나쁜 정권이 잘못 이끌지도 모른다는 리스크만 빼고 말이다. 만일 그런 나쁜 중앙집권형 정치가 가져오는 결과를 피하는 것이 정말 중요하다면 충분히 떨어진 도시 간에 정치적으로 그리고 경제적으로 경쟁하는 것이 더 나을지도 모른다. 어떤 이들은 기술적으로 더 앞섰지만 더 중앙집권적인 중국에서 산업혁명이 처음 모습을 드러내지 않고 중앙집권적 정부가 없었던 유럽에서 산업혁명이 처음 모습을 드러낸 이유가 있다고 말한다.

만일 천 개 혹은 그보다 더 적은 엠 클랜들이 엠 경제를 지배하게 되어버린다면 성공적인 엠 클랜들의 토대를 만들고 싶은 평범한 인간들 거의 모두를 압도적인 실패 기회에 직면하게 만든다. 평범한 인간들 혹은 초기 클랜들은 이런 리스크에 대비해 성공하는 클랜들이 그들의 이익을 성공하지 못하는 클랜들과 같이 공유하게 하는 공식협정으로 보험을 들 수 있다. 전혀 성공할 것 같지 않다면 그런 보험의 금리는 클랜의 미래 전망이 불확실하다는 것을 보여줄지도 모르지만 몇몇 클랜들은 합리적으로 성공이 확실할 수 있다. 클랜 리스크를 줄이려면 그런 식의 클랜 성공보험을 장려하는 것이 좋을지도 모른다.

기본 경제이론은 얼마간의 "시장 실패market failure"가 있을 수 있다고, 다시 말해 경제가 비효율적으로 되기 쉬운 흔한 방법들을 제시한다. 이렇지 않다고 생각할 다른 어떤 이유가 없으면 우리는 엠 경제도 이런 식으로 비효율적일지 의심해야 한다.

예를 들어 우리가 지위를 얻을 때 다른 이들이 지위를 잃는다는 사실은 다른 사람들의 지위를 희생하면서 한 사람의 지위를 올리는 데 너무 많은 노력을 쏟아 붓는다는 면을 보여준다. 그 결과 엠들은 너무 빨리 구동할 수 있고 초기 삶에 괜찮은 성취를 하려고 너무 많이 투자할 수 있다. 우리가 도시에서 하는 활동밀도를 높일 때 다른 도시들의 활동밀도는 적어진다는 사실은 도시들이 충분히 과밀하지 않게 지어진 다는 면을 보여준다. 그 결과 엠 도시들에 있는 지역 건축가들은 인구 밀도가 지나치게 낮게 되는 설계를 선택할 수 있다. 과시하는 문제들signaling issues 면에서는 사적 보험과 법 선택 시 저렴한 고객봉사 쪽으로 너무 많이 기울 것이라는 것을 보여준다. 제품 차별화 면에서는 제품이 너무 다양해지는 쪽으로 그리고 시장이 너무 세분화되는 쪽으로 갈 것임을 보여준다. 그래서 엠 노동자들은 전문기술이 과하게 다양할 수 있다. 품질 선택quality choice의 문제에서는 품질이 가장 고급인 제품의 가격이 품질에 맞게 충분히 높지 않을 것임을 보여준다. 그래서 엠들은 품질이 최고급인 노동자들의 품질에는 아주 적게 투자할 것이다(Shy 1996).

일반적으로 새로운 영토에 정착하려는 초기 정착자들은 그런 영토가 물리적 공간 혹은 추상적 제품 혹은 노동시장 영역이든 간에 이런 선구자들이 혁신을 통하는 것처럼 다른 혁신을 돕는 식의 거대 방식의 빅웨이big ways가 있지 않는 한 처음에 식민지화하는 데 너무 많이 써버릴 만큼 보상이 주어진다. 그래서 이런 것은 엠들도 새로운 물리적 영토 혹은 새로운 제품과 새 노동시장 영토에 정착하느라 너무 많이 비용을 쓸 수 있다. 일반적으로 전략적으로 하는 약속은 약속 때문에 비용이 초과되기 쉽다. 이것은 팀을 짜는 클랜들과 기업들 간 협상이 지나친 전략적 약속들 때문에 비용 면에서 괴로울 수 있다는 것을 보여준다.

시장실패에 어떻게 대응할 수 있는지 분명하지 않다고 해도 발생할 것 같은 이런 모든 시장실패에 대응하는 정책과제가 좋을 것이다.

엠들은 과시하려는 압박signaling pressures 때문에 여가에 비해 일에 너무 많은 시간을 쓸 지도 모른다. 엠의 속도보다는 차라리 엠의 수입에 세금을 묶어서, 즉 여가가 아니고 일에 세금을 부과해 여가를 더 장려할 수 있다.

내가 이 책에서 시도했듯이 우리들 중 어떤 이들은 엠 세계를 분석하고 예상하는 데 어떤 수고를 해야만 한다. 또 다른 확실한 제안은 엠 세계로 가는 전환이 언제 일어 날 수 있을지에 대해 그리고 그런 전환이 초기에 집중될 수 있는 여러 장소와 여러 산업에 대해 더 앞서서 경고할 수 있도록 관련 발전을 추적하는 것이다.

다른 정책 대안들로는 이런 전환이 빨리 도착하도록 관련 기술이 발전하도록 보조금을 지원하고 그런 전환 시 혼란과 불평등을 줄이도록 전환이 매끄럽게 평등하게 혹은 투명하도록 보조금을 지원하는 것이다. 또한 의외의 변동상황에 대비하는 보험을 보조하거나 제공할 수 있다. 컴퓨터 성능 이상으로 스캔기술과 세포 모델기술의 개발속도를 높임으로써 원활한 엠 전환을 독려할 수 있다.

〈정책〉 절은 있을 만한 관련 정책분석을 겨우 시작만 한 것이다. 그러나 아는 것이 거의 없는 미래 세계에 맞는 정책을 분석하기란 정말 어렵다. 그렇기 때문에 우리가 특별한 무엇인가를 하지 않아도 일어날 것 같은 결과들을 긍정적으로 분석하는 것을 이 책에서 우선으로 삼았다.

자 선

앞의 〈정책〉 절에서는 우리가 사회 전반을 위해 좋다고 함께 동의할지도 모를 정책들을 검토했다. 〈자선〉 절에서는 엠 세계에 관해 좋은 정책을 촉진하기 위해서 개인들이 혼자서 할 수 있는 것들을 검토한다.

오늘날 좋은 정책을 촉진하려는 통상의 방법들 중 대부분이 적용까지 이어진다. 어떤 이는 관련된 정책, 사업, 혹은 기술에서 영향을 미치려고 분투할지도 모른다. 어떤 이는 개인적으로 좋은 정책을 확인하고 좋은 정책을 옹호할지도 모른다. 어떤 이는 좋은 엠 정책을 확인하고 옹호하는, 특히 마음이 같은 이들로 집단을 조직하려 노력할지도 모른다. 혹은 오늘날 엠 정책에 관심 있는 이들이 거의 없어서 다른 연관주제에서 모인 기존 집단에 가입하고 그런 집단이 좋은 엠 정책을 확인하고 옹호하는 쪽으로 힘을 더 쏟도록 격려하는 것이 더 의미 있을지도 모른다.

경력을 시작하고 혹은 바꾸기에 충분히 아직 젊은이들은 엠 기술, 엠 사업, 엠 정책분석이나 엠 옹호 관련 분야에 즉각 집중하지 않는 것을 걱정할지도 모른다. 그런 사람들은 그 대신 대개 다른 분야에서 활동하면서 더 일반적인 기술을 얻으려고 배울지도 모른다. 그러면 그들은 자기 기술이 쌓이고 기회가 생겨 엠과 관련된 분야에 더 많이 집중할지도 모른다.

빌 게이츠와 멜린다 게이츠는 전문 의료인medical experts은 아니지만 그럼에도 불구하고 의료연구에 큰 영향을 끼쳤다. 이런 것처럼 좋은 엠 정책을 분석하고 홍보하는 데 가장 관심 있는 사람들은 엠 기술, 엠 사업, 엠 정책 분석 혹은 엠 옹호 일에 가장 잘 맞는 기술이 있고 그런 일을 선호하는 사람들이 아닐 수 있다. 좋은 엠 정책을 분석하고 홍보하는 데 가장 관심 있는 사람들은 대신 그들이 가진 기술과 선호하는 것에 더 잘 맞는 다른 종류의 일을 하고 싶어 해서, 전문가들에게 돈을 기부하고 싶어 할지도 모른다. 그러나 그런 사람들은 전문가들과 동기부여 전문가들을 그럴 듯하게 알아보기 위해 충분한 조사를 해야만 하고 그런 동기부여 전문가들이 자금을 받을 자격이 있는지 확실히 하기 위해서 그런 이들의 활동을 충분히 지켜보아야만 한다.

엠 시대 전환까지 아마 수십 년 남았다면 특별히 끌리는 대안은 나중을 위해 지금 저축하는 것이다. 즉 당신이 나중에 시간과 돈을 자선에 쓸 수 있도록 하던 대로 시간과 힘을 투자하라. 투자수익률은 경제성장률보다 일관되게 더 높았기에 누군가는 이런 전략을 써서 현재 쓸 수 있는 영향력보다 향후에 비례적으로 영향력을 더 얻을 수 있다.

먼저 자산을 모아두면 미래에 행동하는 선택지options가 많을 수 있다. 예를 들어 정책분석과 정책옹호에 개인적으로 직접 참여할지 아니면 다른 정책 전문가들을 지원하도록 돈을 기부할지를 결정하려고 기다릴 수 있다. 또 우리가 시간이 지나면서 엠 세계와 엠 세계의 문제들에 대해 더 배우게 되므로 우리의 도움이 더 효과적인 쪽으로 더 잘 가게 해야 한다. 심지어 만일 엠 시나리오가 덜 일어날 것 같다면 혹은 한번 일어났는데 덜 중요하다면 우리는 나중에 엠이 아닌 방식들에다 초점을 바꾸어야 할지도 모른다.

이런 전략은 누군가 가진 돈을 나중에 어떻게 쓸지 선택 여지를 많게 해 주기 때문에 엠 세계를 다루는 문제들만이 아니라 미래의 많은 문제들을 다루게 도울 수 있다. 어떤 이들은 미래는 부가 커지고 평화가 늘어나서 도와주어야 할 사람도 훨씬 더 적고 도움이 필요한 가치 있는 문제들이 훨씬 더 적다는 의미라면서 이런 전략을 비판한다. 그러나 만일 엠 세계가 온다면 그때 엠 세계는 도움 받아 마땅한 생명체들을 많이 있게 만들면서 엠 하나당 부는 엄청 떨어질 것이다.

만일 엠 전환이 당신이 죽은 다음에 일어난다고 본다면, 당신이 죽은 후에 다른 이들에게 돈을 기부하기 위해 저축하는 것도 고려할 수 있다. 이 경우에는 그 돈을 받을 이들이 당신이 원했던 것을 하고 있는지 지켜보도록 준비하는 것이 더 어려워진다. 그리고 이에 더해 우리 사회는 당신이 죽은 후에는 당신의 기금을 쓰기 어렵게 만드는 실질적인 합법적 장애물들이 있다. 그렇다고 해도 기부하기 위해 저축하는 것은 여전히 제일 좋은 전략일지 모른다.

한마디로 말해서 개인이 미래의 엠 세계에 기여할 수 있는 대처 방법이 많다.

성 공

만일 당신이 더 좋은 엠 세계를 만들려고 어떻게 도울지가 아니라 이런 새로운 세계에서 당신과 관련 있는 이들이 개인적으로 어떻게 성공하게 도울지 알고 싶다면 어떻게 할까?

일어날 만한 최악의 결과를 피하려면 인간으로서 임금을 벌기 위한 당신이 가진 기술은 모두 엠 전환 이후에 재빠르게 사라질 것이라고 보라. 이런 일이 일어나기 한참 전에 대체 수입원을 찾아내라. 주식, 현실의 실제 부동산, 지식재산권처럼 가치가 유지될 것 같은 자산으로 재정 포트폴리오를 축적하고 다각화시켜라. 또 사회적 지원과 사회적 인맥으로 된 포트폴리오도 쌓고 다각화시켜라. 그리고 당신의 금융 자산과 사회적 자산 모두 엠 세계에서 번성하거나 아니면 적어도 생존할 것 같은 공동체들에 묶여 있어야 한다. 새로운 세계에 가치를 더하고 새로운 세계에 협조할 것 같은 지리적 지역, 국가, 직업, 표준 등에 들어 있게 노력하고 새로운 세계에 싸움을 걸 수 있는 지리적 지역, 국가, 직업, 표준 등을 피하라.

만일 당신이 다른 투자자들에 비해 투자 분석하는 데 견줄 만한 전문기술이 있다면 저평가된 엠 관련 자산을 찾아 투자할지도 모른다. 이런 자산은 엠 세계에서는 상당히 가치 있다고 보지만 현재 가격에는 반영되어 있지 않은 것들이다. 예를 들어 엠 도시가 있을 만한 위치에 가까이 있는 부동산은 현재 저평가되어 있다. 그러나 누가 투자전문가로 충분한 가의 평가는 잣대를 상당히 높이 두어야만 한다. 오늘날 금융 거래인들의 어마어마한 다수가 자기 자신들을 충분히 전문가로 과신해서 보기 때문에 돈을 잃는다.

성공한 클랜들이 엠 세계 수익의 큰 부분을 차지하기 때문에 당신(혹은 당신의 자녀나 혹은 손자)이 가장 많이 복제된 소수의 엠 클랜들 중 하나로 시작할지도 모를 가능성을 당신은 검토해야만 한다. 승률은 당신에게 대단히 불리하다는 것을 깨닫고 엠 세계와 가장 비슷한 환경과 과제에서 가장 높은 생산성과 안정적인 생산성을 보여주어 이런 가능성을 이루려고 큰 리스크를 기꺼이 받아들여야만 한다. 당신은 당신이 이룰 만한 성공

분포곡선에서 가장 높은 쪽의 꼬리부분에 집중해야만 한다. 분포곡선의 다른 부분은 큰 차이를 만들지 못한다. 모 아니면 도라서 제대로 해야 한다.

만일 엠 전환 시기에 당신 혹은 당신과 관련 있는 이들(자손들처럼)이 나이가 들어 있다면 그때 그들 모두가 정말 생산적이고 경력기술이 정점에 있게 그리고 어떤 과제들, 즉 엠들이 그런 과제를 하게 되어 엄청 많은 고객들에게 빠르게 봉사할 수 있는 그런 과제들에서 생산적일 수 있게 하라. 이렇게 하면 정말 가장 고급으로 복제되는 엠들 중 하나로 시작할 수 있는 기회를 당신에게 줄 것이다. 만일 당신이 엠 전환 시기에 죽어 있게 된다면 인체 냉동 고객이 되어, 되살아나는 것이 기술적으로 가능해졌을 때 엠으로서 되살아나고 싶다는 당신의 바람을 표명하는 것일지도 모른다.

반대로 만일 당신 혹은 당신과 관련 있는 이들이 엠 전환기에 청년으로 있게 된다면 그들의 나이가 초기 엠 시대 동안 새로운 엠 스캔에 이상적인 나이에 있게 하려고 노력하라. 뇌를 파괴해야 하는 스캔기술에서 생기는 리스크를 받아들여야 하는 것을 고려하라. 그런 나이가 되기 이전에 그들이 유용한 기술을 배울 수 있는 일반적인 기술들이 있다고, 그리고 가치 높은 과제들을 할 수 있다고 가시적으로 보여줄 만한 지표들을 모으게 하라. 그들은 또 그들 자신들과 많이 닮은 사람들과 잘 어울릴 수 있다는 것도 보여주어야 하고 삶이 힘들고 생경할 때 삶과 투지의 가치를 소중히 여기고 있다는 것을 남에게 보여줄 수 있어야 한다. 이런 덕목을 당신의 자녀와 손자에게 가르쳐라. 그러면 그런 젊은 사람들은 젊음의 유연성을 높이 평가하는 초기 엠 시대 동안 성공한 엠들이 될 기회를 가질지도 모른다.

어린 엠 후보자들이 구제적인 일을 준비하는 정도까지는 그런 이들이 우리 세계에서 가장 돈 많이 버는 일들 대신에 엠 세계에서 가장 수요가 많은 엠 일들과 엠 직업들을 준비하게 하라. 우리 세계와 비교해서 엠 임금은 일과 많이 연관된 지능이나 지위로는 거의 달라지지 않는다는 것을 기억하라. 엠 전환 바로 전에는 엠들과 견줄 만한 일들에서 평범한 인간들이 사용하는 도구와 지원 자본보다 엠들은 도구와 지원자본supporting capital을 더 적게 사용한다는 것도 기억하라.

즉 이런 새로운 세계에서 성공하려면 그 세계가 필요로 하는 것이 되도록 준비하라는 것이다.

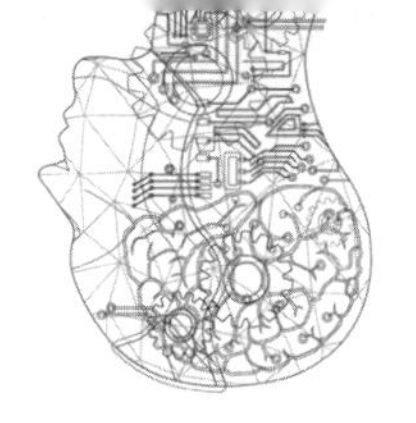

| Chapter 30 |

대단원

비 평

이 책이 나오기 전에 150명 넘는 이들이 초고를 읽고 의견을 주었다. 그중 가장 일반적인 비평 중 일부를 여기에 정말 짧게 정리했다. 대부분의 개별 의견은 물론 이런 정리보다 더 예리할 수 있다.

초고를 읽는 것을 거절한 사람들을 포함해서 가장 일반적인 불평은 "뭔 상관이야?"와 같은 것이다. 많은 이들이 자신이나 그들 자녀 그들의 손자 손녀가 아닌 이들의 삶에 대해 왜 그렇게 상세히 많이 알고 싶어 해야 하는지 그저 모른다. 초고를 읽어준 많은 이들이 개인적으로 자기 조상들이 아닌 과거 사람들의 삶에 흥미를 보인 것 같지만 아마도 이런 이들은 전 인구면에서는 겨우 소수만 차지할 것이다.

초고를 읽어준 다른 이들은 여러 기술이 가져올 사회적 결과들을 과연 수십 년 미리 앞서 추정할 수 있는지 의심한다. 이런 이들이 나의 분석에 대해 구체적인 불평을 한 것은 그리 많지 않다. 대신 그런 분석검토에 그들을 흥미 없게 만드는 일반적인 회의가 그런 이들에게는 있다. 많은 이들이 인간의 행동을 본질적으로 헤아리기 어려운 것으로 보고, 많은 이들이 사회과학이 믿을 만한 통찰의 근원으로서 이미 있다는 것을 의심한다. 사회적 결과들을 추정하는 진정한 아이디어가 있다고 불쾌해 하는 이들이 조금 있다. 그들은 이런 면을 우리가 우리의 미래를 선택하기 위한 우리의 자유 의지와 가능성을 부인하는 것으로 보아 버린다.

이런 종류의 비판으로 더 구체적인 것은 우리가 살고 있는 세계와 비슷한 세계에서의 사회적 결과들을 예측하는 것은 보통 가능하지만 우리보다 실질적으로 더 스마트한 생명체들의 사회적 행동방식을 예측하기는 불가능하다는 것을 받아들인다. 그래서 그들은 전형적인 후손들이 오늘날 우리보다 더 스마트해지는 그 특정 미래시점 이후를 오늘날 우리는 볼 수 없고 그리고 엠들은 여러 방식으로 우리보다 효과적으로 더 스마트하다고 이유를 댄다. 이런 관점은 오늘날 사회과학자들은 더 스마트한 사람들의 행동을 예측하는 능력이 떨어진다고 혹은 보통의 사회과학자보다 더 스마트한 사람들의 행동을 예측하는 능력이 떨어진다고 보게 한다. 내가 보기에 이것은 틀린 것 같다.

초고를 읽어준 다른 이들은 내가 한 사회적 분석은 그래도 수용하지만 내가 다음번 위대한 시대만을 검토하고 그 이후 올 더 먼 시대를 검토하지 않은 것에 실망한다. 이런 이들은 주로 장기적 미래를 신경 쓴다. 그들은 엠 시대를 이해하는 것이 이후 이어질 수 있는 시대들을 이해하는 좋은 첫 걸음이라는 나의 주장을 받아들이지 않는다. 그들은 먼 미래를 지금과 그때 사이에 무슨 일이 일어날 까는 전혀 상관하지 않는 다른 방식으로 분석하고 싶어 한다. 나는 지금과 그때 사이에 있는 길들을 최소한 윤곽도 그리지 않고는 어디에 도착할지 예측할 수 있을까에 더 회의적이다.

많은 이들이 뇌 에뮬레이션이 다음번 거대한 기술 변화일지 의심하고 개인적으로 가장 일어날 것 같거나 혹은 가장 관심 있어 하는 것 외에는 어떤 큰 변화의 결과들을 분석하는 데는 관심 없다. 이런 많은 사람들은 뇌 에뮬레이션이 나타나기 전에 전통적인 인공지능, 즉 직접 사람이 코딩한 소프트웨어가 넓은 영역에서 인간 수준 능력을 이루어내기를 기대한다. 스마트 소프트웨어 코딩에서 이룬 과거의 발전 속도로 봐서 이 속도 그대로일 때 나는 스마트 소프트웨어 코딩을 통해 넓은 영역에서 인간 수준 능력을 이루어내기까지 2세기에서 4세기까지 걸릴 것으로 본다. 이런 것을 비판하는 이들은 이전의 기술 동향과 별개로 생각되는 "심층학습deep learning"과 같은 최근의 놀랄 만한 발전을 자주 언급한다.

이런 동향을 강하게 뒷받침하는 증거를 우리가 아직 보지 못했음에도 불구하고 어떤 이들은 곧 사회를 크게 변혁시킬 것이라 기대하는 새로운 동향을 내가 충분히 신뢰하지 않는다고 나를 나무라는 것이 더 일반적이다. 그런 변혁은 대부분의 일을 가져가는 로봇, 대량생산을 현지에서 조달하는 것, 소형 기업이 큰 기업을 대신하는 것, 노동자 협동체가 이윤-추구를 대신하는 것, 능력시험이 학교학위를 대신하는 것, 3차원 3D 프린터가 제조 공장을 대신하는 것이다. 이런 것들이 실질적인 규모로 실제로 일어나는 시점이 좀 더 분명해진다면 나는 그때 이런 동향들이 실제로 혁명적인 것으로 믿게 될 것이다.

강경한 소수 비판자들은 경제학을 기본적으로 잘못된 사회과학이라 보고 그래서 경제학이 대체로 잘못됐다고 본다. 그런 비판자들은 다른 유형의 사회과학을 이용하여 사회적 결과를 추정하는 것은 이해할 수 있지만 경제적 분석으로 사회적 결과를 추정하는 것에는 아무 것도 흥미를 두지 않는다.

마지막으로 어떤 비판자들은 "아직 모르는 미지의 것들unknown unknowns"을 내가 무시한다고 나를 나무란다. 다시 말해 그들은 내가 한 예측이 나중에 생길 뜻밖의 변화와 혁신을 내가 충분히 설명하지 못한다고 한다. 겉으로 보아 그들은 정확하지 않다고 혹은 분석이 아니야라고 주장하고, 이상하고 생경한 얘기들이야라고 말하는 것 외에는 단지 "미래는 이상할 거야" 그리고 더 상세히 추가하고 싶은 충동을 억제해야 한다고 생각한다. 나에게 이런 관점은 유용한 분석을 할 수 있는 우리 능력을 불필요하게 비관적으로 보는 것 같다. 그렇다. 이런 책에 쏟는 노력은 나쁘게 오해될 수 있는 게 맞고 우리는 과신하지 말아야 한다. 그렇다 해도 우리는 시도해야 한다.

한마디로 말해서 많은 비판이 합리적인 면이 있다 해도 이 책에 쏟은 그런 분석 노력은 여전히 가치 있다고 생각한다.

결 론

부모는 자식이 부모에게 중요한 가치를 저버렸다는 이유로 때때로 자기 자식과 절연한다. 만일 부모에게 자식이 완전 저버릴 수 있을 어떤 가치가 있다면 부모는 그런 저버림을 잘 주시하고 그리고 필요시 자녀와 절연하는 것 같은 극단적인 대응을 준비하는 것이 타당하다.

그러나 자식과 절연하려고 마음먹은 부모는 그러기 전에 자기 자녀를 주의 깊게 알아보도록 분명 격려받아야 한다. 예를 들어 자식이 담배회사에서 일하거나 혹은 국가를 위한 전쟁에서 싸우길 거부한다고 자식과의 절연을 고민하는 부모는 흡연반대 혹은 애국심 같은 그런 가치가 그저 바꿀 수 있는 견해가 아니라 진정으로 어느 정도까지가 자기들의 핵심가치인지 생각해봐야 한다. 그런 부모는 자식과 절연하려고 하기 전에 자식의 삶과 견해를 어느 정도 상세히 알아보는 것이 현명할 것이다.

그런 부모들이 이웃처럼 살았던 때에, 수렵채집인들은 농경문화를 자주 강하게 비판하고 농경인들은 산업문화를 자주 강하게 비판했다. 그런 많은 사람들이 그들이 경멸한 새로운 방식을 택한 후손들과 절연하고 싶어 한 것이 분명하다. 이에 더해 많은 당신 조상들이 만일 당신에 대해 많이 들었다면 그들은 당신과 절연하고 싶어 할 것이다. 그런 조상들은 당신의 많은 특징들 때문에 즐거워도 하고 맘에 들어도 하지만 다른 특징들 때문에는 질겁할지도 모른다.

그렇다고 당신의 수렵채집인 조상들 혹은 농경시대 조상들이 당신과 절연해야 할까? 그런 식의 절연은 어떤 핵심가치들에 대해서는 조상들을 진실되게 해줄지도 모르지만 나는 당신이, 조상들이 당신과 절연하려는 것을 택하기 전에 당신의 삶과 관점을 주의 깊게 얼마간 상세하게 고민해 달라고 조언할 것이라 본다. 절연을 아무 생각 없이 하면 안 된다.

이 책의 분석은 우리의 삶이 농경인의 삶과 다르고 혹은 농경인의 삶이 수렵채집인의 삶과 다른 만큼 다음번 위대한 시대에 사는 삶들은 우리의 삶과는 다를 수 있다고 제시한다. 이 책의 많은 독자들은 산업시대의 삶을 살고 있고 산업시대의 가치들을 공유하고 있어서 독자들이 소중하게 여기는 많은 가치들을 거부하는 것처럼 보이는 선택을 하고 그런 삶을 사는 엠 시대 후손들을 예상하는 것에 혼란스러울 수 있다. 그런 독자들은 아마도 산업시대가 이어지기를 우선적으로 원하면서 엠 시대를 막으려고 싸우고 싶어 할 수 있다. 그런 독자들은 자기들의 핵심 가치에 진실하도록 엠 미래를 거부하는 것이 옳을 수 있다.

그러나 나는 그런 독자들에게 새로운 시대에 거주하는 보통 일반인들의 관점에서 이 새로운 시대를 얼마간 상세하게 보도록 먼저 노력하라고 조언한다. 그런 이들이 즐거워하는 것이 무엇인지 그런 이들을 자부심 있게 해주는 것이 무엇인지 보고 그들이 당신의 시대와 당신의 가치들을 비판하는 것에 귀 기울여 보라. 이 책은 그런 영혼 찾기 시험에서 당신을 어느 정도 도우려고 의도한 것이다. 만일 이 책을 다 읽은 후 당신이 엠 후손들과 여전히 절연하고 싶어 한다고 해도 당신이 틀렸다고 나는 말하지 않는다. 나의 일은 다른 무엇보다 당신 자손의 부정적인 점까지도 모두 분명하게 볼 수 있도록 당신을 도우려는 데 있다.

끝.

역자 후기

이 책의 영어 제목은 『엠의 시대: 로봇 지배 시대의 노동과 사랑 그리고 삶』이다. 엠Em(Emulation의 약자)이란 인간 뇌를 복제한 미래 지능 시스템의 새로운 존재 양식이다. 이 책은 엠의 존재가 호모사피엔스의 현 인류를 대신하여 우리 후손이 될 수 있다는 가능성을 묘사한 가상 시나리오이다. 가상 시나리오이기는 하지만 방대한 과학적 자료를 바탕으로 철저하고 냉철한 종합 분석으로 탄생한 과학책이다. 많은 역서의 후기를 보면 책의 내용을 간략히 요약해놓은 경우를 자주 볼 수 있어서, 이 책에서도 원저자와 책의 방향을 간단히 요약하는 형태로 후기를 썼다.

이 책의 저자 로빈 핸슨에 대하여

현재 조지메이슨 대학교 경제학과 교수이다. 저자 로빈 핸슨Robin Hanson은 물리학, 과학철학, 정보공학, 뇌과학, 경제학, 사회과학을 전공한 학자로 자신의 연구 분야를 확장한 다중지식인이다. 그는 엠의 존재를 통해서 인류의 미래 사회경제 구조를 예측한다. 그는 예측시장 분야와 행동경제학 부문의 학술저널 편집인이기도 한데, 이런 점으로만 보아도 이 책의 많은 내용이 미래 경제 분석과 깊이 연관되어 있음을 알 수 있다. 저자의 다른 책으로 『뇌 안의 코끼리The Elephant In The Brain』(2018)가 있다.

> 엠에 대하여 : 엠은 뇌가 작동하는 방식을 모방하는 브레인 에뮬레이션Brain Emulation의 약자이다. ①특정 뇌를 가능한 미세한 분해능으로 스캔한다. ②스캔한 뇌를 소프트웨어 모델로 구현한다. ③원래 뇌의 기능과 동일한 복제 뇌의 소프트웨어인 엠은 복제, 증식, 전송, 미세 수정, 네트워킹을 할 수 있으며, ④엠 소프트웨어를 로봇이나 적절한 하드웨어에 탑재하여 활용할 수 있으며, ⑤나아가 엠 자체로 노동과 사랑 그리고 삶의 경제사회적 활동을 할 수 있다. 그래서 엠은 인류를 대신할 수 있는 존재론적 정체성을 갖는다. 저자는 아키텍처 방식의 인공지능 혹은 시스템의 상대적 규모에 비례해서 더 큰 대형 시스템이 능력을 가지게 하여 아키텍처 혁신을 찾는 대신 시스템이 대규모의 자연스런 문지방 효과 혹은 규모 경제를 갖는 능력으로 다스리는 체제 초지능사회보다 뇌복제 엠Em을 통한 초지능사회가 먼저 올 수 있다고 예측한다. 기술 부족 때문에 초기 엠 시대에는 대부분의 엠의 성격과 스타일이 마치 인간처럼 인식될 수 있다. 엠은 정신적 측면에서 거의 인간으로 볼 수 있지만, 반면 선택 효과selection effects 때문에 엠은 전형적인 인간과 다를 것이다. 엠은 단순한 지능프로그램 수준이 아니라 인류를 대체하는 미래인류로 될 수 있다는 가상 시나리오의 주인공이다. 이러한 가상 시나리오가 향후 100년에서 150년 이내에 실현될 수 있는 통계적 확률을 저자는 5%에서 10% 수준으로 예측하고 있다.

이 책에 대하여

이 책은 뇌를 모방한 미래사회의 사회 경제변동을 묘사한다. 엠 사회에서 어떻게 나타나는지, 엠의 노동이 어떻게 자본처럼 성장하게 되는지, 그리고 일과 여가, 사랑과 섹스, 협동과 배제, 관습과 혁신, 지배와 종속, 젊음과 은퇴의 이야기가 전개되고 있다. 미래에 대한 구체적인 경제 분석자료를 제공하기 때문에, 미래 기술 기반 경제변화에 관심을 둔 사람들에게 실질적인 도움을 줄 수 있다. 사회심리학, 철학, 문화인류학과 고인류학, 행동경제학과 일반 미시경제학, 기술혁신 부문 경영학과 금융공학, 기계공학, 논리학, 컴퓨팅과 인공지능공학, 진화생물학, 물리학, 뇌공학에 이르는 방대한 기초자료가 구체적으로 제시되고 있어서, 그 자료만으로도 이 책의 확장성은 대단한 수준에 이른다. 번역서 원본은 양장본(2016년)이지만, 문고본(2018년)의 내용과 큰 차이가 없음을 밝힌다. 저자는 양장본 내용 중에서 너무 어려운 부분들을 좀 더 쉽게 풀어쓰고 이해에 도움이 되도록 몇몇 소절들을 추가하여 문고본을 냈는데, 우리 역자는 이에 맞추어 최대한 읽기 쉽게 번역하려고 노력했다. 먼 미래에 엠의 이야기가 실현될 가능성을 저자는 10%로 추정했다가 나중에 5%로 낮추었다. 이 추정치가 큰 의미는 없지만, 엠이 단순한 공상과학영화의 소재가 아니라 우리 인류의 미래를 성찰하는 계기로 될 수 있음을 간접적으로 말하고 있다.

이 책에 대한 비판에 대하여

저자는 자신이 말한 엠의 미래가 어떻게, 그리고 얼마나 많이 비판받고 있는지를 잘 알고 있다. 이 책의 문고판(2018년 판) 〈서문〉에서 저자는 그 비판점에 대하여 분명하게 대답을 한다. 과학기술 기반 미래사회를 보는 우리들의 생각은 대부분 막연한 공포와 관습적인 과거에 갇혀 있는데, 그런 공포와 관성의 믿음을 객관적이고 현실적인 지식으로 보완해야 한다고 저자는 말한다. 더 간단히 말해서 미래사회가 지나온 인류의 역사처럼 인간중심 사회의 연장으로 이어질 것이라는 어떤 보장도 없음을 말하려는 것이 이 책의 기본 의도이다.

이런 관심을 둔 독자에게 추천을 하는데

①미래 시대 경제사회 구조변동에 관심을 둔 독자, ②인공지능 혹은 초지능 기반 미래사회에 관심을 갖는 독자, ③뇌과학 연구자 및 기술사회정책론 연구자, ④조금은 불쾌해질 수 있는 미래 후손들의 가능성을 기꺼이 생각해보고 싶은 독자, ⑤나아가 더 깊은 교양 과학의 의미를 되새기고 싶은 독자에게 이 책을 추천한다.

역자 최순덕 · 최종덕

2020년 1월 1일

참고문헌

Acemoglu, Daron, Philippe Aghion, Claire Lelarge, John Van Reenen, and Fabrizio Zilibotti. 2007. "Technology, Information, and the Decentralization of the Firm." *Quarterly Journal of Economics* 122(4): 1759–1799.

Ahlfeldt, Gabriel, Stephen Redding, Daniel Sturm, and Nikolaus Wolf. 2015. "The Economics of Density: Evidence from the Berlin Wall." *Econometrics* 83(6): 2127–2189.

Albright, Richard. 2002. "What Can Past Technology Forecasts Tell Us about the Future?" *Technological Forecasting and Social Change* 69: 443–464.

Alesina, Alberto, Silvia Ardagna, Giuseppe Nicoletti, and Fabio Schiantarelli. 2005. "Regulation and Investment." *Journal of the European Economic Association* 3(4): 791–825.

Alesina, Alberto, and Paola Giuliano. 2014. "Family Ties." In *Handbook of Economic Growth 2A*, 177–216, edited by Philippe Aghion and Steven N. Durlauf.

Amsterdam: North Holland.

Alesina, Alberto, Paola Giuliano, and Nathan Nunn. 2013. "On the Origins of Gender Roles: Women and the Plough." *Quarterly Journal of Economics* 128(2): 469–530.

Ali, Afia, Gareth Ambler, Andre Strydom, Dheeraj Rai, Claudia Cooper, Sally McManus, Scott Weich, H. Meltzer, Simon Dein, and Angela Hassiotis. 2013. "The Relationship between Happiness and Intelligent Quotient: The Contribution of Socio-economic and Clinical Factors." *Psychological Medicine* 43(6): 1303–1312.

Allen, Douglas, and Yoram Barzel. 2011. "The Evolution of Criminal Law and Police during the Pre-modern Era." *Journal of Law, Economics, and Organization* 27(3): 540–567.

Almeida, Heitor, and Daniel Ferriera. 2002. "Democracy and the Variability of Economic Performance." *Economics and Politics* 14(3): 225–257.

Alston, Julian, Matthew Andersen, Jennifer James, and Philip Pardey. 2011. "The Economic Returns to U.S. Public Agricultural Research." *American Journal of*

Agricultural Economics 93(5): 1257–1277.

Alstott, Jeff. 2013. "Will We Hit a Wall? Forecasting Bottlenecks to Whole Brain Emulation Development." *Journal of Artificial General Intelligence* 4(3): 153–163.

Alvanchi, Amin, SangHyun Lee, and Simaan AbouRizk. 2012. "Dynamics of Working Hours in Construction." *Journal of Construction Engineering and Management* 138(1): 66–77.

Alwin, Duane, and Jon Krosnick. 1991. "Aging, Cohorts, and the Stability of Sociopolitical Orientations Over the Life Span." *American Journal of Sociology* 97(1): 169–195.

Anderson, David. 1999. "The Aggregate Burden of Crime." *Journal of Law and Economics* 42(2): 611–642.

Angier, Natalie. 2005. "Almost Before We Spoke, We Swore." *New York Times*, September 20.

Anwar, Shamena, Patrick Bayer, and Randi Hjalmarsson. 2014. "The Role of Age in Jury Selection and Trial Outcomes." *Journal of Law and Economics* 57(4): 1001–1030.

Aral, Sinan, Erik Brynjolfsson, and Marshall Van Alstyne. 2007. "Information, Technology and Information Worker Productivity: Task Level Evidence." NBER Working Paper No. 13172, June.

Aral, Sinan, and Dylan Walker. 2012. "Identifying Influential and Susceptible Members of Social Networks." *Science* 337(6092): 337–341.

Armstrong, Stuart, and Kaj Sotala. 2012. "How We're Predicting AI—or Failing to." In *Beyond AI: Artificial Dreams*, edited by J. Romportl, P. Ircing, E. Zackova, M. Polak, and R. Schuster, 52–75. Pilsen: University of West Bohemia.

Arnfield, A. John. 2003. "Two Decades of Urban Climate Research: A Review of Turbulence, Exchanges of Energy and Water, and the Urban Heat Island." *International Journal of Climatology* 23: 1–26.

Arnott, Richard. 2004. "Does the Henry George Theorem Provide a Practical Guide to Optimal City Size?" *American Journal of Economics and Sociology* 63(5): 1057–1090.

Ashenfelter, Orley, Kirk Doran, and Bruce Schaller. 2010. "A Shred of Credible Evidence on the Long Run Elasticity of Labor Supply." *Economica* 77(308): 637–650.

Ashton, Michael, Kibeom Lee, Philip Vernon, and Kerry Jang. 2000. "Fluid Intelligence,

Crystallized Intelligence, and the Openness/Intellect Factor." *Journal of Research in Personality* 34(2): 198–207.

Asker, John, Joan Farre-Mensa, and Alexander Ljungqvist. 2011. "Comparing the Investment Behavior of Public and Private Firms." NBER Working Paper No. 17394, September.

Asker, John, Joan Farre-Mensa, and Alexander Ljungqvist. 2015. "Corporate Investment and Stock Market Listing: A Puzzle?" *Review of Financial Studies* 28(2): 342–390.

Assiotis, Andreas, and Kevin Sylwester. 2015. "Does Law and Order Attenuate the Benefits of Democracy on Economic Growth?" *Economica* 82(328): 644–670.

Atkinson, Quentin, and Harvey Whitehouse. 2011. "The Cultural Morphospace of Ritual Form: Examining Modes of Religiosity Cross-Culturally." *Evolution and Human Behavior* 32(1): 50–62.

Aucoin, Michael, and Richard Wassersug. 2006. "The Sexuality and Social Performance of Androgen-deprived (Castrated) Men Throughout History: Implications for Modern Day Cancer Patients." *Social Science and Medicine* 63: 3162–3173.

Axtell, Robert. 2001. "Zipf Distribution of US Firm Sizes." *Science* 293(5536): 1818–1820.

Baghestani, Hamid, and Michael Malcolm. 2014. "Marriage, Divorce and Economic Activity in the US: 1960–2008." *Applied Economics Letters* 21(8): 528–532.

Bain, Paul, Matthew Hornsey, Renata Bongiorno, Yoshihisa Kashima, and Daniel Crimston. 2013. "Collective Futures: How Projections About the Future of Society Are Related to Actions and Attitudes Supporting Social Change." *Personality and Social Psychology Bulletin* 39(4): 523–539.

Baird, Benjamin, Jonathan Smallwood, Michael Mrazek, Julia Kam, Michael Franklin, and Jonathan Schooler. 2012. "Inspired by Distraction: Mind Wandering Facilitates Creative Incubation." *Psychological Science* 23(10): 1117–1122.

Banker, Rajiv, Seok-Young Lee, Gordon Potter, and Dhinu Srinivasan. 2000. "An Empirical Analysis of Continuing Improvements Following the Implementation of a Performance-based Compensation Plan." *Journal of Accounting and Economics* 30(3): 315–350.

Barberis, Nicholas. 2013. "Thirty Years of Prospect Theory in Economics: A Review and

Assessment." *Journal of Economic Perspectives* 27(1): 173–196.

Barker, Eric. 2015a. "How To Be Compassionate: 3 Research-Backed Steps To A Happier Life." Barking Up The Wrong Tree blog. January 18. http://www.bakadesuyo.com/2015/01/how-to-be-compassionate.

Barker, Eric. 2015b. "A Navy SEAL Explains 8 Secrets to Grit and Resilience." Barking Up The Wrong Tree blog. January 31. http://www.bakadesuyo. com/2015/01/grit.

Barrick, Murray. 2005. "Yes, Personality Matters: Moving on to More Important Matters." *Human Performance* 18(4): 359–372.

Baruch, Yehuda, and Stuart Jenkins. 2007. "Swearing at Work and Permissive Leadership Culture." *Leadership and Organization Development Journal* 28(6): 492–507.

Baten, Joerg, Nicola Bianchi, and Petra Moser. 2015. "Does Compulsory Licensing Discourage Invention? Evidence From German Patents After WWI." NBER Working Paper No. 21442, July.

Bejan, Adrian. 1997. "Constructal Tree Network for Fluid Flow Between a Finite-Size Volume and One Source or Sink." *Revue Generale de Thermique* 36: 592–604.

Bejan, Adrian. 2006. *Advanced Engineering Thermodynamics*, 3rd ed. Wiley.

Bejan, Adrian, and James Marden. 2006. "Unifying Constructal Theory for Scale Effects in Running, Swimming and Flying." *Journal of Experimental Biology* 209: 238–248.

Bejan, Adrian, L.A.O. Rocha, and S. Lorente. 2000. "Thermodynamic Optimization of Geometry: T- and Y-shaped Constructs of Fluid Streams." *International Journal of Thermal Sciences* 39: 949–960.

Bénabou, Roland, Davide Ticchi, and Andrea Vindigni. 2015. "Religion and Innovation." NBER Working Paper No. 21052, March.

Benford, Gregory, and James Benford. 2013. *Starship Century: Toward the Grandest Horizon*. Lucky Bat Books, April.

Bengtson, Vern, Merril Silverstein, Norella Putney, and Susan Harris. 2015. "Does Religiousness Increase with Age? Age Changes and Generational Differences Over 35 Years." *Journal for the Scientific Study of Religion* 54(2): 363–379.

Bennett, Charles. 1989. "Time/Space Trade-offs for Reversible Computation." *SIAM Journal of Computing* 18(4): 766–776.

Benson, Alan. 2014. "Rethinking the Two-Body Problem: The Segregation of Women Into Geographically Dispersed Occupations." *Demography* 51(5): 1619–1639.

Bento, Pedro, and Diego Restuccia. 2014. "Misallocation, Establishment Size, and Productivity." University of Toronto Economics Working Paper 517, July 25.

Bermúdez, José Luis. 2010. *Cognitive Science: An Introduction to the Science of the Mind.* Cambridge University Press, August.

Bettencourt, Luís, José Lobo, Dirk Helbing, Christian Kühnert, and Geoffrey West. 2007. "Growth, Innovation, Scaling, and the Pace of Life in Cities." *Proceedings of the National Academy of Science USA* 104(17): 7301–7306.

Bettencourt, Luís, José Lobo, D. Strumsky, and G.B. West. 2010. "Urban Scaling and Its Deviations: Revealing the Structure of Wealth, Innovation and Crime across Cities." *PLoS ONE* 5(11): e13541.

Bickham, Jack M. 1997. *The 38 Most Common Fiction Writing Mistakes (And How To Avoid Them).* Writer's Digest Books, September 15.

Blackman, Ivy, David Picken, and Chunlu Liu. 2008. "Height and Construction Costs of Residential Buildings in Hong Kong and Shanghai." In *Proceedings of the CIB W112 International Conference on Multi-National Construction Projects*, Shanghai, November 23, 24, 1–18.

Block, Walter, N. Stephan Kinsella, and Hans-Hermann Hoppe. 2000. "The Second Paradox of Blackmail." *Business Ethics Quarterly* 10(3): 593–622.

Bloom, Nicholas, Benn Eifert, Aprajit Mahajan, David McKenzie, and John Roberts. 2013. "Does Management Matter? Evidence from India." *Quarterly Journal of Economics* 128(1): 1–51.

Bloom, Nicholas, Raffaella Sadun, and John Van Reenen. 2015. "Do Private Equity Owned Firms Have Better Management Practices?" *American Economic Review* 105(5): 442–446.

Bloom, Nicholas, and John Van Reenen. 2010. "Why Do Management Practices Differ across Firms and Countries?" *Journal of Economic Perspectives* 24(1): 203–224.

BLS 2012. "Employee Tenure in 2012." United States Bureau of Labor Statistics USDL-12-1887, September 18. http://www.bls.gov/news.release/archives/tenure_09182012.pdf.

Boehm, Christopher. 1999. *Hierarchy in the Forest: The Evolution of Egalitarian Behavior.* Harvard University Press, December 1.

Bogdan, Paul, Tudor Dumitras, and Radu Marculescu. 2007. "Stochastic Communication: A New Paradigm for Fault-Tolerant Networks-on-Chip." *VLSI Design* 2007: 95348.

Boning, Brent, Casey Ichniowski, and Kathryn Shaw. 2007. "Opportunity Counts: Teams and the Effectiveness of Production Incentives." *Journal of Labor Economics* 25(4): 613–650.

Bonke, Jens. 2012. "Do Morning-Type People Earn More than Evening-Type People? How Chronotypes Influence Income." *Annals of Economics and Statistics* 105/106: 55–72.

Boserup, Ester. 1981. *Population and Technological Change: A Study of Long-Term Trends.* University of Chicago Press, February.

Bostrom, Nick. 2004. "The Future of Human Evolution." In *Death and Anti-Death: Two Hundred Years After Kant, Fifty Years After Turing*, edited by Charles Tandy, 339–371. Palo Alto, CA: Ria University Press.

Bostrom, Nick. 2014. *Superintelligence: Paths, Dangers, Strategies*. Oxford University Press, July 3.

Bouchard, Thomas, David Lykken, Matthew McGue, Nancy Segal, and Auke Tellegen. 1990. "Sources of Human Psychological Differences: The Minnesota Study of Twins Reared Apart." *Science* 250(4978): 223–228.

Bowles, Samuel, and Herbert Gintis. 1976. *Schooling in Capitalist America: Educational Reform and the Contradictions of Economic Life*. Basic Books, January.

Braekevelt, Jonas, Frederik Buylaert, Jan Dumolyn, and Jelle Haemers. 2012. "The Politics of Factional Conflict in Late Medieval Flanders." *Historical Research* 85(227): 13–31.

Brain, Marshall. 2012. *The Day You Discard Your Body*. BYG Publishing, December 25.

Brassen, Stefanie, Matthias Gamer, Jan Peters, Sebastian Gluth, and Christian Büchel. 2012. "Don't Look Back in Anger! Responsiveness to Missed Chances in Successful and Nonsuccessful Aging." *Science* 336(6081): 612–614.

Braudel, Fernand. 1979. *The Structures of Everyday Life. The Limits of the Possible*, Volume 1. Harper & Row.

Brett, Michelle, Lesley Roberts, Thomas Johnson, and Richard Wassersug. 2007. "Eunuchs in Contemporary Society: Expectations, Consequences, and Adjustments to Castration (Part II)." *Journal of Sexual Medicine* 4(4i): 946–955.

Brin, David. 1998. *The Transparent Society: Will Technology Force Us to Choose Between Privacy and Freedom?* Addison-Wesley. May 17.

Brin, David. 2002. *Kiln People*. Orbit. December 5.

Bronnenberg, Bart, Jean-Pierre Dubé, and Matthew Gentzkow. 2012. "The Evolution of Brand Preferences: Evidence From Consumer Migration." *American Economic Review* 102(6): 2472–2508.

Bronnenberg, Bart, Jean-Pierre Dubé, Matthew Gentzkow, and Jesse Shapiro. 2014. "Do Pharmacists Buy Bayer? Informed Shoppers and the Brand Premium." NBER Working Paper No. 20295, July.

Brooks, Rodney. 2014. "Artificial Intelligence is a Tool, Not a Threat." Rethink Robotics blog, November 10. http://www.rethinkrobotics.com/artificialintelligence-tool-threat/.

Brown, Donald. 1991. *Human Universals*. Temple University Press, Philadelphia.

Brunetti, Aymo. 1997. "Political Variables in Cross-country Growth Analysis." *Journal of Economic Surveys* 11(2): 163–190.

Bryson, Alex, and George MacKerron. 2015. "Are You Happy While You Work?" *Economic Journal*, in press.

Bueno de Mesquita, Bruce, and Alastair Smith. 2011. *The Dictator's Handbook: Why Bad Behavior Is Almost Always Good Politics*. Public Affairs, September 27.

Burda, Michael, Katie Genadek, and Daniel Hamermesh. 2016. "Not Working at Work: Loafing, Unemployment and Labor Productivity." NBER Working Paper No. 21923, January.

Bureau of Labor Statistics. 2013. "Time Spent in Primary Activities and Percent of the Civilian Population Engaging in Each Activity, Averages per Day by Sex, 2012 Annual Averages." Bureau of Labor Statistics Economic News Release. June 20. http://www.bls.gov/news.release/atus.t01.htm.

Buterin, Vitalik. 2014. "White Paper: A Next-Generation Smart Contract and Decentralized Application Platform." April. https://www.ethereum.org/pdfs/EthereumWhitePaper.pdf.

Caplan, Bryan. 2008. "The Totalitarian Threat." In *Global Catastrophic Risks*, edited by Nick Bostrom and Milan Ćirković, 504–519. Oxford University Press, July 17.

Caplan, Bryan, and Stephen Miller. 2010. "Intelligence Makes People Think Like Economists: Evidence from the General Social Survey." *Intelligence* 38(6): 636–647.

Card, Orson Scott. 2011. *Elements of Fiction Writing—Characters and Viewpoint*, 2nd ed. Writer's Digest Books. January 18.

Cardiff-Hicks, Brianna, Francine Lafontaine, and Kathryn Shaw. 2014. "Do Large Modern Retailers Pay Premium Wages?" NBER Working Paper No. 20313, July.

Cardoso, Ana Rute, Paulo Guimaraes, and José Varejao. 2011. "Are Older Workers Worthy of Their Pay? An Empirical Investigation of Age-Productivity and Age-Wage Nexuses." *De Economist* 159(2): 95–111.

Carlino, Gerald, and William Kerr. 2014. "Agglomeration and Innovation." NBER Working Paper No. 20367, August, Forthcoming in *Handbook of Regional and Urban Economics* 5.

Carpenter, Christopher. 2008. "Sexual Orientation, Work, and Income in Canada." *Canadian Journal of Economics* 41(4): 1239–1261.

Cavallera, G.M., and S. Giudici. 2008. "Morningness and Eveningness Personality: A Survey in Literature from 1995 up till 2006." *Personality and Individual Differences* 44: 3–21.

Cederman, Lars-Erik. 2003. "Modeling the Size of Wars: From Billiard Balls to Sandpiles." *American Political Science Review* 97(1): 135–150.

Chalfin, Aaron. 2014. "The Economic Costs of Crime." In *The Encyclopedia of Crime and Punishment*, edited by Wesley Jennings. Wiley-Blackwell.

Chalmers, David. 2010. "The Singularity: A Philosophical Analysis." *Journal of Consciousness Studies* 17: 7–65.

Chan, David. 2015 "The Efficiency of Slacking Off: Evidence from the Emergency Department." NBER Working Paper No. 21002, March.

Charbonneau, Steven, Shannon Fye, Jason Hay, and Carie Mullins. 2013. "A Retrospective Analysis of Technology Forecasting." AIAA Space 2013 Conference, San Diego, September. http://arc.aiaa.org/doi/abs/10.2514/6.2013-5519.

Charness, Gary, Ryan Oprea, and Daniel Friedman. 2014. "Continuous Time and Communication in a Public-goods Experiment." *Journal of Economic Behavior and Organization* 108(December): 212–223.

Chetty, Raj, Adam Guren, Day Manoli, and Andrea Weber. 2011. "Are Micro and Macro Labor Supply Elasticities Consistent? A Review of Evidence on the Intensive and Extensive Margins." *American Economic Review* 101(3): 471–475.

Christensen, Clayton. 1997. *The Innovator's Dilemma: When New Technologies Cause Great Firms to Fail*. Harvard Business Press, June 1.

Church, Timothy, Diana Thomas, Catrine Tudor-Locke, Peter Katzmarzyk, Conrad Earnest, Ruben Rodarte, Corby Martin, Steven Blair, and Claude Bouchard. 2011. "Trends over 5 Decades in U.S. Occupation-Related Physical Activity and Their Associations with Obesity." *PLoS ONE* 6(5): e19657. doi:10.1371/journal. pone.0019657.

Clark, Gregory. 2008. *A Farewell to Alms: A Brief Economic History of the World*. Princeton University Press, December.

Clark, Gregory. 2014. *The Son Also Rises: Surnames and the History of Social Mobility*. Princeton University Press, February 23.

Clarke, Arthur. 1956. *The City and the Stars*. Frederick Muller, June.

Cohen, Susan, and Diane Bailey. 1997. "What Makes Teams Work: Group Effectiveness Research from the Shop Floor to the Executive Suite." *Journal of Management* 23(3): 239–290.

Collins, Randall. 2004. *Interaction Ritual Chains*. Princeton University Press, March.

Conley, Dalton. 2004. *The Pecking Order: A Bold New Look at How Family and Society Determine Who We Become*. Knopf, March 2.

Cooter, Robert, and Thomas Ulen. 2011. *Law and Economics*, 6th ed. Pearson Hall, February.

Corrado, Carol, Charles Hulten, and Daniel Sichel. 2009. "Intangible Capital and U.S. Economic Growth." *Review of Income and Wealth* 55(3): 661–685.

Costa Jr., Paul, Antonio Terracciano, and Robert R. McCrae. 2001. "Gender Differences in Personality Traits Across Cultures: Robust and Surprising Findings." *Journal of Personality and Social Psychology* 81(2): 322–331.

Cover, Thomas, and Joy Thomas. 2006. *Elements of Information Theory*, 2nd Edition. Wiley-Interscience, July 18.

Cramton, Peter, Yoav Shoham, and Richard Steinberg. 2005. *Combinatorial Auctions*. MIT Press, December 9.

Croson, Rachel, and Uri Gneezy. 2009. "Gender Differences in Preferences." *Journal of Economic Literature* 47(2): 1–27.

Cummins, Neil. 2013. "Marital Fertility and Wealth During the Fertility Transition: Rural France, 1750–1850." *Economic History Review* 66(2): 449–476.

Currey, Mason. 2013. *Daily Rituals: How Artists Work*. Knopf, April 23.

Curry, Andrew. 2013. "Archaeology: The Milk Revolution." *Nature* 500(August 1): 20–22.

Dababneh, Awwad, Naomi Swanson, and Richard Shell. 2001. "Impact of Added Rest Breaks on the Productivity and Well Being of Workers." *Ergonomics* 44(2): 164–174.

Dafoe, Allan, John Oneal, and Bruce Russett. 2013. "The Democratic Peace: Weighing the Evidence and Cautious Inference." *International Studies Quarterly* 57(1): 201–214.

Dalgaard, Carl-Johan, and Holger Strulik. 2014. "Physiological Constraints and Comparative Economic Development." University of Copenhagen Department of Economics Working Paper, October. http://www.econ.ku.dk/dalgaard/Work/WPs/geo_reversal_oct2014.pdf.

Dalvit, Dean. 2011. "Price Per Square Foot Construction Cost for Multi Story Office Buildings." EV Studio website, July 14. http://evstudio.com/price-per-square-foot-construction-cost-for-multi-story-office-buildings/.

Damian, Rodica, Rong Su, Michael Shanahan, Ulrich Trautwein, and Brent Roberts. 2015. "Can personality traits and intelligence compensate for background disadvantage? Predicting status attainment in adulthood." *Journal of Personality and Social Psychology* 109(3): 473–489.

Dari-Mattiacci, Giuseppe. 2009. "Negative Liability." *Journal of Legal Studies* 38(1): 21–59.

Dave. 2015. "Why is computer RAM disappearing?" *Nerd Fever*, June 18. http://nerdfever.com/?p=2885.

Davies, James, Susanna Sandström, Anthony Shorrocks, and Edward Wolff. 2011. "The Level and Distribution of Global Household Wealth." *Economic Journal* 121(551): 223–254.

Dawson, John, and John Seater. 2013. "Federal Regulation and Aggregate Economic Growth." *Journal of Economic Growth* 18(2): 137–177.

Deal, W.R., V. Radisic, D. Scott, and X.B. Mei. 2010. "Solid-State Amplifiers for Terahertz Electronics." Northrop Grumman Technical Report. http://www.as.northropgrumman.com/products/mps_mimic/assets/SState_Amp_Terahertz_Elec.pdf.

Debey, Evelyne, Maarten De Schryver, Gordon Logan, Kristina Suchotzki, and Bruno Verschuere. 2015. "From junior to senior Pinocchio: A crosssectional lifespan investigation of deception." *Acta Psychologica* 160(September): 58–68.

DeBrohun, Jeri. 2001. "Power Dressing in Ancient Greece and Rome." *History Today*, 51(2): 18–25.

Desmet, Klaus, and Esteban Rossi-Hansberg. 2009. "Spatial Growth and Industry Age." *Journal of Economic Theory* 144(6): 2477–2502.

De Witt, John, W. Brent Edwards, Melissa Scott-Pandorf, Jason Norcross, and Michael Gernhardt. 2014. "The Preferred Walk to Run Transition Speed in Actual Lunar Gravity." *Journal of Experimental Biology* 217(September 15): 3200–3203.

Dhand, Rajiva, and Harjyot Sohal. 2006. "Good Sleep, Bad Sleep! The Role of Daytime Naps in Healthy Adults." *Current Opinion in Pulmonary Medicine* 12(6): 379–382.

Diaz, Jesus. 2015. "Wow, China Builds Complete 57-story Skyscraper in Record 19 Days." *Sploid*. March 9. http://sploid.gizmodo.com/china-buildscomplete-57-story-lego-like-skyscraper-in-1690315984.

Diener, Ed. 2013. "The Remarkable Changes in the Science of Subjective Well-Being." *Perspectives on Psychological Science* 8(6): 663–666.

Dolan, Kerry, and Luisa Kroll. 2014. "The World's Billionaires." *Forbes*, March 3. http://www.forbes.com/billionaires/.

Domar, Evsey D. 1970. "The Causes of Slavery or Serfdom: A Hypothesis." *Journal of Economic History* 30(1): 18–32.

Drechsler, Rolf, and Robert Wille. 2012. "Reversible Circuits: Recent Accomplishments and Future Challenges for an Emerging Technology." *Progress in VLSI Design and Test, Proceedings* 7373: 383–392.

Drexler, K. Eric. 1992. *Nanosystems: Molecular Machinery, Manufacturing, and Computation.*

Wiley. October.

Drexler, K. Eric. 2013. *Radical Abundance: How a Revolution in Nanotechnology Will Change Civilization*. Public Affairs. May 7.

Drouvelis, Michalis, and Julian Jamison. 2015. "Selecting Public Goods Institutions: Who Likes to Punish and Reward?" *Southern Economic Journal* 82(2): 501–534.

Drust, Barry, Jim Waterhouse, Greg Atkinson, Ben Edwards, and Tom Reilly. 2005. "Circadian Rhythms in Sports Performance—an Update." *Chronobiology International* 22(1): 21–44.

Duckworth, Angela, and Patrick Quinn. 2009. "Development and Validation of the Short Grit Scale (Grit-S)." *Journal of Personality Assessment* 91(2): 166–174.

Dunbar, Robin. 1992. "Neocortex Size as a Constraint on Group Size in Primates." *Journal of Human Evolution* 22(6): 469–984.

Dunne, Timothy, and Mark Roberts. 1993. "The Long-Run Demand for Labor: Estimates From Census Establishment Data," Center for Economic Studies, U.S. Census Bureau, Working Paper 93–13. http://ideas.repec.org/p/cen/wpaper/93-13.html.

Duranton, Gilles, and Hubert Jayet. 2011. "Is the Division of Labour Limited by the Extent of the Market? Evidence from French Cities." *Journal of Urban Economics* 69(1): 56–71.

Eckersley, Peter, and Anders Sandberg. 2014. "Is Brain Emulation Dangerous?" *Journal of Artificial General Intelligence* 4(3): 170–194.

Edmond, Mark. 2015. "Democratic vs. Republican occupations." Verdant Labs Blog, June 2. http://verdantlabs.com/blog/2015/06/02/politics-of-professions/.

Eeckhout, Jan. 2004. "Gibrat's Law for (All) Cities." *American Economic Review* 94(5): 1429–1451.

Egan, Greg. 1994. *Permutation City*. Millennium Orion Publishing Group.

Environmental Process Systems Limited. 2014. "Slurry-Ice Based Cooling Systems Application Guide." http://www.epsltd.co.uk/files/slurryice_manual.pdf.

Erdogan, Berrin, Talya Bauer, Donald Truxillo, and Layla Mansfield. 2012. "Whistle While You Work: A Review of the Life Satisfaction Literature." *Journal of Management* 38(4): 1038–1083.

Esmaeilzadeh, Hadi, Emily Blem, Renee Amant, and Karthikeyan Sankaralingam. 2012.

"Power Limitations and Dark Silicon Challenge the Future of Multicore." *Transactions on Computer Systems* 30(3): 11.

Eth, Daniel, Juan-Carlos Foust, and Brandon Whale. 2013. "The Prospects of Whole Brain Emulation within the next Half-Century." *Journal of Artificial General Intelligence* 4(3): 130–152.

Evstigneev, Igor, Thorsten Hens, and Klaus Schenk-Hoppé. 2009. "Evolutionary Finance." In *Handbook of Financial Markets: Dynamics and Evolution* 9: 507–566, edited by Thorsten Hens and Klaus Schenk-Hoppé. North-Holland.

Fagerberg, Jan, and Martin Srholec. 2013. "Knowledge, Capabilities, and the Poverty Trap: The Complex Interplay between Technological, Social, and Geographical Factors." In *Knowledge and Space* 5(March 6), edited by Peter Meusburger, Johannes Glückler, and Martina el Meskioui. New York: Springer, 113–137.

Faghri, Amir. 2012. "Review and Advances in Heat Pipe Science and Technology." *Journal of Heat Transfer* 134(12): 123001.

Farr, Robert. 2007a. "Fractal Design for Efficient Brittle Plates under Gentle Pressure Loading." *Physics Review E* 76(4): 046601.

Farr, Robert. 2007b. "Fractal Design for an Efficient Shell Strut under Gentle Compressive Loading." *Physics Review E* 76(5): 056608.

Farr, Robert, and Yong Mao. 2008. "Fractal Space Frames and Metamaterials for High Mechanical Efficiency." *Europhysics Letters* 84(1): 14001.

Fernald, John, and Charles Jones. 2014. "The Future of US Economic Growth." *American Economic Review* 104(5): 44–49.

Fincher, Corey, Randy Thornhill, Damian Murray, and Mark Schaller. 2008. "Pathogen Prevalence Predicts Human Cross-cultural Variability in Individualism/collectivism." *Proceedings Royal Society B* 275(1640): 1279–1285.

Fletcher, Jason. 2013. "The Effects of Personality Traits on Adult Labor Market Outcomes: Evidence from Siblings." *Journal of Economic Behavior & Organization* 89(May): 122–135.

Flynn, James. 2007. *What Is Intelligence?: Beyond the Flynn Effect.* Cambridge University Press. August 27.

Flyvbjerg, Bent. 2015. "What You Should Know About Megaprojects and Why: An Overview." *Project Management Journal* 45(2).

"Forbes Ranking of Billionaires: The World's Richest Jews." 2013. *Forbes Israel*, April 17. http://www.forbes.co.il/news/new.aspx?pn6Vq=J&0r9VQ=IEII.

Foster, Lucia, John Haltiwanger, and C. J. Krizan. 2006. "Market Selection, Reallocation, and Restructuring in the U.S. Retail Trade Sector in the 1990s." *Review of Economics and Statistics* 88(4): 748–758.

Foster, Richard. 2012. "Creative Destruction Whips through Corporate America: An Innosight Executive Briefing on Corporate Strategy." *Strategy & Innovation* 10(1).

Fox, J.G., and E.D. Embrey. 1972. "Music—an aid to productivity." *Applied Ergonomics* 3(4): 202–205.

Frattaroli, J. 2006. "Experimental Disclosure and its Moderators: A Meta-analysis." *Psychological Bulletin* 132(6): 823–865.

Freitas, Robert. 1999. *Nanomedicine, Volume I: Basic Capabilities*. Landes Bioscience.

Freitas, Robert, and Ralph Merkle. 2004. *Kinematic Self-Replicating Machines*. Landes Bioscience. October 30.

Fridley, Jason, and Dov Sax. 2014. "The Imbalance of Nature: Revisiting a Darwinian Framework for Invasion Biology." *Global Ecology and Biogeography* 23(11): 1157–1166.

Friedman, Daniel, and Ryan Oprea. 2012. "A Continuous Dilemma." *American Economic Review* 102(1): 337–363.

Friedman, David. 1973. *The Machinery of Freedom: Guide to a Radical Capitalism*. New York: Harper and Row.

Friedman, David. 2000. *Law's Order: What Economics Has to Do with Law and Why It Matters*. Princeton University Press.

Fyfe, W.D. 2011. "8 Simple Rules for Ghosts" March 28. http://wdfyfe.net/2011/03/28/8-simple-rules-for-ghosts/.

Galenson, David. 2006. *Old Masters and Young Geniuses*. Princeton University Press.

Garvin, David, and Joshua Margolis. 2015. "The Art of Giving and Receiving Advice." *Harvard Business Review* 93(1/2): 60–71.

Gayle, Philip. 2003. "Market Concentration and Innovation: New Empirical Evidence on

the Schumpeterian Hypothesis." April. http://www-personal.ksu.edu/~gaylep/jpe.pdf.
Gensowski, Miriam. 2014. "Personality, IQ, and Lifetime Earnings." IZA Discussion Paper No. 8235, June. http://ftp.iza.org/dp8235.pdf.
Gibson, Matthew, and Jeffrey Shrader. 2014. "Time Use and Productivity: The Wage Returns to Sleep." Working Paper, Department of Economics, U.C. San Diego. July 10.
Giesen, Kristian, Arndt Zimmermann, and Jens Suedekum. 2010. "The Size Distribution Across all Cities—Double Pareto Lognormal Strikes." *Journal of Urban Economics* 68(2): 129–137.
Glaeser, Edward, Joseph Gyourko, and Raven Saks. 2005. "Why Have Housing Prices Gone Up?" *American Economic Review*, 95(2): 329–333.
Glück, Judith, and Susan Bluck. 2007. "Looking Back across the Life Span: A Life Story Account of the Reminiscence Bump." *Memory and Cognition* 35(8): 1928–1939.
Gorodnichenko, Yuriy, and Gerard Roland. 2011. "Which Dimensions of Culture Matter for Long-Run Growth?" *American Economic Review* 101(3): 492–498.
Göbel, Christian, and Thomas Zwick. 2012. "Age and Productivity: Sector Differences." *De Economist* 160: 35–57.
Gorton, Gary, and Frank Schmid. 2004. "Capital, Labor, and the Firm: A Study of German Codetermination." *Journal of the European Economic Association* 2(5): 863–905, September.
Grace, Katja. 2013. "Algorithmic Progress in Six Domains." Technical report 2013–2013. Berkeley, CA: Machine Intelligence Research Institute. October 5. http://intelligence.org/files/AlgorithmicProgress.pdf.
Grace, Katja. 2014. "MIRI AI Predictions Dataset." *AI Impacts*. May 20. http://aiimpacts.org/miri-ai-predictions-dataset/.
Grace, Katja. 2015. "Costs of human-level hardware." *AI Impacts*. July 26. http://aiimpacts.org/costs-of-human-level-hardware/.
Gully, Philippe. 2014. "Long and High Conductance Helium Heat Pipe." *Cryogenics* 64(November-December): 255–259.
Haldane, John. 1926. "On Being the Right Size." *Harper's Magazine*, March.
Haltiwanger, John. 2012. "Job Creation and Firm Dynamics in the United States." In

Innovation Policy and the Economy, edited by Josh Lerner, and Scott Stern. v. 12, 17–38. University of Chicago.

Hampshire, Adam, Roger Highfield, Beth Parkin, and Adrian Owen. 2012. "Fractionating Human Intelligence." *Neuron* 76(December 20): 1225–1237.

Hanna, Awad, Craig Taylor, and Kenneth Sullivan. 2005. "Impact of Extended Overtime on Construction Labor Productivity." *Journal of Construction Engineering and Management* 131(6): 734–739.

Hanson, Robin. 1992. "Reversible Agents: Need Robots Waste Bits to See, Talk, and Achieve?" Workshop on Physics and Computation (October): 284–288. doi:10.1109/PHYCMP.1992.615558.

Hanson, Robin. 1994a. "Buy Health, Not Health Care." *Cato Journal* 14(1): 135–141, Summer.

Hanson, Robin. 1994b. "If Uploads Come First." *Extropy* 6(2): 10–15.

Hanson, Robin. 1995. "Lilliputian Uploads." *Extropy* 7(1): 30–31.

Hanson, Robin. 1998. "Economic Growth Given Machine Intelligence." October. http://hanson.gmu.edu/aigrow.pdf.

Hanson, Robin. 2000. "Long-Term Growth as a Sequence of Exponential Modes." October. http://hanson.gmu.edu/longgrow.pdf.

Hanson, Robin. 2001. "How to Live in a Simulation." *Journal of Evolution and Technology* 7(September).

Hanson, Robin. 2003. "Combinatorial Information Market Design." *Information Systems Frontiers* 5(1): 105–119.

Hanson, Robin. 2005. "He Who Pays The Piper Must Know The Tune." April. http://hanson.gmu.edu/expert.pdf.

Hanson, Robin. 2006a. "Decision Markets for Policy Advice." In *Promoting the General Welfare: American Democracy and the Political Economy of Government Performance*, edited by Eric Patashnik and Alan Gerber, 151–173. Washington D.C.: Brookings Institution Press, November.

Hanson, Robin. 2006b. "Five Nanotech Social Scenarios." In *Nanotechnology: Societal Implications II, Individual Perspectives*, edited by Mihail Roco and William Bainbridge,

109–113. Springer, November.

Hanson, Robin. 2007. "Double Or Nothing Lawsuits, Ten Years On." Overcoming Bias blog, October 30. http://www.overcomingbias.com/2007/10/double-ornothi.html.

Hanson, Robin. 2008a. "The Rapacious Hardscrapple Frontier." In *Year Million: Science at the Far Edge of Knowledge*, edited by Damien Broderick, 168–192. New York: Atlas Books, May 19.

Hanson, Robin. 2008b. "Economics of the Singularity." *IEEE Spectrum*, 45(6): 37–42.

Hanson, Robin. 2009. "A Tale Of Two Tradeoffs." Overcoming Bias blog. January 16. http://www.overcomingbias.com/2009/01/a-tale-of-two-tradeoffs.html.

Hanson, Robin. 2010a. "Two Types of People." Overcoming Bias blog. October 4. http://www.overcomingbias.com/2010/10/two-types-of-people.html.

Hanson, Robin. 2010b. "Compare Refuge, Resort." Overcoming Bias blog. December 10. http://www.overcomingbias.com/2010/12/compare-refugesresorts.html.

Hanson, Robin. 2012. "AI Progress Estimate." Overcoming Bias blog. August 27. http://www.overcomingbias.com/2012/08/ai-progress-estimate.html.

Hanson, Robin. 2013. "Shall We Vote on Values, But Bet on Beliefs?" *Journal of Political Philosophy* 21(2): 151–178.

Hanson, Robin. 2014. "Conservative vs. Liberal Jobs." Overcoming Bias blog. November 18. http://www.overcomingbias.com/2014/11/conservative-vsliberal-jobs.html.

Hanson, Robin, and Eliezer Yudkowsky. 2013. *The Hanson-Yudkowsky AI-Foom Debate*. Berkeley, CA: Machine Intelligence Research Institute.

Hartshorne, Joshua, and Laura Germine. 2015. "When Does Cognitive Functioning Peak? The Asynchronous Rise and Fall of Different Cognitive Abilities Across the Life Span." *Psychological Science* 26(4): 433–443.

Haub, Carl. 2011. "How Many People Have Ever Lived on Earth?" Population Reference Bureau, October. http://www.prb.org/Publications/Articles/2002/HowManyPeopleHaveEverLivedonEarth.aspx.

Hausmann, Ricardo, César Hidalgo, Sebastián Bustos, Michele Coscia, Alexander Simoes, and Muhammed Yildirim. 2014. *The Atlas of Economic Complexity: Mapping Paths to Prosperity*. MIT Press.

Hawks, John. 2011. "Selection for Smaller Brains in Holocene Human Evolution." arXiv:1102.5604, February 28.

Healy, Kevin, Luke McNally, Graeme Ruxton, Natalie Cooper, and Andrew Jackson. 2013. "Metabolic Rate and Body Size are Linked with Perception of Temporal Information." *Animal Behaviour* 86: 685–696.

Hektner, Joel, Jennifer Schmidt, and Mihaly Csikszentmihalyi. 2007. *Experience Sampling Method: Measuring the Quality of Everyday Life*. Thousand Oaks, CA: SAGE.

Helliwell, John, Richard Layard, and Jeffrey Sachs. 2013. *World Happiness Report 2013*. United Nations Sustainable Development Solutions Network, September 9.

Helliwell, John, and Shun Wang. 2015. "How was the Weekend? How the Social Context Underlies Weekend Effects in Happiness and other Emotions for US Workers." NBER Working Paper No. 21374, July.

Henrich, Joseph. 2015. *The Secret of Our Success: How Culture Is Driving Human Evolution, Domesticating Our Species, and Making Us Smarter*. Princeton University Press, October 27.

Herodotus. 440BC. *The Histories*. Translated by A.D. Godley, 1920.

Hofstede, Geert, Gert Hofstede, and Michael Minkov. 2010. *Cultures and Organizations: Software of the Mind*. 3rd ed. McGraw-Hill. May 24.

Hölzle, Patricia, Joachim Hermsdörfer, and Céline Vetter. 2014. "The Effects of Shift Work and Time of Day on Fine Motor Control During Handwriting." *Ergonomics* 57(10): 1488–1498.

Horn, John, and Raymond Cattell. 1967. "Age Differences in Fluid and Crystallized Intelligence." *Acta Psychologica* 26: 107–129.

Howe, Neil, and William Strauss. 1992. *Generations: The History of America's Future, 1584 to 2069*. Quill. September 30.

Hummels, David, and Georg Schaur. 2013. "Time as a Trade Barrier." *American Economic Review* 103(7): 2935–2959.

Hunter, Emily M., and Cindy Wu. 2015. "Give Me a Better Break: Choosing Workday Break Activities to Maximize Resource Recovery." *Journal of Applied Psychology*, in press.

Iannaccone, Laurence. 1994. "Why Strict Churches Are Strong." *American Journal of*

Sociology 99(5): 1180–1211.
Ichniowski, Casey, and Anne Preston. 2014. "Do Star Performers Produce More Stars? Peer Effects and Learning in Elite Teams." NBER Working Paper No. 20478, September.
Idson, Todd. 1990. "Establishment Size, Job Satisfaction and the Structure of Work." *Applied Economics* 22(8): 1007–1018.
Inglehart, Ronald, and Christian Welzel. 2010. "Changing Mass Priorities: The Link Between Modernization and Democracy." *Perspectives on Politics* 8(2): 554.
2012. "International Labour Organization Global Estimate of Forced Labour 2012: Results and Methodology." June 1. http://www.ilo.org/washington/areas/elimination-of-forced-labor/WCMS_182004/lang–en/index.htm.
Jacobs, Emma. 2015. "The Strange World of the Humans Who Loaned Their Voices to Siri." *Financial Times*, February 12.
Jahncke, Helena, Staffan Hygge, Niklas Halin, Anne Green, and Kenth Dimberg. 2011. "Open-plan Office Noise: Cognitive Performance and Restoration." *Journal of Environmental Psychology* 31(4): 373–382.
Jay, Timothy, and Kristin Janschewitz. 2012. "The Science of Swearing." *Observer* 25(5).
Jensen, Robert, and Emily Oster. 2009. "The Power of TV: Cable Television and Women's Status in India." *Quarterly Journal of Economics* 124(3): 1057–1094.
Johnson, Justin, and David Myatt. 2006. "On the Simple Economics of Advertising, Marketing, and Product Design." *American Economic Review* 96(3): 756–784.
Jones, Benjamin, E.J. Reedy, and Bruce Weinberg. 2014. "Age and Scientific Genius." *Wiley Handbook of Genius*, edited by Dean Simonton, 422–450. Wiley-Blackwell, June.
Jones, Garett. 2011. "IQ and National Productivity." In *New Palgrave Dictionary of Economics*, Online Edition, edited by Steven Durlauf and Lawrence Blume. London, New York: Palgrave-Macmillan.
Jones, Garett, and Niklas Potrafke. 2014. "Human Capital and National Institutional Quality: Are TIMSS, PISA, and National Average IQ Robust Predictors?" *Intelligence* 46: 148–155.
Jones, Rhys, Patrick Haufe, Edward Sells, Pejman Iravani, Vik Olliver, Chris Palmer, and Adrian Bowyer. 2011. "RepRap—The Replicating Rapid Prototyper." *Robotica*

29(January): 177–191.

Jones, Richard. 2016. *Against Transhumanism: The Delusion of Technological Transcendence.* Self-published, January 15, http://www.softmachines.org/wordpress/wp-content/uploads/2016/01/Against_Transhumanism_1.0.pdf.

Jordan, Gabriele, Samir Deeb, Jenny Bosten, and J. D. Mollon. 2010. "The Dimensionality of Color Vision in Carriers of Anomalous Trichromacy." *Journal of Vision* 10(8): 12.

Jordani, Joseph. 2011. *Why Do People Sing? Music in Human Evolution.* Logos, March 25.

Joshel, Sandra. 2010. *Slavery in the Roman World.* Cambridge University Press, August 16.

Judge, Timothy, and Robert Bretz. 1994. "Political Influence Behavior and Career Success." *Journal of Management* 20(1): 43.

Kaestle, Carl, and Helen Damon-Moore. 1991. *Literacy in the United States: Readers and Reading Since 1880.* Yale University Press. April 24.

Kahn, Herman, and Anthony Wiener. 1967. *The Year 2000: A Framework for Speculation on the Next Thirty-Three Years.* Collier Macmillan. February.

Kahneman, Daniel, and Alan Krueger. 2006 "Developments in the Measurement of Subjective Well-being." *Journal of Economic Perspectives* 20(1): 3–24.

Kahneman, Daniel, and Dan Lovallo. 1993. "Timid Choices and Bold Forecasts: A Cognitive Perspective on Risk Taking." *Management Science* 39(1): 17–31.

Kamilar, Jason, Richard Bribiescas, and Brenda Bradley. 2010. "Is Group Size Related to Longevity in Mammals?" *Biology Letters* 6(6): 736–739.

Kandler, Christian, Anna Kornadt, Birk Hagemeyer, and Franz Neyer. 2015. "Patterns and Sources of Personality Development in Old Age." *Journal of Personality and Social Psychology* 109(1): 175–191.

Kang, Joonkyu. 2010. "A Study of the DRAM Industry." Masters Thesis, Sloan School of Managmenent, MIT. http://hdl.handle.net/1721.1/59138.

Kantner, John, and Nancy Mahoney, 2000. *Great House Communities Across the Chacoan Landscape.* University of Arizona Press.

Karabarbounis, Loukas, and Brent Neiman. 2014. "The Global Decline of the Labor Share." *Quarterly Journal of Economics* 129(1): 61–103.

Katz, Leo. 1996. *Ill-Gotten Gains: Evasion, Blackmail, Fraud, and Kindred Puzzles of the*

Law. University of Chicago Press, May 8.

Kauffeld, M., M.J. Wang, V. Goldstein, and K.E. Kasza. 2010. "Ice Slurry Applications." *International Journal of Refrigeration* 33(8): 1491–1505.

Kell, Harrison, David Lubinski, and Camilla Benbow. 2013. "Who Rises to the Top? Early Indicators." *Psychological Science* 24(5): 648–659.

Kelly, Raymond. 2000. *Warless Societies and the Origin of War*. University of Michigan Press, November 7.

Kemeny, Anna. 2002. "Driven to Excel: A Portrait of Canada's Workaholics." *Canadian Social Trends* 64, March 11.

Kessler, Donald, and Burton Cour-Palais. 1978. "Collision Frequency of Artificial Satellites: The Creation of a Debris Belt." *Journal of Geophysical Research* 83(June 1): 2637–2646.

Kiger, Derrick. 1989. "Effects of Music Information Load on a Reading Comprehension Task." *Perceptual and Motor Skills* 69: 531–534.

Killingsworth, Matthew, and Daniel Gilbert. 2010. "A Wandering Mind Is an Unhappy Mind." *Science* 330(6006): 932.

Kim, Jungsoo, and Richard de Dear. 2013. "Workspace Satisfaction: The Privacycommunication Trade-off in Open-plan Offices." *Journal of Environmental Psychology* 36(December): 18–26.

Klein, Gerwin, June Andronick, Kevin Elphinstone, Toby Murray, Thomas Sewell, Rafal Kolanski, and Gernot Heiser. 2014. "Comprehensive Formal Verification of an OS Microkernel." *ACM Transactions on Computer Systems* 1(32): article 2.

Klein, Mark, and Ana Garcia. 2014. "High-Speed Idea Filtering with the Bag of Lemons." September 27. http://papers.ssrn.com/sol3/papers.cfm?abstract_id=2501787.

Kohli, Rajeev, and Raaj Sah. 2006. "Some Empirical Regularities in Market Shares." *Management Science* 52(11): 1792–1798.

Kok, Suzanne, and Baster Weel. 2014. "Cities, Tasks, and Skills." *Journal of Regional Science* 54(5): 856–892.

Koomey, Jonathan, and Samuel Naffziger. 2015. "Moore's Law Might Be Slowing Down, But Not Energy Efficiency." *IEEE Spectrum* 52(4): 35.

Kubanek, Jan, Lawrence Snyder, and Richard Abrams. 2015. "Reward and Punishment Act as Distinct Factors in Guiding Behavior." *Cognition* 139(June): 154–167.

Kyaga, Simon, Paul Lichtenstein, Marcus Boman, Christina Hultman, Niklas Langstrom, and Mikael Landen. 2011. "Creativity and Mental Disorder: Family Study of 300,000 People with Severe Mental Disorder." *British Journal of Psychiatry* 199: 373–379.

La Ferrara, Eliana, Alberto Chong, and Suzanne Duryea. 2012. "Soap Operas and Fertility: Evidence from Brazil." *American Economic Journal: Applied Economics* 4(4): 1–31.

Lalley, Steven, and E. Glen Weyl. 2014. "Quadratic Voting." December. http://papers.ssrn.com/sol3/papers.cfm?abstract_id=2003531.

Landes, David. 1969. *The Unbound Prometheus: Technological Change and Industrial Development in Western Europe from 1750 to the Present.* New York: University of Cambridge Press.

Lawrence, Robert. 2015. "Recent Declines in Labor's Share in US Income: A Preliminary Neoclassical Account." NBER Working Paper No. 21296, June. Lawson, David, and Ruth Mace. 2011. "Parental Investment and the Optimization of Human Family Size." *Philosophical Transactions of the Royal Society B* 366(1563): 333–343.

Lawson, R., R. Ogden, and R. Bergin. 2012. "Application of Modular Construction in High-Rise Buildings." *Journal of Architectural Engineering* 18(2): 148–154.

Laxman, Kiran, Kate Lovibond, and Miriam Hassan. 2008. "Impact of Bipolar Disorder in Employed Populations." *American Journal of Managed Care* 14(11): 757–764.

Lee, Kenneth. 2011. "Essays in Health Economics: Empirical Studies on Determinants of Health." Doctoral dissertation, Economics, George Mason University.

Lehman, M., and L. Belady. 1985. *Program Evolution: Processes of Software Change*, San Diego, CA: Academic Press Professional, Inc., December.

Lentz, Rasmus, and Dale Mortensen. 2008. "An Empirical Model of Growth Through Product Innovation." *Econometrica* 76(6): 1317–1373.

Levy, David. 1989. "The Statistical Basis of Athenian-American Constitutional Theory." *Journal of Legal Studies* 18(1): 79–103.

Levy, David. 2008. *Love and Sex with Robots: The Evolution of Human-Robot Relationships.* Harper Perennial.

Liberman, Nira, and Yaacov Trope. 2008. "The Psychology of Transcending the Here and Now." *Science* 322(5905): 1201–1205.

Lindenberger, Ulman. 2014. "Human Cognitive Aging: Corriger la Fortune?" *Science* 346(6209): 572–578.

Longman, Phillip. 2006. "The Return of Patriarchy." *Foreign Policy* 153: 56–60, 62–65.

López, Héctor, Jérémie Gachelin, Carine Douarche, Harold Auradou, and Eric Clément. 2015. "Turning Bacteria Suspensions into Superfluids." *Physical Review Letters* 115(2): 028301, July 7.

Luo, Jinfeng, and Yi Wen. 2015. "Institutions Do Not Rule: Reassessing the Driving Forces of Economic Development." Federal Reserve Bank of St. Louis, Working Paper 2015–2001A. January.

Lupien, S.J., F. Maheu, M. Tu, A. Fiocco, and T.E. Schramek. 2007. "The Effects of Stress and Stress Hormones on Human Cognition: Implications for the Field of Brain and Cognition." *Brain and Cognition* 65(December): 209–237.

Lykken, David, and Auke Tellegen. 1996. "Happiness Is a Stochastic Phenomenon." *Psychological Science* 7(3): 186–189.

Macey, Jonathan. 2008. "Market for Corporate Control." In *The Concise Encyclopedia of Economics*, edited by David Henderson. http://www.econlib.org/library/CEE.html.

Madrigal, Alexis. 2015. "The Case Against Killer Robots, from a Guy Actually Working on Artificial Intelligence." *Fusion*, February 27. http://fusion.net/story/54583/the-case-against-killer-robots-from-a-guy-actually-building-ai/.

Magalhaes, Joao, and Anders Sandberg. 2005. "Cognitive Aging as an Extension of Brain Development: A Model Linking Learning, Brain Plasticity, and Neurodegeneration." *Mechanisms of Ageing and Development* 126: 1026–1033.

Magee, Christopher, and Tansa Massoud. 2011. "Openness and Internal Conflict." *Journal of Peace Research* 48(January): 59–72.

Mandel, Michael. 2014. "Connections as a Tool for Growth: Evidence from the LinkedIn Economic Graph." November. http://www.slideshare.net/linkedin/mandel-linked-in-connections-reportnov-2014.

Mankiw, N. Gregory, and Matthew Weinzierl. 2010. "The Optimal Taxation of Height: A

Case Study of Utilitarian Income Redistribution." *American Economic Journal: Economic Policy* 2(1): 155–176.

Mannix, Elizabeth, and Margaret Neale. 2005. "What Differences Make a Difference? The Promise and Reality of Diverse Teams in Organizations." *Psychological Science in the Public Interest* 6(2): 31–55.

Marcinkowska, Urszula, Mikhail Kozlov, Huajian Cai, Jorge Contreras-Garduno, Barnaby Dixson, Gavita Oana, Gwenaël Kaminski, Norman Li, Minna Lyons, Ike Onyishi, Keshav Prasai, Farid Pazhoohi, Pavol Prokop, Sandra L. Rosales Cardozo, Nicolle Sydney, Jose Yong, and Markus Rantala. 2014. "Cross-cultural variation in men's preference for sexual dimorphism in women's faces." *Biology Letters* 10(4): 20130850.

Markoff, John. 2016. "Microsoft Unit Dives Deep for a Data Center Solution." *New York Times*, B1, February 1.

Martin, G.M. 1971. "Brief Proposal on Immortality: An Interim Solution." *Perspectives in Biology and Medicine* 14(2): 339.

Martin, Leonard, and Kees van den Bos. 2014. "Beyond Terror: Towards a Paradigm Shift in the Study of Threat and Culture." *European Review of Social Psychology* 25(1): 32–70.

McCarty, Christopher, Peter Killworth, H. Russell Bernard, Eugene Johnsen, and Gene Shelley. 2000. "Comparing Two Methods for Estimating Network Size." *Human Organization* 60(1): 28–39.

Melnick, Michael, Bryan Harrison, Sohee Park, Loisa Bennetto, and Duje Tadin. 2013. "A Strong Interactive Link between Sensory Discriminations and Intelligence." *Current Biology* 23(11): 1013–1017.

Melzer, Arthur. 2007. "On the Pedagogical Motive for Esoteric Writing." *Journal of Politics* 69(4): 1015–1031.

Mercier, Hugo, and Dan Sperber. 2011. "Why do Humans Reason? Arguments for an Argumentative Theory." *Behavioral and Brain Sciences* 34(2): 57–74.

Merolla, Paul, John Arthur, Rodrigo Alvarez-Icaza, Andrew Cassidy, Jun Sawada, Filipp Akopyan, Bryan Jackson, Nabil Imam, Chen Guo, Yutaka Nakamura, Bernard Brezzo, Ivan Vo, Steven Esser, Rathinakumar Appuswamy, Brian Taba, Arnon Amir, Myron Flickner, William Risk, Rajit Manohar, and Dharmendra Modha. 2014. "A Million

Spiking-neuron Integrated Circuit with a Scalable Communication Network and Interface." *Science* 345(6197): 668–673.

Miceli, Thomas, and Kathleen Segerson. 2007. "Punishing the Innocent along with the Guilty: The Economics of Individual versus Group Punishment." *Journal of Legal Studies* 36(1): 81–106.

Mikula, Shawn, and Winfried Denk. 2015. "High-resolution Whole-brain Staining for Electron Microscopic Circuit Reconstruction." *Nature Methods* 12(6): 541–546.

Millar, Jonathan, Stephen Oliner, and Daniel Sichel. 2013. "Time-To-Plan Lags for Commercial Construction Projects." NBER Working Paper No. 19408, September.

Miller, Mark, Ka-Ping Yee, and Jonathan Shapiro. 2003. "Capability Myths Demolished." Systems Research Laboratory, Johns Hopkins University, Technical Report SRL2003–2002. http://srl.cs.jhu.edu/pubs/SRL2003-02.pdf.

Miller, Shawn. 2009. "Is There a Relationship between Industry Concentration and Patent Activity?" December 17. http://ssrn.com/abstract=1531761.

Miner, Andrew, Theresa Glom, and Charles Hulin. 2005. "Experience Sampling Mood and its Correlates at Work." *Journal of Occupational and Organizational Psychology* 78(2): 171–193.

Minetti, Alberto, Yuri Ivanenko, Germana Cappellini, Nadia Dominici, and Francesco Lacquaniti. 2012. "Humans Running in Place on Water at Simulated Reduced Gravity." *PLoS ONE* 7(7): e37300.

Minkov, Michael. 2013. *Cross-Cultural Analysis: The Science and Art of Comparing the World's Modern Societies and Their Cultures*. Thousand Oaks, CA: Sage. June 6.

Mlodinow, Leonard. 2012. *Subliminal: How Your Unconscious Mind Rules Your Behavior*. Pantheon. April 24.

Mogilner, Cassie, Sepandar Kamvar, and Jennifer Aaker. 2011. "The Shifting Meaning of Happiness." *Social Psychological and Personality Science* 2(4): 395–402.

Mokyr, Joel, Chris Vickers, and Nicolas Ziebarth. 2015. "The History of Technological Anxiety and the Future of Economic Growth: Is This Time Different?" *Journal of Economic Perspectives* 29(3): 31–50.

Montgomery, Douglas. 2008. *Design and Analysis of Experiments*. John Wiley and Sons. July 28.

Moravec, Hans. 1988. *Mind Children: The Future of Robot and Human Intelligence*. Harvard University Press. October.

Morgan, Timothy. 2014. "A Rare Peek Into The Massive Scale of AWS." *Enterprise Tech Systems Edition*, November 14. http://www.enterprisetech.com/2014/11/14/rare-peek-massive-scale-aws/.

Morris, Ian. 2015. *Foragers, Farmers, and Fossil Fuels: How Human Values Evolve*. Princeton University Press. March 22.

Mrazek, Michael, Michael Franklin, Dawa Phillips, Benjamin Baird, and Jonathan Schooler. 2013. "Mindfulness Training Improves Working Memory Capacity and GRE Performance While Reducing Mind Wandering." *Psychological Science* 24(5): 776–781.

Mueller, Dennis. 1982. "Redistribution, Growth, and Political Stability." *American Economic Review* 72(2): 155–159.

Mulder, Monique. 1998. "The Demographic Transition: Are we any Closer to an Evolutionary Explanation?" *Trends in Ecology & Evolution* 13(7): 266–270.

Mullainathan, Sendhil, and Eldar Shafir. 2013. *Scarcity: Why Having Too Little Means So Much*. Times Books, September 3.

Müller, Vincent, and Nick Bostrom. 2014. "Future Progress in Artificial Intelligence: A Survey of Expert Opinion." In *Fundamental Issues of Artificial Intelligence*, edited by Vincent Müller. Berlin: Springer.

Mulligan, Casey, Richard Gil, and Xavier Sala-i-Martin. 2004. "Do Democracies Have Different Public Policies than Nondemocracies?" *Journal of Economic Perspectives* 18(1): 51–74.

Myers, David, and Ed Diener. 1995. "Who Is Happy?" *Psychological Science* 6(1): 10–19.

Nagy, Bela, J. Doyne Farmer, Quan Bui, and Jessika Trancik. 2013. "Statistical Basis for Predicting Technological Progress." *PLoS ONE* 8(2): e52669.

Nakamoto, Satoshi. 2008. "Bitcoin: A Peer-to-Peer Electronic Cash System." November. https://bitcoin.org/bitcoin.pdf.

Navarrete, C. David, Robert Kurzban, Daniel Fessler, and Lee Kirkpatrick 2004. "Anxiety and Intergroup Bias: Terror Management or Coalitional Psychology?" *Group Processes & Intergroup Relations* 7(4): 370–397.

Nguyen, Anh Ngoc, Jim Taylor, and Steve Bradley. 2003. "Job Autonomy and Job Satisfaction: New Evidence." Doctoral dissertation, University of Lancaster, Lancaster.

Niederle, Muriel. 2014. "Gender." NBER Working Paper No. 20788, December.

Nitsch, Volker. 2005. "Zipf Zipped." *Journal of Urban Economics* 57(1): 86-100.

Nordhaus, William. 2015. "Are We Approaching an Economic Singularity? Information Technology and the Future of Economic Growth." NBER Working Paper No. 21547, September.

Oi, Walter, and Todd Idson. 1999. "Firm Size and Wages." In *Handbook of Labor Economics* 3(3), edited by Orley Ashenfelter and David Card. Elsevier.

Olsson, Ola, and Christopher Paik. 2015. "Long-Run Cultural Divergence: Evidence From the Neolithic Revolution." University of Gothenburg Working Papers in Economics No. 620. May. http://hdl.handle.net/2077/38815.

Paine, Sarah-Jane, Philippa Gander, and Noemie Travier. 2006. "The Epidemiology of Morningness/Eveningness: Influence of Age, Gender, Ethnicity, and Socioeconomic Factors in Adults (30-49 Years)." *Journal of Biological Rhythms* 21(1): 68-76.

Parker, Gordon, Amelia Paterson, Kathryn Fletcher, Bianca Blanch, and Rebecca Graham. 2012. "The 'Magic Button Question' for Those with a Mood Disorder—Would They Wish to Re-live Their Condition?" *Journal of Affective Disorders* 136(3): 419-424.

Pellegrino, Renata, Ibrahim Halil Kavakli, Namni Goel, Christopher Cardinale, David Dinges, Samuel Kuna, Greg Maislin, Hans Van Dongen, Sergio Tufik, John Hogenesch, Hakon Hakonarson, and Allan Pack. 2014. "A Novel BHLHE41 Variant is Associated with Short Sleep and Resistance to Sleep Deprivation in Humans." *Sleep* 37(8): 1327-1336.

Perkins, Adam, and Philip Corr. 2005. "Can Worriers be Winners? The Association between Worrying and Job Performance." *Personality and Individual Differences* 38(1): 25-31.

Pfeffer, Jeffrey. 2010. *Power: Why Some People Have It—and Others Don't*. HarperCollins. September 14.

Philippon, Thomas. 2015. "Has the US Finance Industry Become Less Efficient? On the Theory and Measurement of Financial Intermediation." *American Economic Review*

105(4): 1408–1438.

Pickena, David, and Ben Ilozora. 2003. "Height and Construction Costs of Buildings in Hong Kong." *Construction Management and Economics* 21(2): 107–111.

Piller, Frank. 2008. "Mass Customization." In *The Handbook of 21st Century Management*, edited by Charles Wankel, 420–430. Thousand Oaks, CA: Sage Publications.

Pindyck, Robert. 2013. "Climate Change Policy: What Do the Models Tell Us?" *Journal of Economic Literature* 51(3): 860–872.

Pinker, Steven. 2007. *The Stuff of Thought: Language as a Window into Human Nature*. Viking Adult, September.

Pinker, Steven. 2011. *The Better Angels of our Nature*. New York: Viking, October.

Pizzola, Brandon. 2015. "The Impact of Business Regulation on Business Investment: Evidence from the Recent Experience of the United States." Working Paper, May 11.

van der Ploeg, Hidde, Tien Chey, Rosemary Korda, Emily Banks, and Adrian Bauman. 2012. "Sitting Time and All-Cause Mortality Risk in 222,497 Australian Adults." *Archives of Internal Medicine* 172(6): 494–500.

Porat, Ariel. 2009. "Private Production of Public Goods: Liability for Unrequested Benefits." *Michigan Law Review* 108: 189–227.

Porter, David, Stephen Rassenti, Anil Roopnarine, and Vernon Smith. 2003. "Combinatorial Auction Design." *Proceedings of the National Academy of Sciences* 100(19): 11153–11157.

Posner, Richard. 2014. *Economic Analysis of Law*, 9th ed. Wolters Kluwer, January.

Potter, Andrew. 2010. *The Authenticity Hoax: Why the "Real" Things We Seek Don't Make Us Happy*. Harper, April 13.

Pozen, Robert. 2012. *Extreme Productivity: Boost Your Results, Reduce Your Hours*. Harper Business. October 2.

Preckel, Franzis, Anastasiya Lipnevich, Sandra Schneider, and Richard Roberts. 2011. "Chronotype, Cognitive Abilities, and Academic Achievement: A Meta-Analytic Investigation." *Learning and Individual Differences* 21: 483–492.

Provenzano, Davide. 2015. "On the World Distribution of Income." *Review of Income and Wealth* (March 10) online early.

Raa, Thijs Ten. 2003. "A Simple Version of the Henry George Theorem." *Finance India* 17(2): 561–564.

Ramscar, Michael, Peter Hendrix, Cyrus Shaoul, Petar Milin, and Harald Baayen. 2014. "The Myth of Cognitive Decline: Non-Linear Dynamics of Lifelong Learning." *Topics in Cognitive Science* 6(1): 5–42.

Randall, Jason, Frederick Oswald, and Margaret Beier. 2014. "Mind-Wandering, Cognition, and Performance: A Theory-Driven Meta-Analysis of Attention Regulation." *Psychological Bulletin* 140(6): 1411–1431.

Rao, Venkatesh. 2012. "Welcome to the Future Nauseous." Ribbon Farm blog, May 9, http://www.ribbonfarm.com/2012/05/09/welcome-to-the-future-nauseous/.

Rayneau-Kirkhope, Daniel, Yong Mao, and Robert Farr. 2012. "Ultralight Fractal Structures from Hollow Tubes." *Physics Review Letters* 109(20): 204301.

Regan, Pamela, Saloni Lakhanpal, and Carlos Anguiano. 2012. "Relationship outcomes in Indian-American love-based and arranged marriages." *Psychological Reports* 110(3): 915–924.

Richter, Eugene. 1893. *Pictures of the Socialistic Future*. Translated by Henry Wright. London: Swan Sonnenschhein.

Roberts, Brent, Nathan Kuncel, Rebecca Shiner, Avshalom Caspi, and Lewis Goldberg. 2007. "The Power of Personality: The Comparative Validity of Personality Traits, Socioeconomic Status, and Cognitive Ability for Predicting Important Life Outcomes." *Perspectives on Psychological Science* 2(4): 313–345.

Robinson, Robert, and Elton Jackson. 2001. "Is Trust in Others Declining in America? An Age–Period–Cohort Analysis." *Social Science Research* 30(1): 117–145.

Rockenbach, Bettina, Abdolkarim Sadrieh, and Barbara Mathauschek. 2007. "Teams Take the Better Risks." *Journal of Economic Behavior & Organization* 63(3): 412–422.

Root-Bernstein, Robert, Lindsay Allen, Leighanna Beach, Ragini Bhadula, Justin Fast, Chelsea Hosey, Benjamin Kremkow, Jacqueline Lapp, Kaitlin Lonc, Kendell Pawelec, Abigail Podufaly, and Caitlin Russ. 2008. "Arts Foster Scientific Success: Avocations of Nobel, National Academy, Royal Society, and Sigma Xi Members." *Journal of Psychological Science and Technology* 1(2): 51–63.

Sabelman, Eric, and Roger Lam. 2015. "The Real-Life Dangers of Augmented Reality." *IEEE Spectrum* (July): 51–53.

Sahal, Devendra. 1981. *Patterns of Technological Innovation*. Addison-Wesley.

Sailer, Steve. 2003. "Cousin Marriage Conundrum: The ancient practice discourages Democratic Nation-building." *The American Conservative*, January 13, 20–22.

Salvador, Fabrizio, Martin de Holan, and Frank Piller. 2009. "Cracking the Code of Mass Customization." *MIT Sloan Management Review* 50(3): 70–79.

Sandberg, Anders. 2014. "Monte Carlo model of brain emulation development." Working Paper 2014–1 (version 1.2), Future of Humanity Institute. http://www.aleph.se/papers/Monte%20Carlo%20model%20of%20brain%20emulation%20development.pdf.

Sandberg, Anders, and Nick Bostrom. 2008. "Whole Brain Emulation: A Roadmap." Technical Report #2008–2003, Future of Humanity Institute, Oxford University. http://www.fhi.ox.ac.uk/__data/assets/pdf_file/0019/3853/brain-emulationroadmap-report.pdf.

Sandstrom, Gillian, and Elizabeth Dunn. 2014. "Social Interactions and Well-Being: The Surprising Power of Weak Ties." *Personality and Social Psychology Bulletin* 40(7): 910–922.

Savage, Van, Eric Deeds, and Walter Fontana. 2008. "Sizing Up Allometric Scaling Theory." *PLoS Computational Biology* 4(9): e1000171.

Schmitt, David. 2012. "When the Difference is in the Details: A Critique of Zentner and Mitura (2012)—Stepping out of the Caveman's Shadow: Nations' Gender Gap Predicts Degree of Sex Differentiation in Mate Preferences." *Evolutionary Psychology* 10(4): 720–726.

Schoemaker, Paul. 1995. "Scenario Planning: A Tool for Strategic Thinking." *Sloan Management Review* 36(2): 25–40.

Schrank, David, Tim Lomax, and Bill Eisele. 2011. "2011 Urban Mobility Report." Texas Transportation Institute, September.

Schwartz, Shalom, Jan Cieciuch, Michele Vecchione, Eldad Davidov, Ronald Fischer, Constanze Beierlein, Alice Ramos, Markku Verkasalo, Jan-Erik Lönnqvist, Kursad

Demirutku, Ozlem Dirilen-Gumus, and Mark Konty. 2012. "Refining the Theory of Basic Individual Values." *Journal of Personality and Social Psychology* 103(4): 663–688.

Schwartz, Shalom, and Tammy Rubel. 2005. "Sex Differences in Value Priorities: Cross-cultural and Multimethod Studies." *Journal of Personality and Social Psychology* 89(6): 1010–1028.

Sedikides, Constantine, Tim Wildschut, Wing-Yee Cheung, Clay Routledge, Erica Hepper, Jamie Arndt, Kenneth Vail, Xinyue Zhou, Kenny Brackstone, and Ad Vingerhoets. 2016. "Nostalgia Fosters Self-Continuity: Uncovering the Mechanism (Social Connectedness) and Consequence (Eudaimonic Well-Being)." *Emotion*, in press.

Shapiro, Carl, and Hal Varian. 1999. *Information Rules: A Strategic Guide to the Network Economy*. Boston: Harvard Business School Press.

Shavell, Steven. 2004. *Foundations of Economic Analysis of Law*. Harvard University Press.

Shea, John. 1993. "Do Supply Curves Slope Up?" *Quarterly Journal of Economics* 108(1): 1–32.

Shulman, Carl. 2010. "Whole Brain Emulation and the Evolution of Superorganisms." Machine Intelligence Research Institute working paper. http://intelligence.org/files/WBE-Superorgs.pdf.

Shulman, Carl, and Nick Bostrom. 2013. "Embryo Selection for Cognitive Enhancement: Curiosity or Game-Changer?" *Global Policy* 5(1): 85–92.

Shumpeter, Joseph. 1942. *Capitalism, Socialism, and Democracy*. New York: Harper.

Shy, Oz. 1996. *Industrial Organization, Theory and Applications*. MIT Press.

Smith, Rosanna, and George Newman. 2014. "When Multiple Creators Are Worse Than One: The Bias Toward Single Authors in the Evaluation of Art." *Psychology of Aesthetics, Creativity, and the Arts* 8(3): 303–310.

Snir, Raphael, and Itzhak Harpaz. 2002. "Work-leisure Relations: Leisure Orientation and the Meaning of Work." *Journal of Leisure Research* 34(2): 178–203.

Society for Human Resource Management 2012. "2012 Employee Job Satisfaction and Engagement." Society for Human Resource Management. October 3. http://www.shrm.org/Research/SurveyFindings/Documents/12-0537%202012_jobsatisfaction_fnl_online.pdf.

Solomon, Sheldon, Jeff Greenberg, and Tom Pyszczynski. 2015. *The Worm at the Core: On the Role of Death in Life*. Random House, May 12.

Song, Jae, David Price, Fatih Guvenen, and Nicholas Bloom. 2015. "Firming Up Inequality." NBER Working Paper No. 21199, May.

Sorensen, Morten, Neng Wang, and Jinqiang Yang. 2014. "Valuing Private Equity." *Review of Financial Studies* 27(7): 1977–2021.

Soto, Christopher, Oliver John, Samuel Gosling, and Jeff Potter. 2011. "Age Differences in Personality Traits from 10 to 65: Big Five Domains and Facets in a Large Cross-Sectional Sample." *Journal of Personality and Social Psychology* 100(2): 330–348.

Sousa-Poza, Alfonso, and Alexandre Ziegler. 2003. "Asymmetric Information about Workers' Productivity as a Cause for Inefficient Long Working Hours." *Labour Economics* 10: 727–747.

Spengler, Marion, Martin Brunner, Rodica Damian, Oliver Lüdtke, Romain Martin, and Brent Roberts. 2015. "Student characteristics and behaviors at age 12 predict occupational success 40 years later over and above childhood IQ and parental socioeconomic status." *Developmental Psychology* 51(9): 1329–1340.

Staats, Bradley, and Francesca Gino. 2012. "Specialization and Variety in Repetitive Tasks: Evidence from a Japanese Bank." *Management Science* 58(6): 1141–1159.

Stanovich, Keith. 2004. *The Robot's Rebellion: Finding Meaning in the Age of Darwin*. University of Chicago Press. May 15.

Stanovich, Keith, Richard West, and Maggie Toplak. 2013. "Myside Bias, Rational Thinking, and Intelligence." *Current Directions in Psychological Science* 22(4): 259–264.

Stapleton, Karyn. 2010. "Swearing." In *Interpersonal Pragmatics*, edited by Miriam Locher and Sage Graham. 289–305. De Gruyter Mouton. October 15.

Stebila, Douglas, Michele Mosca, and Norbert Lütkenhaus. 2010. "The Case for Quantum Key Distribution." *Quantum Communication and Quantum Networking* 36: 283–296.

Steen, Todd. 1996. "Religion and Earnings: Evidence from the NLS Youth Cohort." *International Journal of Social Economics* 23(1): 47–58.

Stern, Chadly, Tessa West, and Peter Schmitt. 2014. "The Liberal Illusion of Uniqueness." *Psychological Science* 25(1): 137–144.

Strand, Clark. 2015. *Waking Up to the Dark: Ancient Wisdom for a Sleepless Age*. Spiegel & Grau, April.

Stratmann, Thomas. 1996. "Instability of Collective Decisions? Testing for Cyclical Majorities." *Public Choice* 88(1–2): 15–28.

Stross, Charles. 2006. *Accelerando*. Ace. June 27.

Stutzer, Alois, and Bruno Frey. 2013. "Recent Developments in the Economics of Happiness: A Selective Overview." In *Recent Developments in the Economics of Happiness*, edited by Bruno S. Frey and Alois Stutzer. Cheltenham, UK: Edward Elgar.

Sun, Wei, Robin Hanson, Kathryn Laskey, and Charles Twardy. 2012. "Probability and Asset Updating using Bayesian Networks for Combinatorial Prediction Markets." *Proceedings of the Twenty-Eighth Conference on Uncertainty in Artificial Intelligence*, Catalina Island, August 15–17, ed. Nando de Freitas and Kevin Murphy, 815–824.

Sutin, Angelina, Paul Costa Jr., Richard Miech, and William Eaton. 2009. "Personality and Career Success: Concurrent and Longitudinal Relations." *European Journal of Personality* 23(2): 71–84.

Sutter, Matthias. 2005. "Are Four Heads Better than Two? An Experimental Beauty-contest Game with Teams of Different Size." *Economics Letters* 88(1): 41–46.

Swami, Viren, and Rebecca Coles. 2010. "The Truth is Out There." *The Psychologist* 23(7): 560–563.

Sylos-Labini, Francesca, Francesco Lacquaniti, and Yuri Ivanenko. 2014. "Human Locomotion under Reduced Gravity Conditions: Biomechanical and Neurophysiological Considerations." *BioMed Research International*: 547242.

Syverson, Chad. 2004. "Product Substitutability and Productivity Dispersion." *Review of Economics and Statistics* 86(2): 534–550.

Syverson, Chad. 2011. "What Determines Productivity?" *Journal of Economic Literature* 49(2): 326–365.

Tabarrok, Alexander. 1998. "The Private Provision of Public Goods Via Dominant Assurance Contracts." *Public Choice* 96(3–4): 345–362.

Talhelm, T., X. Zhang, S. Oishi, C. Shimin, D. Duan, X. Lan, and S. Kitayama. 2014. "Large-Scale Psychological Differences Within China Explained by Rice Versus Wheat

Agriculture." *Science* 344(6184): 603–608.

Tay, Louis, Vincent Ng, Lauren Kuykendall, and Ed Diener. 2014. "Demographic Factors and Worker Well-being: An Empirical Review Using Representative Data from the United States and across the World." In *The Role of Demographics in Occupational Stress and Well Being (Research in Occupational Stress and Wellbeing, Volume 12)*, 235–283, edited by Pamela Perrewé, Christopher Rosen, and Jonathon Halbesleben. Emerald Group Publishing Limited.

Thomas, Frank, and Ollie Johnston. 1981. *The Illusion of Life: Disney Animation*. Abbeville Press.

Thompson, Ben. 2013. "What Clayton Christensen Got Wrong." Stratechery blog, September 22. http://stratechery.com/2013/clayton-christensen-got-wrong/.

Torelli, Carlos, and Andrew Kaikati. 2009. "Values as Predictors of Judgments and Behaviors: The Role of Abstract and Concrete Mindsets." *Journal of Personality and Social Psychology* 96(1): 231–247.

Tormala, Zakary, Jayson Jia, and Michael Norton. 2012. "The Preference for Potential." *Journal of Personality and Social Psychology* 103(4): 567–583.

Tovee, Martin. 1994. "How Fast is the Speed of Thought?" *Current Biology* 4(12): 1125–1127.

Towers, Grady. 1987. "The Outsiders." *Gift of Fire* 22(April).

Treleaven, Michelle, Robyn Jackowich, Lesley Roberts, Richard Wassersug, and Thomas Johnson. 2013. "Castration and Personality: Correlation of Androgen Deprivation and Estrogen Supplementation with the Big Five Factor Personality Traits of Adult Males." *Journal of Research in Personality* 47(4): 376–379.

Trougakos, John, and Ivona Hideg. 2009. "Momentary Work Recovery: The Role of Within-Day Work Breaks." In *Current Perspectives on Job-Stress Recovery*, vol. 7, edited by Sabine Sonnentag, Pamela Perrewe, and Daniel Ganster, 37–84. Bradford, U.K.: Emerald Group.

Tsiolkovsky, Konstantin. 1903. "The Exploration of Cosmic Space by Means of Reaction Devices." *The Science Review* 5.

Ulku, Hulya. 2004. "R&D, Innovation, and Economic Growth: An Empirical Analysis."

International Monetary Fund Working Paper, September.

United Nations. 2013. *World Population Prospects: The 2012 Revision*. United Nations, Department of Economic and Social Affairs, Population Division. DVD Edition.

Vakarelski, Ivan, Derek Chan, and Sigurdur Thoroddsen. 2015. "Drag Moderation by the Melting of an Ice Surface in Contact with Water." *Physics Review Letters* 115(July 24): 044501.

Vélez, Juliana. 2014. "War and Progressive Income Taxation in the 20th Century." BEHL Working Paper WP2014-03, September. http://behl.berkeley.edu/files/2014/10/WP2014-03_londono_10-3-14.pdf.

Ventura, Jaume, and Hans-Joachim Voth. 2015. "Debt into Growth: How Sovereign Debt Accelerated the First Industrial Revolution." NBER Working Paper No. 21280, June.

Vermont, Samson. 2006. "Independent Invention as a Defense to Patent Infringement." *Michigan Law Review* 105(3): 475–504.

Vestling, Monika, Fertil Tufvesson, and Susanne Iwarsson. 2003. "Indicators for Return to Work after Stroke and the Importance of Work for Subjective Wellbeing and Life Satisfaction." *Journal of Rehabilitation Medicine* 35(3): 127–131.

Viamontes, George, Igor Markov, and John Hayes. 2005. "Is Quantum Search Practical?" *Computing in Science and Engineering* 7(3): 62–70.

Vinge, Vernor. 2003. "The Cookie Monster." *Analog* 123(10): 10–40.

Vohs, Kathleen, Joseph Redden, and Ryan Rahinel. 2013. "Physical Order Produces Healthy Choices, Generosity, and Conventionality, Whereas Disorder Produces Creativity." *Psychological Science* 24(9): 1860–1867.

Voth, Hans-Joachim. 2003. "Living Standards During the Industrial Revolution: An Economist's Guide." *American Economic Review* 93(2): 221–226.

Walker, Mirella, and Thomas Vetter. 2015. "Changing the Personality of a Face: Perceived Big Two and Big Five Personality Factors Modeled in Real Photographs." *Journal of Personality and Social Psychology*, September 7, online first.

Wassersug, Richard. 2009. "Mastering Emasculation." *Journal of Clinical Oncology* 27(4): 634–636.

Watkins Jr., John. 1900. "What May Happen In The Next Hundred Years." *Ladies' Home*

Journal 18(1): 8.

Watts, Steve, Neal Kalita, and Michael Maclean. 2007. "The Economics of Super-Tall Towers." *The Structural Design of Tall and Special Buildings* 16(November 5):457–470.

Weil, David. 2012. *Economic Growth*, 3rd ed. Prentice Hall, July 9.

Weiner, Mark. 2013. *The Rule of the Clan: What an Ancient Form of Social Organization Reveals about the Future of Individual Freedom*. Farrar, Straus and Giroux.

Weingast, Barry, and Donald Wittman. 2008. *The Oxford Handbook of Political Economy*. Oxford University Press. August.

Weinstein, Netta, Andrew Przybylski, and Richard M. Ryan. 2009. "Can Nature Make Us More Caring? Effects of Immersion in Nature on Intrinsic Aspirations and Generosity." *Personality and Social Psychology Bulletin* 35(10): 1315–1329.

Weiss, Alexander, and James King. 2015. "Great Ape Origins of Personality Maturation and Sex Differences: A Study of Orangutans and Chimpanzees." *Journal of Personality and Social Psychology* 108(4): 648–664.

Wiley, Keith. 2014. *A Taxonomy and Metaphysics of Mind-Uploading*. Alautun Press. September 13.

Wimsatt, William. 1986. "Developmental Constraints, Generative Entrenchment, and the Innate-Acquired Distinction." *Integrating Scientific Disciplines*, vol. 2, edited by William Bechtel. 185–208. Dordrecht: Martinus Nijhoff.

Woolley, Anita, Christopher Chabris, Alex Pentland, Nada Hashmi, and Thomas Malone. 2010. "Evidence for a Collective Intelligence Factor in the Performance of Human Groups." *Science* 330(6004): 686–688.

Wout, Félice van't, Aureliu Lavric, and Stephen Monsell. 2015. "Is It Harder to Switch Among a Larger Set of Tasks?" *Journal of Experimental Psychology: Learning, Memory, and Cognition* 41(2): 363–376.

Wu, Lynn, Ben Waber, Sinan Aral, Erik Brynjolfsson, and Alex Pentland. 2008. "Mining Face-to-Face Interaction Networks Using Sociometric Badges: Predicting Productivity in an IT Configuration Task." *International Conference on Information Systems 2008 Proceedings*. 127.

Yang, Mu-Jeung, Lorenz Kueng, and Bryan Hong. 2015. "Business Strategy and the

Management of Firms." NBER Working Paper 20846, January.

Yao, Shuyang, Niklas Langström, Hans Temrin, and Hasse Walum. 2014. "Criminal Offending as Part of an Alternative Reproductive Strategy: Investigating Evolutionary Hypotheses using Swedish Total Population Data." *Evolution and Human Behavior* 35(6): 481–488.

Yetish, Gandhi, Hillard Kaplan, Michael Gurven, Brian Wood, Herman Pontzer, Paul Manger, Charles Wilson, Ronald McGregor, and Jerome Siegel. 2015. "Natural Sleep and Its Seasonal Variations in Three Pre-industrial Societies." *Current Biology* 25(October 15): 1–7.

Youngberg, David, and Robin Hanson. 2010. "Forager Facts." May. http://hanson.gmu.edu/forager.pdf.

Younis, Saed. 1994. "Asymptotically Zero Energy Computing Using Split-Level Charge Recovery Logic." Doctoral Thesis, Electrical Engineering, Massachusetts Institute of Technology.

Yudkowsky, Eliezer. 2008. "Cognitive Biases Potentially Affecting Judgment of Global Risks." In *Global Catastrophic Risks*, edited by Nick Bostrom and Milan Ćirković. 91–119. Oxford University Press.

Yudkowsky, Eliezer. 2013. "Intelligence Explosion Microeconomics." Technical report 2013–1, Machine Intelligence Research Institute. September 13.

Zamyatin, Yevgeny. 1924. *We*. Translated by Gregory Zilboorg. New York: Dutton.

Zerzan, John. 2005. *Against Civilization: Readings and Reflections*. Feral House, May 10.

Zimmermann, Harm-Peer, and Heinrich Grebe. 2014. "'Senior Coolness': Living Well as an Attitude in Later Life." *Journal of Aging Studies* 28(January): 22–34.

색 인

ㄴ

ㅂ

— ㅅ —

ㅇ

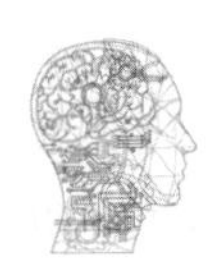

저자 소개

| 로빈 핸슨 Robin Hanson |

로빈 핸슨은 현재 조지메이슨 대학교 경제학과 교수이다. 물리학과 출신이며 이후 인공지능과 뇌과학 및 철학을 공부하다가 경제학 박사학위로 마무리한 다중지식인이다. 다중지식인답게 저자는 이 책을 통해 뇌과학기반 초지능(EM)의 미래사회를 기술하면서도 동시에 철저한 과학적 근거자료를 통해 사회경제학적 분석과 예측을 전개하고 있다.

저자의 다른 책으로 『뇌 안의 코끼리The Elephant In The Brain』(2018)가 있다.

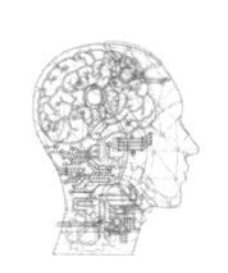

역자 소개

| 최순덕 |

물리학을 전공하고 기계, 화학, 마케팅 분야에서 일했다. 뇌, 미래 사회, 인간 이해에 관심이 있으며 브레인 에뮬레이션 분야를 공부하고 있다.

| 최종덕 |

<한국 과학철학회>와 <한국 의철학회> 부회장을 역임했다. 진화생물학과 의학의 철학 그리고 초지능 윤리학에 관심을 갖고 있는 독립연구자이다. 최근에 지은 책으로 학술원 우수도서로 선정된 『생물철학』(2014)과 세종도서로 선정된 『비판적 생명철학』(2016) 그리고 불교와 진화생물학 사이의 토론을 벌인 『승려와 원숭이』(2016), 『의학의 철학』(2020) 등이 있으며, 운영 중인 홈페이지 philonatu.com에서 볼 수 있다.

뇌복제와 인공지능 시대

초판발행 2020년 1월 9일
초판 2쇄 2020년 10월 23일

저자 로빈 핸슨(Robin Hanson)
역자 최순덕, 최종덕
펴낸이 김성배
펴낸곳 도서출판 씨아이알

책임편집 김다혜
디자인 윤미경
제작책임 김문갑

등록번호 제2-3285호
등록일 2001년 3월 19일
주소 (04626) 서울특별시 중구 필동로8길 43(예장동 1-151)
전화번호 02-2275-8603(대표)
팩스번호 02-2265-9394
홈페이지 www.circom.co.kr

ISBN 979-11-5610-810-8 93400
정가 26,000원